August Weberbauer

Die Pflanzenwelt der peruanischen Anden

Verlag
der
Wissenschaften

August Weberbauer

Die Pflanzenwelt der peruanischen Anden

ISBN/EAN: 9783957007506

Auflage: 1

Erscheinungsjahr: 2016

Erscheinungsort: Norderstedt, Deutschland

Hergestellt in Europa, USA, Kanada, Australien, Japan
Verlag der Wissenschaften in Hansebooks GmbH, Norderstedt

Cover: Foto ©Ulli Lehner / pixelio.de

Verlag
der
Wissenschaften

Die Vegetation der Erde

Sammlung

pflanzengeographischer Monographien

herausgegeben von

A. Engler und **O. Drude**
ord. Professor der Botanik und Direktor
des botan. Gartens in Berlin.
ord. Professor der Botanik und Direktor
des botan. Gartens in Dresden.

XII.

Die Pflanzenwelt der peruanischen Anden

in ihren Grundzügen dargestellt

von

Prof. Dr. A. Weberbauer

Mit 40 Vollbildern, 63 Textfiguren und 2 Karten

Leipzig
Verlag von Wilhelm Engelmann
1911

:: VERLAG VON WILHELM ENGELMANN IN LEIPZIG ::

Phytogeographic Survey of North America

A Consideration of the Phytogeography of the North American Continent, including Mexico, Central America and the West Indies, together with the Evolution of North American Plant Distribution

by

John W. Harshberger, A. B., B. S., Ph. D.

Assistent Professor of Botany, University of Pennsylvania; Fellow of the American Association for the Advancement of Science; Member of the Botanical Society of America; Academy of Natural Sciences of Philadelphia, Geographical Society of Philadelphia, American Philosophical Society; &c. &c.

With 1 Map, 18 Plates and 32 Figures in the text

(Die Vegetation der Erde. Herausgegeben von A. Engler u. O. Drude. Bd. XIII.

LXIII u. 790 Seiten. Lex. 8.

Subskriptionspreis geh. ℳ 40.—; in Leinen geb. ℳ 41.50
Einzelpreis geh. ℳ 52.—; in Leinen geb. ℳ 53.50

Physiologische Pflanzenanatomie

von

Dr. G. Haberlandt

o. ö. Professor der Botanik, Vorstand des Botanischen Institute und Gartens an der K. K. Universität Graz

Vierte neubearbeitete und vermehrte Auflage

Mit 291 Abbildungen im Text

VIII u. 650 Seiten. Lex 8. Geheftet ℳ 19.—;
in Halbfranz geb. ℳ 22.—

Die Sinnesorgane der Pflanzen

von

Dr. G. Haberlandt

Sonderdruck aus der 4. Auflage der Physiologischen Pflanzenanatomie

Mit 33 Abbildungen im Text. 54 Seiten. gr. 8. ℳ 2.—

Die
Vegetation der Erde

Sammlung

pflanzengeographischer Monographien

herausgegeben von

A. Engler und **O. Drude**
ord. Professor der Botanik und Direktor ord. Professor der Botanik und Direktor
des botan. Gartens in Berlin des botan. Gartens in Dresden

XII.

Die Pflanzenwelt der peruanischen Anden

in ihren Grundzügen dargestellt

Prof. Dr. A. Weberbauer

Leipzig
Verlag von Wilhelm Engelmann
1911

Die Pflanzenwelt der peruanischen Anden

in ihren Grundzügen dargestellt

Prof. Dr. A. Weberbauer
Privatdozent an der Universität Breslau,
z. Z. in Lima

Mit 40 Vollbildern, 63 Textfiguren und 2 Karten

Gedruckt mit Unterstützung der Königl. Preuß. Akademie der Wissenschaften

Leipzig
Verlag von Wilhelm Engelmann
1911

Dem Andenken

Antonio Raimondis

gewidmet

vom Verfasser.

Vorwort.

Seit früher Jugend von lebhaftem Interesse für die Natur der Gebirgsländer erfüllt, wurde ich durch meine Tätigkeit als Assistent am Königlich Botanischen Museum zu Breslau, woselbst ich 7½ Jahre hindurch reichhaltige Pflanzensammlungen zu ordnen hatte, und durch Literaturstudien für pflanzengeographische Vorlesungen, die ich als Privatdozent an der dortigen Universität hielt, zu dem Entschlusse angeregt, eine pflanzengeographische Forschungsreise nach den peruanischen Anden zu unternehmen.

Meine hochverehrten Lehrer, Herr Geheimer Oberregierungsrat Professor Dr. A. ENGLER, Herr Geheimer Regierungsrat Professor Dr. S. SCHWENDENER und Herr Professor Dr. F. PAX förderten meinen Plan durch wertvolle Ratschläge und gütige Fürsprache. Das Königlich Preußische Kultusministerium genehmigte mir einen vierjährigen Urlaub, und die Königlich Preußische Akademie der Wissenschaften deckte aus ihren Mitteln einen Teil der Reisekosten.

Während meines Aufenthaltes in Peru fand ich unter den Regierungen Ihrer Exzellenzen der Herren Präsidenten EDUARDO LOPEZ DE ROMANA, MANUEL CANDAMO und JOSÉ PARDO überaus wohlwollende Unterstützung durch zahlreiche Behörden der Republik; das Ministerio de Fomento ließ mir eine Subvention zukommen. Der Kaiserlich Deutsche Gesandte, Herr Dr. G. MICHAHELLES, und die Kaiserlich Deutschen Konsulate brachten meinem Unternehmen die liebenswürdigste Teilnahme entgegen. Auch außerhalb der Behörden begünstigten Peruaner sowie Deutsche und andere Ausländer meine Bestrebungen; unvergeßlich bleibt mir die berühmte Gastfreiheit des Peruaners.

Bei der Beförderung meiner Sammlungen erhielt ich Vergünstigungen von der Deutschen Dampfschiffahrtsgesellschaft Kosmos.

An der Bearbeitung des umfangreichen Pflanzenmaterials, die unter der bewährten Leitung des Herrn Geheimen Regierungsrates Professor Dr. J. URBAN in Berlin steht, haben verschiedene Gelehrte teilgenommen; nähere Auskunft gibt hierüber das Literaturverzeichnis.

Herr Dr. S. WAGNER in Lima hatte die Freundlichkeit, die Korrekturbogen nachzuprüfen.

Allen den Behörden, Körperschaften und Persönlichkeiten, die mir helfend zur Seite gestanden haben, spreche ich meinen tiefgefühlten Dank aus.

Lima, im März 1910.

A. Weberbauer.

Inhalt.

Einleitung.

	Seite
Literarische Hilfsquellen	1
1. Kapitel. Geschichte der botanischen Erforschung Perus	1
2. Kapitel. Literaturverzeichnis	29

Erster Teil.
Abriß der physischen Geographie Perus.

	Seite
1. Kapitel. Orographie und Hydrographie	38
Ucayali-Anden	39
Die Marañon-Anden	45
Die peruanische Küste	52
2. Kapitel. Geologie	52
3. Kapitel. Klimatologie	54
I. Wärme	54
1. Das Küstenland	54
2. Die westlichen Andenhänge und das interandine Gebiet einschließlich deren Gipfelregionen	57
3. Die östlichen Andenhänge	60
II. Atmosphärische Feuchtigkeit	61
1. Die Zone der Winter- und Frühlingsnebel	61
2. Die trockene nördliche Küstenhälfte	62
3. Die regenlose Binnenlandzone Zentral- und Südperus	64
4. Die Sommerregenzone	64
Die westlichen Andenhänge S. 64. — Die Gipfelregion S. 65. — Das interandine Gebiet S. 66. — Die Ostabhänge der Anden S. 67.	
III. Winde	69
IV. Elektrische Erscheinungen	70

Zweiter Teil.
Ausgewählte Verwandtschaftskreise der Flora Perus. Grundzüge der Vegetationsgliederung. — Regionen. — Übersicht der wichtigsten Formationen.

1. Abschnitt.

Ausgewählte Verwandtschaftskreise der Flora Perus . . . 71

2. Abschnitt.

	Seite
1. Kapitel. Grundzüge der Vegetationsgliederung. — Regionen	115
1. Die Küste und die westlichen Abhänge der Anden	115
a. Die Küste S. 115. — Der südliche Küstenabschnitt S. 115 — Der nördliche Küstenabschnitt S. 116.	
b. Die westlichen Abhänge der Anden S. 116. — Südperu S. 117. — Zentralperu S. 117. — Nordperu S. 118.	
2. Die östlichen Abhänge der Anden	119
3. Das interandine Gebiet (der Raum zwischen den östlichen und westlichen Abhängen der Anden)	121
2. Kapitel. Übersicht der wichtigsten Formationen	122

Dritter Teil.
Vegetation und Flora als Grundlagen einer pflanzengeographischen Einteilung Perus.

1. Abschnitt.
Die einheimische Vegetation und Flora.
Einleitung.

1. Kapitel. Die Mistizone	126
2. Kapitel. Die Tolazone	130
3. Kapitel. Die Lomazone	134
4. Kapitel. Die nordperuanische Wüstenzone	149
I. Westandiner Bezirk	149
II. Interandiner Bezirk	154
5. Kapitel. Die zentralperuanische Sierrazone	156
A. Die westliche Abdachung	161
I. Der untere Bezirk oder kräuterarme Bezirk der Wüstenpflanzen	162
II. Der obere Bezirk oder Bezirk der ausdauernden Steppengräser	167
B. Die interandinen Täler und Becken	171
I. Der untere Bezirk oder der kräuterarme Bezirk der Wüstenpflanzen	172
Das Santatal in der Gegend der Stadt Caraz S. 172. — Das Pucchatal unterhalb der Stadt Chavin de Huantar S. 173. — Das Marañon-Tal in der Gegend des 9. Breitengrades S. 174. — Das Das Tal des Flusses Urubamba in der Gegend der Stadt Urubamba (ca. 13° 20′ S.) S. 174. — Das Tal von Tarma S. 175.	
II. Der obere Bezirk oder Bezirk der ausdauernden Steppengräser	177
Die Täler der Flüsse Santa, Puccha, Rio de Chiquian und Marañon (Cordillera blanca und Umgebung) S. 177. — Der oberste Talabschnitt des Flusses Mantaro in der Gegend von La Oroya S. 180. — Rechtes Seitental des Urubamba in der Gegend der gleichnamigen Stadt S. 182. — Der oberste Teil des Tarmatales S. 182. — Der obere Teil des Tales von Sandia S. 183. — Das Titicaca-Becken (nördlicher Teil) S. 184.	
6. Kapitel. Die nordperuanische Sierrazone	186
A. Westliche Abdachung	187
B. Das interandine Tal des Marañon in der Höhenlage zwischen 1500 und 2500—2600 m	190
C. Das interandine Tal des Utcubamba in der Höhenlage zwischen 1600 und 2500—2600 m	191

	Seite
7. Kapitel. Die hochandine oder Punazone	192
1. Grundzüge des floristischen Charakters	192
2. Morphologie und Biologie	195
a) Vegetationsorgane	195
b) Reproduktive Organe	207
c) Lebensdauer und Periodizität	210
3. Formationen	212

Vulkan Misti bei Arequipa S. 218. — Nordöstlicher Rand des Titicaca-Hochlandes (Gegend von Poto) S. 218. — Umgebung der Silbergruben Arapa und Alpamina über Yauli an der Lima-Oroya-Bahn S. 220. — Cordillere zwischen Tarma und La Oroya S. 223. — Cordillere negra über Ocros S. 223. — Cordillere zwischen dem Chiquiantale und dem Pucchatale S. 224. — Cordillera blanca zwischen dem Pucchatale und Recuay (Pass Cahuish) S. 225. — Cordillera blanca bei Huaraz S. 225. — Cordillera blanca über Yungay S. 226. — Cordillera negra über Caraz S. 226.

8. Kapitel. Die Ceja de la Montaña oder Zone der ostandinen Hartlaubhölzer	227
1. Das Tal von Sandia zwischen 2000 und 3000 oder 3200 m	235
2. Der Chichanacu bei Sandia	239
3. Das Bergland von Yuncacuya	241
4. Das Gebiet um den Durchbruch des Urubamba durch die ostwestlich streichende Schneekette zwischen Cuzco und Sta. Ana.	243
Vegetation am Höhenweg S. 243. — Vegetation am Talweg S. 245.	
5. Das Tal des Flusses Chanchamayo zwischen Huacapistana (1812 m) und Palca (2735 m)	246
6. Die Osthänge der Zentralcordillere zwischen 9° und 9° 30′ s. Br. (Weg vom Marañontal zum Tale des Rio de Monzon)	252
7. Westliche Andenhänge bei San Pablo (ca. 7° 10′ s. Br.)	256
8. Westliche Andenhänge bei San Miguel	257
9. Westabhänge der Anden um 6° 40′ s. Br., am Wege von Hualgayoc nach Chiclayo	258
10. Westabhänge der Anden um 6° 30′, am Wege von Chota nach Chiclayo	259
11. Interandines Tal des Flusses Llaucan bei Hualgayoc	261
12. Auf den Höhenzügen, welche im Westen und Osten das Tal des Marañon begleiten	262
13. Die Höhen östlich von Chachapoyas	263
14. Ostabhänge der Zentralcordillere im Westen von Moyobamba	264
15. Die Höhen um Moyobamba	267
9. Kapitel. Die Jalca oder nordperuanische Paramozone	268
1. Berge über Hualgayoc	271
2. Berge zwischen Hualgayoc und Cajamarca	272
3. Berge westlich von Celendin (zwischen Cajamarca und dem Marañon)	272
4. Berge östlich vom Marañon, zwischen diesem und dem Utcubamba	272
10. Kapitel. Die Zone der Montaña	273
1. Das Tal des Sandia-Flusses	278
2. Das Tal des oberen Inambari (Huari-Huari) bei Chunchusmayo	279
3. Das Urubamba-Tal und seine Seitentäler	279
4. Das Chanchamayo-Tal um La Merced	281
5. Das Tal von Monzon	283
6. Das Tal des Flusses Mayo in der Gegend von Moyobamba	287

2. Abschnitt.
Die Besiedlung Perus und seine Kulturpflanzen.
Kulturpflanzen amerikanischen Ursprungs S. 296. — Kulturpflanzen außeramerikanischen Ursprungs S. 297.

Vierter Teil.
Die Entwicklungsgeschichte der peruanischen Flora.
1. Andine Sippen 301
    Von Peru aus nach Norden und Süden hin verbreitet S. 301. — Von Peru aus nach Norden hin verbreitet S. 306. — Von Peru aus nach Süden hin verbreitet S. 307. — In Peru endemisch S. 309.
2. Sippen von sehr weiter Verbreitung durch gemäßigte Klimate der nördlichen und südlichen Hemisphäre 310
3. Boreale Sippen 311
    Solche, die über verschiedene Gebiete des borealen Florenreiches annähernd gleichmäßig verteilt sind S. 311. — Solche, die hauptsächlich im pazifischen Nordamerika entwickelt sind S. 312.
4. Pazifisch-amerikanische Sippen, die auf beiden Hemisphären annähernd gleich stark auftreten 313
5. Austral-antarktische Sippen 313

Register 317
Nachträge und Berichtigungen 353

Einleitung.
Literarische Hilfsquellen.

I. Kapitel.
Geschichte der botanischen Erforschung Perus.

Die ersten naturgeschichtlichen Mitteilungen aus Peru finden wir in den Werken der spanischen Chronisten CIEZA, GOMARA, ZARATE, CALANCHA, GARCILASO und ANTONIO DE LEON PINELO. Sie berichten über die Pflanzen, welche die Eingeborenen vor der Conquista kultivierten und die von den Spaniern eingeführten Gewächse. Einige Beschreibungen peruanischer Pflanzen brachte auch ein Brief des spanischen Soldaten PEDRO DE OSMA, verfaßt in Lima im Jahre 1568, und später die »Historia natural y moral de las Indias« des Paters JOSÉ DE ACOSTA, der um 1572 das Land besuchte. Mit den Naturprodukten Perus beschäftigte sich ferner der spanische Jesuit BARNABAS COBO, der von 1596—1653 dort lebte.

Eine wissenschaftliche Behandlung der Flora versuchte als erster der französische Pater LOUIS FEUILLÉE. Während seines Aufenthaltes in Chile und Peru (1709—1711) enstand sein dreibändiges »Journal des observations physiques, mathématiques et botaniques«. Es enthält Beschreibungen und Abbildungen chilenischer und peruanischer Gewächse, vor allem solcher, die arzneiliche Verwendung fanden. In der Darstellung machen sich die Mängel vorlinneischer Botanik geltend. Bald nach FEUILLÉE besuchte die Küsten Chiles und (1713) Perus der Franzose FRÉZIER. Die von ihm verfaßte »Relation du voyage de la mer du Sud« (Paris 1716) enthält einige kurze Angaben über nützliche oder interessante Pflanzen und einen Versuch, die Regenlosigkeit der peruanischen Küste zu erklären. 1735 entsandte die französische Akademie der Wissenschaften eine Expedition nach Ecuador mit dem Auftrage, unter dem Äquator einen Grad des Meridians zu messen. An dem Unternehmen beteiligten sich die Franzosen BOUGUER, DE LA CONDAMINE, GODIN und als Botaniker JOSEPH DE JUSSIEU, ferner im Auftrage der spanischen Regierung JORGE JUAN und ANTONIO DE ULLOA. 1736 begannen die Arbeiten bei Guayaquil und Quito. JUSSIEU begab sich zunächst nach Loja zum Studium der *Cinchona*-Bäume und wanderte 1747 in unbekannte Gegenden östlich der

Anden. 1750 kam er nach der bolivianischen Provinz Potosi, und nach fünfjährigem Aufenthalt hierselbst, 1755 nach Lima, wo er bis 1771 lebte, um dann nach Frankreich zurückzukehren. Geistig gestört traf er nach einer Abwesenheit von 39 Jahren in Europa ein. Über seine Reisen ist nur wenig bekannt geworden. DE LA CONDAMINE, der schon im Jahre 1737, eher als JUSSIEU, die Wälder von Loja besucht und über ihre *Cinchona*-Bäume an die Pariser Akademie berichtet hatte (Sur l'arbre du quinquina — Mémoires de l'Académie royale des sciences de Paris, 1738), versuchte im Jahre 1743 als erster, die wertvollen Pflanzen lebend nach Europa zu bringen. Er ging über Loja nach Jaen und machte von hier aus seine berühmte Fahrt durch den Marañon und Amazonas, die im September 1745 in Para endete. Die *Cinchona*-Pflanzen gingen hierbei verloren, nachdem es gelungen war, sie acht Monate hindurch zu erhalten. Die Spanier JORGE JUAN und ANTONIO DE ULLOA begaben sich, im Jahre 1740 vom Vizekönig Perus in die Hauptstadt berufen, nach Guayaquil und bereisten im November und Dezember die peruanische Küste auf dem Landwege von Tumbez bis Lima. Über diese Expedition berichtet ULLOA in Bd. 3, p. 1—224 der Relación histórica del viage á la América meridional[1]. Beachtung verdienen seine Angaben über das Küstenklima Perus, wiewohl er bei dem Versuche diese Erscheinungen zu erklären in Irrtümer verfällt. Ohne Bedeutung für die Wissenschaft waren zwei spätere Reisen, welche die beiden Gelehrten zwischen Quito und Lima ausführten. Durch JUSSIEU wurde der Peruaner GABRIEL MORENO, durch diesen sein Landsmann HIPOLITO UNANUE zu naturwissenschaftlichen Beobachtungen angeregt.

Das Ende des 18. Jahrhunderts brachte einen bedeutenden Aufschwung, ja den eigentlichen Anfang der botanischen Erforschung Perus. Die ältesten Naturhistoriker hatten sich fast ausschließlich mit solchen Pflanzen beschäftigt, die an der Küste wachsen oder durch ihre nützlichen Eigenschaften Interesse erwecken, und JUSSIEUs Sammlungen aus dem Innern waren größtenteils verloren gegangen. Nunmehr aber wurde durch die verdienstvolle Tätigkeit der Spanier RUIZ und PAVON, welche der Franzose DOMBEY unterstützte, ein umfassendes Bild der peruanischen Flora gewonnen. KÖNIG KARL III. VON SPANIEN, jener eifrige Förderer wissenschaftlicher Reisen, beschloß, eine naturhistorische Expedition nach Chile und Peru zu entsenden und forderte den Botaniker ORTEGA auf, unter seinen Schülern hierzu geeignete Persönlichkeiten vorzuschlagen. Die Wahl fiel auf HIPOLITO RUIZ (geb. am 8. Aug. 1754 zu Belorado in Alt-Castilien, gest. 1815 in Madrid) und JOSÉ PAVON. Diese verließen Spanien am 4. November 1777, und mit ihnen ging der französische Arzt und Botaniker JOSEPH DOMBEY, von seiner Regierung geschickt und hauptsächlich damit beauftragt, peruanische Pflanzen zu suchen, die sich zur Akklimatisation in Europa eigneten. Am 8. April 1778 landeten die drei

---

[1] Die Relación histórica ist von ULLOA verfaßt, was man auf dem Titelblatt nicht erkennt, aber aus dem Vorwort ersieht. JORGE JUAN behandelte in einem besonderen Bande die auf die Gradmessung bezüglichen Beobachtungen.

Botaniker in Callao, also kurz vor der Zeit, wo an der peruanischen Küste die Vegetation der Lomas erscheint. So begann denn auch die Arbeit im Küstengebiet, in den Provinzen Lima und Chancay, und deren Flora bildete den Inhalt der ersten Sammlung, welche nach Europa geschickt wurde. Dann gingen sie auf die Ostseite der Anden und durchforschten die Gegend von Tarma und Jauja, zeitweise sich trennend und verschiedene Richtungen einschlagend. Mit reicher Ausbeute trafen sie in Lima ein. Huanuco war das Ziel der nächsten Reise und der Ausgangspunkt für weite Wanderungen im Gebiet des oberen Huallaga, bis zu den entlegenen Ortschaften Chinchao und Cuchero. Nach der Rückkehr zur Küste verwandten RUIZ und PAVON zwei Monate für eine abermalige Exkursion in die Provinz Chancay, während DOMBEY in Lima blieb. Wiederum vereint unternahmen die drei Reisenden eine Expedition nach Chile, welche zwei Jahre ausfüllte. Alles was sie von dort an naturwissenschaftlichen Sammlungen nach Lima brachten und überdies die gesamte Ausbeute von Tarma, Huanuco und dem zweiten Aufenthalt in der Provinz Chancay ging durch Schiffbruch an der portugiesischen Küste verloren (Februar 1786). Doch gelangten durch DOMBEY, der im April 1784 Peru verlassen hatte, wenigstens die Duplikate nach Spanien. Inzwischen hatten RUIZ und PAVON zum zweiten Male die Provinz Huanuco aufgesucht, drei Monate um Pozuzo und am Flusse Huancabamba[1] gesammelt und endlich die unweit der Stadt Huanuco befindliche Hacienda Macora zwei Monate hindurch als Standquartier benutzt, zusammen mit ihren beiden Schülern, dem Botaniker TAFALLA und dem Zeichner PULGAR. Hier vernichtete im August 1785 eine Feuersbrunst ihre Sammlungen, Manuskripte und Zeichnungen. Schwer gebeugt durch dieses Unglück fanden sie dennoch bald die Kraft sich zu erneuter Arbeit aufzuraffen. Noch zwei größere Reisen wurden von Huanuco aus durchgeführt, die erste nach Muña, die zweite im Jahre 1787 nach Pillao und Chacahuassi. Damit hatten die peruanischen Wanderungen ihr Ende erreicht. RUIZ und PAVON gingen am 1. April 1788 von Callao in See und gelangten im September nach Spanien. — Ihre gemeinsame Tätigkeit setzte sich nunmehr fort in der Zusammenstellung und Veröffentlichung der Reiseergebnisse. 1794 erschien unter dem Titel »Florae peruvianae et chilensis prodromus« ein Folioband, enthaltend die neuen Gattungen, ihre Beschreibungen nebst Abbildungen der Blüten und Früchte sowie ihrer Teile. 1798—1802 folgten die drei Foliobände der »Flora peruviana et chilensis«, worin nach dem LINNÉschen System geordnet die neuen Arten samt einigen schon bekannten beschrieben und auf den 325 Tafeln zum Teil auch abgebildet werden; bei den Beschreibungen der Arten finden sich auch Angaben über klimatische Regionen, Standortsverhältnisse, Blütezeiten, Vulgärnamen und nützliche Eigenschaften. 100 unveröffentlichte Tafeln besitzt die Kew-Bibliothek; sie werden als zu Bd. IV gehörig und unter den Nummern 326 bis 425 im Kew-Index zitiert. Im Jahre 1798 wurde unmittelbar nach dem ersten

---

[1] Nicht zu verwechseln mit dem gleichnamigen Flusse Nordperus.

Band der Flora ein kleines Buch in Oktavformat herausgegeben, der Band I des »Systema vegetabilium Florae peruvianae et chilensis«, ein Kompendium, wie es die Verfasser nennen, dazu bestimmt, den Inhalt des Prodromus und der Flora in Kürze und ohne Abbildungen zusammenzufassen. Der erste Teil dieses Bandes enthält die neuen und die bis dahin mangelhaft bekannten Gattungen nebst ihren Arten, der zweite Teil die Arten der gut bekannten Gattungen bis zu LINNÉs vierter Klasse einschließlich. Die Zitate im Systema zeigen, daß für die Flora im ganzen acht Bände in Aussicht genommen waren. Beide Werke blieben unvollendet. Hauptsächlich mögen die bedeutenden Unkosten und die Kriegswirren jener Zeit bewirkt haben, daß RUIZ und PAVON die reichen Ergebnisse ihrer elfjährigen Reise nur teilweise der Nachwelt überliefern konnten. Ihre Forschungen haben sich übrigens nicht über das gesamte Peru ausgedehnt, sondern hauptsächlich den zentralen Teil berücksichtigt, die östlichen Hänge etwa zwischen 9 und 12° s. Br., die Hochanden, über deren Flora wir nur wenig erfahren, in der Gegend von Cerro de Pasco, die Westhänge und das Küstenland bei Obrajillo, Canta, Chancay und Lima. Von ihrem Schüler JUAN TAFALLA erhielten RUIZ und PAVON, als sie bereits nach Spanien zurückgekehrt waren, noch einige Pflanzensendungen aus anderen Gegenden Perus, vor allem aus Atiquipa in der südlichen Küstenprovinz Camaná. Trotz ihrer Unvollständigkeit bilden die Werke der beiden spanischen Gelehrten eine der wertvollsten Grundlagen für die botanische Erforschung der chilenischen und peruanischen Anden. Viele Pflanzen, die RUIZ und PAVON gesammelt, aber nicht beschrieben hatten, wurden später von anderen Botanikern bei monographischen Studien verwertet. RUIZ' Kollektion ist vor allem im Botanischen Garten zu Madrid, im Londoner British Museum und dem Botanischen Museum Berlins vertreten, PAVONs Sammlung im Museum zu Florenz, dem Herbar BOISSIER-BARBEY zu Genf usw. — DOMBEY mußte nach seiner Ankunft in Spanien die Hälfte seiner Ausbeute an die spanische Regierung abliefern zur Deckung der Verluste, die RUIZ und PAVON erlitten hatten. Auch nahm man ihm das Versprechen ab, vor der Rückkehr seiner Reisegefährten nichts über die Expedition zu publizieren. Diese Verpflichtung suchten BUFFON und L'HÉRITIER später zu umgehen. Letzterer begab sich, da die Ansprüche Spaniens bei der französischen Regierung Unterstützung fanden, mit DOMBEYs Pflanzen nach London und begann die Bearbeitung. Ihren Abschluß verhinderte jedoch die Ermordung L'HÉRITIERs. DOMBEYs Herbar liegt im naturhistorischen Museum zu Paris. — Im Jahre 1789 nahm von Cadix eine Weltumsegelung ihren Ausgang, die im Jahre 1794 endete, und deren Leiter MALASPINA war. An diesem Unternehmen beteiligten sich LOUIS NÉE (in Frankreich geboren) und THADDAEUS HAENKE (gebürtig aus Kreibitz in Böhmen), der letztere im Auftrage des KÖNIGS KARL III. VON SPANIEN. NÉE gelangte zweimal nach Callao. Einen großen Teil seiner Pflanzen hat CAVANILLES bearbeitet. Peruanische Fundstellen, die CAVANILLES besonders häufig nennt, sind Obrajillo, San Buenaventura, Huamatanga, Purruchuco, Canta. Alle diese Orte liegen auf den Westabhängen der Anden, am Wege von Lima nach Cerro de Pasco. NEEs Sammlungen sowie seine Zeichnungen und Manuskripte werden im botanischen Garten zu Madrid verwahrt. HAENKE begab sich, da bei seiner Ankunft in Cadix die Expedition bereits abgereist war, allein nach Montevideo und Buenos Aires, dann durch Argentinien und über die Anden nach Valparaiso. Hier gelang es ihm endlich, im April 1790, seine Reisegefährten zu treffen. HAENKE ging nun mit der Expedition nach Peru, Ecuador, Nordamerika, Südasien und wieder zurück nach Chile (1794). Von 1796 bis zu seinem Tode (1817) war er in Cochabamba (Bolivia) als Arzt, Naturforscher und Ethnograph tätig. Der größte Teil seiner Pflanzensammlung wurde von der spanischen Regierung nach Lima geschickt und ist wohl verloren gegangen. Was nach Europa gelangte, bearbeitete PRESL unter dem Titel »Reliquiae Haenkeanae«.

Am Beginn des 19. Jahrhunderts erhielt Peru den denkwürdigen Besuch des Mannes, der, die wissenschaftlich geographische Erforschung Amerikas anbahnend, des neuen Erdteils zweiter Entdecker wurde, und der die Pflanzengeographie als neuen Wissenszweig begründete: ALEXANDER VON HUMBOLDT (geb. 14. Sept. 1769 zu Berlin, gest. 6. Mai 1859 ebendaselbst) betrat, aus Loja (Ecuador) kommend, die nordperuanische Ortschaft Ayavaca am 2. oder 3. August 1802. Ihn begleitete der französische Botaniker AIMÉ BONPLAND (geb. 29. August 1773 zu La Rochelle, Frankreich, gest. am 11. Mai 1858 in Santa Anna, Prov. Corrientes, Argentinien). Ein Zufall hatte die beiden Freunde veranlaßt, nach ihrem Aufenthalte in Venezuela und auf Cuba die geplante Reise durch Mexiko nach den Philippinen aufzugeben und der Andenkette über den Äquator hinaus zu folgen: es war die in Havana vorgefundene irrtümliche Zeitungsnachricht, daß Kapitän BAUDIN sich mit seinen Schiffen auf der Fahrt nach der peruanischen Küste befände. Dieser Angabe vertrauend, suchte HUMBOLDT ein in Europa gegebenes Versprechen zu erfüllen und mit dem Kapitän in Callao zusammenzutreffen. Überdies war es ihm erwünscht, dort ein astronomisches Phänomen, den Durchgang des Merkur vor der Sonnenscheibe, wissenschaftlich zu verwerten. Von Ayavaca begaben sich HUMBOLDT und BONPLAND nach Huancabamba, in das Tal des gleichnamigen Flusses. Dem Huancabamba und seinem Unterlaufe, dem Chamaya, folgend, gelangten sie an den Marañon und befuhren diesen mit Flößen bis hinab nach den Katarakten von Rentema (377.50 m). Hauptzweck dieser Fahrt war, bei Tomependa (403 m) den Längenunterschied zwischen Quito und der Mündung des Chinchipe in den Marañon zu bestimmen und eine ältere Beobachtung CONDAMINES zu berichten. Nunmehr führte ihr Weg zum Gebirge zurück, über Jaen in das Tal des Rio de Chota, nach der Hacienda Montán, Micuipampa (jetzt Hualgayoc genannt) und Cajamarca. Über Magdalena und Contumaza erfolgte der Abstieg nach der Küstenstadt Trujillo und von hier auf dem Landwege die Reise nach Lima. Am 9. November glückte es HUMBOLDT in Callao den Merkurdurchgang zu beobachten und damit wenigstens den einen Hauptzweck seiner peruanischen Reise zu erreichen. Nachdem sich die Untersuchung des Küstenlandes noch bis Pisco und Ica ausgedehnt hatte, verließen HUMBOLDT und BONPLAND Ende Dezember 1802 Peru und fuhren über Guayaquil nach dem mexikanischen Hafen Acapulco. Von den peruanischen Anden lernte sonach HUMBOLDT nur den nördlichsten Teil kennen, wo bei der geringen Höhe des Gebirges die Vegetation nicht so mannigfaltige Entwicklung erlangt wie weiter im Süden. Dort empfing er Eindrücke, welche ihm eine prächtige Schilderung entstehen ließen, »Das Hochland von Caxamarca«, ein Kapitel seiner »Ansichten der Natur«. Das kühle Klima der Küste, welches man damals aus der Nähe schneebedeckter Kordilleren erklären wollte, brachte HUMBOLDT in Zusammenhang mit der bisher übersehenen, niedrigen Temperatur des Meerwassers: »Zu meinem größten Erstaunen fand ich das Meer an der Oberfläche unter Breiten, wo es außerhalb der Strömungen 26^0 bis $28,5^0$ ist, bei Truxillo, Ende September $16,0^0$, bei Callao, Anfang November $15,5^0$. Die Lufttemperatur war in der ersten Epoche $17,8^0$, in der zweiten $22,7^0$, also (was wichtig zu bemerken ist) 7^0 wärmer als der Ozean in der Strömung. Die Luft konnte also nicht das Meer erkältet haben, und ohne noch eine nähere Kenntnis von dem Klima von Lima oder der Epoche zu haben, in der die Garua herrscht, d. h. in der die Sonne von einer Nebelschicht verschleiert ist und monatelang eine scharf begrenzte rotgelbe mondartige Scheibe darbietet, faßte ich schon in Truxillo, bei der ersten Annäherung an die Küste, die seitdem durch viele Seefahrer bestätigte Ansicht, daß die peruanische Strömung eine Polarströmung sei, welche von hohen Breiten niedern zueilend, den Hauptsinuositäten der Küste in NNW.-Richtung folgt, und daß die große Temperirtheit des peruanischen Küstenklima, ich kann sagen die empfindliche Kälte, welche man mitten in den Tropen und wenige Fuß über dem Meeresspiegel erhoben in der sogenannten Wüste des Baxo-Peru erleidet, ihren Grund in der geringen Meereswärme und der gehemmten Wirkung der Sonnenstrahlen während der Garua (drei- oder viermonatlicher Verschleierung der Himmelsdecke) hat'«. Bekanntlich hat nach neueren Untersuchungen die Peru- oder Humboldtströmung an der Abkühlung des Küstenwassers nur geringen Anteil. In Ecuador hatte HUMBOLDT die großartige Abstufung des Pflanzenlebens vom üppigen Tropenwalde bis hinauf zum ewigen Schnee des Chimborazogipfels vor Augen gehabt. Dort empfing er die fruchtbarsten Anregungen für seine pflanzengeographischen Werke, und was wir aus seinen »Ideen zu einer Geographie der Pflanzen nebst einem Naturgemälde der Tropenländer« (Tübingen 1807) und »De distributione geographica plantarum secundum coeli temperiem et altitudinem Montium, prolegomena« (Paris 1817) über die Vegetationsgliederung der Anden Ecuadors erfahren, gilt in den Hauptpunkten auch für manche Gegenden des östlichen Peru. Die Beschreibung des botanischen Materiales, das HUMBOLDT und BONPLAND gemeinsam gesammelt hatten, wurde in einer stattlichen Reihe von Foliobänden niedergelegt und mit schönen Tafeln ausgestattet. HUMBOLDT

---

[1] Einer von BERGHAUS (Allgem. Länder- und Völkerkunde I 575—592) veröffentlichen Handschrift HUMBOLDTS entnommen.

überließ aber diese systematischen Arbeiten anderen Gelehrten. BONPLAND verfaßte die »Plantes équinoxiales« (2 Bde. gr. fol. mit 140 Kupfern. Paris 1805—1818) und die »Monographie des Mélastomes et autres genres du même ordre« (2 Bde. gr. fol. mit 120 color. Kupfrn. Paris 1806—23), HOOKER, Die Plantae cryptogamicae (London 1816). KUNTH gab das Hauptwerk heraus, die von WILLDENOW begonnenen »Nova genera et species plantarum« (7 Bde fol. mit 700 Kpfrn. Paris 1815—25), ferner die »Mimoses et autres plantes légumineuses du nouveau continent« (gr. fol. mit 60 color. Kpfrn. Paris 1819 bis 24), dann eine Zusammenfassung und Ergänzung der genannten Werke, die 4 Oktavbände der »Synopsis plantarum quas in itinere ad plagam acquinoctialem orbis novi collegerunt A. de Humboldt et A. Bonpland« (Straßburg und Paris 1822—26), endlich die »Revision des graminées publiées dans les Nova genera et species plantarum« (2 Bde gr. fol. mit 100 Kpfrn. Paris 1826—34). Als Einleitung zu den »Nova genera« schrieb HUMBOLDT die bereits erwähnte, auch für sich erschienene Abhandlung »De distributione geographica plantarum usw.« Am Ende der »Nova genera« und der »Synopsis« stellte KUNTH für die verschiedenen Gebiete floristische Verzeichnisse zusammen. Die peruanischen Pflanzen verteilen sich auf zwei Abschnitte, die »Flora quitensis« und die »Flora andium peruvianorum ab oppido Caxamarcae usque ad littora oceani pacifici«. HUMBOLDTs und BONPLANDs Hauptsammlung liegt im Pariser Museum, die Dubletten erhielt das Botanische Museum zu Berlin. — Der Engländer WILLIAM JAMESON, Verfasser der »Synopsis Plantarum Acquatoriensium« (2 Bde. Quito 1865), der von 1826 bis 1870 in Quito lebte und an der dortigen Universität als Professor der Chemie und Botanik wirkte, weilte zwischen 1820 und 1822 in Lima. In den Museen findet sich eine Anzahl peruanischer Pflanzen, die von JAMESON gesammelt sind. — Zwischen 1822 und 1825 berührte DUPERREY, der im Auftrage der französischen Regierung auf der Corvette Coquille eine wissenschaftliche Weltumsegelung leitete, die Küste Perus und brachte von dort naturhistorische Sammlungen nach seiner Heimat. — PENTLAND erforschte zwischen 1826 und 1828 als Botaniker und Geologe Bolivia und das südliche Peru, namentlich das Titicacahochland, befand sich dann längere Zeit in Europa und 1836—39 als britischer Konsul abermals in Bolivia.

EDUARD FRIEDRICH POEPPIG[1] (geb. 16. Juli 1798 in Plauen, Sachsen, gest. 4. Sept. 1868 in Wahren bei Leipzig), studierte an der Universität Leipzig Medizin und Naturwissenschaften und erlangte dort die Doktorwürde. Wanderungen durch mehrere Länder Europas hatten seine botanische Ausbildung gefördert. Seinem sehnlichen Wunsche, weniger bekannte Gebiete, vor allem die Tropen botanisch zu durchforschen, konnte er im Jahre 1822 folgen. Habana war das erste Reiseziel. 1824 siedelte er von Cuba nach den Vereinigten Staaten über und von hier 1826 nach Chile. Ende Mai 1829 landete

---

[1] Ausführliche Biographie: IGN. URBAN: Eduard Poeppig (in ENGLERS Botan. Jahrb. Vol. XXI Beibl. No. 53 1896) p. 3—29).

POEPPIG an der peruanischen Küste im Hafen Callao. Nur zwölf Tage dauerte der Aufenthalt in Lima, dessen Umgebung zu jener Jahreszeit dem Botaniker keine lohnende Ausbeute gewährte. Dann folgte der Aufstieg ins Gebirge. Über Canta, Obrajillo, den Paso de la Viuda und Cerro de Pasco wurde Huanuco erreicht. Unterhalb dieser Stadt, in der Gegend von Chinchao, Cassapi und Cuchero, die RUIZ und PAVON so erfolgreich durchsucht hatten, wählte auch POEPPIG sein Arbeitsfeld. Bei der Cocapflanzung Pampayaco, wo ehemals das Dorf Cuchero stand, ließ er eine Hütte errichten, die er neun Monate hindurch bewohnte. Im Mai oder Juni 1830 begann die gefahrvolle Fahrt auf dem Huallaga zum Amazonenstrom. Sie wurde unterbrochen durch längere Aufenthalte in Tocache und namentlich in Yurimaguas. August 1831 erreichte POEPPIG auf dem Amazonas die brasilianische Grenze und im Oktober 1832 traf er von Pará kommend wieder in Europa ein. Für die Geographie Südamerikas bildet POEPPIGS »Reise in Chile, Peru und auf dem Amazonenstrom während der Jahre 1827—1832« (Leipzig 1835—36; 2 Quartbände und ein Atlas mit landschaftlichen Ansichten) eins von den grundlegenden Werken, ausgezeichnet durch die Vielseitigkeit der Beobachtungen sowie durch die anschauliche und formvollendete Darstellung. In den drei Bänden der »Nova genera ac species plantarum« (Leipzig 1835—45) hat POEPPIG zusammen mit STEPHAN ENDLICHER einen Teil seiner Pflanzen bearbeitet; den Beschreibungen sind 300 Kupfertafeln beigefügt. Das Werk gewinnt an Wert durch die Benutzung vieler Entwürfe und Skizzen, die an Ort und Stelle angefertigt worden waren. Die peruanischen Arten gehören fast ausnahmslos zur Flora der östlichen Andenseite. Den größeren Rest seines Pflanzenmateriales überließ POEPPIG anderen zur wissenschaftlichen Verwertung. MARTIUS beschrieb die Palmen, KUNTH die Cyperaceen, TRINIUS die Gramineen, KUNZE die Farne usw. Die in Peru und Brasilien gesammelten Pflanzen, etwa 2000 Arten, gelangten an verschiedene Herbarien und sind am vollständigsten im Wiener Hofmuseum vertreten. — Etwa zwei Wochen später als POEPPIG erreichte von Lima aus die Stadt Cerro de Pasco der Engländer ALEXANDER CRUCKSHANKS. Seine Schilderung dieses Ausfluges (21. Juni bis 2. September 1829), die sich betitelt »Account of an excursion from Lima to Pasco« (Hookers Botanical Miscellany 1831, p. 168), enthält interessante Angaben über Klima und Vegetation der westlichen Teile Chiles und Perus und einige geologische Mitteilungen aus dem Andengebiet zwischen Lima und Cerro de Pasco. Diesem Aufsatz läßt W. J. HOOKER (ebenda p. 205—241) Beschreibungen und Abbildungen von CRUCKSHANKS gesammelter, chilenischer und peruanischer Pflanzen folgen. — ALCIDE D'ORBIGNY durchforschte, vom naturhistorischen Museum zu Paris beauftragt, hauptsächlich Argentinien und Bolivien und war annähernd acht Jahre unterwegs. Er legte umfangreiche botanische, zoologische und paläontologische Sammlungen an und wurde zum Begründer der physischen Geographie Bolivias. Im April 1830 in Arica gelandet, ging er über Tacna nach dem Titicaca-See und La Paz. Nach dreijähriger Tätigkeit (Mai 1830 bis Juni 1833) in Bolivia und den angrenzenden Teilen Brasiliens, traf er wiederum in Tacna und Arica ein und fuhr im Juli 1833 von diesem Hafen nach Islay und Callao. D'ORBIGNY hielt sich sodann einige Zeit in Lima auf und verließ im September 1833 Peru, um nach Frankreich zurückzukehren. Die Frucht seiner Forschungsreise war ein wertvolles Werk: »Voyage dans l'Amérique méridionale«, Paris 1834—47, von dessen neun Bänden die drei ersten eine Reisebeschreibung liefern, der siebente die Bearbeitung der Kryptogamen und Palmen enthielt. D'ORBIGNYS Sammlungen besitzt das naturhistorische Museum zu Paris, Duplikate das Herbarium De Candolles. — Der Engländer HUGH CUMING besuchte um 1831 flüchtig die peruanische Küste, wo er neben zoologischen Objekten auch einige Pflanzen sammelte. — CHARLES GAUDICHAUD-BEAUPRÉ nahm bei seinen drei großen Forschungsreisen nur kurzen Aufenthalt in Peru und beschränkte denselben auf das Küstengebiet. Zwischen 1831 und 1832 sammelte er in der Gegend von Callao. Sein Plan, das Innere des Landes zu untersuchen und namentlich die medizinisch wichtigen *Cinchona*-Arten kennen zu lernen, ließ sich nicht ausführen. Im Juli 1836 befand sich GAUDICHAUD abermals in Callao sowie in Payta.

F. J. F. MEYEN nahm in den Jahren 1830—32 als Arzt und Naturforscher teil an einer Handelsexpedition, welche die kgl. preußische Seehandlung nach Südamerika und China entsandte. Auf dem von Kapitän WENDT befehligten Segelschiff »Prinzeß Luise« nach Valparaiso gelangt, hielt er sich zwei Monate in Chile auf und fuhr dann weiter nach Peru. Am 26. März 1831 landete MEYEN in dem peruanischen, gegenwärtig von Chile besetzten Hafen Arica. Da das Schiff hier längere Zeit zu verweilen und dann, etwas weiter im Norden, den Hafen Islay anzulaufen hatte, bot sich Gelegenheit zu einem größeren Ausflug nach der Cordilleren-Region. MEYEN stieg über Tacna hinauf zum Passe Guatillas und gelangte, die Ortschaften Tacora, Pisacoma und Chucuito berührend, nach Puno am Titicacasee. Schon am folgenden Tage begann die Rückkehr nach der Küste, auf dem Wege, der über den Paß Altos de Toledo nach Arequipa führt. Von Arequipa aus versuchte MEYEN die Besteigung des Vulkans Misti, mußte aber, von der Bergkrankheit entkräftet, dicht unter dem Gipfel umkehren. Im Hafen Islay, wo die »Prinzeß Luise« vor Anker lag, endete am 23. April die Gebirgsreise. Das nächste Ziel war der Hafen Callao und Perus Hauptstadt Lima. Obwohl der Aufenthalt in Lima drei Wochen dauerte, ließ sich eine Reise nach der Cordillere nicht ermöglichen, und die botanischen Exkursionen mußten auf die unmittelbare Umgebung der Stadt beschränkt bleiben. Am 21. Mai verließ MEYEN Peru. In einem zweibändigen Werk (»Reise um die Erde« — Berlin 1834 und 1835) legte er vielseitige Beobachtungen nieder, die sich auf die Bevölkerung der bereisten Länder, auf Zoologie, Botanik, Geologie, Mineralogie und klimatische Verhältnisse beziehen. Von den unterwegs gesammelten Pflanzen werden einige in diesem Reisebericht beschrieben, allerdings mit sehr knappen Diagnosen. Bei seinen botanischen Arbeiten widmete MEYEN stets auch pflanzengeographischen Fragen große Aufmerksamkeit und gewann so das Material für sein wertvolles Buch »Grundriß der Pflanzengeographie« (Berlin

1836), in welchem die Vegetation der peruanischen Anden häufig erwähnt wird.

Der Engländer ANDREW MATHEWS, Gärtner von Beruf, sammelte in Chile und Peru. Im Beginn des Jahres 1833 hatte er in Peru seine botanische Tätigkeit längst begonnen. Denn zu dieser Zeit kehrte er zurück von einer Reise, welche die Gegenden von Cerro de Pasco, Huanuco, Huaraz, Tarma, Jauja und Huancayo berührt hatte. Dann ging er in das Tal von Pariahuanca, das zum Apurimac führt und später zum Pangoa, einem Flusse im Osten der Stadt Jauja und am Ostfuße der Anden. Da in Ayacucho politische Unruhen ausbrachen, sah er sich genötigt, seinen Reiseplan zu ändern. Im August 1833 befand er sich in Lima, von November 1833 bis April 1834 in Casapi, einer Ortschaft, die unterhalb Huanuco unweit des Flusses Huallaga liegt, in der Gegend, wo RUIZ und PAVON den größten und interessantesten Teil ihrer Sammlungen erbeuteten. Dem Huallaga stromabwärts folgend und streckenweise zu Fuß unwegsame Waldgebirge durchwandernd, erreichte er (April 1834) Juana del Rio, heut Tingo Maria genannt, wo der Huallaga den Rio de Monzon, einen linken Nebenfluß, aufnimmt und für Canoas schiffbar wird, und Juan Guerra, gelegen am Flusse Mayo, in geringer Entfernung von dessen Mündung in den Huallaga und von der Stadt Tarapoto. Nachdem er sich in Moyobamba und zwei Monate in Chachapoyas aufgehalten hatte, kehrte er nach der Küste zurück und gelangte über Trujillo im November 1834 nach Lima. Durch die beschwerlichen Reisen erlitt schließlich seine Gesundheit empfindliche Störungen. Im Juli 1839 brach er von Lima, nachdem ihn schweres Fieber vier Monate lang an das Krankenlager gefesselt hatte, nach dem Norden auf, um Chachapoyas und Moyobamba zu besuchen. Die erhoffte Genesung war ihm nicht beschieden; Anfälle von Fieber und Rheumatismus wiederholten sich beständig und zwangen ihn monatelang untätig zu bleiben. Am 24. November 1841 erlag MATHEWS seinem Leiden in Chachapoyas. MATHEWS Sammlung, die reichhaltigste und beste seit RUIZ und PAVON, umfaßte gegen 10000 Nummern. Außer Chachapoyas werden auf seinen Etiketten besonders oft erwähnt Purrochuco, Huamatanga und Obrajillo, drei Ortschaften, die an den Westhängen der Anden, auf dem Wege von Lima nach Cerro de Pasco liegen. Seine Pflanzen werden in Kew aufbewahrt, zahlreiche Duplikate gelangten auch in andere Museen. Die Bearbeitung zerstreute sich über die Monographien verschiedener Botaniker und dürfte auch gegenwärtig noch nicht abgeschlossen sein. — Bei der von Kapitän FITZROY geleiteten Weltumseglung des britischen Schiffes »Beagle« machte 1835 CHARLES DARWIN wichtige Beobachtungen über die geologischen Verhältnisse der peruanischen Küste. — Der Schweizer J. J. VON TSCHUDI verweilte 1838—1842 im Küstengebiete zwischen Ica und Huacho, ferner im oberen Rimactale, um Cerro de Pasco und am oberen Huallaga und kehrte 1858 abermals nach Peru zurück. Seine Studien richteten sich vorwiegend auf die Gebiete der Zoologie und Anthropologie, aber in seine »Untersuchungen über die Fauna peruana« (St. Gallen 1844—46) und sein anziehend geschriebenes Buch: »Peru, Reiseskizzen aus den Jahren 1838—42« (2 Bde. St. Gallen 1846) sind anschauliche Klima- und Vegetationsschilderungen eingeflochten. — M. CLAUDE GAY, in Frankreich geboren, hatte sich die geographische und naturwissenschaftliche, insbesondere botanische Erforschung Chiles zur Aufgabe gemacht und widmete sich derselben in den Jahren 1828 bis 1832 und 1834—1842. In dem Wunsche, die Vegetation Perus wenigstens flüchtig kennen zu lernen und mit der Chiles zu vergleichen, kam er (Juli 1839) nach Lima und blieb dort nahezu zwei Monate, einen Teil seiner Zeit für historische Arbeiten in den Archiven der Hauptstadt verwendend. Er unternahm sodann eine Reise nach Cuzco, welche über die Orte Huancayo, Huancavelica, Andahuaylas und Abancay führte, länger als zwei Monate dauerte und reiche Sammlungen ergab. Von Cuzco aus besuchte er das Waldgebiet am Paucartambo, um die wilden Indianerstämme dieses Tales zu sehen. Wieder in Cuzco angelangt, verbrachte GAY vier Monate mit der Erforschung des Tales von Santa Anna und dann einen Monat mit der Besichtigung incaischer Ruinen in der Umgebung von Cuzco. Eine Reise durch Bolivia mußte, da ein Krieg zwischen diesem Lande und Peru zu befürchten war, aufgegeben werden. GAY begab sich nach Arequipa und kehrte dann über Callao nach Valparaiso zurück, woselbst er im April 1840 ankam. Seine Sammlungen liegen im Musée d'histoire naturelle zu Paris, Duplikate im Herbar Delessert (Genf) und einigen anderen Herbarien.

CHARLES WILKES leitete die nordamerikanische »United States exploring expedition«, die im Jahre 1839 Callao berührte und sich kurze Zeit in Peru aufhielt. Der Weg, welcher Lima mit Cerro de Pasco verbindet, wurde zu einer Exkursion benutzt (16.—28. Mai), die sich über Yanga, Obrajillo (Prov. Canta), Baños bis in die Schneeregion von Casacancha und Alpamarca ausdehnte. Für den botanischen Teil des Unternehmens ergab sich eine durch CH. PICKERING, W. RICH und J. D. BRACKENRIDGE angelegte Sammlung von 820 Arten. In dem großen Werke »United States exploring Expedition« gelangte das botanische Material der gesamten Reise zur Bearbeitung und zwar in: Bd. XV, 1854 (Phanerogamen von ASA GRAY), Bd. XVI, 1854 (Farne von BRACKENRIDGE), ferner zwei aus Tafeln bestehenden Foliobänden und endlich einer von W. SULLIVANT verfaßten, die Moose betreffenden Abhandlung (1859). Die Sammlungen befinden sich in Washington (Smithsonian Institution), Dubletten enthält das Herbarium ASA GRAY der Universität Cambridge (Mass.).

THEODOR HARTWEG, von der Londoner Horticultural Society zu gärtnerischen Zwecken engagiert, legte zuerst in Mexiko und Guatemala, dann (1841 —43) in Ecuador und Kolumbien, schließlich in Kalifornien Herbarien an, welche das Material für BENTHAMS »Plantae Hartwegianae« (London 1839—57) bildeten. Bei Guayaquil und Loja näherte er sich den heutigen Grenzen Perus, die er anscheinend nicht überschritt.

Um die Mitte des 19. Jahrhunderts beschäftigten sich mehrere Botaniker mit dem Studium der *Cinchona*-Bäume Ecuadors, Perus und Bolivias und mit ihrer Verpflanzung nach andern Tropenländern. Näherte sich doch immer mehr die Gefahr einer Ausrottung dieser kostbaren Arzneipflanzen. WEDDEL war der erste und wissenschaftlich bedeutendste unter jenen Männern. Aber auch auf einem ganz andern Gebiete erwarb er sich hervorragende Verdienste, und diese haben wir hier in erster Linie zu würdigen: wir verdanken ihm die ersten gründlichen Untersuchungen über die Flora der höheren Gebirgsregionen. HUGH ALGERON WEDDEL (geb. 22. Juni 1819 zu Birches-House bei Painswick, England, gest. 22. Juli 1877 in Poitiers, Frankreich), studierte in Paris Medizin und Naturwissenschaften, vor allem Botanik. 1843 ging er als Botaniker mit der Expedition des Grafen F. DE CASTELNAU nach Brasilien, 1845, von seinen Reisegefährten sich trennend, nach Bolivia mit der Absicht, dort sowie in Peru sich dem Studium der *Cinchona*-Arten zu widmen. Fast das ganze Jahr 1847 verbrachte WEDDEL teils im nördlichen Bolivien, teils im südlichen Peru und zwar in der Gegend des Titicacasees, an den östlichen Andenhängen der Provinz Sandia (früher zur Provinz Carabaya gehörig), in Cuzco, dem Urubambatale bis hinab nach Echarate und Cocabambilla und in Arequipa. Während des Aufenthaltes in Arequipa gelang es ihm den Gipfel und den Krater des Misti zu erreichen. Im November 1847 von Islay aus nach Callao und Lima gelangt, trat er im folgenden Monat die Heimreise nach Frankreich an. 1851 (April) kam WEDDEL mit dem Auftrage, eine Expedition nach dem goldreichen Gebiet des bolivianischen Flusses Tipuani zu führen, abermals nach Peru und ging von Lima nach Arica, dann über Tacna und Tacora nach Bolivia, schließlich zurück zum Titicacasee, nach Arequipa und dem Hafen Islay und von hier aus (Oktober 1851) nach Frankreich. Nach der ersten Reise veröffentlichte WEDDEL unter dem Titel »Additions à la flore de l'Amérique du Sud. Introduction« (Annales des Sciences naturelles, 3. sér. tome 13 [Paris 1849] p. 40—113) einen Bericht über die allgemeinen Vegetationsverhältnisse der besuchten Länder. Seine »Voyage dans le nord de la Bolivie et dans les parties voisines du Pérou« (Paris 1853), ein Buch, das die zweite Expedition behandelt, ist in der Hauptsache eine populäre Reiseschilderung, enthält aber auch vereinzelte pflanzengeographische Beobachtungen. Einen Ehrenplatz unter den Erforschern Südamerikas sicherte sich WEDDEL durch die »Histoire naturelle de Quinquinas« (Paris 1849) und durch die »Chloris andina« (Paris 1855/57). Das erstgenannte Werk, ein Folioband, dessen Gegenstand die *Cinchona*-Bäume bilden, unterrichtet über die früheren diesbezüglichen Forschungen, die Gewinnung der Rinde in den Andenländern, die anatomische Struktur und ihre Verwendung zur Unterscheidung der Sorten, die geographische Verbreitung und systematische Gliederung der Gattung *Cinchona* und nahe verwandter Gattungen; 30 Tafeln, eine Verbreitungskarte und ein Vegetationsbild aus der *Cinchona*-Region der peruanischen Provinz Sandia begleiten den Text. Der systematische Teil fand später eine Ergänzung durch die »Notes sur les Quinquinas« (Ann. sc. nat. 5 sér. Bd. XI p. 346—363 und Bd. XII p. 24—79, Paris 1869). Die »Chloris andina« bezeichnet der Verfasser als einen Versuch, die alpine Region der südamerikanischen Cordilleren floristisch darzustellen. Allerdings ist es ihm nicht möglich, die Grenzen jener Region durch Höhenzahlen auszudrücken. Ferner hat er absichtlich auch die Flora mittlerer Höhenlagen hin und wieder berücksichtigt. Als Grundlage dienten ihm teils eigene Beobachtungen, die sich über die bolivianischen und südperuanischen Anden und durch zehn Breitengrade erstreckten, teils die Sammlungen und Werke anderer Forscher. Insbesondere machen die ausführlichen Beschreibungen, die vortrefflichen Abbildungen und die auf Angabe der Höhenregionen und Standortsverhältnisse verwendete Sorgfalt die ›Chloris andina‹ wertvoll und zu einer der wichtigsten literarischen Erscheinungen auf dem Gebiete südamerikanischer Floristik und Pflanzengeographie. Leider gelangten in den beiden Bänden nur die Dicotylen mit Ausschluß der Cruciferen zur Bearbeitung. Eine kurze Übersicht der hochandinen *Calamagrostis*-Arten erschien 1875 (»Les Calamagrostis des Hautes Andes«. Bulletin de la Société Botanique de France Bd. XXII p. 173—180). — Die von WEDDEL gesammelten Pflanzen befinden sich im Naturhistorischen Museum zu Paris und sind durch Dubletten auch im Herbar DE CANDOLLE vertreten. — Mit den übrigen Teilnehmern seiner Expedition traf CASTELNAU gleichfalls in Peru ein. Seine Reise von Lima über Cerro de Pasco, Huancayo, Abancay, Cuzco ins Urubambatal und seine Fahrt auf dem Urubamba und Ucayali zum Amazonas (1846) dienten hauptsächlich allgemein geographischen Aufgaben.

In der langen Reihe derer, welche im Lande der Incas wissenschaftliche Ziele verfolgten, nimmt ANTONIO RAIMONDI eine ehrenvolle Sonderstellung ein. **Ihm wurde die naturhistorische und geographische Erforschung Perus zur Lebensaufgabe, vier Jahrzehnte hindurch zum Inhalt unermüdlichen Strebens.** Italiener von Geburt scheint er seine wissenschaftliche Ausbildung hauptsächlich in Mailand empfangen zu haben. Die Werke berühmter Reisender, die Sammlungen naturhistorischer Museen, die exotischen Pflanzenschätze botanischer Gärten erweckten in dem Jüngling die Sehnsucht nach den Tropen, insbesondere denen Amerikas, und den Entschluß mitzuwirken an der Erkundung jener Gebiete. Als er dann über die Wahl des Reiseziels nachdachte, entschied er sich für Peru, das Land, welches Sandwüsten, Steppen, schneebedeckte Berggipfel und üppigen Tropenwald auf engem Raume vereinigt. Im Juli 1850 landete RAIMONDI beim Hafen Callao. Seine Tätigkeit, anfänglich auf zehn Jahre berechnet, war zunächst für sämtliche Zweige der Naturwissenschaft bestimmt und dehnte sich später auch auf Geographie und Ethnologie aus. Bis zum heutigen Tage hat kein Mann der Wissenschaft Peru so genau kennen gelernt wie RAIMONDI. Von 1851 bis 1869 durchzog er das ganze Land. Er gewann damit das Material für seine ›Mapa del Peru‹ eine Landkarte, die in einigen dreißig Blättern nach und nach erschienen ist. Von seinem großartig angelegten Werke El Peru konnte er selbst nur die drei ersten Bände (Lima 1874—1879), in denen die Erforschungsgeschichte niedergelegt ist, der Öffentlichkeit übergeben. Hier finden wir auch eine Zusammenstellung seiner eigenen Reisen. Nach seinem Tode gab die Sociedad geografica in Lima noch einen vierten Band heraus (Lima 1902), der vor allem die Minerale und Gesteine behandelt und außerdem einige kleinere Aufsätze enthält. RAIMONDIS Lieblingsgebiet war die Botanik; leider jedoch ist von seinen diesbezüglichen Arbeiten nur ein sehr geringer Teil bekannt geworden. Für die studierende Jugend, die er als Professor an der Universität Lima in die Naturwissenschaften einführte, waren seine »Elementos de botanica« (Lima 1857) geschrieben; am Schlusse dieses Lehrbuches wird die pflanzengeographische Gliederung Perus in einer kurzen Übersicht dargestellt. Auch in den »Apuntes sobre la provincia litoral de Loreto« (Lima 1862) finden sich botanische Angaben. Etwa 300 farbige Pflanzenabbildungen werden im »Museo Raimondi« aufbewahrt, zusammen mit RAIMONDIS naturwissenschaftlichen und ethnographischen Sammlungen. Zu diesen gehören Herbarpflanzen, deren Zahl man auf 20000 Exemplare schätzt, Hölzer, Rinden, Früchte, Samen, Harze usw. RAIMONDI starb am 26. Oktober 1890 in San Pedro bei Pacasmayo, aufrichtig betrauert von den Söhnen des Landes, das er zu seiner zweiten Heimat ausersah, und dem er so große Dienste leistete.

HASSKARL, von der holländischen Regierung damit beauftragt, Chinarindenbäume aus den südamerikanischen Anden nach Java zu überführen, durchzog in den Jahren 1853 und 1854 erst die Täler der Flüsse Vitoc, Monobamba und Uchubamba, die zum Gebiet des Chanchamayo gehören und zwischen 11° und 11° 40′ s. Br. liegen, später die Gegend von Sandia. Nach wiederholten Mißerfolgen wurde schließlich die schwierige Aufgabe glänzend gelöst. Unter den *Cinchona*-Arten, die durch HASSKARL in Java eine neue Heimat erhielten, befand sich auch die wertvolle *Cinchona Calisaya* aus Sandia. Bald bemühten sich auch die Engländer, ihren asiatischen Kolonien die Fieberrindenbäume zuzuführen. Im südlichen Peru wirkte CLEMENTS MARKHAM, in Ecuador SPRUCE für dieses Unternehmen. Ersterer hatte bereits 1852—1854 bei historischen, ethnographischen und archäologischen Studien Peru kennen gelernt und ging nun (1860) nach dem Sandiatal, von wo er mehrere *Cinchona*-Arten, darunter *C. Calisaya* nach Indien verpflanzen konnte. Seine Reisebeschreibung »Travels in Peru and India« (London 1862) ist auch hinsichtlich ihrer botanischen Angaben beachtenswert. Nach annähernd 6jährigem Aufenthalt im brasilianischen Amazonasgebiet und im südlichen Venezuela reiste der Engländer RICHARD SPRUCE auf dem oberen Amazonas und unteren Huallaga über Yurimaguas nach Tarapoto und verweilte hierselbst fast 2 Jahre, von 1855—1857. Unter seinen zahlreichen Exkursionen war eine der größten und interessantesten diejenige, welche der Flora des Berges La Campana, halbwegs zwischen Tarapoto und Moyobamba gelegen, galt. Von Tarapoto begab sich SPRUCE durch den Huallaga, Amazonas und Pastaza nach Ecuador. Seine stark angegriffene Gesundheit nötigte ihn schließlich, die anstrengenden Forschungsreisen zu beenden. Nachdem es ihm noch gelungen war, Samen der *Cinchona succirubra* zu erbeuten und die daraus gezogenen Pflänzchen nach British-Indien zu senden, lebte er an der Küste Ecuadors und dann, 1863—1864, an der peruanischen Küste lediglich seiner Erholung und kehrte im Jahre 1864 nach England zurück. SPRUCES Hauptsammlung, insgesamt 6000—7000 Arten umfassend, wird im

Kew-Herbarium aufbewahrt; kleinere Sammlungen gelangten an andere Museen Europas. Den Moosen, namentlich den Lebermoosen, hatte SPRUCE schon vor seiner südamerikanischen Reise besonderes Interesse und spezielle Studien gewidmet. Im Jahre 1885 erschienen seine »Hepaticae of the Amazon and of the Andes of Peru and Ecuador«, eines der besten Werke aus der neueren Literatur über Lebermoose. — WILLIBALD LECHLER sammelte 1854 im südlichen Peru. Von Arica ausgehend, besuchte er das Titicacahochland (Puno, Azangaro) und die östlichen Andenhänge der Provinz Carabaya (Ayapata, Sachapata, San Gaban usw.). 1856, als er aus Europa zurückkehrend, sich zum zweiten Male auf der Reise nach Peru befand, ereilte ihn der Tod in Guayaquil. Sein peruanisches Herbarium, das nur 160 Arten enthielt, wurde mit den in Chile und anderwärts gesammelten Pflanzen durch HOHENACKER in Europa an verschiedene Abnehmer verkauft. — Von 1855—1862, 1865—1871, 1876—1888 lebte der deutsche Arzt E. W. MIDDENDORF an der Küste Perus und lernte auf einigen kleinen Reisen auch das Innere des Landes kennen. Wir verdanken ihm das dreibändige Werk »Peru« (Berlin 1893—1895). Archäologische und linguistische Interessen kommen darin hauptsächlich zur Geltung, doch bieten sich außerdem für den Geographen und den Botaniker beachtenswerte Abschnitte. Auch der Amerikaner E. G. SQUIER trieb vorwiegend archäologische Studien (1863—1864) und berücksichtigte in seinem Reisewerk neben jenen hin und wieder allgemein geographische Fragen. — RICHARD PEARCE, ein Engländer, und GUSTAV WALLIS, ein Deutscher, suchten in Peru vor allem Zierpflanzen für europäische Gärtnereien. Der erstere hielt sich 8 oder 9 Jahre in verschiedenen Ländern des tropischen Amerika auf und starb 1868 in Panama. Der letztere bereiste 1865 und 1866 den Amazonas und unteren Huallaga, sowie die Gegenden von Moyobamba, Chachapoyas und Jaën. Dann ging er nach Ecuador. — WAWRA nahm teil an einer Expedition des österreichischen Schiffes Donau« und sammelte 1870 in Peru. — Nach einem durch 6 Jahre ausgedehnten Studium der Vulkane Colombias und Ecuadors kamen die deutschen Geologen WILHELM REISS und ALPHONS STÜBEL im Jahre 1874 über Payta nach Lima, wo sie zunächst die Erforschung des Totenfeldes von Ancon beschäftigte. 1875 kreuzten sie (April—August) die nordperuanischen Anden auf der Linie Pacasmayo — Cajamarca — Celendin — Chachapoyas — Moyobamba — Tarapoto und fuhren auf dem Huallaga und Amazonas hinab nach Para. Nachdem die beiden Reisenden verschiedene Punkte der brasilianischen Küste berührt und Rio de Janeiro erreicht hatten, sah sich REISS aus Gesundheitsrücksichten zur Heimkehr nach Europa genötigt. STÜBEL aber ging nach Südbrasilien, den La Plata-Staaten und, die Anden überschreitend, nach Chile. Ende 1876 stieg er von Tacna nach Tacora hinauf zu den Anden von La Paz und Anfang 1877 erreichte er über Puno und Arequipa wiederum die pacifische Küste. In dasselbe Jahr fiel seine Rückkehr nach Deutschland. STÜBEL brachte eine kleine Pflanzensammlung mit, welche das botanische Museum in Berlin erhielt. Ihre Bearbeitung ist erst teilweise durchgeführt (vgl. HIERONYMUS, Plantae Stuebelianae usw., in ENGLERS Botanischen Jahrbüchern, Bd. 21 [1896], S. 306—378, ferner in Hedwigia Bd. 45 [1906], S. 215—238, Bd. 46 [1906/07], S. 322—364, Bd. 47 [1908], S. 204—249 und Bd. 48 [1909], S. 215—224). — Der französische Botaniker EDOUARD ANDRÉ lieferte nach seinen bekannten Reisen (1875) in Colombia und Ecuador einige kleine Beiträge zur floristischen Erforschung des nördlichen Peru und der Gegend von Lima. — 1875—1876 durchzog CHARLES WIENER das Land und gewann das Material für sein bekanntes, hauptsächlich aber nicht ausschließlich die Archäologie berücksichtigendes Werk: Pérou et Bolivie (Paris 1880). — A. WERTHEMANN machte sich (1876—1879) verdient um die Erforschung der Flüsse des Ostens. — CONSTANTIN VON JELSKI sammelte 1878 und 1879 in Nordperu um Chota und Cutervo. Die Sammlung gelangte nach Lemberg an Professor von SZYSZYLOWICZ, einiges davon in die Museen von Berlin und Wien; Bearbeitungen finden sich in Bd. VII [1892] der Annalen des Wiener Naturhistorischen Hofmuseums (Arten verschiedener Familien, von ZAHLBRUCKNER), in Diss. Cl. Math.-phys. Acad. litt. Cracow. 29, 1894 (Arten verschiedener Familien von SZYSZYLOWICZ) und in ENGLERS Jahrbüchern, Bd. 36, 1905 (Compositen von HIERONYMUS).

JOHN BALL (geb. 20. August 1818 in Dublin, Schottland, gest. 21. Oktober 1889 in London) besuchte Peru im April 1882 und sammelte im Hafen Payta während eines zweistündigen Aufenthaltes die wenigen Pflanzen der Strandwüste, dann im Rimactale längs der Lima-Oroya-Bahn und zwar von Matucana bis hinauf nach Casapalca. Über die bei Payta gefundenen zwölf Pflanzenarten berichtet er in seinen »Notes on the Botany of Western South America« (Journal of the Linnean Society, Vol. XXII 1886 p. 137—168 [auf Peru bezüglich nur p. 148—158]). Wichtiger ist ein anderer Aufsatz, dessen Gegenstand die Exkursion in das Tal des Flusses Rimac bildet: »Contributions to the Flora of the Peruvian Andes with Remarks on the History and Origin of the Andean Flora« (Journal of the Linnean Society Vol. XXII. 1885 p. 1—64). Hier erhalten wir zum ersten Male ein anschauliches Bild von der Vegetationsgliederung an den Westhängen der peruanischen Anden; sodann erörtert der Verfasser die Zusammensetzung und Entstehung der andinen Flora und gibt schließlich ein Verzeichnis der 224 Arten seiner Kollektion, unter denen 18 als neu beschrieben werden. BALLS peruanische Pflanzen besitzt das Kew-Herbarium, eine Anzahl Duplikate das Botanische Museum zu Berlin.

Allgemein geographische Erkundungen, mit denen ALFRED HETTNER sich anderthalb Jahre lang (Juni 1888—Januar 1890) beschäftigte, brachten wertvolle Beiträge zur Kenntnis des verwickelten Gebirgsbaues von Südperu. Nach kurzem Aufenthalt in Lima, der auch zu einem Ausflug auf der Oroyabahn verwendet wurde, begab sich der deutsche Geograph über Mollendo und Arequipa auf das Titicacahochland, später nach Cuzco, im Urubambatale in die Gegend von Sta. Anna, in die Täler der Flüsse Yanatilde, Marcapata und Paucartambo und über Abancay und Coracora an die Küste zum Hafen Chala. Von Chala erreichte er über Chuquibamba, die Täler mehrerer Küstenflüsse kreuzend, abermals Arequipa. Unterwegs wurde der Sarasara (5000 m) und bei Arequipa der Charchani (über 6000 m) erstiegen. Auf einem anderen Wege als vorher, nämlich durch die Ortschaften Caylloma, Santo Tomas, Colquemarca und Ccapi besuchte HETTNER wiederum die Stadt Cuzco. Eine Wanderung über das Titicacahochland, Moquegua und Tacna zum Hafen Arica bildete den Abschluß der peruanischen Reise. Berichte über dieselbe finden sich in Bd. XV, XVI und XVII der Verhandlungen der Gesellschaft für Erdkunde zu Berlin (1888, 1889 und 1890). Eine kurze, anschauliche Übersicht der Vegetationsverhältnisse gewährt HETTNERs Aufsatz: Regenverteilung, Pflanzendecke und Besiedlung der tropischen Anden, Berlin 1893 (RICHTHOFEN-Festschrift).

Die botanische Erkundung Perus erlitt nunmehr eine längere Unterbrechung und wurde erst im 20. Jahrhundert wieder aufgenommen. ERNST ULE, einer der bekanntesten Erforscher der Flora Brasiliens, botanisierte von August 1902 bis April 1903 am Ostfuß der nordperuanischen Anden, bei Yurimaguas und namentlich um Tarapoto. Die allgemeinen Vegetationsverhältnisse jener Gegend behandelt sein Aufsatz »Die Pflanzenformationen des Amazonasgebiets II.« (ENGLERs Botanische Jahrbücher, Bd. 40, p. 398—443, mit drei Tafeln, Leipzig 1908). Interessant sind ferner zwei Serien von je sechs biologischen Tafeln, die ULE als »Epiphyten des Amazonasgebietes« (KARSTEN, G. und SCHENCK, H., Vegetationsbilder. Zweite Reihe, Heft 1. Jena 1904) und »Blumengärten der Ameisen am Amazonenstrome« (Ebenda. Dritte Reihe, Heft 1. Jena 1905) herausgab. Die Bearbeitung der gesammelten Pflanzen, von denen die Hauptserie das Berliner Museum erwarb, wurde unter verschiedene Spezialforscher verteilt und größtenteils in den Jahrgängen 47 und 48 der Verhandlungen des Botanischen Vereins der Provinz Brandenburg, in den Bänden IV und V des Bulletin de l'herbier Boissier, in Band 37 von ENGLERs Botanischen Jahrbüchern und im 43., 44. und 45. Bande der Hedwigia veröffentlicht.

Ein Jahr früher als ULE begann der Verfasser in den peruanischen Anden sich pflanzengeographischen Studien zu widmen.

Am 11. November 1901 betrat ich zum ersten Male den Boden Perus: Der Dampfer, welcher mich von Panama nach Callao brachte, blieb einige Stunden vor Payta liegen, und so bot sich Gelegenheit zu einer kurzen Wanderung am Rande der weiten Sandwüste, die sich vom Meeresstrande bis an den Fuß des Gebirges erstreckt, eine abschreckend öde Landschaft. Ich machte meine erste Bekanntschaft mit peruanischem Pflanzenleben, sah vereinzelte unscheinbare Gewächse ein kümmerliches Dasein fristen, in dem lockeren Sandboden, den der Südwind durchwühlt und den Jahre hindurch kein Regen befeuchtet.

Vier Tage später befand ich mich in Lima. Während der ersten Vorbereitungen zur Bereisung des Landes fand sich auch Zeit zu einigen botanischen Ausflügen in die Umgebung der Stadt. Auf den benachbarten Hügeln blühten (November und Anfang Dezember) die letzten Nachzügler aus der Loma-Flora des vergangenen Winters. Ende Dezember konnten die Arbeiten an den westlichen Andenhängen über Lima begonnen werden, und die Lima-Oroya-Bahn bot hierfür eine dem Anfänger sehr willkommene Erleichterung.

Ein in mittlerer Höhe gelegener Ort, die Station Matucana (2374 m), diente 2 Wochen hindurch als Wohnsitz und Ausgangspunkt für verschiedene Ausflüge nach höheren Teilen des Gebirges, bis hinauf zur Station Chicla (3723 m). Zur Bergung der Sammlungen war zunächst die Rückkehr nach Lima erforderlich. Um auch die Vegetation der höchsten Cordillerenregion über Lima kennen zu lernen, reiste ich Mitte Januar 1902 auf der Oroya-Bahn nach Yauli (4090 m) und ritt von hier aus nach der nahen Silbergrube Arapa (4400 m), deren Besitzer, Herr Richard Mahr, die Liebenswürdigkeit hatte, mir einen Aufenthalt von 2 Wochen zu gestatten.

Um diese Zeit entsandte die peruanische Regierung eine Expedition in den äußersten Osten der Provinz Sandia, nach den bewaldeten Ebenen am Tambopata, einem Nebenflusse des Madre de Diós. Die Expedition hatte in erster Linie militärischen Charakter; galt es doch, jene an *Hevea*-Bäumen reichen Gebiete, zu deren Besetzung Bolivia sich anschickte, als peruanisches Eigentum zu sichern. An mich erging die Aufforderung, der Expedition nachzureisen und mich ihr im Dorfe Sandia, wo ein längerer Aufenthalt in Aussicht genommen war, anzuschließen. Gern benutzte ich die Gelegenheit, in jene schwer zugänglichen Gebiete zu gelangen, deren wissenschaftliche Bereisung durch den ausdrücklichen Auftrag der peruanischen Regierung wesentlich erleichtert wurde. In Begleitung eines jungen Peruaners deutscher Abkunft gelangte ich auf dem Seewege am 19. Februar nach Mollendo und dann mit der Eisenbahn über Arequipa nach der Station Pucara, gelegen im Norden des Titicaca-Sees, an dem damals halbvollendeten Schienenweg nach Cuzco. Ein dreitägiger, zur Besorgung von Reittieren erforderlicher Aufenthalt in Pucara (3882 m) bot mir willkommene Muße, um eine Sammlung von Charakterpflanzen des Titicacahochlandes anzulegen. Wir ritten dann, die Ortschaften Azangaro und Muñani berührend, bis an den nördlichen Rand des Hochlandes und von da hinab in das Sandiatal. Im Monat März, zur Zeit des reichsten Blumenschmuckes, betrat ich das malerisch gelegene Dörfchen Sandia (2103 m) und bewunderte zum ersten Male die anmutige, subtropische Flora der Ostanden. Hier längere Zeit zu verweilen war von vornherein mein fester Entschluß. Als mir vollends mitgeteilt wurde, daß die weitere Reise nur noch wenige Tage mit Lasttieren fortgesetzt werden könnte, und dann für die Wanderung durch unwegsame Wälder nur soviele Träger zur Verfügung ständen, als zur Beförderung der notwendigsten Kleider und Lebensmittel erforderlich seien, wies ich den Leiter der Expedition darauf hin, daß es unter diesen Umständen für mich nicht möglich sein würde, aus jenen Gegenden wissenschaftliche Sammlungen mitzubringen, und daß ich in Sandia erfolgreicher tätig sein könnte. Meine Ansicht wurde gebilligt, und die Expedition reiste ohne mich weiter. Zwei Monate hindurch studierte ich nunmehr die Vegetation an den hohen Bergwänden, die rings um Sandia jäh emporragen, und am Talgrunde aufwärts bis an den Rand des Titicacahochlandes; dort erheben sich die schneebedeckten Häupter der Andes von Carabaya, und ihrer Erforschung galt im Monat Mai eine besondere Reise nach dem Dörfchen Poto (4400—4500 m), dessen Bewohner der Goldwäscherei obliegen. Das Haus eines gastfreien Engländers, des Grubendirektors Herrn A. Gibson, war ein behagliches Standquartier in den unwirtlichen, von Schneestürmen gepeitschten Höhen. Gründliche Beobachtung der hochandinen Pflanzenwelt Südperus war dort ermöglicht und auch ein höchst interessanter Ausflug zur Hütte eines italienischen Goldgräbers, der bei 5100 m Meereshöhe auf dem Ananeaberge haust, inmitten einer großartigen Gletscherlandschaft, an einer Stelle, wo der Pflanzenwuchs die obere Grenze erreicht. Dicht unterhalb der Hütte befinden sich die Ruinen einer Häusergruppe, des verlassenen »Dorfes« Ananea, einer der am höchsten gelegenen Ortschaften der Erde.

Auf die Rückkehr nach Sandia folgten alsbald die Vorbereitungen zu einer Reise in das Waldgebiet am Inambari. Ich brach am 5. Juni auf, verfolgte zunächst den Sandiafluß talabwärts, dann in nördlicher Richtung einen beschwerlichen, sumpfigen Pfad durch ein unbewohntes Bergland, dessen Kuppen blumenreiches Hartlaubgehölz ohne Unterbrechung bekleidet, und erreichte schließlich im tiefen Schatten dicht gedrängter Baumkronen den Fluß Inambari. Eine vereinsamte Proviantniederlage der Tambopata-Expedition war der Ort, woselbst ich mich niederließ, genannt Chunchusmayo nach einem Bache, der dort in den Inambari mündet, und 900 m über dem Meere gelegen. In der Nachbarschaft wohnten zwei bolivianische Kautschuksammler, die Heveabäume ausbeuteten, und bei Tagesanbruch hörte ich stets die Schläge der kleinen Handbeile. Außerdem enthielt das Tal nur noch wenige Siedlungen, kleine im Wald versteckte Cocapflanzungen, von ihren Besitzern lediglich zur Erntezeit auf einige Wochen besucht. Nördlich vom Inambarital war der Wald pfadlos, unbekannt. Etwa 5 Wochen dauerte der Aufenthalt in Chunchusmayo. Anhaltende, heftige Regen und beständig angeschwollene Flüsse hinderten jeden größeren Ausflug, und die Flora des Waldes an gefällten Bäumen zu studieren, ließ sich nicht ermöglichen. Für unzureichende Ernährung und andere harte Entbehrungen fand ich somit nur geringe Entschädigung, und daher schied ich gern aus der düsteren Einsamkeit des regentriefenden Waldes und begrüßte erfreut auf sonnigen Höhen die funkelnden Blätter und den wechselvollen Blumenschmuck der Hartlaubgesträuche.

Ende Juli in Sandia angelangt, verbrachte ich einige Ruhetage und brach dann zur Rückkehr nach der Küste auf. Ich berührte die mir bekannten Orte Cuyocuyo, Muñani, Azangaro, Pucará, hielt mich eine halbe Woche in der Stadt Puno auf, um die Gestade des Titicaca-Sees kennen zu lernen und kam Ende August in Arequipa an. Unter Benutzung der Eisenbahn konnten innerhalb kurzer Zeit botanische Exkursionen in sehr verschiedene Höhenregionen unternommen werden, von der Hacienda La Chorunga im Vitortale (1050 m) bis hinauf nach Vincocaya (4377 m). Die Sammlung erhielt in dieser Zeit, inmitten der Trockenperiode, freilich nur geringen Zuwachs, aber die Gliederung der Vegetation nach Höhenregionen ließ sich vortrefflich erkennen. Besonders lehrreich war es auf dem Vulkan Misti bei der Ersteigung des Gipfels (5800—6000 m) das allmähliche Verschwinden der Vegetation zu verfolgen und unter den letzten Vorposten die sonderbaren harten Polster der *Azorella bryoides* kennen zu lernen.

Erfreuliche Nachrichten aus dem Küstenland wurden mir in Arequipa zuteil: man sprach von seltener Pracht der Lomas, erzählte, daß ein außergewöhnlich feuchter, nebelreicher Winter jenen Fluren eine Üppigkeit verliehen habe, wie sie seit langer Zeit, angeblich seit zehn Jahren nicht beobachtet worden wäre. Ende September fuhr ich hinunter nach dem Hafenort Mollendo und fand kühle, düstere Nebelluft und saftig-grünende, blumenreiche Gefilde dort, wo ich im Februar kahle, von grellem Sonnenlichte bestrahlte Sandflächen gesehen hatte. Zwei Wochen genügten, um die Lomas bei Mollendo und in dem nahen Tambotale eingehend kennen zu lernen. Dann begab ich mich zur See nach Callao und traf auch dort die Lomavegetation um Lima in herrlicher, ausnahmsweise reicher Entwicklung.

Als nächstes Reiseziel wurden die östlichen Andenhänge in der Breite von Lima erwählt. Ich fuhr am 21. November mit der Bahn nach La Oroya (3712 m) und ritt hierauf vier Tage hindurch über Tarma, Palca und Huacapistana nach La Merced im Chanchamayotal, woselbst ich mich in der Hacienda San Carlos (778 m) niederließ, einer liebenswürdigen Einladung des damaligen Besitzers, Herrn Oscar Heeren in Lima, folgend. Längerer Aufenthalt zu wissenschaftlicher Arbeit läßt sich in Chanchamayo leichter durchführen wie in irgend einem anderen Punkte Ostperus. Die längst gehegte Absicht, vom tropischen Regenwald am Fuße der atlantischen Andenhänge mehr zu erfahren als im Bereich der Bodenvegetation möglich ist, wurde nunmehr verwirklicht durch Anwerbung einiger Arbeiter, die einen Hektar Urwald niederschlugen. Freilich war es eine höchst beschwerliche Arbeit auf den langen Stämmen der gefällten Baumriesen zu balanzieren und durch die ungeheuren mit Lianen verwebten Kronen zu klettern und zu kriechen, fortwährend belästigt von Scharen bissiger, aus den Nestern gescheuchter Ameisen. Im Verhältnis zu der aufgewendeten Zeit und Mühe erschien die Ausbeute schließlich gering: die Mannigfaltigkeit der Formen kann eben innerhalb einer Pflanzengenossenschaft, deren Hauptbestandteile so gewaltige Dimensionen einnehmen, nur auf sehr weitem Areal zum Ausdruck gelangen. Ein Ausflug von La Merced nach der nahen Kaffeepflanzung Pampa Camona (1500 m) belehrte über die Vegetationsbedingungen auf den niedrigen östlichen Vorbergen der Anden. Im Januar 1903 verlegte ich mein Standquartier für 3 Wochen nach dem einsamen Wirtshaus Huacapistana (1812 m), auf dem Wege von La Merced nach der Küste. Diese Arbeitsperiode gehörte zu den ergiebigsten der ganzen peruanischen Reise. An den steilen Wänden des engen Tales erstreckten sich die Exkursionen allmählich bis zur Höhe von 3500 m. Der klar ausgeprägte Wechsel der Vegetationsbilder und die unerwarteten scharfen Verschiedenheiten zwischen dem Gebirge über Huacapistana und gleich hohen, aber ein wenig westlicher gelegenen Regionen um Tarma förderten in hohem Grade das Verständnis der pflanzengeographischen Gliederung Perus. Der Monat Februar diente zu Forschungen in der Gegend von Palca (2735 m), Tarma (3050 m) und La Oroya (3712 m). Die Reise von La Oroya nach Lima, für gewöhnlich eine bequeme Eisenbahnfahrt, gestaltete sich diesmal etwas schwieriger, weil, wie dies alljährlich vorkommt, Wolkenbrüche den Schienenstrang in der Gegend von San Bartolomé (1511 m) zerstört hatten.

Um nun die Departementos Ancash und Huanuco aufzusuchen, tat Eile not, galt es doch die für botanische Arbeiten günstige Regenzeit auszunutzen. Nach eintägiger Seefahrt von Callao zu dem kleinen Hafen Supe (etwa 10° 50' S.) gelangt, unternahm ich am 21. März den Aufstieg ins Gebirge und ritt ohne Hindernisse durch das kahle, sandige Küstenland und dann hinauf nach dem winzigen Dorfe Caracha (ca. 1200 m), gefürchtet als Sitz der Verrugaskrankheit wie alle westlichen Täler Mittelperus in der Höhenlage zwischen 1000 und 2500 m. Bei heiter sonnigem Himmel verließ ich Caracha, am Ufer eines seichten klaren Baches langsam dahinreitend. Da plötzlich trübte sich das Wässerchen, schwoll mit erstaunlicher Schnelligkeit zum wilden Gießbach an, entführte in braunen Fluten losgerissene Baumstämme. Es stellte sich heraus, daß weiter oben ein Wolkenbruch niedergegangen und die Brücke, die wir zu überschreiten hatten, zerstört war. Die Wiederherstellung der Brücke abwarten, hätte einen Zeitverlust von mindestens 2 Wochen bedeutet. Ich beschloß daher, den unzugänglich gewordenen Talabschnitt zu umgehen und erreichte auf beschwerlichem und gefahrvollem Pfad über einen hohen Gebirgskamm das Dorf Ocros (3200 m). Da ich die Vegetation dieser Höhenlage an der Lima-Oroya-Bahn nur auf flüchtiger Wanderung kennen gelernt hatte und Herr Mejia, der Hacendado, dessen Gast ich bereits in Caracha gewesen war, mir sein geräumiges, damals unbewohntes Haus zur Verfügung stellte, blieb ich etwa 2 Wochen in Ocros und durchstreifte das Tal zwischen 2300 und 3700 m. Es folgten nunmehr einige Tage anstrengenden, der hochandinen Flora gewidmeten Wanderlebens in dem hochgelegenen Gebiet, wo die West-Cordillere sich in ihre beiden Zweige, Cordillera negra und Cordillera blanca teilt. Die erstere wurde auf dem Chonta-Passe (ca. 4700 m) überschritten. Aus seinen engen Felsentoren befreit, erblickte ich plötzlich die Cordillera blanca, jene ungeheure Schneekette, die ganz Ancash durchzieht und mit erhabenen Gebirgslandschaften schmückt. Der Weg führte nun über ein unwirtliches, von Hirten bewohntes und Pferdedieben behelligtes Hochland, die Pampa de Lampas, und dann an den steilen Hängen einer Talspalte hinab nach dem ansehnlichen Dorfe Chiquian (3300 m). In seiner Vegetation zeigte dieses Tal große Ähnlichkeit mit Ocros, ließ aber doch der östlichen Lage entsprechend, die Wirkungen größerer Feuchtigkeit erkennen. Dank der Liebenswürdigkeit des Herrn Isidro Espejo vermochte ich meinen Aufenthalt in Chiquian auf eine Woche auszudehnen. Talaufwärts dem Chiquianflusse folgend, gelangte ich nach der Hacienda Tallenga (3600 m). Man teilte mir mit, daß in der Nähe die merkwürdige *Pourretia gigantea* vorkomme. Unter der Führung ortskundiger Personen gelang es mir auch, die interessante Riesenpflanze an ihrem Standort kennen zu lernen. Über einen östlichen Seitenzweig der Cordillera blanca, wo sich in einer Paßhöhe von etwa 4700 m wieder einmal das Pflanzenleben an seinen oberen Grenzen beobachten ließ, gelangte ich aus einem pacifischen in ein atlantisches Flußtal, zum Puccha, einem Nebenflusse des Marañon. Üppiges Gebüsch, ein wenig an ostandine Vegetation erinnernd, besetzte den Boden des schluchtartigen, oberen Talabschnittes und enthielt die ältesten und schönsten Kisuarbäume (*Buddleia incana*), die ich in Peru angetroffen habe. Nach Besichtigung der berühmten vorincaischen Ruinen in Chavin de Huantar (3100 m) stieg ich von Pichiu aus an den Osthängen der Cordillera blanca durch ausgedehnte *Polylepis*-Haine empor zu einer Paßhöhe von 4500 m, kam an den See Querococha (4000 m) und betrat schließlich die Stadt Recuay (3300 m) im Tale des Flusses Santa. Herr Icaza-Chavez, der mich beherbergte, half mir zu einem interessanten 3 tägigen Ausflug nach der Cordillera negra, in die Gegend von Aija, wo ich abermals die *Pourretia gigantea* suchte und fand. Von Recuay aus wurde dann auf der bequemen breiten Straße, die das dicht bewohnte Santatal durchzieht, Huaraz, die Hauptstadt des Departamento Ancash erreicht. Diente auch der Aufenthalt in Huaraz hauptsächlich dazu, das gesammelte Herbarmaterial für den Versand nach der Küste herzurichten und Bekanntschaften mit gebildeten und einflußreichen Peruanern anzuknüpfen, so fand sich doch Zeit, die Cordillera blanca auch in dieser Gegend aufzusuchen und über der Hacienda Collon eine botanische Exkursion an den Rand des Gletschereises, bis zur Höhe von 4700 m zu unternehmen. Mitte Mai wurde das Standquartier von Huaraz in eine tiefer gelegene Gegend des Santatales verlegt, nach der 1½ Tagereisen entfernten Stadt Caraz (2237 m). Infolge der vorgerückten Jahreszeit und eines ziemlich regenarmen Sommers lieferte die Vegetation in der nächsten Umgebung der Stadt nur kärgliche Ausbeute; immerhin aber ließ sich der pflanzengeographische Charakter des Gebietes noch hinreichend deutlich feststellen. Die Vegetationsverhältnisse der pacifischen Andenhänge, zuletzt in Ocros untersucht, schienen nunmehr, 2 Monate später und 1½ Breitengrade weiter nördlich, eine erneute Prüfung zu verdienen. Dieser Aufgabe entsprach eine etwa 10tägige Reise in westlicher Richtung. An der steilen Wand der Cordillera negra über Caraz führte der Weg hinauf zu einem Passe von annähernd 4200 m Seehöhe und dann hinab zur Hacienda Cajabamba (3600—3700 m), dem Direktorialgebäude der Silbergrube Colquepocro, damals von Herrn J. Brysson verwaltet. Eine Reihe ergiebiger Exkursionen, abwärts durch Pampa-Romas bis zur Höhenlinie von 1900 m, aufwärts zu einem 4500 m hohen Gipfel der Cordillera negra, kamen in verhältnismäßig kurzer Zeit zur Ausführung. Von den tieferen Lagen abgesehen, befand sich die Pflanzendecke nach reichlichem Regenfall in einem sehr günstigen Entwicklungszustand. Nach Caraz zurückgekehrt, hielt ich es für notwendig, die Cordillera blanca auch in ihrem nördlichen Teile zu untersuchen. Die über Caraz gelegene Hacienda Paron (ca. 3200 m) diente zur Unterkunft bei einem Ausfluge, der bis zu einer Höhe von ungefähr 3800 m reichte. Zwischen 3200 und 3700 m wurde auf dem Boden einer engen Bachschlucht üppiges Gehölz durchwandert, dessen Charakter zwischen westandiner und ostandiner Vegetation zu vermitteln schien. 15 km südlich von Caraz wurde dann aus dem Städtchen Yungay (2400—2500 m) ein Aufstieg an der Cordillera blanca unternommen, an den Hängen des gewaltigen Huascarán, der vielen als höchster Berg Perus gilt und dessen weit hinabhängender Eismantel durch einen kurzen Spaziergang erreichbar erscheint, obwohl in Wirklichkeit die Gletscher etwa 2000 m über der Stadt enden. Durch eine gehölzreiche Bachschlucht dehnte sich die Besteigung aus bis an den Rand des Gletschereises (4600 m).

Die trockene Jahreszeit war inzwischen im westlichen Teil der Anden zur Herrschaft gelangt und hatte die Bestandteile der Pflanzendecke größtenteils unkenntlich gemacht.

Es empfahl sich nunmehr, weit nach Osten zu wandern und jene beständig feuchten Gebiete aufzusuchen, wo nur geringe Unterschiede der Jahreszeiten zum Ausdruck gelangen. Der unwegsame und schwach bevölkerte Osten Perus ist mit Ausnahme weniger Punkte schwer zu bereisen. Um so willkommener war mir die Einladung des Herrn J. M. Loli in Huaraz, eine Cocainfabrik, deren Teilhaber er war, als Wohnsitz zu benutzen; die Fabrik lag im Tale des Rio de Monzon (Dep. Huanuco), eines kurzen linken Zuflusses des Huallaga. Am 2. Juli brach ich von Huaraz auf nach dem Dorfe Olleros an den Westhängen der Cordillera blanca. Nach Überschreitung dieser Kette im Passe Yanashallash (4500—4600 m) senkte sich der Weg steil hinab nach dem früher bereits besuchten Chavin de Huantar (3100 m) und folgte dann in einem heißen und trocknen Tale dem Laufe des Flusses Puccha bis zur Hacienda Huariamasga (2400—2500 m). Nunmehr begann der Übergang aus dem Tale des Puccha in das Tal des Marañon und erforderte einen Aufstieg zur Meereshöhe von 4200—4300 m auf einem östlichen Seitenzweig der Cordillera blanca. In Chuquibamba verband bei 2600—2700 m eine Brücke die Ufer des in steile Bergwände eingezwängten Marañon. An der östlichen Talwand stieg der Weg über Chavin de Pariarca (3200—3300 m) bis 3900 m, führte sodann abwärts nach Tantamayo (etwa 3400 m) und wieder hinauf zu etwa 4000 m, woselbst die Zentralcordillere nach Osten abzufallen begann. Schon um 3700 m vollzieht sich ein ausgeprägter Wechsel des Vegetationsbildes, erscheint eine artenreiche, dem Westen fremde Flora, in der hartlaubige Sträucher eine hervorragende Rolle spielen: man betritt die als »Ceja de la Montaña« bekannte Region. Mißlich ist es für den Botaniker, daß allenthalben in Ostperu ein längerer Aufenthalt in jener schönen Region auf erhebliche Schwierigkeiten stößt. Die Ceja de la Montaña ist fast unbewohnt und bietet, da allermeist dicht gedrängte Sträucher den Boden bekleiden, nur spärliche Nahrung für die Reit- und Lasttiere; an vielen Stellen ist kein anderes Futter aufzutreiben als das Laub von Chusquea-Arten, und dieses muß von den Maultiertreibern mühsam aus verworrenem Dickicht zusammengesucht werden, wo nur das Buschmesser Eintritt verschafft. Solche Gegenden möglichst rasch zu durchziehen, wurde somit eine wohlbegründete Reisegewohnheit der Peruaner. Der Zufall begünstigte meine Sonderinteressen während der Nacht, die ich am oberen Rand der Ceja in einer Hirtenhütte verbrachte: alle meine Maultiere waren entflohen in der Richtung nach dem Dorfe Tantamayo, wo sie am vorhergehenden Abend an saftiger Luzerne sich gelabt hatten. Ähnliches kommt übrigens bei peruanischen Reisen häufig vor, wenn man ein Gebiet betritt, wo die Futterverhältnisse sich plötzlich verschlechtern. Es gelang mir, meine Maultiertreiber davon zu überzeugen, daß das Einfangen der Tiere zu viel Zeit erfordern würde, um noch am gleichen Tage weiterzureisen, und so kam eine sehr ergiebige Exkursion in das Hartlaubgehölz zustande. Tags darauf, während eines steilen Abstiegs von 3500 zu 1400 m, konnte bis 3200 m gesammelt werden, dann tat Eile not, um vor Einbruch der Dunkelheit das einsame Gehöft Cárash zu erreichen. Als Vorwand für die Einschaltung eines Ruhetages diente mir diesmal die Ermüdung der Tiere durch den langen und steilen Abstieg. Durch ein Übergangsgebiet zwischen der tropischen Region und der Ceja de la Montaña wanderte ich, ohne mich unterwegs aufzuhalten, 1000 m aufwärts und arbeitete dann mit Muße in der interessanten Höhenlage zwischen 2400 und 2900 m. Am 14. Juli endete die lange Reise im Monzontale bei der 900 m hoch gelegenen Cocainfabrik der Herren Loli und Nesanovich. Von diesem bequemen Standquartier aus konnten die verschiedensten Formationen des Tales, die Grassteppe, die ihr beigesellten Gesträuche und der tropische Regenwald eingehend studiert werden. Im August wurde nochmals Cárash aufgesucht, um die früher flüchtig durcheilte Höhenlage zwischen 1400 und 2400 m genauer kennen zu lernen.

Eine Tagereise unterhalb der Cocainfabrik, dort wo (600—700 m über dem Meere) der Monzonfluß aus dem engen Tale in weites Hügelland hinaustritt, wo die Grassteppen verschwunden sind und tropischer Waldwuchs die Alleinherrschaft besitzt, waren große Mengen eines Kautschukbaumes entdeckt worden. Man wünschte diese wertvollen Pflanzen auszunützen und beschloß eine Expedition zu entsenden, an der ich teilnehmen sollte. Da man mir die Beförderung meiner wissenschaftlichen Ausrüstung zusagte, ging ich gern auf den Vorschlag ein. Ich habe es nicht bereut; denn zu den schönsten Erinnerungen aus meinen peruanischen Reisejahren gehören jene 4 Wochen ungebundenen Lagerlebens, fernab von menschlichen Siedlungen, in luftiger Waldhütte, die vor meinen Augen entstand, inmitten einer bisher ungestörten Tier- und Pflanzenwelt, zu günstiger, regenarmer Jahreszeit. Hier konnte ich mich erneut mit der Hylaea-Vegetation beschäftigen. Die Kautschukbäume erwiesen sich als Art der Gattung *Sapium*. Ihre Anzapfung und das Räuchern wurden mit Erfolg nach demselben Verfahren versucht, das bei *Hevea* üblich ist.

Mit dem Eintritt in das flache Hügelland der Hylaea durfte die Durchquerung der Anden innerhalb der Departamentos Ancash und Huanuco ihren Abschluß erhalten, wenngleich eine niedrige Kette jenseits des Huallaga, die bewaldete Cordillera Oriental, unberücksichtigt blieb. Am 19. Oktober verließ ich das Monzontal, um auf dem früher benutzten Wege so rasch als möglich nach Huaraz zurückzukehren. Von Huaraz begab ich mich nach dem Hafen Casma. Ein kleiner Umweg über das Dorf Cajamarquilla (3250 m) galt der *Pourretia gigantea*, deren Blüten ich bisher nicht kannte und nunmehr Mitte November, also im Anfang der Regenzeit, antraf. Die Vegetation der westlichen Andenhänge befand sich größtenteils noch vollständig im Ruhezustand. Dafür an der Küste das Grün der Lomas vorzufinden, blieb leider eine unerfüllte Hoffnung. Es erübrigte sich somit, in Casma zu verweilen, und so bald als möglich erfolgte die Fahrt nach Lima.

2½ Monate später suchte ich die Cordillere über Lima auf, um ein längst geplantes spezielles Studium der hochandinen Pflanzenwelt in Angriff zu nehmen. Unweit der Bahnstation Yauli, im Beamtenwohnhaus der Silbergrube Alpamina (4500 m) kamen während der Zeit vom 8. Februar bis 30. März 1904 zahlreiche anatomische Untersuchungen und meteorologische Beobachtungen zustande.

Im April ging ich von Callao nach dem Hafen Salaverry in See, um ein neues, weites Arbeitsfeld, den Norden Perus, zu betreten. Da in Lima die Pest ausgebrochen war, wurde die Landung des Schiffes in Salaverry nicht gestattet. Wir fuhren weiter nach dem nahen Pacasmayo, wo man vor kurzem die Pest kennen gelernt und die Furcht vor der Krankheit sich etwas abgewöhnt hatte, so daß der Dampfer Annahme fand. Um nun die berühmten Ruinen bei Trujillo und die vortrefflichen Zuckerrohrpflanzungen des Chicamatales zu sehen, versuchte ich auf dem Landwege in das Hinterland des Hafens Salaverry zu gelangen. Nach zehnstündigem Ritt durch eine völlig vegetationslose und unbewohnte Sandwüste erreichte ich das Dorf Paiján. Tags darauf aber zwang man mich zurückzukehren, denn es war bekannt geworden, daß ich zu den Passagieren des zurückgewiesenen Dampfers gehörte. Nach diesen Erfahrungen empfahl es sich möglichst rasch die Küste zu verlassen. Am 22. April wurde die Reise nach dem Gebirge (in der Richtung Cajamarca) angetreten und zunächst eine kurze Strecke mit der Eisenbahn zurückgelegt, die früher bis in die Nähe von Cajamarca gereicht hat, dann aber durch Hochwasser gewaltige Zerstörungen erlitt. Zwischen Ventanillas (250 m), der damaligen Endstation, und San Pablo rückten wir sehr langsam vor, so daß es an Zeit zum Beobachten und Sammeln nicht mangelte. Die Vegetation bot zunächst zwar ein ähnliches Bild wie in den unteren Lagen der westlichen Andenhänge Zentralperus, enthielt jedoch andererseits mehrere auffällige, vorher nicht beobachtete Formen. Dann stellte sich bald heraus, daß die xerophilen Pflanzenvereine viel weniger weit nach oben reichen als in Zentralperu. Schließlich erschienen in San Pablo (2400 m), also etwa ebenso hoch gelegen wie das von Wüstenpflanzen umgebene Matucana an der Lima-Oroya-Bahn, sogar einige Typen, welche an die Flora der nebelreichen östlichen Andenhänge erinnerten. Diese überraschenden Tatsachen veranlaßten einen 10tägigen Aufenthalt im Dorfe San Pablo. Die Fortsetzung der Reise vollzog sich nun nicht mehr auf dem Wege nach Cajamarca, sondern richtete sich gegen Hualgayoc. Innerhalb eines Tages ließ sich ohne Eile das Dorf San Miguel (2600 m) erreichen. Hier traten die in San Pablo bemerkten Eigentümlichkeiten der Vegetation noch schärfer hervor. Nachdem ich 10 Tage der Umgebung von San Miguel (abwärts bis 2000 m, aufwärts bis 3000 m) gewidmet hatte, ritt ich über einsame Grassteppen, im Paß Coymolache (ca. 4000 m) den höchsten Punkt ersteigend, nach dem Städtchen Hualgayoc (3700 m), und dann (11. Mai) hinab nach der Hacienda La Tahona (3200 m), einer Silberschmelze, die Herr H. Noetzli leitete. Am 20. Mai wendete ich mich wieder westwärts nach dem Quellgebiet des Flusses Chancay und der Montaña de Santa Rosa. In Peru bedeutet das Wort Montaña nicht »Gebirge« wie in Spanien, sondern »Wald«. Tatsächlich erwies sich die Montaña de Santa Rosa (2900—3200 m) als ein ausgedehntes Gebiet üppigen Buschwaldes, der ein Übergreifen ostandiner Vegetation auf die westlichen Andenhänge darstellte. Ich verfolgte dann den Fluß Chancay bis Ninabamba, stieg an der linken Seite hinauf nach Santa Cruz und erreichte von dort abermals die Talsohle, nunmehr in einer sehr trockenen von Wüstenpflanzen bewohnten Region, woselbst der Fluß überschritten wurde. An der rechten Talwand führte der Weg allmählich empor zu den Hütten von Huarimarca, gewann über diesen die Höhe von 2900—3000 m und senkte sich hierauf nach Huambos. Die Region zwischen 2500 und 3000 m besetzten Hartlaubgehölze ostandinen Charakters, deren interessante Flora Anlaß gab, in Huambos auf kurze Zeit die Reise zu unterbrechen. Über die einsame Hacienda Montán (2641 m) und die Stadt Chota (2382 m) erfolgte die Rückkehr nach der Tahona. Das nächste Ziel war Cajamarca (2814 m), von der Tahona zwei Tagereisen entfernt und durch unwirtliche grasbedeckte Bergrücken getrennt. Ein kleiner Umweg diente zum Besuch einer Felswand, wo bei 4000 m Meereshöhe zusammen mit andern interessanten Pflanzen die seltene, als Heilmittel geschätzte »huamanripa«[1] *(Laccopetalum giganteum)* wächst.

Der westliche Teil der nordperuanischen Anden war nunmehr so eingehend untersucht, als die verfügbare Zeit erlaubte, und es kam darauf an, die feuchten Gebiete des Ostens baldmöglichst zu erreichen. Zunächst war die Stadt Chachapoyas als Aufenthaltsort in Aussicht genommen. Ich verließ am 18. Juni das gastliche Haus des Herrn F. Leon in Cajamarca und gelangte über ausgedehnte hochgelegene Grassteppen, in denen unerwartet viele Pflanzen noch in Blüte standen, nach Celendin. Von Celendin wurde nach kurzem Anstieg ein Kamm passiert, woselbst man am Boden einer ungeheuren Talschlucht die schimmernden Windungen des Marañon erblickt. In kurzer Zeit führte ein steiler Pfad an der einen Talwand um 2350 m in die Tiefe, an der entgegengesetzten um 2700 m aufwärts. Die verschiedenen Vegetationsregionen von den immergrünen Grasfluren und Hartlaubgebüschen durch die regengrünen Steppen und Gehölze bis hinunter zur Kakteenwüste des Talbodens sondern sich so deutlich, daß ihre Grenzen auch ein ungeübtes Auge wahrnimmt. Jenseits der östlichen Talwand des Marañon wurde das Quellgebiet des Utcubamba betreten. Seinem Laufe folgend — zunächst durch die üppigen Buschwälder von Leimebamba, dann durch trockeneres und dürftiger bewachsenes Land — erreichte ich Chachapoyas (30. Juni) und fand freundliche Aufnahme bei Herrn Moises Ampuero. Die Ausflüge in die nähere und weitere Umgebung der Stadt lieferten bei der vorgeschrittenen Trockenzeit und wohl auch infolge ungeeigneter Auswahl nur mittelmäßige Ergebnisse.

---

[1] Nicht zu verwechseln mit der »huamanripa« Zentralperus, einer *Senecio*-Art.

Die Reise nach dem Osten nahm daher bald ihren Fortgang, und am 25. Juli fand der Aufbruch nach Moyobamba statt. Ein zufällig gebotener Ruhetag in Tambo Ventillas, nahe dem Ostrande dez Zentralcordillere, brachte willkommene Muße zur Untersuchung der reichen Flora jener Gegend. Nachdem die Zentralcordillere auf dem Passe Piscohuañuna (3500 m) überschritten war, machte ich die erste Bekanntschaft mit den berüchtigten Wegen Nordostperus, deren sumpfigem Erdreich auch die Trockenzeit keine Festigkeit verleiht. Zu Fuß unter großen Anstrengungen die Moräste durchwatend, bewunderte ich die außerordentliche Geschicklichkeit und Ausdauer der Maultiere, welche mit Lasten auf dem Rücken derartige Schwierigkeiten bewältigten. Schon um 3000 m begann die Formation des Buschwaldes, und während des Abstieges sah ich die Höhe der Holzgewächse rasch zunehmen, so daß nur ein kleiner Teil der Flora, niedriges Unterholz und die wenigen Bodenkräuter, sich sammeln ließen. Am 3. August gelangte ich nach Moyobamba.

Ähnlich wie im Monzontale zeigte sich um Moyobamba die Pflanzendecke aus sehr verschiedenartigen Formationen zusammengesetzt. Tropischer Regenwald, halbxerophile Gebüsche, Grassteppen, Hartlaubgehölze auf den Bergeshöhen, Sumpfvegetation in den flachen Niederungen — alles dies war ohne Schwierigkeiten zugänglich. Leider konnte ich nur 2 Monate dem Studium dieser hochinteressanten Gegend widmen.

Längst hegte ich den Wunsch, den Amazonenstrom und die eigentliche Hylaea zu sehen. Allerdings konnte es sich hierbei nur um einen flüchtigen Besuch handeln; denn auf Sammeln und sonstige eingehende Beschäftigung mit der Vegetation mußte von vornherein verzichtet werden zu gunsten meines eigentlichen Arbeitsgebietes der peruanischen Anden. Von Moyobamba aus läßt sich ein schiffbarer Fluß Amazoniens in etwa 5 Tagemärschen auf einem sehr beschwerlichen, aber dennoch viel begangenen Fußpfad erreichen, den ich benutzte. Ich fuhr sodann in Canoa durch den Cachiyacu und Paranapura nach Yurimaguas am Huallaga und schließlich mit Dampfer in den Amazonas bis Iquitos. Das deutsche Haus Wesche & Co. gewährte mir Unterkunft. Die Rückkehr von Yurimaguas nach Moyobamba erfolgte zu Fuß, auf dem Umwege über Tarapoto.

Im Dezember begab ich mich wiederum nach Chachapoyas und im Januar 1905 setzte ich die Reise nach der Küste fort, aber nicht auf dem früher benutzten Wege: der Marañon wurde über Colcamar und Pisuquia erreicht und bei Tupen überschritten. Die Hacienda Kambran und das Städtchen Bambamarca berührend, kam ich abermals zur Silberschmelze La Tahona. Nach einigen Ruhetagen führte mein Weg über die einsamen Grassteppen von Quilcate in das Tal von Taolis, dessen Buschwälder an die Montaña de Santa Rosa erinnern, aber weniger üppig und durch Holzfällen arg verstümmelt sind, dann nach Agua blanca und hinab zur Küstenstadt Chepen, die eine Eisenbahn mit dem Hafen Pacasmayo verbindet. In den trockenen, tief gelegenen Regionen des Marañontales und der westlichen Andenhänge, hatte sich diesmal die Vegetation im Beginn der Entwicklung gezeigt, so daß die früheren Beobachtungen sehr wertvolle Ergänzungen erhielten.

In Lima angelangt, traf ich alsbald Vorbereitungen zur Fortsetzung der vorjährigen speziellen Studien über die hochandine Vegetation. Auf der Cordillere, die von der Lima-Oroya-Bahn überschritten wird, weilte ich vom 11. März bis 6. April im Beamtenwohnhaus (4700 m) der Silbergrube La Tapada, beschäftigt mit anatomischen Untersuchungen und meteorologischen Messungen.

Nunmehr war die Zeit, welche ich in Peru verbringen konnte, nahezu erschöpft. Ich beschloß, in beschleunigter Reise nochmals den Süden aufzusuchen, vor allem Cuzco, die alte Hauptstadt des Incareiches. Es wiederholte sich die Fahrt über Mollendo und Arequipa nach dem Titicacahochland. Hierauf wurde die nordwärts führende Bahnlinie benutzt bis zu ihrem damaligen Endpunkt Sicuani und schließlich der Postwagen bis Cuzco. Ich begab mich im Juni für 10 Tage nach Yucay (ca. 2900 m) im Urubambatale und wohnte in der Hacienda der Frau Angela Tejada, deren Gast ich bereits in Cuzco gewesen war. Dann wandte ich mich nach der tropischen Region. Nachdem die Schneekette, welche der Urubamba durchbricht, im Passe Panticalla überschritten war, wurde das Tal jenes Flusses aufs neue betreten in der Gegend von Sta. Anna. Die Hacienda Idma (1350 m), über Sta. Anna in einem Seitentale gelegen, benutzte ich für 2 Wochen als Arbeitsstätte, einer Einladung des Besitzers, Herrn Aranibar folgend. Anfang Juli fand die Rückkehr nach Yucay statt und zwar nicht auf dem früher verfolgten Wege, sondern längs des Flusses Urubamba. Die gesamte Reise durch das Departamento del Cuzco fiel in eine ungünstige Jahreszeit, denn abgesehen von den höheren Gebirgsregionen und den feuchteren mit immergrünem Gehölz ausgekleideten Talabschnitten befand sich die Vegetation im Ruhezustand der Trockenperiode; hierbei war es aber für mich von Wert, feststellen zu können, daß im Urubambatal um Santa Anna die Pflanzendecke durch ihre eigenartige Zusammensetzung und durch scharf ausgeprägte Periodicität sehr erheblich abwich von allen Gegenden Ostperus, die ich bisher besucht hatte.

Auf dem bekannten Wege über das Titicacahochland, Arequipa und Mollendo wieder in Lima angelangt, begab ich mich zum zweiten Male nach der Silbergrube La Tapada und widmete mich in der Zeit vom 23.—29. August der hochandinen Vegetation, deren Verhalten während der Trockenzeit mir noch nicht genügend bekannt war.

Nahezu 4 Jahre waren nunmehr vergangen, seit dem Beginn meiner Wanderungen in den peruanischen Anden. Die reiche Belehrung, welche mir auf Schritt und Tritt zu teil geworden war, hatte Anstrengungen und Entbehrungen stets rasch in Vergessenheit gebracht; bei der Fülle des Arbeitsstoffes hatte manche dankbare Aufgabe unberücksichtigt bleiben müssen. So sah ich mit Bedauern den Zeitpunkt der Heimkehr herannahen. Im September 1905 trat ich die Rückreise nach Deutschland an, erfüllt von den angenehmsten Erinnerungen an die Naturschönheiten Perus und an sein liebenswürdiges, gastfreies Volk.

Meine peruanische Sammlung umfaßt 5200 Nummern und ist vollständig vertreten im Botanischen Museum zu Berlin, ferner teilweise im Botanischen

Museum zu Breslau, bei der Faculdad de ciencias in Lima und im Herbar De Candolle in Genf.

Die Bearbeitung ist gegenwärtig zum größeren Teil durchgeführt. Die Beschreibungen der Neuheiten findet man hauptsächlich in Bulletin de l'herbier Boissier Bd. 4 (1904) und Bd. 5 (1905), in Fedde, Repertorium, Bd. 1 (1905), 2 (1906), 3 (1906) und in ENGLERS Botan. Jahrbüchern Bd. 37 (1905/06), Bd. 40 (1908), Bd. 42 (1908).

2. Kapitel.
Literaturverzeichnis.

1. Annals of the Astron. Observ. Harvard College Vol. XXXIX, Part I Peruvian Meteorology 1888—1890 u. Part II Peruv. Meteor. 1892—1895. Cambridge 1899 und 1906.
1a. ANONYMUS: Über die Einführung des Chinarindenbaumes auf Java durch HASSKARL. — Flora, Jahrg. 40, p. 194—202. Regensburg 1857.
2. BADUS, S.: Anastasis Corticis Peruviani seu Chinae defensio contra Chistetam et Plempiam. Genua 1663.
3. BALL, J.: Contributions to the Flora of the Peruvian Andes, with Remarks on the History and Origin of the Andean Flora. — Journal of the Linnean Society. Botany, Vol. XXII, p. 1—64. London 1885.
4. —— Notes on the Botany of Western South America. — Ebenda, Vol. XXII 1886, p. 137 bis 168.
5. —— Notes of a Naturalist in South America. London 1887.
6. BECKER, W.: Systematische Bearbeitung der Violen-Sektion Leptidium (Ging. pro parte maxima). — Beihefte zum Botanischen Centralblatt, Bd. XXII. Abt. II, p. 78—96. Dresden 1907.
6a. BENRATH, A.: Eine Reise durch die Cordillere Mittelperus. — Geographische Zeitschrift Bd. X p. 361—371. Leipzig 1904.
7. BENTHAM, G.: Plantae Hartwegianae. London 1839—57.
8. BONPLAND, A. und HUMBOLDT, A. v.: Plantes équinoxiales, recueillies au Mexique, dans l'île de Cuba, dans les provinces de Caracas, de Cumana et de Barcelonne, aux Andes de la Nouvelle-Grenade, de Quito et du Pérou, et sur les bords du Rio-Negro, de l'Orénoque et de la rivière des Amazones par Al. de Humboldt et A. Bonpland. 2 Bde. Paris 1805—18. (Lateinischer Titel: Alexandri de Humboldt et Amati Bonpland plantae aequinoctiales per Regnum Mexici, in provinciis Caracarum et Novae Andalusiae, in Peruvianorum, Quitensium, Novae Granatae Andibus, ad Orenoci, Fluvii Nigri, Fluminis Amazonum ripas nascentes. In ordinem digessit Amatus Bonpland.)
9. BONPLAND, A.: Monographies des Melastômes et autres genres du même ordre. 2 Bde. Paris 1806—23.
10. BRAND, A.: Novae species andinae generis Symplocos. — FEDDE, F., Repertorium novarum specierum regni vegetabilis, Bd. II p. 13—14. Berlin 1906.
11. BROTHERUS, V. F.: Musci amazonici et subandini Ulenni. — Hedwigia Bd. 45, p. 260—288. Dresden 1906.
12. BRÜNING, E.: De Chiclayo a puerto Melendez en el Marañon. Lima 1905.
13. DE CASTELNAU, FRANCIS: Expédition dans les parties centrales de l'Amérique du Sud. 14 Bde. Paris 1852—1857.

13a. CAVANILLES, A. J.: Icones et descriptiones plantarum etc., 6 Bde. Madrid 1791—1801.
13b. —— Monadelfiae classis dissertationes decem. Paris 1785 und Madrid 1790.
14. CHRIST, H.: Filices Uleanae Amazonicae. — Hedwigia, Bd. 44, p. 359—370. Dresden 1904/05.
15. CONDAMINE, C. M. DE LA: Sur l'arbre du quinquina (Mémoires de l'Académie royale des sciences de Paris.) 1738, IV, p. 226—243.
16. —— Relation abrégée d'un voyage fait dans l'intérieur de l'Amérique méridionale, depuis la côte de la mer du sud jusques aux côtes du Brésil et de la Guiane, en descendant la riviere des Amazones. Paris 1745. (Auch in Mémoires de l'Académie de sciences de Paris, 1745, p. 391—492.)
17. —— Dasselbe: Nouvelle édition augmentée. Maestricht 1778.
17a. —— Journal d'un voyage fait à l'Équateur. Paris 1751—1754.
18. CRUCKSHANKS, A.: Account of a excursion from Lima to Paseo. — HOOKERS Botanical Miscellany, Vol. II, p. 168—241. London 1831.
19. DELONDRE und BOUCHARDAT: Quinologie. Paris 1854.
20. DON. D.: Descriptions of the new genera and species of the class Compositae belonging to the flores of Peru, Mexico and Chile. Transact. of Linn. soc. 15 (1830) p. 169—303.
21. —— On the character and affinities of certain genera chiefly belonging to the flora peruviana. Edinb. new phil. journ. for 1831, 1832 (nach Originalen von RUIZ und PAVON).
22. ENGLER, A.: Beiträge zur Kenntnis der Araceae X. 18 Araceae novae. — ENGLERS Botanische Jahrbücher, Bd. 37, p. 110—143. Leipzig 1905/06.
23. —— Ulearum Engl. nov. gen. — ENGLERS Botanische Jahrbücher, Bd. 37, p. 95—96. Leipzig 1905/06.
24. FEUILLÉE, L.: Journal des observations physiques, mathématiques et botaniques. 3 Bde. Paris 1714—1725.
25. —— Beschreibung zur Arznei dienlicher Pflanzen. Nürnberg 1756—58. (Dem vorigen entnommene deutsche Übersetzung von GEORG LEONHARD HUTH.)
26. FORBES, D.: Report on the Geology of South America. I. Bolivia and Southern Peru. London 1861. (Auch im Quaterly Journal of the Geological Society of London. 1861.)
27. FRÉZIER, M.: Rélation du voyage de la mer du Sud, aux côtes du Chili et du Pérou, fait 1712—1714. Paris 1716.
28. GILG, E.: Beiträge zur Kenntnis der Gentianaceae III. Gentianaceae andinae. — FEDDE, F., Repertorium usw., Bd. II, p. 33—56. Berlin 1906.
29. GRAEBNER, P.: Die Gattungen der natürlichen Familie der Valerianaceae. — ENGLERS Botanische Jahrbücher, Bd. 37, p. 464—480. Leipzig 1906.
30. GRAY, A.: United States exploring expedition; vol. 15, 16; (Botany). Philadelphia 1854. Dazu 2 Bde. Atlas.
31. GRISEBACH, A.: Systematische Bemerkungen über die ersten Pflanzensammlungen Philippis und Lechlers. Abhandl. der kgl. Gesellschaft der Wissenschaften. Göttingen 1854.
32. HAMPE, E. et SCHLECHTENDAL, D.: Plantae quaedam Lechlerianae. — Linnaea, Bd. 27, p. 553—560. Halle 1854.
33. HANN, J.: Die Temperatur von Callao. — PETERMANNS geographische Mitteilungen. 1903, Heft 5, p. 1—3.
34. —— Zum Klima des Hochlandes von Peru und Bolivia. — Ebenda, Heft 12.
35. —— Zum Klima von Peru. — Meteorologische Zeitschrift, 1907, Heft 6, p. 270—279.
36. HENNINGS, P.: Fungi amazonici a cl. Ernesto Ule collecti I—III. — Hedwigia, Bd. 43, p. 154—186, 242—273, 351—400, nebst 3 Tafeln. Dresden 1904.
37. —— Desgl. IV. — Ebenda, Bd. 44, p. 57—71. 1904/05.
38. HETTNER, A.: Berichte über seine Reisen in Peru, Bolivia usw. — Verhandlungen der Gesellschaft für Erdkunde zu Berlin. Bd. XV, p. 402—406. 1888. Bd. XVI, p. 154 bis 160, p. 269—276, p. 387—394. 1889. Bd. XVII, p. 103—108, p. 232—237, p. 398 bis 401, p. 512—525. 1890.

39. HETTNER, A.: Regenverteilung, Pflanzendecke und Besiedelung der tropischen Anden. Berlin 1893 (RICHTHOFEN-Festschrift).
40. HIERONYMUS, G.: Plantae Stuebelianae novae, quas descripsit adjuvantibus aliis auctoribus. — ENGLERS Botanische Jahrbücher, Bd. 21, p. 306—378. Leipzig 1896.
41. —— Plantae peruvianae a claro Constantino de Jelski collectae. Compositae. — ENGLERS Botanische Jahrbücher, Bd. 36, p. 458—513. Leipzig 1905.
42. —— Plantae Stuebelianae. Pteridophyta. 1. Teil. — Hedwigia, Bd. 45, p. 215—238, nebst Tafel XII—XV. Dresden 1906.
43. —— Plantae Stuebelianae. Pteridophyta. 2. Teil. — Hedwigia, Bd. 46, p. 322—364, nebst Tafel III—VIII. Dresden 1906/07.
44. —— Plantae Stuebelianae. Pteridophyta. 3. Teil. — Hedwigia, Bd. 47, p. 204—249, nebst Tafel I—V. Dresden 1908.
44a. —— Plantae Stuebelianae. Pteridophyta. 4. Teil. — Hedwigia, Bd. 48, p. 215—224, nebst 6 Tafeln. Dresden 1909.
45. HOOKER, W. J.: Plantae cryptogamicae, quas in plaga orbis novi aequinoctialis collegerunt Alexander von Humboldt et Aimé Bonpland. London 1816.
46. HOWARD, J. E.: Illustrations of the Nueva Quinologia of Pavon. London 1862.
47. HUMBOLDT, A. V.: Essai sur la géographie des plantes, accompagné d'un tableau physique des régions équinoxiales. Paris 1805. (Deutsch: Ideen zu einer Geographie der Pflanzen.)
48. —— Ideen zu einer Physiognomik der Gewächse. Tübingen 1806. (Auch als Kapitel der »Ansichten der Natur«.)
49. —— Ideen zu einer Geographie der Pflanzen nebst einem Naturgemälde der Tropenländer. Tübingen 1807. (Al. von Humboldt und Aimé Bonplands Reise. Erste Abt. Bd. I.)
50. —— Über die Chinawälder in Südamerika. — Magazin naturforschender Freunde in Berlin. 1807.
51. —— Ansichten der Natur. 2 Bde. Tübingen 1808 (2. Aufl. 1826, 3. Aufl. 1849).
52. —— Vues des Cordillères et Monument des Peuples indigènes de l'Amérique. 2 Foliobände nebst 60 Tafeln. Paris 1810.
53. —— Sur les lois que l'on observe dans la distribution des formes végétales. — Annal. de chimie et de physique I (Paris 1816) und XVI (Paris 1821).
54. —— De distributione geographica plantarum secundum coeli temperiem et altitudinem montium, prolegomena. Paris 1817. (Einleitung zu No. 73 Nova genera usw.)
55. —— Lignes des isothermes et de la distribution de la chaleur sur le globe. — Mém. d'Arceuil III. Paris 1817. Annal. de chimie et de physique V. Paris 1817.
56. —— De l'influence de la déclinaison du soleil sur le commencement des pluies équatoriales. — Annal. de chimie et de physique VIII. Paris 1818.
57. —— Sur les lois que l'on observe dans la distribution des formes végétales. — Dictionnaire des sciences naturelles XVIII. Paris 1820.
58. —— Sur la limite inférieure des neiges perpétuelles dans les montagnes de l'Himalaya et des régions équatoriales. — Annal. de chimie et de physique XIV. Paris 1820.
59. —— On the Cinchona forests of South America. — In LAMBERT, A. B.: An illustration of the genus Cinchona. London 1821.
60. —— Essai géognostique sur le gisement des roches dans les deux hémisphères. Straßburg 1823. (Deutsch von C. VON LEONHARD. Straßburg 1823.)
61. —— De la température des différentes parties de la zone torride ou niveau des mers. — Annal. de chimie et de physique XXXIII. Paris 1826.
62. —— Über die Ursachen der Temperaturverschiedenheit auf dem Erdkörper. — POGGENDORFFS Annalen IX. 1827.
63. JANCZEWSKI, E.: Species novae generis Ribes L. I. Subgenus: Parilla. — Extrait du Bulletin international de l'Académie des Sciences de Cracovie. Classe des Sciences mathématiques et naturelles. Décembre 1905.
64. —— Species novae generis Ribes L. II. Subgenera Ribesia et Coreosma. — Desgl. Janvier 1906.

65. JANCZEWSKI, E.: Species generis Ribes L. III. Subgenera Grossularioides, Grossularia et Berisia. — Desgl. Mai 1906. (I. Abgedruckt in FEDDE, Repertorium Bd. III, p. 381—384. Berlin 1906/07, II. ebenda, Bd. IV, p. 209—212. Berlin 1907.)
66. JUAN, J. und ULLOA, A. DE: Relación histórica del viage á la America meridional hecho de orden de S. Mag. para medir algunos grados de meridiano terrestre, y venir por ellos en conocimiento de la verdadera figura y magnitud de la tierra con otras varias observaciones astronómicas y phisicas. 4 Bde. Madrid 1748.
67. JUAN, J., Voyage historique á l'Amérique méridionale fait par l'ordre du roi d'Espagne. Paris 1752. (Übersetzung des vor.)
67a. KNUTH, R.: Die Gattung Hypseocharis. — ENGLERS Botanische Jahrbücher Bd. 41, p. 170—174. Leipzig 1909.
68. KRÄNZLIN, F.: Calceolariae generis species novae Centrali- et Austro-americanae. FEDDE, F., Repertorium usw., Bd. I, p. 82—85, 97—107. Berlin 1905.
69. —— Orchidaceae Weberbauerianae in republica Peruviana lectae. — FEDDE, F., Repertorium usw., Bd. I, p. 177—189. Berlin 1905.
70. —— Eine neue Calceolaria aus Peru. — FEDDE, F., Repertorium usw., Bd. IV, p. 353. Berlin 1907.
71. KRAUSE, K.: Oenotheraceae novae Austro-americanae, plerumque Peruvianae. — FEDDE, F., Repertorium usw., Bd. I, p. 167—173. Berlin 1905.
72. —— Novae species andinae Rutacearum. — FEDDE, F., Repertorium usw., Bd. II, p. 26—27. Berlin 1906.
73. BONPLAND, A., HUMBOLDT, A. VON und KUNTH, C. S.: Nova genera et species plantarum, quas in peregrinatione orbis novi collegerunt, descripserunt, partim adumbraverunt Amat. Bonpland et Alex. de Humboldt. Ex schedis autographis Amati Bonplandi in ordinem digessit Carol. Sigismund. Kunth. Accedunt tabulae aeri incisae et Alexandri de Humboldt notationes ad geographiam plantarum spectantes. 7 Bde. Paris 1815 bis 1825.
74. KUNTH, C. S.: Mimoses et autres plantes légumineuses du nouveau continent, recueillies par M. M. de Humboldt et Bonpland. Paris 1819—24.
75. —— Synopsis plantarum, quas in itinere ad plagam aequinoctialem orbis novi collegerunt Alexander de Humboldt et Amatus Bonpland. 4 Bde. Paris 1822—25.
76. —— Révision des graminées publiées dans les Nova genera et species plantarum de M. M. de Humboldt et Bonpland, précédée d'un travail sur cette Famille. 2 Bde. Paris 1829—34.
77. KUNZE, G.: Synopsis plantarum cryptogamicarum ab E. Poeppig in Cuba insula et in America meridionali collectarum. — Linnaea 9 (1834) p. 1—111.
78. LAMBERT, A. B.: An illustration of the genus Cinchona. London 1821. (Enthält außer einer eigenen Abhandlung wichtige, auf Arzeneipflanzen bezügliche Aufsätze von v. HUMBOLDT, LAUBERT und RUIZ.)
79. LECHLER, W.: Berberides Americae australis. Stuttgart 1857.
80. LINDAU, G., Acanthaceae americanae III. — Bulletin de l'herbier Boissier, Bd. IV, 2. série, p. 313—328 und 401—418. Genf 1904.
81. —— Acanthaceae americanae IV. — Ebenda, Bd. V, 2. série, p. 367—374. — Genf 1905.
82. —— Plantae nonnullae novae andinae. — FEDDE, F., Repertorium usw., Bd. I, p. 156—159. Berlin 1905. (Behandelt Polygonaceen und Acanthaceen.)
83. LOESENER, TH., Celastraceae et Hippocrateaceae Andinae novae. — FEDDE, F., Repertorium usw., Bd. I, p. 161—164. Berlin 1905.
84. —— Aquifoliaceae andinae novae. — Ebenda, p. 164—167.
85. MARKHAM, C.: The province of Caravaya, in Southern Peru. — Journal of the Royal Geographical Society, p. 190—203. London 1861.
86. —— Travels in Peru and India, while superintending the collection of Cinchona plants and seeds in South America and their introduction into India. London 1862.
87. —— Zwei Reisen in Peru. (Deutsche Übersetzung.) Leipzig 1865.

87a. MARTIUS, C. F. PH. DE, EICHLER, A. G. et URBAN, I.: Flora brasiliensis. 40 Bde. mit 3811 Tafeln. München und Leipzig 1840—1906.
88. METTENIUS, G.: Filices Lechlerianae chilenses ac peruanae. Leipzig 1856—1859.
89. MEYEN, F. J. F.: Reise um die Erde. Berlin 1834 und 1835.
90. ── Grundriss der Pflanzengeographie. Berlin 1836.
91. ── Beiträge zur Botanik, gesammelt auf einer Reise um die Erde. Nova Acta, 19. Suppl. I. Halle 1843.
92. MEZ, C.: Additamenta monographica 1904. I. Bromeliaceae. — Bulletin de l'herbier Boissier, Bd. IV, 2. série. Genf 1904, p. 619—634, 863—878, 1121—1136, Bd. V, 2. série. Genf 1905, p. 100—116, 232—233. II. Lauraceae. — Bd. V, 2. série. Genf 1905, p. 233 bis 244. III. Myrsinaceae. — Ebenda p. 244—247, 527—537. IV. Theophrastaceae. — Ebenda, p. 537—538.
93. ── Additamenta monographica 1906. I. Bromeliaceae. — FEDDE, Repertorium usw., Bd. III, p. 1—15, 33—45. Berlin 1906/07.
94. ── Additamenta monographica 1906. II. Lauraceae. — Ebenda, p. 65—71.
95. ── Additamenta monographica 1906. III. Myrsinaceae. — Ebenda, p. 97—104.
96. ── Additamenta monographica 1906. IV. Teophrastaceae. — Ebenda, p. 104.
97. MIDDENDORF, E. W.: Peru. 3 Bde. Berlin 1893/95.
98. NYLANDER, W.: Südamerikanische Flechten, gesammelt durch W. LECHLER. — Flora, Jahrg. 38, p. 673—675. Regensburg 1855.
99. D'ORBIGNY, A.: Voyage dans l'Amérique méridionale. 9 Bde. Paris 1834—1847.
100. PAZ SOLDAN, M.: Geografia del Peru. Herausgegeben von M. F. PAZ SOLDAN. I. Paris 1862.
101. ── Atlas geográfico del Peru. Paris 1865.
102. PERKINS, J.: Monimiaceae andinae. — FEDDE, F., Repertorium usw., Bd. I, p. 153—156. Berlin 1905.
103. ── Styracaceae americanae novae. — FEDDE, F., Repertorium usw., Bd. II. p. 16—26. Berlin 1906.
104. PHOEBUS: Die Delondre-Bouchardat'schen Chinarinden. Gießen 1864.
105. PILGER, R.: Gramineae andinae. I. Bambuseae. — FEDDE, F., Repertorium usw., Bd. I, p. 145—152. Berlin 1905.
106. ── Ein neuer andiner Podocarpus. - FEDDE, F., Repertorium usw., Bd. I, p. 189—190. Berlin 1905.
107. ── Beiträge zur Flora der Hylaea nach den Sammlungen von E. ULE. Mit 2 Textfiguren und 3 Tafeln. — Verhandlungen des Botanischen Vereins der Provinz Brandenburg, Jahrg. 47, p. 100—191, 345. Berlin 1906.
108. Plantae novae andinae imprimis Weberbauerianae I. Edidit Ign. URBAN. — ENGLERS Botanische Jahrbücher Bd. 37, p. 373—463. (Leipzig 1906.)
    1. R. PILGER: Graminae andinae II.
    2. L. DIELS: Commelinaceae andinae.
    3. F. KRÄNZLIN: Orchidaceae andinae, imprimis peruvianae Weberbauerianae III.
    4. L. DIELS: Juglans in Peruvia amazonica collecta.
    5. R. PILGER: Santalaceae andinae.
    6. L. DIELS: Portulacaceae andinae.
    7. L. DIELS: Basellacea nova peruviana.
    8. E. ULBRICH: Ranunculaceae andinae. Mit 2 Figuren.
    9. L. DIELS: Anonaceae andinae.
    10. L. DIELS: Crassulaceae andinae.
    11. L. DIELS: Saxifragaceae: Escallonia nova andina.
    12. L. DIELS: Cunoniaceae andinae.
    13. E. ULBRICH: Leguminosae andinae II.
    14. L. DIELS: Oxalidaceae andinae.
    15. L. DIELS: Scrophulariaceae andinae.

16. P. GRAEBNER: Caprifoliaceae andinae.
17. P. GRAEBNER: Valerianaceae andinae.
18. A. ZAHLBRUCKNER: Campanulaceae andinae.

109. Plantae novae andinae imprimis Weberbauerianae II. Edidit IGN. URBAN. — ENGLERS Botanische Jahrbücher Bd. 37, p. 503—646. Leipzig 1906.
   1. U. DAMMER: Cycadaceae andinae.
   2. R. PILGER: Gramineae andinae III.
   3. C. B. CLARKE: Cyperaceae andinae.
   4. W. RUHLAND: Eriocaulaceae andinae.
   5. F. KRÄNZLIN: Orchidaceae andinae, imprimis peruvianae Weberbauerianae IV.
   6. K. KRAUSE: Urticaceae andinae.
   7. L. DIELS: Saxifragaceae: Escallonia nova andina II.
   8. TH. LOESENER: Brunelliaceae andinae.
   9. R. PILGER: Rosaceae andinae.
   10. W. O. FOCKE: Species andinae generis Geum.
   11. E. ULBRICH: Leguminosae andinae III. Mit 1 Figur.
   12. R. KNUTH: Geraniaceae andinae.
   13. TH. LOESENER: Burseraceae andinae.
   14. TH. LOESENER: Anacardiaceae andinae.
   15. TH. LOESENER: Celastraceae andinae.
   16. H. HARMS et TH. LOESENER: Staphyleaceae andinae.
   17. A. W. HILL: Nototriche (Malvaceae).
   18. W. BECKER: Violae andinae.
   19. E. GILG: Malesherbiaceae andinae.
   20. L. DIELS: Myrtaceae andinae.
   21. K. KRAUSE: Oenotheraceae andinae II.
   22. L. DIELS: Sapotacea nova peruviana.
   23. R. SCHLECHTER, Asclepiadaceae novae andinae. Mit 4 Figuren.
   24. K. KRAUSE: Borraginaceae andinae.
   25. U. DAMMER: Solanaceae andinae.
   26. G. LINDAU: Acanthaceae andinae.
   27. R. PILGER: Plantaginaceae andinae.

110. Plantae novae andinae imprimis Weberbauerianae III. Edidit IGN. URBAN. — ENGLERS Botanische Jahrbücher Bd. 40, p. 225—395. Leipzig 1908. Mit 1 Figur im Text.
   1. P. HENNINGS: Aliquot Fungi peruviani novi.
   2. F. KRÄNZLIN: Amaryllidaceae andinae.
   3. F. KRÄNZLIN: Iridaceae andinae.
   4. C. DE CANDOLLE: Piperaceae andinae.
   5. R. MUSCHLER: Cruciferae andinae.
   6. L. DIELS: Alchemilla nova andina.
   7. K. KRAUSE: Linaceae andinae.
   8. P. BECKMANN: Vochysiaceae novae austro-americanae.
   9. F. NIEDENZU: Malpighiacea nova andina.
   10. H. WOLFF: Umbelliferae austro-americanae.
   11. F. KRÄNZLIN: Loganiaceae austro-americanae.
   12. K. KRAUSE: Rubiaceae andinae. Mit 1 Figur.
   13. G. HIERONYMUS: Compositae andinae.

111. Plantae novae andinae imprimis Weberbauerianae IV. Edidit IGN. URBAN. — ENGLERS Botanische Jahrbücher Bd. 42, p. 49—177. Leipzig 1908.
   1. G. LINDAU: Lichenes peruviani, adjectis nonnullis Columbianis.
   2. R. PILGER: Gramineae andinae IV.
   3. A. HEIMERL: Nyctaginaceae austro-americanae.
   4. C. K. SCHNEIDER: Berberides andinae.

5. C. K. Schneider: Hesperomelides peruvianae.
6. H. Harms: Leguminosae andinae.
7. R. Chodat: Polygalaceae andinae.
8. E. Ulbrich: Malvaceae austro-americanae.
9. E. Gilg: Marcgraviaceae Americae tropicae.
10. R. Keller: Hyperica andina.
11. H. Harms: Passifloracea peruviana.
12. A. Cogniaux: Melastomataceae peruvianae.
13. H. Harms: Araliaceae peruvianae.
14. A. von Hayek: Verbenaceae austro-americanae.
15. G. Lindau: Acanthacea peruviana.
16. A. Cogniaux: Cucurbitaceae peruvianae.
17. A. Brand: Polemoniacea peruviana.
18. Th. A. Sprague: Bignoniaceae peruvianae.

112. Poeppig, E.: Reise in Chile, Peru und auf dem Amazonenstrom während der Jahre 1827 bis 1832, 2 Bde. und ein Atlas. Leipzig 1835—36.
113. —— Landschaftliche Ansichten. Leipzig 1839.
114. Poeppig, E. et Endlicher, St.: Nova genera ac species plantarum. 3 Bde. Leipzig 1835 bis 1845. (Vollständiger Titel: Nova genera ac species plantarum. quas in regno chilensi peruviano et in terra amazonica annis MDCCCXXVII ad MDCCCXXXII legit Eduardus Poeppig et cum Stephano Endlicher descripsit iconibusque illustravit.)
115. Presl, C. B.: Reliquiae Haenkeanae. 2 Bde. Prag 1830—1836.
116. Radlkofer, L.: Sapindaceae novae e generibus Serjania et Paullinia (collectionum Ule, Weberbauer, Smith et Williams). — Englers Botanische Jahrbücher Bd. 37, p. 144 bis 155. Leipzig 1905/06.
117. Raimondi, A.: El Peru, Bd. 1—4. Lima 1874—1902.
118. —— Elementos de botánica, 2 Teile. Lima 1857.
119. —— Apuntes sobre la provincia litoral de Loreto. Lima 1862.
    Engl. Übersetzung im Proceedings of Geographical Society 1864. Französischer Auszug in Annales des Voyages 1862.)
120. —— Mapa del Peru.
121. Reiss, W.: Über seine Reisen in Südamerika. — Verhandlungen der Gesellschaft für Erdkunde, Bd. IV, p. 122—136. Berlin 1877.
122. Reiss W. und Stübel, A.: Das Totenfeld von Ancon. Berlin 1880—87.
123. Robinson, B. L.: Eupatorieae novae Americanae II. — Proceedings of the American Academy of Arts and Sciences, Bd. 42, p. 1—48. Boston 1906. (Abgedruckt in Fedde, Repertorium, Bd. IV, p. 144—155. Berlin 1907.)
124. Ruiz, H.: Quinologia o tratado del árbol de la Quina. Madrid 1792.
125. Ruiz, H. et Pavon, J.: Florae peruvianae et chilensis prodromus. Madrid 1794.
126. —— Systema vegetabilium florae peruvianae et chilensis. Madrid 1798.
127. —— Flora peruviana et chilensis. 3 Bde. Madrid 1798, 1799, 1802.
128. —— Supplemento de la Quinologia. Madrid 1801.
129. Sala, G.: Apuntes de viaje. Esploraciones de los Rios Pichis, Pachitea y Alto Ucayali y de la Región del Gran Pajonál. Lima 1897.
130. von Schlechtendal, D. F. L.: Miscellanea botanica. — Linnaea, Bd. 26, p. 726—734. Halle 1853.
131. —— Plantae Lechlerianae. — Ebenda, Bd. 28 (1856), p. 235—240, 463—546.
132. Sears, A. F.: The Coast Desert of Peru. Bulletin of the American Geographical Society. Vol. XXVII, p. 256—271. New York 1895.
133. Spruce, R.: Hepaticae of the Amazon and of the Andes of Peru and Ecuador. London 1885. (XV. Bd. von Trans. and Proc. Bot. Soc. Edinb. unter dem Titel Hepaticae Amazonicae et Andinae.)

134. SPRUCE, R.: Voyage de Richard Spruce dans l'Amérique équatoriale pendant les années 1849 bis 1864. — Révue bryologique fasc. XIII 1886, p. 61—79.
134a. STEINMANN, G.: Observaciones geológicas, efectuadas desde Lima hasta Chanchamayo. — Boletin del Cuerpo de Ingenieros de minas del Peru. No. 12. Lima 1904. (Deutsches Referat in: Neues Jahrbuch für Mineralogie, Geologie und Paläontologie, Jahrg. 100, Bd. II, p. 265—270. Stuttgart 1907.)
135. STEPHANI, F.: Hepaticae amazonicae ab Ernesto Ule collectae. — Hedwigia, Bd. 44, p. 223—229. Dresden 1904/05.
136. STEUDEL: Einige Beiträge zu der chilenischen und peruanischen Flora, hauptsächlich nach den Sammlungen von BERTERO und LECHLER. Flora Jahrg. 39, p. 401—412, 417—426, 436—444. Regensburg 1856.
137. SZYSZYLOWICZ, J.: Diagnoses plantarum novarum a cl. d. Const. Jelski in Peruvia lectarum. — Rozprawy Akademii Umiejetnosci. Wydzial Matematyczno-Przyrodniczy. Ser. II, Tom. IX, p. 215—239. Krakau 1895. (Dasselbe in Diss. Cl. Math.-phys. Acad. litt. Cracow. XXIX (1894).)
138. TSCHUDI, J. J. v.: Peru. Reiseskizzen aus den Jahren 1838—1842. 2 Bde. St. Gallen 1846.
138a. —— Untersuchungen über die Fauna peruana. St. Gallen 1844—1846.
139. ULBRICH, E.: Leguminosae andinae I. — FEDDE, F., Repertorium usw., Bd. II, p. 1—13. Berlin 1906.
140. ULE, E.: Ameisengärten im Amazonasgebiet. — ENGLERS Botanische Jahrbücher, Bd. 30, Beiblatt Nr. 68, p. 45—52, mit einer Tafel. Leipzig 1901.
141. —— Ules Expedition in das peruanische Gebiet des Amazonenstroms. (Sechster Bericht über den Verlauf der Kautschukexpedition vom 21. Juni 1902 bis 23. Juni 1903.) — Notizblatt des königl. botanischen Gartens und Museums zu Berlin, Bd. IV, p. 114 bis 123. Leipzig 1903.
142. —— Das Übergangsgebiet der Hylaea zu den Anden. — ENGLERS Botanische Jahrbücher, Bd. 33, Beiblatt Nr. 73, p. 74—78. Leipzig 1903.
143. —— Epiphyten des Amazonasgebietes. — KARSTEN, G. und SCHENCK, H., Vegetationsbilder. Zweite Reihe, Heft 1, Tafel 1—6. Jena 1904.
144. —— Bluteneinrichtungen von Amphilophium, einer Bignoniacee aus Südamerika. — Festschrift zu P. ASCHERSONS siebzigstem Geburtstage, p. 547—551. Berlin 1904.
145. —— Kautschukgewinnung und Kautschukhandel am Amazonenstrome. — Beihefte zum Tropenpflanzer, Bd. VI, Nr. 1. Berlin 1905.
146. —— Die Kautschukpflanzen der Amazonas-Expedition und ihre Bedeutung für die Pflanzengeographie. — ENGLERS Botanische Jahrbücher, Bd. 35, 663—678. Leipzig 1905.
147. —— Biologische Eigentümlichkeiten der Früchte in der Hylaea. — ENGLERS Botanische Jahrbücher, Bd. 36, Beiblatt Nr. 81, p. 91—98. Leipzig 1905.
148. —— Wechselbeziehungen zwischen Ameisen und Pflanzen. — Flora, Bd. 94, p. 491—497. 1905.
149. —— Die Blumengärten der Ameisen am Amazonenstrom. — Himmel und Erde, Bd. XVII, p. 291—303. 1905.
150. —— Blumengärten der Ameisen am Amazonenstrome. — KARSTEN, G. und SCHENCK, H., Vegetationsbilder. Dritte Reihe, Heft 1, Tafel 1—6. Jena 1905.
151. —— Eigentümliche, mit Pflanzen durchwachsene Ameisennester am Amazonenstrome. — Naturwissenschaftliche Wochenschrift. Neue Folge, Bd. 5, p. 145—150. Jena 1906.
152. —— Ameisenpflanzen. — ENGLERS Botanische Jahrbücher, Bd. 37, p. 335—352, mit 2 Tafeln. Leipzig 1906.
153. —— Die Pflanzenformationen des Amazonas-Gebietes. — ENGLERS Botanische Jahrbücher, Bd. 40, p. 114—172, mit 5 Tafeln. Leipzig 1907.
154. —— II. Beiträge zur Flora der Hylaea nach den Sammlungen von Ules Amazonas-Expedition. (Unter Mitwirkung einer Anzahl Autoren.) Mit Tafel I und II. — Verhandlungen des Botanischen Vereins der Provinz Brandenburg, Jahrg. 48, p. 117—208. Berlin 1907.

155. ULE, E.: III. Beiträge zur Flora der Hylaea nach den Sammlungen von Ules Amazonas-Expedition. (Unter Mitwirkung einer Anzahl Autoren.) — Verhandlungen des Botanischen Vereins der Provinz Brandenburg, Jahrg. 50, p. 69—85. Berlin 1908.
156. —— Die Pflanzenformationen des Amazonas-Gebietes II. — ENGLERs Botanische Jahrbücher, Bd. 40, p. 398—443, mit 3 Tafeln. Leipzig 1908.
157. DE VRIESE, W. H.: De Kina-Boom uit Zuid-America overgebragt naar Java. 'SGravenhage 1855. Englisches Referat in HOOKERs Journal of Botany, Bd. VIII, p. 302—312, 338—347. London 1856.)
158. WEBERBAUER, A.: Anatomische und biologische Studien über die Vegetation der Hochanden Perus. — ENGLERs Botanische Jahrbücher, Bd. 37, p. 60—94. Leipzig 1905.
159. —— Grundzüge von Klima und Pflanzenverteilung in den peruanischen Anden. — PETERMANNs Geographische Mitteilungen 1906, Heft 5, p. 1—6.
160. —— Weitere Mitteilungen über Vegetation und Klima der Hochanden Perus. — ENGLERS Botanische Jahrbücher, Bd. 39, p. 449—461, mit 2 Tafeln. Leipzig 1907.
161. WEDDELL, H. A.: Revue du genre Cinchona. Annales des sciences naturelles. Paris 1848.
162. —— Additions à la Flore de l'Amérique du Sud, Introduction in Ann. Sc. nat. III. sér. vol. XIII (1849) p. 40—113.
163. —— Histoire naturelle des Quinquinas ou monographie du genre Cinchona suivie d'une description du genre Cascarilla et de quelques autres plantes de la même tribu. Paris 1849.
164. —— Voyage dans le nord de la Bolivie et dans les parties voisines du Pérou, Paris et Londres 1853.
165. —— Chloris andina. Essai d'une Flore de la région alpine des Cordillères de l'Amérique du Sud. Paris 1855/57.
166. —— Notes sur les Quinquinas. Annales des sciences naturelles 5 sér. Bd. XI, p. 346 bis 363 und Bd. XII, p. 24—79. Paris 1869.
167. —— Les Calamagrostis des Hautes Andes. — Bulletin de la Société Botanique de France. Bd. XXII, p. 173—180. Paris 1875.
168. WERTHEMANN, A.: Karte der Oroya-Bahn und der Flüsse Perené und Tambo. — Mitteilungen der geographischen Gesellschaft in Hamburg 1878/79.
169. WILKES, CH.: Narrative of the United States exploring expedition. Bd. I, p. 233—315. Philadelphia 1844.
170. WIENER, CH.: Pérou et Bolivie. Paris 1880.
171. ZAHLBRUCKNER, A.: Über einige Lobeliaceen des Wiener Herbariums. — Annalen des k. k. naturhistorischen Hofmuseums, Bd. VI, p. 430—445. Wien 1891.
172. —— Novitiae peruvianae. — Ebenda, Bd. VII, p. 1—10. Wien 1892.

Erster Teil.
Abriß der physischen Geographie Perus.

1. Kapitel.
Orographie und Hydrographie.

Die weitgehende Zerklüftung der Anden von Peru tritt als augenfälligste Eigentümlichkeit dieses Landes hervor, wenn man seine Oberflächenformen mit denen Bolivias, Nord-Chiles und Ecuadors vergleicht. Reich verzweigt, von langen und tiefen Flußtälern gefurcht und durchbrochen, zeigt das peruanische Gebirge allenthalben eine Mannigfaltigkeit der Naturerscheinungen, wie sie in den Nachbarländern höchstens die Gebirgsränder darbieten. Hochebenen sind zwar keineswegs selten, aber sie erscheinen alle klein gegenüber den ungeheuren Flächen des eintönigen Rückens, welchen die nordchilenisch-bolivianischen Anden zwischen ihren Randketten bilden.

An Vulkanen ist Peru weit ärmer als die nördlich und südlich angrenzenden Länder, und seine wenigen Vulkane beschränken sich überdies auf ein kleines Gebiet im Südwesten.

Für eine gleichzeitig übersichtliche und ausführliche geographische Darstellung ist der verwickelte Bau der peruanischen Anden noch nicht genügend erforscht. Indessen ist man doch schon seit langer Zeit dazu gelangt, die wichtigsten Glieder dieses Gebirgssystems zu unterscheiden, und die diesbezüglichen Ansichten älterer Forscher wie Paz Soldan und Raimondi werden im wesentlichen noch beibehalten.

Zwei Hauptketten oder -Cordilleren lassen sich durch ganz Peru verfolgen, eine östliche (in der nördlichen Hälfte des Landes als Zentralcordillere bezeichnet) und eine westliche; sie werden begleitet einerseits von der niedrigen Küstencordillere, die durch ihr hohes Alter sich vom angrenzenden Gebirge unterscheidet und vielfach unterbrochen, in gesonderte Stücke aufgelöst ist, andererseits, in der nördlichen Hälfte, von einem langen, ebenfalls niedrigen östlichen Zweig.

Neuerdings hat Sievers (Süd- und Mittelamerika. Leipzig und Wien. Bibl. Inst. 1903) zwei Abschnitte der peruanischen Anden unterschieden, einen südlichen, die Ucayali-Anden, und einen nördlichen, die Marañon-Anden[1] und als Grenze die Gegend der Stadt Cerro de Pasco bezeichnet. Dieser wichtige Punkt war schon wiederholt von den Geographen beachtet worden.

Betrachten wir, der Einteilung SIEVERS' folgend, zunächst die Ucayali-Anden, unter Mitberücksichtigung des Gebietes, welches den Übergang zu Bolivia vermittelt.

1. Der nördliche Teil des Titicaca-Hochlandes, der politisch zu Peru gehört, reicht in ähnlicher Eintönigkeit wie der südliche bolivianische von der östlichen bis zur westlichen Randkette, ist aber wasserreicher. Wohl nirgends senkt sich seine Oberfläche unter 3800 m. Die Formen derselben sind frei von großen Höhenkontrasten und erscheinen bald eben, bald wellig, bald hügelig. Seen und Teiche der verschiedensten Größe trifft man in großer Zahl. Ihre Ränder werden häufig von Sümpfen eingenommen, ebenso auch die Ufer der Flüsse, deren Gefälle streckenweise sehr gering ist.

2. Die Ostcordillere und die Gebiete der Flüsse Urubamba und Apurimac. SIEVERS zieht es im Anschluß an HETTNER vor, anstatt von einer »Ostcordillere« von »östlichen Randketten« zu sprechen, weil ein geschlossenes, einheitliches Randgebirge nicht deutlich nachgewiesen werden kann, und dafür mehr oder weniger gesonderte Bergzüge, welche gleich Kulissen nebeneinanderliegen, sich vom Grundstock der Anden abzweigen. Die Höhe dieser Züge vermindert sich mit zunehmender Entfernung von der Ansatzstelle an das Hauptgebirge. Trotz dieser Zersplitterung macht aber doch eine andere Erscheinung den eigentlichen Ostrand der Ucayali-Anden in augenfälliger Weise kenntlich: es ist die lange Reihe oder Zone gewaltiger Schneegipfel, die von den Peruanern Cordillera de los Andes genannt wird. Sie stellt überdies, wie später gezeigt werden soll, eine Florenscheide ersten Ranges dar. Im Süden zieht diese Reihe, als »Andes de Carabaya« das Titicacahochland säumend, ungefähr ostwestlich bis zum Quellgebiet des Urubamba, an dessen rechter Seite sie dann nach Nordwesten verläuft; im Norden der Stadt Cuzco wendet sie sich nach Westen, und in diesem Stück bilden der Urubamba und danach der Apurimac tiefe, schluchtenartige Durchbruchtäler; an der linken Seite des Apurimac richtet sie sich wieder nach Nordwesten und nähert sich allmählich der Westcordillere, mit der sie schließlich bei Cerro de Pasco zusammentrifft. Außerhalb dieser Reihe und innerhalb derselben bis zur Westcordillere fehlen Schneegipfel, abgesehen von kurzen seitlichen Ausläufern und von dem später nochmals zu erwähnenden Gebirgszug, welcher am Nordwestrand des Titicacahochlandes eine Verbindung zwischen den beiderseitigen Randketten herstellt.

Die Andes de Carabaya bilden eine Wasserscheide zwischen dem abflußlosen Hochland des Titicacasees und dem Gebiet des Amazonenstromes. Zahlreiche

---

[1] SIEVERS gebraucht die Ausdrücke Ucayali-Cordilleren und Marañon-Cordilleren. Ich ziehe das Wort Anden vor, welches eine allgemeinere Bedeutung erlangt hat.

schroffe und wasserreiche Täler führen von dieser verschneiten Kette in nördlicher bis nordwestlicher Richtung hinab zum Inambari, einem Nebenflusse des Madre de Dios. Ich benutzte einen Weg, welcher das Dorf Sandia, Regierungssitz der gleichnamigen Provinz, berührt. Am Rande eines Plateaus von 4200 m Meereshöhe, aus dem die Schneekette emporsteigt, öffnet ein schneefreier Paß den Zugang zu einem steilen Pfad, auf dem man innerhalb eines Tages über das Dorf Cuyocuyo (3443 m) das Dorf Sandia (2103 m) erreicht. Man folgt hierbei dem Laufe des Rio de Sandia, der an den nördlichen Abhängen der Cordillere entspringt und als einer der Quellflüsse des Inambari zu betrachten ist. Dieses an reizvollen Landschaftsbildern reiche Tal wird von gewaltig hohen und steilen Wänden, die oft senkrechte, ungeheure Felsenmauern darstellen, eingeschlossen und ist sehr eng, so daß sich für eine Besiedlung nur wenig Raum bietet. Außer den beiden kleinen Dörfern Cuyocuyo und Sandia findet man nur vereinzelte Hütten. Eine Tagereise unterhalb des letzteren tritt der Rio de Sandia, nachdem sein Bett sich bis auf 1500 m Meereshöhe gesenkt hat, aus seiner nördlichen in eine nordöstliche Richtung über und erreicht so den Oberlauf des Inambari (hier Huarihuari genannt). Wandert man von jener Biegung des Sandiaflusses nach Norden, so gelangt man ebenfalls zum Inambari und zwar zu einem nach Südwesten gerichteten Abschnitte seines vielgewundenen Laufes. Der Weg führt etwa 3 Tage lang durch ein welliges, unbewohntes Bergland. Er wird zwar von Maultieren mit leichten Lasten begangen, ist aber sehr beschwerlich durch das beständig sumpfige Erdreich und den fortwährenden Wechsel zwischen Aufstieg zu den Kuppen und Abstieg nach den Tälern. Die erste Bergkuppe, welche man ersteigt, der Ramospata, ist 2600 m hoch; je weiter man dann nach Norden kommt, desto niedriger sieht man die Berge werden. Da ich über dieses Gebiet öfters zu reden habe, möchte ich es kurz benennen und nach dem in der Mitte liegenden kleinen Tale Yuncacoya die Bezeichnung »Bergland von Yuncacoya« wählen. An der Stelle, wo ich den Inambari erreichte, hatte sein Bett etwa 1000 m Meereshöhe. Das Gebiet nördlich von diesem Teile des Inambari ist erst in jüngster Zeit einigermaßen bekannt geworden und zwar durch eine von der peruanischen Regierung entsendete Expedition, der es gelang, den Fluß Tambopata an einer Stelle zu erreichen, von wo er bis zu seiner Mündung in den Madre de Dios für Canoas schiffbar ist. Die Wanderung vom Inambari zu den Ebenen am Tambopata führt anfangs ebenfalls durch bergiges Gelände.

Auch auf dem nordwestlich streichenden Gebirge, welches die rechte Seite des Vilcanota oder oberen Urubamba begleitet und als Fortsetzung der Andes de Carabaya betrachtet werden kann, entspringen Flüsse, die sich dem System des Madre de Dios angliedern. Hierher gehört der Marcapata. Zu ihm führt im Südosten der Stadt Cuzco aus dem Vilcanotatale ein 4788 m hoher Paß, umgeben von malerischen Schneehäuptern, unter denen der Auzangate (6000 m) und der Callangati die bedeutendsten sind. Während der Marcapata an der Ostseite der Ostcordillere entspringt, fließt der Paucartambo zunächst im Westen dieser Kette und senkt sich dann in einem Längstale allmählich zu den Ebenen des Ostens. Seine Quellen liegen am Auzangate, von seinem Laufe ist nur der oberste Teil genau bekannt; doch haben neuere Forschungen die alte, eine Zeit lang bezweifelte Ansicht bestätigt, daß der Paucartambo ein rechter Nebenfluß des Urubamba ist. Aus dem Tale des oberen Paucartambo führt nach Osten ein verhältnismäßig niedriger Paß, dessen näherer Umgebung Schneegipfel fehlen, nach Zuflüssen des Madre de Dios. Ein Landschaftsbild von eigenartiger Schönheit erschließt sich auf jenem Passe, ein Ausblick bis in die Tiefebene am Ostfuße der Anden, welche hier den Hauptketten so nahe rückt, wie vielleicht sonst nirgends in Peru. RAIMONDI, der beste Kenner der peruanischen Anden, schildert seine Eindrücke folgendermaßen: »Es gibt keine Worte, um das erhabene Landschaftsbild zu beschreiben, welches sich dem Reisenden an dieser Stelle darbietet, wo er zu seinen Füßen eine Stufenreihe von Bergen erblickt, die an Höhe allmählich abnehmen, bis sie sich in einer ungeheuren, grenzenlosen, waldbedeckten Ebene verlieren, welche in der Ferne mit dem Horizont verschwimmt. In dieser weiten, grünen Decke sieht man Flüsse sich winden, deren Wasser die Sonnenstrahlen reflektiert und aus der Höhe gesehen schimmernden Silberbändern gleicht.«

Ein hoher, vom Vilcanota (5300 m) und andern Schneegipfeln gekrönter Bergzug schiebt sich zwischen die Andes de Carabaya und die Westcordillere und bildet eine Wasserscheide zwischen dem Titicaca-Hochland und dem Amazonasgebiet. Ihn überschreitet die Eisenbahn, welche vom Titicacasee nach Cuzco führt, im Passe La Raya (4313 m), allmählich ansteigend vom Titicaca-Hochland her, an steilen Hängen sich hinabwindend nach dem Urubambatale.

Der Urubamba ist der östliche Quellfluß des Ucayali und heißt im Oberlauf auch Vilcanota. Er entspringt am Fuße des gleichnamigen Berges auf dem Raya-Passe. Durch etwa 1 ¼ Breitengrade (von 14° 30' bis 13° 10' s. Br.) bleibt er auf der Innenseite des östlichen Randgebirges, von Südosten nach Nordwesten fließend in einem Tale, das von hohen und steilen Bergwänden eingeschlossen wird, aber, abgesehen von einigen schluchtartigen Verengungen, auf seinem Boden Raum gewährt für zahlreiche Ortschaften, sowie ausgedehnte Felder und Weiden. Im Norden von Cuzco, etwa 20 km nordwestlich des durch seine incaischen Ruinen berühmten Dorfes Ollantaitambo trifft er die Ostcordillere, welche hier ostwestlich verläuft. Hier bahnt er sich zwischen den hochragenden Schneebergen des Huaca Huillca und der Salcantaygruppe in tiefen Waldschluchten, wo nur durch Felsensprengungen ein Verkehrsweg geschaffen werden konnte, den Ausgang nach Norden und fällt dabei aus der Höhenlage von 2300 m bis auf die von 1600 m. Nach dem Durchbruch fließt er noch eine lange Strecke in einem Gebirgstal mit zerstreuter Besiedlung, eingeschlossen von schroffen Hängen, deren Höhe aber stetig abnimmt. Auch bei Echarati (666 m), wo im Jahre 1846 Graf Castelnau seine Fahrt zum Amazonas begann, hat der Urubamba das Gebirge noch nicht verlassen. Viele gefährliche Stromschnellen und Katarakte folgen, bis bei Tonquini oder Ticumbinia (387 m) der

Fluß mit ruhigem Lauf in die Ebene hinaustritt. Nach Durchbrechung der Ostcordillere ist die Stromrichtung des Urubamba im ganzen eine nördliche, erst kurz vor der Vereinigung mit dem Tambo oder unteren Apurimac eine westliche. In den Urubamba mündet etwas unterhalb Echarati rechts der Yanatili, und dieser erhält als linken Zufluß den Occobamba. Beide entspringen auf der Schneekette, welche der Urubamba durchbricht, und richten ihre kurzen Täler nahezu parallel zum benachbarten Urubambatale. Der Huatanai, ein unbedeutender Bach, den der Urubamba links aufnimmt, sei nur deshalb genannt, weil er Cuzco, die berühmte Hauptstadt Altperus durchzieht.

Weiter im Süden als der Urubamba entspringt der westliche Quellfluß des Ucayali, der Apurimac. An den Schneebergen der Westcordillere, in der Provinz Caylloma, liegen seine Quellen. Er fließt anfangs nach Nordnordosten, dem Quellgebiet des Urubamba sich nähernd, nimmt dann unter dieser Breite allmählich nordwestliche Richtung an, die er bis zur Einmündung des Perené (11° 9′ s. Br.), also für den größten Teil seines Laufes beibehält, wendet sich hierauf eine kurze Strecke ostwärts und bewegt sich schließlich ebensoweit nordwärts bis zur Vereinigung mit dem Urubamba. Nachdem der Apurimac von der Westcordillere her mehrere linke Zuflüsse, zuletzt den Pachachaca und den Pampas, erhalten hat, durchbricht er die Schneecordillere des Ostrandes fast unter gleicher geographischer Breite wie der Urubamba. Unter 11° 50′ s. Br. und bei 440 m Meereshöhe nimmt er von links den Mantaro auf und heißt nunmehr Ené bis zur Mündung des gleichfalls linksseitigen Nebenflusses Perené und von hier an Tambo. In diesem letzten Abschnitt erreicht der Strom aus hügeligem Gelände die Ebene. Unter 10° 43′ s. Br. entsteht, 262 m über dem Meere, durch Vereinigung von Apurimac-Ené-Tambo einerseits und Urubamba andrerseits einer der bedeutendsten Nebenflüsse des Amazonas: der Ucayali. Während der Apurimac links mehrere ansehnliche Flüsse aufnimmt, erhält er rechts nur unbedeutende Verstärkungen; umgekehrt empfängt der Urubamba rechts größere Wasserzufuhr als links, doch ist bei ihm der Gegensatz weniger groß. Das Apurimactal ist schwach bewohnt mit Ausnahme des obersten Abschnittes. Derselbe hat die Form eines weiten Beckens; weiter abwärts aber, kurz vor und während der Durchbrechung der Ostcordillere, windet sich der Fluß mit reißendem, eingeengtem Lauf zwischen schroff emporragenden Gebirgswänden von gewaltiger Höhe. Auch der Pachachaca und der Pampas schneiden tief in das Gebirge ein, ehe sie den Apurimac erreichen, doch bildet der Pampas ein breiteres Tal als die beiden andern. Der Weg von Cuzco nach Ayacucho kreuzt die Täler dieser drei Flüsse. Durch das kleine Becken von Anta, dessen ehemals vorhandener See auf einige Teiche zusammengeschrumpft ist, erreicht man den Paß Kasacancha oder Huillcaconga (3910 m), woselbst die Gruppe der Salcantay-Gipfel und die linke Talwand des Apurimac sichtbar werden und alsbald der Abstieg zu diesem Flusse beginnt. Unmittelbar nachdem die Brücke bei 2080 m Seehöhe überschritten ist, steigt der Weg an der linken Talwand empor auf den Paß Pinculluna (4040 m), und hier erblickt man die linke Wand des Pachachacatales, welches dem des Apurimac ähnlich ist. Die Übergangsstelle liegt am Pachachaca noch tiefer als dort, nämlich bei 1850 m. Die Wanderung durch das Gebirgsland, welches den Pachachaca vom Pampas trennt, führt in mehrere Täler von geringer Tiefe und über Bergrücken, auf denen der höchste Punkt im Passe Saihuapata (4350 m) erreicht wird. In langer Reihe kommen dort noch einmal die weißen Gipfel der Ostcordillere zum Vorschein, und von nun an sind bis Ayacucho keine Schneeberge mehr zu sehen. Man gelangt zur Pampasbrücke (2206 m), steigt dann zu Höhen von 4100—4200 m, in das Gebiet, wo sich die Gewässer des Pampas von denen des Mantaro scheiden und schließlich hinab nach Ayacucho (2700—2800 m).

Während Pachachaca und Pampas innerhalb der Ostcordillere münden, bahnt sich der Mantaro einen Weg durch diese Kette. Er entspringt am Nordende der Ucayali-Anden aus dem 30 qkm großen See von Junin, auch Chinchaycocha genannt (4093 m), fließt zwischen den beiden Randketten des Ostens und des Westens, welche hier nahe zusammenrücken, nach Südosten bis in die Gegend von Huanta (Dep. Ayacucho), wendet sich dann an der Innenseite der Ostcordillere rückwärts nach Nordwesten, wobei er sich bis zur Meereshöhe von 1225 m senkt, und durchbricht schließlich jene Kette in nordöstlicher Richtung, die er bis zu seiner Mündung (440 m) beibehält. Ein großer Teil seines Laufes liegt in einem weiten, flachen Tale, welches stellenweise die Spuren alter Seebecken zeigt und eine dichte Besiedlung erhalten hat; erst unterhalb des Städtchens Huancayo (3340 m) zieht er einen tiefen Schnitt in das Gebirge.

Im Gegensatz zu den bisher erwähnten Nebenflüssen des Apurimac entspringt der Perené am Ostabhang der Anden; einer seiner Quellflüsse ist der Chanchamayo, der oberhalb der Stadt Tarma (3080 m) entsteht. Ein Paß von 4300 m führt dort über ein niedriges Stück der Ostcordillere, wo Schneegipfel fehlen, nach der Bahnstation Oroya (3710 m) am oberen Mantaro. Der Perené durchschneidet die östlichen Ausläufer der Anden mit vielen Stromschnellen, wird aber kurz vor seiner Mündung schiffbar.

3. Der Kamm der westlichen Hauptkette oder Westcordillere, größtenteils eine breite, wellige Masse, scheidet die Flüsse, welche im pacifischen Ozean münden, von den Gewässern des Amazonasgebietes und, im äußersten Süden, von denen des abflußlosen Titicaca-Hochlandes. Er heißt dort, wo der Apurimac entspringt, Cordillera de Chila, dann weiter nördlich Cordillera Solimana, hierauf im Quellgebiet des Pachachaca Cordillera de Huanzo und am mittleren Mantaro Cordillera de Turpicotay. Die Pässe liegen wohl alle über 4000 m, so der von Crucero alto zwischen Arequipa und dem Titicacasee 4470 m, der Llancaguapaß zwischen jener Stadt und dem Quellgebiet des Apurimac 4940 m, der Paso de Piedra parada über Lima 4834 m und nördlich von diesem der Paso de la Viuda 4655 m hoch. Durch die ganze Kette sind Schneegipfel häufig, aber die Schneegrenze bleibt durchschnittlich höher als am Ostrande der Anden, entsprechend der größeren Trocken-

heit der Westcordillere, namentlich ihres südlichen Teiles. Über Lima sah ich Gletscher bis 4700 m abwärts sich ausdehnen; der höchste Gipfel dieser Gegend ist der Puypuy, dessen Schneespitze nahe an 6000 m heranreichen dürfte.

In der Nähe von Arequipa erheben sich, der Westcordillere aufgesetzt und abgesondert von ihrem eigentlichen Kamme, der weiter vom Meere entfernt ist, die Vulkane Ubinas, Pichupichu, Misti und Chacchani; am besten bekannt ist der regelmäßig kegelförmige Misti, dessen 5800—6000 m hoher Gipfel oft bestiegen wurde. Während hier wie auch auf dem Pichupichu (5400 m) nur während der feuchten Jahreszeit sich eine Schneedecke erhält, ist der Chacchani (ca. 6000 m) stets in Firn gehüllt. Auch weiter im Norden und Nordwesten stehen auf der Außenseite der Westcordillere isolierte vulkanische Bergriesen mit beständigem Schneegewand: der Ampato, angeblich gegen 7000 m hoch, der Coropuna, Solimana und bei dem großen See Parinacocha der Sarasara (ca. 5000 m). Diese vorgeschobenen hohen Vulkane verleihen dem südlichen Teil der Westcordillere ein unterscheidendes Merkmal gegenüber dem nördlichen.

Ferner fällt im Süden die Westcordillere meist allmählich, stufenförmig zum Meere ab, im Norden hingegen mit weit schrofferen Hängen. Die Eisenbahn Mollendo-Puno steigt von der Küstenebene an der steilen Wand der Küstencordillere etwa 1000 m, führt dann 67 km durch eine Hochebene, welche sich allmählich bis zu 1600 m erhebt, gewinnt nun wieder stärker geneigte Hänge, danach eine zweite Hochebene, in der bei 2300 m Arequipa liegt, hierauf abermals steiles Gelände und schließlich von 3750 m Meereshöhe an, auf sanft ansteigender Fläche die Paßhöhe (4470 m). Die Lima-Oroya-Bahn dagegen windet sich vom inneren, 800 m hohen Rand der Küstenebene an schroffen Gebirgsflanken empor, bis sie im Galeratunnel bei 4774 m an ihrem höchsten Punkte angelangt ist. Um die Paßhöhe der Cordillere zu erreichen, braucht infolgedessen die südliche Bahn 17 Stunden, die nördliche, obwohl sie höher zu steigen hat, nur 10 Stunden, die erstere 359 km Weges, die letztere, nur 170 km.

In den höheren Regionen der Westcordillere haben sich viele Seen gebildet, und zwar namentlich an der östlichen Flanke der Kette, wie z. B. im Quellgebiet des Pampas, der aus den großen Seen Orcococha und Choclococha entspringt und in der Gegend von Yauli an der Lima-Oroya-Bahn; hier nehmen in der Höhenlage zwischen 4200 und 4600 m die Seen Huascacocha, Morococha und Huacracocha verschiedene Stufen eines Beckens ein, dessen einstige Vergletscherung deutliche Spuren hinterlassen hat.

Zahlreiche Flüsse eilen an der Westcordillere zum Stillen Ozean, alle seicht und reißend. Ihre Täler sind z. T. tief und steilwandig. Die Namen der wichtigsten Flüsse sind, von Süden nach Norden aufgezählt: Rio Tambo, R. Vitor, R. Mages, R. de Ocoña, R. de Lomas, R. Grande, R. de Ica, R. de Pisco, R. Chincha, R. de Cañete, R. Rimac, R. Chillon, R. Chancay.

Weberbauer, Pflanzenwelt der peruanischen Anden.

A. Weberbauer, phot.

Interandines Gebiet Zentralperus. Huaráz (3000 m). **Im Hintergrund die Cordillera blanca.**

Tafel I, zu S. 45.

Die Marañon-Anden.

Die beiden Randketten der Ucayalianden treffen, wie bereits erwähnt, nach allmählicher Annäherung in der Gegend der Stadt Cerro de Pasco (4300 m) zusammen, und hier beginnt der nördliche Abschnitt des peruanischen Gebirgssystems: die Marañon-Anden. Dieselben gliedern sich in drei Hauptketten: die Westcordillere (Cordillera occidental) zwischen der Küste und dem Marañon, die Zentralcordillere (Cordillere central) zwischen dem Marañon und dem Huallaga und die Ostcordillere (Cordillera oriental) zwischen dem Huallaga und dem Ucayali.

Etwa unter 10° 15′ s. Br., am Fuße der schneegekrönten Berge von Huayhuash bildet sich aus drei Bächen, unter denen der mittlere, Nupe, der längste ist, der östliche aus dem See Llauricocha hervorgeht, der Marañon. Bis zum 6° s. Br. fließt er nordwestlich bis nordnordwestlich, dann wendet er sich nach Nordosten und durchbricht die Anden.

Die Westcordillere teilt sich ungefähr unter 10° 10′ s. Br. am See Conococha (3900 m), aus dem der Fluß Santa entspringt, in zwei Äste, einen westlichen, die schneefreie Cordillera negra und einen östlichen, die herrliche Schneekette der Cordillera blanca. Zwischen beiden liegt ein schmales, von Südsüdost nach Nordnordwest streichendes Tal, an 150 km lang und durchflossen vom Santa oder Rio de Huaraz, welcher unterhalb der Stadt Caraz (2240 m) die Cordillera negra durchbricht und schließlich im pacifischen Ozean mündet; beim Beginn des Durchbruches liegt sein Bett nur noch 1300 m hoch. In der Gegend von Caraz, der Hauptstadt der Provinz Huailas, wird das Santatal Callejon de Huailas genannt. Die Wasserscheide zwischen dem pacifischen Ozean und dem Amazonasgebiet liegt auf der Cordillera blanca, nur dort, wo die Sonderung der beiden Ketten durch das Santatal beginnt, etwas weiter östlich.

Die Cordillera negra trägt, wiewohl ihr ausdauernder Schnee fehlt, doch viele Gipfel, welche 4600 m übersteigen. Auch die Pässe liegen hoch, so im Süden, zwischen dem Dorfe Ocros und dem See Conococha, der Chontapaß 4700 m, zwischen dem Hafen Casma und der Stadt Huaraz der Paß Callan 4200 m und im Norden, zwischen dem Hafen Chimbote und der Stadt Caraz, der Paß Chacay 4500 m. Die Flüsse, welche an den steilen Westhängen der Cordillera negra zum Stillen Ozean eilen, durchziehen tiefe und schroffe Täler. Ihre Quellen liegen auf dieser Kette, abgesehen vom Santa, der weiter im Osten entspringt.

Die felsigen, mit Schnee und Gletschern bedeckten Gipfel der Cordillera blanca erreichen die bedeutendsten Höhen im Norden: der Huascán oder Huascarán bei Yungay wird auf 6721 m geschätzt und von manchen als höchster Berg Perus angesehen; der Huandoy über Caráz soll 6058 m, der pyramidenförmige Pico de Huailas 6278 m hoch sein. Die Paßhöhen sind ebenfalls beträchtlich: 4500 m am Cahuish zwischen Recuay und dem Pucchatale und 4550 m am Passe Yanashallash zwischen Huaráz und jenem Tale.

Die Gletscher der Cordillera blanca reichen nicht selten bis 4500 m, an einigen Stellen vielleicht bis 4200 m hinab. Auf der Ostseite der Kette liegen die Gletscherenden höher als auf der Westseite und zwar wohl deshalb, weil jene weit steiler ist als diese. Auch von der gegenüberliegenden Talwand der Cordillera negra unterscheiden sich die Westhänge der weißen Cordillere (deren Gipfelregion ausgenommen) durch geringere Steilheit. Die heutigen Gletscher der Cordillera blanca sind aber nur bescheidene Reste der ausgedehnten Eismassen früherer Zeiten. Unverkennbare Spuren dieses Rückganges trägt die allmählich abfallende Westseite der Kette: Gletscherschliffe, Rundhöcker, sowie prächtige Moränenbögen lassen sich weit talabwärts verfolgen, und nicht selten sind mehrere, durch große Zwischenräume getrennte Moränenreviere deutlich zu erkennen; auf den Moränenhügeln, die sich vielfach über sumpfigem Gelände erheben, findet der indianische Hirte geeignete Bauplätze für seine Hütten. Auch Seen sind in dieser Glaciallandschaft enthalten, so der Kerococha (3900 m) über Recuay und die Yanganuco-Seen (3720 m) über Yungay. — Die Cordillera blanca entsendet auf ihrer Ostseite mehrere Zweige nach dem Marañon hin. Die längste dieser Ketten geht vom äußersten Süden der weißen Cordillere aus und schiebt sich in den Winkel, den der Marañon mit seinem linken Nebenflusse Puccha bildet. Nahe ihrer Wurzel scheidet sie atlantische und pacifische Gewässer: nach Süden fließt, in einem engen, schluchtartigem Tale bis unter 3000 m fallend, der Rio de Chiquian, der Oberlauf oder ein Quellfluß des Pativilca, welch' letzterer mit westwärts gerichtetem Lauf den Stillen Ozean erreicht und zu dem Übergangsgebiet zwischen Marañon-Anden und Ucayali-Anden gehört. Aus dem Chiquiantale führt ein 4700 m hoher, von Schneegipfeln umgebener Paß in das gleichfalls enge und schroffe Tal des Puccha. Dieser Fluß schlägt zunächst nördliche Richtung ein und fällt dabei bis auf 2600 m, dann wendet er sich nordostwärts und trifft so mit dem Marañon zusammen. Um aus dem Pucchatale nach Chuquibamba am Marañon zu gelangen, hatte ich jenen Zweig der Cordillera blanca zu überschreiten. Ich verließ das Pucchatal an einer Stelle, wo seine Sohle 2400 m hoch liegt, und gelangte auf einen breiten welligen Rücken von 4300 m Meereshöhe, wo ich Schneefälle beobachtete, aber Gletscher und ausdauernder Schnee durchaus fehlen. An steiler Wand stieg ich hinab zum Marañon und erreichte über die Brücke von Chuquibamba (2650 m) mit wenigen Schritten die östliche, zur Zentralcordillere gehörige Talwand, welche ebenso wie die westliche unmittelbar am Ufer schroff emporragt. In dieser Gegend fließt der Marañon stellenweise durch tiefe unzugängliche Schluchten, so daß der Verkehr zwischen manchen Ortschaften des Tales nur mit großen Umwegen über hohe Gebirge möglich ist. Der Puccha wird auch auf seiner Nordseite von einem Seitenzweig der weißen Cordillere begleitet und durch denselben von einem kleinen Zufluß des Marañon, dem Yanamayo getrennt.

Zwischen den Quellen des Manta und Tablachaca, zweier Flüsse, welche der Santa dort, wo er sich der Küste zuwendet, von rechts aufnimmt, liegt als Fortsetzung der Cordillera blanca die Cordillera de Conchucos, deren zackige Felsengipfel 5000 m erreichen, aber infolge ihrer Steilheit nur in geschützten Einsenkungen dauernd Schnee behalten. Die Trennungszone zwischen atlantischen und pacifischen Gewässern wird auf dieser Kette nicht von den höchsten Erhebungen gebildet, sondern rückt etwas weiter nach Osten.

Im Norden des Santagebietes verbreitert sich die Westcordillere zunächst und wird dann, vom 7° s. Br. nordwärts, wieder schmäler. Dabei nimmt die Höhe der Kette allmählich ab bis über den 6. Breitengrad hinaus, worauf nahe den Grenzen Ecuadors eine geringe Höhenzunahme eintritt. Bei Huamachuco (7° 40' s. Br.) erheben sich die nördlichsten Schneeberge der Westcordillere. Zu ihnen gehört der Huayllillas. Aber auch hier bedecken Schnee und Eis keine großen Flächen, sondern füllen nur Spalten aus.

Zwischen dem Santagebiet und 6° s. Br. tritt eine Teilung der Westcordillere in zwei Ketten nicht deutlich hervor, wenigstens nicht im Landschaftsbilde. Nach SIEVERS ist diese Gliederung aber doch vorhanden und der Bau des Gebirges folgendermaßen zu erklären: Die Senke zwischen den beiden Ketten wird nicht von einem Wasserlauf der Länge nach durchflossen wie das Santatal, sondern von den pacifischen Küstenflüssen durchquert; letztere sind durch Riegel getrennt, welche die Senke in Querfächer zerlegen, und durchbrechen die westliche Kette, wodurch dieselbe zerstückelt wird. Die Ortschaft Otuzco (2780 m) liegt auf der Außenseite der westlichen Kette, deren Paßhöhe hier ungefähr 3900 m beträgt; zwischen dem Hafen Pacasmayo und der Stadt Cajamarca ist der Paß über die westliche Kette 2220 m hoch und befindet sich La Viña (1310 m) in der Senke. — Die orographischen Verhältnisse dieser Gegenden wurden bisher noch nicht genügend studiert. Mit Rücksicht darauf sei der besseren Übersicht halber die Westcordillere im folgenden als Ganzes behandelt. Das Gebirge zeigt, von seinen Rändern abgesehen, nur selten schroffe Formen, vielmehr meist eine wellige Oberfläche, gebildet durch abgerundete Kuppen und Rücken, sowie durch breite, muldenförmige Täler mit sanft geneigten Wänden. In Tälern dieser Art, welche zum Teil alte Seebecken darstellen, liegen die Städte Huamachuco (3241 m), Cajamarca (2860 m), Bambamarca (2500 m) und Chota (2382 m). — Der Rio de Cajamarca fließt, die gleichnamige Stadt bewässernd, nach Südosten, und durch seine Vereinigung mit dem aus Süden kommenden Fluß von Huamachuco entsteht der Crisnejas, welcher sich in den Marañon ergießt. Der Weg von Cajamarca nach dem Hafen Pacasmayo erreicht etwa 10 km südwestlich von jener Stadt seinen höchsten Punkt bei 3774 m. Nordostwärts gelangt man zum Marañon in 2 bis 3 Tagereisen und zwar zunächst mit allmählichem Anstieg auf einen breiten, welligen Bergrücken und bis zur Höhe von 3850 m, dann auf steilem Pfad in den breiten, fast ebenen Talboden der Stadt Celendin (2709 m), von hier an stark geneigtem Abhang auf einen schmalen, 3200 m hohen Kamm. An dieser Stelle tritt man vor eines der großartigsten Landschaftsbilder der peruanischen Anden, erblickt man fast senkrecht unter sich in einem Höhenabstand von 2350 m das gewundene Band des Marañon und unmittelbar dahinter wiederum eine gewaltige steile Gebirgswand mit ihren Schluchten, Terrassen,

Graten und Felsenzinnen, deren mannigfache Formen bis in feine Einzelheiten sich erkennen lassen, weil die Entfernung nicht groß und die Vegetation locker und niedrig ist. Eine Wanderung von wenigen Stunden führt hinab an das Ufer des Marañon (946 m) zu der Stelle, wo mit dreieckigen Holzflößen auf dem schmalen, aber reißenden Flusse der Übergang nach den Hütten von Balsas geschieht. — Im Norden der Quellen des Rio de Cajamarca entspringt an den Bergen von Hualgayoc, welche zum Teil die Höhe von 4000 m überragen, aber 4500 m wohl niemals erreichen, der Llaucán, ein Nebenfluß des Marañon mit annähernd nordwärts gerichtetem Lauf. Er bewässert das Tal von Bambamarca und bahnt sich den Zugang dorthin durch enge, aber niedrige Felsentore. Ein wenig begangener Pfad führt von Bambamarca in drei Tagereisen nach Tupen am Marañon; man ersteigt einen breiten, welligen Bergrücken, reist $1\frac{1}{2}$ Tage über denselben in Höhen, welche zwischen 3400 und 3600 m schwanken, und dann hinab zum Flusse. Sein Tal zeigt um Tupen (ca. 800 m) eine ähnliche Beschaffenheit wie bei Balsas: die Wände treten dicht an das Ufer heran und fallen, wenigstens in ihrer unteren Hälfte, steil ab. — Nordwestlich von Bambamarca liegt, durch Höhen von 3500 m getrennt, die Stadt Chota (2382 m). Der Rio Chotano entspringt in ihrer Nähe, wendet sich zunächst nach Westen und schlägt dann nördliche Richtung ein bis zu seinem Zusammenfluß mit dem von Nordwesten her kommenden Huancabamba; die vereinigten Gewässer ergießen sich als Chamaya in den Marañon. Der Weg von Chota nach der Küstenstadt Chiclayo liegt während der beiden ersten Tagereisen auf einem breiten und flachen Höhenzug zwischen dem Rio Chancay, welcher im pazifischen Ozean mündet, und dem nach Westen fließenden Teil des Rio Chotano. Über die Orte Montán (2641 m) und Huambos (2392 m) wird allmählich bei nur 3000 m der höchste Punkt erreicht, worauf alsbald der Abstieg nach der Küste beginnt. — Die Wasserscheide zwischen pazifischen und atlantischen Flüssen ist in der Westcordillere zwischen dem Santagebiet und dem 6° s. Br. bei dem Mangel langer und steiler Kämme nicht sehr scharf ausgeprägt, sondern eine gewundene Linie. Um Huamachuco, Cajamarca und Hualgayoc liegt sie den Meridianen dieser Städte nahe, aber bald östlich bald westlich von denselben. Am weitesten nach Westen gerückt findet man sie an den Grenzen der Departamentos Lambayeque und Cajamarca, dort wo der Rio Chotano sich nach Norden wendet. Von den pacifischen Flüssen sind die wichtigsten: Rio de Moche, R. de Chicama, R. Jequetepeque, R. Saña, R. Lambayeque (im Oberlauf R. Chancay genannt) und R. de La Leche. Zwar durchfließen sie wohl alle vor ihrem Austritt nach der Küste enge Talabschnitte mit hohen und steilen Wänden, doch liegen beträchtliche Strecken ihres oberen Laufes in breiten Mulden, ähnlich wie bei den vorhin erwähnten Marañonzuflüssen. Außerhalb der größeren Flußtäler finden sich an der westlichen Abdachung des Gebirges häufig sanft geneigte, wellige oder fast ebene Flächen, die jedoch an Ausdehnung hinter den Hochebenen Südperus weit zurückstehen. Au einem derartigen kleinen Hochplateau liegt über dem Tale des Rio Chancay die Stadt Sta. Cruz (ca. 2000 m) und ferner am Wege von der Küstenstadt Chepen nach Cajamarca um 2900 m der Weiler Agua blanca, auch Lives genannt. Die pazifischen Hänge der Westcordillere zeigen somit zwischen dem Santagebiet und dem 6° s. Br. nicht die Schroffheit wie in Mittelperu; sie senken sich im oberen Teil allmählich zur Küste; zuletzt allerdings fallen sie ebenfalls steil ab.

Nördlich vom 6° s. Br. ist die Westcordillere eine sehr schmale Kette. Die Teilung in einen westlichen und einen östlichen Zweig tritt wieder deutlich hervor, wiewohl die Senke zwischen beiden nur sehr geringe Tiefe aufweist. In diesem Tale fließt der Huancabamba, bis er vor seiner Vereinigung mit dem Rio Chotano den östlichen Zweig durchbricht. Die Ortschaft Huarmaca liegt genau auf dem Kamm des westlichen Zweiges, der hier nur 2360 m hoch ist, und von ihrem Kirchendach fließt nach Raimondi der Regen einerseits zu pazifischen, andrerseits zu atlantischen Gewässern ab. Diese Gegend gehört zu einer Zone, in welcher die Höhe der peruanischen Anden vom West- bis zum Ostfuß auffällig gering ist. Unweit Huarmaca entspringt der Rio de Piura, welcher nach kurzem Gebirgslauf die Ebene und in der Nähe der gleichnamigen Stadt das Meer erreicht. Bis dicht an die Grenze Ecuadors bleibt der westliche Zweig die Wasserscheide zwischen pazifischen und atlantischem Ozean. Dann rückt dieselbe auf den östlichen Zweig, woselbst ein Quellfluß des beim Hafen Payta mündenden Rio de la Chira entsteht.

Hinter der Westcordillere steht die Zentralcordillere, welche die östliche Randkette der Ucayali-Anden fortsetzt, an Höhe weit zurück, auch in ihrem südlichsten Teil, zwischen den Quellen des Marañon und Huallaga. Aus Aguamiro im Gebiet des oberen Marañon gelangt man über einen 4050 m hohen Paß der Zentralcordillere, welche in dieser Gegend wahrscheinlich Schneegipfel trägt, nach der Stadt Huanuco. Sie liegt bei 1812 m im Tale des Huallaga, fast 82 km nördlich von den Quellen dieses bei Cerro de Pasco entspringenden Flusses. Im Gegensatz zum Marañon verläßt der Huallaga bald das höhere Gebirge: nicht viel unterhalb Huanuco tritt er bereits in niedriges Hügelland hinaus, und bei Tingo Maria (600 m) wird er für Canoas schiffbar. — Der mittlere Teil der Zentralcordillere, zwischen 10° und 7° s. Br., ist nur unvollkommen bekannt; er trägt an der Westseite die höchsten Erhebungen und sendet zum Marañon nur unbedeutende, kurze Bäche, zum Huallaga aber weit längere Zuflüsse. Wer unter 9° 15' s. Br. von der früher erwähnten Marañonbrücke bei Chuquibamba (2650 m) an den steilen Hängen der Zentralcordillere emporsteigt, erreicht ihre Paßhöhe über dem Dorfe Tantamayo bei ca. 4000 m auf einem welligen Bergrücken und zwischen kaum 4200 m hohen Kuppen. Firnfelder und Gletscher fehlen soweit das Auge reicht, und wenn Schnee fällt, was ich selbst beobachten konnte, so schmilzt er rasch. Östlich von dieser Stelle ist in der Höhenlage zwischen 3700 und 3400 m die Neigung des Geländes sehr gering, und bedecken bald Sümpfe bald Bergseen den Boden eines kleinen Hochbeckens. Von seinem östlichen

Rande an abschüssigen Bergwänden hinabsteigend, betritt man schließlich bei 1000 m die Sohle eines engen und tiefen Tales und das Ufer seines größten Wasserlaufes, des Rio de Monzon. Weiter im Osten, 700 m ü. d. M., erreicht dieser Fluß ein offenes Hügelland, dessen Höhenzüge nur um 200 m die Ebene überragen, und wird damit bis zum Huallaga für Canoas schiffbar. Unter 8° s. Br. trägt die Zentralcordillere ausdauernden Schnee, ebenso in der Breite von Cajamarca. Hier erhebt sich als nördlichster Schneegipfel Perus der Nevado de Cajamarquilla. — Zwischen 7° und 5° s. Br. fällt die Zentralcordillere ungefähr zusammen mit dem Departamento Amazonas (Hauptstadt Chachapoyas). Die Wasserscheide zwischen Marañon und Huallaga entfernt sich nunmehr weit von dem ersteren. In einem ansehnlichen Längstale durchzieht diesen Teil der Zentralcordillere der Utcubamba, ein rechter Nebenfluß des Marañon. Wie dieser, so fließt auch der Utcubamba zwischen steilen Talwänden, doch läßt er an seinen Ufern mehr Raum für Felder und Ortschaften. In der Gegend von Chachapoyas liegt sein Bett 1600 bis 1700 m, an der Mündung in den Marañon 369 m hoch. Die Stadt Chachapoyas breitet sich bei 2330 m auf dem Boden eines Hochbeckens aus und ist durch einen abschüssigen Pfad mit dem nahen Utcubamba-Tale verbunden. Die Formen des Gebirges sind im Departamento Amazonas vorherrschend sanft und abgerundet, schroff nur an den Rändern der Zentralcordillere und in wenigen tieferen Tälern des inneren Teils. Um von Chachapoyas nach Cajamarca zu gelangen, verfolgt man den Utcubamba talaufwärts bis zu seinen Quellen, steigt an steilen Hängen empor zum Passe Callacalla (3600—3700 m) und dann hinab nach Balsas am Marañon. Weniger hoch, nur bis 3300 oder 3400 m, erhebt sich ein Weg, welcher von dem früher erwähnten Tupen aus den Marañon mit dem Utcubamba verbindet. Nach Osten ist aus der Zentralcordillere nur ein Ausgang gebahnt, nämlich auf der Linie Chachapoyas—Moyobamba. Die Reise beginnt mit einem Abstieg bis 1800 m, in das Tal eines rechtseitigen Zuflusses des Utcubamba; sie führt dann durch das als Weideland dienende Hochbecken von Molinopampa (2250 m) und an kleinen Seen vorüber auf den 3540 m hohen Paß Piscohuañuna (»Der Vögel Tod«), womit der Rand der Zentralcordillere erreicht ist. Über beständig durchweichten Waldboden und stellenweise abschüssiges Gelände gelangt man nun hinab in die bergumkränzte Ebene von Moyobamba (860 m). — In der Gegend, wo der Marañon rechts und von Südosten her den Utcubamba, links und von Nordnordwesten her den Chinchipe aufnimmt, gibt er seine bisherige Stromrichtung durch eine Wendung nach Nordosten auf; er durchbricht nunmehr mit Stromschnellen und kleinen Wasserfällen in einer Reihe von Felsentoren oder »Pongos«, zuletzt im Pongo de Manseriche, die Zentralcordillere und die Ostcordillere.

Verglichen mit der zentralen und der westlichen Kette der Marañon-Anden ist die Ostcordillere ein sehr niedriges Gebirge: über 2000 m dürfte sie nur selten und um ein weniges hinausragen. Im äußersten Süden, wo sie sich wahrscheinlich am höchsten erhebt, überschreitet man sie auf dem Wege, welcher Huanuco mit der deutschen Kolonie im Pozuzotale verbindet. Der Pozuzo und die ihm von der Ostcordillere zufließenden Bäche gehören zum Gebiet des Palcazu, der sich mit dem Pichis zum Pachitea vereinigt. Dieser Strom ergießt sich in den Ucayali und ist schiffbar, ebenso wie die unteren Teile seiner beiden Quellflüsse. Zwischen $9^{1}/_{2}$ und $6^{1}/_{2}$ s. Br. ist die Ostcordillere fast unbekannt. Bei Tingo Maria (9° s. Br.) beträgt nach G. FORSELIUS (Boletin de la Sociedad geografica de Lima Bd. 19 [1906] p. 260) die Höhe der Kette 2460 m. Vom Ucayali durch weite Ebenen getrennt, begleitet die Ostcordillere das rechte Ufer des Huallaga, bis sie unter $6^{1}/_{2}$ s. Br., in der Nähe von Tarapoto, sich nach Nordwesten wendet und so den Huallaga zum Durchbruch zwingt; das Gebirge wird hier Cerros de Otañahui genannt. Jenseit des Huallaga-Durchbruchs scheidet eine Ebene, in welcher bei 860 m am Flusse Mayo die Stadt Moyobamba liegt, die Ostcordillere von der Zentralcordillere. Dann wird die Sonderung der beiden Ketten undeutlich. Ein alter Handelsweg vermittelt über die Ostcordillere hinweg den Verkehr zwischen Moyobamba und dem Amazonenstrom: Man gewinnt an sanft geneigten Hängen bei 1600 m die Paßhöhe der Ostcordillere, die sogenannte Punta de la Jalca, woselbst die benachbarten, mit dichtem Gehölz bedeckten Gipfel kaum 200 m höher emporragen, gelangt dann in den Schluchten reißender Waldbäche bis auf 900 m hinab, erklimmt den Gipfel Icuti, ca. 1400 m hoch gelegen am Ende eines Seitenzweiges der Hauptkette, steigt hierauf steil abwärts in gewundene enge Flußtäler und erreicht schließlich bei 220 m Balzapuerto am Flusse Cachiyacu. Hier beginnt die Schiffahrt mit Canoas: der Cachiyacu führt zum Paranapura, dieser zum Huallaga bei Yurimaguas (170 m), dem Endpunkt des Dampferverkehrs aus dem Amazonenstrome. Den Aufenthalt in Yurimaguas benützte ich, um auch andere Teile der Ostcordillere kennen zu lernen und wanderte an der linken Seite des Huallaga nach Südwesten. Nach mehrtägiger Reise auf ebenem Lande sah ich plötzlich das Gebirge schroff emporsteigen, überschritt es auf einem 1300 m hohen Passe und kam durch das kleine Dorf San Antonio de Cumbaza nach der Stadt Tarapoto (374 m), die auf ziemlich ebener Fläche inmitten der Ostcordillere sich ausbreitet. Unweit davon nimmt der Huallaga seinen von Nordwesten kommenden Nebenfluß Mayo auf. Der Mayo dringt durch ein kleines Längstal in die Ostcordillere ein und ist hier reißend, während er weiter oben, um Moyobamba, eine weite Strecke ruhig dahingleitet und daher von vielen Canoas befahren wird. Durch den beständig durchweichten Boden für Maultiere fast unbenutzbar und auch für Fußgänger sehr beschwerlich ist der Pfad zwischen Tarapoto und Moyobamba. In der Ostcordillere sich hinziehend und die Dörfer Lamas, Tabalosos und Roque berührend, senkt er sich bald in Täler, bald hebt er sich auf die Kämme und Kuppen des Gebirges, am höchsten zwischen Tabalosos und Roque auf dem Gipfel des Cerro de la Campana (1500 m).

Die peruanische Küste

ist eine Ebene, aus der Berge und kurze Ketten schroff herausragen, bald isoliert, bald in Zusammenhang mit dem eigentlichen Andenzug; sie dürften als Teile der sogenannten Küstencordillere zu betrachten sein. Zu ihren höchsten Erhebungen gehören der Cerro Criterion (1770 m) südlich von Ica und der gleich hohe Cerro Darwin unter 10° 30′ s. Br. Die Breite des Küstenlandes schwankt außerordentlich. Während bei Mollendo und anderwärts das Gebirge nur einen schmalen Streifen ebenen Landes übrig läßt, erstreckt sich bei Ica und vor allem südlich von Payta, in der 150 km breiten Wüste Sechura, die Küstenebene weit landeinwärts. Der beständig wehende Südwind erzeugt an vielen Stellen, so um Ica, Lima und Pacasmayo, sehr regelmäßig gebaute, halbmondförmige und darum Medanos genannte Sanddünen, die mitunter 80 m hoch werden. Die wichtigsten Flüsse der peruanischen Küste wurden bereits erwähnt. Zwar können sie wegen geringer Tiefe und reißenden Laufes für den Verkehr nicht benutzt werden, jedoch sind sie insofern wertvoll, als sie in diesen regenarmen Gegenden die künstliche Bewässerung des Bodens und damit den Ackerbau ermöglichen. Der Wassergehalt der Küstenflüsse wird natürlich in hohem Grade beeinflußt von den Jahreszeiten in den oberen, niederschlagsreicheren Gebirgsregionen und der Entfernung zwischen letzteren und der Mündung. Ganz allgemein gelangen somit im Sommer, der Regenzeit des Gebirges, größere Wassermengen zur Küste als während des Winters; ferner sind die meisten Flüsse Südperus, woselbst durch die allmähliche Abdachung der Anden, stellenweise auch durch die Breite des Küstenlandes der Weg von der Quelle zum Meere sehr lang wird, wasserarm, und dasselbe gilt im äußersten Norden vom Rio de Piura, welcher sich durch die große Wüste Sechura windet. Dieser sowie der Rio de Ica erreichen im Winter überhaupt nicht das Meer.

2. Kapitel.
Geologie.

Alte, jedenfalls vormesozoische Gesteine begleiten die Küste. Im Süden bilden sie eine zusammenhängende Zone auf dem Festland; im mittleren und nördlichen Teile Perus sind sie nur an wenigen Stellen, z. B. als Schiefer bei Pacasmayo und Payta, sichtbar, sonst aber vom Meere bedeckt.

Abgesehen von diesem Küstenstreifen beschränken sich die älteren Gesteine auf den östlichen Teil der peruanischen Anden. Wir finden hier granitische und silurische Gesteine, ferner Kohlenkalk und Kohlensandstein. Der Westen hingegen ist in der Hauptsache mesozoisch. Dieser mesozoische Abschnitt wiederum pflegt sich in der Weise zu gliedern, daß an der Ostseite marine Sedimente (Tonschiefer, Sandsteine, Quarzite, Kalke und Mergel), an der Westseite Eruptivgesteine überwiegen. Zu den letzteren gehören außer den mesozoischen Porphyriten, die am weitesten verbreitet sind, die jüngeren, wohl meist tertiären Diorite und Andesite. In der Cordillera blanca verdienen tertiäre Granitdurchbrüche deshalb Beachtung, weil sie einige der höchsten Gipfel, z. B. den Huascarán, hervorgebracht haben.

Bei einer Durchquerung der mittelperuanischen Anden unterschied STEINMANN[1] zwischen Lima und Chanchamayo sechs geologische Zonen:

1. Granit- und Tertiärzone der Küste. 2. Erste Zone der mesozoischen Sedimente. 3. Diorit-Zone. 4. Zweite Zone der mesozoischen Sedimente, in porphyritischer Fazies. 5. Dritte Zone der mesozoischen Sedimente, in Kalkfazies. 6. Zone der Schiefer und Granite.

1. Die erste Zone verbirgt sich bei Lima unter dem Meere, zeigt sich aber weiter im Süden, auf den Chincha-Inseln und von Pisco bis über Mollendo hinaus. Granit herrscht vor. Er wird durchdrungen von Gängen und unregelmäßigen Massen mesozoischen Porphyrits. Auf dieser Unterlage ruhen tertiäre Sande und Tone.

2. Von der Lorenzo-Insel bis zum Hügel San Cristobal bei Lima erstreckt sich die zweite Zone. Die mesozoischen Sedimente zeigen sich als mächtige Folge von Sandsteinen, Tonen und kalkarmen Schiefern; vereinzelt treten überdies dünne Kalkbänke auf. Stellenweise werden auch diese Gesteine von mesozoischen Porphyritgängen durchsetzt.

3. Der Diorit charakterisiert die dritte, von Lima bis gegen Matucana (2374 m) reichende Zone. Er hat gewöhnlich helle Farbe und verwittert zu großen gerundeten Blöcken. Wahrscheinlich gehört er der Tertiärzeit an. Mesozoische Sedimente, unter denen der Diorit erstarrte, nahmen ehemals diese Gegend ein, sind aber heute bis auf unbedeutende Reste verschwunden.

4. Die vierte und fünfte Zone bestehen aus mesozoischen Gesteinen. Erstere, die Porphyrit-Fazies, umfaßt den oberen Teil der Westflanke und die Gipfelregion der westlichen Cordillere. Porphyritische Decken, Conglomerate, Sandsteine und Tuffe dominieren. Dazwischen fügen sich stellenweise dünne Kalklagen. Ferner trifft man hier und auch im westlichen Teile der folgenden Zone viele Eruptionen quarzführender Andesite, und mit ihnen steht der Erzreichtum dieser Gegenden in ursächlichem Zusammenhang.

5. Die fünfte Zone, welche auf der Innenseite der Westcordillere bei Yauli (4090 m) beginnt und östlich von Tarma (3050 m) endet, wird von mesozoischen Kalken (Jura und Kreide) gebildet. Als Einschaltungen von geringem Umfang wechseln Sandstein- und Tonlagen mit dem Kalk.

---

[1] Observaciones geológicas, efectuadas desde Lima hasta Chanchamayo. — Boletin del Cuerpo de Ingenieros de Minas del Peru Nr. 12. Lima 1904. (Deutsches Referat in: Neues Jahrbuch für Mineralogie, Geologie und Paläontologie. Jahrg. 100, Bd. II, p. 265—270. Stuttgart 1907.)

6. In der sechsten Zone überwiegen die ältesten Schiefer und Quarzite nebst alten granitischen und porphyrischen Eruptivgesteinen. Der hin und wieder auftretende Kalk scheint zum Teil dem Carbon anzugehören. —

Einige geologische Bildungen aus jüngerer Zeit, wie die Vulkane des Südens, die Dünen und die Glacialphänomene, wurden bereits an anderer Stelle erwähnt.

3. Kapitel.

Klimatologie.

Da streng durchgeführte, längere Beobachtungsreihen kaum vorhanden sind, können die klimatischen Verhältnisse nur in ihren Grundzügen dargestellt werden.

I. Wärme.

1. Das Küstenland.

Bekanntlich ist an der ganzen peruanischen Küste die Temperatur niedriger als nach der geographischen Breite zu erwarten wäre. Es gilt dies vor allem für die südliche Hälfte des Küstenlandes. HANN führt in einer Abhandlung, welche ich für den vorliegenden Abschnitt benutze[1], folgende Beobachtungsreihe aus der Hafenstadt Callao an:

Callao (12° 4′ s. Br., 77° 16′ w. L. v. Gr.).
Temperaturmittel und Extreme.

	9 h a.m	3 h p.m.	6 h p.m.	Mittlere tägl. Extreme	Mittel	Tägl. Amplitude	Absolute Extreme	
Januar	21,3	22,3	20,5	18,0	24,1	21,0	6,1	17,2	25,8
Februar	(21,6)	(22,4)	(20,6)	18,2	25,1	21,6	6,9	17,5	26,0
März	21,8	22,5	20,7	19,6	24,2	21,9	4,6	17,1	27,1
April	21,2	22,9	20,8	18,7	24,2	21,4	5,5	17,0	26,4
Mai	20,0	21,4	19,1	17,0	22,6	19,8	5,6	14,8	24,3
Juni	19,3	20,7	18,7	16,7	21,5	19,0	4,8	14,0	24,2
Juli	17,7	19,1	17,4	14,8	20,3	17,5	5,5	12,8	2,6
August	17,3	18,6	17,1	14,9	19,5	17,2	4,6	12,5	22,1
September| 17,4	18,4	16,9	14,8	19,7	17,3	4,9	13,0	22,0
Oktober	18,4	19,8	17,7	15,7	21,1	18,4	5,4	13,6	22,0
November	19,7	20,5	18,4	15,9	22,0	18,9	6,1	13,7	23,2
Dezember	21,6	22,2	20,0	18,0	23,6	20,8	5,6	15,8	25,5
Jahr	19,8	20,9	19,0	16,9	22,3	19,6	5,5	12,5	27,3

[1] Die Temperatur von Callao. — PETERMANNs geographische Mitteilungen 1903, Heft V.

3. Kapitel. Klimatologie.

Diese Tabelle ist dem »Boletin de la Sociedad geográfica de Lima« entnommen. Die Temperaturen hat DR. FEDERICO E. REMY festgestellt, der überdies ein Maximum-Minimum-Thermometer benutzte. Die Beobachtungen wurden in der Zeit von Oktober 1897 bis April 1900 ausgeführt, aber mehrmals monatelang unterbrochen.

Mit Rücksicht auf die Kürze der Beobachtungszeit hat HANN die oben erwähnten Temperaturmittel von Callao durch eine Berechnung korrigiert, desgleichen die in Lima bisher beobachteten. Hierbei ergaben sich folgende Monatsmittel:

Callao:

Jan.	Febr.	März	April	Mai	Juni	Juli	Aug.	Sept.	Okt.	Nov.	Dez.
21,2	21,7	21,8	21,2	20,1	18,8	17,6	17,1*	17,4	18,2	19,3	20,4

Lima:

Jan.	Febr.	März	April	Mai	Juni	Juli	Aug.	Sept.	Okt.	Nov.	Dez.
21,4	23,2	23,0	21,5	19,6	17,8	16,8	16,5*	16,9	17,8	19,1	20,8*

HANN bemerkt hierzu folgendes: »Die außerordentlich niedrige Temperatur von Callao tritt grell hervor bei einem Vergleich mit Port Darwin (Nordaustralien) unter gleicher geographischer Breite:

Ort	Breite	Länge	Wärmster Monat	Kältester Monat	Jahr
Port Darwin	12° 28' S	130° 51' E	29,1 Nov.	23,7 Juli	27,3
Callao	12° 4' S	77° 16' O	21,8 März	17,1 Aug.	19,6

Die Temperaturdifferenz beträgt im Jahresmittel 7,7°, sie ist am kleinsten im Juli (6,1°), am größten im Oktober, wo sie 10,8° erreicht! (Port Darwin 29°, Callao 18,2°). Die Temperaturmittel von Port Darwin sind wahre Mittel, dagegen jene von Callao wohl noch um 0,3° bis 0,4° zu hoch. Die mittleren Jahresextreme sind in Port Darwin 38,4° und 15°, in Callao etwa 27,3° und 12,5°. Die Sommerwärme ist an letzterem Orte ganz besonders herabgedrückt. Unter 12° Breite Temperaturmaxima wie etwa im nördlichen Schottland!«

Interessant ist die von HANN hervorgehobene Gleichmäßigkeit der Temperatur über mehrere Breitengrade hinweg. Die Temperatur von Mollendo ist wahrscheinlich nur um ½° niedriger als die von Callao, welches um 5 Breiten-

---

* Später (Meteorologische Zeitschrift, Heft 6, 1907, p. 275) korrigierte HANN diese Monatsmittel folgendermaßen:

Callao:

Jan.	Febr.	März	April	Mai	Juni	Juli	Aug.	Sept.	Okt.	Nov.	Dez.	Jahr
20,5	21,2	21,6	21,0	19,4	18,6	17,2	16,9	16,9	17,9	18,4	20,3	19,2

Lima:

Jan.	Febr.	März	April	Mai	Juni	Juli	Aug.	Sept.	Okt.	Nov.	Dez.	Jahr
21,7	23,0	22,7	21,1	18,9	16,7	15,9	15,9	16,3	16,6	18,8	21,0	19,0

grade nördlicher liegt. HANN führt später (Meteorol. Zeitschr., Heft 6, 1907) folgende Mittel an:

Mollendo (17° 5′ S. Seehöhe: 24 m):

Jan.	Febr.	März	April	Mai	Juni	Juli	Aug.	Sept.	Okt.	Nov.	Dez.	Jahr
21,5	21,7	21,2	20,0	18,6	16,8	15,6	15,5	15,9	16,9	19,0	20,5	18,6

In der nördlichen Küstenhälfte dürfte allerdings die Abstufung ausgeprägter sein als zwischen Mollendo und Callao. Trujillo, etwa unter 8° S gelegen, gilt allgemein als wärmer wie Lima, und noch höhere Temperaturen scheinen in der Gegend des Hafens Payta (5° S) zu herrschen. Schon ANTONIO DE ULLOA, der um die Mitte des 18. Jahrhunderts die peruanische Küste von Tumbez bis Lima auf dem Landwege bereiste, hob hervor[1], daß sich von Trujillo südwärts ein deutlicher Unterschied zwischen Winter und Sommer bemerkbar mache, indem man in der ersteren Jahreszeit die Kälte und im Sommer die Hitze empfinde. Der stärkere Einfluß der geographischen Breite auf die Temperaturverhältnisse im Küstenlande Nordperus beruht zum Teil wenigstens darauf, daß die Bewölkung geringer ist als im Süden. Dementsprechend wird der Gegensatz in der Wärmeverteilung am deutlichsten zu der Zeit, wo die Bewölkung im Süden das Maximum erreicht, d. h. während des Winters.

Die Abkühlung der peruanischen Küste wird bewirkt durch die niedrige Temperatur des Seewassers in der Nähe des Landes. Dort führt die Peru- oder Humboldt-Strömung das Wasser höherer südlicher Breiten äquatorwärts, und diese Tatsache hielt man früher für ausreichend zur Erklärung der so geringen Luftwärme. Nun ist aber bei Callao unter 12° S die Temperatur des Meerwassers nicht höher, als bei Valparaiso unter 33° S, obwohl die Strömung, um diese Strecke zurückzulegen, 4 Monate braucht, ein Zeitraum, der eine beträchtliche Erwärmung zulassen müsste. Offenbar bildet also die aus höheren Breiten kommende Meeresströmung nicht die alleinige Ursache des auffällig kühlen Klimas. Es ist vielmehr hierbei nach der Ansicht von Kapitän DINKLAGE, die viele Anhänger gefunden hat, der Passatwind im hohen Grade wirksam: In gewisser Entfernung vom Lande trifft der Passat das Wasser des Ozeans und treibt es nach Nord-Westen; zum Ersatz steigt an der Küste das Wasser der Tiefe empor, dessen Temperatur niedrig und auf weite Strecken gleichmäßig ist. Hierbei dürfte der Einfluß des Passats einerseits im Winter, wo dieser Wind am strengsten weht, größer sein als im Sommer, und andrerseits in der Nähe des Äquators, wo die Stärke der Luftströmungen und die Beständigkeit ihrer Richtung nachläßt, sich vermindern. Es läßt sich demnach auch die gesteigerte Abkühlung im Winter, welche in der südlichen Küstenhälfte deutlich hervortritt, sowie die geringere Abkühlung der nördlichen Küstenhälfte während des ganzen Jahres mit der Auffassung DINKLAGES in Einklang bringen.

---

[1] Relación histórica del viaje á la América Meridional. Madrid 1748.

Lima hat im Sommer zwar eine höhere, im Winter aber eine tiefere Temperatur als der Hafen Callao.

Im Innern des Küstenlandes kommen wahrscheinlich stärkere durch nächtliche Wärmeausstrahlung bedingte Tagesschwankungen der Temperatur vor, als in unmittelbarer Nähe des Meeres. Die Blätter des Weinstocks und die Kapseln der Baumwollpflanze sterben mitunter innerhalb einer einzigen Nacht ab. Diese verderblichen Erscheinungen bezeichnen die Peruaner fälschlich als »Hielo« oder »Heladas«, d. h. Eis oder Frost. Ihre Ursache dürfte nächtliche Wärmeausstrahlung sein. Angeblich werden auch die Blätter der Kartoffel, die doch in Höhen zwischen 3000 und 4000 m ü. d. M. vorzüglich gedeiht, an der Küste durch die Heladas beschädigt.

2. Die westlichen Andenhänge und das interandine Gebiet einschließlich deren Gipfelregionen.

Im untersten Teile der westlichen Andenhänge herrschen stellenweise verhältnismäßig sehr hohe Temperaturen. Besonders gilt dies für Mittelperu, während in Nordperu im Sommer abkühlende Regen und Nebel bis in tiefe Lagen gelangen, und in Südperu die außerordentliche große Trockenheit und Klarheit der Luft nächtlicher Wärmeausstrahlung förderlich ist. San Bartolomé, bei 1511 m an der Oroya-Bahn gelegen, erscheint dem aus Lima kommenden zu jeder Jahreszeit heißer als jene Stadt. Während der 3 Tage, die ich dort verbrachte, verspürte ich auch nachts keine erhebliche Abkühlung. Die tropischen Früchte der dortigen Gärten gelten als ausgezeichnet und werden denen Limas vorgezogen. Wichtig für das Verständnis der hohen Temperaturen von San Bartolomé ist der Umstand, daß diese Ortschaft in einem tief eingeschnittenen, engen Tale liegt, das tagsüber viel Wärme von den steilen, fast vegetationslosen Wänden erhält und durch seine Abgeschlossenheit gegen große Wärmeverluste geschützt ist. Derartige Täler werden für die meisten Verkehrsstraßen, welche die Küste mit dem Hochland verbinden, benutzt. Die Temperaturbeobachtungen, die von den westlichen Andenhängen vorliegen, sind sehr dürftig. In Matucana (2374 m) an der Lima-Oroya Bahn ist angeblich die mittlere Temperatur 14,5°, im wärmsten Monat 19—20°, im kältesten 10—11° und während des Winters das Minimum 6,7°, das Maximum 16°. La Joya (16°46 S 1260 m), in der Wüste zwischen Mollendo und Arequipa, hat nach Hann folgende (korrigierte) Temperaturmittel:

Jan.	Febr.	März	April	Mai	Juni	Juli	Aug.	Sept.	Okt.	Nov.	Dez.	Jahr
17,3	18,5	17,5	16,5	15,1	14,8	14,7	15,4	16,6	15,9	16,7	17,0	16,3

Für eine unweit Arequipa errichtete Station des Harvard-Observatoriums (16° 22′ S, 2449 m) berechnet Hann auf Grund der ihm zugegangenen Daten folgende Temperaturmittel von 3—4 Jahren:

Jan.	Febr.	März	April	Mai	Juni	Juli	Aug.	Sept.	Okt.	Nov.	Dez.	Jahr
16,0	15,9	15,9	15,8	15,1	14,9	13,8	14,6	14,7	15,8	15,8	15,8	15,4

Mittlere Jahresextreme der Temperatur 26,4° und 2,5.

Im interandinen Gebiet erhalten enge und tiefe Täler ein noch heißeres Klima als an den Westhängen, entsprechend der weit größeren Abgeschlossenheit. Es gilt dies vor allem vom Tale des Marañon um den 7. Breitengrad. Jäh abfallende Bergwände erheben sich hier 2500 m über eine nur 100 m breite Talsohle, die 900 m über dem Meeresspiegel liegt. Die Nächte, welche ich dort verbrachte, gewährten nicht die geringste Erfrischung. MIDDENDORF las in der Nacht vom 31. Mai zum 1. Juni um 1 h 26° und um 6 h 27,5° von seinem Thermometer ab. In höheren Lagen des interandinen Gebiets hat R. COPELAND[1] am Titicaca-See folgendes ermittelt:

Puno (3840 m ü. d. M. 15° 50' S)

Jahreszeit	20. März bis 4. April	15. April bis 8. Mai	9. Mai bis 2. Juni	28. Februar bis 15. März
Mittel	9,2	8,0	7,6	2,9
Mittl. Min.	2,1	0,2	0,4	—1,7
» Max.	16,4	15,6	14,5	10,4
Abs. Min.	1,2	0,3	1,6	—3.8
» Max.	18,8	18,7	17,9	14,2

Von weitgehendem Einfluß auf die Pflanzenverbreitung ist zweifellos die Lage der unteren Grenze nächtlicher Reifbildung. Zwischen dem 9° und 10° s. Br. verläuft jene Linie im westlichen Teil der Anden etwa bei 3000 m Meereshöhe: In der Stadt Huaraz, die bei 3027 m zwischen den beiden Zweigen der West-Cordillere liegt, kommt, wie mir dortselbst von glaubwürdigen Personen erzählt wurde, während der Monate Juni bis August Reifansatz auf Blättern und die Bildung dünner Eiskrusten über Pfützen vor, beides jedoch ziemlich selten, nur in außergewöhnlich kalten Nächten und nur in den äußeren, durch Felder unterbrochenen Teilen der Stadt. Unweit Huaráz beobachtete ich selbst am Morgen des 3. Juli 1903 bei 3350 m Meereshöhe starke Reifbildung, die hier in der Trockenzeit bereits eine gewöhnliche Erscheinung sein dürfte. Im westlichen Teil der nordperuanischen Anden sah ich bei der Silberschmelze La Tahona (etwa 3100 m hoch und unterhalb der Stadt Hualgayoc [ca. 6° 40' S] gelegen), Anfang Juli 1904 reifbedeckte Vegetation. Die Felder an der südperuanischen Stadt Urubamba (2987 m, 13° 20 S) im Tale des gleichnamigen Flusses fand ich während eines 20-tägigen Aufenthaltes im Monat Juni fast an jedem Morgen mit dickem Reif besetzt; der Himmel war in diesen Fällen klar, und nur an wenigen Tagen, wo bereits am frühen Morgen starke Bewölkung auftrat, unterblieb die Reifbildung. Die Reifgrenze sinkt in Südperu, tiefer als im mittleren und nördlichen Teil des Landes, und dies ist nicht nur der größeren Entfernung vom Äquator, sondern auch der größeren Trockenheit des Winters, welche die nächtliche Wärmeausstrahlung begünstigt, zuzuschreiben. Nach ANTONIO DE ULLOA kommt in dem 2363 m hoch gelegenen

---

[1] Experiments at high Elevation in the Andes. — COPERNICUS, Bd. 3, p. 193—231. Dublin 1883.

Arequipa während des Winters zuweilen Reif vor. Von welchen Lufttemperaturen an den erwähnten Orten die Reife begleitet sind, wurde nicht festgestellt.

In der Gipfelregion Mittelperus habe ich selbst eine Reihe von Thermometerbeobachtungen ausgeführt, die ich bereits veröffentlicht habe und hier nochmals verwenden will. Die Temperaturen wurden gemessen mit dem trocknen Thermometer des Assmannschen Aspirations-Psychrometers.

1. Ort: Beamtenwohnhaus der Silbergrube »Alpamina«
Meereshöhe: 4500 m. — Geogr. Breite: 11° 35' S.

1904	7 h	2 h	9 h	1904	7 h	2 h	9 h	1904	7 h	2 h	9 h
11. Febr.	0	0	0	21. Febr.	0,5	6.5	1	2. März	— 1	5,5	1
12. »	1	2	0	22. »	— 1	4,5	2	3. »	— 1	5	0
13. »	— 1	6,5	2,5	23. »	— 2	6	0	4. »	0	2	— 0,5
14. »	1	3	1,5	24. »	1	6,5	1,5	5. »	— 1,5	1	1
15. »	1	5	1,5	25. »	0,5	5,5	0	6. »	— 1	2	1
16. »	— 0,5	6	— 0,5	26. »	0	7,5	2	7. »	0	0,5	1
17. »	— 1,5	8	1	27. »	0,5	5,5	0,5	8. »	— 0,5	1	— 0,5
18. »	1	5	1	28. »	0,5	3	1,5	9. »	0	4	0
19. »	0,5	4,5	— 1,5	29. »	1	1	1	10. »	— 1	3,5	0,5
20. »	— 3,5*	6,5	2	1. März	— 1	1	0	11. »	0	4	0,5

2. Ort: Beamtenwohnhaus der Silbergrube »La Tapada«
Meereshöhe: 4700 m. — Geogr. Breite: 11° 35' S.

1905	7 h	2 h	9 h	1905	7 h	2 h	9 h	1905	7 h	2 h	9 h
15. März	—	—	— 0,5	25. März	— 1	3,5	0,5	23. Aug.	—	6,5	— 1
16. »	— 1	2	— 1	26. »	— 1	—	—	24. »	— 2	4,5	— 1
17. »	— 0,5	3	1	27. »	0	6	1,5	25. »	— 2,5	1,5	— 2,5
18. »	1	8	— 1	28. »	— 2,5	5,5	0,5	26. »	— 2,5	—	— 2
19. »	0,5	6,5	1,5	29. »	— 0,5	0	— 2,5	27. »	— 2,5	— 2	—
20. »	1	5	— 1,5	30. »	— 1	4,5	—	28. »	— 3,5	— 2,5	—
21. »	— 1	—	— 1	31. »	— 1	3,5	0,5	29. »	— 4	0	—
22. »	— 2	6,5	1	1. April	— 1	4	— 0,5				
23. »	— 1	6,5	2	2. »	— 1,5	4	0,5				
24. »	0	5	1								

Im Süden dürften die mittleren Minima niedriger und die täglichen Schwankungen bedeutender sein als in Mittelperu, entsprechend der höheren Breite und geringeren Bewölkung. Über die Eisenbahnstation Vincocaya, nahe dem höchsten Punkt der Strecke zwischen Arequipa und dem Titicaca-See gibt R. COPELAND folgendes an:

---

* Literaturverzeichnis Nr. 158 und 160.

Vincocaya

Breite: 15° 54′ S. Meereshöhe: 4380 m, 6.—27. Juni.
Mittel: —2,4°. — Mittl. Min.: —11,9°. — Mittl. Max.: 8,4°.
Abs. Min.: —13,9°. — Abs. Max. 10,0°

Hann (Literaturverzeichnis Nr. 35) ermittelt nachstehende Werte:

Vincocaya

15° 40′ S. Meereshöhe: 4377 m.

Jan.	Febr.	März	April	Mai	Juni	Juli	Aug.	Sept.	Okt.	Nov.	Dez.	Jahr
4,2	4,1	4,0	3,3	1,6	—0,8	—0,6	1,6	3,3	5,0	5,9	4,3	3,0

Die Intensität der Sonnenstrahlung wurde in der mittelperuanischen Gipfelregion von mir, in der südperuanischen von R. Copeland untersucht. Meine Messung ergab:

Ort: Anden über Lima, am Beamtenwohnhaus der Silbergrube »La Tapada«, bei 4700 m Meereshöhe.

Zeit: 1905, 23. August, 1 h pm.

Schwarzkugelthermometer im Vacuum	45°
Trockenes Thermometer des Assmannschen Aspirations-Psychrometers	7°
Bewölkung	5°
Differenz der beiden Temperaturen	38°

Der Insolationsbetrag ist hierbei verhältnismäßig gering ausgefallen, weil die Witterung nicht besonders günstig war. Dagegen sah Copeland in Vincocaya das Schwarzkugelthermometer 8—9° über den örtlichen Siedepunkt des Wassers (85,5°) steigen.

Während meines Aufenthaltes im Tapadahause untersuchte ich auch die Temperatur der Bodenoberfläche und zwar auf einem schmalen, vegetationslosen Bergkamme. Der Boden war hier erdig-steinig und von gelblicher Färbung. Seine Oberfläche zeigte am 23. März, zwischen 2 und 3 Uhr nachmittags, eine Erwärmung von 12° über die Lufttemperatur.

3. An den östlichen Andenhängen muß gemäß den später zu besprechenden Niederschlagsverhältnissen, dem hierdurch bedingten Überwiegen der Gehölze in der Vegetationsdecke und dem vollständigen Fehlen ozeanischer Einwirkungen die Wärmeverteilung eine ganz andere sein, als an der westlichen Abdachung und auch gegenüber dem größten Teil des interandinen Gebietes ein erheblicher Unterschied bestehen. In den tieferen Lagen herrschen die der geographischen Breite entsprechenden hohen Temperaturmittel. Hier sowohl wie auch weit hinauf bis in die Gipfelregion oder deren Nähe wirkt größeren Wärmeschwankungen die starke Bewölkung entgegen. In einer gewissen Höhenlage, etwa zwischen 2500 und 3500 m ist das Klima infolge der anhaltenden Nebelbildung offenbar verhältnismäßig kühl, und dies gilt in Nordperu nicht nur für die atlantische Seite des Gebirges, sondern auch für das

interandine Gebiet und die pacifischen Hänge. HANN (Meteor. Zeitschrift Heft 6 1907) stellt fest, daß »die Hochebene von Peru« trockener und wärmer ist als jene von Quito (Ecuador) in gleicher Höhe (2850 m).

II. Atmosphärische Feuchtigkeit[1].

Die Verschiedenheiten in der Verteilung der Niederschläge treten am schärfsten hervor bei einer Durchquerung des Gebirges von der Küste bis zum Ostfuß, oder mit andern Worten die Regenzonen sind Streifen, die in annähernd meridionaler Richtung verlaufen. In der südlichen Hälfte Perus grenzt an das Meer die Zone der Winter- und Frühlingsnebel, dann folgt im Osten die niederschlagslose Binnenlandzone und schließlich als breiteste die Sommerregenzone, in deren äußerstem Osten sich die jahreszeitlichen Gegensätze verwischen, indem auch während des Winters Niederschläge häufig vorkommen. Ähnlich verhält sich die nördliche Hälfte, nur fehlen die Winter- und Frühlingsnebel der Küste, die dort nur alle 5—12 Jahre Niederschläge empfängt; diese sind aber echte Regen, nicht Nebel und fallen während des Sommers. Während so an der Küste der Norden trockener ist als der Süden, zeigt sich im allergrößten Teile des Sommerregengebietes das umgekehrte Verhältnis: eine Zunahme des Regenreichtums nach Norden hin; nur im äußersten Osten dieser Zone scheinen sich die Gegensätze zwischen Nord und Süd zu verlieren.

1. **Die Zone der Winter- und Frühlingsnebel.** Diese Nebel, in Peru »garuas« genannt, bewirken natürlich nur eine geringe Bewässerung des Bodens. HANN[2] gibt für Lima folgende Durchschnittsmengen der Niederschläge in mm an:

Jan.	Febr.	März	April	Mai	Juni	Juli	Aug.	Sept.	Okt.	Nov.	Dez.	Jahr
1	0	0	0	3	9	10	8	7	3	0	0	41

MIDDENDORF[3] schreibt: »Wo der Nebel den Boden berührt, läßt er einen feinen Niederschlag fallen — garrua genannt — der zuweilen zu staubartigem Sprühregen wird. Dieser ist reichlich genug, um Straßen und Wege kotig zu machen, wird aber nicht vom Winde getrieben und hat daher nicht die Kraft, die von ihm befeuchteten Gegenstände abzuspülen und zu reinigen. Der Staub des Sommers, der die Blätter der Bäume und Pflanzen bedeckt, wird nicht abgewaschen, sondern zu nassem Schmutz, der später zu Krusten vertrocknet. . . . Folgt einmal eine Reihe sehr nasser Tage, in welchen der neblige Niederschlag nur auf kurze Zeit unterbrochen wird und keine Zeit hat wieder abzutrocknen, so wird man in unangenehmer Weise an das Fehlen der Dächer

---

[1] Neuere Arbeiten, welche die Verteilung der Niederschläge in Peru zusammenfassend behandeln: A. HETTNER: Regenverteilung, Pflanzendecke und Besiedlung der tropischen Anden. Berlin 1893 (RICHTHOFEN-Festschrift). — A. WEBERBAUER: Grundzüge von Klima und Pflanzenverteilung in den peruanischen Anden. DR. A. PETERMANNS Geogr. Mitteilungen 1906, Heft V.
[2] Handbuch der Klimatologie, Bd. II. Stuttgart 1897.
[3] Peru, Bd. I. Berlin 1893.

erinnert. Die Lehmschicht, welche dieselben vertritt, wird dann allmählich durchweicht, und das Wasser fängt an in die Zimmer zu dringen.« Unter der Einwirkung der Garuas entwickelt sich eine rasch vergängliche Kräuter-Vegetation, die sogenannten Lomas, deren Erscheinen, Ausdehnung und Dichtigkeit als Maßstab für die zeitliche und örtliche Verteilung jener Niederschläge dienen können. Ich wiederhole hierzu eine Stelle aus meiner oben (S. 61 Anm.) erwähnten Abhandlung: »Die Verteilung der Küstennebel wird in hohem Grade durch die Reliefformen des Landes beeinflußt, und dementsprechend ist die Sonderung von Garuagebiet und regenloser Zone bald mehr bald weniger deutlich ausgeprägt. Im südlichsten Peru, an der Eisenbahn Mollendo-Arequipa, verläuft die Grenze bei der Station Cachendo. Diese liegt 1000 m hoch und am westlichen Rande einer Hochebene, zu welcher die Bahn an steilem Abhang vom Meeresstrand her emporsteigt. Unvermittelt, fast geradlinig trifft hier die grüne Loma mit dem nackten Sandboden der Hochebene zusammen, und ebenso schroff sondert sich an derselben Stelle der kühle Nebelschleier der Garua von der sonnendurchglühten Atmosphäre der Wüste. Derartig schroffe Gegensätze fehlen längs der andern großen Gebirgsbahn Perus, der Lima-Oroya-Linie. Dieselbe durchschneidet, ehe sie das Gebirge erreicht, eine breite, sanft ansteigende Küstenebene, welche von vereinzelten Hügelketten durchzogen wird. Je weiter man sich vom Meeresstrand entfernt, desto mehr sieht man Nebel und Loma sich auf die Kämme und Kuppen jener Hügelketten zurückziehen, bis schließlich auch die Höhen kahl und wolkenfrei werden«. Häufig hat man die Winternebel als eine längs der ganzen peruanischen Küste auftretende Erscheinung geschildert und von den Lomas behauptet, daß sie sehr zerstreut vorkämen und ihre Verteilung in den verschiedenen Jahren eine sehr ungleiche sei. Ich glaube, daß diese Darstellung einer Berichtigung bedarf und ich nicht fehl gehe, wenn ich die Lomas und damit auch die Winternebel als eine geographische Eigentümlichkeit anspreche, durch welche sich die südliche Küstenhälfte Perus von der nördlichen unterscheidet.

Der Wechsel trocknerer und feuchterer Jahre mag wohl in einem gewissen Übergangsgebiet, etwa zwischen dem 8. und 11. Breitengrad, große und augenfällig Unregelmäßigkeiten | im Erscheinen der Loma-Vegetation zur Folge haben, dürfte aber weiter im Süden nur in der Dauer der Vegetationsperiode und in der größeren oder geringeren Dichtigkeit des Pflanzenwuchses zum Ausdruck gelangen. Unter dem 12. und 17. Breitengrad (Lima bezw. Mollendo) sind Garua und Loma als alljährlich wiederkehrende Erscheinungen allbekannt. Zwischen dem 15. und 16. Breitengrad studierten TAFALLA und später RAIMONDI die Flora der Lomas um Atiquipa. Der letztgenannte Forscher sah bei einer andern Küstenreise Lomas um Chancay (11°35'), Huacho (11°10') und Pativilca (10°45'). Die Ursache der Nebelbildung ist in Peru wie auch anderwärts (z. B. Südwestafrika) das kalte Küstenwasser.

2. Die trockene nördliche Küstenhälfte scheint ihre Südgrenze um den 8. Breitengrad zu erreichen. Bei einem Besuch der Provinz Trujillo, welche

jener Breitengrad durchzieht, wurde mir erzählt, daß dort die Hügel in manchen Jahren während der Zeit von Juni bis September ein wenig ergrünen, was in der nördlich angrenzenden Provinz Pacasmayo nie vorkomme. Ein Bewohner der Provinz Chiclayo (um den 7. Breitengrad) teilte mir mit, daß Garuas und Lomas dort unbekannt seien. Nach MIDDENDORF allerdings sollen bei Piura (um den 5. Breitengrad) auf den Hügeln die Winternebel dichte Vegetation erzeugen (Peru, Bd. II S. 5 und 421); hier liegt aber wohl eine Verwechselung mit tief herabreichenden Nebeln des Sommerregengebietes vor. Daß sommerliche Regen in vereinzelten Jahren die Trockenheit unterbrechen, die für gewöhnlich im nördlichen Küstenlande herrscht, wurde bereits erwähnt. Nach ANTONIO DE ULLOA folgen in dem sehr heißen und trocknen Tumbez (zwischen 3° und 4° s. Br.) auf vieljährige Dürre Regen von monatelanger Dauer. In dieser Gegend liegt die klimatische Grenze zwischen den Küsten Perus und Ecuadors. Unter 5° Südbreite, um Piura, ziehen einmal in 5—6 Jahren einige Regenschauer von den Bergen her über die Küste und diese Bewässerung reicht aus, um eine üppige, allerdings nur wenige Wochen grünende Pflanzendecke ins Leben zu rufen[1]. In Chocope bei Trujillo (unter 8° s. Br.) regnete es nach ANTONIO DE ULLOA im Jahre 1726 vierzig Tage hintereinander, und zwar von 4 oder 5 Uhr nachmittags bis 4 oder 5 Uhr morgens, während in der andern Hälfte des Tages heiterer Himmel herrschte. Zwei Jahre später trat eine kürzere Regenperiode ein, die 11—12 Tage umfaßte[2]. — Die extreme Niederschlagsarmut der nordperuanischen Küste ist noch nicht befriedigend erklärt und dürfte durch das Zusammenwirken verschiedener Faktoren zustandekommen. Man könnte sich vorstellen, daß der ablandige Wind (Passat), der in einiger Entfernung von der Küste (80—160 km) bemerkbar wird, aber in jenen Breiten schwächer und weniger regelmäßig weht als weiter im Süden, zwar den größten Teil des über dem Ozean gebildeten Wasserdampfes vom Lande wegzutreiben vermag, aber nicht genügende Kraft besitzt, um das Aufsteigen kalten Tiefenwassers an der Küste im gleichen Maßstabe zu bewirken wie im Süden; so niedrig wie hier dürfte überdies die Temperatur der tieferen Wasserschichten im Norden kaum sein. Durch eine höhere Temperatur des Küstenwassers wird aber über diesem die Verdichtung des Wasserdampfes zu Nebeln eingeschränkt und damit die Wasserdampfmenge vermehrt, welche die Seewinde landeinwärts tragen können. Die Verdichtung vollzieht sich dann an den Abhängen des Gebirges. Daß gerade in Nordperu, vor allem an der Wüste Sechura, das Gebirge sich sehr weit vom Meere entfernt und die breite Küstenebene auf weite Strecken keine Unterbrechung durch Berge oder Hügel erhält, ist bei der Beurteilung der dortigen Niederschlagsverhältnisse ebenfalls zu berücksichtigen; was die Atmosphäre an Wasserdampf enthält, wird durch die Abhänge der Anden sozusagen angezogen und verbraucht. Endlich wird

---

[1] Vgl. ALFRED F. SEARS, The Coast Desert of Peru. Bull. Americ. Geogr. Soc. Vol. 28. 1895.
[2] Eine Zusammenstellung der von 1791 bis 1891 in Piura beobachteten Regenjahre gibt V. EGUIGUREN in seinem Aufsatz »Las lluvias en Piura« Boletin de la Sociedad geográfica de Lima, Bd. 4. 1895. p. 241—258).

dadurch, daß über der Küste und dem angrenzenden Meeresstreifen südliche und südwestliche Winde vorherrschen, trockenes Klima begünstigt, eine Wirkung, die sich nach Norden hin steigern dürfte.

3. **Die regenlose Binnenlandzone Zentral- und Südperus.** Ein Gebiet, in dem Niederschläge so selten sind, daß man es kurz als regenlos bezeichnen kann, liegt auch an der pacifischen Seite der mittel- und südperuanischen Anden, reicht aber daselbst nicht bis ans Meer, sondern wird von diesem durch die Garuazone getrennt. Wie in andern excessiv trockenen Gebieten fallen auch hier ausnahmsweise Regen und sind dieselben zwar von geringer Dauer, aber meist ausgiebig, nicht selten wolkenbruchartig. Diese Regengüsse der Wüste werden, soweit sie heftig und zerstörend auftreten, in Peru huaicos genannt. Sie können im Erdreich Risse hinterlassen, die an ausgetrocknete Flußbetten erinnern. In der Gegend von San Bartolomé (1500 m) wird die Lima–Oroya-Bahn fast alljährlich ein- oder zweimal von einem huaico unterbrochen.

4. **Die Sommerregenzone.**

a) **Die westlichen Andenhänge.** Die Meereshöhe, in welcher die Grenze zwischen der regenlosen Zone und dem Sommerregengebiet liegt, steht in bemerkenswerter Abhängigkeit von der geographischen Breite. An der Eisenbahn Mollendo—Arequipa (Südperu) verläuft jene klimatische Scheidelinie bei 2200 m, an der Lima—Oroya-Bahn (Mittelperu) bei 1600—1800 m, in der Provinz Pacasmayo unter 7° 8' s. Br. bei 1000—1200 m und weiter im Norden vielleicht noch tiefer. Während unterhalb Arequipa zwischen 1000 und 1800 m sich eine wasserlose, pflanzenleere Wüste ausbreitet, trägt die gleiche Höhenregion in der Provinz Pacasmayo reichliche Vegetation, im oberen Teile während der feuchten Jahreszeit sogar üppige Kräuterbestände und dichte Strauchgruppen; ich befand mich hier im Februar 1903, während ich von 2400 m bis zu 1400 m Meereshöhe hinabstieg, fortwährend in feinem Nebelregen und sah bei 1200 m die Maultiere in dem durchweichten Wege bis an die Knie versinken. Je weiter nach Norden, desto tiefer liegt also die untere Grenze der Sommerregen an den westlichen Abhängen der Anden.

Überall sieht man die Häufigkeit der Niederschläge mit der Höhe zunehmen und zwar bis in die Gipfelregion hinauf. Als ich im August des Jahres 1905 von Lima aus nach den Hochanden hinaufreiste, fand ich bis zur Höhenlage von 3700 m die Vegetation vollständig oder größtenteils im Ruhezustand, bei 4500 m hingegen in einer Frische, die ich zu jener Zeit nicht erwartet hatte. Die Niederschlagsmenge allerdings dürfte in geringerer Höhe ihr Maximum erreichen.

Die Regen, welche Arequipa (2363 m) erhält, kommen von der Landseite her und fallen von Anfang Januar bis Ende März. Der Regenfall tritt hauptsächlich nach 2 Uhr nachm. ein, während nachts und morgens klares Wetter überwiegt. Nach HANN (Meteorol. Zeitschr. Heft 6, 1907) erhält Arequipa folgende Regenmengen:

Jan.	Febr.	März	April	Mai	Juni	Juli	Aug.	Sept.	Okt.	Nov.	Dez.	Jahr
12	103	12	14	3	3	0	0	0	0	0,5	1	148,5

Außerhalb der Regenzeit ist die Bewölkung sehr gering. In Matukana (2374 m) an der Lima—Oroya-Bahn dauert die Regenzeit von November bis April und pflegen die Niederschläge nachmittags zu beginnen. Im Dezember 1901 sah ich die Vegetation schon weit entwickelt, die meisten Pflanzen der dortigen Flora in Blüte und mit neuem Laub. In San Pablo (7° 9' S. 2421 ü. d. M.) wurde mir mitgeteilt, daß es daselbst von Ende September bis in den April hinein regnet, mit einer Unterbrechung im November und einem Teil des Dezember; Februar und März sollen die Hauptregenmonate sein. Im Tale des Flusses Chancay, etwa unter 6° 40° s. Br. beobachtete ich am 21. u. 22. Mai bei 2800—2900 m Seehöhe und an den beiden folgenden Tagen bei 2100 bis 2200 m stundenlange Nachmittagsregen; am ersterwähnten Orte trat am 20., 21. und 22. Mai um 5 Uhr nachmittags dichter Nebel auf. Aus dem Gesagten ist ersichtlich, daß der Jahresabschnitt, über welchen sich die Niederschläge verteilen, nach Norden hin an Umfang zunimmt.

Die für San Pablo angegebene Unterbrechung der Regenzeit von 1—2 Monaten ist wohl kaum sehr scharf ausgeprägt. Immerhin aber bildet diese Erscheinung bereits einen Übergang zum äquatorialen Regime, das bekanntlich durch zwei Regenzeiten charakterisiert wird. Auch hinsichtlich der Form der Niederschläge macht sich im nördlichen Teil der pazifischen Andenhänge eine charakterische Eigentümlichkeit bemerkbar: sie besteht in der häufigen Nebelbildung. Die Nebel sind oft so dicht, daß man nicht zehn Schritte weit sieht und lagern hauptsächlich zwischen 2500 und 3000 m, dehnen sich aber im Höhepunkt der Regenzeit noch weiter aus, nach abwärts bis unter 1800 m. Der Wasserdampf, aus dem diese Nebel entstehen, kommt meines Erachtens hauptsächlich aus dem pazifischen Ozean. Wiederholt und in verschiedenen Monaten (Februar und Mai) geriet ich, von Osten her kommend aus heiterer, sonniger Atmosphäre in dichten Nebel, nachdem ich den Abstieg an den westlichen Hängen begonnen hatte. Immer zogen die Nebel von der Seeseite heran. Am frühen Morgen lagerten sie zu dichten Wolken geballt in der Tiefe, und erst zwischen zwei und fünf Uhr nachmittags erreichten sie die Höhenlage von 3000 m. Vielfach habe ich den Eindruck gehabt, als sei hier im Norden der westliche Teil des interandinen Gebiets ein wenig trockner als die pazifischen Hänge. Stammen aber die hier fallenden Niederschläge aus dem Ozean, dann wird auch die Steigerung der Feuchtigkeit nach dem Äquator hin verständlich, worauf bereits hingewiesen wurde: im Norden ist die Verdichtung des ozeanischen Wasserdampfes zu Küstennebeln seltener als im Süden und daher bleiben dort größere Wasserdampfmengen zur Verdichtung an der Gebirgswand übrig.

Die untere Grenze der Schneefälle in Mittelperu verläuft an den Westhängen und im interandinen Gebiete bei 3600—3700 m. Aber erst über 4000 m sind Schneefälle eine häufige Erscheinung.

b) Die Gipfelregion.

Meine Beobachtungen reichen nicht bis zu den höchsten Gipfeln, sondern nur bis zur Höhe von 4800 m, was jedoch für pflanzengeographische Zwecke ausreicht. Vom westlichen Teil der mittelperuanischen Anden glaube ich behaupten zu können, daß über 4000 m Meereshöhe die Niederschläge häufiger, wenn auch wohl weniger ausgiebig sind als darunter und daß dieselben sich weniger streng auf den Sommer beschränken, wenngleich das Maximum in die Monate Januar, Februar und März fällt. Schnee und Graupeln sind die charakteristischen Niederschlagsformen; ersterer pflegt nicht in lockeren, großen Flocken, sondern in ziemlich kleinen und festen Partikeln zu fallen; die Graupelkörner erreichen höchstens den Umfang einer Erbse. Reine Regen kommen über 4400 m nur selten vor, häufig hingegen mit Schnee vermischte Regen. Was die Häufigkeit der Niederschläge und ihre Verteilung auf die Tagesstunden anbelangt, so ergeben meine Beobachtungen am Beamtenwohnhaus der Silbergrube Alpamina (Breite 11° 35', Meereshöhe 4500) in der Zeit vom 8. Februar bis 21. März 1904 folgendes: Nur ein einziger unter diesen Tagen war von Niederschlägen gänzlich frei, 17 von Tagesanbruch bis 12 h mittags. Bei der Silbergrube La Tapada, in der Nähe des vorerwähnten Ortes bei 4700 m gelegen, waren vom 12. März bis 6. April 1905 von 26 Tagen acht niederschlagsfrei. Ebendaselbst fiel vom 23.—29. August 1905 täglich Schnee. Der Schnee bleibt oft stundenlang, ja mitunter tagelang liegen. Nähere Angaben finden sich in meinem unter Nr. 158 und 160 des Literaturverzeichnisses genannten Abhandlungen, wo auch die Bewölkung und relative Luftfeuchtigkeit berücksichtigt ist. In Alpamina wurde die Bewölkung in der Zeit vom 8. Februar bis 11. März 1904 dreimal täglich (7 h, 2 h, 9 h) notiert. Unter 99 Beobachtungen ergaben nur sechs eine Bewölkung des Himmels zu weniger als der Hälfte, 88 eine solche zu mehr als der Hälfte. Unter den letztgenannten Fällen befinden sich 55 von vollständiger Bedeckung. Völlig freier Himmel wurde nie gesehen. An demselben Ort betrug die relative Feuchtigkeit der Luft (gemessen 7 h, 2 h, 9 h vom 11. Februar bis 11. März 1904) in nur drei unter 90 Beobachtungsfällen weniger als 60 %, niemals weniger als 50 %. In 14 Fällen war die Luft völlig mit Wasserdampf gesättigt, in 14 enthielt sie 90—99, in 35 80—89, in 14 70—79, in 10 60—69 % Wasserdampf.

Im Süden dürften Regenzeit und Trockenzeit schärfer gesondert sein. Zu Vincocaya (4380 m) sind nach COPELAND von Mitte Dezember bis Ende März die Morgen ziemlich sonnig, während an den Nachmittagen sich Gewitterstürme einstellen mit Hagel, Regenschauer und zuletzt Schnee; nachts bleibt der Himmel bedeckt. Im Juni ist das Wetter heiter, vor allem morgens.

In Nordperu ist die Gipfelhöhe sehr gering: um $6^1/_2°$ bleibt sie unter 4000 m und um $5^1/_2$ unter 3000, vielleicht sogar unter 2500 m. Nebel und kleinkörniger Hagel (oder Graupeln) sind die charakteristischen Niederschlagsformen. Schnee fehlt vom 7. Grad nordwärts. Um $6^1/_2°$ s. B. fallen die Hagel hauptsächlich von 3400 m aufwärts und scheinen zwischen 3400 und 3700 m häufiger vorzukommen als in der gleichen Höhenstufe Mittel- und Südperus.

c) Das interandine Gebiet. Ähnlich wie an den pazifischen Hängen ist das Klima im Norden am feuchtesten, im Süden am trockensten; hierzu kommt noch überall eine geringe Steigerung der Feuchtigkeit in westöstlicher Richtung. Nach COPELAND dauert die Regenzeit in Puno am Titicacasee von Ende Dezember bis Ende März und herrscht während der trockenen Monate meist sehr klares Wetter. Ähnlich verhält sich das Vilcanota- oder obere Urubamba-Tal; im Winter ist hier der Himmel fast wolkenlos blau, (nach Angabe HETTNERS, die ich aus eigener Erfahrung bestätigen kann). Am Nordrande des Titicaca-Hochlandes pflegen im August auf kurze Zeit Wolken, sogenannte cabañuelas aufzutreten, die sich manchmal in leichten Regen niederschlagen und dann als Zeichen eines feuchten Sommers gelten. Im August des Jahres 1905 bereiste ich die zweite Hälfte des Weges von Cuzco nach Sicuani bei feinem Regen, der von fünf Uhr morgens bis gegen Mittag anhielt. Heiterer Himmel während der Trockenzeit ist auch in Zentralperu die Regel. Dagegen hat der nordperuanische Winter reichliche Bewölkung und über 2000 m Meereshöhe auch öfters Niederschläge. In Chachapoyas (2330 m) notierte ich während eines Aufenthaltes vom 1.—7. Juli täglich starke Bedeckung des Himmels und kurze Regenfälle. Als ich später, von Ende Dezember bis Mitte Januar zum zweiten Male in Chachapoyas weilte, bemerkte ich eine Unterbrechung der Regenzeit durch eine Reihe von trockenen Tagen und erfuhr, daß diese Erscheinung alljährlich wiederkehre und Verano del Niño (d. h. Christkind-Sommer) genannt würde. Die gleiche Bezeichnung ist übrigens nach ORTON auch in Ecuador gebräuchlich. Wie die westlichen Hänge, so zeigt also auch das interandine Gebiet in der Nähe des Äquators den Übergang von der einfachen zur doppelten Regenzeit. In der Form der Niederschläge gelangt eine weitere Übereinstimmung zum Ausdruck: Das interandine Gebiet ist, wenigstens in seinem östlichen Teile, sehr reich an Nebeln; dieselben reichen aber nicht so weit talabwärts wie an den westlichen Hängen. Einige tiefe und enge Talstrecken des interandinen Gebietes, wie sie der Marañon zwischen dem 6° u. 7° s. Br., der Apurimac und seine Zuflüsse zwischen 13 und 14° s. Br. durchziehen, sind am Boden so arm an Niederschlägen, daß ein ausgesprochenes Wüstenklima zustande kommt.

d) Die Ostabhänge der Anden werden vom Passatwind getroffen und erhalten durch diesen viel Feuchtigkeit, die sich aber ziemlich ungleichmäßig verteilt.

Steigt man in Südperu von den Schneebergen, welche der Urubamba durchbricht, nach Sta. Anna hinab oder in Mittelperu von der Centralcordillere in das Tal des Monzonflußes oder endlich in Nordperu von derselben Kette nach Moyobamba, so begegnet man folgenden Niederschlagsverhältnissen, welche durch den größten Teil des Gebietes obwalten dürften: In den höheren und mittleren Lagen herrschen anhaltende Nebel, die auch im Winter häufig auftreten und stellenweise fast das ganze Jahr hindurch lagern; unter dem Nebelgürtel aber, dessen untere Grenze um 2000 m schwankt, liegt eine trockenere Region. Dieselbe empfängt während des Winters in Südperu fast gar keine Niederschläge, in Mittel- und Nordperu jedoch hin und wieder Regen, die oft mit Gewittern verbunden sind.

Die trockene untere Region wird, soweit ich sie kennen gelernt habe, von den Ebenen Amazoniens durch niedrige Gebirge getrennt, welche mit der Hauptkette in mehr oder weniger erkennbarem Zusammenhang stehen. Diese Gebirge aber erhalten an ihrem äußeren, gegen das Amazonas-Tiefland exponierten Hängen so gewaltige Regenmengen, wie sie wohl sonst nirgends in Peru vorkommen; Regenzeit und Trockenzeit lassen sich da kaum auseinanderhalten. Im Winter des Jahres 1902, vom 11. Juni bis zum 22. Juli, hielt ich mich am oberen Inambari auf, in einer Gegend, welche zur Provinz Sandia gehört, und wo der Fluß sich in der Höhenlage von 900—1000 m befindet. In dieser Zeit blieben nur vereinzelte Tage, im ganzen 6, regenfrei, und regnete es im übrigen Tag und Nacht mit geringen Unterbrechungen von wenigen Stunden. Ähnlich verhält sich die dem Huallaga zugekehrte Seite der Ostcordillere westlich von Yurimaguas. Die Ostcordillere erhebt sich dort höchstens bis zu 1700 oder 1800 m. Durch die großen Regenmengen, die an den Vorbergen der Anden fallen, wird das verhältnismäßig trockene Klima der weiter nach innen und tiefer gelegenen Gebiete verständlich. Auch höheren Regionen der Hauptkette können Niederschläge durch die vorgelagerten Berge entzogen werden; erheben sich dieselben nämlich über 1800 oder 2000 m, dann sammeln sich in ihrem oberen Teil reichliche Nebel. Dies hat in manchen Gegenden zur Folge, daß in Höhenlagen der Hauptkette, wo ausgiebige Nebelbildung zu erwarten wäre, eine solche in nur geringem Maße stattfindet und im Winter monatelang gänzlich unterbleibt. So erklärt sich die ausgeprägte Trockenzeit im obersten Teile des Sandiatales (Südperu) und das nahezu wüstenhafte Klima der Stadt Tarma (Mittelperu).

Vorstehende Ausführungen zeigen, daß die Verteilung der Niederschläge an der Ostseite der Anden weniger übersichtlich ist als an den pacifischen Hängen und in hohem Grade beeinflußt wird durch die komplizierten orographischen Verhältnisse. Auf vielen Gipfeln und Kämmen der verschiedensten Höhe sieht man feuchte Gebiete von trockneren geschieden durch eine scharfe Grenze, leicht erkennbar an den Vegetationsverhältnissen, den Wasserläufen, der Beschaffenheit der Wege und den Reisegewohnheiten der Einwohner.

Nachdem nun einmal die unregelmäßige Verteilung der Niederschläge schroffe Gegensätze in den Vegetationsverhältnissen hervorgerufen hat, derart, daß grundverschiedene Formationen auf beträchtliche Strecken unvermittelt zusammentreffen, übt die Pflanzendecke ihrerseits einen bemerkenswerten Einfluß auf die Niederschläge aus. Das Dorf Sandia liegt in einem Tale, welches so eng ist, daß man es in wenigen Minuten durchquert; die eine Talwand wird von Grassteppe bedeckt, während den gegenüber liegenden Abhang dichtes Gehölz verhüllt. Hier sind die Regen entschieden reichlicher als auf der andern Seite und fallen häufig zu einer Zeit, wo dort sonniges Wetter herrscht. Ähnliche Fälle habe ich in Ostperu wiederholt kennen gelernt. In den Anden Colombias hat HETTNER diese Abhängigkeit der Niederschläge von der Vegetation ebenfalls beobachtet.

III. Winde.

Im ganzen treten, wie HETTNER hervorhebt, hinter den örtlichen Luftströmungen die allgemeinen außerordentlich zurück. Letztere kommen noch am meisten zur Geltung an der Ostseite der Anden, welche vom Passat getroffen wird und daher sich durch große Feuchtigkeit von dem innern und dem westlichen Teil des Gebirges unterscheidet.

In dem tief eingeschnittenen engen Tale des Marañon und ähnlichen Orten wird die Bahn der Luftströmungen naturgemäß durch die Talrichtung bestimmt. Diese ist am mittleren Marañon eine meridionale, und somit dürften hier die nördlichen, also aufwärts wehenden Winde, welche ich nachmittags bemerkte, zu dieser Tageszeit regelmäßig oder doch häufig auftreten.

An den Westhängen des Gebirges kommt der Wind tagsüber vom Meere her, nachts aus den Höhen. Es herrscht somit der bekannte Wechsel von Tal- und Bergwind. Ersterer reicht bis in die Gipfelregionen der Westcordilleren. Nach HETTNER spendet diese aufsteigende Luftströmung keine Feuchtigkeit, und setzen sich die Wolken, welche gelegentlich herbeigetragen werden, nicht an den Hängen fest, sondern lösen sich auf. Dieser Ansicht vermag ich nicht unumwunden beizustimmen: an anderer Stelle versuchte ich darzulegen, daß die pacifische Andenhänge Nordperus ihr feuchtes Klima durch die Seewinde erhalten, und es ist nicht ausgeschlossen, daß letztere auch in Mittelperu zu den Sommerregen beitragen.

Höchst bemerkenswert sind die kräftigen Süd- oder Südwestwinde, welche tagsüber auf dem gesamten Küstenland und dem angrenzenden Meeresstreifen beständig wehen; nachts werden sie gewöhnlich durch schwächere Luftströmung vom Lande her ersetzt. Allenthalben trifft man an der peruanischen Küste halbmondförmige Sanddünen, ›Medanos‹, mit sanfter Böschung auf der konvexen und steilen Abfall auf der konkaven Seite, und sieht man die letztere nach Norden oder Nordosten gewendet: die herrschende Windrichtung gelangt hierbei in anschaulicher Weise zum Ausdruck.

Wenn Luftströmungen sich aus höheren in niedrigere Breiten bewegen, dann wirkt dies hemmend auf die Kondensation des mitgeführten Wasserdampfes (Vgl. HANN, Klimatologie Bd. I p. 191); daß die Trockenheit der peruanischen Küste gerade im Norden am größten ist, beruht vielleicht zum Teil auch auf den Windverhältnissen.

Wo die stärkeren Luftbewegungen stets dieselbe Richtung beibehalten, darf man erwarten, daß die Verbreitung vieler Samen und Früchte in gleiche Bahn gelenkt, also nach der einen Himmelsgegend gefördert, nach der entgegengesetzten gehindert wird.

In sehr seltenen Ausnahmefällen wehen nördliche Winde an Stelle der gewöhnlichen, auch tagsüber. Die im nördlichen Küstenlande nach jahrelangen Unterbrechungen fallenden Regen sind zumeist von solchen Nordwinden begleitet.

IV. Elektrische Erscheinungen.

Zwei Gebiete zeichnen sich durch gewitterreiches Klima aus: die Gipfelregion, sowohl in den höheren südlichen und mittleren wie auch in den niedrigeren nördlichen Anden, und ferner die untere Region an den Ostabhängen nebst der angrenzenden Ebene. Seltener sind Gewitter in den mittleren Lagen des gesamten Gebirges und nahezu unbekannt an der Küste. In Alpamina betrug die Zahl der Tage mit elektrischen Entladungen in der Zeit vom 8. Februar bis 21. März 1904 20 unter 43; in allen Fällen vollzogen sich die Entladungen nach 12 Uhr mittags.

Zweiter Teil.

Ausgewählte Verwandtschaftskreise der Flora Perus. Grundzüge der Vegetationsgliederung. — Regionen. Übersicht der wichtigsten Formationen.

1. Abschnitt.
Ausgewählte Verwandtschaftskreise der Flora Perus.

Dieser Abschnitt soll, von der Grundlage des natürlichen Pflanzensytems ausgehend, zeigen, welche Verwandschaftskreise die Pflanzendecke Perus hauptsächlich zusammensetzen, über welche Gebiete und Standorte sich diese Verwandschaftskreise innerhalb des Landes verteilen und welche Tracht sie dabei annehmen. Weit verbreitete und auffällig gestaltete Typen werden dabei in erster Linie Berücksichtigung finden.

Flechten.

Von den Gegenden, wo die Niederschläge fehlen oder sich auf unmerklich geringe Taubildungen beschränken, halten sich die Flechten fast gänzlich fern. Lange Trockenperioden jedoch vermögen mehrere Formenkreise ohne Schaden zu ertragen. Die flechtenärmsten Gegenden sind das nördliche Küstenland und die regenlose Zone, die auf der Binnenseite des Lomagebietes liegt. Im Lomagebiet selbst vermißt man unterhalb 50 m Seehöhe die Flechten streckenweise vollkommen, während weiter oben zunächst steinbewohnende Krustenflechten, dann Scharen von laub- und namentlich strauchförmigen Typen (*Parmelia Kamtschadalis, P. furfuracea, Physcia, Cladonia rangiformis, C. fimbriata, Ramalina pollinaria, Theloschistes flavicans,* kleine *Usneen*) auf Steinen, Erde und Zweigen erscheinen; wir erkennen hier nicht nur die Wirkung der Nebel, die ja vorzugsweise an den höheren Stellen sich zusammenziehen, sondern auch den Einfluß des Substrates: unten, auf den ebenen Flächen hindert der unbeständige, von starken Winden fortwährend bewegte Flugsand die Ansiedlung schwächlicher Pflanzen, während oben, auf den Hügeln, Steine, feste Erde und Zweige gesicherte Anheftungsplätze darbieten. Haben wir, von den Lomas landeinwärts wandernd und an den Westhängen der Anden emporsteigend, die regenlose Inlandzone durchquert, so sehen wir in den sommergrünen Halbwüsten, etwa zwischen 2000 und 2800 m, die Lichenen allenthalben auf mannigfachem Substrat vortrefflich gedeihen; es erscheinen ungefähr dieselben Gattungen wie auf den Hügeln der Küste, aber in größerer Artenzahl. Noch weiter hinauf, wo die Blütenpflanzen dichter stehen und die Lebensdauer ihrer Blätter sich verlängert, können die Flechten nur an offenen Orten, vor allem an Felsen, sich unbehindert ausbreiten; denn nur hier erhalten sie die nötige Beleuchtung. Der Artenbestand scheint nur geringe Veränderungen zu erfahren. Ähnlich verhalten sich in mittleren Höhenlagen der östlichen Andenseite die trockneren Täler. Felsen bilden die Zufluchtstätten für *Parmelia*, *Physcia*, *Ramalina*, *Theloschistes*, kurzstämmige *Usnea*-Formen und viele Krustenflechten. Aber außer derartigen halbxerophilen, die Sonne suchenden Typen besitzt die ostandine Flora auch solche, denen hohe Luftfeuchtigkeit und Schatten oder durch Bewölkung gedämpftes Licht zusagen. Eine Lebenssphäre dieser Art gewähren die nebelreichen Höhen der Ceja: *Leptogium*, *Lobaria*, *Sticta*, am Boden haftende *Peltigeren* sowie lange, hängende Bärte von *Alectoria bicolor* und *Usnea* zeichnen das Gehölz aus, *Stereocaulon ramulosum*, viele *Cladonien*, *Baeomyces imbricatus* und das merkwürdige *Glossodium aversum* leben auf den moorigen Grassteppen. Am Ostfuß der Anden birgt der tropische Regenwald eine reiche Flora von krustenförmigen Rinden- und namentlich Blattbewohnern; auch halbxerophile Typen des Westens kommen vor, aber nur an den Ästen der höheren Bäume. Das hochandine, über 4000 m befindliche Gebiet endlich empfängt floristische Charakterzüge durch *Stereocaulon*-Arten (z. B. *S. denudatum*, *S. verruciferum*, *S. violascens*), *Gyrophoren* (z. B. *G. cylindrica*, *G. vellea*, *G. polyrhiza*), *Cetraria nivalis*, *Alectoria ochroleuca*, *Thamnolia vermicularis*. Es leben sonach hier Lichenen, die auch in Europa und andern weit entfernten Ländern für die Schneeregion bezeichnend sind. Die *Stereocaulon*-Arten und die vom tropischen Tieflande bis an den Rand der Gletscher reichende *Cora pavonia* haben in den Hochanden weit kleinere Vegetationsorgane als die nächstverwandten Formen in tieferen Lagen, verhalten sich also ähnlich wie die Blütenpflanzen. Bekanntlich steigen die Flechten zu bedeutenden Höhen empor, vielleicht weiter als irgend eine Gefäßpflanze; sie wachsen aber schließlich nicht mehr auf Erde, sondern nur noch auf Stein.

Moose.

Vergleicht man die Verteilung der Flechten mit derjenigen der Laub- und Lebermoose, so ergeben sich unverkennbare Analogien. Die Fähigkeit, langanhaltender Dürre zu widerstehen, findet sich auch unter den Bryophyten, allerdings weniger häufig wie bei den Flechten. Auf den Hügeln des Lomagebietes heften sich die Moose an erdigen Untergrund, Steine und das Gezweig von Sträuchern. *Frullania* und manche Laubmoose bleiben das ganze Jahr hindurch sichtbar. *Anthoceros* und *Riccia* verschwinden während der Trockenzeit spurlos. Ähnliches gilt für die Halbwüsten der Westhänge und interandinen Täler. Sodann macht sich weiter oben, wo die Pflanzendecke ein dichteres Gefüge annimmt, eine Bevorzugung felsiger Stellen geltend, und gleichzeitig scheint die Artenzahl zu steigen. Auch in den trockneren, mittleren Höhenlagen angehörenden Talabschnitten der Ostanden begünstigen Felsen das Gedeihen der Moose. Die üppigste, physiognomisch wirkungsvollste Entwicklung dieser Pflanzengruppe haben unstreitig jene Gehölze aufzuweisen, die dem Nebelgürtel der Ceja angehören: in unförmlich dicken Gewändern aus Moosgeflecht stecken die Stämme und Äste der Holzgewächse, unter mächtigen Moosrasen verbirgt sich das Erdreich. Dem tropischen Regenwald fehlt diese imposante Massenentfaltung der Bryophyten; floristisch betrachtet aber nehmen sie durch ihre hohe Spezieziffer eine beachtenswerte Stellung ein; charakteristisch ist wie bei den Flechten die epiphylle Lebensweise vieler Arten: vom Boden des Waldes nach den Baumwipfeln hinauf verfolgt man eine Abstufung von hygrophilen, schattenliebenden zu halbxerophilen, lichtbedürftigen Typen. Eine sehr bescheidene Rolle spielen die Moose in der hochandinen Region; sie dringen bis zu sehr beträchtlichen Höhen empor, aber vielleicht weniger weit als die Flechten. Steine und Felsen sind die am stärksten besiedelten Standorte.

Zu den interessantesten Formenkreisen der Bryophytenklasse gehört in pflanzengeographischer Hinsicht die Gattung *Sphagnum*. Ihr Areal liegt auf der Ostseite der Anden und dringt nur in Nordperu bis zu den pazifischen Hängen westwärts. Es reicht in vertikaler Richtung vom tropischen Tiefland des Ostens bis mindestens 3800 m Seehöhe. In diesen Gegenden bewohnt *Sphagnum* als gesellige Pflanzengruppe bald den schattigen Boden der Gehölze bald moorige Plätze der Grassteppen-Regionen.

Pteridophyten.

Daß die meisten Pteridophyten reichlicher Niederschläge, viele einer andauernd feuchten Atmosphäre bedürfen, ist eine bekannte Tatsache. Dementsprechend häufen sich die Farne, Lycopodien und Selaginellen an der atlantischen Flanke des Gebirges. Starre *Gleichenien* der Hartlaubgesträuche, kletternde Wedel von *Pellaea flexuosa*, *Histiopteris incisa*, *Gymnogramme flexuosa*, *G. insignis*, *G. Orbignyana*, schlanke Baumfarne (*Cyathea*, *Dicksonia*, *Alsophila*), zarte *Hymenophyllaceen* und kriechende oder klimmende *Lycopodien* erregen unsere Aufmerksamkeit, wenn wir die Ceja de la Montaña betreten. Darunter, im tropischen Regenwalde, sehen wir die *Selaginellen* an der krautigen Bodenvegetation hervorragend beteiligt und desgleichen die Farne, die überdies in beträchtlicher Zahl epiphytisch leben. Halbxerophile Formationen der östlichen Tropenregion werden nicht selten von reinen Beständen des *Pteridium aquilinum* begleitet.

Auf eine sehr niedrige Stufe floristischen Ranges sinken die Pteridophyten einerseits in den Halbwüsten interandiner und westlicher Täler, andrerseits an den Schneefeldern der Cordilleren. Hygroskopische *Selaginellen*, die beim Eintrocknen sich knäuelförmig zusammenballen (*Selaginella peruviana*), Farne, deren Wedel sich durch derbe Konsistenz, weißlich oder gelblich bepuderte Unterseite, dichte Haar- oder Schuppenbekleidung, klebrige Oberfläche auszeichnen (*Pellaea ternifolia, P. nivea, Nothochlaena sulfurea, N. Fraseri, N. tomentosa, Cheilanthes myriophylla, Ch. scariosa, Ch. pruinata* usw.), gewähren ein Bild der dem **Wassermangel** entsprechenden Organisation. Mit den **geringen Wärmemengen**, die eine Meereshöhe von 4400—4500 m bietet, begnügen sich die Felsenkräuter *Asplenium triphyllum, Polystichum orbiculatum, Polypodium stipitatum, Lycopodium crassum* (ähnlich dem *L. Selago*) und ferner die am Grunde klarer Teiche wurzelnde, völlig untergetauchte *Isoëtes socia*.

Ein Beispiel weitreichender Vertikalverbreitung ist *Polypodium angustifolium*, ein Farn, den man mit kleinen Abänderungen vom Tropenwald der Hylaea bis 4100 m verfolgt.

Taxaceae.

Podocarpus bewohnt die Gehölze der Ceja-Region am Ostabhang der Anden und geht mit anderen Ceja-Pflanzen im Norden Perus auch auf die Westseite über. Die weiteste Verbreitung erreicht *Podocarpus oleifolius*, in Nordperu sausecillo genannt und wegen seines Holzes geschätzt. Während diese Art bald strauchförmig, bald baumförmig sich ausbildet, ist *Podocarpus utilior*, der Nutzholz liefernde »uncumanu« des Chanchamayotales, ein stattlicher Baum.

Gnetaceae.

Die schwer zu unterscheidenden Formen der Gattung *Ephedra* gehören den Westhängen und dem interandinen Gebiete an und zwar der Höhenlage von etwa 2000 bis über 4500 m. Unten, im Wüstenklima, hat *Ephedra* die Tracht der Rutensträucher, schlanke, locker gestellte Zweige; oben aber, in der Schneeregion, schmiegen sich die Hauptzweige dem Boden an und bringen zahlreiche, dicht zusammengedrängte kurze Triebe hervor.

Gramineae.

Unter den verschiedensten Formations- und Standortsverhältnissen nehmen die Gräser den Rang hervorragender Charakterpflanzen ein. Sie sind die herrschenden Elemente der Grassteppen, begleiten in hochwüchsigen rohrähnlichen Formen die Bäche und Flüsse, wuchern als Klettersträucher in den Gehölzen der Ceja-Region. Der tiefe Schatten des tropischen Hochwaldes und namentlich die sehr trockenen wüstenähnlichen Gegenden werden von den meisten Gräsern gemieden.

Andropogoneae.

Saccharum cayennense, *Trachypogon polymorphus* und eine Anzahl von *Andropogon*-Arten gehören zu den wesentlichsten Bestandteilen der makrothermen Grassteppen auf der Ostseite der Anden, unter 2000 m Seehöhe.

Zoysieae.

Aegopogon cenchroides, ein sehr verbreitetes und leicht zu erkennendes Gras, scheint die interandinen und mittelfeuchten ostandinen Täler zu bevorzugen und bewohnt zwischen 2000 und 3600 m Felsen und offene Plätze in Gesträuchen. *Tragus racemosus* gedeiht in trockenen, an Gräsern armen Gegenden, in der Nähe der Küste und bei 800—1000 m im Tale des Marañon.

Paniceae.

Diese vorwiegend makrotherme Gruppe ist am reichsten vertreten in den Grassteppen des Ostens. *Olyra*-Arten (z. B. *O. heliconia*, *O. latifolia*) fallen uns auf als strauchige Schattenpflanzen des tropischen Regenwaldes, dessen Bodenvegetation nur wenige Gräser enthält.

Agrostideae.

Stipa erlangt vielleicht unter allen Gattungen die weiteste Verbreitung und dringt auch in sehr trockene Gebiete ein. Die in pflanzengeographischen Darstellungen oft genannte *S. Ichu* (*S. Jarava*) dürfte in der hochandinen Region weniger häufig auftreten als gewöhnlich angegeben wird, vielmehr hauptsächlich zwischen 3000 und 4000 m heimisch sein. Auch *Aristida* erträgt große Trockenheit, und ihr Areal erstreckt sich vom Fuß des Gebirges hinauf bis zu beträchtlichen Meereshöhen, ohne indes wie bei *Stipa* die kalte Region über 4000 m zu erreichen. *Mühlenbergia* (z. B. *M. peruviana*) und *Sporobolus* leben hauptsächlich in mittleren Gebirgslagen (etwa 2000—4000 m).

Für *Agrostis* und *Calamagrostis* liegt das eigentliche Entwicklungsgebiet über 3500 m. *Agrostis nana* und die vielgestaltige *Calamagrostis vicunarum* sind charakteristische kleine Gräser der Puna-Matte, die kräftig gebauten *Calamagrostis rigida* und *C. intermedia* Typen, die zur physiognomischen Eigenart der hochandinen Büschelgrasformation beitragen. *Aciachne pulvinata*, ein monotypischer Endemismus der äquatorialen Anden, zählt zu den gewöhnlichsten hochandinen Gewächsen und bildet niedrige, polsterförmige Rasen: wenn sie gelegentlich bis 3600 m hinabsteigt, so scheint dies auf Verschleppung zu beruhen; die Spitze der Fruchtspelze ist nämlich ein ausgezeichnetes Haftorgan, was ich oft beobachtete, wenn ich unvorsichtig die Hand auf einen Aciachnerasen stützte.

Aveneae.

Die Gattung *Trisetum* scheint nur selten unter 3500 m aufzutreten, wiewohl *Trisetum subspicatum* von 4400 m bis gegen 2700 m abwärts verfolgt wurde. Diese Art interessiert in hohem Grade durch ihre Gesamtverbreitung:

arktisch, alpin, andin, antarktisch. *Trisetum floribundum* beobachtete ich mehrmals an sehr hochgelegenen Orten (um 4800 m), woselbst schon eine weitgehende Verarmung der Vegetation in Erchcinung tritt. *Danthonia sericantha* verdient Erwähnung als stattliche, auffällige Pflanze hochgelegener Moore Nordperus (3800—4000 m).

Chlorideae.

In Peru nur schwach vertreten und in der hochandinen Region vermutlich fehlend. Zwischen 3000 und 4000 m ist *Bouteloua humilis* häufig.

Festuceae.

Poa, *Festuca* und *Bromus* entwickeln ihren Formenreichtum erst über 3000—3500 m und gelangen mit wenigen Ausnahmen nur in dem feuchten Norden und Osten tiefer hinab als bis 3000 m. Die einjährige *Festuca muralis* findet sich zwischen 3000 und 3200 m und dann wieder ganz unten auf den Lomas der Küste; kräftige ausdauernde Arten (z. B. *F. scirpifolia*) spielen eine wichtige Rolle in der hochandinen Büschelgrasformation. Aus dem Gesträuch feuchter Bachschluchten ragen die zwei Meter hohen Halme der *F. uichoclada* und *F. quadridentata*. Ähnlich wie *Festuca* hat auch *Poa*, auf den Lomas der Küste Standorte, die sich weit entfernen von dem eigentlichen Areal der Gattung. Zwergige Formen von *Poa* (*P. humillima*, *P. chamaeclinos*) und *Bromus* (*B. frigidus*) beteiligen sich am Graswuchs der Puna-Matten. *Anthochloa lepidula*, ein hochandiner Endemismus, auffallend durch ihre breiten, silberweißen häutigen Deckspelzen, die an *Helichrysum* und *Paronychia* erinnern, schmückt in den pflanzenarmen Höhen um 4800 m Felsen und Steinschutt. Größerer Wärmemengen als die bisher erwähnten Festuceen bedarf *Eragrostis*. Als obere Grenze kann eine Höhe von 3800—4000 m gelten. Zwischen 3000 und 3800 m wachsen *E. contracta* und *E. andicola* als häufige Steppengräser. *E. peruviana* ist eine verbreitete Annuelle der Lomas, und andere zarte Formen erscheinen für kurze Zeit in den kräuterarmen Halbwüsten heißer Täler. In mittleren Lagen der Westhänge und des interandinen Gebietes, wo die Grassteppe mit eingestreuten Sträuchern die herrschende Formation darstellt, sieht man allenthalben die Gattung *Melica* wiederkehren und zwar mit wenigen und einander sehr ähnlichen Formen. Lockeren Sand am Meeresstrande bindet mit weithin kriechenden Stengeln *Distichlis thalassica*. Die üppigen Blattbüschel und silberweißen Rispen der *Cortaderia atacamensis* gereichen im ganzen westlichen und interandinen Peru zwischen 2000 und 4000 m den steinigen oder felsigen Rändern der Gebirgsbäche zur Zierde. Noch ornamentaler wirkt ein anderes Ufergras, das riesige, echt tropische *Gynerium sagittatum*, von den Peruanern Caña brava genannt. Die Blätter, Längen von mehreren Metern erreichend, reihen sich in augenfällig zweizeiliger Anordnung zu einem großen Fächer dicht aneinander und lassen ihre Enden graziös herabhängen; darüber wiegt sich, einer geschmückten Lanze vergleichbar, der schlanke, blühende Halm mit seiner silberschimmernden, spitz endenden Rispe. *Gynerium sagittatum* bildet im Osten und Westen der Anden Rohrdickichte an Flußufern, geht aber nur bis 1500, mitunter sogar nur bis 1000 m aufwärts. Zu ihm gesellt sich sehr häufig, namentlich im Westen, das kosmopolitische Rohrgras *Phragmites vulgaris*, dessen obere Grenze jedoch weit höher, etwa bei 3000 m liegt. Als Schattenpflanze des tropischen Regenwaldes schließt sich *Orthoclada rariflora* den *Olyra*-Arten an.

Bambuseae.

Chusquea ist eine Charaktergattung der ostandinen Ceja-Region und wandert im Norden Perus mit andern ostandinen Typen auf die Westseite der Anden hinüber. Zwischen 2000 und 3500 m befindet sich das eigentliche Entwicklungsgebiet, dessen Ausläufer bis in den tropischen Regenwald hinabreichen. *Chusquea*-Sträucher beeinflussen dort in hohem Grade die Physiognomie der Gehölze und gelangen stellenweise durch Verdrängung anderer Pflanzen zur Alleinherrschaft. Ihre dünnen, büschelig beblätterten Zweige stützen sich auf das Geäst anderer Holzgewächse und hängen aus diesem in schönen Bogenlinien herab. Während diese spreizklimmenden Gehölzbewohner zu beträchtlicher Größe heranwachsen, erscheinen über der Gehölzregion, in Mooren und Grassteppen bei 3200—3500 m zwergige, aufrecht wachsende *Chusquea*-Sträucher, wie *C. simplicissima, spicata, depauperata, Weberbaueri*. Zu diesen gesellt sich die in der Tracht ähnliche *Neurolepis acuminatissima*, und in den Gehölzen mengen sich *Arundinaria*-Arten unter die *Chusqueen*. *Guadua*, von manchen als neuweltliche Sektion von *Bambusa* angesehen, umfaßt Riesensträucher mit armdicken Halmen und ist an die tieferen Lagen des Ostens und an feuchten Boden gebunden.

Cyperaceae.

Nur an wenigen Stellen erlangt diese Familie größere Bedeutung in den Formationen. *Scirpus riparius* (totora genannt) bildet im Titicaca-See und anderen hochgelegenen Seen ausgedehnte, reine Bestände. Aus seinen Halmen flechten die Indianer Boote und die zugehörigen Segel. *Bulbostylis capillaris, B. junciformis, Rhynchospora globosa, R. glauca* zählen zu den leitenden Typen der macrothermen Grassteppen Ostperus. Im übrigen handelt es sich bei den Cyperaceen um zerstreutes Vorkommen, das nur wenig interessiert. Allenfalls wäre noch zu erwähnen, daß mehrere *Scleria*-Arten auf dem schattigen Boden des tropischen Regenwaldes leben, und daß die Gattung *Carex* in höher gelegenen, über 2500 m befindlichen Grassteppen und Mooren, namentlich des Ostens, am formenreichsten sich entwickelt (häufige Arten: *C. ecuadorica, C. pinetorum, C. pichinchensis.*)

Palmae.

Eine Linie, die im zentralen und südlichen Peru an den Osthängen der Anden verläuft, zwischen dem 6. und 7. Breitengrad das Gebirge kreuzt und dessen Westseite trifft — begrenzt die Verbreitung der Palmen nach Westen und Süden hin. Nach oben hin wird die Seehöhe von 2800—3000 überhaupt nicht, die von 2000 m nur durch *Ceroxylon* und *Geonoma* überschritten. Im interandinen und westlichen Teile Nordperus fehlen die Palmen auch unter 2000—2500 m, beschränken sich somit auf die mittleren Lagen. In diese dürfte überall (also auch im Osten) das Areal von *Ceroxylon* fallen. Von dieser interessanten mesothermen Gattung scheint Peru mehrere Arten zu besitzen. Ihre Stämme, von weitem kenntlich an dem weißlichen Wachsüberzug, erheben sich bisweilen (z. B. östlich von Chachapoyas) hoch über die benachbarten Bäume. Kräftige, hohe oder wenigstens mittelhohe Stämme bilden ferner *Mauritia, Iriartea, Wettinia, Jessenia, Euterpe, Bactris*. *Mauritia*, die von den übrigen durch die Fächerform des Blattes und die schuppig gepanzerten Früchte abweicht, habe ich nur im Norden angetroffen; um Moyobamba ließen sich zwei Arten unterscheiden, eine oft kultivierte, auf feuchtem Untergrund an Flüssen anscheinend auch wildwachsende (aguaje genannt) und eine Bewohnerin halbxerophiler Gehölze auf trockner, sandiger Ebene. Bei *Iriartea* (z. B. *I. Orbignyana, I. deltoidea* u. a.: im Süden »morona«, im Zentrum »camona«, im Norden »cashapona«) ruht der Stamm auf einem Gerüst dorniger Stelzwurzeln und bietet überdies die einem gebogenen Horn vergleichbare Gestalt der jungen noch von den Scheiden eingehüllten Kolben ein augenfälliges Merkmal. Durch die gedrungen klumpige Gestalt der einfachen oder spärlich verzweigten Kolben zeichnet sich *Wettinia* (einschl. *Catoblastus*) aus. *Wettinia mayuensis* lernte ich bei Moyobamba kennen, wo sie pullucorota heißt und bis 1600 m hinaufgeht, *W. augusta* fand ich am oberen Inambari um 900 m. *Jessenia polycarpa*, eine Zierde der Wälder und Gebüsche von Moyobamba, trägt dort den Namen sinami. Durch überaus anmutige Gestalt der Wedel, an deren schlanker Spindel schmale Fiedern schlaff herabhängen, erfreuen *Euterpe*-Arten das Auge, z. B. eine Verwandte der *E. precatoria* (Nr. 3446). Eine weite Verbreitung scheint die mittelhohe *E. Haenkeana* zu erlangen. Die mit langen Stacheln besetzten Stämme der größeren *Bactris*-Arten erheben sich gewöhnlich zu mehreren nebeneinander. *B. longifrons* od. verw. kennt man im zentralen und südlichen Peru als chonta. *B. (Guilielma) speciosa*, der »pijuayo«, wird wegen der eßbaren Früchte kultiviert und begleitet in ganz Loreto die Hütten der Eingeborenen. Arten von *Attalea, Astrocaryum* und *Phytelephas* besitzen zwar Wedel von stattlichen Dimensionen, entbehren aber des Stammes. Eine dritte physiognomische Gruppe bilden die Palmen mit dünnen, rohrähnlichen Stämmchen und kleinen Wedeln (*Geonoma; Chamaedorea; Morenia; Hyospathe; Martinezia; Bactris simplicifrons*), die Stammlänge bleibt bei einigen unter einem halben Meter und beträgt bei den größten vier Meter. Schließlich vertritt *Desmoncus*, dessen Wedelrippe am oberen Ende Widerhaken an Stelle der Fiedern trägt, den Typus der Kletterpalmen.

Cyclanthaceae.

Echt tropisch können wir die Cyclanthaceen nennen, eine Familie, die den Regenwäldern des Ostens angehört. *Cyclanthus* umfaßt ziemlich unscheinbare Schattenkräuter und bleibt ebenso wie die stammlose, durch ornamentale Fächerblätter ausgezeichnete *Carludovica palmata* unter 1200 m Seehöhe. Die *Carludovica*-Arten mit zweispaltigen Blättern und kletternden, durch Haftwurzeln befestigten Stämmen gehören zu den häufigsten Lianen und steigen bis gegen 1800 m. Über 2000 und bis 2500 m aufwärts wächst als äußerster Vorposten der Familie stellenweise eine *Carludovica*, deren zweispaltige Blätter einem niederliegenden, größtenteils im Boden verborgenen Rhizom entspringen. In Moyobamba ist die Herstellung von Panamahüten, die aus den Blattfasern der *Carludovica palmata* geflochten werden, eine namhafte Hausindustrie.

Araceae.

Wenn wir von der macrotherm-kosmopolitischen Schwimmpflanze *Pistia Stratiotes* absehen, so gleicht die Verbreitung der Araceen in der Hauptsache derjenigen der Palmen: An den Osthängen der Anden dringt die Familie, mit zunehmender Höhe formenärmer werdend bis 3000, stellenweise bis 3200 m aufwärts. In Süd- und Zentralperu beschränken sich die Araceen auf die Ostseite des Gebirges, im Norden hingegen erreichen sie innerhalb einer mittleren, zwischen 2000 und 3000 m befindlichen Höhenstufe die westliche Abdachung. Die höchstgelegenen Standorte hat *Anthurium* aufzuweisen; dann folgen *Philodendron* (bis 2500 m) und *Stenospermatium* (bis 1800 oder 2000 m) und endlich unter 1000—1500 m *Monstera, Dieffenbachia, Xanthosoma, Syngonium*. Die Arten der Gattung *Anthurium*, der größten und weitest verbreiteten unter den Araceen Perus, besitzen teils lange kletternde, teils kurze kriechende Stämme und wachsen in letzterem Falle bald epiphytisch, bald an Felsen, bald auf Erde zwischen Gesträuch; an sonnigen Standorten der Ceja-Region (Felsen, Gesträuche) erhält das Laub wie bei so vielen andern Pflanzen lederartige Konsistenz (z. B. *Anthurium rigidissimum*). *Philodendron*, ebenfalls ein umfangreiches Geschlecht, tritt allermeist kletternd auf, nur in höheren Lagen mitunter aufrecht.

Xyridaceae und Eriocaulaceae

finden sich zerstreut an der Ostseite der Anden, vom Fuß bis zu 3500 m und zwar hauptsächlich auf feuchtem, besonntem Boden, in Grassteppen und Mooren, oft zusammen mit *Sphagnum*. Ich beobachtete kleine Kräuter der Gattungen *Xyris, Eriocaulon, Paepalanthus, Leiothrix, Syngonanthus, Tonina*.

Bromeliaceae

nehmen in den verschiedensten Höhenlagen den Rang physiognomisch wichtiger Pflanzen ein. Die ursprüngliche, wilde Form von *Ananas sativus* bewohnt

Grassteppen und halbxerophile Gebüsche um Moyobamba, und zwar z. T. in abgelegenen, menschenleeren Gegenden. Letzteres sowie der Umstand, daß um Moyobamba Ananas-Kultur nicht getrieben wird, sprechen gegen die Möglichkeit einer Verwilderung aus angebauten Exemplaren. Die Fruchtstände sind holzig und ungenießbar. *Pitcairnia*, krautig bis halbstrauchig, an den Blättern oft dornig bewehrt, hat in mittleren Lagen der Ostanden die reichste Gliederung gewonnen. *Deuterocohnia longipetala*, eine Wüstenpflanze heißer Täler, bildet im nordwestlichen Peru bei 600 m Massenvegetation an Abhängen und wurde auch in Argentinien wiederholt beobachtet. Nach verschiedener Richtung erregt die Gattung *Puya* (»achupalla«, ahuarancu» der Peruaner) Interesse. Über mittlere und höhere Lagen zerstreut, sind die Arten scharf voneinander verschieden und auf kleine Bezirke eingeschränkt. Dabei bestehen sonderbare Gegensätze hinsichtlich der Lebensbedingungen: in den Mooren nebelreicher Höhen, auf Felswänden der Schneeregion (bis 4500 m), an den sonnigen Abhängen heißer und regenarmer Täler zeigt sich *Puya* mit augenfälligen Gestalten. Die Blätter, meist dornig gezähnt, vereinen sich oft zu Schöpfen an den Enden dicker, bald aufrechter, bald niederliegender, bald einfacher, bald verzweigter Stämme. Zu den merkwürdigsten Erscheinungen in der Vegetation der südamerikanischen Anden gehört jene *Puya*, die Raimondi als *Pourretia gigantea* beschrieben hat (»El Peru« Bd. I p. 295—297) und die sich weit unterscheidet von *Puya gigantea* Philippi, *Puya gigantea* André und *Puya gigas* André. Die Höhe der blühenden Pflanze beträgt 10 m und dürfte somit wohl kaum von irgend einer andern Bromeliacee übertroffen werden; auf die Inflorescenz, die den dicken einfachen Stamm abschließt und sich aus einem Schopf dornig gezähnter Blätter erhebt, entfallen 6 m einschließlich des 1 m langen Stieles. Die wenigen Standorte liegen im Departamento de Ancash, teils auf der schwarzen, teils auf der weißen Cordillere. Dort bewohnt dieser aussterbende Monocotylen-Baum trupp- oder herdenweise zwischen 3700 und 4200 m Seehöhe etwas steinige, mit hohen Grasbüscheln bestandene Hänge. *Tillandsia* hat unter allen Geschlechtern die größte Artenzahl und die weiteste geographische Ausdehnung, steigt aber nicht so hoch wie *Puya*, sondern endet bereits bei 4000 m. Sie lebt bald terrestrisch wie die bisher besprochenen Bromeliaceen, bald epiphytisch; auch die einzelne Art verhält sich in dieser Hinsicht unbeständig. Manche *Tillandsien*, die scharenweise Sand oder Fels der Wüste bedecken, übertreffen die Anspruchslosigkeit der Flechten. Andere aber bindet ein großes Feuchtigkeitsbedürfnis an regenreiche Gebiete. Hier überwiegen Typen mit breiten, wenig beschuppten Blättern, die sich zu einem wassersammelnden Trichter dicht aneinanderlegen (Beisp.: *T. macrodactylon*, *Wangerini*, *fusco-guttata*, *Schimperiana*, *complanata*, *maculata*, *aurantiaca*); in den Wüsten und Halbwüsten aber, wo Regen gänzlich oder sehr lange Zeit hindurch ausbleiben, müssen sich die Blätter mit Tau ernähren und erleichtern sich dessen Aufnahme durch eine große Zahl absorbierender Schuppen und eine der Wärmeausstrahlung förderliche Exposition der gesamten Oberfläche; es herrschen daher schmale durch das dichte Schuppenkleid grau gefärbte

A. Weberbauer, phot.

Östliche Andenseite Nordperus: La Calzada unweit Moyobamba, bei 800—900 m. Gruppe von **Bactris Guilielma speciosa** Mart. (Einh. Name: pishuayo).

Pourretia gigantea Raimondi, eine Riesen-Bromeliacee der Hochanden. Bei Aija (Dep. Aacash, Prov. Huaráz), 4000 m.

Blätter vor (Beisp.: *T. saxicola, aurea, aureo-brunnea, favillosa, lanata, straminea, virescens, recurvata*). Erwähnung verdient auch die Tatsache, daß in den feuchten, gehölzreichen Gegenden die Blütenstände der *Tillandsien*, besonders ihre Hochblätter, einen lebhafteren und mannigfaltigeren Farbenschmuck tragen, als im trockenen Klima. *Guzmannia, Streptocalyx, Aechmea, Billbergia*, sämtlich überwiegend epiphytisch, und die terrestrische *Lindmania* traf ich nur in tieferen Lagen der Osthänge.

Commelinaceae.

Läßt man die an Commelinaceen reichste Region, das tropische Waldland des Ostens, unberücksichtigt, so bleiben nur wenige Arten übrig, als deren gewöhnlichste man *Commelina fasciculata* bezeichnen darf, eine krautige Pflanze mit blauen Blüten und knollig verdickten Wurzelfasern. Man trifft sie auf den Lomas der Küste und — zwischen 1800 und 3500 m — an den Westhängen sowie im interandinen Gebiet. Mit *Commelina fasciculata* findet die gesamte Familie ihre obere Grenze.

Pontederiaceae.

Die in Amerika weitverbreitete Wasserpflanze *Heteranthera reniformis* wurde von Ruiz und Pavon bei Lima entdeckt und in der Flora peruviana zum ersten Male beschrieben.

Juncaceae.

Die hochandine *Distichia muscoides* beherrscht zwischen 4300 und 4600 m die Physiognomie der Moore. Ihre nadelförmigen, stechend harten Blätter stehen dicht gedrängt und zweizeilig angeordnet an reich verzweigten Stengeln; letztere verflechten sich zu festen, hoch emporgewölbten Polstern und gehen am Boden allmählich in Torf über. Geringeres Interesse bietet die ubiquitäre Gattung *Juncus*; manche Arten bilden Bestände in hochgelegenen Bergseen (3800—4000 m). *Luzula* hat sich hauptsächlich in der hochandinen Region entwickelt, von wo sie bis 3500 m im Westen und bis 2700 m im Osten ausstrahlt. *L. peruviana, L. macusaniensis* und namentlich *L. racemosa* stehen in engster Verwandtschaft mit der arktisch-alpinen *L. spicata*[1].

Liliaceae.

Diese Familie kommt in den peruanischen Anden nur wenig zur Geltung. *Anthericum eccremorrhizum*, ein weißblütiges Kraut mit spindelförmig angeschwollenen Wurzelfasern, in der Tracht nordischen Arten ähnlich, hat ungefähr dasselbe Areal inne wie *Commelina fasciculata*. Mit lockeren Rispen

---

[1] Vgl. A. Engler: Über das Verhalten einiger polymorpher Pflanzentypen der nördlich gemäßigten Zone bei ihrem Übergang in die afrikanischen Hochgebirge. — Ascherson-Festschrift, p. 552—568. Leipzig 1904.

tiefblauer Blüten schmückt *Eccremis coarctata* die ostandinen Hartlaubgesträuche zwischen 1800 und 2600 m. *Scilla biflora* Ruiz und Pavon, von andern zu *Ornithogalum* gestellt, ist eine weißblühende Zwiebelpflanze der Lomas. Rankende *Smilax*-Sträucher leben in ostandinen Wäldern und Gebüschen, von der Tropenreg' n bis ungefähr 3000 m Seehöhe.

Amaryllidaceae.

Bomarea durchdringt formenreich fast das ganze Land, vermag aber extremem Wüstenklima sich nicht anzupassen; den höchsten Grad ihrer Gestaltungskraft erreicht sie in den ostandinen Gehölzen mittlerer Lagen. Mit hochwüchsigem, windendem Stengel, der anmutig gebogene eiförmige oder lanzettliche Blätter und große Scheindolden rosafarbener, purpurner, scharlachroter oder gelber Blüten trägt, bekränzen die einen das Gezweig von Sträuchern (*B. superba, multiflora, tomentosa, crinita*), während andere als kleine armblütige Kräuter auf schattigem, moosbedecktem Boden sich verbergen (*B. coccinea, cornigera, filicaulis*). An Felsen der hochandinen Region, 4500 m ü. d. M., erwecken *B. puberula, dulcis* und *glaucescens*, die sämtlich aufrechte durchschnittlich halbmeterhohe Stengel bilden, den Eindruck fremdartiger, aus einer anderen Florengemeinschaft stammender Elemente. Unter den *Alstroemerien* ist wohl die bekannteste *Alstroemeria peregrina*, ausgezeichnet durch rosafarbene, braun gestrichelte Blüten, eine Zierde der Hügel um Lima; ihr ähneln gewisse Formen in höheren Lagen der Westhänge. Die Amancaës-Berge bei Lima bedeckt im Juni *Ismene Amancaës* mit leuchtend gelbem Blumenschmuck, und auf Sandfeldern bei Mollendo duften im Oktober die großen weißen Blüten des *Zephyranthes albicans*. Zu beiden gesellt sich *Stenomesson*, ein größeres und weiter verbreitetes Geschlecht (aufwärts bis 3800), dessen Blüten gelbe bis blutrote Farbe tragen und bei manchen in der Trockenzeit sich entfalten. Letzteres beobachtet man auch an gewissen *Hippeastrum-, Urceolina-* und *Crinum*-Arten des Ostens. *Eucharis amazonica*, eine Schattenpflanze im tropischen Regenwalde Nordperus (aufwärts bis 1800 m) heißt im Volksmunde amancay, ebenso wie *Ismene* und *Zephyranthes*; ihrer großen weißen Blumen wegen wird sie in nordischen Warmhäusern häufig kultiviert. Während bei *Bomarea* und *Alstroemeria* die Wurzeln zu fleischigen Fasern oder Knollen anzuschwellen pflegen, sind die übrigen bisher erwähnten Amaryllidaceen Zwiebelpflanzen.

Fourcroya, hinsichtlich ihrer systematischen Gliederung noch ungenügend bekannt, ist sicher in Peru einheimisch, in manche Gegenden allerdings nur durch Kultur gelangt. Durch ihre mächtigen, grasgrünen Rosetten fleischiger schwertförmiger Blätter und ihre hohen, mit hängenden Blütenglocken besetzten Rispen, macht sie sich aus weiter Entfernung kenntlich; hierdurch erleichtert sich naturgemäß die Feststellung ihres Areals, das eine wichtige Rolle spielt bei der pflanzengeographischen Einteilung Perus. Mäßige Feuchtigkeit und hohe bis mittlere Wärme, das sind die klimatischen Bedingungen, welche *Fourcroya* zusagen. In Zentralperu — an den Westhängen und im interandinen Gebiet — verläuft die untere Grenze bei 1600 m die obere bei 3000 m, in den entsprechenden Teilen Nordperus gelten die Höhenlinien von 1300 und 2200 m als Schranken. Die Ostseite der Anden ist für *Fourcroya* größtenteils zu feucht; jedoch begegnet uns die Pflanze in den regengrünen Gebüschen und Savannen des trockneren Südens. Im Gegensatz zu *Fourcroya* hat die in der Tracht ähnliche, aber durch blaugrüne Blätter, sowie durch aufrechte Blüten leicht unterscheidbare *Agave americana* in Peru nicht ihre ursprüngliche Heimat. Stets sehen wir sie an die Nähe menschlicher Ansiedlungen gebunden und an vielen Hütten zu lebenden Zäunen angepflanzt. Sie gehört zu den wesentlichen Elementen im Landschaftsbilde peruanischer Gebirgsstädte und gedeiht am besten zwischen 3000 und 3800 m. Somit bedarf *Agave* eines kühleren und feuchteren Klimas als *Fourcroya*.

Iridaceae.

Zwergige *Sisyrinchien*, wie *S. pusillum, porphyreum* usw. und das noch kleinere *Symphyostemon album* beteiligen sich an dem niedrigen Pflanzenwuchs der Puna-Matte. In den Grassteppen mittlerer Lagen, namentlich im Osten, treten die kräftigen, bis meterhohen Büschel von *Sisyrinchium palmifolium* und ähnlichen, sowie von *Orthrosanthus chimborazensis* augenfällig hervor.

Scitamineae (Musaceae, Zingiberaceae, Cannaceae, Marantaceae).

Die pflanzengeographische Bedeutung der Scitamineen liegt vor allem darin, daß sie die vertikale Ausdehnung der tropischen Region am Ostfuß der Anden deutlich veranschaulichen. *Canna* finden wir zwar noch weiter oben bei 2500 m, doch ist hier das Indigenat zweifelhaft. Musaceen und Zingiberaceen gelangen vereinzelt bis 1800 m. Der größte Teil dieser Familien, sowie anscheinend alle Marantaceen bleiben unter 1200—1500 m. Die Scitamineen Perus sind Kräuter von wechselnden, z. T. beträchtlichen Dimensionen und lieben Schatten und Bodenfeuchtigkeit. Mit größter Individuenmenge zeigen sie sich in der Matorralformation. Die Musaceen werden in Peru durch *Heliconia*, die Zingiberaceae durch *Renealmia*, *Costus* und *Monocostus*, die Marantaceen durch *Calathea*, *Maranta*, *Myrosma* und *Monotagma*, die Cannaceen durch *Canna* repräsentiert. Mit ihren lebhaft gefärbten Hochblättern, an denen sich häufig Scharlachrot und Goldgelb vereinen, bringen die *Heliconien* Abwechselung in das düstere Bild des Waldbodens; Kolibris schweben um ihre Blüten. *Costus* trägt ansehnliche, bunte Blumen zu einer kopfförmigen Ähre zusammengedrängt. Bei *Renealmia* kommen gewöhnlich zweierlei Sprosse zur Ausbildung, kleine, blühende Sprosse, denen Laubblätter fehlen und größere, mit Laubblättern besetzte Scheinstengel.

Orchidaceae.

In der ostandinen Flora nehmen die Orchidaceen hinsichtlich der Gattungen- und Artenzahl eine hervorragende Stellung ein. Sie wachsen dort unter den verschiedenartigsten Bedingungen, in den Grassteppen, an Felsen, in Mooren, auf dem schattigen Boden der Gehölze, halbepiphytisch und reinepiphytisch — und erscheinen in sehr mannigfaltiger Tracht. Zwischen 1000 und 3200 m gehören *Pleurothallis*, deren Infloreszenzen oft auf der Blattspreite entspringen, *Stelis*, *Epidendrum*, *Oncidium* und *Odontoglossum*, unterhalb 1000 m *Gongora*, *Anguloa*, *Cattleya*, *Catasetum* und *Vanilla* zu den Formenkreisen, welche in der Epiphytenvegetation die Familie am häufigsten vertreten. Dabei ist allerdings zu betonen, daß in höheren Lagen, wo die Gehölze niedrig bleiben, ein und dieselbe Art bald epiphytisch, bald terrestrisch wachsen kann. Unter den ausgesprochen erdbewohnenden Sträuchern und Halbsträuchern finden wir, namentlich in mittleren Lagen, die Gattungen *Sobralia*, ausgezeichnet durch sehr hohe, mitunter 4 m erreichende Stengel und durch große, rasch welkende Blüten von weißer oder purpurroter Färbung, ferner *Elleanthus* und besonders *Epidendrum*, das artenreichste Orchidaceen-Geschlecht Perus; das starre, dicke Laub und die gelben, rosafarbenen oder brennend roten Blüten der strauchigen *Epidendren* sieht man hauptsächlich in den Grassteppen sowie in den niedrigen und lichten Gehölzen; ähnlich wie *Epidendrum* verhalten sich hinsichtlich der Standorte *Elleanthus* und *Sobralia*. Von den bisher erwähnten Genera sind einige (z. B. *Stelis*, *Oncidium*, *Odontoglossum*, *Sobralia*, *Epidendrum*) auch auf felsigem Substrat vertreten. Über die volle Länge der peruanischen Anden erstreckt sich innerhalb der Höhenstufe von 1800—3200 m das Areal der *Trichoceros muscifera*, eines kleinen Felsenkrautes mit oberirdischen Knollen, das in manchen Gegenden »Moscardon« genannt wird, weil die Blüte einer Fliege ähnlich sieht. Eine ziemlich unwichtige Rolle spielen die an erdige Unterlage gebundenen Kräuter (z. B. *Habenaria*-, *Selenipedium*-, *Spiranthes*-, *Liparis*-Arten).

Dem Formenreichtum der Ostseite steht im interandinen und westlichen Teile Zentral- und Südperus eine überaus dürftige Entwicklung der Orchidaceen gegenüber. Abgesehen von *Odontoglossum mystacinum*, das in einigen Bachschluchten der Cordillera blanca bald an Felsen, bald epiphytisch wächst, kenne ich aus jenen Gebieten nur einige krautige Erdorchideen, wie *Prescottia pteristyloides* auf Grassteppen, die korallenrot blühende *Altensteinia pilifera* in Xerophyten-Formationen mittlerer Lagen, *Chloraea peruviana* und *Spiranthes*-Arten auf den Lomas und endlich *Myrosmodes nubigenum* (= *Altensteinia paludosa*) auf hochandinen Mooren und Matten. Letztere ist die einzige Orchidacee, die ich über 4000 m angetroffen habe.

Piperaceae.

Von keiner Florenabteilung Perus ist *Peperomia* ausgeschlossen. Ihre stärkste Entwicklung liegt in den Tropenwäldern des Ostens. Aber andererseits erreicht die Gattung Höhen von 4600 m und durchdringt sie die xerophilen Formationen des Westens. Die Peperomien leben als Felsbewohner, als Epiphyten und im tiefsten Schatten der Gebüsche und Wälder als Bodenpflanzen. Angesichts derartiger Gegensätze der Lebensbedingungen befremdet uns eine gewisse Monotonie in der Tracht dieser saftstrotzenden, dickblättrigen Kräuter.

Die Piperarten, aufrechte, seltener kletternde Sträucher und Halbsträucher, gehören den Gehölzformationen und zwar ganz überwiegend den östlichen an. Die obere Grenze verläuft um 3000 m.

Salicaceae.

Salix Humboldtiana ist ein weitverbreiteter, charakteristischer Baum der Flußufergebüsche trockenwarmer Gebiete und wird überdies sehr häufig angepflanzt. Seine lichtgrüne Belaubung erhält sich beständig, seine Blüten entfalten sich an der Küste im September und Oktober. An kultivierten Exemplaren entsteht durch häufiges Abschneiden der Zweige, die zu verschiedenen Zwecken Verwendung finden, ein besenförmiger, der Pyramidenpappel ähnlicher Wuchs. Über 3000 m scheint der Baum nur im Kulturzustande vorzukommen. Ferner meidet er die Ostseite des Gebirges; nur längs der größeren Ströme des Amazonasgebietes hat diese Weide vereinzelt den Ausweg nach Osten gefunden, wahrscheinlich in der Weise, daß aus den trockenen, interandinen Talabschnitten Samen oder die so leicht sich bewurzelnden Stämme und Zweige fortgeschwemmt wurden, und dann in der Hylaea offene Uferstellen die Einbürgerung zuließen. Nach ULE[1] wächst *Salix Humboldtiana* zerstreut an den Ufern des Amazonas; sie könnte aus dem oberen Marañontale dorthin gelangt sein.

Myricaceae.

Myrica: Sträucher, zerstreut durch temperierte Gehölze des Ostens und Nordens, außerdem im interandinen Gebiete Zentralperus.

Juglandaceae.

Unterhalb Chachapoyas begleitet den Fluß Utcubamba bei 1600—2000 m *Juglans neotropica*, ein stattlicher, bis 30 m hoher Baum. Wahrscheinlich wird sich *Juglans* auch anderwärts als Glied der peruanischen Flora feststellen lassen. Auch bleibt noch zu ermitteln, woher die in den Gebirgstälern und an der Küste angepflanzten Walnußbäume stammen.

Betulaceae.

Die pflanzengeographisch wichtige, überaus häufige *Alnus jorullensis* (vulgo »Aliso«), ein mittelhoher Baum, seltener strauchartig, besetzt die Ufer der Bäche

---

[1] Die Pflanzenformationen des Amazonas-Gebietes. — ENGLERs Botan. Jahrb. Bd. 40, p. 121 bis 123. Leipzig 1907.

und Flüsse und vermag sich von ihnen nur in feuchterem Klima erheblich zu entfernen. Bei 1000 m einerseits, 3500—3800 m andererseits liegen die Grenzen der Vertikalverbreitung. Ostwärts wird diese Erle seltener und fehlt Gegenden, wo dichte Ceja-Gehölze sich ausbreiten, oft vollständig.

Moraceae.

Der Formenreichtum, welchen die Gattung *Ficus* in den Wäldern der Hylaea entfaltet, geht mit zunehmender Höhe sowie nach Westen hin rasch verloren. An der atlantischen Seite verschwinden um 2000 m die letzten Repräsentanten. Das megatherme Flußufergebüsch interandiner und — mit Ausnahme des Südens — auch pazifischer Täler enthält stellenweise Ficus-Bäume (»Higuerones«); mit dem weitausgebreiteten Gerüst bretterförmiger Wurzeln, dem dicken, kurzen Stamm und der flachen, dichten Krone bringen diese Higuerones charakteristische Züge in das Bild der Flußufervegetation. Sie scheinen an den Westhängen Zentralperus nur zwischen 1200 und 2200 m zu wachsen, das Küstenland hingegen zu meiden.

Als ostandin-megatherm ist die pflanzengeographische Stellung von *Cecropia* zu bezeichnen. Nur stellenweise und dann gewöhnlich vereinzelt steigt sie über 1800 m, aber wohl nirgends über 2400 m. Weithin kenntliche Bäume mit dünnen, oft von Ameisen bewohnten Stämmen, durchsichtiger Krone und großen, handförmig gelappten und unterseits meist weißlich gefärbten Blättern, leben die *Cecropien* an den Flußufern gesellig, im Innern der Wälder zerstreut.

Loranthaceae.

Zum allergrößten Teile Parasiten, welche den Zweigen von Bäumen und Sträuchern Nahrungsstoffe entnehmen, zeigen die Loranthaceen das Maximum der Artenzahl in solchen Gebieten, wo die Gehölzformationen vorherrschen, also an der Ostseite und in mittleren Lagen Nordperus; aber auch das Flußufergebüsch des gehölzarmen Westens enthält einige Schmarotzer dieser Familie. Ferner verringert sich nach oben hin die Häufigkeit der parasitischen Loranthaceen; doch noch am Rand der Gletscher, bei 4500 m, behauptet sich *Phrygilanthus Chodatianus*, dem *Polylepis* als Wirtspflanze dient.

Die interessante, nichtparasitische Gattung *Gaiadendron* umfaßt charakteristische Sträucher der temperierten Hartlaubgehölze des Ostens und Nordens. Am bekanntesten ist *Gaiadendron punctatum*, über dessen dunkelgrünem Blattwerk goldgelbe Blütensträuße leuchten.

Proteaceae.

An der pazifischen Flanke finden wir diese Familie nur nördlich vom 9. (vielleicht erst vom 8.) Breitengrade. Am weitesten westwärts dringen die Proteaceen mit der Gattung *Embothrium*, der ein mittelfeuchtes Klima zusagt; bei Cuzco noch streng ostandin, dehnt sie sich bei Huaraz auf das interandine

Gebiet und um Cajamarca auf die Westhänge aus. Die peruanischen *Embothrien* stehen untereinander in enger, noch nicht genügend studierter Verwandtschaftsbeziehung. Bachschluchten der Cordillera blanca schmückt bei 3200 bis 3700 m das typische, von RUIZ und PAVON entdeckte *Embothrium grandiflorum* (unter den Vulgärnamen »saltaperico«, »tsacpá« und »cucharilla« bekannt), ein stattlicher Strauch von etwa 3 m Höhe, mit lederartigen, elliptischen Blättern und schönen rosafarbenen bis gelblichweisen Blütentrauben. Dieselbe Pflanze findet sich westlich von Cajamarca zwischen 2200 und 3200 m, ferner in ungefähr gleicher Höhenlage um Hualgayoc, Chachapoyas usw., endlich in trockneren Talern der ostandinen Ceja-Region (z. B. Huacapistana). Eine andere, macrotherme Formengruppe hat sich von 13° S. bis 6° S. über die Savannen und halbxerophilen Gehölze der Montaña ausgebreitet.

Roupala complicata, bald ein Strauch, bald ein 5 m hohes Bäumchen, mit starr lederartigen, längs der Mittelrippe gefalteten Blättern von eiförmigem bis lanzettlichem Umriß, läßt sich am Ostfuß der Anden von einem bis zum anderen Ende Perus verfolgen und gehört wie die macrothermen *Embothrien* zur Flora der Savannen und halbxerophilen Gehölze.

Als sehr zerstreute Elemente temperierter Gehölzformationen seien schließlich noch kurz erwähnt die Sträucher *Roupala peruviana*, *Roupala cordifolia* und *Lomatia obliqua*.

Polygonaceae.

Mühlenbeckia erstreckt sich über die gesamte Länge und über beide Flanken der peruanischen Anden und in vertikaler Richtung von 2000—4000 m. Am häufigsten sind: der windende Strauch *Mühlenbeckia tamnifolia* (2000—3600 m) und der kriechende Zwergstrauch *M. vulcanica* (3000—4000 m). Auf die tropische Region des Ostens beschränkt sich *Triplaris* (in Loreto tangarana, bei Cuzco palo santo genannt); die dort vorkommenden Arten sind diöcische Bäume, deren Stämme von bissigen Ameisen bewohnt werden. Zur Zeit der Samenreife verleihen große Büschel roter Flügelfrüchte den weiblichen Exemplaren einen sehr auffälligen Schmuck.

Chenopodiaceae.

Chenopodium Quinoa zählt zu den Kulturpflanzen Hochperus und scheint der andinen Flora zu entstammen. *Salicornia fruticosa* spielt als Strauch des Meeresstrandes eine wichtige Rolle.

Amarantaceae.

Am meisten kommen die Amarantaceen als Kräuter und Halbsträucher der Xerophytenformationen zur Geltung, und manche gedeihen an Orten, wo nur wenige Pflanzen der Trockenheit widerstehen. Auf hochandinen Matten verflechten sich die kriechenden Rhizome der *Alternanthera lupulina* zu niedrigen Rasen. Auch Ruderalplätze werden von Amarantaceen besiedelt.

Nyctaginaceae.

Mirabilis prostrata, ein Kraut mit faustgroßer, rübenförmiger Wurzelknolle, langen schlaffen Stengeln und purpurnen Blüten, hat sich durch wärmere, trockene und mittelfeuchte Gebiete weit verbreitet.

In den trockenheißen Tälern des Nordens, so am Marañon zwischen 300 und 1500 m, ferner über Piura, entzückt den Naturfreund die Anmut der *Bougainvillea peruviana*, wenn die bogenförmig hängenden Zweige dieser Sträucher das Rosenrot der Bracteen überschüttet.

Die *Coliguonia*-Arten »(chachaparakaí« »tullupejto«), Sträucher, die mittleren Lagen, vor allem des Westens und des interandinen Gebietes angehören, dort die Bachufer bevorzugen und mitunter als Spreizklimmer sich in die Wipfel der Erlen-Bäume erheben, erkennt man leicht an den weißgefärbten Bracteen.

Der nordperuanische Wüstenstrauch *Cryptocarpus pyriformis* läßt an der Küste hohe Sanddünen entstehen.

Aizoaceae.

Einjährige *Tetragonien*, auf deren Blättern und Stengeln blasenförmige Epidermiszellen feinen Tau vortäuschen, beteiligen sich an der Kräutervegetation der Lomas, besonders auf sandigem Boden, mit erheblicher Individuenzahl.

Portulacaceae.

Diese Familie hat nur geringe Bedeutung in physiognomischer Hinsicht, liefert aber wertvolle Anhaltspunkte für die Kennzeichnung der floristischen Verhältnisse. Man kann sie kurz als ein westliches Element der peruanischen Flora ansprechen und hinzufügen, daß dieses Element sich vorzugsweise in den unteren, trockenen Regionen entwickelt hat, mit *Calandrinia*, *Portulaca* und vielleicht auch *Spraguea*. *Calandrinia*, das artenreichste Genus, hat auch einen hochandinen Vertreter aufzuweisen: die stengellose Rosettenpflanze *Calandrinia acaulis*, welche den Punamatten nirgends fehlt und vereinzelt bis zu 3200 m hinabsteigt.

Caryophyllaceae.

Die Gattungen- und Artenziffer ist bei den Caryophyllaceen am größten über 4000 m, in der hochandinen Region. Die Gattung *Pycnophyllum* zeigt sogar eine ausgesprochene Vorliebe für jene extremen Höhen, wo die Phanerogamen-Vegetation zu schwinden beginnt. *Pycnophyllum*, *Paronychia* und *Arenaria* werden physiognomisch wirksam, indem sie sich zu ausgedehnten Rasen und Polstern entwickeln, die an Moose erinnern; dazu kommt mitunter noch ein sonderbarer, gelblicher oder blaugrüner Farbenton. In minder auffälligen Gestalten erscheinen *Melandryum* und *Cerastium*.

Von *Melandryum*, *Cerastium* und *Paronychia* wurden vereinzelte Vertreter auch außerhalb der hochandinen Region angetroffen. Die weiteste Verbreitung aber erreichen hier *Stellaria* und *Drymaria*; diese Kräuter wachsen vom unteren Rand der Puna bis zu mittleren Höhenlagen; *Drymaria* kehrt überdies mit eigentümlichen Formen auf den Lomas der Küste wieder.

Die geringste Bedeutung haben die Caryophyllaceen in der östlichen Tropenregion.

Ranunculaceae.

Thalictrum podocarpum nebst verwandten Arten und *Anemone hellcborifolia* verdienen Erwähnung als häufige Kräuter von stattlichem Wuchs, die von einer bis zu andern Seite des Gebirges zwischen 2000 und 3700 m gedeihen. Im interandinen Gebiet und an den Westhängen begegnet man bei 3000—3600 m sehr oft der strauchigen, durchschnittlich 2 m hohen *Clematis peruviana*; weiter unten, besonders in den Flußufergebüschen des Westens entwickeln sich andere *Clematis*-Arten (z. B. *C. dioeca*) zu langstämmigen Lianen. Die Gattung *Ranunculus* stellt zwischen 2000 und 4600 m an der Ost- und Westseite der Anden eine Anzahl Arten; ihre physiognomische Bedeutung ist ziemlich gering.

Berberidaceae.

Diese Familie wird lediglich durch Sträucher der Gattung *Berberis* vertreten. Durch den größten Teil Perus ist *Berberis* dem Osten und Westen gemeinsam und an eine Höhenstufe gebunden, deren Grenzen bei 2800 und 4000 m verlaufen. Abweichungen zeigen der Süden und der Norden des Landes: Dort meidet Berberis die pacifischen Hänge, hier sieht man sie noch bei 2200 m.

Anonaceae.

Anona Cherimolia wächst wild als geselliger hoher Strauch in trockenen, warmen Tälern Nordperus, z. B. am Marañon und Utcubamba um 1800 m. Im übrigen scheint sich die Familie auf die östliche Tropenregion zu beschränken.

Lauraceae.

Durch Süd- und Zentralperu streng ostandin überschreitet diese Familie nördlich vom 9. Breitengrad das Gebirge und endet auf den Westhängen etwa 2000 m über dem Meere. Nirgends scheinen die Lauraceen über 3200 m vorzukommen. Im Osten sind sie der Montaña und der Ceja-Region gemeinsam. Inbezug auf die Artenziffer und den Umfang des Wohngebietes dominieren *Nectandra*, *Ocotea* und *Persea* unter den Lauraceen Perus. Sie beteiligen sich an Gehölzformationen verschiedener Kategorien und zwar meist als stattliche Bäume, seltener und nur in hochgelegenen oder trockenen Gegenden als niedrige Sträucher.

Monimiaceae.

Siparuna: Sträucher; Verbreitung etwa dieselbe wie bei den Lauraceen.

Papaveraceae.

Bocconia frutescens (in Sandia »haiuna« genannt), ein hoher, augenfällig hervortretender Strauch mit großen, gezackten Blättern und reichblütigen hängenden Rispen, findet sich besonders an Bachufern zwischen 1800 und

3200 m und zwar auf der Ostseite, ferner in Nordperu auch weiter westwärts bis auf die pacifischen Hänge.

Capparidaceae.

Gewisse *Capparis*-Sträucher der nördlichen Wüsten (*C. mollis*, *C. crotonoides*, *C. avicenniifolia* und besonders *C. scabrida*) trotzen einem regenlosen Klima auch in beträchtlicher Entfernung von Flußufern und begnügen sich mit dem in der Tiefe verborgenen Grundwasser. Ihr kräftiger Wuchs steht in sonderbarem Gegensatz zur Ungunst der Lebensbedingungen. Strauchige *Cleome*-Arten mengen sich hie und da unter die Bachufer-Vegetation mittlerer Höhenlagen.

Cruciferae.

Der an Cruciferen ärmste Teil Perus ist die östliche Abdachung der Anden. Aber auch sonst spielen diese Pflanzen eine untergeordnete Rolle, namentlich insofern, als sie nirgends einen wesentlichen Einfluß auf die Physiognomie der Formationen ausüben. *Lepidium* und *Nasturtium* haben wie im allgemeinen so auch in Peru eine sehr weite Verbreitung erlangt. Das Kraut *Nasturtium fontanum* (»berro«), folgt — bald terrestrisch, bald halbuntergetaucht — den Bächen und Flüssen, und zwar von der Schneeregion bis zum Meeresstrande. *Draba*, *Brayopsis*, *Eudema* und *Englerocharis* sind Geschlechter der hochandinen Region und dort durch kleine Rosettenkräuter vertreten. Eine andere, durch deutliche Stengelbildung abweichende Tracht haben die ebendort, aber auch noch bei 3700 m vorkommenden *Descurainia*-Arten. *Cremolobus subscandens*, ein spreizklimmender Strauch, stützt sich in subtropischen, ostandinen Buschwäldern auf das Gezweig des Unterholzes.

Crassulaceae.

Cotyledon: Blattsucculenten mittlerer Lagen, meist an Felsen.

Saxifragaceae.

Zwischen 2800 und 4500 m grünen auf Felsen häufig die lockeren Rasen der *Saxifraga Cordillerarum*.

Dünne Holzlianen der Gattung *Hydrangea*, z. B. die weinrot blühende *H. peruviana*, winden in ostandinen, subtropischen Buschwäldern.

Escallonia resinosa, eine bald strauchige, bald verkrüppelt baumartige Pflanze, die vom Volke allgemein chachacuma genannt wird, besiedelt um 3400 m westliche, interandine und östliche Täler. *Escallonia hypsophila*, die ebenfalls zwischen der Baum- und Strauchform schwankt, und deren Krone sich auf 2 m hohen Stämmchen flach auszubreiten pflegt, beobachtete ich an der Cordillera blanca zwischen 3800 und 4000 m.

Bis gegen 4500 m einerseits und 2800 m andrerseits erstreckt sich, Teile beider Gebirgsflanken umfassend, das große Areal der *Ribes*-Sträucher. Als Standorte dienen Gesträuche und Bachränder bei geringerer, Felsen bei größerer

Meereshöhe. Gewisse Arten bieten ein überaus anmutiges Bild, wenn die schlanken Trauben roter oder gelber Blüten von den Zweigen herabhängen. Bei *Ribes peruvianum* u. a. drängt sich die Blütenbildung auf die ersten Regenmonate zusammen und begleitet somit das Wiedererwachen des Pflanzenlebens — eine phänologische Analogie zu den *Ribes* des borealen Florenreiches, die im Frühling blühen.

Cunoniaceae.

Die Flora Perus besitzt viele Species von Holzgewächsen der Gattung *Weinmannia*. Ihr Areal, das sich ungefähr mit dem der Proteaceen deckt, liegt größtenteils an der Ostflanke, erweitert sich aber unter 10° S. bis zum interandinen Gebiete und schließlich im Norden bis zu den pacifischen Hängen. Die obere Grenze befindet sich bei 3800 m; andrerseits mischt sich *Weinmannia* unter die tropische Vegetation der Montaña. Für verschiedene Gehölze, hauptsächlich für die mesotherm-hygrophilen, bilden die *Weinmannien* wichtige Formationselemente. Oft wachsen sie gesellig. Bald werden sie zu Sträuchern und dann nicht selten 8 m hoch, bald zu Bäumen; auch die Individuen ein und derselben Species können sich hierin ungleich verhalten. Die Blätter sind bei einigen Arten fiederteilig, bei andern einfach und in letzterem Falle von mäßiger Größe. So entstehen lockere, mitunter halbdurchsichtige Laubkronen, und hierdurch erleichtert sich die Unterscheidung der *Weinmannien* von andern Holzgewächsen.

Brunelliaceae.

Brunellia: Sträucher; nur an den Osthängen und zwar zwischen 1800 und 3000 m.

Rosaceae.

Spiracoideae.

Kageneckia: Sträucher, über mittlere Lagen zerstreut.

Pomoideae.

Als charakteristischer Typus durchdringt *Hesperomeles* die gemäßigten Regionen, oben bei 3800, unten zwischen 2600 m (Westen Zentralperus) und 2000 m (Osten) endend; nur den Westhängen Südperus scheinen diese Sträucher zu fehlen. Die systematische Einteilung stößt auf Schwierigkeiten. Zu starker Behaarung, verbunden mit geringer Dornbildung, neigen die östlichen Formen (Beisp. *H. ferruginea*), zum Gegenteil die westlichen (Beisp. *H. pernettyoides*). Somit wird die Haarbildung nicht, wie man erwarten sollte, in den trockneren Gebieten gefördert, sondern vielmehr in den feuchteren.

Rosoideae.

Die Gattung *Rubus* ist in Peru weit verbreitet, steigt aber nicht über 4000 m. Die formenreichste Entwicklung hat sich in den gemäßigten Lagen des Ostens (2000—4000 m) vollzogen. Hier finden sich außer dem gewöhnlichen Typus des kräftigen, spreizklimmenden *Rubus*-Strauches auch zwergige, zwischen Moos kriechende Sträucher mit großen Blüten (z. B. der häufige *Rubus acanthophyllus*). — Über mittlere und höhere Regionen des ganzen Gebirges zerstreut sich *Alchemilla*. Einzelne Arten bilden, indem sie auf Sumpfwiesen (z. B. *A. pinnata*) oder im Schatten der Gehölze als gesellige Kräuter auftreten, nicht unwichtige Formationselemente. Eine der gewöhnlichsten ist *Alchemilla pinnata* (3000—4500 m), die über 4000 m verschiedenartige Standorte besiedelt, weiter unten aber feuchten Untergrund verlangt. — Ungefähr dieselben Verbreitungsgrenzen wie *Alchemilla* hat *Polylepis*. Die hohen Sträucher und kleinen Bäume, welche dieses Genus zusammensetzen, werden von den Indianern quinuar oder queñua genannt. Der äußere Teil der Rinde pflegt in Borkefetzen zu zerreißen. Die Blätter sind gefiedert und in den feuchten Gebieten größer als in den trocknen. Bei der schönen *Polylepis multijuga* u. a. hängen die großen, zierlich zerschnittenen Blattspreiten, ebenso wie die langen, schlanken Blütentrauben lose von den Zweigen herab. Stellenweise bietet an der Ostseite *Polylepis* (z. B. *P. multijuga*) dadurch, daß sie über 3000 m sehr gesellig, darunter hingegen nur ganz vereinzelt auftritt, wertvolle Grundlagen zur Unterscheidung der Vegetationsregionen. Andere *Polylepis*-Arten trotzen dem gehölzfeindlichen hochandinen Klima bis zu dem Grade, daß sie über 4000 m, ja sogar am Rande der Schneefelder, umfangreiche Haine bilden. — Zu den wenigen Holzgewächsen der Puna zählt auch der monotypische Zwergstrauch *Tetraglochin strictum*, auf dessen Zweigen sich rissige papierartige Borke abschält und die kurz nadelförmigen Blattfiedern zu kleinen Büscheln zusammengedrängt stehen. — Als zerstreute Typen mittlerer Lagen seien schließlich noch kurz erwähnt: *Geum* (Kräuter), *Acaena* (Kräuter und Sträucher) und der monotypische *Margyricarpus setosus* (Zwergstrauch).

Prunoideae.

Prunus-Bäume und Sträucher entfalten im Bereich der tropischen und temperierten Ostandenflora ihre weißen Blütentrauben zwischen lederartigem, glänzendem Laub.

Leguminosae.

Mimosoideae.

Inga Feuillei, *Acacia macracantha* und *Prosopis juliflora* verdienen als charakteristische Holzgewächse trocken-warmer Gebiete hervorgehoben zu werden. *Inga Feuillei*, der bekannte Pacay-Baum, ziert die westlichen und interandinen Flußufergebüsche (höchstens bis 2700 m aufwärts) und wird dort auch vielfach kultiviert. *Acacia macracantha*, ein dorniges Bäumchen mit feingefiedertem Laub und flach ausgebreiteter Krone verhält sich hinsichtlich der Standorts-Bedingungen und des Wohngebietes ganz ähnlich wie der Pacay, verträgt aber auch etwas trockneren Boden. Noch weniger hängt von den Flüssen ab der dornige und fiederblättrige Algarrobo-Baum, *Prosopis juliflora*, der hauptsächlich in den Wüsten des Nordens wächst und zwar bis zu einer Meereshöhe von durchschnittlich 700 m; oft bildet er meilenweite Haine.

Caesalpinioideae.

Zum Algarrobo gesellt sich an vielen Orten ein fiederblättriges, torniges Holzgewächs, das durch seine glatte grüne Rinde auffällt und bald zu einem Strauch, bald zu einem kleinen Baum wird: *Caesalpinia (Cercidium) praecox* (obere Grenze: 1600 m), dem Volke als »Kalakél« bekannt. Der hohe, stachelige, mit gelben Blütentrauben geschmückte Strauch *Caesalpinia (Coulteria) tinctoria*, die außerordentlich häufige »tara«, vereint sich mit *Inga Feuillei* und *Acacia macracantha* und geht dann noch etwas höher als jene (stellenweise bis 3200 m). *Parkinsonia aculeata* ist ein blattloser Strauch heißer Wüsten. Über trockene Abhänge zwischen 800 und 3300 m zerstreuen sich die *Krameria*-Arten (»rataña«), seidenhaarige, mehr oder weniger niederliegende Sträucher. Das Genus *Cassia*, vertreten durch gelbblühende Bäume und Sträucher, hat ein sehr weites Areal und meidet eigentlich nur die hochandine Region.

Papilionatae.

Die Gattungen *Lupinus*, *Trifolium*, *Astragalus*, *Dalea*, *Adesmia*, *Vicia* und *Lathyrus* stimmen darin überein, daß sie sehr warmes Klima meiden. Unter ihnen hat *Adesmia* eine geographische Sonderstellung inne; diese klebrigen, mit Harzdrüsen bedeckten Sträucher sind nämlich Mesothermen des Südwestens (2800—3800 m). Die übrigen aber haben sich in meridionaler Richtung von einem bis zum andern Ende Perus verbreitet und zwar hauptsächlich an den Westhängen, sowie durch das interandine Gebiet. Ausschließlich oder ganz überwiegend unterhalb 4000 m leben *Trifolium*, *Dalea*, *Vicia*, *Lathyrus* (z. B. der blaublühende *Lathyrus magellanicus*). *Trifolium* und *Vicia* sind auch auf den Lomas der Küste vertreten. *Dalea*, ein Genus, das ich von 1700—3600 m beobachtete, enthält aufrechte oder niederliegende Sträucher mit gefiederten Blättern und traubig angeordneten Blüten, in denen gewöhnlich die Fahne weiß oder blaßgelb, die Fügel und das Schiffchen violett gefärbt sind. *Astragalus* und die in Peru formenreich entwickelte Gattung *Lupinus* bewohnen Höhen von 2000 bis über 4500 m und außerdem mit wenigen, vom Hauptareal losgelösten Arten die Lomas. Aus beiden Geschlechtern empfängt die Flora Perus Kräuter, Halbsträucher und Sträucher, also Typen von recht verschiedenartiger Tracht. Von den *Astragalus*-Arten seien erwähnt: der einjährige, blaublühende *Astragalus viciiformis* der Lomas; *Astragalus uniflorus*, ein niederliegender, auf hochandinen Matten häufiger Zwergstrauch, dessen blaue verhältnismäßig große Blüten sich nicht deutlich zu Infloreszenzen vereinen, sondern mehr oder weniger getrennt entstehen; der stellenweise ruderale *Astragalus Garbancillo* (3500—4500 m), ein aufrechter, halbmeterhoher Strauch mit gelblich weißen Blüten, der als giftig gilt und im Volksmunde Garbancillo oder Huscja heißt. Die von mir beobachteten Lupinen Perus haben, abgesehen von dem gelbblühenden *Lupinus chrysanthus*, blaue, violette oder lilafarbene Blumen mit einem weißen oder gelben Mittelstreif auf der Fahne; *Lupinus mollendoensis* ist ein annuelles Kraut der Lomas, *Lupinus microphyllus* ein für hochandine Matten charakteristisches, ausdauerndes Kraut mit kurzen niederliegenden Stengeln und armblütigen, köpfchenähnlichen Trauben, *Lupinus Weberbaueri* (3900—4500 m) eine auffällige Staude, deren Stengel in sehr dichte bis 30 cm lange Trauben enden, *Lupinus paniculatus* (2800—4000 m) ein schöner, bis 2 m hoher Strauch, der zuweilen, besonders bei 3700—4000 m, gesellig wächst.

An den Flußufern wärmerer Regionen erregen *Erythrina*-Bäume unsere Aufmerksamkeit durch ihre brennend roten Blüten, die um so deutlicher sichtbar werden, als vor ihrer Entfaltung das Laub abfällt. Tropische Flußufer der gesamten Montaña schmückt die windende *Mucuna rostrata*, deren scharlachrote Blumen eine außergewöhnliche Größe erreichen.

Geraniaceae.

Balbisia verticillata und Verwandte, grauhaarige, kleinblättrige Wüstensträucher, die durch große gelbe Blüten auffallen, bewohnen mittlere Lagen der Westhänge, aber vielleicht nur in der südlichen Hälfte Perus; nördlich vom 12. Breitengrade habe ich die Gattung nicht bemerkt. *Geranium* gehört mittleren und höheren Lagen, ferner den Lomas an; im Osten liegt die untere Grenze bei 2000 m; als wesentliche Formationselemente kann man nur gewisse hochandine Arten bezeichnen, z. B. das rasenwüchsige Kraut *Geranium sessiliflorum*, das auf den Punamatten allenthalben seine silberhaarigen Laubmassen ausbreitet und ansehnliche, weiße, fast sitzende Blüten trägt. *Rhynchotheca*: zerstreute Sträucher gemäßigter Regionen an der Ostseite.

Oxalidaceae.

Wohl kein Gebiet der peruanischen Flora blieb unzugänglich für die Gattung *Oxalis*, und auf mannigfachen Bahnen bewegte sich die vegetative Gestaltung dieses Geschlechtes. Um hiervon eine Vorstellung zu geben, sei erinnert an *Oxalis Ortgiesii*, ein kräftiges Schattenkraut des tropischen Regenwaldes, die zarte, annuelle *Oxalis pygmaea* der Hochanden, das zwiebeltragende Steppen- und Mattenpflänzchen *Oxalis oreocharis* (3500—4500 m), die knollenbildende *Oxalis sepalosa* der Lomas, an *Oxalis velutina*, einen filzigen Strauch nordperuanischer Halbwüsten, der sich während der Trockenzeit entlaubt, und die gleichfalls strauchige, aber immergrüne, derbblättrige *Oxalis dolichopoda* ostandiner Hartlaubgesträuche (2000—2500 m).

Tropaeolaceae.

Mittlere Höhenstufen des ganzen Landes, ferner die Lomas und feuchten Strandfelsen der Küste beherbergen das bekannte Genus *Tropaeolum*.

Meliaceae.

Der ostandinen Flora und zwar größtenteils der Montaña angehörend, nur wenige zu gemäßigten Regionen vordringend. Zum Teil hohe Bäume (z. B. *Cedrela, Guarea*). *Elutheria microphylla*: Strauch; häufig an regengrünen Abhängen des Utcubambatales bei 1800—1900 m.

Malpighiaceae.

Mehrere starke Lianen des tropischen Regenwaldes (z. B. *Banisteria caduciflora*).

Polygalaceae.

Indigoblaue Blüten mit gelbem Schiffchen, die sich zu traubigen Infloreszenzen vereinen, bilden ein gemeinsames Kennzeichen gewisser *Monnina*-Sträucher (darunter die variable *Monnina crotalarioides*); zwischen 2000 und 3700 m begegnen wir auf Schritt und Tritt dieser Verwandtschaftsgruppe und zwar an beiden Seiten des Gebirges. Ein ganz anderes Aussehen haben *Monnina Weberbaueri*, ein annuelles Kraut, das mittlere Lagen des Westens und außerdem die Lomas bewohnt, und der blattarme Rutenstrauch *Monnina pterocarpa*, charakteristisch für sehr trockene Regionen der Westhänge (1000 bis 2000 m).

Euphorbiaceae.

Regengrüne *Croton*- und *Jatropha*-Sträucher beeinflussen nicht unerheblich die Physiognomie niederschlagsarmer und gleichzeitig heißer oder warmtemperierter Gegenden (bis gegen 3000 m) und erweisen sich als wertvoll für die Abgrenzung der Vegetationsregionen. Verwandte der *Jatropha urens* sind mit Brennhaaren ausgerüstet. *Jatropha macrantha*, ein bezeichnender Typus der Westhänge Zentralperus, schmiegt die dicken Zweige an den Boden und entfaltet die scharlachroten Blüten während der Trockenzeit.

Die *Hevea*-Bäume, Elemente des tropischen Regenwaldes, gelangen bis zur Seehöhe von 1200 m.

Coriariaceae.

Das zierliche Gezweig der strauchigen *Coriaria thymifolia*, durch scheinbar zweizeilige Anordnung der kleinen Blätter an Farnwedel erinnernd, schmückt Bachufer zwischen 2000 und 3200 m. Ein Glied der ostandinen Flora, erreicht *Coriaria* überdies in Zentralperu das interandine Gebiet und im Norden die Westhänge.

Anacardiaceae.

Eine eigenartige, dem Auge sich leicht einprägende Tracht, häufiges Vorkommen und eine Verbreitung, die von Hauptlinien der horizontalen und vertikalen Vegetationsgliederung Perus bestimmt wird, machen *Schinus Molle* zu einem hochwichtigen, leitenden Element in der Pflanzengeographie des Landes.

Ein Strauch oder knorriger kleiner Baum mit rissiger Rinde, läßt *Schinus Molle* (von den Eingeborenen »Molle« genannt) die dünnen Zweige sowie die gefiederten Blätter, grünlichen Blütenrispen und braunroten Fruchtbüschel schlaff herabhängen, und das schleierartig lockere Laubwerk durchdringt der Glanz der Sonnenstrahlen. Der Molle beansprucht ein trockenes, warmes Klima. Er gehört dem Westen und dem interandinen Gebiete an und meidet den Osten sowie auch die unmittelbare Nähe des Meeres. Die Grenze der Vertikalverbreitung schwankt in Zentral- und Südperu um die Höhenlinie von 3000 m, im Norden um die von 2000 m. Die gewöhnlichen Standorte des Molle sind Flußufergebüsche; außerhalb derselben gedeiht er nur in höheren Lagen.

Der dicht belaubte, fiederblättrige Strauch oder Baum *Loxopterygium huasango*, dessen Frucht einen flügelförmigen Anhang trägt, ist eins der wenigen ansehnlichen Holzgewächse, welche das nordwestliche Wüstengebiet besitzt und dürfte kaum bis 1000 m steigen. Man kennt ihn sonst nur noch aus dem südwestlichen Ecuador (Gegend von Guayaquil). Er bevorzugt Flußufer und deren nähere Umgebung.

Rhus juglandifolia, von mir unter 13° S. und unter 6° S. beobachtet, folgt den halbxerophilen Gebüschen der östlichen Tropenregion und wächst als sehr hoher (bis 10 m) Strauch, vielleicht auch baumartig. Die Eingeborenen nennen diesen Rhus um Moyobamba »itil«, im Departamento Cuzco »incate« und behaupten hier wie dort, daß Berührung der Pflanze Hautentzündungen zur Folge hat.

Mauria-Sträucher mit gedreitem oder unpaarig gefiedertem Laub und breiten, derben Blättchen mischen sich unter die mesothermen Gesträuche ostandinen Charakters (*M. heterophylla* unter 14° S. und unter 7° S. angetroffen). *M. birringo* gesellt sich zu den Holzgewächsen des tropischen Regenwaldes.

Aquifoliaceae.

Ilex: lederblättrige Sträucher der ostandinen Mesothermenflora.

Celastraceae.

Maytenus: Sträucher; Verbreitung etwa dieselbe wie bei *Ilex*.

Sapindaceae.

Macrotherme Vertreter von *Paullinia* und namentlich *Serjania* erheben sich als Holzlianen in die Baumwipfel des tropischen Regenwaldes; andere Arten zerstreuen sich, nach Westen hin seltener werdend, auch über warm gemäßigte Regionen; die mesothermen Typen sind durchweg kleinere Sträucher, die teils in Gebüschen klettern, teils (manche *Serjanien*) ohne Stütze wachsen. Bei sämtlichen Arten werden Ranken gebildet. *Cardiospermum Corindum*: Rankender Halbstrauch trockener Täler (800—3000 m).

Durch trocken-heiße interandine und besonders westliche Regionen begleitet die Flüsse der »Choloco«-Baum, *Sapindus Saponaria* (meist unter 1500 m bleibend).

Die strauchige *Dodonaea viscosa*, leicht zu erkennen an den münzenförmigen Flügelfrüchten, ist in trockenen und mittelfeuchten, hauptsächlich interandinen Tälern bei 1000—3000 m von einem bis zum anderen Ende der peruanischen Anden häufig, dem Volke überall als »Chamana« bekannt.

Dilodendron bipinnatum wächst als regengrüner Strauch oder Baum auf den tropischen Savannen des Urubambatales bei Sta. Anna.

Rhamnaceae.

Colletia (*C. Weddelliana* und Verwandte): Sparrige, nahezu blattlose Dornsträucher, zerstreut über trockene, mittlere Lagen.

Elaeocarpaceae.

Vallea stipularis, ein häufiger Strauch mit rosafarbenen, zierlich gefransten Petalen, bewohnt mittlere Höhen und zwar die Ostseite, ferner in Zentralperu auch interandine Täler und im Norden außer diesen wahrscheinlich auch die Westhänge.

Nordwärts von 8° S. enthalten die macrothermen Flußufergebüsche interandiner und westlicher Täler an vielen Stellen die bald strauchige, bald baumartige *Muntingia Calaburu*.

Tiliaceae.

Lühea paniculata: Bald Baum, bald hoher Strauch, beim Erscheinen der weißen Blütenrispen das Laub abwerfend; Savannen und halbxerophile Gehölze der Montaña.

Malvaceae.

Für den Pflanzengeographen sind *Palaua* und *Nototriche* die interessantesten unter den peruanischen Malvaceen-Gattungen. *Palaua*, einjährig oder ausdauernd krautig oder fast halbstrauchig, schmückt mit ansehnlichen, meist rosafarbenen bis hellpurpurnen Blumen die Lomas der Küste. *Nototriche* hingegen ist ein ausgesprochen hochandines Geschlecht; eine starke, oft rübenförmige Pfahlwurzel dringt tief in den Boden; die belaubten Sprosse haben Rosettenform und bilden, wenn sie sich verzweigen, kleine Rasen; bei vielen Arten verhalten sich die Blätter insofern höchst eigentümlich, als sie ausschließlich oder überwiegend ihre Oberseite mit Haaren bekleiden, und infolgedessen die Oberseite weißlichgraue, die Unterseite reine grüne Färbung zeigt; die stiellosen Blüten stehen vereinzelt und erlangen mitunter verhältnismäßig bedeutende Größe (z. B. *Nototriche Macleanii*); hinsichtlich der Farbe kommen zwischen den einzelnen Arten erhebliche Verschiedenheiten zum Ausdruck (weiß, scharlachrot, rosa, lila, violett, hellblau).

Bombacaceae.

Bombax- und *Cavanillesia*-Bäumchen, die nur in der feuchten Jahreszeit Blätter und nur in der trockenen Blüten tragen, beteiligen sich an den macrothermen Xerophytenformationen interandiner und westlicher Täler. Ferner leben Bäume dieser und anderer Gattungen (z. B. *Ceiba, Ochroma*) an den Flüssen der östlichen Tropenregion und bringen zum Teil erstaunlich hohe Stämme hervor. Auch hier pflegt die Blütenbildung in eine Periode der Entlaubung zu fallen. Eine Ausnahme macht *Ochroma Lagopus*: dieser Baum, palo de balsa genannt, weil sein leichtes Holz vortreffliches Material für Flöße liefert, bleibt stets beblättert.

Sterculiaceae.

Büttneria hirsuta: Spreizklimmender Strauch; macrotherme Flußufergebüsche an den Westhängen.

Dilleniaceae.

Curatella americana, um Moyobamba ractapanga genannt: Strauch oder Krüppelbäumchen; halbxerophile Gehölze der nordöstlichen Tropenregion.

Ochnaceae.

Die ostandine *Godoya obovata*, ein hoher Strauch oder kleiner Baum, wächst gewöhnlich an der Grenze zwischen der Montaña- und der Ceja-Region, bei 1300—1800 m. Ihre großen, goldgelben Blüten entfalten sich am Ende der Trockenzeit (August—November).

Marcgraviaceae.

Nur an der Ostseite der peruanischen Anden habe ich die Marcgraviaceen angetroffen, als Lianen der tropischen Waldregion (*Souroubea, Marcgravia*) und weiter oben als aufrechte, mittelgroße Sträucher der Ceja (*Souroubea* und besonders *Norantea*). Durch die taschenförmigen Anhängsel, die an den Blütenstielen oder dicht unter denselben entspringen und morphologisch den Tragblättern entsprechen, sind diese Pflanzen leicht zu erkennen. Ob man wirklich berechtigt ist, diese Anhängsel in allen Fällen als Nektarien zu bezeichnen und mit den Bestäubungsvorgängen in Zusammenhang zu bringen, erscheint mir noch zweifelhaft.

Theaceae.

Das Areal der Theaceen, die in Peru durch derblaubige Sträucher und Bäume vertreten sind (*Freziera, Ternstroemia, Haemocharis*), liegt innerhalb der mesothermen Ostandenflora und erstreckt sich wie bei vielen anderen Elementen dieser Flora im Norden bis auf die Westhänge. Einige (z. B. *Haemocharis*-Arten) zeichnen sich durch große weiße Blüten aus.

Guttiferae.

Stattliche goldgelbe Blüten und die sonderbare Tracht der Zweige, die sich mit nadel- oder schuppenförmigen Blättern dicht bedecken, erregen an den *Hypericum*-Sträuchern der Sect. *Brathys* unsere Aufmerksamkeit. Diese $^1/_2$ bis

2 m hohen Pflanzen besiedeln die Höhenlage von 2000—3800 m und zwar hauptsächlich an der Ostseite, erreichen aber außerdem das interandine Gebiet (Zentralperu) und die Westhänge (Nordperu). Die gewöhnlichste Art ist der »chinchango«, das nadelblättrige *Hypericum laricifolium*, welches in manchen Gegenden sehr gesellig auftritt, namentlich an der Grenze von Gehölz- und Grassteppenregionen.

Halbxerophile Gehölze der östlichen Tropenregion enthalten eine geringe Arten-, aber beträchtliche Individuenzahl hoher *Vismia*-Sträucher; sie tragen um Sta. Ana (Urubambatal) den Namen mandór.

Das Wohngebiet von *Clusia* umfaßt im Norden mittlere Lagen des gesamten Gebirges und beschränkt sich sonst auf die Osthänge; nirgends dürfte die Gattung über 3100 m steigen. Neben epiphytischen und baumwürgenden Formen des tropischen Regenwaldes besitzt Peru baumartige und vor allem strauchige, für mesotherme Hartlaubgesträuche charakteristische *Clusien*. Durch glänzende, dicke, lederartige, relativ große und breite Blätter pflegen die *Clusien* von anderen Pflanzen abzustechen.

Violaceae.

Die Gattung *Viola* gehört mit sehr wenigen Ausnahmen teils der hochandinen, teils der temperiert ostandinen Flora an. Die hochandinen Arten sind stengellose Kräuter, deren dichte Blattrosetten bald einzeln, bald zu kleinen Rasen vereint auftreten. Unter den ostandinen Spezies sind die ansehnlichsten spreizklimmende, durch lebhaft rote Blüten ausgezeichnete Sträucher oder Halbsträucher der Sect. *Leptidium* (*Viola arguta* und Verwandte).

Passifloraceae.

Die rankenden, zum Teil große und schöne Blüten hervorbringenden *Passifloren* zerstreuen sich durch ganz Peru mit Ausnahme der Region über 4000 m. Einige sind zu Ruderalpflanzen geworden.

Caricaceae.

Carica candicans, den Peruanern als »mito« bekannt, zählt zu den wichtigsten Charakterpflanzen der Westhänge und der Lomas; seine obere (zugleich östliche) Grenze liegt in Zentralperu durchschnittlich bei 3000 m, im Norden bei 2000—2600 m, im Süden anscheinend noch tiefer. Der mito ist ein xerophiler Strauch, der bis 3 m hoch wird und auffällig dicke Stämme und Zweige besitzt; die großen, gelappten, oberseits dunkelgrünen, unterseits weißfilzigen Blätter werden beim Beginn der trockenen Jahreszeit abgeworfen, und nunmehr erscheinen die weißlichgrünen Blütenknäuel. Während an der Küste *Carica candicans* im Sommer Blüten und im Winter Blätter trägt, zeigt sie oben im Gebirge die umgekehrte Periodizität; diese Gegensätze entsprechen der Tatsache, daß dort winterliche, hier sommerliche Niederschläge fallen.

Loasaceae.

Wir kennen aus Peru krautige und eine geringe Zahl strauchiger Loasaceen und beobachten bei den meisten Brennhaare und große, schöngefärbte Blüten. Nach Osten und den höheren Lagen des Nordens hin sieht man die Familie deutlich verarmen oder völlig verschwinden, woraus hervorgeht, daß feuchtes Klima ihren Lebensansprüchen zuwiderläuft. *Loasa* (0—4000 m) und *Cajophora* (3000—4500 m) stehen hinsichtlich der Artenziffer voran und werden mitunter zu Ruderalpflanzen. Der halbmeterhohe gelbblühende Strauch *Mentzelia cordifolia* hat sich durch trockene, temperierte Regionen westlicher und interandiner Täler weit verbreitet und gibt wertvolle Anhaltspunkte für das Studium der vertikalen Vegetationsgliederung; seine obere Grenze liegt je nach den Feuchtigkeitsverhältnissen um 3000 m (Süd- und Zentralperu) oder 2000 m (Norden).

Begoniaceae.

Diese leicht erkennbare Familie, aus der so viele Zierpflanzen hervorgegangen sind, besteht in Peru aus macro- und mesothermen (bis 3800 aufwärts) Kräutern und Sträuchern der Gattung *Begonia*, die fast ausschließlich den Osthängen und höheren Lagen des Nordens, somit feuchten Gebieten angehören. *B. octopetala* und *B. geraniifolia* wachsen auf den Lomas bei Lima, zwischen 200 und 700 m, erstere auch an den Westhängen (2500—3100 m).

Cactaceae.

Sukkulente Gewächse empfängt die Vegetation Perus hauptsächlich aus der Familie der Cactaceen. Säulenförmige *Cereus-*, *Cephalocereus-* und *Pilocereus-*Stämme bestimmen die Vegetationsphysiognomie weiter Landschaften, besonders an Berglehnen heißer Steinwüsten, wo das Pflanzenleben sich nur mit wenigen Arten zu behaupten vermag; in der Nähe des Meeres treten die Säulen-Cacteen (wie die Familie überhaupt) weniger reichlich auf als weiter landeinwärts, in engen, tiefen Gebirgstälern; die obere Grenze der *Cereus*-Arten verläuft je nach den Feuchtigkeitsverhältnissen um 2000 m (Norden), 3000 m (Zentrum) oder 3400 m (Südwesten); weniger hoch gelangen, da sie große Wärme und Trockenheit lieben, *Pilocereus* und *Cephalocereus*. Zu den letzteren gesellen sich oft die melonenförmigen, mit einem weißen Filzpolster gekrönten Körper von *Melocactus* (wohl nirgends über 2300 m). *Opuntia* übertrifft an vertikaler Ausdehnung alle anderen Gattungen und erscheint in sehr mannigfaltiger Tracht: die tropische Wüste beherbergt gewöhnlich nur niedrige, unauffällige Typen; mittlere Lagen werden von größeren Formen bewohnt, die der kultivierten *Opuntia ficus indica* nahestehen und wie diese ihre Zweige aus platten Gliedern aufbauen. Zwischen 3000 und 3900 m begegnet uns in Zentral- und Südperu überaus häufig eine stark verzweigte, bis 3 m hohe, von langen Stacheln starrende Art mit annähernd zylindrischen Gliedern, (*O. subulata* od. verw.), die vielleicht eine eingeschleppte Ruderalpflanze ist;

besonderes Interesse erwecken schließlich jene, höheren Regionen eigentümlichen *Opuntien*, welche die Form hochgewölbter Polster annehmen, wie die mit feuerroten Blumen sich bedeckende *Opuntia Pentlandii* (über Arequipa bei 3700—4200 m), die in gelblichen Filz gehüllte *Opuntia lagopus* (Ostrand des Titicaca-Hochlandes bei 4500 m) und die ebenfalls hochandine, weißwollige *Opuntia floccosa* (Süd- und Zentralperu, von 4000—4400 m), die, von fern gesehen, Schneeflecken vortäuscht. Die *Echinocactus*-Arten, durch kugelige oder keulenförmige Körper ausgezeichnet, leben größtenteils auf Grassteppen und an Felsen zwischen 3000 und 4000 m und zwar meist vereinzelt.

Der xerophilen Familie der Cactaceen bieten die feuchten Gebiete des Ostens und Nordens keine zusagenden Lebensbedingungen; diese Pflanzen werden dort zu einem völlig untergeordneten, weit zerstreuten Element, hauptsächlich vertreten durch epiphytische und felsbewohnende *Rhipsalis*. Trockenes Gehölz der Montaña (z. B. Savannengebüsch im Urubambatal) enthält bisweilen hohe schlanke Stämme von *Cereus*-Arten, die von den westlichen habituell abweichen.

Lythraceae.

Cuphea cordata: Ziemlich häufiger Strauch der Ostanden (1800—2500 m).

Myrtaceae.

Die Höhenlinie von 3500 m wohl nirgends überragend, nimmt das Wohngebiet der Myrtaceen die Osthänge ein und erweitert sich innerhalb mittlerer Regionen des Nordens bis zur pacifischen Abdachung. *Myrteola* (anscheinend nur über 2000 m), *Myrcia* und *Eugenia* kann man als herrschende Geschlechter bezeichnen. Sie zeigen vorwiegend strauchigen Wuchs, nur einige *Eugenia*- und *Myrcia*-Arten entwickeln sich gelegentlich zu kleinen Bäumen. Die dünnen Zweige des kleinblättrigen Sträuchleins *Myrteola oxycoccoides* und verwandter Formen haften kriechend am Boden. An der Zusammensetzung der Formationen haben die Myrtaceen nur mäßigen Anteil. Am meisten sah ich sie in den macrothermen halbxerophilen Gehölzen des Nordostens, um Moyobamba, zur Geltung kommen. (*Eugenia*, *Myrcia*.)

Melastomataceae.

Das Areal der Melastomataceen deckt sich großenteils mit dem der Myrtaceen; kleine Abweichungen bestehen in der etwas weiteren Ausdehnung der Melastomataceen nach oben hin sowie in westlicher Richtung: sie gedeihen noch bei 3800 m, vielleicht sogar 4000 m und dringen vereinzelt bis zum interandinen Gebiete Zentralperus vor. Mit sehr wenigen Ausnahmen wachsen sie strauchig. Als Formationsbestandteile spielen die Melastomataceen eine weit wichtigere Rolle wie die Myrtaceen. Mesotherme Gesträuche ostandinen Charakters und macrotherm halbxerophile Gehölze der Montaña erweisen sich als bevorzugte Formationen, in denen die Melastomataceen einen ungewöhnlichen Artenreichtum entfalten. Unter ihren Gattungen hat *Miconia* (macrotherm und mesotherm) bei weitem die größte Artenziffer, dann folgen *Tibouchina* (macrotherm und mesotherm) und *Brachyotum* (anscheinend nur mesotherm). Bekanntlich ist bei den Melastomataceen das Blatt einfach und meist von mehreren gleichstarken Nerven durchzogen; dagegen herrscht weitgehende Mannigfaltigkeit hinsichtlich der Größe, Bekleidung und Konsistenz der Blätter; letztere schwankt zwischen den Extremen des zarthäutigen und des starrlederartigen Laubes. Die *Brachyotum*-Arten, die zwischen 3000 und 4000 m oft als kleine Sträucher den unteren Saum von Grassteppen-Regionen begleiten, tragen gewöhnlich kleine Blätter und nickende Blüten; die ersteren bedecken sich manchmal mit langen warzenähnlichen Auswüchsen, wodurch der Eindruck einer geteilten Spreite entstehen kann. Für den tropischen Regenwald sind die Melastomataceen Vegetationsglieder niedrigen oder höchstens mittleren Ranges. Aber gerade unter diesen Waldbewohnern beobachtet man Typen von eigenartiger Organisation: die krautige *Monolena primuliflora*, epiphytische oder halbepiphytische Sträucher (*Blakea ovalis*, *Clidemia epiphytica*) und die merkwürdigen Sträucher der Gattungen *Tococa*, *Maieta*, *Myrmidone*, bei denen das Blatt an seiner Basis zwei schlauchförmige, nach unten geöffnete Aussackungen trägt, die von Ameisen bewohnt werden.

Oenotheraceae.

Jussiaea-Arten, krautig oder halbstrauchig, begleiten ständig das Flußufergebüsch der Küste. *Oenothera multicaulis* ist ein niederliegendes, zwischen 3500 und 4500 m häufiges Kraut. Die bekannte, durch Schönheit der Blüten ausgezeichnete Gattung *Fuchsia* bewohnt beide Gebirgsflanken und zwar mit wenigen Ausnahmen mittlere Lagen. Die von mir beobachteten *Fuchsien* Perus sind Sträucher oder Halbsträucher. In trockneren Gebieten wachsen sie hauptsächlich an Bachufern. Die meisten Arten entfallen auf den Osten. Hier finden sich neben den gewöhnlichen Strauchformen auch kleinere, epiphytisch oder an Felsen lebende *Fuchsien*, an deren Wurzeln zuweilen Knollen auftreten (z. B. *F. tuberosa*); die Gattung entsendet mit schmächtigen Schattensträuchern des Regenwaldes (z. B. *F. ovalis*) vereinzelte Ausläufer in die Tropenregion (bis 1200 m).

Halorrhagidaceae.

Durch das Gebiet der ostandinen Flora im weitesten Sinne, d. h. auch durch interandine und pacifische Regionen des Nordens, zerstreuen sich, Bachufer und Moore bevorzugend, zwei krautige *Gunnera*-Arten, *G. pilosa*, welche aufrecht wächst und große gelappte Blätter trägt, und die kleinblättrige, kriechende *G. magellanica*. Bei der ersteren liegt die untere Grenze um 2400 m, bei der letzteren anscheinend weniger tief.

Araliaceae.

Macro- und Mesothermen der atlantischen Abdachung, ferner interandine und westliche Mesothermen des Nordens, bilden die Araliaceen einen höchst charakteristischen Formenkreis der ostandinen Gehölz-Flora im weitesten Sinne. Sie entwickeln sich zu Bäumen und stattlichen Sträuchern. Ihre dekorativen, durchschnittlich großen und derben Blätter sind bald gefingert (*Schefflera*), bald (*Oreopanax*) einfach bis handförmig gelappt, ihre Blüten zwar klein und unscheinbar gefärbt, aber zu ansehnlichen Inflorescenzen vereint, die aus Dolden oder Köpfchen bestehen.

Umbelliferae.

In der östlichen Tropenregion ist diese Familie sehr schwach entwickelt oder überhaupt nicht vorhanden. Dagegen durchdringt sie alle übrigen Gebiete. Als Charaktergewächse ersten Ranges kann man nur gewisse *Azorella*-Arten ansehen, deren kleinblättrige Rosettensprosse sich zu flach ausgebreiteten oder hochgewölbten Polstern aneinanderfügen und so interessante Vegetationsformen der Hochanden hervorbringen. Unter 4000 m leben nur wenige und unauffällig gestaltete, unter 3400 m vielleicht gar keine *Azorellen*. *Oreomyrrhis andicola* ist ein unscheinbares, aber überaus häufiges Kraut hochandiner Matten und findet sich vereinzelt auch weiter unten, bis gegen 3000 m. Zarten, schattenliebenden Kräutern der Gattungen *Hydrocotyle* und *Bowlesia* begegnet man oft in mittleren Regionen. Außerhalb der letzteren säumt *Hydrocotyle umbellata* mit ihren schildförmigen Blättern die Bewässerungsgräben des Küstenlandes, und wuchert auf den Lomas *Bowlesia palmata*. Schließlich verdienen noch Erwähnung die blattarmen *Asteriscium*-Sträucher und -Halbsträucher, die den trockneren Regionen interandiner und westandiner Täler eigentümlich sind, sowie die hohen, halbstrauchigen *Arracacia*-Arten (z. B. *A. acuminata*), welche als Spreizklimmer mesothermes Gehölz der Ostanden durchflechten.

Clethraceae.

Clethra: Derbblättrige Sträucher; über tiefere und mittlere Regionen der Ostseite, ferner in Norden durch mittlere Lagen weiter westwärts, vielleicht bis zu den pacifischen Hängen ausgedehnt. In tieferen Regionen den halbxerophilen Gehölzen angehörend.

Ericaceae.

Für das Gebiet der ostandinen Mesothermenflora (einschließlich deren westwärts gerichteter Fortsetzung durch Nordperu) ist diese Familie unstreitig eine der wichtigsten; sie hat dort einen ähnlichen Artenreichtum hervorgebracht wie die Orchidaceen und Melastomataceen. Wir können die peruanischen Ericaceen kurz kennzeichnen als niedrige oder mittelhohe Sträucher mit einfachen, derben Blättern von geringer bis mittlerer Größe und glocken- bis röhrenförmigen Blüten, die oft in großer Zahl sich traubig oder rispig vereinen und an denen die Farben weiß, purpurn und scharlachrot überwiegen. Als häufige Gattungen seien hervorgehoben: *Bejaria*, *Gaultheria*, *Pernettya*, *Vaccinium*, *Disterigma*, *Macleania*, *Cavendishia*, *Psammisia*, *Thibaudia*, *Ceratostema*. Die Grenzen der ostandinen Mesothermenflora (im weitesten Sinne) überschreiten nach Westen hin wohl nur *Gaultheria, Pernettya* und *Vaccinium*, welche ich im interandinen und (*Pernettya*) westlichen Zentralperu vereinzelt und nur über 3300 m beobachtete — nach Osten hin *Bejaria, Gaultheria* und vielleicht noch einige weitere. *Pernettya* steigt höher als jede andere Gattung; ich verfolgte sie aufwärts bis 4500 m, abwärts bis 3300 m. *Bejaria* übertrifft, was den Umfang der Vertikalverbreitung (800—3400 m) anbelangt, vielleicht alle übrigen Ericaceen-Gattungen Perus; durch die östliche Tropenregion zerstreut sie sich als Element der halbxerophilen Gehölzformationen. *Psammisia* pflegt an der Grenze zwischen der warmen und der gemäßigten Region des Ostens, bei 1600 bis 1800 m, zu wachsen. Ihre langen, röhrenförmigen Blüten zeigen am oberen und unteren Ende scharlachrote, in der Mitte weiße Farbe.

Myrsinaceae.

Die *Rapanea*-Arten, unscheinbar blühende Sträucher, mit ungeteilten derben Blättern, beteiligen sich vor allem an Gesträuchen mittlerer Lagen des Ostens und Nordens, sowie an halbxerophilen, niedrigen Gehölzen der Montaña. Dabei ist die Individuenzahl ansehnlich, die Artenziffer hingegen gering. Der geographisch abgesonderte »manglillo« (*Rapanea Manglillo*), ein hoher in glänzend dunkelgrüne Laubmassen gehüllter Strauch, mengt sich an der Küste unter das Ufergebüsch der Flüsse und steigt längs derselben bis 2400 m.

Loganiaceae.

Buddleia, ein Geschlecht, das in Peru nur Holzgewächse enthält, erstreckt sich vom Meeresniveau bis gegen 4000 m. Die strauchige *B. occidentalis* findet sich an der Küste und in tieferen Lagen des Westens als Bestandteil der Fußufergebüsche, ferner auch auf der Ostseite. Mehrere Arten hochgelegener Gegenden treten durch baumförmigen Wuchs in starken Gegensatz zu der niedrigen Kraut- und Strauchvegetation, die dort vorherrscht. Sie wachsen oft gesellig, Gruppen oder kleine Haine bildend. Vorzugsweise zwischen 3500 und 3800 m leben jene baumförmigen *Buddleien*, die in Peru den Vulgärnamen kisuar tragen (*B. incana, B. globosa* u. a.). Ihre Blätter sind lang, schmal, derb und graugrün gefärbt. Bei 3700—4000 m zeigen sich hie und da knorrige Bäumchen mit kleineren, sehr derben Blättern, wie der »Culli« des Titicaca-Hochlandes (*B. coriacea*) und der »Ususch« der Cordillera blanca (*B. Ususch*).

Desfontainea: Mesotherm-ostandine Sträucher mit dornig gezähnten Blättern.

Gentianaceae.

Gentiana hat sich auf den Anden Südamerikas überaus formenreich gegliedert. Ich sammelte bei meinen Reisen durch Peru 36 teils neue teils schon bekannte Arten und beobachtete die Gattung nur zwischen 2800 und 4700 m. Einige Spezies scheinen sich auf eng begrenzte Lokalitäten zu beschränken. Fast alle *Gentianen* Perus sind Kräuter; ihre oft ansehnlichen

Blüten verhalten sich in der Farbe sehr verschieden. Überall in der hochandinen Region und stellenweise auch unterhalb derselben bis gegen 3200 m entfaltet die polymorphe *Gentiana prostrata* (inkl. *G. sedifolia*) auf kleinen zarten Stengeln himmelblaue Blümchen mit gelbem Mittelfleck. Über hochgelegene Steppen und Moore der Ostanden zerstreuen sich kleine halbstrauchige und strauchige Formen, z. B. die erikoide *G. pseudolycopodium*. Annähernd dieselbe Verbreitung wie *Gentiana* zeigt *Halenia*, eine Gattung, die zwergige Kräuter mit grünen, gespornten Blüten umfaßt. *Erythraea* und *Microcala* vertreten als annuelle Gewächse die Familie auf den Lomas. *Macrocarpaea*, *Chelonanthus* und *Symbolanthus* sind ostandine Geschlechter; grünblütige *Chelonanthus*-Kräuter (*Ch. acutangulus*, *Ch. camporum*) sprießen als eingestreute Formationsglieder auf den Grassteppen der Montaña, und große, tief rosafarbene Glocken strauchiger *Symbolanthus* (*S. calygonus*, *S. microphyllus*) prangen zwischen dem Hartlaubgestrüch der Ceja.

Convolvulaceae.

Wer die anmutigen Flußuferlandschaften des tropischen Ostens pflanzengeographisch schildern will, darf die windenden *Ipomoeen* nicht unerwähnt lassen, die dort überaus üppig gedeihen und mit ihren dichten Laubmassen Baumstämme und niedriges Gestrüpp verhüllen. — Nahe der Regengrenze der Westanden (z. B. über Lima bei 1600—2000 m) erscheinen im März und April Scharen weißer, roter und blauer Convolvulaceen-Blüten.

Polemoniaceae.

Die annuelle *Gilia tricolor* reicht durch das gesamte Lomagebiet.

Ein echt andines Florenelement repräsentieren die Sträucher der Gattung *Cantua*. Um 3000 m steht *C. buxifolia*, die kleine, lederartige Blätter und dunkelpurpurne, röhrenförmige Kronen trägt, oft bei den Dorfhütten. Die Eingeborenen nennen diese hervorragend schöne Pflanze Cantu und verehren sie seit alter Zeit. Ich habe sie niemals wildwachsend angetroffen. Vielleicht ist sie aber doch in Peru einheimisch und eine künstlich verbreitete Seltenheit der ursprünglichen Flora. Nur in wildem Zustand beobachtete ich *C. candelilla* (Südwesten, über Arequipa, bei 3300 m) und *C. quercifolia* (Norden, um 2000 m).

Hydrophyllaceae.

Phacelia (z. B. *Ph. pinnatifida*, *Ph. peruviana*): Kräuter; Westen und interandines Gebiet (3000—4000 m). — *Nama dichotomum*: Zarte Annuelle; Lomas.

Borraginaceae.

An der Küste und im trockensten Teile des Marañontales begleitet der gelbblühende Strauch *Cordia rotundifolia* die Flußufergebüsche. Der tropische Regenwald enthält neben strauchigen *Cordien*, wie die von Ameisen bewohnte *C. hispidissima* auch baumförmige (*C. alliodora*, *C. excelsa*). *Heliotropium* entwickelte sich hauptsächlich im Westen, wo auch der bekannte Zierstrauch *H. peruvianum* (200 bis gegen 3000 m) seine Heimat hat.

Verbenaceae.

Verbena besiedelt namentlich den Westen, von der Meeresküste bis gegen 4000 m. *Lantana* zerstreut sich über die wärmeren Teile Perus. Manche *Verbenen* und *Lantanen* werden leicht zu Ruderalpflanzen. *Duranta* scheint gemäßigte Regionen des Ostens und interandine Bachschluchten zu bevorzugen.

Labiatae.

Die hochandine Region und die Ostseite des Gebirges sind arm an Labiaten. Außerhalb dieser Gebiete zeigt *Salvia* den größten Formenreichtum; zwischen 200 und 3800 m begegnet man überaus häufig krautigen und halbstrauchigen *Salvien*, die durch feuerrote Blüten auffallen (*S. tubiflora* und ähnliche). An halbxerophilen Formationen mittlerer Lagen beteiligen sich die Labiaten überdies mit Kräutern, Halbsträuchern und Sträuchern der Gattungen *Perilomia*, *Sphacele*, *Satureja*, *Bystropogon*.

Nolanaceae.

Als Charaktergewächse der Lomas spielen die Nolanaceen, Kräuter oder kleine Sträucher mit trichterförmigen, blauen bis violetten Blüten und fleischigen Blättern, eine wichtige Rolle in der pflanzengeographischen Gliederung Perus. Gleich den früher behandelten Geschlechtern Tetragonia und Palaua scheinen sie in geringer Entfernung von der Meeresküste zu verschwinden.

Solanaceae.

Diese Familie verteilt sich mit ungefähr 25, z. T. auf Südamerika beschränkten Gattungen über ganz Peru und erscheint am schwächsten in der hochandinen Region. Das vielgestaltige Geschlecht *Solanum* hat die weiteste Ausdehnung, dann dürften die *Cestrum*-Sträucher folgen. Als auffällige Typen seien ferner genannt: *Nicandra physaloides*; blau blühende Annuelle des wärmeren Westens. *Grabowskia boerhaviifolia*; ebendort heimischer Wüstenstrauch mit grau bereiften Blättern und weißen Blüten. *Dunalia lycioides*; Dornstrauch mittlerer trockener Lagen mit röhrenförmigen, dunkelvioletten Kronen. Der vorigen ähnliche *Lycium*-Arten. *Acnistus arborescens* (vulg. »quiebraolla«); grünlich blühender, für die Flußufergebüsche der Küste charakteristischer Strauch. *Poecilochroma*-Arten; mesotherme Sträucher des Ostens und interandiner Bachschluchten; Blüten groß, glockenförmig, auf blaß gelblichem Grunde trüb violett geadert; *Salpichroa*: kleine, kriechende oder kletternde Halbsträucher und Sträucher; Blüten grünlich oder blaß gelblich; von den Lomas der Küste bis 4500 m. Hohe *Datura*-Sträucher, ausgezeichnet durch sehr große, weiße (*D. arborea*) oder blutrote (*D. sanguinea*) Blütentrichter, beide Begleiter menschlicher Siedlungen.

Nicandra physaloides, sowie manche *Physalis*-, *Saracha*-, *Solanum*-, *Datura*- und *Nicotiana*-Arten gehen auf Ruderalplätze über und lassen die ursprüngliche Heimat nicht mehr genau erkennen.

Scrophulariaceae.

Der weitaus größte Teil der peruanischen Scrophulariaceen gehört den gemäßigten und kalten Regionen an. Aber nicht nur dort, sondern auch in warmen Gebieten treten pflanzengeographisch wichtige Typen auf. Zu den umfangreichsten Gattungen dieser Familie und der peruanischen Flora zählt *Calceolaria*. Eine neuere Monographie[1] enthält unter 192 bekannten Arten 77 in Peru vorkommende und z. T. dort endemische (nach Ausschluß von einigen irrtümlich als peruanisch bezeichneten). Die große Mehrzahl vereinigt sich innerhalb eines zwischen 2500 und 3800 m befindlichen und beide Gebirgsflanken umfassenden Gebietes. Außerhalb desselben bewohnt *Calceolaria* mit einigen Arten die Lomas und die hochandine Region. An der Ostseite scheint die untere Grenze um 2000 m zu verlaufen. Die *Calceolarien* Perus sind aufrechte, niederliegende und kletternde Kräuter, Halbsträucher und Sträucher mit mannigfach gestalteten Blättern und allermeist gelben Blüten. Das gleichfalls artenreiche Geschlecht *Bartsia*, vorwiegend durch kleine Halbsträucher vertreten, zeigt seine intensivste Entwicklung zwischen 3000 und 4500 m und scheint unter 2000 m zu fehlen. Die Höhenstufe von 3000 bis 4500 m besiedeln auch, und zwar als überaus häufiges, nach Westen hin sich verdichtendes Florenelement, jene Kräuter, die man zu der polymorphen Spezies *Castilleja fissifolia* vereinigt. Im Gegensatz zu den unscheinbaren, grünlichen oder rötlichen Kronen sind die Hochblätter und mitunter auch die Kelche lebhafter gefärbt, rosa, purpurn oder scharlachrot. Wie diese Farben, so variieren auch die Größe und Verzweigung der Stengel, sowie die Blattgestalt. Der Polymorphismus der *Castilleja fissifolia* erinnert lebhaft an manche europäischen Rhinantheen. Eine andere *Castilleja* (*C. communis*) wächst zerstreut auf den Lomas und ferner in mittleren und tieferen Lagen des Ostens. Die durch brennend rote Blüten auffallenden Kräuter und Sträucher der Gattung *Alonsoa* haben zwischen 2000 und 3800 m eine weite Verbreitung gefunden, scheinen sich aber an der Ostseite auf die trockneren Täler zu beschränken. Mit rosa- oder purpurfarbenen Glocken schmücken sich die mesotherm-ostandinen *Gerardia*-Sträucher. Endlich bleiben noch zu erwähnen die Vertreter zweier kleinen makrothermen Gattungen: *Galvesia limensis*, ein rotblühender, mit etwas fleischigen, bereiften Blättern versehener Wüstenstrauch der Westhänge, welcher wohl nirgends über 1800 m steigt und in Südperu

---

[1] Fr. Kränzlin: Scrophulariaceae — Antirrhinoideae — Calceolarieae. — A. Engler, Das Pflanzenreich, Heft 28 IV, 257C). Leipzig 1907.

zu fehlen scheint, und *Escobedia scabrifolia*, eine krautige oder halbstrauchige, durch große weiße Blüten ausgezeichnete Grassteppenpflanze der Montaña.

Bignoniaceae.

Das wichtige Genus *Stenolobium* läßt sich bezüglich seiner pflanzengeographischen Bedeutung mit Schinus Molle und Caesalpinia tinctoria vergleichen: es hat eine ähnliche Verbreitung und wird durch häufige, ansehnliche und leicht erkennbare Holzgewächse vertreten. Die *Stenolobien* Perus sind aufrechte, mittelhohe, fiederblättrige Sträucher, charakteristisch für die trockneren Regionen des interandinen Gebietes und der Westhänge. Durch den größten Teil des Gattungsareales reicht das gelbblühende *Stenolobium sambucifolium*, das ich südwärts bis Cuzco, wo es den Volksnamen huaranhuai erhalten hat, nordwärts bis Cajamarca verfolgen konnte. Seine obere Grenze schwankt um die Höhenlinie von 3000 m, die untere liegt an den Westhängen etwa bei 1600 m. An seine Stelle treten im Süden (Westhänge) *Stenolobium arequipense* (bei Arequipa um 2300 m, wahrscheinlich auch bei Ica) und *Stenolobium fulvum*, im Norden (westliche und interandine Täler von 1400—2200 m) *Stenolobium rosaefolium*; bei diesen drei Arten zeigen die Blüten ein veränderliches und schwer zu beschreibendes, gelbliches bis bräunliches Rot.

Minder häufige Bignoniaceen sind: Rankende, dem tropischen Regenwalde eigentümliche Holzlianen der Gattungen *Lundia*, *Tynnanthus*, *Arrabidaea*, *Paragonia*. *Jacaranda*-Bäume, weithin sichtbar zu der Zeit, wo die herrlichen, lilafarbenen Blütenrispen sich entfalten; *J. acutifolia*, deren winzige Blattfiedern während der Blüteperiode abfallen, ziert die Steppengehölze am Marañon um 2000 m, *J. Copaia* den tropischen Regenwald. Das strauchige *Delostoma dentatum* (Westhänge Zentralperus, 2200—2700 m), das große rosenrote Glocken aus lichtgrünem Blattwerk herausschauen läßt. Grünblühende, fingerblättrige *Cybistax*-Bäumchen, zerstreut durch die Savannen und halbxerophilen Gehölze der östlichen Tropenregion. *Eccremocarpus longiflorus*, ein graziöser hoher Halbstrauch, der bei 3000—3700 m in Gehölzen ostandinen Charakters rankt; das Laub ist feingefiedert; die Blüten hängen vereinzelt an langen dünnen Stielen herab, und aus dem blasenförmigen, rosa gefärbten Kelche ragt der blaugrüne Kronensaum.

Gesneraceae.

Als Formationsglieder spielen die Gesneraceen eine untergeordnete Rolle. Sie bewohnen mittlere und tiefere Lagen der Ostseite und zwar als Kräuter und kleine Sträucher. Die meisten bevorzugen schattige Standorte. Einige wenige wachsen epiphytisch.

Columelliaceae.

Columellia: Bäume und Sträucher; ostandine und interandine Mesothermen, zerstreut.

Acanthaceae.

Auch diese Familie tritt nur wenig hervor. Es mag genügen, auf die spärlich verzweigten Halbsträucher und Sträucher der Gattungen *Jacobinia*, *Ruellia*, *Aphelandra*, *Beloperone* zu verweisen, die, auf dem schattigen Boden des tropischen Regenwaldes zerstreut, durch lebhafte Blütenfarben auffallen.

Plantaginaceae.

Das Genus *Plantago* zeigt sich hauptsächlich zwischen 3800 und 4500 m. Einen nie fehlenden Bestandteil hochandiner Matten bilden *Plantago lamprophylla* und Verwandte, grauhaarige, winzige Kräuter. Ebendort breitet an vielen Stellen *Plantago rigida* ihre flachen, saftig grünen Polster aus, die ¹/₂ m horizontalen Durchmesser erreichend und aus zierlichen, sternförmigen Rosetten zusammengesetzt, an Azorella erinnern. Weit entfernt vom Hauptareal der Gattung sprießt die kleine, einjährige *Plantago limensis* auf sandigem Boden der Lomas. Die monotypische, zerstreute *Bougueria nubigena* ist ein unscheinbares Kraut der Puna.

Rubiaceae.

Cinchonoideae.

Die bekannte, von Bäumen und Sträuchern gebildete Gattung *Cinchona*, deren Verbreitung verschiedene Forscher, namentlich WEDDELL, an Ort und Stelle studiert haben, bewohnt die Osthänge und zwar hauptsächlich den unteren Teil der Ceja de la Montaña oder gemäßigten und den oberen Teil der Montaña oder warmen Region; wie so viele ostandine Formenkreise dehnt *Cinchona* in Nordperu ihr Areal durch mittlere Lagen bis zu den Westhängen aus. Auch die meisten andern Gattungen der Cinchonoideae gehören der ostandinen Flora an. *Cosmibuena obtusifolia* mischt sich als häufiges Holzgewächs in die halbxerophilen Gehölze der Montaña, und an der Grenze zwischen dieser und der Ceja-Region trifft man oft den hochwüchsigen hartblättrigen Strauch *Condaminea corymbosa*. Sowohl sehr trockene als auch sehr feuchte Gegenden fallen in das beide Gebirgsflanken umfassende Wohngebiet (2000—4200 m) von *Arcythophyllum*, klein- und meist schmalblättrigen Kräutern und Sträuchern mit weißen Blüten.

Coffeoideae.

Unter den kleinen und mittelgroßen Holzgewächsen des Tropenwaldes bemerkt man viele Arten der umfangreichen Gattungen *Psychotria*, *Palicourea* und *Uragoga*. Zahlreiche *Palicoureen* zeichnen sich aus durch lebhaft (violett, purpurn, scharlachrot) und dabei anders als die Blüten gefärbte Infloreszenzachsen. Die weit verbreitete *Uragoga tomentosa* hat große, blutrote Involucralblätter.

Unscheinbare *Galium*- und *Relbunium*-Kräuter wachsen von 2000—4500 m; ferner lebt *Relbunium nitidum* auf den Lomas.

Caprifoliaceae.

Viburnum, strauchig, seltener baumartig ausgebildet, ist ein Glied der ostandinen Mesothermenflora im weitesten Sinne. Ich verfolgte *Viburnum* durch die Höhenstufe von 1600—3200 m.

Valerianaceae.

GRAEBNER[1] vertritt die Ansicht, daß diese Familie in den südamerikanischen Anden ihr Entwicklungszentrum hat. Während meiner peruanischen Reise sammelte ich einige 40 *Valeriana*-Arten, unter denen 22 bis dahin noch nicht beschrieben waren. Von einer erschöpfenden Kenntnis der *Valerianen* Perus sind wir aber noch weit entfernt. Sicher reiht sich die Gattung unter die umfangreichsten des Landes. Sie erweist sich dort als mikrothermes und mesothermes Florenelement, das von 5000 m bis 2000 m nach Osten und bis 2800 m nach Westen hin häufig ist und mit vereinzelten Typen sich noch weiter fortsetzt, indem es einerseits im tropischen Waldgebiete, andrerseits zusammen mit extremen Xerophyten der Westhänge (über Lima noch bei 1800 m!) sowie unter der Loma-Vegetation der Küste auftritt. Dabei herrscht eine erstaunliche, selbst von *Calceolaria* nicht erreichte Mannigfaltigkeit der Tracht. Einjährig und ausdauernd krautige Formen wechseln mit strauchigen, aufrechte mit kletternden, und in weitem Rahmen äußert sich die Gestaltungskraft dieser Sippe bei den Blättern. Pflanzen der verschiedensten Familien werden von *Valeriana* habituell nachgeahmt[2]. — Die hochandine Region beherbergt neben *Valeriana* die kleinen Gattungen *Stangea*, *Aretiastrum*, *Phyllactis* und *Belonanthus*. Bei *Aretiastrum Aschersonianum* vereinen sich die von winzigen Schuppenblättern verhüllten Triebe zu festen, hochgewölbten Polstern, die gewissen Azorellen des Südens täuschend ähnlich sehen. Eine sechste Gattung, *Astrephia*, erstreckt sich mit der annuellen *A. chaerophylloides* durch das gesamte Loma-Gebiet, und dieselbe Pflanze wächst um 2300 m an der pazifischen Abdachung des Nordens.

Campanulaceae.

Augenfällige Formationsglieder stellt diese Familie hauptsächlich durch die strauchigen bis halbstrauchigen, z. T. kletternden *Centropogon-* (einschl. *Burmeistera*) und *Siphocampylus*-Arten der temperierten Ostandenflora (sens. ampl.). Mehr vereinzelt gelangen diese Pflanzen nach der östlichen Tropenregion, und *Siphocampylus* bewohnt überdies mit einigen krautigen Typen mittlere Lagen der Westhänge. Das hochandine Gebiet besitzt einige winzige *Wahlenbergia-*, *Hypsela-* und *Lysipomia*-Kräuter. Auf ostandinen Mooren beobachtete ich bei 3000—3200 m wiederholt das kleine, rasenbildende *Rhizocephalum brachysiphonium*.

---

[1] Die Gattungen der natürlichen Familie der Valerianaceen. — ENGLERS Botanische Jahrbücher, Bd. 37, p. 464—480. Leipzig 1906.

[2] Vgl. hierüber GRAEBNER, l. c.

Compositae.

Keinem Gebiete der peruanischen Flora fehlt diese große Familie vollständig. Aber ihre Verteilung ist eine recht ungleichmäßige. Hohe Wärme, anhaltende Feuchtigkeit und tiefer Schatten wirken als hemmende Faktoren auf die Ausbreitung der allermeisten Compositen. Daher werden die untersten Gebirgsregionen von den mittleren und obersten, und andrerseits die Osthänge vom interandinen Gebiet und den Westhängen an Formenreichtum übertroffen. Ferner sieht man in Gegenden, wo hohe und dichte Wälder oder Buschwälder mit niedrigeren, stärker durchleuchteten Formationen (Gesträuchen, halbxerophilen Gebüschen, Savannen, Grassteppen usw.) wechseln, die letzteren bevorzugt. Hohe Bäume habe ich unter den Compositen Perus nirgends angetroffen. Im echten Tropenwald scheint diese Familie fast nur durch dünnstämmige Lianen vertreten zu sein.

Hinsichtlich der Artenziffer dürften auf peruanischem Boden *Senecio*, *Baccharis* und *Eupatorium* allen andern Gattungen voranstehen.

Vernonieae.

Vernonia: Holzgewächse, hauptsächlich ostandin und dort teils makrotherm, teils mesotherm.

Eupatorieae.

Eupatorium: Sträucher, seltener Kräuter; sehr weit verbreitet, der hochandinen Region vielleicht fehlend. — *Mikania*: Meist windende Holzgewächse, überwiegend ostandin, teils makrotherm, teils mesotherm.

Astereae.

Diplostephium: Schmalblättrige Sträucher; mehrere Arten an den Osthängen charakteristisch für die Höhenlage von 3000—3500 m; *Diplostephium tacorense* im Gegensatz zu jenen Bewohnern nebelreicher Höhen ein Wüstenstrauch des Südwestens, häufig über Arequipa zwischen 2300 und 3700 m. — In derselben Gegend, aber weiter oben, von 3700—4300 m, sind die immergrünen *Lepidophyllum*-Sträucher, die durch ihre dichtgestellten Schuppenblättchen und ihren Harzduft an Coniferen erinnern, Charakterpflanzen ersten Ranges. — *Baccharis*: Sträucher, durch ganz Peru verbreitet; in den unteren Regionen hauptsächlich an Flüssen, auf Sand und Geröll (z. B. *B. lanceolata* an der Küste, *B. salicifolia* in der Montaña); viele Arten mittleren Lagen angehörend, teils den Steppen des Westens, teils den Hartlaubgesträuchen der Ostseite; darunter *B. Incarum*, am häufigsten an den Westhängen Südperus und *B. genistelloides*, eine verbreitete Steppenpflanze, die sich durch blattlose, bandartig verflachte Stengel auszeichnet; in höheren Regionen kriechende, kleinblättrige Zwergsträucher, z. B. die für hochandine Matten bezeichnende *B. alpina* var. *serpyllifolia*. — *Erigeron*: Kräuter, selten Halbsträucher mittlerer und höherer Regionen (aufwärts bis gegen 4700 m), überdies auf den Lomas; *E. crocifolium* nebst Verwandten ostandinen Grassteppen und Mooren eigentümlich.

Inuleae.

Guaphalium: Stark behaarte, unscheinbar blühende Kräuter, seltener Halbsträucher und Sträucher; bei 2400—4500 m, außerdem auf den Lomas. — *Chevreulia*: Charakteristisch für hochandine Moore ist eine noch ungenügend bekannte Art mit fadendünnen, kriechenden Stengeln und spinnewebhaarigen Blattknospen. — *Loricaria*: Sträucher, deren Zweige durch zweizeilige, dachig gedrängte Schuppenblätter an Cupressineen erinnern; hochandine Region und im Osten und Norden bis gegen 3000 m hinabreichend. — *Lucilia*: Hochandine Kräuter; bei *L. tunariensis* und Verwandten vereinen sich die sternförmigen Blattrosetten zu flachen Polstern, und sind die Blätter schmal, fast nadelförmig und schwach behaart oder kahl; zu dieser Gattung rechnen manche auch die *Merope arctioides* Wedd.; diese bildet ebenso wie einige ihr sehr nahestehende Arten filzige, hochgewölbte Polster, denen man in der Nähe der Vegetationsgrenze, bei 4500—4800 m häufig begegnet. — *Achyrocline*: Haarige Halbsträucher, auf makrothermen Grassteppen des Ostens. — *Tessaria*: Graublättrige, ziemlich hohe Sträucher, die tieferen Regionen beider Gebirgsseiten angehören; wichtige Begleitpflanzen der Flußufer, kleine Bestände auf Geröll oder Sand bildend (z. B. *T. integrifolia*).

Heliantheae.

Polymnia: Großblättrige, hohe (bis 5 m) Sträucher, namentlich an Bachufern mittlerer Lagen augenfällig hervortretend (z. B. *P. fruticosa*). — *Ambrosia peruviana* (vulgo: »altamisa«), ein in trockenen Gegenden vom Meeresspiegel bis gegen 3800 m und zwar meist als Ruderalpflanze verbreiteter dicht behaarter Strauch. — Die ebenfalls strauchige *Franseria fruticosa* ist an den pazifischen Hängen Südperus zwischen 2300 und 3700 m überaus häufig. — *Helianthus*: Meist Halbsträucher; mittlere Lagen des interandinen Gebiets und des Westens, ferner auf den Lomas. — *Encelia canescens*: Grauhaariger Wüstenstrauch, längs der ganzen peruanischen Küste gewöhnlich. — *Bidens*: Hauptsächlich durch gelbblühende Kräuter und Sträucher mittlerer Regionen vertreten.

Helenieae.

Tagetes: Aromatische Kräuter und Sträucher mit fiederförmig geteilten Blättern; mittlere Höhenlagen. — *Schkuhria*: Einjährige Kräuter; mittlere Lagen des interandinen Gebiets und der Westseite, ferner massenhaft auf den Lomas.

Anthemideae.

Cotula pygmaea, ein kleines, kriechendes Kraut mit fiederspaltigen Blättern, zwischen 3000 und 4000 m über das ganze Gebirge hinweg eine Charakterpflanze der Wiesenmoore. — Von ähnlicher Tracht und Verbreitung *Plagiocheilus frigidus*.

Senecioneae.

Liabum: Kräuter, Halbsträucher und Sträucher; Blätter oft pfeil- oder rautenförmig und unterseits filzig: größtenteils mittleren und höheren Lagen angehörend, außerdem aber die östliche Tropenregion einerseits (z. B. das 2 m hohe, halbstrauchige *L. hastifolium*) und die Lomas andrerseits erreichend; *L. ovatum* und Verwandte sind stengellose hochandine Kräuter mit großen gelben Blütenköpfen. — *Culcitium:* Kräuter bis auf wenige strauchige Typen; überwiegend hochandin: häufige Arten der Hochanden: *C. rufescens* (»huirahuira« und *C. canescens*, beide dicht wollig, *C. longifolium*, Felsenpflanze mit langen, bandförmigen, unterseits weißfilzigen Blättern, *C. serratifolium*; diese vier Spezies werden durch ihre verhältnismäßig hohen Stengel zu auffälligen Erscheinungen unter den hochandinen Kräutern. — *Gynoxys:* Ansehnliche, mitunter windende Sträucher, seltener Krüppelbäumchen; Blätter meist derb und unterseits filzig; gemäßigte Lagen der Osthänge und der feuchteren interandinen Täler; hier als Begleitpflanzen der Polylepis-Haine bis gegen 4200 m steigend. — *Senecio:* Tracht außerordentlich mannigfaltig; über ganz Peru zerstreut, aber die Mehrzahl der Arten zwischen 3000 und 4800 m; *S. Jussieui*, ein windender Halbstrauch in den Flußufergebüschen der Küste: *S. graveolens* und *S. adenophyllus*, beide reich an ätherischem Öl, und der filzig bekleidete *S. iodopappus* sind charakteristische Sträucher der Tolaformation über Arequipa (3700—4200 m); der drüsenhaarige *S. adenophylloides* und der weißfilzige *S. Hohenackeri* verdienen Erwähnung als Sträucher, die noch in der bedeutenden Meereshöhe von 4700—4900 m gedeihen; *S. hyoscridifolius* (»condorripa«) ist ein hochwüchsiges Felsenkraut der hochandinen Region; bei anderen Arten der letzteren wird die Stengelbildung völlig oder nahezu unterdrückt, z. B. bei *S. repens* (kahl oder zerstreuthaarig) und *S. Antennaria* (wollig). — *Werneria:* Fast alle *Wernerien* Perus gehören der hochandinen Region an: ich sammelte 17 bekannte und außerdem mehrere neue Arten; nur drei wurden unter 4000 m und keine unter 3300 m beobachtet; diejenigen, welche erheblich unter 4000 m auftreten, beschränken sich auf sumpfigen oder doch feuchten Boden; die von mir gesammelten Arten sind größtenteils stengellos; so verhält sich z. B. *W. nubigena*, die schmal-lineale Blätter, weiße Strahlenblüten und gelbe Scheibenblüten besitzt und trockene Matten bewohnt; dieselben Blütenfarben zeigt die weit größere *W. disticha*, die sich durch riemenförmige, grau bereifte, zweizeilig gestellte Blätter auszeichnet und gewöhnlich sitzende, nur in tieferen Lagen auf kurzen Schäften stehende Blütenköpfe hervorbringt: sie liebt feuchten Boden und findet sich auch unter 4000 m: die sehr nahe verwandte *W. Stuebelii* bildet deutliche einköpfige Schäfte und wächst auf Sümpfen Nordperus noch bei 3300 m. *W. pygmaea* gehört zu den Charakterpflanzen hochandiner Moore und zwängt ihre verzweigten Rhizome zwischen das dichte Geflecht der Distichia-Polster; an kurzen niederliegenden Laubsprossen entspringen sitzende oder undeutlich gestielte Blütenköpfe; *W. dactylophylla* scheint an sehr hochgelegene, dürftig bewachsene

Standorte gebunden 4600—4800 m : sie hat einen aufrechten, verzweigten, dicht beblätterten Stengel, der verhältnismäßig dick wird und mitunter ein wenig verholzt, tief geteilte Blätter mit fleischigen, stielrunden Abschnitten und sitzende Blütenköpfe.

Mutisieae.

Chuquiragua: Am wichtigsten eine Reihe hochandiner, strauchiger Arten, die der *Ch. rotundifolia* nahestehen und sich durch kleine, derbe, stachelspitzige Blätter, sowie durch feuerrote Blütenköpfe auszeichnen. — *Onoseris:* Kräuter, seltener Sträucher, z. T. mit ansehnlichen, schöngefärbten Köpfen (Strahlenblüten violett, purpurn, rosa, feuerrot oder orange, Scheibenblüten von gleicher Farbe oder gelb); mittelfeuchte und trockene Regionen, hauptsächlich im interandinen Gebiet und an den Westhängen, vereinzelt auf den Lomas und im temperierten Osten. — *Barnadesia Dombeyana* und Verwandte, im Süden llaulli genannt, stattliche Dornsträucher mit rosafarbenen bis purpurnen Köpfen, durch mittlere Lagen sehr verbreitet. — *Mutisia:* Sträucher, meist mit gefiederten Blättern, deren Spindel in eine Ranke ausläuft, und großen Köpfen; *M. viciaefolia*, bald orangefarbene, bald scharlachrote Blüten tragend, sehr häufig im Westen und interandinen Gebiete und daselbst der Höhenstufe von 2400—3600 m eigentümlich; mehrere hochkletternde, scharlachrot blühende Arten der temperiert-ostandinen Gehölze. — *Perezia:* Kräuter, hauptsächlich hochandin, vereinzelt bis 3700 m abwärts; die mit beblätterten Stengeln versehene *P. multiflora* von 3700—4500 m, mitunter als Ruderalgewächs; *P. coerulescens*, stengellose, für hochandine Matten charakteristische Rosettenpflanze; Blütenfarbe wechselnd (purpurn, violett, lila, braun, schmutzig blaßgelb). — *Trixis cacalioides* und Verwandte: gelbblühende Wüstensträucher, oft mit klebrigen Blättern; tiefere Regionen (unter 2600 m) des Westens und des interandinen Gebietes. — *Jungia: J. spectabilis* vulgo »Caramati«); aufrechter Strauch mit rundlichen gelappten Blättern und gelben Blüten; west- und interandines Zentralperu; untere Grenze etwa bei 2200 m verlaufend, obere um 3000 m schwankend; leicht kenntliche Pflanze, wichtig für die Unterscheidung der Vegetationsregionen; andere *Jungia*-Arten als Klettersträucher, besonders an Bächen mittlerer Regionen.

Cichorieae.

Hypochoeris: hauptsächlich durch hochandine, stengellose Rosettenkräuter vertreten (z. B. *H. stenocephala, H. sonchoides, H. Meyeniana*), die letztere auch unter der hochandinen Region, bis gegen 3600 m abwärts, beobachtet. — *Hieracium:* Über mittlere Regionen (ca. 2000—3800 m) zerstreute, vorwiegend an Felsen wachsende Kräuter.

2. Abschnitt.

1. Kapitel.

Grundzüge der Vegetationsgliederung[1]. Regionen.

Auf einem Tiefland tropischer Breite ruhend und in Schneeregionen gipfelnd bieten die peruanischen Anden ein überaus wechselvolles Bild vertikaler Vegetationsgliederung. Während hierbei Wärme- und Feuchtigkeitsverhältnisse gemeinsam wirken — und zwar die letzteren im Westen deutlicher als im Osten — ist der für die horizontale Gliederung ausschlaggebende Faktor fast allein die Feuchtigkeit. Denn auf der Regenverteilung beruht der große Gegensatz zwischen westandiner (einschließlich interandiner) und ostandiner Vegetation: dort bestimmen Wüsten, Halbwüsten und Grassteppen, hier Gehölze den Landschaftscharakter.

A. Die Küste und die westlichen Abhänge der Anden.

a) Die Küste.

Bei Besprechung der klimatischen Verhältnisse wurde die Lomavegetation erwähnt, welche nördlich vom 8. Breitengrade fehlt und hauptsächlich vom 10. südwärts auftritt.

Wir unterscheiden demnach einen nördlichen und einen südlichen Küstenabschnitt und nehmen als Grenze den 8. Breitengrad an.

Der südliche Küstenabschnitt.

Die Lomavegetation erscheint um die Mitte oder gegen Ende des Winters auf den Hügeln und angrenzenden Strichen der Ebene und verschwindet in den ersten Sommermonaten, sobald die Küstennebel anfangen sich zu zerstreuen. In der Hauptsache eine locker gefügte Kräuterformation, enthält die Loma viele einjährige Pflanzen, eine Anzahl von Zwiebel- und Knollengewächsen und auffällig wenige Gräser. Während der trockenen Jahreszeit bietet der größte Teil des Landes das Bild einer vegetationslosen Wüste; die Flußufer zwar werden von ansehnlichem immergrünen Pflanzenwuchs bekleidet, bald von Fruchtgärten und andern Kulturbeständen, bald von natürlichem Gebüsch, das sich aus Bäumen (z. B. *Salix Humboldtiana*, *Inga Feuillei*, *Acacia macracantha*), Sträuchern, dünnstämmigen Kletterpflanzen und hochwüchsigen Rohrgräsern zusammensetzt; außerhalb dieser Oasen aber sieht man von pflanzlichem Leben nicht mehr als hin und wieder Bestände von

---

[1] Teilweise Wiedergabe meines Aufsatzes: Grundzüge von Klima und Pflanzenverteilung in den peruanischen Anden. — PETERMANN, Geogr. Mitteilungen 1906.

Salzpflanzen auf ebenen Stellen in der Nähe des Meeres, Scharen unscheinbarer Flechten an steinigen Abhängen, graue, den Flugsand bindende Tillandsien, endlich eine artenarme Flora von Kräutern und Moosen, welche steile, nasse Strandfelsen bewohnt und auf die wenigen Stellen angewiesen ist, wo von oben her Süßwasser durch das Gestein sickert.

Der nördliche Küstenabschnitt.

Da Niederschläge nur mit jahrelangen Unterbrechungen fallen, tritt der Wüstencharakter vollkommener in Erscheinung als im Süden: Die Vegetation ist in der Hauptsache von Grundwasser abhängig. Entsprechend dem nordwärts zunehmenden Niederschlagsreichtum in den höheren Lagen der peruanischen Westanden werden aber die Küstenflüsse im allgemeinen mächtiger. Dieser Umstand fördert die Ausdehnung der Flußufer-Oasen; ihre Zusammensetzung ist eine ähnliche wie im Süden. Auch außerhalb der eigentlichen Oasen findet man mitunter Pflanzenbestände, weit entfernt von Wasserläufen, inmitten der Wüste; von irgend einer in der Erde verborgenen Wasserader nähren sich Gruppen kräftiger Sträucher, ja sogar Haine eines kleinen Baumes, der als »algarrobo« bekannten *Prosopis juliflora*. Zu den charakteristischen Holzgewächsen der nordperuanischen Wüste gehören neben dem Algarrobo besonders vier strauchige *Capparis*-Arten: *Capparis scabrida*, (»sapote«), *C. crotonoides* (»oberäl«), *C. avicenniifolia* (»bichayo«) und *C. mollis*. Der Algarrobo sowohl wie die genannten *Capparis*-Arten sind immergrün.

b) Die westlichen Abhänge der Anden.

Die tieferen Lagen beherrscht infolge der Regenlosigkeit eine pflanzenleere oder äußerst pflanzenarme Wüste, deren obere Grenze je weiter nach Süden desto höher liegt. Nur die Flußufer sind bewachsen; sie tragen ungefähr dieselbe Gebüschformation wie an der Küste.

Über diesem Wüstengürtel verschwindet nach oben hin allmählich der Gegensatz zwischen den Flußufern und deren Umgebung. Artenreichtum und Dichtigkeit der Vegetation steigern sich bis zu beträchtlichen Höhen, um dann wieder abzunehmen. Im übrigen zeigen sich Süd-, Zentral- und Nordperu recht verschieden.

Südperu.

Es lassen sich vier Regionen unterscheiden, von denen die unterste bis 2200 m, die zweite bis 3400 m, die dritte bis 4300 m hinaufreicht.

Bei 2200 m endet die echte Wüste.

In der zweiten Region werden die Flußufer, soweit sie in natürlichem Zustand verblieben sind, häufig von immergrünem Gebüsch bekleidet. Im übrigen ist die Vegetation sehr lückenhaft und charakterisiert durch Wüstensträucher, meist regengrün) und säulenförmige Kakteen (*Cereus*-Arten), während krautige Pflanzen, insbesondere Gräser, fehlen oder nur sehr spärlich vorkommen.

Die Physiognomie der dritten Region beherrschen, zu einem ziemlich lockeren Gemisch vereinigt, gesonderte Büschel ausdauernder Gräser, polsterförmige Opuntien und immergrüne, kleinblättrige Sträucher. Unter den letzteren fallen am meisten ins Auge die sog. »Tola«-Sträucher, Arten der Compositen-Gattung *Lepidophyllum*, welche ich nur in dieser Gegend, sonst nirgends in ganz Peru, antraf, und die sowohl durch ihre schuppen- oder nadelförmigen Blätter als auch durch den Duft ihres Harzes an Coniferen erinnern.

Zu oberst endlich liegt die hochandine, in Peru Puna genannte Region der Polstergewächse und Rosettenpflanzen, woselbst die Sträucher selten und fast ganz auf Felsen und Steinfelder beschränkt sind. Dicht bewachsene Moore, zerstückelte Teppiche niedriger Kräuter (trockene Matten), steppenähnliche Formationen, in denen sich kräftige Gräser büschelweise über kleinere Kräuter erheben, bunt zusammengesetzte Scharen von Felsbewohnern — das sind Züge, welche das Antlitz der Puna kennzeichnen.

Zentralperu.

Auch hier treten vier Regionen in Erscheinung. Bei 1600—1800 m folgt auf die Wüste die zweite Region, bei 2800 oder 3000 m beginnt die dritte, bei 4000 m die vierte Region.

Abgesehen von den Flußufergebüschen trägt in der zweiten Region der Boden einen lückenhaften Pflanzenwuchs und zwar hauptsächlich säulenförmige Kakteen (*Cereus*-Arten), stammbildende Bromeliaceen (*Puya*-Arten), Fourcroyen und regengrüne Wüstensträucher; Gräser sowie andere krautige Pflanzen sind in den tieferen Lagen ziemlich selten. Somit herrschen ähnliche Formationsverhältnisse wie in der zweiten Region Südperus; andererseits aber bestehen, wie sich später ergeben wird, erhebliche floristische Unterschiede. Nach oben hin nimmt die Zahl der Gräser und sonstigen Kräuter ein wenig zu, während die Häufigkeit der Säulen-Kakteen nachläßt. Nahe dem unteren Rande der Region verschwinden die tropischen Kulturpflanzen (zumeist um 2000 m) und die schirmförmigen *Acacia*-Bäumchen, welche die Flußufer bis zur Küste hinab begleiten (obere Grenze um 2100—2300 m). Bei 3000—3200 m endet die Maiskultur, zwischen 2800 und 3000 m die vertikale Verbreitung mehrerer Charakterpflanzen, wie *Schinus molle* (»molle«), *Carica candicans* (»mito«) und Gattung *Fourcroya*, von denen die beiden erstgenannten bis zur Küste hinabreichen.

Die dritte Region wird eingenommen von einer ziemlich dichten Grassteppe mit eingestreuten Sträuchern. Zu den Gräsern gesellt sich eine Menge anderer Kräuter. Wenngleich während der Trockenzeit ein großer Teil der Sträucher das Laub verliert und viele Kräuter verdorren, so machen sich doch die jahreszeitlichen Gegensätze am Pflanzenleben weit weniger bemerkbar als in der zweiten Region. In der Flora gewinnen Formenkreise gemäßigter Klimate, wie *Calceolaria*, *Berberis*, *Vicia*, *Lathyrus*, *Ribes*, *Thalictrum*, *Anemone* usw. eine hervorragende Stellung. Bei 4000 m, oft schon bei 3800 m, sieht man die letzten Kulturpflanzen: Kartoffel, Gerste, Oca (*Oxalis tuberosa*), Quinoa (*Chenopodium quinoa*).

Hier beginnt als vierte die hochandine Region oder Puna, ungefähr ebenso beschaffen wie in Südperu, aber etwas dichter bewachsen.

Nordperu.

Die Wüstenlandschaften der Küste setzen sich mit etwas abnehmender Dürftigkeit des Pflanzenwuchses in die unterste Region fort, die bei 1000 bis 1200 m Seehöhe ihren Abschluß findet. Bei 2200 bis 2500 m berühren sich die zweite und dritte, bei 3400—3600 m die dritte und vierte Region.

In der untersten Region gesellen sich zu den Wüstenpflanzen der Küste Kakteen (besonders *Cereus*-Arten) und die Rosetten der Bromeliacee *Deuterocohnia longipetala*.

Regengrüne gemischte Bestände, worin sich hauptsächlich Kräuter, Sträucher, Bromeliaceen und einige Sukkulenten vereinen, ferner regengrüne Grassteppen kennzeichnen die zweite Region. Dazu kommen immergrüne Flußufergebüsche und stellenweise kleine, ganz oder teilweise regengrüne Steppengehölze. Die Kakteen spielen eine ziemlich untergeordnete Rolle. Innerhalb der zweiten Region endet der Anbau tropischer Nutzpflanzen. Mit der tiefen Lage der Regengrenze und den reichlichen Niederschlägen hängt es zusammen, daß viele Pflanzen, welche trockenes Klima beanspruchen, weniger weit nach oben verbreitet sind wie in Zentralperu. *Schinus Molle* reicht höchstens bis 2300 m, *Carica candicans* höchstens bis 2600 m, die Gattung *Fourcroya* und die Säulen-Kakteen (*Cereus*) gelangen bis 2200 m. Alle diese Pflanzen bewohnen in Zentralperu noch Höhen von 3000 m.

Es folgt an dritter Stelle eine Region, durch deren Pflanzendecke Nordperu in scharfen Gegensatz zu Zentral- und Südperu tritt, eine Region immergrüner Gehölze. Diese Gehölze sind nicht etwa auf die Umgebung der Wasserläufe angewiesen, sondern von denselben unabhängig. Auf den Kämmen und Kuppen der Berge entwickeln sie sich als Gesträuche, in den Tälern als Buschwälder. Formationen gleicher Art charakterisieren, wie später gezeigt werden soll, eine gewisse Höhenregion am Ostabhang der Anden, die sog. Ceja de la Montaña. Diese Übereinstimmung gelangt zum Ausdruck in der allgemeinen Physiognomie, in den biologischen Eigentümlichkeiten (lederartiges Laub usw.) und in der Flora. Das Verbreitungsgebiet vieler Verwandtschaftskreise, die in Süd- und Zentralperu auf die Osthänge der Anden beschränkt bleiben, reicht hier auf die westliche Abdachung hinüber. Mit den Gehölzen wechseln Grassteppen von undeutlicher Periodizität und gelegentlich kleine Moore sowie die später zu beschreibenden Teppichwiesen. Das nebelreiche, auch im Winter feuchte Klima beeinträchtigt das Gedeihen mancher Kulturpflanzen, z. B. des Mais und der Kartoffel, und bewirkt, daß ihre oberen Grenzen tiefer liegen, als im zentralen und südlichen Peru.

Die vierte Region, von den Einwohnern jalca genannt und vielleicht den »paramos« von Ecuador und Colombia verwandt, ist mit Grassteppe bekleidet. Diese Grassteppe wird durchschnittlich 0,5 m hoch und hat keine ausgeprägte

Ruheperiode, wenn sie auch in der feuchteren Zeit intensiveres Leben zeigt als während der Wintermonate. Wie in der Puna, so sind auch hier die Sträucher mit nur geringer Artenzahl vertreten und fast ganz auf steinige oder felsige Standorte beschränkt; aber während dort diese Lokalisierung der Sträucher erst über 3800 oder gar 4000 m Seehöhe eintritt, beginnt sie in Nordperu schon um 3600 oder gar 3400 m. Der relativ geringen Höhe des nordperuanischen Anden-Abschnittes entspricht das Fehlen oder Zurücktreten jener die Puna auszeichnenden Vegetationstypen, der Polstergewächse und Rosettenpflanzen. Im Süden des Departamento de Piura, woselbst das Gebirge am niedrigsten ist, dürfte die Region der Jalca ausfallen.

B. Die östlichen Abhänge der Anden.

Weniger übersichtlich als an der Westabdachung gestaltet sich — beeinflußt durch die verwickelten orographischen und klimatischen Verhältnisse — die vertikale Abstufung des Pflanzenlebens im Osten. Zwischen 1200 und 1800 m scheiden sich die erste und zweite, bei 3600 bis 3800 m die zweite und dritte Region. Innerhalb der mittleren erkennt man zwei Stufen, die vielleicht als selbständige Regionen gelten dürfen und sich um 2800 m sondern.

Die unterste Region der östlichen Andenhänge bezeichnet der Peruaner als Montaña, ebenso die angrenzenden Ebenen der Hylaea, die aber auch, mit Rücksicht auf ihren schärfer ausgeprägten Tropencharakter, »Montaña real«, die eigentliche Montaña, heißen. Mit der Montaña endet die tropische Agrikultur. In recht verschiedenartigen Bildern tritt uns die natürliche Vegetation entgegen. Zwei Formationen sind floristisch und physiognomisch als Ausläufer der Hylaea zu betrachten: der tropische Regenwald und das Matorral. Während im tropischen Regenwald die Bäume so dicht stehen, daß ihre Kronen sich berühren und durchdringen, und auf dem stark beschatteten Boden die lückenhafte Vegetation von Kräutern, stammlosen Palmen und schmächtigen Holzgewächsen nicht ausreicht, um das Braun der abgefallenen Blätter zu verhüllen, sehen wir im Matorral aus einem niedrigen, undurchdringlichen Gewirr von aufrechten Sträuchern, verschiedenartigen Kletterpflanzen, von Rohrgräsern und großblättrigen Scitamineen vereinzelte Bäume sich erheben. Das Matorral wächst auf ebenem, sumpfigen Gelände an den Flußufern, der tropische Regenwald hingegen bewohnt trockneren Boden, vor allem geneigte Flächen. Offenbar vollzieht sich hier eine ähnliche Formationsgliederung wie in der brasilianischen Hylaea, wo das Überschwemmungsland der Ströme den »Igapó«-Wald trägt, während die »Terra firme« vom »Etés«-Walde eingenommen wird. Den tropischen Regenwald und das Matorral begleiten aber, ja verdrängen auf weite Strecken vollständig, xerophile oder halbxerophile Formationen, die in langer Reihe vom Nord- bis zum Südende Perus sich hinziehen: Grassteppen, die im Norden fast beständig grünen, im Süden während der Trockenzeit verdorren; lockere, immergrüne Gehölze, in denen hohe und schlanke Sträucher mit kleinen Bäumen wechseln, und mittlere Größe sowie derbe Konsistenz des Laubes tonangebende Merkmale darstellen, eine vor allem dem Norden eigentümliche Formation; endlich die auf Südperu beschränkten Savannen, Grassteppen mit eingestreuten Bäumen, von denen die meisten in der Trockenzeit das Laub abwerfen. Die südwärts sich steigernde Trockenheit gelangt demnach in der Vegetation deutlich zum Ausdruck. Die Xerophyten-Flora der Montaña zeigt keine näheren Verwandtschaftsbeziehungen zum westlichen Peru, wohl aber zu den trockenen Teilen Colombias, Venezuelas und Brasiliens.

Die zweite Region führt in Peru (wenigstens in manchen Gegenden) den Namen Ceja de la Montaña«. Fast das ganze Jahr hindurch lagern hier dichte Nebelmassen. Die Vegetationsdecke wird ganz überwiegend von immergrünem Gehölz gebildet. Auf den Kämmen und Kuppen der Berge ist das Gehölz arm an Bäumen, in der Hauptsache ein Gesträuch; in den Tälern jedoch, vor allem an den Wasserläufen, gesellen sich zu den Sträuchern zahlreiche Bäume, so daß die Formation des Buschwaldes zustande kommt; echter, straucharmer Wald findet sich nur an der unteren Grenze der Region. Die Äste der Ceja-Bäume und -Sträucher wachsen in knorrigen Windungen und drängen sich zu dichten Massen zusammen. Derbe, lederartige Blätter, von geringer bis mittlerer Größe, sind häufig. Zahlreiche Hymenophyllaceen und Baumfarne, eine Fülle epiphytischer Orchideen und Bromeliaceen, endlich das üppige Gewirr von Moosen und Flechten, welches in dicken Polstern die Stämme und Äste umhüllt, bringen die anhaltend hohe Luftfeuchtigkeit im Vegetationsbild zum Ausdruck. Wie im Gesamtbild ihrer Pflanzendecke, so zeigt sich auch in der Flora die Ceja de la Montaña als ein eigenartiges Gebiet. Hier finden zahlreiche Verwandtschaftskreise ihre Westgrenze (abgesehen von Nordperu, wo, wie oben erwähnt, die Ceja-Vegetation auf die Westhänge übergreift). Es gilt dies z. B. von den *Palmen*, *Lauraceen*, *Araliaceen* und *Myrtaceen*, von den meisten *Melastomataceen*, *Ericaceen* und *Orchidaceen*, von *Podocarpus*, *Gunnera* und *Anthurium*. Weniger scharf als nach Westen hin, aber doch sehr deutlich, grenzt sich die Flora der Ceja gegen die Montañaregion ab.

In höheren Lagen, über 3000 m, gehört der Boden nicht mehr dem Gehölz allein, sondern teilweise Grassteppen und kleinen Mooren. Mit zunehmender Höhe erweitert sich dann die Grassteppe auf Kosten der Gehölze. Gleichzeitig werden die letzteren niedriger.

Wo der Mensch das Gehölz zerstört, pflegt ein niedriger, beständig grünender Rasen, die Teppichwiese, zu entstehen.

Für die Unterscheidung der beiden Stufen, in welche sich die Cejaregion gliedert, der unteren oder subtropischen und der oberen oder temperierten Ceja, kommt außer den Formationsverhältnissen die Beschaffenheit des Laubes und die Flora in Betracht. Zu genaueren Angaben wird sich später Gelegenheit bieten.

Zu oberst endlich liegt eine gehölzfreie Grassteppenregion. Diese Grassteppen hängen mit denen der oberen Ceja zusammen und sind gegen letztere kaum deutlich abzugrenzen. Die Vegetation hat ungefähr denselben Charakter wie in der Jalca Nordwestperus, scheint aber artenreicher.

C. Das interandine Gebiet (der Raum zwischen den östlichen und den westlichen Abhängen der Anden).

In Südperu unterscheiden sich Westabhänge, interandines Gebiet und Ostabhänge deutlich voneinander, jedem Abschnitt sind besondere Vegetationsverhältnisse eigen; das interandine Gebiet des Südens hat große Ähnlichkeit mit dem zentralen. In Zentralperu gleichen sich Westseite und interandines Gebiet in der Hauptsache, während die Ostseite beiden eigenartig gegenübersteht; vom Westen weicht hier das interandine Gebiet dadurch ein wenig ab, daß es in hochgelegenen feuchten Schluchten, zwischen 3000 und 4200 m, kleine Gehölzformationen besitzt. Das interandine Gebiet des Nordens trägt in den tieferen Lagen ausgeprägt westlichen Vegetationscharakter; in den höheren Lagen Nordperus aber (etwa von 2500 m aufwärts) herrscht durch das ganze Gebirge weitgehende Übereinstimmung.

Unter den interandinen Tälern bildet das des Marañon den tiefsten Einschnitt. Bei Balsas (za. 6° 40′ S) liegt das Bett jenes Flusses etwa 900 m ü. d. M., eingezwängt zwischen steilen, über 3000 m Seehöhe hinausragenden Bergwänden. An diesen verlaufen die Grenzen der 4 Vegetationsregionen um 1500, um 2500 bis 2600 m und um 3400 bis 3600 m. Unten sehen wir an den Abhängen offene Xerophytenbestände von Kakteen, Fourcroyen, Wüstensträuchern und kleinen regengrünen Bäumen der Gattung Bombax, an den Flußufern immergrünes Gebüsch vom Küstentypus; zwischen 1500 und 2500 bis 2600 m wechseln regengrüne Grassteppen mit halb immergünen, halb regengrünen Steppengehölzen, dann, bis 3400 oder 3600 m, weniger veränderliche Grassteppen mit immergrünen Gehölzen von Ceja-Charakter; schließlich breitet sich über die Kämme und Gipfel die reine Grassteppe der Jalca.

Über die Vegetation des südperuanischen, ebenfalls sehr tiefen Apurimactales fehlen genauere Untersuchungen.

2. Kapitel.

Übersicht der wichtigsten Formationen.

A. Halophile Formationen.

Strandgesträuche. — *Salicornia, Frankenia* usw.
Grasflur des Strandes. — *Distichlis thalassica*.
Gemischte Moos- und Kräuterbestände an nassen Strandfelsen.

B. Hydrophile Formationen.

Matorral. — Vereinzelte Bäume aus einem niedrigen Dickicht von Kräutern und Holzgewächsen sich erhebend. — Makrotherm, an den Flüssen der tropischen Waldgebiete im Osten.
Flußufergebüsch der Wüsten. — Arm an Epiphyten und Lianen. — Makrotherm. Küste. Tiefere interandine Täler.
Mesothermes Bachschluchtengebüsch. — Hauptsächlich an der Cordillera blanca (Zentralperu).
Moosreiches Moor mit vereinzelten erikoiden Sträuchern. — Sphagnum häufig. — Mesotherm. Osten und Norden.
Moosarme strauchfreie Wiesenmoore und Bachufermatten. — Sphagnum fehlt. Viele Gräser. — Mesotherm bis microtherm. Interandines Gebiet und Westhänge.
Distichiamoor. — Sphagnum und Sträucher fehlen. Nur wenige Gräser. — Mikrotherm. Zentral- und Südperu.
Verschiedenartige Sumpf- und Wasserpflanzenvereine.

C. Hygrophile makrotherme Formation.

Tropischer Regenwald.
    a) Unterer. — Typische (reich verzweigte) Sträucher spärlich vertreten. — Osten.
    b) Oberer. — Sträucher mit reicher Verzweigung, Baumfarne, Moose und Epiphyten zahlreicher als im vorigen. — Osten.

D. Hygrophile mesotherme Formationen.

Buschwald der Nebelregion (Ceja-Buschwald). — Laub der höheren Holzgewächse oft derb. — Osten und Norden.
Derblaubiges Gebüsch der Nebelregion (Ceja-Gebüsch). — Bäume seltener und kleiner als im vorigen. — Osten und Norden.
Derblaubiges Gesträuch der Nebelregion (Ceja-Gesträuch). — Osten und Norden.

E. Subxerophile Formationen.

Makrothermes, derblaubiges, immergrünes Gebüsch. — Hohe Sträucher und kleine Bäume. — Osten.

Makrothermes, derblaubiges, immergrünes Gesträuch. — Osten.

Steppengehölze, aus immergrünen und regengrünen Formen gemischt. — Makrotherm bis mesotherm. Ostandin, in Nordperu auch interandin und westandin.

Immergrüne Polylepishaine der Punaregion. — Mikrotherm, Zentral- und Südperu.

Tolaformation (Tolaheide). — Kleinblättrige, immergrüne, harzreiche Sträucher; Büschel ausdauernder Gräser; polsterförmige Opuntien. — Mikrotherm bis Mesotherm. Westhänge Südperus.

Grassteppe mit immergrünen bis regengrünen Sträuchern. — Neben den Gräsern viele andere Kräuter. — Mesotherm. Sehr weit verbreitet. Interandines Gebiet, in Zentral- und Nordperu überdies Westhänge.

Reine gleichmäßige Grassteppe von geringer Periodizität.
    a) Makrotherme. — *Paniceen, Saccharum, Andropogon, Rhynchospora, Bulbostylis.* — Osten.
    b) Mesotherme. — Osten, in Nordperu auch inter- und westandin.
    c) Mikrotherme. — *Festuca, Poa, Bromus, Calamagrostis.* Cyperaceen sehr spärlich (vereinzelte *Carex*). — Ost- und Nordperu.

Büschelgrasformation der Puna. — Zwischen den getrennten Büscheln höherer Gräser zwergige Kräuter verschiedener Art. — Mikrotherm. Hauptsächlich Zentral- und Südperu.

Punamatte (Polster- und Rosettenpflanzenmatte). — Gräser nicht vorherrschende Formationselemente, sondern anderen Kräutern gleichwertig. — Mikrotherm. Zentral- und Südperu.

Verschiedene (hauptsächlich meso- und mikrotherme) Felspflanzenvereine.

F. Xerophile Formationen.

Regengrünes Savannengebüsch. — Aus Bäumen und Sträuchern bestehend. Bodenkräuter, Epiphyten und Lianen spärlich. — Makrotherm. Südostperu.

Regengrüne Savanne. — Grassteppe mit vereinzelten Bäumen. — Makrotherm. Südostperu.

Algarrobohain der Wüste. — *Prosopis juliflora*, stets belaubt, auf Grundwasser angewiesen. — Makrotherm, Küste.

Kräuterarme gemischte Xerophytenbestände. — Durchaus offen. Große Mannigfaltigkeit in der Tracht der Elemente: Kakteen, *Fourcroyen*, holzige Bromeliaceen (*Puya*), dikotyle (meist regengrüne) Holzgewächse.

a) **Savannenähnlicher Typus.** Zwergbäume häufig, besonders regengrüne *Bombax*-Arten. — Makrotherm. Nordperu: Interandines Gebiet und Westhänge. Wahrscheinlich auch im interandinen Teile des Apurimactales.

b) **Baumarmer Typus.** — Mesotherm bis makrotherm. Süd-, Zentral- und Nordperu: Westhänge und interandines Gebiet.

Regengrüne Grassteppe. — Mesotherm bis makrotherm. Nordperu: Interandines Gebiet und Westhänge.

Loma. — Kräuterflur des Küstenlandes, während einer kurzen Nebelperiode grünend, sonst unsichtbar. Gräser spärlich.

Makrotherme Tillandsiabestände auf Sand oder Fels. — Küste, Westhänge.

Dritter Teil.

Vegetation und Flora als Grundlagen einer pflanzengeographischen Einteilung Perus.

1. Abschnitt.
Die einheimische Vegetation und Flora.

Einleitung.

Gegenstand unserer Darstellung ist ein Stück der südamerikanischen Anden, welches innerhalb der politischen Grenzen Perus liegt, aber nicht ganz durch natürliche Umrisse bestimmt wird, wenigstens nicht soweit die Pflanzendecke in Betracht kommt. Einige von den hier angenommenen pflanzengeographischen Unterprovinzen oder Zonen reichen in die Nachbarländer hinein und sind noch nicht in ihrem ganzen Umfange bekannt.

An den westlichen Andenhängen des südlichen Peru erstreckt sich:

1. Die Mistizone von 2200 bis 3400 m und
2. Die Tolazone von 3400 bis 4300 m Seehöhe.

Beide schließen sich eng an den Norden Chiles und das Hochland Bolivias und liegen vielleicht zum größeren Teile außerhalb Perus. Die Nordgrenzen sind auch noch nicht festgestellt; sie verlaufen zwischen 12° und 16° S.

An der Küste scheidet der 8. Breitengrad

3. Die Lomazone und
4. Die nordperuanische Wüstenzone.

Zu letzterer gehören außer dem Küstenland auch tief eingesenkte Abschnitte interandiner Täler. An erstere schließt sich landeinwärts:

5. Die centralperuanische Sierrazone,

welche mittlere Lagen der Westhänge und des interandinen Gebietes umfaßt und dort weniger weit nach Süden reicht als hier. Bei 4000 m liegt die obere Grenze. Mit der nordperuanischen Wüstenzone steht in Berührung:

6. **Die nordperuanische Sierrazone**.
die oben in der Höhe von 2500—2600 m endet. Über der centralperuanischen Sierrazone liegt:

7. **Die Puna oder hochandine Zone**.

8. **Die Ceja de la Montaña oder Zone der ostandinen Hartlaubhölzer**
umfaßt die mittleren Lagen der östlichen Andenabdachung und reicht nördlich vom 8. Breitengrad durch das interandine Gebiet bis auf die Westhänge. Hier grenzt sie unten an die nordperuanische Sierrazone und oben bei 3400 bis 3600 m an:

9. **Die Jalca oder nordperuanische Paramozone**.
Am Ostfusse der Anden befindet sich

10. **Die Zone der Montaña**.

1. Kapitel.

Die Mistizone[1].

Auf der Westseite des schönen Vulkankegels Misti und seiner gleichfalls vulkanischen, aber weniger regelmäßig gestalteten Nachbarn Pichupichu und Chacchani breitet sich die Ebene von Arequipa aus. Sie und die Fussregion der genannten Berge gehören zur Mistizone, deren Grenzen unten bei 2200 m und oben bei 3400 m verlaufen. Ihre Vegetation entspricht der großen Trockenheit des Klimas: die Regenfälle beschränken sich auf die Monate Januar bis März und sind auch in dieser Zeit nicht gerade reichlich. Leider konnte ich in diesem günstigen Jahresabschnitt nur die flüchtigen Beobachtungen anstellen, welche eine Eisenbahnfahrt zuläßt. Das später, in der Trockenzeit gesammelte Material genügte natürlich nicht zu einem vollkommenen Bilde jener Wüstenflora; ihre Gliederung ließ sich aber trotzdem in den Hauptzügen erkennen. Im Zusammenhang mit dem Wechsel der Standortsverhältnisse haben sich 4 Formationen entwickelt, gebunden an die Flußufer, die Trockenbetten, die Steinfelder und die steinarmen, trockenen Flächen. Außerhalb der Flußufer, auf denen nicht selten geschlossene Bestände sich erheben, herrscht der dürftige, durch weite Lücken zersplitterte Pflanzenwuchs der Wüste.

Die Vegetation der Flußufer, ursprünglich ein schmaler, stets grünender Saum aus Rohrgräsern, hohen Sträuchern und vielleicht auch einigen Bäumen, ist durch Menschenhand größtenteils zerstört worden. Hier entnahm

---

[1] In diesem und den folgenden Kapiteln beziehen sich die den Pflanzennamen beigefügten Nummern auf meine Sammlung.

Fig. 1. *A Franseria fruticosa* Phil. *B Diplostephium tacorense* Hieron. *C Huthia coerulea* Brand. *D Adesmia verrucosa* Meyen.

man Brennholz und fand man wertvolles Gelände für die Agrikultur, welche in diesem regenarmen Klima ohne künstliche Bewässerung nicht möglich ist. An manchen Stellen, wo die Ufer steil und hoch sind, fehlte diesen wohl von jeher eine charakteristische Vegetation. Ferner verlieren in höheren Lagen, und zwar schon um 2600 m, die Flußufer ihre Eigenart vollständig. Weiter unten tragen sie hohes Röhricht von *Phragmites vulgaris* und die weit kleinere, wenn auch stattliche Graminee *Cortaderia atacamensis*, ferner den Strauch *Stenolobium arequipense* (Bign.), eine strauchige *Tessaria*, *Schinus Molle*, dessen Wuchs zwischen der Baum- und Strauchform schwankt, und endlich, als einzigen echten Baum, *Salix Humboldtiana*. Ob übrigens diese Weide, welche man in Arequipa überaus oft angepflanzt sieht, in der Umgebung der Stadt wild wächst, steht durchaus nicht fest.

Die Trockenbetten, Furchen oder seichte Klüfte, die bei starkem Regen, aber auch nur dann, von Wasser durchflossen werden und zerstreute Steintrümmer zu enthalten pflegen, scheinen eine artenreichere Flora zu beherbergen als jede der andern Formationen. Hier findet man hauptsächlich Sträucher, teils klebrig und glänzend durch das ausgeschiedene Harz, wie *Huthia coerulea* (Polemon.), *Grindelia peruviana* (Compos.), *Trixis cacalioides* (Compos.), *Franseria fruticosa*, *Senecio adenophyllus* (Compos.) und die mit warzenförmigen Harzdrüsen bedeckten Leguminosen *Adesmia hystrix* und *Adesmia verrucosa*; teils dicht bedeckt von grauer Behaarung wie *Balbisia Weberbaueri* (Geran.), eine rankende *Clematis* (Ranunc.), *Malvastrum Rusbyi* (Malv.), *Bartschia thiantha* (Scroph.), *Calceolaria inamoena* (Scroph.); teils nur an der Blattunterseite dicht behaart wie das nadelblättrige *Diplostephium tacorense* (Compos.); teils ohne augenfälligen Blattschutz, wie *Mutisia viciaefolia* (Compos.) und *Stenolobium arequipense* (Bign.). Bei den genannten Pflanzen sind die Blätter klein und meist schmal. Den Typus der blattlosen Sträucher vertreten nur 2 Arten, die dornenstarrende *Colletia Meyeniana* (Rhamn.), deren hinfälliges Laub sich auf die jüngsten Triebe beschränkt und eine *Ephedra*, welche statt der Blätter an den dünnen rutenförmigen Zweigen lediglich die bekannten trockenhäutigen Schuppen trägt. Infolge der verhältnismäßig günstigen Wasserversorgung behalten alle jene Sträucher der Trockenbetten stets Lebenstätigkeit in den oberirdischen Teilen und diejenigen, welche Blätter hervorbringen, auch diese beständig. Auch Blüten beobachtete ich in sämtlichen Fällen während der Trockenzeit: leider fehlen Beobachtungen über die Blütenbildung in den Regenmonaten. Die Höhe der Sträucher bleibt meist unter 1 m; zu den kräftigeren gehören *Mutisia hirsuta*, *Stenolobium arequipense*, *Colletia Meyeniana*, *Balbisia Weberbaueri* und *Cestrum* sp. (Nr. 4828), welche 1—2 m hoch werden. Während der Regenzeit dürften in den Trockenbetten auch einige Kräuter erscheinen.

Die Vegetation der Steinfelder macht ihre Eigenart weithin bemerkbar. Dort wachsen die hohen Säulen von *Cereus Weberbaueri* (Nr. 1413) und *C. brevistylus* (Nr. 1414), und es erheben sich, stets grünend, die mächtigen stacheligen Blattrosetten der Gattung *Puya* (Bromel.) aus niederliegenden, dicken, unregelmäßig verzweigten Stämmen. In tieferen Lagen (etwa 2200 m), am Rande der pflanzenleeren Wüste, bewundert man den, einem riesigen Armleuchter vergleichbaren *Cereus candelaris*, welchen MEYEN in seinem Reisewerk beschrieben hat. Auf den Cacteenstämmen lebt *Tillandsia virescens* (Bromel.) als Epiphyt. Sträucher kommen nur äußerst vereinzelt vor, und ihr Laub verdorrt während der Trockenzeit (Beisp. *Paronychia microphylla* [Caryoph.]). Von den Cacteen blühen einige Arten nur in der feuchteren Periode, andre wie *Cereus Weberbaueri* und *Cereus brevistylus* in der trocknen.

Weit größeren Umfang als die Steinfelder erreichen die steinarmen, trockenen Flächen. Der Boden ist oft, wenn nicht überwiegend, sandig. Ihn besiedeln manche von den Sträuchern der Trockenbetten; doch fehlen gewöhnlich die kräftigeren Arten wie *Mutisia viciaefolia*, Cestrum sp. Nr. 4828), *Balbisia Weberbaueri*, *Colletia Meyeniana*, *Stenolobium arequipense*, *Huthia coerulea*. Durch große Individuenzahl zeichnen sich besonders aus die Compositen *Diplostephium tacorense*, *Franseria fruticosa*, *Spilanthes uliginosa* und *Senecio adenophyllus*. Eine überaus häufige Pflanze ist ferner die kleine *Opuntia corotilla* (Cact.; Nr. 1412). Über weite Sandfelder breiten sich ihre kriechenden, aus eiförmigen Gliedern zusammengesetzten Zweige, eine lästige Plage für den Wanderer: die Glieder brechen leicht ab, heften sich vermittels ihrer widerhakigen Stacheln bei der leisesten Berührung fest und dringen durch die Kleider ins Fleisch. Im Gegensatz zu den Trockenbetten herrscht ausgeprägte Periodicität. Im größten Teil des Jahres sieht man keine Blüte, kein grünendes Blatt. Man darf vermuten, daß in der kurzen Zeit, wo frisches Laub das dürre Gezweig der Wüstensträucher verschleiert, auch manche Annuellen sowie Knollen- und Zwiebelpflanzen zum Leben erwachen.

Mit abnehmender Meereshöhe steigert sich die Kahlheit des Bodens, bis schließlich um 2200 m die völlig regen- und vegetationslose Wüste zur Herrschaft gelangt. Nur die Flußränder sind auszunehmen, ihr Pflanzenkleid wird reicher, üppiger, und geht unterhalb der Mistizone allmählich über in die Ufer-Vegetation der Küste. Im Vitortale sieht man bei 1100 m eine *Typha*, die Riesenhalme von *Phragmites vulgaris* und das 6 m hohe *Equisetum xylochaetum*, zu Dickichten vereint, den Fluß begleiten. Dazwischen mengen sich stattliche Weidenbäume (*Salix Humboldtiana*), die hier zweifellos wild wachsen, der Pacay-Baum (*Inga Feuillei*), *Schinus molle*, und Sträucher wie *Psoralea lasiostachys* (Legum.), *Gourlica decorticans* (Legum.), ein *Cestrum* (Solan., Nr. 1432) und ein *Stenolobium* (Nr. 1444). Freiere, mit Flußgeröll bedeckte Plätze werden von *Tessaria*-Sträuchern bevorzugt, und beherbergen stellenweise noch *Cortaderia atacamensis*, die hier an ihre untere Verbreitungsgrenze gelangt. An sumpfigen Stellen, welche das Überschwemmungswasser der Regenzeit zurückgelassen hat, leben, wo Röhricht fehlt *Limosella tenuifolia* und *Mimulus glabratus*, ferner *Rumex cuneifolius* und *Hydrocotyle umbellata* (Umbellif.), zwei Pflanzen, welche auch die Ränder der Bewässerungsgräben besiedeln. Im Flusse selbst wurzelt außerhalb der starken Strömung die untergetauchte *Zannichellia palustris* (Potam.). Die äußere Grenze der Ufervegetation, die trockneren Ränder des Talbodens, charakterisiert *Acacia macracantha*, ein dorniges Bäumchen mit flacher Schirmkrone und feingefiedertem Laub.

In den höheren Lagen der Mistizone fehlt, wie bereits erwähnt wurde, den Flußufern eine eigenartige Vegetation, und auch die Trockenbetten unterscheiden sich etwas weniger scharf von ihrer Umgebung. Die Gesamtflora wird artenreicher und weniger beeinflußt von jahreszeitlichen Gegensätzen. Die Büschel ausdauernder Gräser sieht man zuerst um 2800 m in den Trockenbetten und dann weiter oben auch über andre Standorte zerstreut. Bei 3200 m erscheinen auf steinarmem oder doch nicht ausgesprochen steinigem Gelände *Thelypodium macrorhizum* (Crucif.), *Verbena juncea*, *Verbena juniperina* und *Adesmia melanthes* (Legum.), kleine Sträucher, die vielleicht noch weiter abwärts reichen, aber dann lediglich zur Zeit der Regen erkennbar sind — und ferner, an Felsen der 2 m hohe Strauch *Cantua candelilla* (Polemon.), der halbstrauchige *Lupinus eriocladus* und wenige Kräuter wie ein *Polyachyrus* (Compos.; No. 1394) und *Greggia camporum* (Crucif.).

Floristisch steht die Mistizone in weit innigerem Zusammenhange mit den nördlichen Teilen Chiles und dem bolivianischen Hochland, als mit dem zentralen Peru[1]. Ihre nördliche Grenze ist nicht sicher bekannt, bleibt aber zweifellos weit im Süden des 12. Breitengrades. Sie dürfte ungefähr bestimmt werden durch die nördliche Verbreitungsgrenze der Gattung *Adesmia*. In der Breite von Arequipa beschränken sich die *Adesmia*-Arten auf die westlichen Andenhänge, während sie in höheren Breiten ihr Areal bis nach der Ostseite des Gebirges ausdehnen und Argentinien erreichen.

2. Kapitel.

Die Tolazone.

Wer auf der großen peruanischen Südbahn hinauf zum Titicacasee reist, sieht hoch über Arequipa, etwas unterhalb der Station Pampa de arrieros, eine pflanzengeographische Scheidelinie in seltener Klarheit sich ausprägen: Die starren Säulen der Cereusarten verschwinden und mit ihnen eine Schar kleiner Wüstensträucher; in dichterem Gefüge breitet sich der Pflanzenwuchs über das Erdreich: die Gräser, in der Wüstenvegetation höchstens unter den

---

[1] Vgl. zu diesem und dem folgenden Kapitel: POEHLMANN, R., und REICHE, K.: Beiträge zur Kenntnis der Flora der Flußtäler Camarones und Vitor und ihres Zwischenlandes (19 Grad s. Br.). — Verhandl. d. deutsch. wiss. Ver. Santiago, 4 (1900). S. 263—305. — FRIES, R. E.: Zur Kenntnis der alpinen Flora im nördlichen Argentinien. — Nova acta regiae societatis scientiarum Upsaliensis. Ser. IV. Vol. I Nr. 1. 1905.

zarten Gestalten einer kurzlebigen Regenflora vertreten, erheben allenthalben ihre steifen drahtförmigen Blätter in dichten Büscheln, welche der Wechsel der Jahreszeiten scheinbar unverändert läßt; seinen augenfälligsten und an-

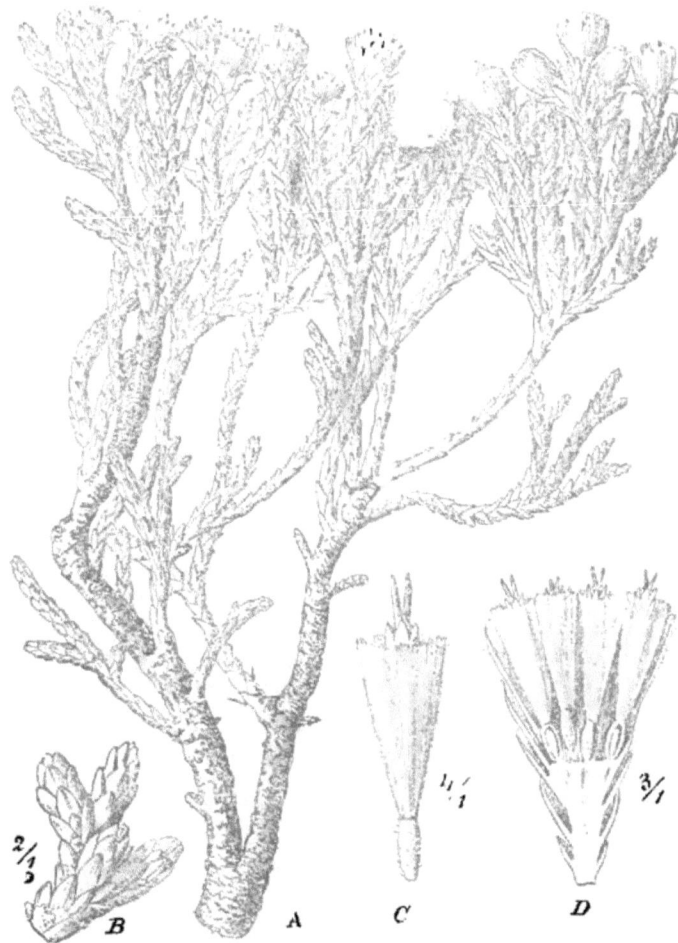

Fig. 2. *Lepidophyllum quadrangulare* (Meyen) Benth. et Hook.
A Habitus, B Zweig, C Blüte, D Köpfchen im Längsschnitt.

sprechendsten Charakterzug aber erhält das Landschaftsbild durch die ungeheuer zahlreichen dunklen Büsche eines immergrünen, dichten Strauches von ¹/₂ bis 1 m Höhe, des *Lepidophyllum quadrangulare* (Compos. Fig. 2), von den Einwohnern tola genannt. Der Name tola wird, namentlich weiter im Süden, in

Bolivia, Chile und Argentinien auch auf andere Sträucher angewendet, welche wie *Lepidophyllum* vermöge des reichen Harzgehaltes leicht brennen, in frischem und sogar in nassem Zustand. *Lepidophyllum quadrangulare* erinnert durch seine dichtgestellten schuppenförmigen Blätter an manche Koniferen, und der Duft seines Harzes, welches sich an der Oberfläche absondert, verstärkt diese Ähnlichkeit.

Das *Lepidophyllum quadrangulare* begleiten in geringerer aber immerhin beträchtlicher Individuenzahl einige andere kleinblättrige Straucharten: *Senecio graveolens* und *Tetraglochin strictum* (Rosac.), beide mit fleischigem, kahlem Laub, der weißfilzige *Senecio iodopappus*, *Baccharis Incarum*, die auf den lederartigen Blättern glänzende Harzflecken ausscheidet, und stellenweise *Chuquiragua rotundifolia*, deren hartes Blatt in eine stechende Spitze endet. Während alle diese Sträucher aufrecht wachsen, schmiegt eine *Ephedra* die blattlosen Zweige an den Boden. Die Büschel der ausdauernden Gräser gehören verschiedenen Arten an, unter denen *Festuca orthophylla*, *Calamagrostis breviaristata* und *Stipa*-Arten (Nr. 4846 und 4848) besonders häufig wiederkehren. Zwischen die Gräser und Sträucher mengen sich als dritte wichtigste Vegetationsform niedrige Kakteen von klumpig gedrungener Tracht, insbesondere die stark emporgewölbten Polster der *Opuntia Pentlandii*; seltener sind die kugligen Körper einer *Echinopsis*-Art, die bald einzeln, bald zu Gruppen vereint auftreten. Alle diese Pflanzen nehmen teil am Aufbau der Tolaformation oder Tolaheide, die sich in ungeheurem Umfang über ein flaches, welliges, unmerklich ansteigendes Hochland ausbreitet. Wenn auch die Formationsbestandteile hier weit dichter zusammenrücken als in den Wüsten Arequipas, so werden doch allenthalben nackte Flecke des groben Sandes sichtbar, welcher den Untergrund bildet. Die Tolaheide ist überaus eintönig, und nur in der quantitativen Beteiligung der Arten kommt von Ort zu Ort ein leichter Wechsel zustande: stellenweise sieht man die Gräser vorherrschen, anderwärts wiederum *Lepidophyllum* derartig überwiegen, daß beinahe Gesträuche entstehen. Der xeromorphe Charakter der Formation ist unverkennbar und gelangt in mannigfaltiger Weise zum Ausdruck: durch die Sukkulenz der Kakteen, durch die Rollblätter der Gräser und bei den Sträuchern, deren Laub mit geringer Größe Eigenschaften wie fleischige oder lederartige Konsistenz, dichte Behaarung, Harzabsonderung usw. verbindet. Dabei aber bleibt das Formationsbild während des ganzen Jahres nahezu unverändert, wenigstens in den vegetativen Organen. Denn die Belaubung der Sträucher verschwindet nie — mit sehr wenigen Ausnahmen wie bei *Tetraglochin strictum*, welches die nadelförmigen Blätter in den trockensten Monaten verliert — und wenn in der Regenzeit einige vereinzelte, zarte Kräuter zu kurzem Leben erwachen, so verbergen sie sich zwischen den kräftigeren Gewächsen. Weit mehr als an den Vegetationsorganen macht sich in der Blütenbildung der Jahreszeitenwechsel geltend. Nur während der Trockenzeit mengen sich die Scharen goldgelber Blütenköpfe in das dunkle Grün der *Lepidophyllum*-Sträucher und zieren große feuerrote Blumen die unscheinbaren Polster der *Opuntia Pentlandii*. Derartiger Farben-

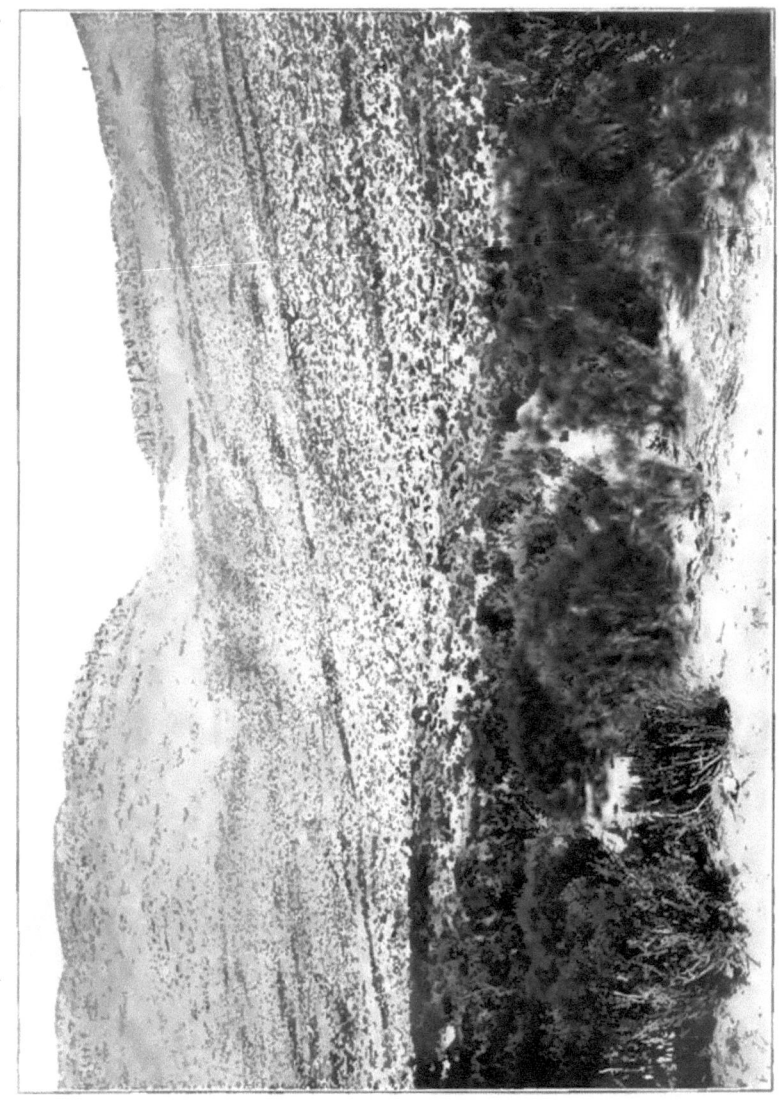

Westl. Andenhänge Südperus: Über Arequipa bei 4000 m.
Tolaformation. Charakterpflanze: Lepidophyllum quadrangulare (Meyen) Bth. & Hook.

schmuck fehlt dem feuchteren Teil des Jahres, in welchem vor allem die Gräser ihre Blüten entfalten.

Moose und Flechten gehören zu den Seltenheiten. Ich konnte zwei Arten von Laubmoosen unterscheiden, die ab und zu die Basis eines Strauches besiedelten und sah mitunter erdbewohnende Krustenflechten, aber weder Lebermoose, noch Blattflechten, noch Strauchflechten.

Der Tolaformation sind als winzige weit zerstreute Fleckchen zwei andere durch besondere Standortsverhältnisse bedingte Pflanzenvereine eingesprengt: die Vegetation der Trockenbetten und die Bachufermatte.

Die Trockenbetten zeichnen sich aus durch das Vorkommen einiger Sträucher, welche höher werden als die der Tolaformation. Solche Sträucher sind *Polylepsis tomentella* (Rosac.), *Mutisia Orbigniana*, *Culcitium Pavonii* (Comp.) und ein *Ribes*. Moose und Flechten sind reichlicher vertreten als anderwärts und siedeln sich vorzugsweise auf Steinen an.

An den Rändern der wenigen Bäche, die — in seichtem Bett und mit trägem Lauf — das Gebiet durchziehen, und auch an Tümpeln, gelangt stellenweise, aber durchaus nicht überall die Formation zur Ausbildung, welche oben als Bachufermatte bezeichnet wurde: Zwergige Kräuter bilden einen geschlossenen, teppichähnlichen, beständig grünenden Rasen; Sträucher fehlen vollständig. So hebt sich die Bachufermatte scharf gegen ihre Umgebung ab. Ihre Zusammensetzung habe ich nicht untersucht. Sie enthält wahrscheinlich manche hochandine Elemente und ist offenbar nahe verwandt mit der *Hypsela*-Formation, die ROB. E. FRIES im nördlichen Argentinien unterschied.

Die Tolazone, die wie gesagt fast ganz von einer einzigen Formation eingenommen wird, findet ihre untere Grenze etwa an der Höhenlinie von 3400 m, woselbst die *Lepidophyllum*-Sträucher mit den säulenförmigen *Cereus*-Arten zusammentreffen, und die Büschel ausdauernder Gräser nur noch weit zerstreut wachsen. Aber schon bei 3700 m beginnt die Tolaformation ihren typischen Charakter zu verlieren, indem Elemente tieferer Lagen eindringen, wie *Diplostephium tacorense* und *Adesmia melanthes*; ferner nimmt die Häufigkeit von *Lepidophyllum quadrangulare* ab, und schließlich zieht sich der Strauch, ehe er zwischen 3400 und 3300 m völlig verschwindet, auf die Trockenbetten, d. h. also auf die Sammelstellen des Regenwassers zurück und zeigt damit deutlich, daß seine untere Verbreitungsgrenze der Feuchtigkeitsmangel bestimmt.

Nach oben hin reicht die Tolazone bis zur Höhe von 4300 m. Schon um 4200 m nimmt *Lepidophyllum quadrangulare* krüppelhaften Wuchs an: es bleibt weit unter der normalen Größe und neigt dazu, seine Zweige dem Boden anzuschmiegen. Endlich, um 4300 m, tritt an seine Stelle ein niederliegender Zwergstrauch, welcher einer anderen Art derselben Gattung angehört, nämlich *Lepidophyllum rigidum*. Seine Blätter sind schlanke Nadeln, nicht kurze breite Schuppen wie bei der vorhergenannten Species. An der oberen Grenze der Tolazone ändern sich auch die Büschel der Gräser und die Polster der

Opuntia Pentlandii: merkwürdigerweise tritt in beiden Fällen an Stelle der sanften Rundung eine spitze Kegelform.

Anders als an den pacifischen Hängen gestaltet sich die Vegetation an der inneren Flanke der Westcordillere, wo die Bahnlinie Arequipa—Puno, nachdem sie bei Crucero alto (4470 m) ihren höchsten Punkt erreicht hat, sich zum Hochland des Titicacasees hinabsenkt. Die Pflanzen schließen dichter zusammen als an den Westhängen der Cordillere, die Gräser zeigen ein frischeres Grün, kurz reichere Niederschläge machen sich bemerkbar und beseitigen die Lebensbedingungen der Tolaformation. *Lepidophyllum quadrangulare* erscheint noch einmal, aber schon bei 4200 m liegen seine tiefsten Standorte, während es im Westen bis gegen 3300 m hinabsteigt! Man darf somit sagen, daß Lepidophyllum quadrangulare und die Gattung Lepidophyllum überhaupt in der Breite von Arequipa sich auf die Westabhänge der Anden beschränkt. Weiter im Süden aber, in Chile und Bolivia, erweitert Lepidophyllum quadrangulare, begleitet von anderen Arten derselben Gattung, sein Verbreitungsgebiet in östlicher Richtung und erreicht auf argentinischem Boden die Ostseite der Anden. Unter 12° S. und nördlich davon habe ich *Lepidophyllum* in Peru nirgends angetroffen. Leider gelang es mir nicht, die Nordgrenze genauer zu ermitteln, was für die Pflanzengeographie der Anden sehr wichtig wäre. Bemerkenswert ist die weitgehende Übereinstimmung, die in der Verbreitung der Gattungen *Lepidophyllum* und *Adesmia* zutage tritt.

3. Kapitel.

Die Lomazone.

Nordwärts bis gegen 8° S reichend und südwärts sich bis in das nördliche Chile fortsetzend, umfaßt die Lomazone die Ebenen und Hügel des Küstenlandes. Ihre Flora zeigt deutliche Beziehungen zu der weit reicheren Flora der zentralperuanischen Sierrazone und enthält andrerseits mehrere dort fehlende Verwandtschaftskreise, die im nördlichen Chile stark hervortreten (z. B. *Tetragonia, Palaua, Cristaria, Nolanaceae*. Die Pflanzenformationen scheiden sich in periodisch vegetierende und in beständig vegetierende. Zur ersten Gruppe gehört die Lomaformation, zur zweiten Gruppe zählen die Tillandsiabestände, die Bewohner des flachen sandigen Strandes, die Pflanzen nasser Strandfelsen und die Flußufergebüsche.

Lomas nennt der Bewohner der peruanischen Küste jene Fluren, welche mit den Küstennebeln um die Mitte des Winters erscheinen und im Anfang des Sommers verdorren. Das Wort wird aber im spanischen Amerika auch in anderer Bedeutung gebraucht; so bezeichnet man mitunter in den höher gelegenen Gebieten der peruanischen Anden grasbewachsene Bergrücken als Lomas. Die Lomaformation der Küste tritt im Norden der Zone, zwischen dem 8. und 11. Breitengrade, wahrscheinlich nicht alljährlich ins Leben. Ihre Ausdehnung unterliegt aber auch um Lima und Mollendo erheblichen, von

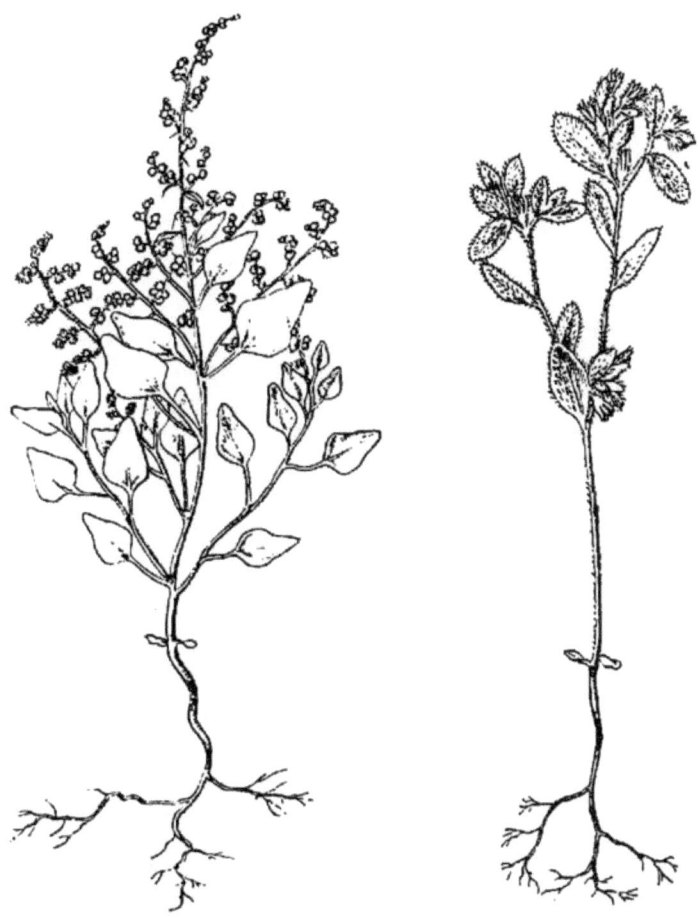

Fig. 3. *Chenopodium panniculatum* Hook.

Fig. 4. *Nama dichotoma* (R. et P.) Choisy.

den Niederschlagsmengen abhängigen Schwankungen. In den trockensten Jahren bedeckt das Grün der Loma nur die Gipfel und Kämme, in den feuchteren reicht es hinab auf die angrenzenden Ebenen. Sehr schön läßt sich dieser Wechsel an dem ziemlich isolierten Bergkegel San Cristobal (430 m) bei Lima beobachten. Die Lomas sind an die Nähe des Meeres gebunden

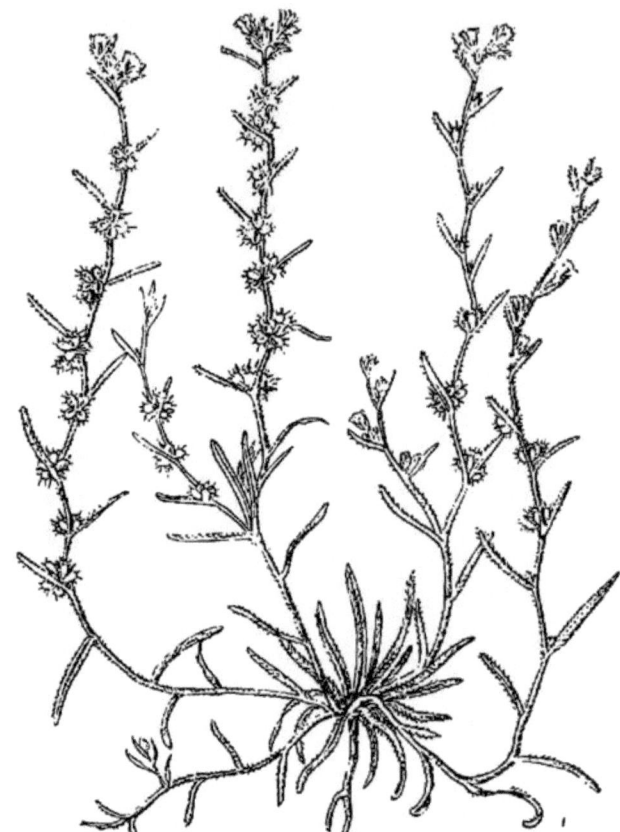

Fig. 5. *Pectocarya linearis* (R. et P.) DC.

Fig. 6. *Hoffmannseggia prostrata*. Blühender Zweig.

Fig. 7. *A. Nolana cordata* Dunal (Nr. 1481). *B. Plantago limensis* Pers. *C. Stenomesson flavum* Herb.

138   Dritter Teil.

und beschränken sich mit zunehmender Entfernung von jenem immer mehr auf die Gipfel und Kämme der Hügel, um schließlich völlig zu verschwinden. Sie fehlen aber dem eigentlichen Strande und rücken von diesem desto weiter ab, je allmählicher das Küstenland ansteigt. Ihre untere Grenze lag im Jahre

Fig 8. *Palaua malvifolia* Cav.

1902 bei Mollendo 20 m, bei Barranco (unweit Lima) 50 m über dem Meere. Über die obere Höhengrenze ist sicheres nicht bekannt. Ich konnte die Lomavegetation bis 1000 m aufwärts verfolgen. In der Nähe des Meeres jedoch bleiben die Berge meist unter jener Höhe. Die dem Meere zugewendeten oder von den herrschenden (südlichen bis südwestlichen) Winden getroffenen Hänge pflegen weit stärker befeuchtet zu werden als Hänge der entgegengesetzten Seite. Dementsprechend tragen viele Höhenzüge auf der einen Flanke üppige Loma, auf der andern eine sehr dürftige, hauptsächlich von Cacteen und Tillandsien gebildete Vegetation. Noch günstigere Bedingungen für das Gedeihen der Loma bieten sich in Tälern, die nur nach der See- oder Windseite geöffnet sind und daher den Nebel auffangen und festhalten.

Die Loma ist eine offene Formation, sie läßt deutliche Abstände zwischen den einzelnen Pflanzen erkennen. Nur in feuchten Schluchten sowie auf manchen Kämmen und Gipfeln, kommt am Ende der Nebelzeit, wenn das Wachstum

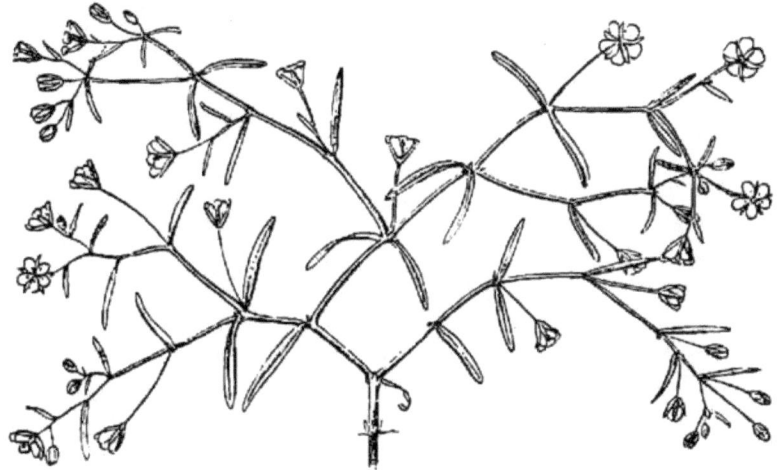

Fig. 9. *Drymaria molluginea* Dietr.

seinen Höhepunkt erreicht hat, mitunter ein so dichter Zusammenschluß zustande, daß der Boden nahezu völlig verhüllt wird.

Zum allergrößten Teile besteht die Flora aus Kräutern, unter denen die einjährigen entschieden überwiegen und ferner viele Zwiebel- und Knollenpflanzen vorkommen. Bemerkenswert ist die geringe Arten- und Individuenzahl der Gräser sowie auch der Sträucher. Letztere treten hauptsächlich in höheren Lagen und auch dort nur zerstreut auf. Bei dem lockeren Gefüge der Pflanzendecke bleibt auch Raum für erdbewohnende Moose und Flechten. Auch die Kakteen (*Cereus*-Arten) gehören zu den minder wichtigen sowie gleichzeitig zu den wenigen dauerlebigen Formationselementen und fehlen streckenweise gänzlich; sie bewohnen vorzugsweise steinige und felsige Plätze an trockenen Hängen, und ihre Zahl steigert sich mit der Entfernung vom Meeresstrand.

Der dichte Nebel der Lomazeit, den nur die Strahlen der Mittagssonne für einige Stunden zerteilen, stellt das Pflanzenleben unter eigenartige Bedingungen. Nur im geringen Grade macht sich in der Loma das Bedürfnis geltend, die oberirdischen Teile gegen Vertrocknen zu schützen. Sukkulenz der Blätter kann wohl als häufigstes Xerophyten-Merkmal gelten, erreicht aber

Fig. 10. *Argylia Feuillei* DC.
A Habitus. B Kelch. C Teil einer jungen Frucht, längs durchschnitten.

nirgends extreme Ausbildung. Das seltene Vorkommen dichter, filziger Behaarung erkennt man schon aus beträchtlicher Entfernung an der tief grünen Farbe der Pflanzendecke. Geradezu an Schattengewächse oder Bewohner feuchter Bachschluchten erinnern *Begonia*-Arten, *Adiantum concinnum*, sowie die schlaffen langgestreckten und zartlaubigen Stengel von *Bowlesia palmata* (Umbellif.), *Astrephia chaerophylloides* (Valerian.) und anderen. Auch die

Fig. 11. *Weberbauerella brongniartioides* Ulbrich.
A Habitus. *B* Blättchen, von oben gesehen. *C* Blüte mit dem Tragblatt und den beiden Vorblättern. *D* Kelch. *E* Derselbe aufgeschnitten. *F* Fahne. *G* Flügel. *H* Schiffchen. *J* Staminaltubus. *K* Derselbe aufgeschnitten. *L* Fruchtknoten (Griffel zu kurz gezeichnet). *M* Stück des Fruchtknotens, längs durchschnitten. *N* Narbe.

fußhohen Bestände der *Loasa urens*, welche am Fuß der Amancaëshügel bei Lima die Lehmdächer der Hütten besiedeln, die Moose und die vielen Strauch- und Blattflechten gehören zu den Vegetationserscheinungen,

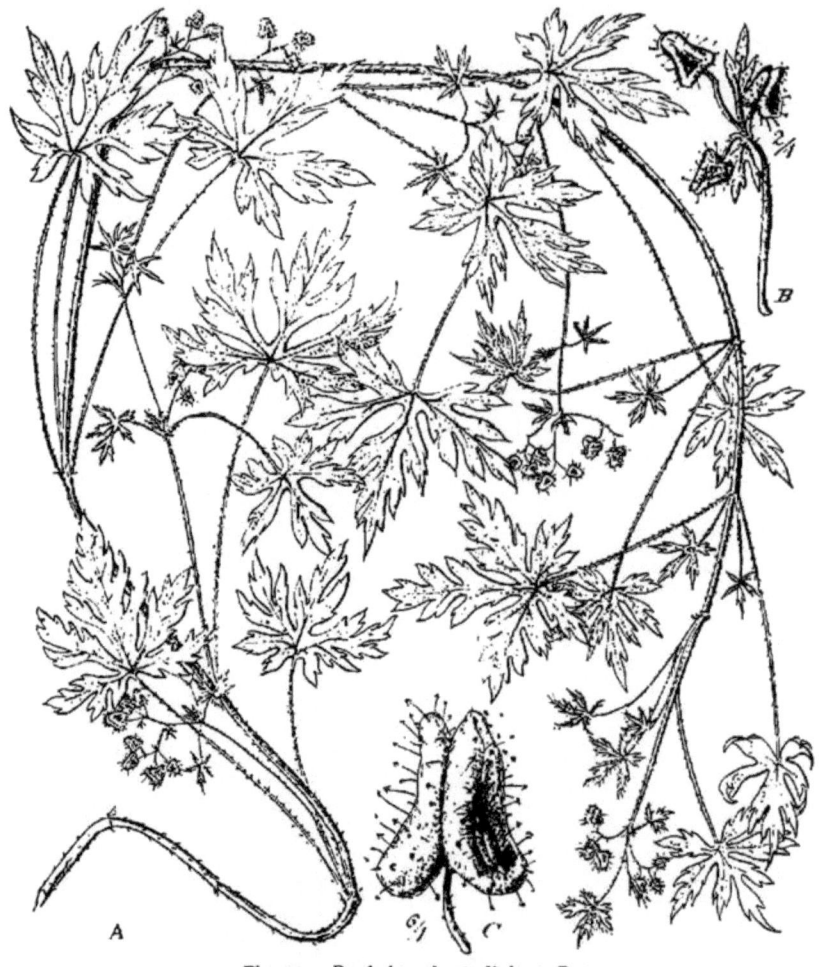

Fig. 12. *Bowlesia palmata* Ruiz et Pav.
A Habitus. *B* Zweig mit Früchten. *C* Frucht.

welche der hohen Luftfeuchtigkeit ihr Dasein verdanken. Die Lebenstätigkeit mancher Kräuter erliegt anhaltendem Sonnenschein innerhalb weniger Tage.

Wenn man auch die Loma zweifellos als eine große, klimatische Formation betrachten darf, so bleibt sie sich doch nicht allenthalben gleich, läßt vielmehr

Weberbauer, Pflanzenwelt der peruanischen Anden. Tafel IV, zu S. 143.

W. Greiser, phot.

Carica candicans Gray (einh. Name: mito); auf den **Lomas** von Amancaës bei Lima (ca. 200 m).
Vorn in der Mitte **Begonia octopetala** L'Hér.

eine deutliche Gliederung in Unterformationen erkennen. Namentlich bestehen erhebliche Unterschiede zwischen den ebenen oder wenig geneigten Sandflächen und dem lehmigen oder felsigen Boden der Hügel. Aber nicht aus der Bodenbeschaffenheit allein erklären sich jene Gegensätze. Die Sandfelder gehören den tieferen Lagen an und erhalten daher das lebenspendende Nebelwasser in geringerem Maße und weniger regelmäßig, als die Hänge und namentlich die Kämme und Gipfel der Hügel. Auf den Sandfeldern ist die Vegetation niedriger, lockerer und mehr xerophil gebaut als auf den Hügeln und zeigen sich die Sträucher nur in wenigen, fast durchweg niederliegenden Formen. Eine erheblich größere Zahl von Sträuchern und zwar vorwiegend aufrechte beherbergen die Hügel: *Caesalpinia tinctoria* und *Carica candicans* erreichen wohl die bedeutendsten Dimensionen (2 bis 3 m Höhe). Die Sandfelder sind reicher an Typen von beschränkter Verbreitung und systematischer Isolierung. Hier herrscht eben keinerlei Raummangel und wird die Einwanderung durch die ungünstigen Lebensbedingungen erschwert. Daß jedoch in dem dichteren Pflanzenwuchs der Hügel die schwächeren Formen in Gefahr geraten, den stärkeren zu unterliegen, tritt deutlich zutage an Stellen, wo *Loasa urens* oder ein *Helianthus* (Nr. 1557) oder *Salvia rhombifolia* oder *Sicyos gracillimus* andere Arten an Individuenzahl bedeutend übertreffen, ja ausgedehnte, nahezu reine Bestände bilden. Dazu mengten sich zwischen die einheimischen Elemente verschleppte Fremdlinge wie *Stachys arvensis*, *Medicago hispida* und eine *Fumaria*.

Felsen und Steine ragen aus der Sanddecke der Küstenebene nur ausnahmsweise hervor, weit häufiger aber aus dem Erdreich der Hügel, so daß hier die Bodenverhältnisse sich mannigfaltiger gestalten als dort und entsprechende standörtliche Schattierungen im Vegetationsbilde sich deutlicher ausprägen. Die Pflanzen, welche steinigen oder felsigen Untergrund bevorzugen, sollen später aufgezählt werden. Es gehören hierher, wie bereits erwähnt, die Kakteen.

Genauere Beobachtungen über die Blütezeit der verschiedenen Lomapflanzen fehlen noch. *Begonia geraniifolia* und *Ismene Amancaës* (Amaryll.) pflegen schon im August keine Blüten mehr zu tragen. Andrerseits sieht man einzelne Gewächse erst oder noch blühen, nachdem die Trockenperiode längst begonnen hat. Natürlich beobachtet man diese Erscheinung hauptsächlich in den stärker befeuchteten höheren Lagen, die auch im Sommer zuweilen ein dünner Nebel benetzt. So sah ich im Dezember *Stenomesson flavum* (Amaryllid.), *Alstroemeria peregrina* (Amaryll.), *Palaua moschata* (Malv.) u. a. bei Lima, im Februar *Verbena fissa* bei Mollendo blühen. Das Laubwerk der Loma verbirgt die Scharen von Flechten, die, hauptsächlich in strauchigen Formen, auf Erde, Steinen und Zweigen leben. Kaum beeinflußt vom Wechsel der Jahreszeiten bilden sie während der trockenen Monate den weitaus größten Teil der sichtbaren Vegetation: man sieht dann weite Flächen geradezu von einer Flechtenformation eingenommen.

Die nachfolgende Aufzählung enthält die wichtigsten unter den von mir beobachteten Pflanzen der Lomaformation, sowie einige aus älteren Sammlungen bekannte.

1. **Tiefere Lagen** (bis 200 oder 300 m aufwärts). **Sandboden**[1].

a) **Einjährige Kräuter** (einige wenige von den nachstehend genannten vielleicht 2-jährig oder ausdauernd).

Bei Mollendo (17° S.):

Cenchrus tribuloides (Gram.).
Tragus racemosus (Gram.).
Tetragonia-Arten (Aizoac.; Nr. 1460, 1499).
Portulaca pilosissima.
Calandrinia Weberbaueri (Portul.).
Drymaria molluginea (Caryoph.).
Streptanthus Englerianus (Crucif.).
Lupinus mollendoënsis (Legum.).
Astragalus viciiformis (Legum.).

Palaua pusilla (Malv.).
Malvastrum mollendoënse (Malv.).
Viola Weberbaueri.
Nr. 1498 (Nolan.).
Nolana cordata.
Nr. 1500 (*Petunia* sp.?).
Richardsonia tomentosa (Rub.).
Onoseris sp. (Compos.; Nr. 1492).
Polyachyrus sp. (Compos.; Nr. 1518).

Bei Lima (12° S.):

Tetragonia-Arten (Nr. 4).
Drymaria sp. (Nr. 1602).
Astragalus sp.

Palaua malvifolia.
Pectocarya linearis (Borrag.).
Solanum pinnatifidum.
Nolana prostrata.

Bei Mollendo und Lima:

Eragrostis peruviana (Gram.).
Parietaria debilis (Urtic.).
Chenopodium panniculatum.
Talinum polyandrum (Portul.; *Calandrinia* sp.).

Monnina Weberbaueri (Polygal.).
Cristaria multifida (Malv.).
Apium Ammi (Umbellif.).
Plantago limensis.

b) **Ausdauernde Kräuter ohne auffällige Verdickung der unterirdischen Teile.**

Mirabilis arenaria (Nyct.; Mollendo).
Palaua velutina (Mollendo).

c) **Zwiebeltragende Kräuter.**

Zephyranthes albicans (Amaryll.; Mollendo).
Ornithogalum biflorum (Lil.; Mollendo u. Lima).

d) **Knollenbildende Kräuter.**

Weberbauerella brongniartoides (Leg.; Mollendo).
Oxalis lomana (Mollendo).

Argylia Feuillei (Bignon.; Mollendo).
Anthericum eccremorhizum (Lil.; Lima u. Moll.).

e) **Halbsträucher und Sträucher.**

Bei Mollendo:

Atriplex axillare (Chenop.).
Conretia Weberbaueri (Leg.).

Lycium sp. (Solan.).
Nolanaceen z. B. Nr. 1556, 1485, 1517).

Bei Lima:

Coldenia dichotoma (Borrag.).
Nolanaceen (z. B. Nr. 1606).

Bei Mollendo und Lima:

Suaeda fruticosa (Chenop.).
Hoffmannseggia prostrata (Legum.).

Lippia canescens (Verben.).
Encelia canescens (Compos.).

---

[1] An trockenen Hängen gelangen einige von diesen Pflanzen auch in höhere Lagen und auf lehmigen oder steinigen Boden.

2. Höhere Lagen (200 oder 300 m bis 800 m). Lehmige bis lehmig sandige Erde oder steiniger Boden oder Fels[1].

I. Flechten.

Physcia leucomelaena.
Usnea barbata.
Theloschistes flavicans.

Ramalina pollinaria.
Parmelia-Arten.
Cladonia rangiformis.
Cladonia fimbriata.

II. Moose.

Plagiochasma validum (Mollendo).
Riccia Weberbaueri (Mollendo).
Riccia peruviana (Mollendo).
Anthoceros squamuligerus (Lima).

Frullania decidua (Mollendo).
Frullania Weberbaueri (Lima).
Die Laubmoose Nr. 1475 (Mollendo), 1479 (Mollendo), 1682 (Lima).

III. Farnpflanzen.

Bei Lima:
*Polypodium punctulatum.
*Polypodium sporadolepis.

*Woodsia crenata.
Ophioglossum macrorhizum.

Bei Mollendo und Lima:
*Adiantum concinnum.

*Nothochlaena squamosa.

IV. Blütenpflanzen.

a Einjährige Kräuter. (Einige wenige von den nachstehend genannten vielleicht 2-jährig oder ausdauernd.)

Bei Mollendo:
Crassula sp. (§ Tillaea. Nr. 1456).
Crassula sp. (§ Tillaea. Nr. 1464).
Palaua Weberbaueri.

Palaua geranioides.
Asteriscium amplexicaule (Umbellif.).
Calceolaria lysimachioides (Scroph.).
Schkuhria pusilla (Compos.).

Bei Lima:
Festuca muralis (Gram.).
Poa infirma (Gram.).
Tinantia fugax (Commelin.).
Drymaria-Arten.
Lepidium cyclocarpum (Crucif.).
Cleome chilensis (Cappar.).
Tillaea connata (Crass.).
Vicia humilis (Leg.; rankend).
*Tropaeolum sp.
Malvastrum peruvianum (Malv.).
Loasa nitida.
Loasa fulva.
Spananthe panniculata (Umbellif.).
Anagallis pumila (Primul.).
Microcala quadrangularis (Gent.).

Erythraea lomae (Gent.).
Browallia sp. (Solan.).
Nicotiana panniculata (Solan.).
Calceolaria pinnata.
Calceolaria anagalloides.
Castilleja communis (Scroph.).
Tourettia lappacea (Bignon.; rankend).
Sicyos gracillimus (Cucurb.; rankend).
Cyclanthera Mathewsii (Cucurb.; rankend).
Specularia perfoliata (Campan.).
Spilanthes uliginosa (Compos.).
Liabum sp. (Compos. Nr. 1595).
Rothia sp. (Compos. Nr. 1629).
Erigeron sp. (Compos.).
Galinsoga sp. (Compos.).
Gnaphalium-Arten (Compos.).

---

[1] Die mit einem * bezeichneten Pflanzen bevorzugen steinigen Boden oder Fels.

Bei Mollendo und Lima:

Parietaria debilis (Urtic.).
Calandrinia alba (Portul.).
Palaua dissecta.
Loasa urens.
Bowlesia palmata (Umbellif.).

Ipomoea oligantha (Convolv.).
Nama dichotoma (Hydrophyll.).
Gilia laciniata (Polemon.).
Salvia rhombifolia (Lab.).
Linaria subandina (Scroph.).

Astrephia chaerophylloides (Valerian.).

b) **Ausdauernde Kräuter ohne auffällige Verdickung der unterirdischen Teile.**

Bei Mollendo:

Trifolium polymorphum (Leg.).
Geranium multiflorum.

Palaua mollendoensis.

Bei Lima:

*Peperomia-Arten (Pip. z. T. auch epiphytisch auf Sträuchern).
Hypericum uliginosum (Guttif.).

Plumbago pulchella.
**Relbunium nitidum* (Rub.).
*Valeriana sp.

Erigeron-Arten (Compos.).

c) **Knollenbildende Kräuter.**

Bei Mollendo:

Bomarea edulis (Amaryll.).
Pasithea coerulea (Lil.).

Oxalis sepalosa.
Solanum-Arten (Nr. 1454 und 1577).

Ipomoea-Arten (z. B. Nr. 1561).

Bei Lima:

Bomarea simplex (Amaryll.).
**Alstroemeria peregrina* (Amaryll.).
Chloraea peruviana (Orchid.).
*Spiranthes sp. (Orchid.).
**Peperomia umbilicata*.
Mirabilis prostrata Nyctag.).

Boussingaultia sp. (Basell.).
Geranium sp.
Oxalis sp.
**Begonia octopetala*.
Begonia geraniifolia.
*Ipomoea Nationis (Convolv.).

Solanum montanum.

Bei Mollendo und Lima:

Commelina fasciculata.
Anthericum eccremorhizum (Lil.).

Solanum maglia.

d) **Zwiebeltragende Kräuter.**

Ornithogalum biflorum (Moll. u. Lima).
Stenomesson Incarum (Amaryll., Mollendo).
Stenomesson flavum (Lima).

Ismene Amancaës (Amaryll.; Lima).
Hydrotaenia lobata (Irid.; Lima).
Oxalis sp. (Lima).

e) **Halbsträucher und Sträucher.**

α) **Niederliegende.**

Bei Mollendo:

Verbena clavata.

Bei Lima:

*Palaua moschata.
Evolvulus villosus (Convolv.).
Lantana limensis (Verben.).

Dolia rupicola (Nolan.).
Dicliptera tomentosa (Acanth.).
Dyschoriste repens (Acanth.).

Tafel Va, zu S. 147.

W. Gretzer, phot.
Incaische Ruinen von Cajamarquilla unweit Sta. Clara bei Lima (400 m).
a. **Tillandsia**-Bestände, mit der herrschenden Windrichtung wachsend
(hauptsächlich **T. straminea** l'resl).

Tafel Vb, zu S. 147.

b. **Cacteen zwischen Steinen**: Vorn Pilocereus acranthus K. Sch. (Nr. 1679),
dahinter **Opuntia pachypus** K. Sch. (Nr. 1677).

Bei Mollendo und Lima:

Lippia canescens (Verben.).

β) Aufrechte.

Bei Mollendo:

Croton sp. (Euph. Nr. 1516).
Heliotropium saxatile (Borrag.).
Heliotropium submolle.
Cordia salviifolia od. verw. (Borrag.).

Citharexylum spinosum (Verben.).
Verbena fissa.
Salpichroma diffusum (Solan.).
Grindelia sp. (Compos. Nr. 390).

Helianthus sp. (Compos. Nr. 1557, 1571).

Bei Lima:

*Pitcairnia ferruginea (Bromel.).
Croton sp.
Heliotropium pilosum.
Heliotropium peruvianum.
Hebecladus umbellatus (Solan.)
Acnistus arborescens (Solan.).

Saracha sp. (Solan.).
**Calceolaria verticillata*.
Piqueria peruviana (Compos.).
Piqueria pubescens.
Eupatorium sp. (Compos.).
Trixis sp. (Compos.: Nr. 7).

Bei Mollendo und Lima:

Suaeda fruticosa (Chenop.).
Caesalpinia tinctoria (Legum.).

Carica candicans.
Salvia tubiflora (Lab.).

Senecio-Arten.

Wenn auch die Loma eine Anzahl beständig vegetierender Elemente enthält, wie z. B. Kakteen und Flechten, so bleibt doch das überwiegend periodische Pflanzenleben ein höchst augenfälliger Charakterzug. Im Gegensatz hierzu lassen die drei anderen Formationen der Lomazone eine deutliche Abhängigkeit vom Wechsel der Jahreszeiten nicht erkennen, sondern ihr Aussehen bleibt sich annähernd gleich.

Wenig wählerisch in bezug auf die Bodenverhältnisse zeigen sich die Tillandsia-Bestände. Wir sehen sie an manchen Orten, wo andere Pflanzen nicht zu leben vermögen. Bei Lima scharen sich die starren Rosetten der *Tillandsia purpurea* und der *Tillandsia latifolia* auf lockerem Flugsand. Ebendort beleben diese anspruchslosen grauen Gewächse, deren Wasserbedarf geringe Mengen atmosphärischer Feuchtigkeit decken, zusammen mit Flechten, ihren biologischen Verwandten, die Lehmwände incaischer Ruinen. Landeinwärts von Lima scheint die Häufigkeit der Tillandsien zuzunehmen. In der Nähe der Bahnstation Sta. Clara (400 m), hart an der Binnengrenze der Lomazone liegen die Trümmer der incaischen Stadt Cajamarquilla. Dort bedecken die sandige Ebene ungeheuere Mengen der silbergrauen *Tillandsia straminea*. Ihre Stengel wachsen in der Richtung des herrschenden Windes und vereinen sich zu niedrigen Rasenstreifen, welche jene Richtung kreuzen. So wird das Vegetationsbild einer vom Winde gekräuselten Wasserfläche vergleichbar. In der näheren Umgebung von Mollendo kommen Tillandsien gar nicht oder nur vereinzelt vor. Weiter oben aber, am Binnenrande der Lomas, trägt bei der Station Cachendo (ca. 1000 m) felsiger Boden die Massenvegetation einer *Tillandsia*.

Flachen, sandigen Meeresstrand sah ich nirgends so reich bewachsen wie bei Mollendo. Hier kommt mitunter eine nahezu geschlossene Formation zustande. Die kriechenden Rhizome der *Distichlis thalassica* verflechten sich zu kleinen Grasfluren und mehrere Sträucher wie *Salicornia fruticosa* (Chenop.), eine *Tessaria* (Comp.) und eine nur in der Trockenzeit blühende *Frankenia* (Nr. 386) treten bald zerstreut bald gruppenweise vereinigt auf. Mehr vereinzelt findet sich ein dickblättriges *Sesuvium* (Aizoac.). Auch die am Strande von Pisco gesammelte *Cressa truxillensis* (Convolv.) dürfte bei Mollendo vertreten sein.

Die Vegetation nasser Strandfelsen lernte ich nur in den unweit Lima gelegenen Badeorten Barranco und Miraflores kennen. Jene Felsen, deren Fuß zur Flutzeit vom Meere bespült wird, bestehen, wenigstens zu einem großen Teile, aus Kalktuff. Von oben her sickert beständig süßes oder höchstens schwach gesalzenes Wasser durch das Gestein, an dessen Bildung offenbar kalkfällende Pflanzen (namentlich Schizophyceen, Algen und Moose) hervorragend beteiligt sind. *Nasturtium fontanum* (Crucif.), *Samolus Valerandi* (Primul.), *Herpestis monniera* (Scroph.), *Adiantum capillus Veneris* (Filic.), eine *Chaetotropis* (Gram.), eine *Calceolaria* (Scroph.), *Tropaeolum majus*, die stattlichen Halme von *Phragmites vulgaris*, schwellende Laubmoospolster und unscheinbare Schizophyceen und Algen verhüllen dicht zusammenschließend und beständig grünend die steilen Wände, über denen kahle Erdflächen sich ausbreiten.

Auch längs der Flüsse, die ja vom Schnee und Regen höherer Gebirgslagen gespeist werden, ermöglicht der beständig feuchte Boden ein ununterbrochenes Pflanzenleben. Das Flußufergebüsch, die stattlichste unter allen Formationen der Lomazone, enthält eine Anzahl Sträucher wie *Cestrum hediondinum* (Solan.), *Asclepias curassavica*, *Lantana*-Arten (Verben.), *Tessaria integrifolia* (Compos.), *Buddleia occidentalis* (Logan.), *Acnistus arborescens* (Solan.), *Cordia rotundifolia* (Borrag.), *Baccharis lanceolata* (Compos.), *Caesalpinia corymbosa* (Legum.), *Caesalpinia tinctoria*, *Psoralea pubescens* (Legum.), *Rapanea manglillo* (Myrsin.) und der kletternde *Rubus urticifolius*, halbstrauchige Kletterpflanzen (z. B. die windende *Vigna luteola* [Legum.]), die Bäume *Sapindus saponaria*, *Inga Feuillei* (Legum.), *Salix Humboldtiana* und die hochwüchsigen Rohrgräser *Phragmites vulgaris* und *Gynerium sagittatum*. Auch *Schinus molle*, der sich bald strauchförmig, bald zu einem kleinen Baum entwickelt, gehört zur Vegetation der Flußufer, ist aber in der Nähe des Meeres viel seltener als weiter landeinwärts. Der bereits genannte Strauch *Tessaria integrifolia* bevorzugt die mit Geröll bedeckten Uferflächen. Die trockenste Zone des Flußufergebüsches, d. h. seinen äußersten Rand, charakterisieren kleine dornige Acaciabäume (*A. macracantha*) mit flacher ausgebreiteter Krone, bald vereinzelt wachsend, bald zu kleinen Hainen zusammentretend. Andrerseits bedingt auch eine über das Durchschnittsmaß hinausgehende Bodenfeuchtigkeit standörtliche Eigentümlichkeiten der Vegetation: wo das Erdreich sumpfig ist oder stehendes Wasser sich sammelt, leben

Typha domingensis, *Scirpus*- und *Juncus*-Arten, hohe *Equiseten*, *Jussiaea peruviana* (Oenothcr.), *Sagittarien*, *Heteranthera reniformis* (Commelin.) und Schwimmpflanzen, wie *Pistia stratiotes* (Arac.) und *Azolla*.

Da die Lomazone sich über mehrere Breitengrade erstreckt, ist kaum zu erwarten, daß die Flora des Flußufergebüsches von einem bis zum anderen Ende die gleiche bleibt. In der Tat läßt sich eine Abnahme der Artenzahl in südlicher Richtung deutlich erkennen. Für *Cordia rotundifolia* z. B. scheint die Südgrenze um Lima zu liegen. Die Pflanzenwelt des Flußufergebüsches bedarf noch genaueren Studiums. Einer richtigen Beurteilung der ursprünglichen Verhältnisse ist der Umstand hinderlich, daß das von den Flüßen befeuchtete Land größtenteils zur Anlage von Kulturbeständen dient.

4. Kapitel.
Die nordperuanische Wüstenzone.

Der nördliche Küstenstreifen zwischen 8° und 4° S bildet den westandinen 'größeren) Teil der nordperuanischen Wüstenzone; seine Binnengrenze liegt in der von mir besuchten Gegend (zwischen 8° und 6° 30 s. Br.) bei 1000 bis 1200 m Seehöhe, weiter im Norden, um Piura, vielleicht noch etwas tiefer. Außerdem gehören zur nordperuanischen Wüstenzone heiße und trockene, sehr tief gelegene Regionen interandiner Flußtäler, z. B. am Marañon sowie am Chamaya, Utcubamba und Chinchipe, drei Nebenflüssen des ersteren. Hier befindet sich der obere Rand bei 1500 m, während über die Ausdehnung nach unten hin noch Unklarheit besteht. Die weitgehende floristische Übereinstimmung zwischen dem Küstenland und tiefen Lagen interandiner Täler wird verständlich durch die Tatsache, daß zwischen dem 5. und 6. Breitengrad bei Huarmaca der Kamm der Westkordillere, welcher die pacifischen Gewässer von dem Stromgebiet des Marañon scheidet, die geringe Höhe von 2360 m hat. Spätere Untersuchungen, namentlich die botanische Erforschung der pacifischen Andenhänge im Departamento de Piura, werden zu entscheiden haben, ob die von mir vorgenommene Einteilung der nordperuanischen Wüstenzone in einen westandinen und einen interandinen Florenbezirk aufrecht erhalten werden kann.

I. Westandiner Bezirk.

Im Gegensatz zur Lomazone fehlen anhaltende Winter- und Frühlingsnebel und daher auch die Lomavegetation. Dagegen fallen nach langer, 5 bis 12 Jahre umfassender Trockenperiode einige kurze, aber ergiebige Sommerregen. Sie sollen auf dem kahlen Wüstenboden eine üppige Vegetation hervorrufen, über deren Zusammensetzung leider nichts bekannt ist. In den höher gelegenen

Strichen des Binnenlandes, am Fuße des Gebirges, sind die Niederschläge nicht ganz so spärlich wie am Meere, aber gleichfalls auf den Sommer beschränkt. Wie in der Lomazone bildet das immergrüne, stellenweise mit Röhricht gemengte Gebüsch der Flußufer einen augenfälligen Gegensatz zu der vegetationslosen oder dürftig bewachsenen Umgebung.

Das Flußufergebüsch

zeigt auch hinsichtlich der Flora große Ähnlichkeit mit der analogen Formation der Lomazone, scheint aber etwas reicher zu sein:

Bäume:

Salix Humboldtiana. Inga Feuillei (Legum.). *Acacia macracantha* (Legum.). *Schinus molle* (Anacard.; auch strauchig). *Sapindus saponaria. Muntingia calabura* (Elaeocarp.; auch strauchig).

Aufrechte Sträucher:

Celtis sp. (auch baumartig). *Caesalpinia corymbosa* (Legum.; wahrscheinlich auch baumartig). *Leucaena trichodes* (Legum.). *Abutilon cordatum* (Malv.). *Adenaria floribunda* (Lythrae.). *Buddleia occidentalis* (Logan.). *Cordia rotundifolia* (Borrag.). *Cestrum*-Arten (Solan.). *Scoparia dulcis* (Scroph.). *Baccharis lanceolata* (Compos.). *Tessaria integrifolia* (Compos.).

Klettersträucher:

Tournefortia volubilis (Borrag.; spreizklimmend). *Senecio Jussieui* (Compos.; windend). *Mikania micrantha* (Compos.; windend). Eine rankende *Vitacee* (Nr. 3786).

Außerdem an feuchten, offneren Stellen die Rohrgräser *Gynerium sagittatum* und *Phragmites vulgaris*, ferner *Typha* sowie hochwüchsige *Juncus*-, *Scirpus*- und *Equisetum*-Arten.

Die Vegetation außerhalb der Flußufer.

Am Meere entbehren ausgedehnte Flächen jeglichen Pflanzenwuchses, wenigstens während der regenlosen Jahre. Im inneren Teile der Zone und stellenweise auch in der Nähe des Meeres begegnet man — oft weit ab von den Flußuferoasen — pflanzlichem Leben, das offenbar durch verborgenes Grundwasser ermöglicht wird. Diesen Verhältnissen entsprechen tief hinabreichende Wurzeln und das Zurücktreten periodischer Wachstumsvorgänge: Holzgewächse herrschen vor und die meisten von ihnen besitzen immergrünes Laub. Vielleicht ist aber wenigstens für die Keimung ihrer Samen und die Entwicklung der jungen Pflanzen Regen unentbehrlich. Ferner kann nach einer Reihe regenloser Jahre der Fall eintreten, daß die Grundwasservorräte erschöpft werden und infolgedessen viele Holzgewächse absterben. Ich beobachtete diese Erscheinung auf der Küstenebene über dem Hafen Payta.

Zu den häufigsten Holzgewächsen der nordperuanischen Wüstenzone gehört der »Algarrobo«, *Prosopis juliflora*, ein corniger Baum mit doppeltgefiedertem Laub und winzigen Blättchen. Oft tritt der Algarrobo für sich allein bestandbildend auf. In den Departamentos Piura und Lambayeque dehnen sich diese Algarrobohaine meilenweit aus. Die zuckerreichen Hülsen dienen dem Vieh zur Nahrung und sind um so wertvoller, als in jenen Gegenden andere Futterpflanzen gar nicht oder nur in unzureichenden Mengen gedeihen. Stellenweise vereinigen sich verschiedene Arten zu einer gemischten Formation wüstenbewohnender Holzgewächse. Sie scheint sich auf ebenes oder wenig geneigtes Gelände zu beschränken. Ihre Individuen

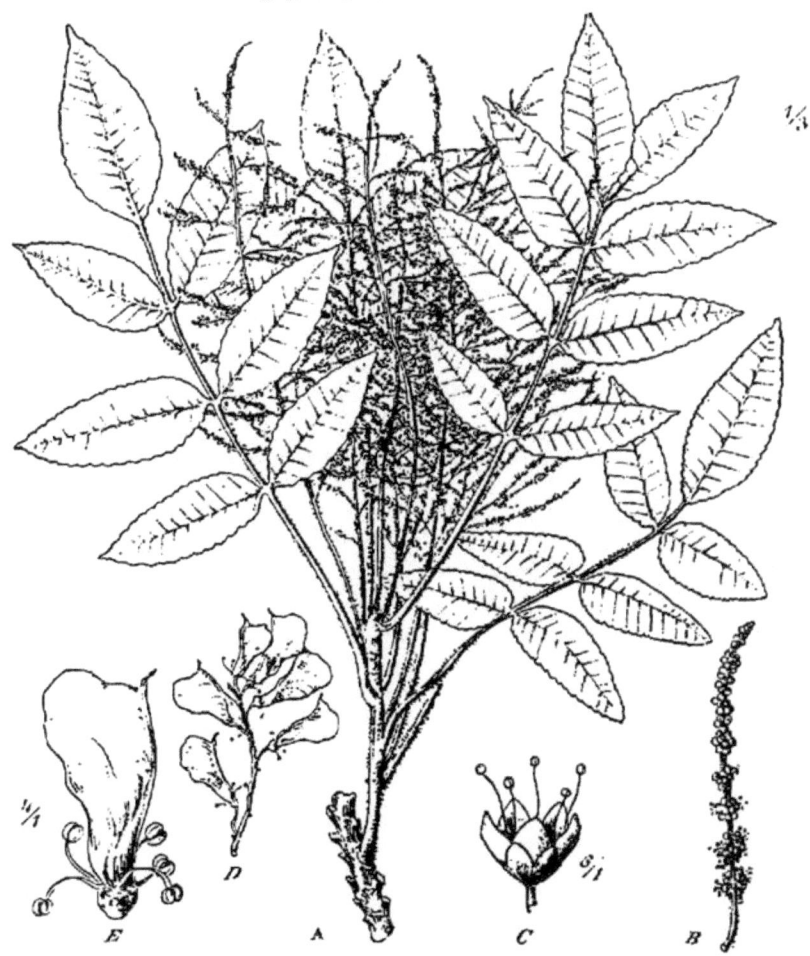

Fig. 13. *Loxopterygium huasango* Spruce.
A Blühender Zweig. *B* Teil des Blütenstandes. *C* Blüte. *D* Teil eines jungen Fruchtstandes. *E* Junge Frucht.

sind weit, oft mehrere Meter voneinander entfernt. An dieser Formation beteiligen sich:

1. Bäume.

Acacia macracantha Leg.; dornig).
Prosopis juliflora (Leg.; dornig).

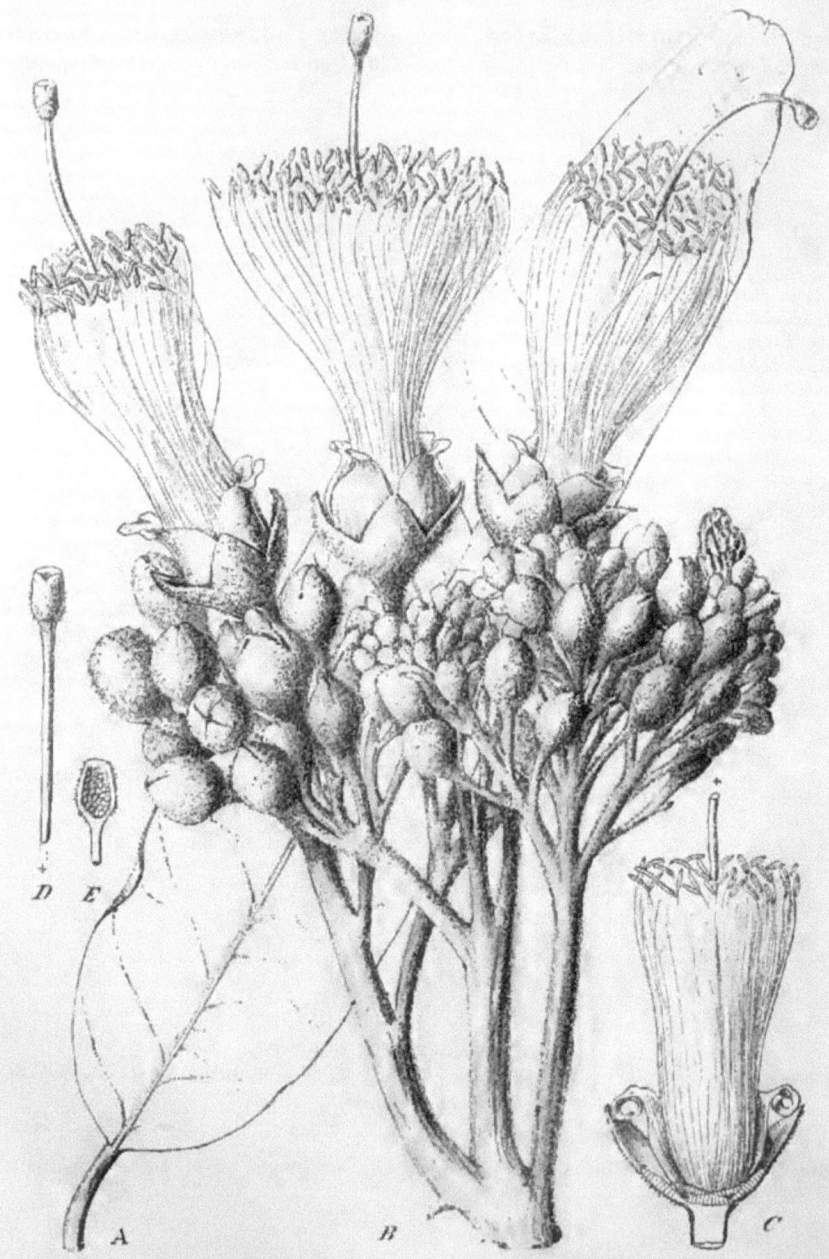

Fig. 14. *Capparis scabrida* H. B. Kunth.
A Blatt. B Blühender Zweig. C Blüte, längs durchschnitten. D Fruchtknoten mit einem Teil des Gynophors. E Fruchtknoten, längs durchschnitten.

2. Holzgewächse, die sich bald als kleine Bäume, bald als Sträucher entwickeln.

Capparis mollis (Blätter lederartig, länglich eiförmig, unterseits fein filzig, oberseits fast kahl).

Caesalpinia praecox (Legum.; Stamm und freiliegende Wurzeln durch grüne Rinde ausgezeichnet; Vulgärname: kalakél).

Loxopterygium huasango (Anacard.; bis 8 m hoch. Blatt gefiedert, unterseits weichhaarig, oberseits fast kahl. Frucht mit flügelförmigem Anhang).

3. Sträucher und Halbsträucher.

Cryptocarpus pyriformis (Nyctag: Strauch; Blätter kahl, etwas fleischig).

Phytolacca Weberbaueri (Strauch, 6 m hoch; Zweige ziemlich dick, wasserreich: Blätter kahl, etwas fleischig).

Calandrinia pachypoda (Portul.: niederliegender Halbstrauch, mit dicken Stengeln und kahlen, etwas fleischigen Blättern).

Capparis scabrida (Strauch, 2—3 m hoch; Äste bis armesdick, z. T. niederliegend; Blätter länglich eiförmig, stumpf, lederartig, oberseits kahl oder schwach behaart, unterseits filzig; Vulgärname: sapote).

Capparis avicenniifolia (Strauch, 2—3 m hoch; Äste bis armesdick, z. T. niederliegend; Blätter verkehrt eiförmig oder länglich, oberseits kahl oder schwach behaart, unterseits filzig: Vulgärname: bichayo).

Capparis crotonoides (Strauch, 2 m hoch; Blätter herzförmig, unterseits filzig, oberseits schwächer behaart; Vulgärname: oberál).

Parkinsonia aculeata (Legum.; Strauch; Blätter gefiedert, mit schmalen hinfälligen Fiedern und platter, bandförmiger Spindel).

Monnina pterocarpa (Polygal.; Rutenstrauch mit schmalen, hinfälligen Blättern).

Coldenia paronychioides (Borrag.; zottig behaarter Halbstrauch mit dichtem, niederliegendem Gezweig und kleinen Blättern).

Cordia macrocephala (Borrag.; grauhaariger, 2 m hoher Strauch mit runzeligen Blättern).

Lippia canescens (Verben.; niederliegender, grauhaariger Halbstrauch).

Grabowskia boerhaviaefolia (Solan.; Strauch mit grau bereiften, kahlen Blättern).

Galvesia limensis (Scroph.; Strauch, 1 m hoch, mit grau bereiften, kahlen, etwas fleischigen Blättern und roten Blüten).

Trixis cacalioides Compos.; Strauch, 1—2 m hoch, mit behaarten bis fast kahlen Blättern).

Mit Ausnahme von *Caesalpinia praecox* scheinen diese Holzgewächse stets beblättert zu bleiben. Zwischen den Sträuchern bemerkt man im Binnenlande, wohin zuweilen vom Gebirge her ein kurzer Regenschauer gelangt, den gedrungenen, melonenförmigen Stamm eines *Melocactus* (Cactac.) und wenige zerstreute ephemere Kräuter wie *Chloris virgata* (Gram.), *Eragrostis megastachya* (Gram.) und eine *Zinnia* (Compos., Nr. 3793). Oberhalb der Küstenstadt Chepen (ca. 7° 10′ s. Br.) wächst um 1200 m, also an der oberen Grenze der Wüstenzone, häufig der regengrüne, bis 5 m hohe *Bombax discolor*, bald strauchig, bald als kleiner Baum entwickelt. Vorstehende Beobachtungen machte ich zwischen dem 7. und 8° S. Im Anschluß hieran möchte ich erwähnen, daß BALL[1] bei dem Hafen Payta, etwa unter 5° S., folgende Pflanzen sammelte: *Hoffmannseggia viscosa* (Legum.), *Tephrosia cinerea* (Legum.), *Prosopis limensis* (Legum.), *Acacia tortuosa* (Legum.), *Acacia sp.*, *Encelia canescens* (Compos.), *Coldenia paronychioides* (Borrag.)[2], *Galvesia limensis* (Scroph.), *Lippia reptans* (Verben.), *Telanthera densiflora* (Amarant.), *Telanthera peruviana*, *Capparis scabrida*.[3]

Mehrere von den oben angeführten Holzgewächsen rufen in der Nähe des Meeres interessante Dünenbildungen hervor, indem sie den Flugsand festhalten und sich, stetig emporwachsend, der Verschüttung entziehen. Bei dem Städtchen San Pedro (etwa 90 km vom Strande entfernt) sah ich den Gipfel eines gegen 20 m hohen Flugsandhügels von einem kleinen Bestand der *Prosopis juliflora* eingenommen. Nahe dem Hafen Pacasmayo erheben sich steile Sandhaufen, deren Spitzen das wirre Gezweig des *Cryptocarpus pyriformis* verhüllt, und an deren Fuß das Gras *Distichlis thalassica* seine kriechenden Stengel zu kleinen Fluren verwebt.

Felsen und steinige Abhänge pflegen in der Nähe des Meeres vegetationslos zu sein. Weiter landeinwärts erscheinen als Bewohner der Felsen und steinigen Abhänge säulenförmige Kakteen der Gattungen *Cereus*, *Pilocereus* und *Cephalocereus*, sowie die Bromeliacee *Deuterocohnia longipetala*, auf deren holzigem Grundstock sich Rosetten dornig gezähnter Blätter zusammendrängen. Die letztere tritt bald vereinzelt auf, bald bekleidet sie in weit ausgedehnten, nahezu reinen Beständen sanft geneigte steinige Flächen. Eine minder häufige Felsenpflanze ist die mit dickfleischigen Blättern versehene *Peperomia dolabriformis* (Pip.).

II. Interandiner Bezirk.

Der nachfolgenden Darstellung liegen Beobachtungen zugrunde, die ich im Tale des Marañon zwischen 6° 35' und 6° 50' s. Br. machte und zwar bei den Furten von Tupen (800 m) und Balsas (920 m). Wie bereits erwähnt, reicht hier die Zone nach oben bis 1500 m, während das untere Ende sich noch nicht genau bezeichnen läßt. Von ihren Charakterpflanzen finden sich manche nach HUMBOLDTs und RAIMONDIs Angaben auch bei Bellavista (441 m) und Tomependa (403 m). Dort aber wird das Tal schon weiter und weniger abgeschlossen, die Höhe der umgebenden Bergzüge hat sich vermindert, und der Marañon erhält Zuflüsse, die gleich ihm für Flöße schiffbar sind. Es erscheint daher möglich, daß ostandine Tropenpflanzen bis in jene Gegend vor-

---

[1] Journal of Linn. Soc. — Botany, Vol. XXII.

[2] BALL bezeichnet die Pflanze als *Coldenia dichotoma*. Ich habe das Exemplar untersucht und sehe mich genötigt, diese Angabe zu berichtigen.

[3] BALL konnte die Pflanze nicht bestimmen. Der von ihm angeführte Vulgärname »sapote« zeigt, daß es sich um *Capparis scabrida* handelt.

Weberbauer, Pflanzenwelt der peruanischen Anden.

Tafel VI, zu S. 154.

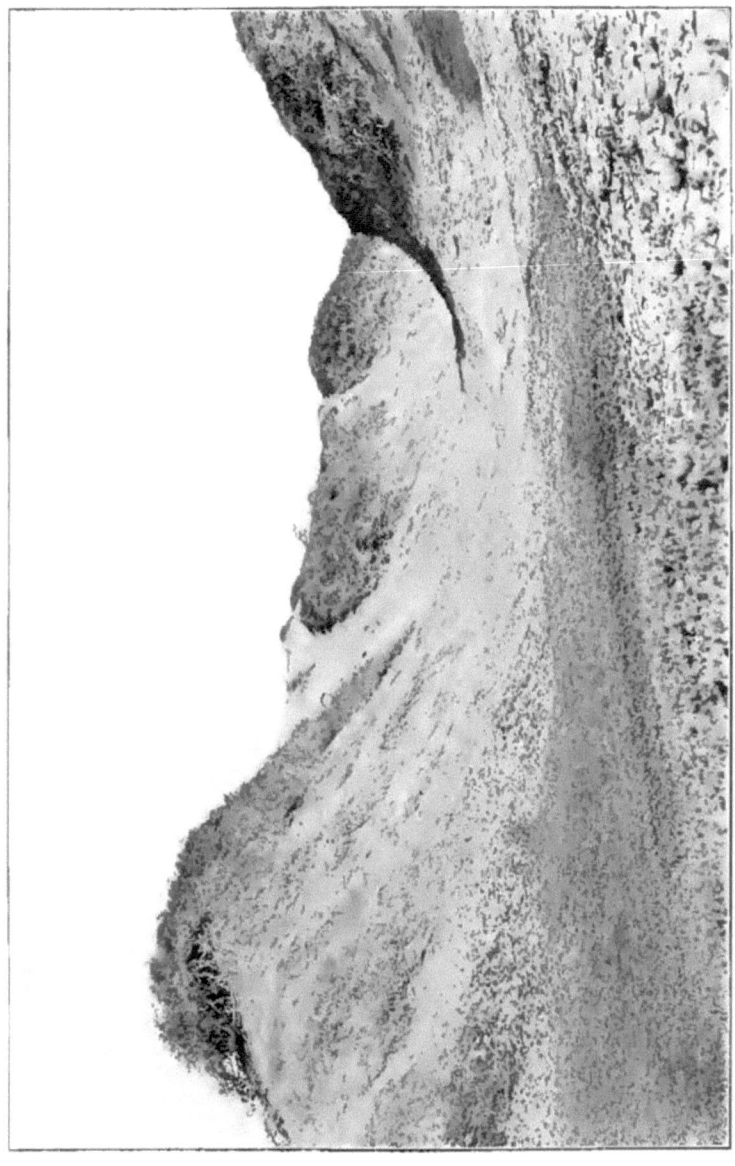

A. Weberbauer, phot.

Stranddünen bei Pacasmayo, hervorgerufen durch **Cryptocarpus pyriformis** H. B. K.
Vorn Grasflur von **Distichlis thalassica** (H. B. K.) E. Desv.

Weberbauer, Pflanzenwelt der peruanischen Anden. Tafel VII, zu S. 135.

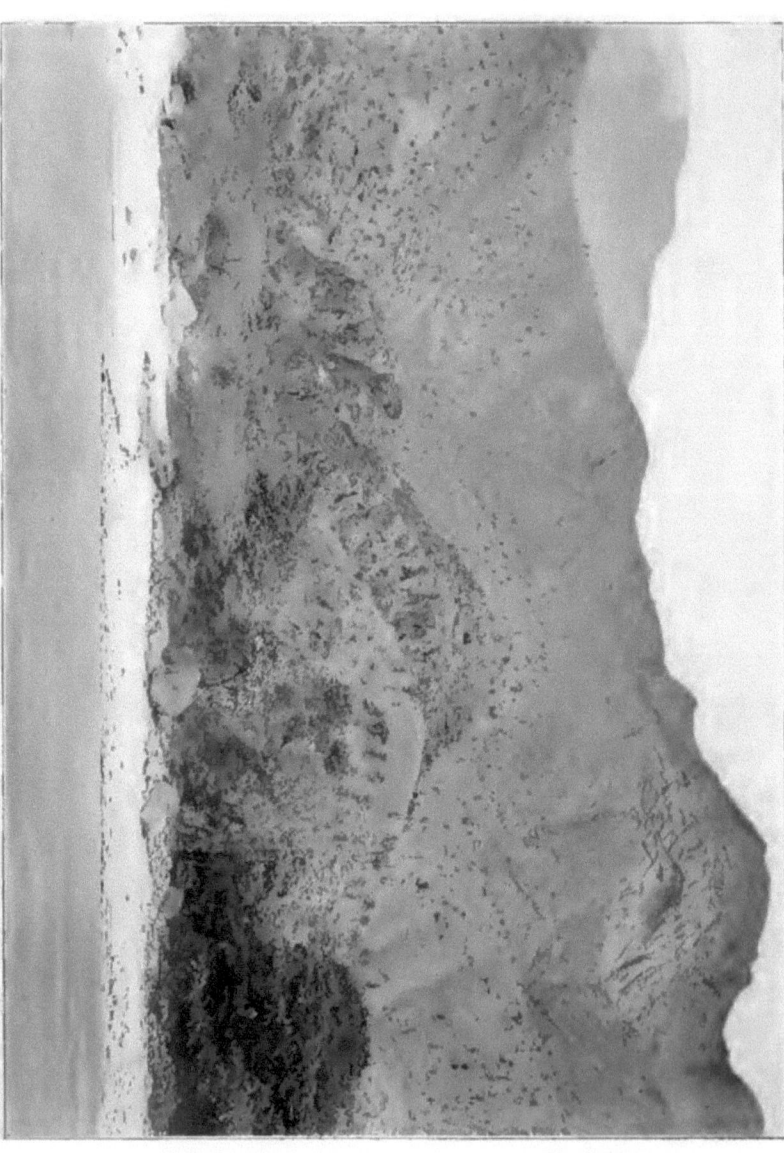

A. Weberbauer, phot.

Interandines Gebiet Nordperus: Der Marañon bei Balsas (900 m).
Am Flußufer immergrünes Gebüsch, an den Abhängen offene Xerophytenbestände, hauptsächlich Cacteen und regengrüne Holzgewächse.

Interandines Gebiet Nordperus: Östliche Talwand des Marañon über Balsas, bei 1100 m. Offene Xerophytenbestände: Hauptsächlich **Bombax**-Bäumchen und **Cacteen**; vorn rechts **Pitcairnia grandiflora** Mez und **Caesalpinia praecox** R. et Pav.

dringen. Nach BRÜNING[1] beginnt die Waldvegetation der Hylaea (mit Palmen usw.) etwas unterhalb der Mündung des Chinchipe um 5° 20'.

Das Klima des hier zu betrachtenden Talabschnittes zeichnet sich aus durch spärliche, aber anscheinend regelmäßige Sommerregen.

Wie an der Küste, so sondert sich auch im Marañontale scharf das **immergrüne Gebüsch der Flußufer**. Außerhalb der letzteren aber, auf den steinigen bis felsigen Hängen der Talwände, sieht man die zerstückelte Vegetationsdecke einer Halbwüste, **gemischte Bestände, gebildet von regengrünen Sträuchern und Zwergbäumen, xerophilen Bromeliaceen, Fourcroyen, zahlreichen Kakteen, einigen anderen Sukkulenten und wenigen hinfälligen Kräutern**. Als wesentliche Unterschiede gegenüber verwandten Formationen der zentralperuanischen Sierrazone sind ganz besonders die große Menge der Kakteen und die geringe Individuenzahl der Kräuter hervorzuheben.

Flußufergebüsch.

Bäume:

Celtis sp. *Acacia* sp. (Legum.). *Cassia fistula* (Legum.). *Prosopis juliflora* (Legum.; nur in einem Exemplar gesehen; ob wirklich wild?). *Sapindus saponaria*.

Aufrechte Sträucher:

Capparis scabrida. Leucaena trichodes (Legum.). *Caesalpinia pulcherrima* (Legum.). *Muntingia calabura* (Elaeocarp.). *Cordia rotundifolia* (Borrag.). *Tessaria integrifolia* (Compos.).

Kletternde Sträucher:

Nr. 4265 (Apoc.; windend). Eine rankende Vitacee.

Hohe Rohrgräser:

Gynerium sagittatum. *Phragmites vulgaris*.

Vegetation der Abhänge.

Kräuter:

Selaginella Mildei (Filic.; hygroskopisch, ähnlich der *Selaginella peruviana*). *Bouteloua racemosa* (Gram.). *Tragus racemosus* (Gram.). *Andropogon contortus* (Gram.). Nr. 4786). *Onoseris adpressa* (Compos.). *Euphorbia* sp. *Pectis oligocephala* (Compos.).

Sträucher:

Bougainvillea peruviana (Nyctag.; mit überhängenden Zweigen; in der Trockenzeit nach dem Laubfall blühend). *Calandrinia linomimeta* (Portulac.). *Capparis scabrida. Tephrosia purpurea* (Legum.). *Stylosanthes leiocarpa* (Legum.). *Krameria* sp. (Legum. Nr. 4780.). *Oxalis hypopilina. Banisteria populifolia* (Malpigh.). *Jatropha*-Arten (Euphorb.; einige mit Milchsaft und Brennhaaren; Nr. 4779, 4797). *Croton* sp. (Euphorb. Nr. 4783). *Cardiospermum corindum* (Sapind.). *Cienfuegosia heterophylla* (Malv.). *Jacquemontia floribunda* (Convolv.). *Evolvulus* sp. (Convolv. Nr. 4799). *Lantana Zahlbruckneri* (Verben.). *Siphonoglossa peruviana* (Acanth.). *Trixis* sp. (Compos. Nr. 4793).

Zwergige Bäume:

Bombax-Arten (in der Trockenzeit, nach dem Laubfall blühend), z. B. *Bombax discolor*. *Caesalpinia praecox* (Legum.).

---

[1] De Chiclayo á Puerto Melendez en el Marañon. — Lima 1905. (Auch im Boletin de la Sociedad geográfica de Lima, 1903).

Xerophile Bromeliaceen:

Tillandsia-Arten. *Deuterocohnia longipetala*. *Puya* sp. *Pitcairnia grandiflora* (mit kurzem, niederliegendem, verzweigtem Stamm).

Succulenten:

Peperomia dolabriformis (Piperae.). *Portulaca lanuginosa*. Kakteen, z. B. *Cereus*-, *Pilocereus*-, *Cephalocereus*- und *Melocactus*-Arten. *Fourcroya* sp. (Amaryll.).

Cienfuegosia heterophylla, *Portulaca lanuginosa* und *Selaginella Mildei* sind auf freien, feuchten Sandflächen am Flußufer auch während der Trockenzeit lebend anzutreffen.

5. Kapitel.

Die zentralperuanische Sierrazone.

Das Wort Sierra bezeichnet in Peru bald die gemäßigten und kalten Regionen des Landes im Gegensatz zur Küste (Costa) und dem waldreichen Tropengebiet des Ostens (Montaña), bald die hochgelegenen, dicht bevölkerten Täler, woselbst sich der Anbau temperierter Kulturgewächse konzentriert. Die zentralperuanische Sierrazone umfaßt (um es zunächst kurz auszudrücken) nach Ausschluß eines nördlichen und eines südlichen Teiles Perus den größten Teil der westlichen Andenhänge und des interandinen, d. h. des zwischen östlichem und westlichem Gebirgsrand gelegenen Abschnittes der Anden. Wie bei der Tolazone und der Mistizone die nördliche, so läßt sich bei der mit jenen sich berührenden zentralperuanischen Sierrazone die südliche Ausdehnung vorläufig nicht sicher angeben; dieselbe scheint an den Westhängen geringer zu sein als im interandinen Abschnitt. Der nördliche Abschluß fällt zwischen 7° und 9° S., wahrscheinlich in die Nähe des erstgenannten Breitengrades. Die östliche Grenzlinie liegt in den Marañon-Anden, also nördlich von 11° S., auf dem Kamme der Zentralkordillere, während sie südlich jener Breite, in den Ucayali-Anden, bald auf dem Kamme der Ostcordillere verläuft, bald quer durch ostandine Täler, welche die Richtung der Hauptketten kreuzen; der obere Teil dieser Täler gehört dann zur zentralperuanischen Sierrazone. In vertikaler Richtung bestimmen den Umfang der zentralperuanischen Sierrazone die Höhenlinien von 1500—1800 m einerseits und von 4000 m andrerseits.

Abnahme der Temperatur und Zunahme der Niederschläge (Sommerregen) in vertikaler Richtung und daneben eine weniger beträchtliche Zunahme der Niederschlagsmengen nach Norden hin einerseits, nach Osten hin andrerseits — das sind die Hauptzüge der klimatischen Gliederung, und ihre Wirkungen trägt die Vegetation unverkennbar zur Schau. Entsprechend der bedeutenden, 2500 m erreichenden Höhendifferenz stehen naturgemäß der untere und der obere Rand der Zone in grellem Gegensatz zueinander: dort noch kultivierte und wildwachsende Bewohner der Tropen, hier Pflanzen, die Schneefälle zu ertragen haben; dort der lockere Verband ausgeprägt xerophiler Gestalten, hier viel engeres Zusammenschließen und mittleren Feuchtigkeits-

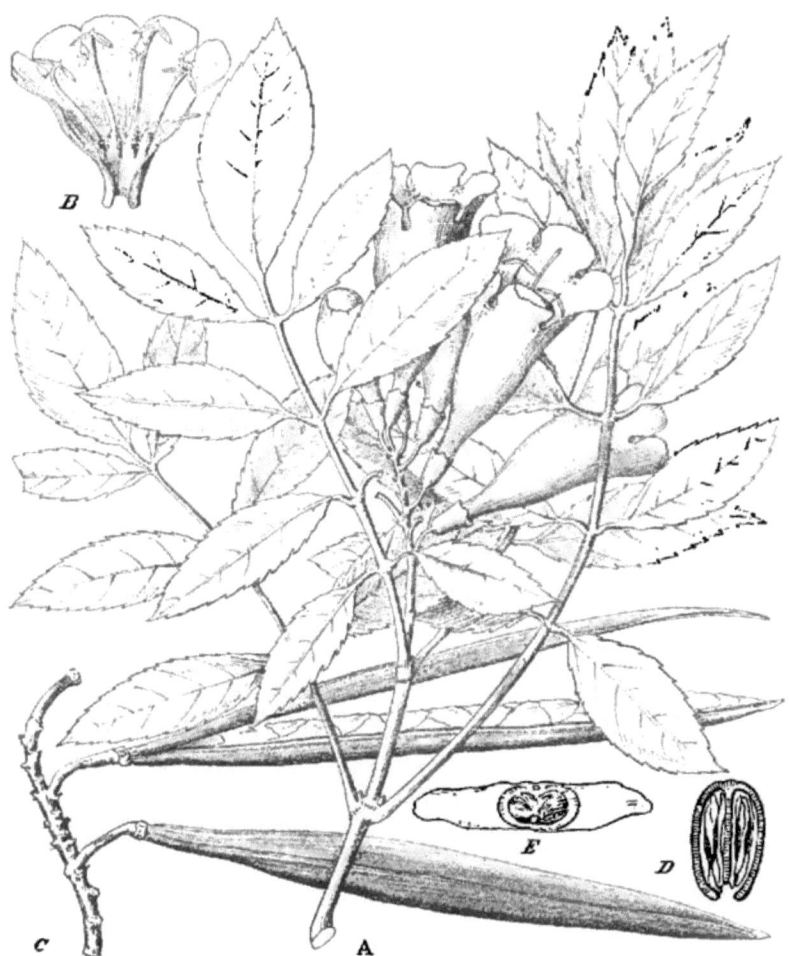

Fig. 15. *Stenolobium sambucifolium* (H. B. K.) Seem.
A Blühender Zweig. *B* Blüte, aufgeschnitten. *C* Zweig mit Früchten. *D* Querschnitt durch die Frucht. *E* Same.

verhältnissen angepaßte Organisation der Formationselemente. In mittleren Höhenlagen aber durchdringen die gegensätzlichen Typen einander derartig, und vollzieht sich der Wechsel im Formationsbild so allmählich, daß es berechtigt erscheint, jenen weiten Umfang der Zone anzunehmen. Innerhalb derselben läßt sich eine Scheidelinie niederen Ranges konstruieren, in welcher zwei Bezirke sich berühren. Diese Linie liegt bei 2800—3000 m, und in ihr treffen sich der untere Bezirk oder kräuterarme Bezirk der Wüstenpflanzen und der obere oder Bezirk der ausdauernden Steppengräser. In der Meereshöhe von 2800—3000 m scheint auch die untere

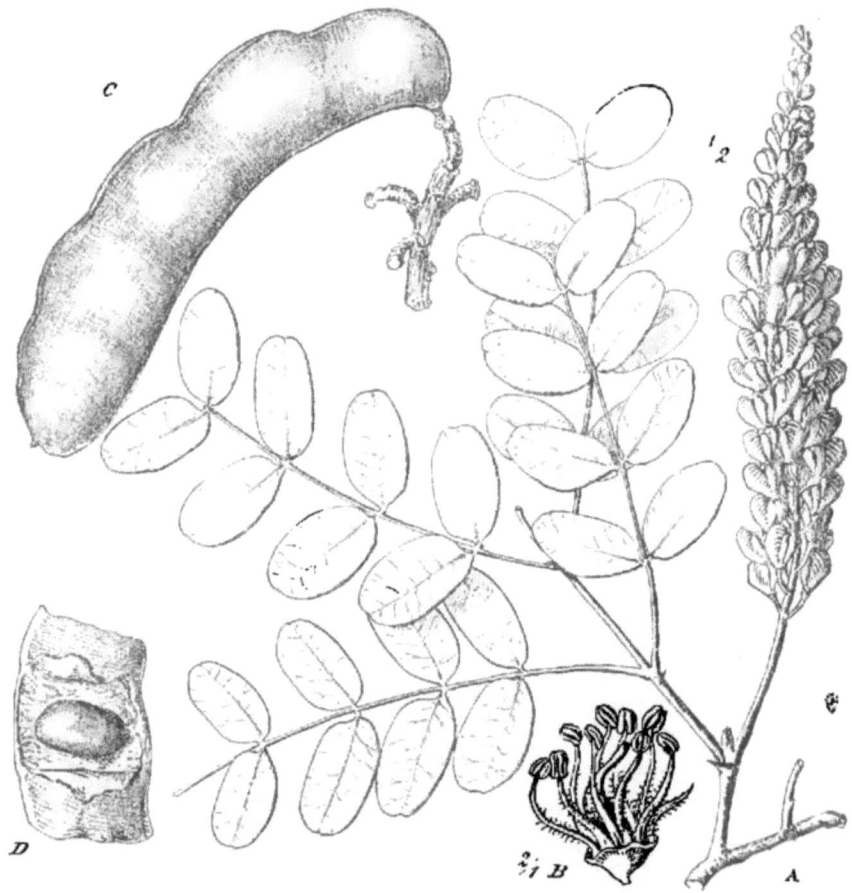

Fig. 16. *Caesalpinia tinctoria* (H. B. K.) Benth.
A Blühender Zweig. *B* Staubblätter und Fruchtknoten. *C* Frucht. *D* Teil der letzteren, geöffnet.

Grenze der Fröste zu verlaufen. Bis hierhin sendet die Flora des Küstenlandes ihre letzten größeren Holzgewächse: *Schinus molle*, *Carica candicans* und stellenweise auch noch *Caesalpinia tinctoria*; ferner schwankt um jene Linie der obere Rand des Verbreitungsgebietes von *Heliotropium peruvianum* (Borrag.), *Cereus peruvianus* (Cact.), *Mentzelia cordifolia* (Loas.), *Yungia spectabilis*

(Compos.), *Stenolobium sambucifolium* Bign.), der Gattungen *Fourcroya*, *Croton*, *Lantana* (Verb.) und anderer Pflanzen, die nach unten hin bis 2300 m oder noch tiefer gehen. Andrerseits gelangen von oben her gewisse temperierte Formenkreise wie *Valeriana, Calceolaria, Berberis, Vicia, Lupinus, Lathyrus, Trifolium, Ribes, Thalictrum, Anemone, Fuchsia, Bomarea* gar nicht oder nur in stark verminderter Arten- und Individuenzahl weiter hinab als bis zu 3000—2800 m Seehöhe. Weniger deutlich als nach der Flora läßt sich nach dem Gesamtbild

Fig. 17. *Vallea stipularis* L. fil. *A* Blühender Zweig. *B* Frucht.

der Vegetation die Frage entscheiden, wo die beiden Bezirke sich trennen. Im größten Teile des unteren Bezirks werden die Flußufer von immergrünem Gebüsch eingenommen, das gegen die Umgebung scharf absticht. Dieser Gegensatz mildert sich nach obenhin immer mehr; er geht oft schon weit unterhalb der von mir angenommenen Grenze zwischen beiden Bezirken völlig verloren und fehlt dem oberen, abgesehen von den eigenartigen Gebüschen mancher interandiner Bachschluchten, die trotz weitgehender Verschiedenheit eine gewisse Analogie zu den oben erwähnten Flußufergebüschen darstellen. Verfolgen wir nun die Pflanzendecke außerhalb der Fluß- und Bachufer aufwärts, so sehen wir die ausdauernden Steppengräser, eine Vegetationsform, die für den oberen

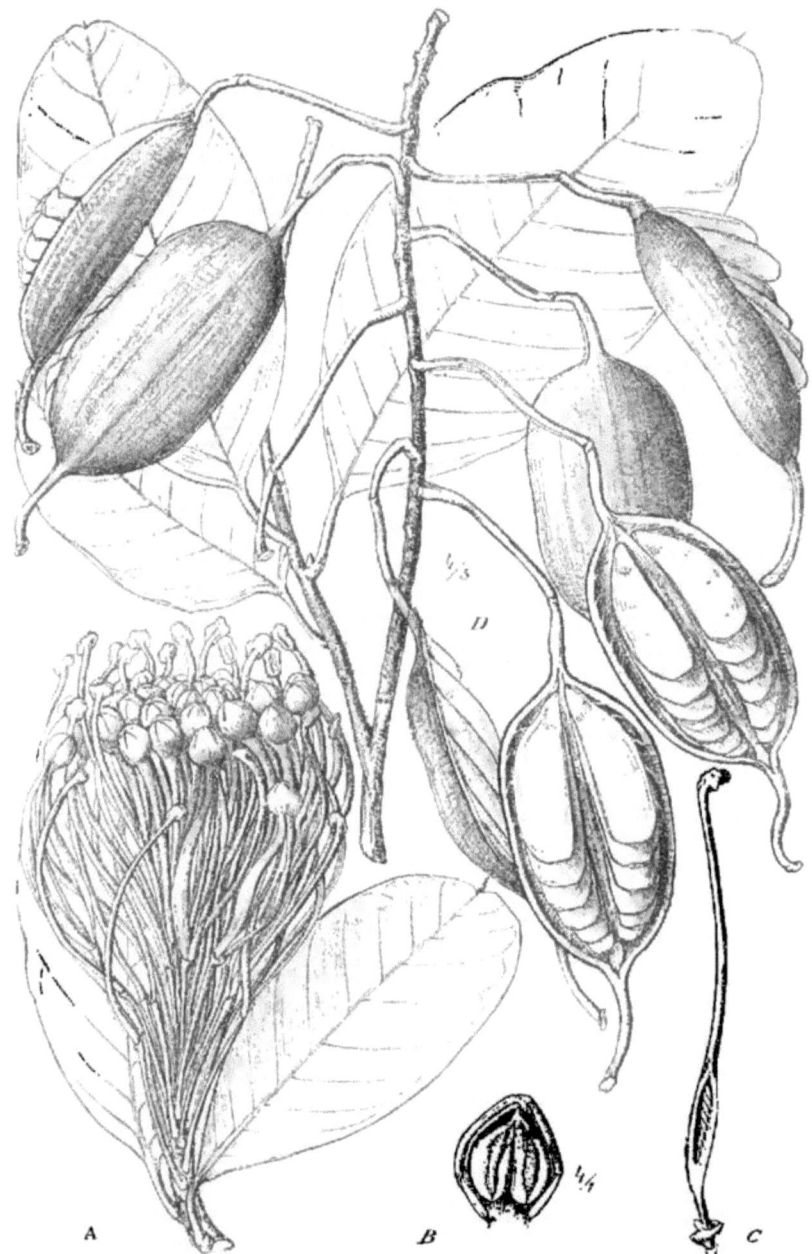

Fig. 18. *Embothrium grandiflorum* Lam.
A Blühender Zweig. B Anthere. C Fruchtknoten, längs durchschnitten. D Zweig mit Früchten.

Bezirk charakteristisch ist, schon unterhalb des letzteren vereinzelt auftreten und allmählich an Häufigkeit zunehmen. Diese Gräser bleiben auch während der Trockenzeit, in verdorrtem Zustand, sichtbar. Zartere Kräuter aber läßt die Dürre verschwinden. Da nun die Regenzeit in höheren Lagen früher einsetzt als in tieferen, und da die Ergiebigkeit der Niederschläge und ihre Ausdehnung nach unten hin in den verschiedenen Jahren erheblich schwankt, so entstehen entsprechende vertikale Verschiebungen in der Physiognomie der Formationen.

Wenn auch die westliche Abdachung der Anden und die interandinen Täler in den wichtigsten pflanzengeographischen Zügen übereinstimmen, so fehlt es doch nicht an Verschiedenheiten. So dürfte *Carica candicans*, eine Charakterpflanze der Westseite, den interandinen Tälern fehlen und andrerseits hier die westliche Verbreitungsgrenze der *Myricaceen*, *Proteaceen* (*Embothrium*), *Cunoniaceen* (*Weinmannia*), *Coriariaceen*, *Melastomataceen* und der Gattungen *Odontoglossum* (Orchid.), *Vallea* (Elaeoc.), *Gaultheria* (Eric.) liegen. Durch diese und ähnliche Tatsachen wird die horizontale Gliederung der zentralperuanischen Sierrazone angedeutet. Leider reicht die derzeitige pflanzengeographische Erforschung Perus noch nicht aus, um jene Gliederung genau zu bestimmen. Immerhin sollen in der nachfolgenden Darstellung die westliche Abdachung und die interandinen Täler gesonderte Besprechung finden.

Vorher seien noch mehrere durch Zutun des Menschen eingeschleppte Gewächse erwähnt, welche eine weite Verbreitung erlangt und auffällige, fremdartige Züge in den ursprünglichen Vegetationscharakter hineingebracht haben. *Aloë vera*, früher offenbar wegen ihrer medizinischen Eigenschaften gepflanzt, hat sich unter die Xerophyten des unteren Bezirks gemengt. *Spartium junceum* begleitet die Wasserläufe vieler Täler, namentlich in Höhenlagen zwischen 2000 und 3000 m; *Agave americana* und eine kandelaberförmige, reich verzweigte *Opuntia* (wahrscheinlich *O. subulata*) dienen im oberen Bezirk und in höheren Lagen des unteren zu lebenden Zäunen und verwildern oft. Namentlich gilt dies von der erwähnten *Opuntia*, deren Glieder leicht abbrechen und widerhakige Stacheln tragen.

A. Die westliche Abdachung.

Zwischen der Lomazone und der zentralperuanischen Sierrazone liegt ein Gebiet, das so gut wie gar keine Niederschläge erhält, weder von den Garuas der Küste, noch von den Sommerregen der westlichen Andenhänge erreicht wird. Die Flüsse säumt die gleiche Gebüschvegetation, welche wir in der Lomazone kennen lernten. Im übrigen entbehren ausgedehnte Flächen jeglicher Vegetation. Hin und wieder zeigen sich an Felshängen Scharen grauer Tillandsien und Kakteen der Gattungen *Cereus*, *Cephalocereus*, *Pilocereus* und *Melocactus* und auf flacherem, weniger steinigem Gelände sehr vereinzelte Sträucher und Halbsträucher, wie *Galvesia limensis* (Scroph.), *Grabowskia boerhaviifolia* (Solan.), *Coldenia paronychioides* (Borrag.), *Wigandia urens* (Borrag.), *Hoffmannseggia viscosa* (Legum.), *Jacquemontia secunda* (Convolv.),

Trixis cacalioides (Comp.), *Monnina pterocarpa* (Polygal.), *Parkinsonia aculeata* (Legum.) und eine mit Brennhaaren bedeckte *Jatropha* (Nr. 1694). Es sind dies zum Teil Arten, die auch zur Flora der nordperuanischen Wüstenzone gehören. In den obersten Teil des trocknen Streifens reichen in manchen Sommern einige Regengüsse hinab. Diese spärlichen Niederschläge bewirken, daß einige Kräuter sprießen, deren Samen offenbar in jahrelangem Ruhezustand verharren können. Entsprechend der wechselnden Ausdehnung der Sommerregen-Region schwankt auch die untere Grenze der zentralperuanischen Sierrazone, deren Vegetation nunmehr im einzelnen besprochen werden soll.

Der untere Bezirk oder kräuterarme Bezirk der Wüstenpflanzen.

1. Die Flußufergebüsche.

Nirgends sah ich diese Formation so gut erhalten, als in jenem wenig bevölkerten Tale, woselbst der Weg vom Hafen Supe (ca. 10° 50′ S.) nach Ocros und Cajatambo emporsteigt. Die Steilheit der Talwände, die geringe Breite des Talbodens und die Gefahren der Verrugaskrankheit haben vielleicht der Besiedlung entgegengewirkt und so dazu beigetragen, daß die Flußufergebüsche vor zerstörenden Eingriffen des Menschen bewahrt blieben. Bei 1300—1600 m, also dicht unter der Grenze der zentralperuanischen Sierra-Zone, verschwindet eine wichtige Charakterpflanze der Küste, das *Gynerium sagittatum* (Gram.) und eine zweite, *Tessaria integrifolia* (Compos.) ist sehr selten geworden, offenbar nur noch durch die äußersten Vorposten des Areals vertreten. Alte Weiden- und Erlenbäume (*Salix Humboldtiana* und *Alnus jorullensis*) und ein *Ficus* (Nr. 2646), der auf umfangreichem, kurzem und plumpem Stamme eine niedrige Krone trägt und mit seinem flach ausgebreiteten Gerüst bretterförmiger Wurzeln das Erdreich gegen die Gewalt des reißenden Gebirgswassers festigt — das sind unter den Bewohnern der Flußufer die stattlichsten Gestalten. Zu ihnen gesellen sich die Bäume *Inga Feuillei* und *Sapindus Saponaria*, der zwischen Baum- und Strauchform schwankende *Schinus molle*, die Sträucher *Caesalpinia tinctoria*, *Buddleia occidentalis* (Logan.) und *Acnistus arborescens* (Solan.), sowie das Rohrgras *Phragmites communis*. . Im Gezweig der aufrechten Holzgewächse stützen sich die spreizklimmenden Sträucher *Rubus urticifolius* und *Büttneria hirsuta* (Stercul.), ein windender Compositenstrauch (Nr. 2638) und ungewöhnlich starke, die Dicke eines Menschenarmes erreichende Stämme der rankenden Liane *Clematis dioica*. Wie in tieferen Lagen besetzen auch hier dornenstarrende *Acacia*-Bäumchen (wahrscheinlich *Acacia macracantha*) die trockensten Plätze, die äußeren Ränder des Gebüsches. Diesen Aufbau behält die Formation bis zu 1600, vielleicht bis zu 1800 m Meereshöhe. Ein wesentlich anderes Bild bietet das Flußufergebüsch in der Höhenlage zwischen 2400 und 2900 m. Hier sind schöne alte Erlen (*Alnus jorullensis*) die tonangebenden Elemente und zugleich die einzigen Vertreter der Baumform. In ihrem Gezweig sitzen die kopfgroßen breitblättrigen Rosetten eines Epiphyten, der *Tillandsia interrupta*. So entsteht ein seltsames Bild, gewissermaßen eine

Westliche Andenhänge Zentralperus unterhalb Matucana, bei 2300—2400 m. Offene Xerophytenbestände: **Puya Roezlii** Ed. Morr., **Cereus** sp. Der beblätterte Strauch vorn in der Mitte **Jatropha macrantha** Müll. Arg.

Vereinigung tropischen und nordischen Pflanzenlebens. Die Zahl der aufrechten Sträucher ist, wenigstens hinsichtlich der Individuen, größer als in tieferen Gebirgsregionen: *Cordia pauciflora* (Borrag.), *Cacalia micaniaefolia* (Compos.), *Tournefortia loxensis*, eine *Cleome*, *Acnistus multiflorus*, *Schinus molle*, *Büttneria catalpifolia* (Stercul.), *Delostoma dentatum* (Bign.) bilden ein lockeres Unterholz. Den Lianentypus vertreten ein *Tropaeolum*, eine *Clematis* (Nr. 2726, wahrscheinlich aus der Verwandtschaft von *C. havanensis*), die windende *Mühlenbeckia tamnifolia* (Polygon.) und die spreizklimmende *Colignonia Weberbaueri* (Nyct.). Die beiden letztgenannten klettern am höchsten und dringen bis in die Wipfel der Erlenbäume. Auf den Zweigen von Holzgewächsen schmarotzt *Phrygilanthus Lehmannianus* (Loranth.). *Aphelandra cajatambensis* (Acanth.) gehört zu den wenigen Kräutern des beschatteten Bodens. *Cortaderia atacamensis* (Gramin.) schmückt Steine und Geröll in unmittelbarer Nähe des Flusses. — In einem andern, über dem Hafen Samanco (ca. 90) gelegenen Tale beobachtete ich bei 1900—2300 m Seehöhe unter den Elementen des Flußufergebüsches *Mimosa albida* (Leg.), *Serjania fuscostriata* (Sapind.), *Cynanchum cenadorense* (Asclep.), *Stenolobium sambucifolium* (Bign.), *Phenax rugosa* (Urtic.), strauchige *Eupatorium*-Arten und die krautige *Lobelia decurrens*.

2. Die Vegetation außerhalb der Flußufer.

Zerstreut wachsende Xerophyten von mannigfaltiger Tracht bilden eine einzige große, durchaus offene Formation, die mancher vielleicht als Wüstensteppe bezeichnen würde. Kakteen, Fourcroyen, stammbildende Bromeliaceen und regengrüne Sträucher sind die wichtigsten physiognomischen Typen. Folgende Zusammenstellung von Beispielen mag zeigen, in wie mannigfacher Weise der Xerophyten-Charakter sich ausprägt.

Blattlose Stammsukkulenten: *Cereus*-Arten.

Beblätterte dikotyle Sträucher mit auffällig dicken Zweigen: *Carica candicans*. *Jatropha macrantha* (Euphorb.).

Monokotyle Schopfpflanzen mit sehr dickem holzigem, reich verzweigtem niederliegenden Stamm: *Puya*-Arten (Bromel.), z. B. *P. Roezlii*.

Blattsukkulenten: *Fourcroya cubensis* (Amaryll.), *Peperomia anisophylla* (Piperac.). *Portulaca pilosa*. *Cotyledon*-Arten (Crassul.). *Pilea globosa* (Urtic.).

Sträucher mit stark behaarten Blättern: *Mentzelia cordifolia* (Loas.). *Loasa incana*. *Balbisia verticillata* (Geran.). *Onoseris integrifolia* (Compos.).

Blattlose oder armblättrige Sträucher: *Ephedra* sp., *Asteriscium longirameum* (Umbellif.).

Xeromorphe Pteridophyten: *Pellaea nivea*, mit derben, unterseits schneeweißfilzigen Wedeln, die dicht beschuppte *Cheilanthes myriophylla* und die hygroskopische *Selaginella peruviana*, deren Stengel und Blätter sich bei trocknem Wetter zu einem dichten Knäuel zusammenballen.

Einjährige Kräuter: *Cyclanthera microcarpa* (Cucurb.), *Cyclanthera Mathewsii*. *Zinnia* sp. (Compos.). *Chenopodium panniculatum*. *Monnina Weberbaueri* (Polygal.). *Lupinus* sp. (Legum.). *Browallia* sp. (Solan.). *Cleome chilensis* (Cappar.). *Parietaria debilis* (Urtic.).

Zwiebelpflanzen: *Stenomesson flavum* (Amaryll.). *Stenomesson longifolium*. *Trichlora peruviana* (Lil.). *Oxalis* sp.

Knollenpflanzen: *Commelina fasciculata*. *Anthericum eccremorrhizum* (Lil.). *Peperomia*-Arten (Pip.). *Boussingaultia* sp. (Basell.). *Ipomoea Nacionis* (Convolv.). *Oxalis* sp.

Reichliche Beleuchtung des dürftig bewachsenen Bodens und regelmäßige, wenn auch auf einen kurzen Zeitraum beschränkte Niederschläge wirken dahin zusammen, daß sie das Gedeihen der Flechten begünstigen: Auf *Cacteen* und an den Zweigen der Sträucher, besonders aber auf Steinen, leben *Physcia*-, *Usnea*-, *Theloschistes*-, *Ramalina*- und *Parmelia*-Arten. Nach oben hin nimmt die Formation — entsprechend den wachsenden Niederschlagsmengen — einige Sträucher auf, die in tieferen Lagen ihr Vorkommen auf die Nachbarschaft der Wasserläufe beschränken: *Schinus molle*, *Caesalpinia tinctoria* und *Stenolobium sambucifolium*. *Schinus molle* bleibt auch an diesen trockneren Standorten immergrün und unterscheidet sich dadurch von der Mehrzahl der hier vorkommenden Sträucher. Bei *Mutisia viciaefolia* und *Stenolobium sambucifolium* erhalten sich manche Individuen ebenfalls ständig belaubt. Wie die Belaubung, so ist auch die Blütenbildung der meisten Sträucher an den feuchteren Teil des Jahres gebunden. Zu den seltenen Ausnahmen gehören die in der Trockenzeit blühenden Sträucher *Carica candicans* und *Jatropha macrantha*.

Durch enge Täler winden sich die Flüsse der peruanischen Anden, zwischen steilen, felsigen oder doch steinigen Wänden. Wo ein Fleckchen schwächer geneigten oder minder steinigen Geländes sich findet, da wird die Natur vom Menschen verdrängt durch künstliche Bewässerung und den Anbau von Nutzpflanzen. Daher läßt sich in der Vegetation außerhalb der Flußufer eine deutliche Unterscheidung der Felsenpflanzen und der Bewohner steinarmen Bodens nicht durchführen. Immerhin erhalten manche steile Felswände ein eigenartiges Aussehen dadurch, daß sie von Scharen grauer *Tillandsien* (z. B. *T. usneoides*, *T. recurvata*, *T. latifolia*) oder von stacheligen *Puya*-Rosetten verhüllt werden.

Obiger Besprechung ökologisch interessanter Typen lasse ich eine Aufzählung sämtlicher Pflanzen folgen, die ich in der Vegetation außerhalb der Flußufergebüsche vorfand, mit Ausnahme einer geringen Anzahl, deren Bestimmung sich noch nicht ermöglichen ließ. Günstige Gelegenheit zu reichlichem Sammeln fand ich allerdings nur an der Lima-Oroya-Bahn (ca. 12° S.). Pflanzen, die sowohl hier als auch unter 9° S. (über dem Hafen Samanco) angetroffen und somit als weit verbreitet erkannt wurden, kennzeichnet gesperrter Druck des Namens. Das Zeichen △ bedeutet, daß die Pflanze tieferen, das Zeichen ▽, daß sie höheren Regionen angehört.

Fig. 19. *Mutisia viciaefolia* Cav. var. *hirsuta* Meyen.
A Blühender Zweig. B Scheibenblüten.

Unter 12° S. (über Lima):

Pellaea nivea (Fil.).
Pellaea ternifolia.
Cheilanthes myriophylla (Fil.).
Cheilanthes marginata.
Cheilanthes scariosa.
Asplenium Gilliesianum (Fil.).
Adiantum Poiretii (Fil.).
Selaginella peruviana.
Ephedra sp.
Melica sp. (Gram. Nr. 110). ▽
Tillandsia latifolia (Bromel.).
Tillandsia recurvata.
Puya Roezlii (Bromel.).
Pitcairnia pungens (Bromel.).
Commelina fasciculata.
Trichlora peruviana (Lil.).
Anthericum eceremorrhizum (Lil.).
Stenomesson longifolium (Amaryll.).
Stenomesson flavum.
Fourcroya cubensis (Amaryll.).
Peperomia anisophylla (Piperac.).
Peperomia rupisela.
Parietaria debilis (Urtic.).
Pilea globosa (Urtic.).
Chenopodium panniculatum.
Portulaca pilosa.
Boussingaultia sp. (Basell.).
Spergularia sp. (Caryoph.; Nr. 57).
Cleome chilensis (Capparid.).
Cotyledon-Arten (Crassul.).
Hesperomeles pernettyoides (Rosac.) △.
Caesalpinia tinctoria (Leg.)
Dalea calocalyx (Leg.).
Lupinus sp. (Leg.; einjährig).
Cassia tomentosa (Leg.).
Astragalus macrorhynchus (Leg.).
Oxalis-Arten.
Hypseocharis Pilgeri.
Balbisia verticillata (Geran.) △.
Monnina Weberbaueri (Polygal.).
Jatropha macrantha (Euphorb.).
Croton Ruizianus (Euphorb.).
Schinus molle.
Cereus-Arten, z. B. *Cereus peruvianus.*
Malesherbia-Arten, z. B. *M. cylindrostachya.*
Loasa incana △.
Mentzelia cordifolia (Loas.).
Carica candicans.
Begonia octopetala.
Asteriscium sp. (Umbellif.).
Plumbago coerulea.
Philibertia flava (Asclep.).
Ipomoea Nationis (Convolv.).
Phacelia peruviana (Hydroph.) ▽.
Cordia subscrrata (Borrag.).
Heliotropium peruvianum (Borrag.).
Heliotropium corymbosum.
Lantana scabiosaeflora (Verben.).
Lippia scorodonioides (Verben.).
Citharexylum spinosum (Verben.).
Perilomia ocymoides (Lab.).
Salvia-Arten (Lab.), z. B. *S. strictiflora.*
Nicandra physaloides (Solan.).
Dunalia lycioides (Solan.).
Browallia sp. (Solan.).
Cacabus sp. (Solan.) △.
Solanum lycioides.
Calceolaria extensa (Scroph.).
Calceolaria serrata.
Alonsoa linearis (Scroph.).
Bartsia densiflora.
Stenolobium sambucifolium.
Delostoma dentatum (Bign.).
Arcythophyllum sctosum (Rub.).
Valeriana-Arten.
Cyclanthera microcarpa (Cucurb.).
Cyclanthera Mathewsii.
Piqueria peruviana (Compos.).
Piqueria floribunda.
Ambrosia peruviana (Compos.).
Jungia spectabilis (Compos.).
Mutisia viciaefolia (Compos.) ▽.
Onoseris integrifolia (Compos.)
Flourensia sp. (Compos. Nr. 119).
Gnaphalium sp. Compos. Nr. 118).
Helianthus-Arten (Compos. z. B. Nr. 100).
Zinnia sp. (Compos. Nr. 68).
Verbesina sp. (Comp. Nr. 58).
Senecio-Arten (Comp. z. B. Nr. 48. Nr. 154).

Zwischen 10 und 11° S. (über dem Hafen Supe):

Cereus peruvianus (Cact.). *Carica candicans. Fourcroya cubensis. Ephedra* sp. *Indigofera Weberbaueri* (Leg.). *Heliotropium peruvianum. Verbena trifida. Monnina Weberbaueri* (Polygal.). *Croton* sp. (Euphorbiac.). *Hesperomeles pernettyoides* (Rosac.). *Mutisia viciaefolia. Schinus molle. Caesalpinia tinctoria. Mentzelia cordifolia.*

A. Weberbauer, phot.

Westliche Andenhänge Zentralperus, unterhalb Ocros, bei 3000 m.
Felsige Hänge, bekleidet mit Grassteppe, der Sträucher, Cacteen und stammbildende Bromeliaceen **Puya** eingestreut sind.

Unter 9° S. (über dem Hafen Samanco):

Pennisetum chilense (Gram.). *Eragrostis Weberbaueri* (Gram.). *Altensteinia pilifera* (Orchid.). *Mirabilis campanulata* (Nyct.). *Astriscium longiramcum* (Umbellif.). *Leptoglossis schwenckioides* (Solan.). *Dichondra repens* (Convolv.). *Gonolobus peruanus* (Asclep.). *Coursetia Harmsi* (Leg.).

Dazu kommen die gesperrt gedruckten Arten von Matucana (s. oben).

Der obere Bezirk oder Bezirk der ausdauernden Steppengräser.

Im oberen Bezirke sind die Niederschlagsmengen größer, und dauert die Regenzeit länger als im unteren. Hauptsächlich hierauf, weniger auf den Temperaturverhältnissen beruhen die Charakterzüge im Vegetationsbilde. Die herrschende klimatische Formation läßt sich kurz bezeichnen als Grassteppe mit eingestreuten Sträuchern. Die meisten Gräser dauern aus und besitzen schmale und derbe Blätter. Letztere pflegen die Länge eines halben Meters nicht zu überschreiten. Zwischen die Gräser mengen sich viele andere Kräuter, ebenfalls zu einem großen, vielleicht zum größten Teile ausdauernd. Die Sträucher wachsen vereinzelt, nicht zu Beständen vereinigt, und nur wenige überschreiten die Höhe von 2 m. Gegen Ende der Regenzeit, wenn die vegetative Entwicklung zusammen mit der Blütenbildung den Höhepunkt erreicht hat, ist die Pflanzendecke dicht verwebt, und an begünstigten Plätzen das Erdreich völlig verhüllt. Die Trockenperiode läßt die zarteren Kräuter verschwinden und lichtet das Laubwerk der Sträucher; aber die Büschel der ausdauernden Gräser bleiben in verdorrtem Zustand stehen, und manche Sträucher behalten einen Teil ihrer Blätter. Die Formation unterliegt also einer deutlich ausgeprägten Periodicität, ist regengrün zu nennen, aber die kahlen Wüstenlandschaften des unteren Bezirks kommen hier nicht zustande. Extrem xerophile Organisation ist kein wesentlicher Charakterzug, sondern auf vereinzelte Fälle beschränkt. Es zeigt sich dies u. a. darin, daß die für den unteren Bezirk so bezeichnenden Kakteen völlig untergeordnete Formationselemente darstellen.

Späteren Untersuchungen muß es vorbehalten bleiben, die Unterabteilungen innerhalb jener großen Formation zu unterscheiden. Auch über die daneben vorhandenen kleineren Standortsformationen lassen sich zur Zeit nur knappe Mitteilungen machen.

Da die herrschende Formation, ähnlich wie im unteren Bezirk, vielfach hohe, felsige Talhänge einnimmt, wird es auch hier schwierig, die eigentlichen Felsenformationen zu erkennen. Doch scheint es, daß manche xerophile Formenkreise, die dort weit verbreitet auftreten, im oberen Bezirk ihr Vorkommen auf felsigen Untergrund beschränken. Es gilt dies insbesondere von *Cereus*- und *Puya*-Arten. Andere Felsbewohner sollen später genannt werden.

Im Gegensatz zu tieferen Lagen entbehren die Ufer der Flüsse und Bäche eigenartiger, von der Umgebung scharf gesonderter Gehölzformationen. Bis hinauf zu Höhen von 3500 m ist allerdings längs der Wasserläufe das

Gedeihen der Holzgewächse begünstigt. Oft rücken dieselben hier dichter zusammen als anderwärts. Aber allermeist sind es Arten, die auch in der Grassteppe vorkommen, da die dort vorhandene Bodenfeuchtigkeit ihren Ansprüchen genügt. Deutlich bevorzugen den sehr feuchten Untergrund von Ufern oder quelligen Plätzen einige kräftige Holzgewächse. Es sind dies *Alnus acuminata, Buddleia longifolia, Polylepis racemosa, Sambucus peruviana*, die oft Baumform annehmen, ferner die strauchige *Cantua buxifolia* und eigentümliche Sträucher der Gattung *Polymnia* (Comp.), deren kerzengerade Stämme zur Höhe von 5 m und zur Dicke eines Menschenarms heranwachsen und im Alter durch Schwinden des Markgewebes hohl werden. Alle diese Bäume und Großsträucher treten indes zu unregelmäßig zerstreut auf, um als typische Formationselemente gelten zu können. Dazu kommt noch, daß sie teils wegen ihrer medizinischen Eigenschaften, teils zu Bauzwecken an manchen Hütten angepflanzt oder gehegt werden, und andrerseits dem Hüttenbau offenbar viele wildwachsende Exemplare zum Opfer fielen, Umstände, welche das Bild der ursprünglichen Verbreitung verdunkeln. Steinige Bachränder schmückt allenthalben das stattliche Gras *Cortaderia atacamensis*, das aber auch auf Felsen übergeht. Einige andere Begleiter der Bäche werden später Erwähnung finden.

Oberhalb der Meereshöhe von 3500 m beobachtet man, daß die Artenzahl der Holzgewächse abnimmt, und daß diese den feuchten Untergrund geradezu meiden. Wahrscheinlich reicht die Durchschnittstemperatur des feuchten Bodens nicht aus für die aus tieferen Lagen heraufrückenden Sträucher, so daß deren Einwanderung auf trockenes Erdreich sich beschränken mußte. Die von Wasser durchtränkten, oft sumpfigen Flächen, die namentlich an den Ufern der Bäche sich ausbreiten, werden nunmehr von wohl charakterisierten und deutlich begrenzten Kräuterdecken bekleidet, deren Elemente dicht zusammenschließen und beständig grünen. Zwischen der Bachufermatte, die, aus kleinen dem Boden angeschmiegten Formen bestehend, das Aussehen eines Teppichs zeigt und dem Wiesenmoor, das viele aufrechte größere Pflanzen, namentlich *Gramineen, Cyperaceen* und *Juncaceen* enthält, vermittelt eine Reihe von Übergangsstufen.

Die Bestandteile dieser Formationen sollen später genannt werden. Es sei aber vorausgeschickt, daß sie einige Elemente der hochandinen Flora enthalten, und daß diese Flora hier tiefer hinabreicht als an trockenen Standorten.

Nachfolgende Aufzählung gibt Auskunft über die Flora des oberen Bezirks. Bei einigen Gattungen und Arten ließ sich eine sehr weite Verbreitung feststellen. Gleiches wird sich aber zweifellos noch für eine große Zahl derjenigen Formenkreise ergeben, die ich nur in bestimmten Gegenden bemerkte. Es sei noch hervorgehoben, daß in der Höhenregion zwischen 3000 und 3500 m für die Flora der westlichen Andenhänge Zentralperus das Maximum der Artenzahl liegen dürfte.

Grassteppe mit eingestreuten Sträuchern.

1. Über Lima (ca. 12° S.).

Kräuter:

Cheilanthes pruinata (Filic.). *Polypodium angustifolium* (Filic.). *Festuca muralis* (Gram.). *Melica* sp. (Gram.). *Poa* sp., verw. *P. adusta* (Gram.). *Bromus unioloides* (Gram.). *Commelina fasciculata* (tiefere Lagen). *Anthericum eccremorrhizum* (Lil.; tiefere Lagen). *Luzula racemosa* (Juncac.; höhere Lagen). *Bomarea puberula* (Amaryll.). *Bomarea involucrosa*. *Alstroemeria pygmaea* (Amaryll.). *Quinchamalium* sp. (Santal.). *Stellaria laxa* (Caryoph.). *Cerastium humifusum* (Caryoph.). *Cerastium oblongifolium*. *Ullucus tuberosus* (Basell.). *Calandrinia acaulis* Portul.). *Thalictrum longistylum* (Ranuncul.). *Ranunculus argemonifolius*. *Anemone helleborifolia* (Ranuncul.). *Lepidium abrotanifolium* (Crucif.). *Descurainia leptoclada* (Crucif.). *Greggia arabioides* (Crucif.). *Sedum andinum* (Crassul.). *Tillaea connata* (Crassul.). *Alchemilla pinnata* (Rosac.). *Trifolium amabile* (Legum.). *Lathyrus magellanicus* (Legum.). *Vicia grata* (Legum.). *Geranium Sodiroanum*. *Geranium superbum*. *Malvastrum peruvianum* (Malv.). *Loasa grandiflora* (oft an Wegrändern). *Cajophora Preslii* (Loas.). *Oenothera Weberbaueri*. *Daucus montanus* (Umbellif.). *Oreomyrrhis andicola* (Umbellif.; höhere Lagen). *Bowlesia*-Arten (Umbellif.). *Arracacia incisa* (Umbellif.). *Phacelia peruviana* (Hydrophyll.). *Gilia laciniata* (Polemon.). *Cynoglossum revolutum* (Borrag.). *Eritrichium Walpersii* (Borrag.). *Verbena microphylla*. *Castilleja fissifolia* (Scrophul.). *Bartsia densiflora* (Scrophul.). *Relbunium hirsutum* (Rubiac.). *Galium Weberbaueri* (Rub.). *Valeriana interrupta*. *Valeriana pedicularioides*. *Sicyos bryoniaefolius* (Cucurb.). *Erigeron* sp. (Comp.). *Tagetes* sp. (Comp.).

Sträucher und Halbsträucher:

Mühlenbeckia vulcanica (Polygon.; niederliegend, sehr häufig). *Clematis peruviana* (Ranuncul.). *Berberis* sp. *Acaena lappacea* (Rosac.). *Hesperomeles pernettyoides* (Rosac.). *Dalea Mutisii* (Legum.; tiefere Lagen). *Lupinus panniculatus* (Legum.). *Lupinus microcarpus*. *Monnina crotalarioides* (Polygal.). *Pentacyphus boliviensis* (Asclep.). *Salpichroma diffusa* (Solan.). *Alonsoa acutifolia* (Scrophul.). *Alonsoa incisaefolia*. *Calceolaria*-Arten (Scroph.). *Ambrosia peruviana* (Compos.). *Mutisia viciaefolia* (Compos.). *Bidens* sp. (Compos. Nr. 203).

2. Über Supe. (Zwischen 10 und 11° S.)
Zwischen 2900 und 3200 m.

Kräuter:

Eragrostis andicola (Gramin.). *Melica* sp. (Gramin. Nr. 2750). *Commelina fasciculata*. *Anthericum eccremorrhizum* (Liliac.). *Bomarea rosea* (Amaryll.). *Bomarea simplex*. *Thalictrum podocarpum* (Ranuncul.). *Cotyledon peruviana* (Crassul.). *Loasa macrophylla*. *Velaea peruviana* (Umbellif.). *Philibertia Weberbaueri* (Asclep.). *Valeriana pimpinelloides*.

Sträucher und Halbsträucher:

Drymaria sperguloides (Caryophyll.). *Thelypodium macrorrhizum* (Crucif.). *Hesperomeles pernettyoides* (Rosac.). *Colletia* sp. (Rhamn. Nr. 2737). *Verbena fissa*. *Lantana scabiosaeflora* (Verben.). *Salvia* sp. (Labiat. Nr. 2732). *Solanum* sp. (Nr. 2743 und 2747). *Bidens* sp. (Compos. Nr. 2745). *Ambrosia peruviana* (Compos.).

Zwischen 3200 und 3500 m.

Kräuter:

Adiantum scabrum (Filic.). *Cheilanthes pruinata* (Filic.). *Festuca muralis* (Gramin.). *Festuca* sp. verw. *F. lasiorhachis*. *Poa fibrifera* (Gramin.). *Eragrostis contracta* (Gramin.). *Quinchamalium* sp. verw. *Qu. gracile* (Santal.). *Calandrina acaulis* (Portul.). *Drymaria ovata* (Caryophyll.). *Lathyrus magellanicus* (Legum.). *Loasa cymbopetala*. *Cajophora contorta* (Loas.).

Bowlesia setigera (Umbellif.). *Cryptanthe linearis* (Borrag.). *Eritrichium Walpersii* (Borrag.). *Saracha Weberbaueri* (Solan.). *Dicliptera porphyracea* (Acanth.). *Siphocampylus biserratus* (Campan.).

Sträucher und Halbsträucher:

Berberis Weberbaueri. Lupinus paniculatus (Legum.). *Astragalus oerosianus* (Legum.). *Monnina crotalarioides* (Polygal.). *Passiflora trifoliata. Passiflora peduncularis. Hebacladus Weberbaueri* (Solan.). *Salpichroma dilatata* (Solan.). *Alonsoa Mathewsii* (Scrophul.). *Calceolaria glauca* (Scrophul.). *Calceolaria Incarum. Mutisia viciaefolia* (Compos.). *Barnadesia Dombeyana* (Compos.). *Bacharis Incarum* (Compos.). *Senecio collinus* (Compos.).

Zwischen 3500 und 3700 m.

Kräuter:

Sisyrinchium juncum (Irid.) sp. (Caryoph. Nr. 2702). *Paronychia* sp. *Alchemilla* sp. (Rosac.). *Vicia grata* (Legum.). *Castilleja fissifolia* (Scrophul.).

Sträucher und Halbsträucher:

Mühlenbeckia vulcanica (Polygon.). *Clematis peruviana* (Ranuncul.). *Ribes ovalifolium* (Saxifragac.). *Tetraglochin strictum* (Rosac.; untere Grenze bei 3600). *Astragalus Garbancillo* (Legum.). *Pernettya* sp. (Eric.; Nr. 2770). *Salpichroma Weberbaueri* (Solan.). *Calceolaria myrtilloides* (Scrophul.). *Bartsia Weberbaueri* (Scrophul.).

Kakteen:

Opuntia sp. (polsterförmig, fast kahl). *Echinocactus* sp.

3. Über Samanco (ca. 9° S.).

Zwischen 3000 und 3500 m.

Kräuter:

Adiantum sp. (Filic.). *Calamagrostis calvescens* (Gram.). *Poa horridula* (Gram.). *Poa fibrifera. Eragrostis andicola* (Gram.). *Festuca lasiorhachis* (Gram.; auch bei 3700 m). *Brachypodium mexicanum* (Gram.). *Bromus unioloides* (Gram.; wohl auch bei 3700 m). *Anthericum eccremorrhizum* (Lil.; auch bei 3700 m). *Alstroemeria peregrina* (Amaryll.). *Bomarea simplex* (Amaryll.). *Quinchamalium gracile* (Santal.). *Mirabilis prostrata* (Nyctag.). *Stellaria prostrata* (Caryoph.). *Stellaria* sp. (Nr. 3208). *Melandryum* sp. (Caryoph. Nr. 3169). *Cerastium caespitosum* (Caryoph.). *Anemone helleborifolia* (Ranuncul.). *Thalictrum* sp. (Ranuncul.). *Urbanodoxa rhomboidea* (Crucif.). *Greggia arabioides* (Crucif.). *Trifolium macrorrhizum* Legum.). *Vicia andicola* (Legum.). *Lupinus romasanus* (Legum.). *Lathyrus magellanicus* Legum.). *Monnina Weberbaueri* (Polygal.). *Oxalis Weberbaueri. Cajophora* sp. (Loas.). *Loasa picta* (tiefere Lagen). *Onagra fusca* (Oenother.). *Urbanosciadium strictum* (Umbellif.). *Eryngium stellatum* (Umbellif.). *Bowlesia* sp. (Umbellif.). *Salvia*-Arten (Lab.). *Castilleja fissifolia* (Scrophul.; auch bei 3700 m). *Plantago cinerea. Galium andicolum* (Rubiac.). *Relbunium hirsutum* (Rub.). *Valeriana*-Arten. *Erigeron* sp. (Compos. Nr. 3112). *Liabum Jelskii* (Compos.).

Sträucher und Halbsträucher:

Berberis podophylla. Thelypodium macrorrhizum (Crucif.). *Hesperomeles pernettyoides* (Rosac.). *Acaena lappacea* (Rosac.). *Dalea samanoensis* (Legum.). *Lupinus paniculatus* (Legum.). *Astragalus romasanus* (Legum.). *Psoralea glandulosa* (Legum.). *Monnina crotalarioides* (Polygal.). *Alonsoa Mathewsii* (Srophul.). *Bartschia calycina* (Scrophul.). *Porodittia triandra* (Scrophul.). *Siphocampylus macropodoides* (Campan.). *Stevia cajabambensis* (Compos.; Zwergstr.). *Helianthus* sp. (Compos. Nr. 3138). *Ambrosia peruviana* (Compos.). *Bacharis* sp. (Compos.). *Mutisia viciaefolia* (Compos.).

Bei 3700 m.

Kräuter:

Pellaea nivea (Filic.). *Melica* sp. (Gram. Nr. 3034; auch zwischen 3000 und 3500 m). *Eragrostis contracta* (Gram.). *Trisetum subspicatum* (Gram.). *Trisetum hirtum*. *Bouteloua humilis* (Gram.). *Stenomesson suspensum* (Amaryll.). *Drymaria ramosissima* (Caryoph.). *Loasa* sp. *Oenothera multicaulis*. *Philibertia flava* (Asclep.). *Phacelia peruviana* (Hydrophyll.); auch weiter unten bis 3000 m häufig). *Pectocarya lateriflora* (Borrag.). *Verbena microphylla*. *Conyza andicola* (Compos.). *Gnaphalium* sp. (Compos. Nr. 3045). *Erigeron* sp. (Compos. Nr. 3055). *Galinsoga calva* (Compos.). *Tagetes* sp. (Compos. Nr. 3059). *Rothia* sp. (Comp. Nr. 3044).

Sträucher und Halbsträucher:

Tetraglochin strictum (Ros.). *Verbena trifida*. *Salpichroma* sp. (Solan.). *Calceolaria Cajabambae* (Scrophul.). *Bacharis Sternbergiana* (Compos.). *Bidens* sp. (Compos. Nr. 3057). *Ophryosporus Chilia* (Compos.).

Felsen:

Viele Flechten und Moose. *Tillandsia*-Arten (Bromel.). *Puya*-Arten, z. B. *Puya Ruiziana*, *Puya grandidens* (Bromel.). *Peperomia nivalis* (Piperac.). *Melandryum cucubaloides* (Caryoph.). *Cremolobus*-Arten, z. B. *C. Weberbaueri* (Crucif.). *Cotyledon*-Arten, z. B. *Cotyledon excelsa* (Crassul.). *Saxifraga Cordillerarum* (häufig). Wenige Kakteen (*Cereus*- und *Echinocactus*-Arten). *Bowlesia rupestris* (Umbellif.). *Plantago oreades*. *Gnaphalium*-Arten (Compos.). *Polyachyrus villosus* (Compos.). *Hieracium*-Arten (Compos.).

Bachränder:

Alnus jorullensis (Betul.). *Mühlenbeckia tamnifolia* (Polygon.). *Coligonia*-Arten (Nyctag.). *Ribes*-Arten (Saxifrag.). *Polylepis racemosa* (Rosac.). *Tropaeolum*-Arten, *Passiflora*-Arten, z. B. *Passiflora trifoliata*, *Passiflora obtusiloba*, *Fuchsia*-Arten, (Oenotherac.; tiefere Lagen, z. B. *Fuchsia tacsoniiflora*, *Fuchsia integrifolia*), *Buddleia incana* (Logan.), *Cantua buxifolia* (Polemon.), *Salvia sagittata* (Labiat.), *Hebecladus biflorus* (Solan.), *Calceolaria macrocalyx* (Scrophul.), *Sambucus peruviana* (Caprifol.), *Polymnia*-Arten, z. B. *Polymnia fruticosa* (Compos.), *Bacharis*-Arten (Compos.) — und an steinigen, offenen Stellen: *Cortaderia atacamensis* (Gram.), *Epilobium Haenkeanum* (Oenother.), *Calceolaria ranunculoides* (Scrophul.), *Gnaphalium*-Arten (Compos.).

Wiesenmoor, untersucht bei 3500 m Seehöhe über Ocros:

Polypogon interruptus (Gram.). *Calamagrostis cajatambensis* (Gram.). *Eleocharis albibracteata* (Cyp.). *Luzula* sp. (Junc. Nr. 2696). *Juncus brunneus*. *Sagina ciliata* (Caryoph.). *Cardamine flaccida* (Crucif.). *Alchemilla pinnata* (Rosac.). *Gentiana paludicola*. *Gentiana prostrata*. *Castilleja fissifolia* (Scrophul.). *Werneria cortusaefolia* (Comp.).

B. Die interandinen Täler und Becken.

Abgesehen von einigen floristischen Unterschieden sondern sich hier in derselben Weise wie an der westlichen Abdachung des Gebirges ein unterer trockener und ein oberer feuchterer Bezirk. Aber der erstere ist nur in kleinen, weit zerstreuten Splittern vorhanden, der letztere in ungleich größerer Ausdehnung und innigerem Zusammenhang. Ganz und gar dem oberen

Bezirk gehören natürlich zahlreiche kleine Täler und Becken an. Dagegen lassen tief eingeschnittene interandine Täler wie die der Flüsse Santa, Puccha, und Marañon im Norden, Urubamba, Apurimac, Pampas und Tambo im Süden, die erwähnte Gliederung deutlich erkennen. In einigen ostandinen Tälern beherrscht die höheren Lagen westandin-interandine, die tieferen die später zu beschreibende ostandine Vegetation. Die höheren Lagen lassen dann entweder beide Bezirke der zentralperuanischen Sierrazone erkennen, wie im Tal von Tarma, oder nur den oberen, wie im Tal von Sandia. Der obere Bezirk besitzt in der Nähe vergletscherter Ketten, wo wasserreiche Bäche sich in steilwandige enge Schluchten versenken, wie an der Cordillera blanca des Departamento Ancash und an der Ostwand des oberen Urubambatales, die interessante Formation der Bachschluchtengebüsche. In der Grassteppe zeigen sich nach Osten hin die Wirkungen der ein wenig zunehmenden Feuchtigkeit.

Der untere Bezirk oder kräuterarme Bezirk der Wüstenpflanzen.

Das Santatal in der Gegend der Stadt Caraz (Meereshöhe der Talsohle ca. 2200 m).

1. **Flußufergebüsch.**

Bäume:

Alnus jorullensis. Inga Feuillei. Salix Humboldtiana. Acacia tortuosa (zwergig, nur 3 m hoch; äußere Ränder der Formation). *Schinus molle* (manche Exemplare strauchförmig.).

Aufrechte Sträucher:

Caesalpinia tinctoria. Buddleia mollis (Logan.). *Piper stomachicum. Rapanea Manglillo* (Myrsin.). *Stenolobium sambucifolium* (Bign.). *Cestrum* sp. (Solan.). *Acnistus* sp. (Solan.).

Kletterpflanzen:

Clematis dioeca. Cynanchum ecuadorense (Asclep.). *Serjania striolata* (Sapind.). *Tropaeolum* sp. *Rubus* sp.

Gräser:

Phragmites communis. Cortaderia atacamensis (hauptsächlich auf Geröll und Steinblöcken).

Vermißt wurden folgende Pflanzen, die in den tieferen Lagen der westlichen Andenabdachung zu den häufigen Begleitern der Flußufer gehören: *Büttneria hirsuta* (Stercul.), *Sapindus Saponaria, Tessaria integrifolia* (Comp.), *Gynerium sagittatum*.

2. **Vegetation außerhalb der Flußufer:** Durchaus offene Formation, zusammengesetzt aus Kakteen, Fourcroyen, stammbildenden Bromeliaceen, regengrünen Sträuchern und einigen Kräutern von sehr kurzer Vegetationsdauer. Die im folgenden erwähnten Pflanzen wurden sämtlich in der Höhenlage zwischen 2200 und 2600 m beobachtet.

Farnpflanzen:

Pellaea ternifolia. Nothochlaena sulphurea. Pellaea nivea. Nothochlaena Fraseri. Cheilanthes scariosa. Selaginella peruviana.

Krautige Blütenpflanzen:

Andropogon sp., verw. *A. Schottii* (Gram.). *Pennisetum chilense* (Gram.). *Bulbostylis arenaria* (Cyper.). *Altensteinia pilifera* (Orchid.). *Cotyledon strictum* (Crassul.). *Oxalis Weberbaueri*. *Onoseris* sp. (Comp. Nr. 3012). *Zinnia* sp. (Comp. Nr. 3014).

Sträucher und Halbsträucher:

Dalea trichocalyx (Legum.). *Indigofera Weberbaueri* (Legum.). *Caesalpinia Pardoana* (Legum.). *Caesalpinia tinctoria*. *Calliandra expansa* (Legum.). *Jatropha macrantha* (Euph.). *Schinus molle*. *Dodonaea viscosa* (Sapind.). *Asteriscium longirameum* (Umbellif.). *Schistonema Weberbaueri* (Asclep.). *Ruellia turbacensis* (Acanth.). *Arcythophyllum thymifolium* (Rub.). *Trixis cacalioides* (Comp.). *Flourensia* sp. (Comp.). *Helianthus* sp. (Comp. Nr. 3008). *Jungia spectabilis* (Comp.).

Die mit Aufmerksamkeit gesuchte *Carica candicans* habe ich nur in einem einzigen Exemplar angetroffen. Offenbar lag ein versprengter Standort dieser ausgesprochen westandinen Pflanze vor, verständlich durch die Tatsache, daß der Santafluß unterhalb Caraz die westliche Randkette durchbricht und sich dem pazifischen Ozean zuwendet.

Zwergiger Baum:

Acacia tortuosa.

Kakteen:

Arten der Gattungen *Cereus*, *Cephalocereus*, *Melocactus* und *Opuntia*.

Monocotyle Schopfpflanze mit fleischigen Blättern:

Fourcroya sp. (wahrscheinlich *F. cubensis*).

Stammbildende schopfblättrige Bromeliacee (Stamm kurz und dick, niederliegend, reich verzweigt):

Puya macrura.

Epiphytische und felsbewohnende Bromeliaceen:

Tillandsia latifolia (Felsen), *Tillandsia saxicola* (Felsen). *Tillandsia cereicola* (Epiphyt auf Cereus-Stämmen).

Moose:

Wenige, sehr vereinzelt vorkommende Arten auf Erde, Steinen und Felsen.

Flechten:

Mehrere Arten auf Steinen und Felsen.

Das Pucchatal unterhalb der Stadt Chavin de Huantar (abwärts verfolgt bis zu 2400 m Meereshöhe).

Die Vegetation bietet zwischen 2400 und 2700 m Seehöhe in der Hauptsache dasselbe Bild wie bei Caraz im Santatale.

Flußufergebüsch:

Salix Humboldtiana. *Alnus jorullensis*. *Inga Feuillei*. *Erythrina* sp.; verw. *E. breviflora* (Leg.; kleiner, 6 m hoher, Baum). *Acacia tortuosa*. *Schinus molle*. *Caesalpinia tinctoria*. *Stenolobium sambucifolium*. *Piper pseudobarbatum*. *Serjania* sp. *Clematis dioeca*. *Phragmites communis*. *Cortaderia atacamensis*.

Es fehlen: *Tessaria integrifolia*. *Gynerium sagittatum*. *Buettneria hirsuta*. *Sapindus Saponaria*. *Acnistus arborescens*.

Vegetation außerhalb der Flußufer:

Acacia tortuosa. Schinus molle. Caesalpinia tinctoria. Porlieria Lorentzii (Zygophyll.). *Calliandra expansa. Llagunoa nitida* (Sapind.). *Caesalpinia Pardoana. Flourensia* sp. *Dodonaea viscosa. Onoseris* sp.
Einige Gräser und Farne.
Cephalocereus- und *Cereus-*Arten. *Fourcroya* sp.

Puya sp.
Tillandsia-Arten, welche, wie *T. heteromorpha, T. latifolia* und die meterhohe *T. extensa* Felsen bewohnen oder, wie *T. aurea, T. pallidoflavens* und *T. usneoides* auf den Zweigen der Bäume und höheren Sträucher eine üppig entwickelte Epiphytenvegetation bilden, zum Teil jedoch an beiden Standorten gedeihen dürften.

Im Juli sah ich in den tieferen Lagen dieser Formation das Laub sämtlicher Pflanzen mit Ausnahme von Schinus molle, Fourcroya und der Bromeliaceen verdorrt, im Oktober desselben Jahres, als ich das Tal zum zweitenmal durchreiste, viele Kräuter und Sträucher im Beginn des Austreibens.
Vergeblich gesucht wurden *Jatropha macrantha* und *Carica candicans*.

Das Marañon-Tal in der Gegend des 9. Breitengrades

verhält sich zweifellos ebenso wie das Tal des Flusses Puccha, welcher dort in den Marañon mündet. Ich lernte diesen Teil des Marañontales nur an einer Stelle kennen. Das Flußbett lag 2670 m über dem Meeresspiegel. *Schinus molle, Caesalpinia tinctoria, Salix Humboldtiana, Stenolobium sambucifolium, Phragmites communis, Cortaderia atacamensis* sind dort häufig, und an den Abhängen wachsen säulenförmige *Cereus*-Arten, *Yungia spectabilis, Dodonaea viscosa* usw.

Das Tal des Flusses Urubamba in der Gegend der Stadt Urubamba (ca. 13° 20′ S.).

Die Talsohle befindet sich dort 2800—3200 m über dem Meeresspiegel. Das Gefälle des Urubamba ist hier nicht sehr stark, so daß ein beträchtliches Stück seines Laufes zu jener nur 400 m umfassenden Höhenstufe gehört. Hinsichtlich der Pflanzendecke besteht eine unverkennbare Ähnlichkeit mit den soeben besprochenen Abschnitten des Santa-, Puccha- und Marañon-Tales.

Vegetation der Flußufer: *Alnus jorullensis, Salix Humboldtiana, Schinus molle, Caesalpinia tinctoria, Phragmites communis*. Diese Pflanzen pflegen aber nicht in ausgedehnten Beständen aufzutreten, sondern nur vereinzelt oder in kleinen Gruppen. Sicherlich handelt es sich hier um die Reste ehemaliger Ufergebüsche. Das Tal war, wie die vielen Ruinen zeigen, zur Zeit der Inkas sehr bevölkert, vielleicht noch mehr als gegenwärtig. Wo Holzgewächse und Röhricht fehlen, bedeckt ebene Plätze eine lockere Grastrift, bestehend aus wenigen Arten xerophiler Gramineen, deren Stengel sich dem Boden anschmiegen. Schon im Mai beginnt diese Grasflur zu verdorren. Sie verdankt ihr Dasein offenbar Wasseransammlungen, die während der Regenzeit durch die geringe Neigung des Geländes ermöglicht werden. Daß solche Wasseransammlungen tatsächlich stattfinden, erkennt man auch in der Trockenzeit an den tief eingedrückten Hufspuren und ferner an sehr zerstreuten kleinen Gruppen von *Scirpus*- und *Juncus*-Arten. Letztere vermitteln übrigens den Übergang zwischen diesen Triften und der den höheren Lagen eigentümlichen Formation der Wiesenmoore.

Vegetation außerhalb der Flußufer: Im Monat Mai ist von Kräutern nicht mehr viel zu bemerken. Ausdauernde Gräser oder wenigstens Gräser, deren oberirdische Teile während der Trockenzeit sichtbar bleiben, fehlen oder treten nur sehr zerstreut auf. Das Laub der allermeisten Sträucher ist völlig oder größtenteils verdorrt. Nur die unten erwähnten Schinus-Arten grünen auch jetzt noch unverändert. Die beobachteten Formationselemente sind: *Cereus*-Arten, *Fourcroya* sp., wenige Gräser, *Selaginella peruviana*, *Puya longistyla* (Bromeliacee mit niederliegenden, reich verzweigtem, dickem Stamm und schopfiger Beblätterung), und die Sträucher bzw. Halbsträucher *Stenolobium sambucifolium* (Bign.), *Mentzelia cordifolia* (Loas.), *Schinus dependens* (Anacard.), *Schinus Pearcei*, *Schinus molle*, *Lippia Fiebrigii* (Verben.), *Lippia spathulata*, *Mühlenbeckia chilensis* (Polygon.), *Heliospermum* sp. (Sapind. Nr. 4913), *Croton* sp. (Euphorb. Nr. 4917), *Asteriscium triradiatum* (Umbellif.), *Caesalpinia tinctoria*. — An Crotonsträuchern und anderen Pflanzen sah ich bei Beginn des Winters wiederholt junge Inflorescenzen mit völlig vertrockneten Blütenknospen. Vielleicht ist dieser plötzliche Stillstand der Lebenstätigkeit weniger auf die Trockenheit, welche doch ganz allmählich einsetzt, zurückzuführen, als auf die Nachtfröste.

Wenn man, dem Flusse Urubamba von der gleichnamigen Stadt aus talabwärts folgend, in der Meereshöhe von 2800 m angelangt ist, so erkennt man an dichterem Zusammenschluß und geringerer Periodizität der Vegetation eine Steigerung der Feuchtigkeit anstelle der mit abnehmender Erhebung verbundenen Steigerung der Trockenheit, welche die meisten interandinen Täler charakterisiert. Die Gehölze an den Flußufern werden dichter und reichhaltiger; *Pineda* sp. (Flacourt. Nr. 4931), *Kageneckia* sp. (Rosac.), *Abutilon* sp. (Malv.), *Mimosa revoluta* (Leg.) u. a. bisher fehlende Arten finden sich ein. An den Abhängen verschwinden die Kakteen nebst sonstigen Xerophyten und erscheint allmählich eine dichte, an Sträuchern arme Grassteppe. Letztere ist selbst im Juli nur teilweise vertrocknet, somit einer weit kürzeren Ruheperiode unterworfen als die Formation, welche bei der Stadt Urubamba die Talwände bewohnt. Der Fluß trifft nunmehr eine ost-westlich streichende hohe Schneekette und durchbricht dieselbe in tief eingeschnittenen Schluchten. Inmitten dieses Durchbruchsgebietes, etwa bei 2300 m Meereshöhe, gelangt die ostandine Flora zur Herrschaft. Somit gliedert sich die Vegetation des Urubambatales in einen interandinen und in einen ostandinen Abschnitt. Zwischen beiden vermittelt eine Übergangsregion, welche die Höhenstufe von 2300—2800 m einnimmt.

Das Tal von Tarma

ist durchzogen von einem Bache, der als Oberlauf des dem Stromgebiet des Ucayali angegliederten Flusses Chanchamayo betrachtet werden kann. Ähnlich wie am Urubamba beherrscht auch am Chanchamayo westandin-interandine Vegetation den oberen, ostandine den unteren Teil des Tales.

In dem hier als Tal von Tarma bezeichneten oberen Abschnitt des Chanchamayotales ist die Höhenstufe von 2700—3300 m zum unteren Bezirk der zentralperuanischen Sierrazone zu rechnen, wenigstens hinsichtlich der Formationsverhältnisse. Auf dem lehmigen, oft steinigen, an einigen Stellen felsigen Boden der mäßig geneigten Hänge, welche das Tal umrahmen, ist die Zahl der Kakteen groß und wurden die Gräser nur in 3 Arten beobachtet. Im größten Teile des Jahres sieht man hier von vegetativem Leben nicht mehr als Kakteen, grauhaarige, schmalblättrige Tillandsien, einige Flechten und die offenbar verwilderte *Agave americana*; weite Flächen roten Lehmbodens sind völlig nackt. So lernte ich die Umgebung der Stadt Tarma (3050 m) bei meinem ersten Besuche, Ende November 1902, kennen, als gerade die ersten spärlichen Regen zu fallen begannen. Im Februar 1903 fand ich die Landschaft wesentlich verändert: Die Bergeshänge erschienen, aus der Ferne gesehen, wie in einen grünen Schleier gehüllt. So ziemlich alle Phanerogamen, die ich antraf, standen in Blüte. Doch war die Formation auch jetzt noch durchaus offen, allenthalben durch nackte Erdflecke unterbrochen.

Vegetation der Abhänge.

Flechten:
Parmelia sp. (auf Erde). *Theloschistes chrysophthalmus* (an Zweigen).

Laubmoose:
Wenige, sehr vereinzelt vorkommende Arten.

Farnpflanzen:
Cheilanthes lendigera. Pellaea nivea. Pellaea ternifolia. Nothochlaena tomentosa. Selaginella peruviana.

Krautige Blütenpflanzen:
Eragrostis contristata (Gram.). *Andropogon* sp., verw. *A. Schottii* (Gram.). *Tillandsia*-Arten (z. B. *T. purpurea, T. cauligera, T. usneoides*), oft an Felsen, auch epiphytisch an Sträuchern und Kakteen. *Anthericum glaucum* (Lil.; Knollenpfl.). *Peperomia nivalis* (Piperac.). *Atriplex cristatum* (Chenopod.). *Portulaca* sp. *Boussingaultia minor* (Basellac.; Knollenpfl.). *Oxalis ptychoclada. Oxalis acromelaena* (Knollenpfl.). *Cotyledon peruviana* (Crassul.). *Philibertia flava* (Asclep.). *Orthosia tarmensis* (Asclep.). *Ipomoea pubescens* (Convolv.; Knollenpfl.). *Heliotropium paronychioides* (Borrag.). *Salvia*-Arten (Lab.). *Stenandrium trinerve* (Acanth.). *Conyza andicola* (Comp.). *Rothia* sp. (Comp.; Nr. 2363).

Kakteen:
Cereus peruvianus. Mehrere *Opuntia*-Arten.

Sträucher und Halbsträucher:
Ephedra sp. *Berberis monosperma. Dalea Weberbaueri* (Legum.). *Psoralea lasiostachys* (Legum.). *Cassia aurantia* (Legum.). *Krameria triandra* (Legum.). *Dodonaea viscosa* (Sapind.). *Colletia aciculata* (Rhamn.). *Abutilon glechomatifolium* (Malv.). *Dunalia lycioides* (Solan.). *Solanum lycioides. Calceolaria cuneiformis* (Serophul.). *Arcythophyllum juniperifolium* (Rubiac.). *Tagetes Mandonii* (Compos.). *Gnaphalium* sp. (Compos.). *Ambrosia peruviana* (Compos.). *Flourensia* sp. (Compos.; Nr. 2385; überaus häufig). *Chuquiraga ferox* (Compos.; häufig). *Mutisia hirsuta* oder verwandt (Compos.).

Carica candicans und *Jatropha macrantha* (Euphorb.) fehlen.

Vegetation der Flußufer.

Der breite und flache Boden des Tarma-Tales gab vortreffliche Gelegenheit, ein ausgedehntes Netz von Bewässerungsgräben zu schaffen und Kulturbestände anzulegen. Daher blieben von den Gebüschen, die ursprünglich den Fluß begleiteten, nur noch kümmerliche Reste übrig. *Alnus jorullensis, Salix Humboldtiana, Prunus capollin, Polylepis* sp., *Buddleia incana* sind in großen Mengen angepflanzt, aber teilweise wahrscheinlich an Ort und Stelle einheimisch. Sicher gehören zur Flora der ursprünglichen Flußufergebüsche drei Holzgewächse, die für den unteren Bezirk der zentralperuanischen Sierrazone charakteristisch sind, nämlich *Schinus molle, Caesalpinia tinctoria* und *Stenolobium sambucifolium*, ferner *Equisetum* sp. und *Cortaderia atacamensis* sowie die krautigen oder höchstens halbstrauchigen Kletterpflanzen *Passiflora pinnatistipula, Passiflora obtusiloba, Cynanchum tarmense* (Asclep.), *Tropaeolum* sp.

In der Gegend des Dorfes Palca (ca. 2700 m) vollzieht sich ein Übergang zwischen westandin-interandiner und ostandiner Flora. Diese Region soll später behandelt werden.

Der obere Bezirk oder Bezirk der ausdauernden Steppengräser.

Wie an den Westhängen ist die herrschende, weitest ausgedehnte Formation eine Grassteppe mit eingestreuten Sträuchern, die in der Hauptsache denselben Charakter trägt wie dort. Auf zerstreute Plätze von eigenartiger Bodenbeschaffenheit beschränken sich die Bachschluchtengebüsche, die Tillandsia-Vereine steiler Felswände, die Bachufermatten, die Wiesenmoore, endlich einige noch seltenere Formationen wie die Wasserpflanzen-Vereine u. a.

α) Die Täler der Flüsse Santa, Puccha, Rio de Chiquian und Marañon (Cordillera blanca und Umgebung).

1. Grassteppe mit eingestreuten Sträuchern. Tal des Rio de Chiquian. Es wurden beobachtet zwischen 3000 und 3300 m:

Sträucher:

Ephedra sp., *Mühlenbeckia chilensis* (Polygon.), *Mühlenbeckia tamnifolia, Cleome* sp. (Capparid.), *Hesperomeles pernettioides* (Rosac.), *Dalea Mutisii* (Legum.), *Cassia* sp. (Legum.), *Lupinus panniculatus* (Legum.), *Monnina crotalarioides* (Polygal.), *Dodonaea viscosa* (Sapind.), *Colletia* sp. (Rhamn.), *Passiflora pedunularis, Lamourouxia subincisa* od. verw. (Scroph.), *Alonsoa Mathewsii* (Scroph.), *Calceolaria glauca* od. verw. (Scroph.), *Hebecladus* sp. (Solan.), *Salpichroma* sp. (Solan.), *Salvia*-Arten (Lab.), *Stenolobium sambucifolium* (Bignon.), *Jacobinia sericea* (Acanth.), *Baccharis Sternbergiana* (Comp.), *Senecio* sp. (Comp. Nr. 2839), *Helianthus* sp. (Comp. Nr. 2843), *Jungia spectabilis* (Comp.), *Ambrosia peruviana* (Comp.), *Mutisia viciaefolia* (Comp.).

Krautige Blütenpflanzen:

Bouteloua humilis (Gram.), *Pennisetum chilense* (Gram.), *Eragrostis contracta* (Gram.), *Eragrostis Montufari, Andropogon saccharoides* (Gram.), *Mühlenbergia elegans* (Gram.), *Poa* sp. (Gram.), *Calamagrostis calvescens* (Gram.), *Melica* sp. (Gram.) u. a. Gräser, *Anthericum eeeremerrhizum* (Liliac.), *Commelina fasciculata, Sisyrinchium junceum* (Irid.), *Peperomia verti cillata* (Piperac.; besonders an felsigen Stellen), *Quinchamalium gracile* (Santal.), *Thalictrum podocarpum* (Ranunc.), *Cotyledon peruvianum* (Crassul.), *Trifolium* sp. (Legum.), *Lathyrus magellanicus* (Legum.), *Vicia grata* (Legum.), *Tropaeolum* sp., *Valeriana* sp., *Bidens* sp. (Comp.), *Tagetes* sp. (Comp. Nr. 2830). *Onoseris annua* (Comp.), *Rothia* sp. Comp. Nr. 2836).

Farnpflanzen:

Polypodium crassifolium (besonders an felsigen Stellen), *Cheilanthes pruinata*, *Selaginella peruviana*.

Ferner zwischen 3300 und 3600 m:

Sträucher:

Mühlenbeckia vulcanica (Polygon.), *Colignonia Weberbaueri* (Nyctag.). *Clematis peruviana* (Ranunc.), *Berberis commutata*, *Ribes peruvianum* (Saxifrag.), *Dalea* sp. Legum. Nr. 2852), *Bartsia cinerea* (Scroph.), *Barnadesia Dombeyana* (Comp.), *Baccharis genistelloides* (Comp.).

Krautige Blütenpflanzen:

Cortaderia atacamensis (Gram.), *Festuca muralis* (Gram.), *Bomarea tribrachiata* (Amaryll.), *Prescottia pteristyloides* (Orchid.), *Peperomia rubioides* (Piperac.; besonders an felsigen Stellen), *Melandryum* sp. (Caryophyll. Nr. 2867), *Cotyledon virgata* (Crassul.; besonders an felsigen Stellen), *Saxifraga Cordillerarum* (besonders an felsigen Stellen), *Phacelia peruviana* (Hydrophyll.), *Browallia* sp. (Solan. Nr. 2848), *Castilleja fissifolia* (Scroph.), *Veronica peregrina* (Scroph.; besonders an feuchten Stellen), *Hieracium peruvianum* (Comp.; besonders an felsigen Stellen).

Farnpflanzen:

Cheilanthes pilosa (besonders an felsigen Stellen), *Cheilanthes pruinata*.

In der Höhenlage zwischen 3800 und 4000 m, wohin bereits viele hochandine Pflanzen reichen, bekleidet die Hänge eine Grassteppe, die auf weite Strecken von aufrechten Holzgewächsen frei bleibt. Letztere sind nur durch zwei derbblättrige, bald vereinzelt, bald truppweise vorkommende Formen vertreten: einen Strauch der Gattung *Brachyotum* (Melast.) und die interessante *Escallonia hypsophila* (Saxifr.); diese wächst bald zu einem Strauch heran, bald zu einem 2 m hohen Bäumchen, dessen flache Krone nicht selten sich einseitig ausdehnt, offenbar der vorherrschenden Windrichtung folgend.

Ungefähr ebenso wie bei Chiquián setzt sich die Grassteppe zwischen 3000 und 3800 oder 4000 m in den benachbarten Tälern des Santa, Puccha und Marañon zusammen. An der östlichen Wand des Santatales, über der Ortschaft Recuay, besetzen ebenfalls die untere Grenze der hochandinen Flora vereinzelte Holzgewächse, die sich bald zu Sträuchern, bald zu verkrüppelten Bäumchen entwickeln. Neben der oben erwähnten *Escallonia hypsophila* steht hier in der Umgebung des Sees Querococha (3900 m) die eigentümliche *Buddleia Ususch* (Logan.). Sie wird bis 4 m hoch und ihr knorriger Stamm trägt in dichter Krone lederartige, unterseits rostfarbig behaarte Blätter.

Im östlichen Teile der Zone rücken die der Grassteppe eingestreuten Sträucher auch in beträchtlicher Entfernung von Wasserläufen bisweilen zu kleinen, lockeren Beständen zusammen, eine Erscheinung, die andeutet, daß nach Osten hin das Klima feuchter wird.

A. Weberbauer, phot.

Interandines Gebiet Zentralperus: Conin im Pucchatale (Dep. Ancash, Prov. Huari), bei 3600 m.
Sehr alte Kisuar-Bäume (**Buddleia incana** R. & P.) mit epiphytischer **Tillandsia Wangerini** Mez.

2. Bachschluchtengebüsche.

Am schönsten ausgebildet sah ich diese Formation an den westlichen Hängen der Cordillera blanca über den Städten Caráz und Yungay, wo Gletscherbäche durch tiefe Schluchten in das Santatal hinabstürzen. Hochwüchsige Sträucher sind die herrschenden Elemente und über sie ragen vereinzelte kleine Bäume. Zu den häufigeren Bestandteilen gehören:

Bäume:

Alnus jorullensis (auch strauchartig wachsend). *Buddleia incana* (Logan.; auch strauchig wachsend).

Aufrechte Sträucher:

Alnus jorullensis auch baumartig. *Myrica variibractea. Embothrium grandiflorum* (Proteac.). *Berberis conferta. Escallonia resinosa* (Saxifrag.). *Ribes* sp. (Saxifrag.). *Weinmannia Weberbaueri* (Cunon.). *Polylepis albicans* (Rosac.; sehr häufig, vielleicht der häufigste Strauch). *Polylepis Weberbaueri. Hesperomeles pernettyoides* Rosac.. *Lupinus paniculatus. Cassia* sp. (Legum.). *Monnina crotalarioides* (Polygal.). *Hypericum laricifolium* Guttif.). *Vallea stipularis* (Elaeocarp.). *Brachyotum canescens* (Melast.). *Citharexylum ilicifolium* (Verben.). *Duranta lineata* (Verben.), *Calceolaria* sp. Scrophul.). *Columellia obovata. Buddleia incana* (Logan.; auch baumartig). *Bacharis*-Arten (Comp.), z. B. *Bacharis revoluta. Verbesina arborea* (Comp.). *Gynoxys* sp. (Comp. Nr. 3248). *Diplostephium carabayense* (Comp.). *Eupatorium* sp. (Comp.). *Liabum solidagineum* (Comp.).

Kletternde Sträucher:

Passiflora trifoliata rankend). *Mühlenbeckia sagittifolia* (Polygon.; windend), *Rubus* sp. (Rosac.; spreizklimmend). *Valeriana clematoides* (spreizklimmend). *Jungia Jelskii* (Comp.; spreizklimmend). *Senecio* sp. (Comp. Nr. 3249; spreizklimmend).

Schattenpflanzen:

Zwergsträucher, z. B. *Vaccinium* sp. (Eric.; Nr. 3231), *Pernettya* sp. Eric.; Nr. 3280). *Gaultheria* sp. (Eric.; Nr. 3237). Krautige Blütenpflanzen, wie *Festuca dichoclada* (Gram.; Halme bis 2 m hoch!), einige kleine Gräser, *Peperomia galioides* Piperac.), *Alchemilla*-Arten, *Oxalis* sp. *Sibthorpia retusa* (Scrophul.). *Polypodium sporadolepis* und andere Farne. Moose.

Epiphyten:

Tillandsia Wangerini (Bromel.). *Odontoglossum mystacinum* und wenige andere Orchideen. Moose, auf Stämmen und Ästen Polster bildend.

Im Osten der Cordillera blanca begleiten ähnlich zusammengesetzte, aber weniger artenreiche Bachschluchtengebüsche den Rio de Chiquian über Tallenga bei 3600—3800 m und den Puccha über Chavin de Huantar bei 3500—3800 m. Im Tale des letztgenannten Flusses sah ich zwischen 3600 und 3700 m uralte Bäume der *Buddleia incana*, die stattlichsten Exemplare, welche ich in Peru antraf. Ihre Zweige waren beladen mit der epiphytischen *Tillandsia Wangerini*.

3. **Tillandsia-Vereine** bewohnen, auf weite Entfernungen hin sichtbar, die hohen und steil, oft senkrecht abfallenden Felswände der Bachschluchten. Die soeben als Epiphyt erwähnte *Tillandsia Wangerini*, deren breite Blätter zu napfförmigen Rosetten sich zusammendrängen, und ähnlich gestaltete *Tillandsien* herrschen entschieden vor. Dazwischen mengen sich als zerstreute, untergeordnete Bestandteile der Formation *Odontoglossum mystacinum* und wenige andere

Orchideen, *Puya* sp. (Bromel.), die kugeligen Körper eines *Echinocactus*, die Polster einer kleinen, fast kahlen *Opuntia*, endlich Flechten und Moose.

4. Bachufermatten und Wiesenmoor finden sich an vielen Orten.

5. Wasserpflanzenvereine leben in manchen Seen z. B. auf der Cordillera blanca über Yungay in den Lagunas de Yanganuco (3700 m). Sie enthalten sowohl untergetauchte als auch halbaquatische Gewächse. Zu den letzteren gehört ein hoher Juncus, dessen ausgedehnte Bestände auch während der Trockenzeit weit innerhalb der Uferlinie bleiben.

β) Der oberste Talabschnitt des Flusses Mantaro in der Gegend von La Oroya (untersucht in der Höhenlage zwischen 3700 und 3800 m).

Grassteppe mit eingestreuten Sträuchern.

Kräuter:

Trisetum subspicatum (Gram.). *Poa* sp. verw. *P. adusta* (Gram.). *Festuca horridula* (Gram.). *Bromus unioloides* (Gram.). *Bomarea involucrosa* (Amaryll.). *Stenomesson acaule* (Amaryll.; Zwiebelpfl.). *Lepidium abrotanifolium* (Crucif.). *Paronychia* sp. (Caryophyll. Nr. 2627). *Trifolium peruvianum* (Legum.). *Lupinus multiflorus* (Legum.). *Oxalis ptychoclada*. *Euphorbia* sp. (Nr. 2577). *Oenothera multicaulis*. *Oreomyrrhis andicola* (Umbellif.). *Gentiana petrophila*. *Verbena procumbens*. *Castilleja fissifolia* (Scroph.). *Plantago linearis*. *Valeriana thalictroides*. *Relbunium chloranthum* (Rub.). *Gnaphalium* sp. (Compos. Nr. 2563). *Hypochoeris* sp. (Compos. Nr. 2564). *Erigeron* sp. (Compos. Nr. 2570 und 2571). *Conyza andicola* (Compos.).

Sträucher:

Tetraglochin strictum (Rosac.), *Verbena villifolia*, *Solanum* sp., *Chuquiragua Huamanpinta* (Compos.) und wenige andere.

Kakteen:

Eine fast kahle, polsterförmige *Opuntia* und ein *Echinocactus*.

Die Talwände, auf denen diese Formation sich ausbreitet, sind steil und nicht selten felsig. Zu den Pflanzen, welche vorzugsweise die felsigen Stellen bewohnen, gehören schmalblättrige, grauhaarige *Tillandsia*-Arten.

In Bächen wachsen: *Elodea chilensis* (Hydrocharit.) und *Nasturtium fontanum* (Crucif.), die erstere stets, das letztere oft völlig untergetaucht.

Oreomyrrhis andicola, *Tetraglochin strictum* und *Chuquiragua Huamanpinta* sind häufige Arten der hochandinen Flora und scheinen um 3700 m ihre untere Verbreitungsgrenze zu erreichen.

Oberes Urubambatal und dort mündende Seitentäler.

Der oberste Abschnitt des Urubambatales, den ich nur auf der Durchreise kennen lernte, zeigt im wesentlichen dieselben Vegetationsverhältnisse wie das vom Bache Huatanay durchflossene Tal der Stadt Cuzco. Dieses untersuchte ich in der Höhenlage von 3500—3700 m.

Grassteppe mit eingestreuten Sträuchern.

Kräuter:

Mehrere Farne. *Festuca Weberbaueri* (Gram.). *Stipa* sp. (Gram. Nr. 4875). *Melica* sp. (Gram. Nr. 4877). *Aegopogon cenchroides* (Gram.). *Calamagrostis trichophylla* (Gram.). *Filea globosa* (Urtic.; besonders an felsigen Stellen). *Quinchamalium gracile* (Santal.). *Gentiana exacoides. Vale-* *riana* sp. (Nr. 4876). *Bidens* sp. Compos. Nr. 4854. *Hypochoeris* sp. (Compos. Nr. 4890).

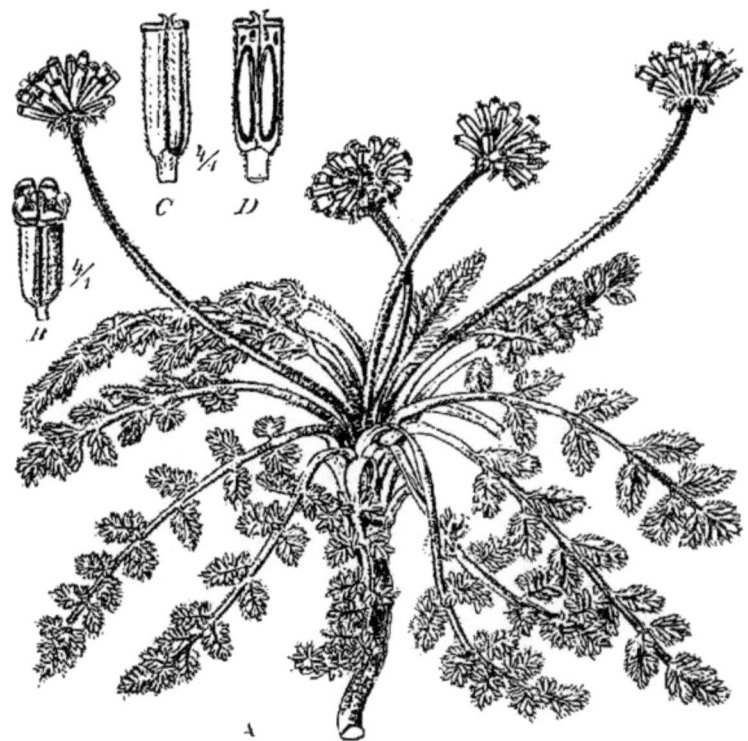

Fig. 20. *Oreomyrrhis andicola* (H. B. K.) Endl.
A Habitus. *B* Blüte. *C* Frucht. *D* Dieselbe längs durchschnitten.

Sträucher und Halbsträucher:

Mühlenbeckia rupestris Polygon.). *Escallonia resinosa* (Saxifrag.; mitunter, besonders in der Nähe von Bächen, baumartig und dann bis 6 m hoch). *Margyricarpus setosus* (Rosae.). *Lupinus* sp. (Legum. Nr. 4853). *Cassia latepetiolata* (Legum.). *Astragalus Garbancillo* (Legum.). *Monnina crotalorioides* (Polygal.). *Colletia* sp. (Rhamn. Nr. 4893). *Bartsia thiantha* (Scroph.). *Bartsia camporum. Calceolaria myriophylla* (Scroph.). *Salvia* sp. (Labiat. Nr. 4885). *Alonsoa acutifolia* (Scroph.). *Eupatorium persicifolium* (Compos.). *Eupatorium eleutherantherum. Eupatorium cuzcoënse. Eupatorium Volkensii. Stevia cuzcoënsis* (Compos.). *Grindelia* sp. (Compos. Nr. 4855). *Barnadesia* sp. (Compos. Nr. 4859). *Mutisia* sp. Compos. Nr. 4865).

Stammbildende Bromeliaceen:

Puya sp.

Kakteen:

Als untergeordnete Formationsbestandteile an Felsen, steilen Erdabstürzen und an Wegrändern Ruderalpflanzen).

An verschiedenen Stellen Bachufermatten, Wiesenmoore sowie Übergangsstufen zwischen beiden Formationen, ferner Wasserpflanzen-Vereine.

γ) **Rechtes Seitental des Urubamba in der Gegend der gleichnamigen Stadt** (untersucht in der Höhenlage von 3200—3700 m).

Dieses Tal ist eine enge, von einem Bache durchflossene Felsenschlucht; ihren Boden bekleidet ein Bachschluchtengebüsch, das aber hinter den analogen Formationen der Cordillera blanca an Artenreichtum zurücksteht.

Bäume:

Alnus jorullensis. *Escallonia resinosa* (Saxifrag.; auch strauchig). *Buddleia globosa* (Logan.; auch strauchig).

Aufrechte Sträucher:

Escallonia resinosa (auch baumartig). *Buddleia globosa* (auch baumartig). *Senecio* sp. (Compos. Nr. 4924). *Gynoxys* sp. (Compos. Nr. 4926). *Nicotiana* sp. (Solan. Nr. 4927). *Cleome* sp. (Capparid. Nr. 4909). *Vallea stipularis* (Elaeocarp. *Psoralea glandulosa* (Legum.). *Duranta* sp. (Verben.). *Hesperomeles* sp. (Rosac.).

Kletterpflanzen:

Bomarea crocea (Amaryll.; windend, krautig bis halbstrauchig). *Calceolaria Urubambae* (Scrophul.; Strauch, anscheinend windend). *Jungia* sp. (Compos.; Nr. 4925: Strauch, spreizklimmend oder windend).

Aufrechte Kräuter:

Festuca quadridentata (Gram.; Halme bis 3 m hoch!).

Die steilen Felswände der Schlucht bewohnen *Tillandsia*-Arten (z. B. *T. usneoides*), ferner in geringerer Häufigkeit *Oncidium aureum* nebst einigen anderen Orchideen und *Puya* sp. (Bromel.).

δ) **Der oberste Teil des Tarmatales** (Höhenstufe von 3300 bis 3800 oder 4000 m).

In der Grassteppe, deren lockeres Gefüge auf verhältnismäßig trockenes Klima schließen läßt, finden sich:

Kräuter:

Festuca scirpifolia (Gram.; höhere Lagen). *Poa adusta* (Gram.). *Stenomesson acaule* (Amaryll.). *Erigeron* sp. (Compos. Nr. 2518). *Gnaphalium* sp. (Compos. Nr. 2517). *Leontopodium gnaphalioides* (Compos.). *Bulbostylis arenaria* (Cyp.). *Sporobolus lasiophyllus* (Gram.). *Oreomyrrhis andicola* (Umbellif.). *Trifolium peruvianum* (Legum.). *Alchemilla orbiculata* (Rosac.). *Eragrostis contracta* (Gram.). *Plantago linearis*. *Linum andicolum*. *Relbunium tarmense* (Rub.). *Bartsia aprica* (Scroph.). *Paronychia* sp. (Caryoph. Nr. 2410). *Drymaria* sp. (Caryoph. Nr. 2411).

Sträucher:

Ephedra sp. (niederliegend). *Mühlenbeckia vulcanica* (Polygon.). *Berberis* sp. *Ribes* sp. (Saxifrag.). *Tetraglochin strictum* (Rosac.). *Hypericum struthiolaefolium* (Guttif.). *Plantago extensa* (höhere Lagen; stellenweise in großen Scharen). *Arcythophyllum juniperifolium* (Rub.). *Senecio* sp. (Comp. Nr. 2409). *Diplostephium lavandulifolium* (Comp.). *Baccharis prostrata* (Comp.). *Baccharis genistelloides*. *Bidens* sp. (Comp. Nr. 2394). *Heterothalamus* sp. (Comp. Nr. 2398). *Mutisia hirsuta* (Comp.; tiefere Lagen). *Chuquiragua* sp. (Comp.; höhere Lagen).

Felsige Standorte bevorzugen:

Cheilanthes scariosa (Filic.). *Tillandsia Gayi* (Bromel.). *Tillandsia nana*. *Tillandsia capillaris*. *Tillandsia usneoides*. *Bomarea involucrosa* (Amaryll.). *Melandryum* sp. (Caryophyll.. *Saxifraga Cordillerarum*. *Passiflora* sp. *Cajophora* sp. (Loas.). *Opuntia* sp. (Cact.; polsterförmig, fast kahl). *Echinocactus* sp. *Cynoglossum parviflorum* (Borrag.). *Lithospermum andinum* (Borrag.). *Hieracium peruvianum* (Compos.).

Bis 3600 oder 3700 m aufwärts wachsen an Bachufern stellenweise, namentlich in der Nähe von Hütten mehrere Arten stattlicher Holzpflanzen: *Alnus jorullensis*, *Polylepis* sp. (nicht selten baumförmig), *Buddleia incana* (nicht selten baumförmig), *Cassia* sp. (Nr. 2559), *Sambucus peruviana*, *Polymnia* sp. (Compos.). Dazu gesellt sich das Gras *Cortaderia atacamensis*.

Weiter oben meiden die Holzgewächse, auch die kleineren Sträucher, den naßkalten Boden, welcher die Wasserläufe säumt. Diesen besetzt nunmehr die niedrige geschlossene Bachufermatte. Zu ihren häufigsten Elementen gehören die Gräser *Poa adusta* und *Sporobolus fastigiatus*.

Bei 3300 m Meereshöhe, hart an der Grenze der unteren, trockneren Region des Tarmatales sah ich eine kleine, etwa 4 qm umfassende Fläche von sumpfigem Boden eingenommen und mit geschlossener Krautervegetation bedeckt, die sich scharf abhob von der locker bewachsenen Umgebung. Diese einem Wiesenmoor vergleichbare Formation enthielt folgende Arten: *Polypogon interruptus* (Gram.), *Scirpus cernuus* (Cyp.), *Eleocharis sulcata* (Cyp.), *Carex Hoodii* (Cyp.), *Limosella tenuifolia* (Scroph.), *Cotula pygmaea* (Comp.).

2) Der obere Teil des Tales von Sandia (Höhenstufe von 3000 oder 3200 bis 4000 m).

Unterhalb der Höhenlinie von 3000 oder 3200 m überwiegen im Sandiatale die ostandinen Typen, während der darüberliegende Abschnitt, der nunmehr betrachtet werden soll, eine westandin-interandine Flora besitzt.

Die Grassteppe mit eingestreuten Sträuchern, auch hier die herrschende Formation, setzt sich folgendermaßen zusammen:

Kräuter:

Festuca lasiorhachis (Gram.; sehr häufig). *Bromus unioloides* (Gram.). *Calamagrostis heterophylla* (Gram.). *Calamagrostis sandiensis*. *Aciachne pulvinata* (Gram.; wahrscheinlich aus der hochandinen Region verschleppt). *Alchemilla tripartita* (Rosac.). *Gentiana sandiensis*. *Cryptanthe linifolia* (Borrag.). *Castilleja fissifolia* (Scrophul.). *Perezia Weberbaueri* (Compos.). *Hypochoeris Meyeniana* (Compos.; sehr häufig).

Sträucher und Halbsträucher:

Mühlenbeckia vulcanica (Polygon.). *Berberis conferta*. *Polylepis tomentella* (Rosac.). *Hesperomeles escalloniaefolia* (Rosac.). *Pernettya* sp. Eric. Nr. 856. *Citharexylon ilicifolium* (Verben.). *Satureja boliviana* (Lab.; vielleicht der häufigste Strauch). *Bystropogon* sp. (Lab. Nr. 917). *Alonsoa* sp., wahrsch. *A. auriculata* (Scroph.). *Calceolaria Engleriana* (Scroph.). *Calceolaria lobata*. *Calceolaria extensa*. *Gerardia megalantha* (Scroph.). *Bartsia inaequalis*. *Solanum* sp. (Nr. 930). *Baccharis* sp. (Compos. Nr. 851). *Baccharis genistelloides*. *Barnadesia Dombeyana* (Compos.). *Chuquiragua* sp. (Compos. Nr. 936).

Felsige Stellen:

Puya-Arten (Bromel., z. B. *P. Weberbaueri*. Farne: *Polystichum orbiculatum*, *Cheilanthes pilosa* und *Elaphoglossum Mathewsii*. Krautige Blütenpflanzen: *Stipa* sp. (Gram.; Nr. 914). *Stellaria leptosepala* (Caryophyll.), *Saxifraga cordillerorum*, *Cajophora scarlatina* (Loas.), *Begonia* sp., *Valeriana sphaerophora*, *Valeriana sphaerocephala*, *Valeriana plectritoides*, *Sipho-*

campylus tupaeformis (Campan.) und *Gnaphalium* sp. (Compos. Nr. 903). Halbsträucher: *Bartsia Meyeniana* (Scrophul.) und *Bartsia brachyantha*.

Längs der Bäche rücken die Sträucher dichter zusammen und vereinigen sich mitunter zu lockeren, schmalen Beständen. Man sieht hier die Sträucher:

Ribes bolivianum (Saxifrag.), *Monnina crotalarioides* (Polygal.), *Buddleia pichinchensis* (Logan.), *Calceolaria inflexa* (Scroph.). *Siphocampylus Vatkeanus* (Campan.), *Baccharis* sp. (Comp. Nr. 867), *Senecio* sp. (Comp. Nr. 902).

und dazwischen die Kräuter:

Dennstaedtia Lambertiana (Filic.; oft gesellig), *Cortaderia atacamensis* (Gram.), *Tropaeolum* sp. (Nr. 897), *Cajophora canarinoides* (Loas.), *Calceolaria tomentosa*, *Liabum pinnulosum* (Compos.).

Die Mehrzahl dieser Arten dürfte aber auch in der Grassteppe zu finden sein, vor allem in tieferen Lagen. Deutlicher an die Nähe der Wasserläufe gebunden erscheinen *Alnus jorullensis*, *Sambucus peruviana*, *Cantua buxifolia*; diese 3 Holzgewächse werden aber häufig kultiviert oder doch gehegt, so daß ihre natürliche Verbreitung nicht klar zutage tritt.

An quelligen Plätzen leben *Mimulus glabratus* (Scrophul.) und *Epilobium andicolum* (Oenother.).

ζ) Das Titicaca-Becken (nördlicher Teil).

Zur zentralperuanischen Sierrazone gehören nur der Boden des Beckens und die unterste Region der aus jener Fläche emporragenden Berge — eine Höhenstufe, die von 3850 bis 4000 m reicht.

Unter den Formationen erreicht die Grassteppe die größte Ausdehnung. Sie überzieht trockene, ebene Flächen und ferner Abhänge, soweit diese nicht steinig oder felsig sind, als lockere Decke. Über Scharen kleiner, oft durch niederliegende Stengel charakterisierter Kräuter, zu denen auch einige Gräser gehören, erheben sich kräftige, $^1/_2$ m hohe Gräser, bald büschelweise gesondert, bald gleichmäßiger verteilt. Daß diese größeren Gräser mehreren Arten angehören, erkennt man schon von fern aus der verschiedenen Färbung (gelbgrün, blaugrün usw.). Die Sträucher sind sehr spärlich vertreten, meist niederliegend, wenn aufrecht, nicht über $^1/_2$ m hoch; bei weitem am häufigsten tritt *Tetraglochin strictum* (Rosac.) auf. In der Trockenzeit verdorrt die Vegetation, aber die oberirdischen Teile der Gräser bleiben sowohl bei den kleinen wie auch bei den großen in abgestorbenem Zustand erhalten. Diese Grassteppe steht der hochandinen Büschelgrasformation nahe und geht nach oben hin allmählich in letztere über. Die wichtigsten Unterschiede liegen in der Flora.

Die Vegetation trockener, steiniger bis felsiger Abhänge ist ein sehr lockeres, buntes Gemisch aus Kräutern und kleinen Sträuchern, wozu sich einige Bromeliaceen (*Puya*- und *Tillandsia*-Arten) sowie einige zwergige *Cacteen* gesellen. Weit mehr als in der Grassteppe äußern sich floristische Beziehungen zu tieferen Lagen.

Letzteres gilt auch von der Vegetation schattiger Felsschluchten.

Titicaca-See (3854 m). Bestände von **Scirpus riparius** Presl (einheim. Name totora). Vorn die aus der Pflanze geflochtenen Boote.

A. Weberbauer, phot.

Stehendes und fließendes Wasser umgibt geschlossener Pflanzenwuchs, dessen frisches, von der fahlgefärbten Steppe scharf abstechendes Grün auch während der Trockenzeit sich erhält oder höchstens auf schwach bewässertem Untergrunde verblaßt, und der bald die niedrige teppichähnliche Form der Bachufermatte annimmt, bald zu einem an höheren Gramineen, Cyperaceen und Juncaceen reichen Wiesenmoor wird.

In den vielen Seen, Teichen und Pfützen bieten sich geeignete Lebensbedingungen für Wasserpflanzenvereine. Eine sehr augenfällige Formation bilden in stehenden Gewässern kräftige *Juncus*-Arten und namentlich der hohe *Scirpus riparius* (Cyp.). Diese Pflanzen bleiben stets, auch nachdem in der Trockenzeit der Wasserspiegel erheblich gesunken ist, mehrere Meter innerhalb der Uferlinie. Meilenweit erstrecken sich im Titicaca-See die bandförmigen Bestände des *Scirpus riparius*, den die Eingeborenen totora nennen. Aus den langen Halmen werden eigentümliche Boote und auch die dazu gehörigen Segel geflochten. Unter dem Wasserspiegel verbergen sich *Mimulus glabratus* (Scrophul.), *Nasturtium fontanum* (Crucif.), *Myriophyllum elatinoides*, *Chara*-Arten usw.

Grassteppe.

Kräuter:

Calamagrostis heterophylla (Gram.). *Calamagrostis curvula* (sehr häufig, oft kleine Bestände für sich bildend). *Mühlenbergia peruviana* (Gram.). *Distichlis humilis* (Gram.). *Sporobolus fastigiatus* (Gram.). *Bromus unioloides* (Gram.). *Festuca humilior* (Gram.). *Festuca orthophylla* (sehr häufig). *Festuca scirpifolia*. *Bouteloua humilis* (Gram.). *Carex Hoodii* (Cyp.). *Drymaria arenarioides* (Caryoph.). *Drymaria* sp. (Nr. 400). *Alchemilla pinnata* (Rosac.). *Astragalus pusillus* (Legum.). *Astragalus arequipensis*. *Trifolium Weberbaueri* (Legum.; sehr häufig). *Geranium sessiliflorum*. *Euphorbia* sp. (Nr. 419). *Malvastrum Bakerianum* (Malv.). *Viola* sp. (Nr. 429). *Cajophora cirsiifolia* (Loas.; oft auf verrottetem Mist). *Gentiana prostrata*. *Gentiana limoselloides*. *Verbena tenera*. *Verbena Weberbaueri*. *Verbena minima* (Polsterpfl.). *Stachys Meyenii* (Lab.). *Bidens* sp. (Compos. Nr. 435). *Galinsoga* sp. (Compos. Nr. 439). *Hypochoeris Meyeniana* (Compos.). *Ophioglossum crotalophoroides* (Filic.).

Sträucher:

Ephedra sp. (niederliegend, sehr häufig). *Mühlenbeckia vulcanica* (Polygon.; niederliegend). *Bacharis prostrata* (Compos.; niederliegend). *Bacharis* sp. (Nr. 397; niederliegend). *Tetraglochin strictum* (Rosac.; aufrecht, sehr häufig).

Vegetation trockener, steiniger bis felsiger Abhänge.

Sträucher:

Ribes sp. (Saxifrag.). *Tetraglochin strictum* (Rosac.). *Polylepis tomentella* (Rosac.). *Lupinus paniculatus* (Legum.). *Satureja boliviana* (Lab.). *Salpichroma diffusum* (Solan.). *Plantago polyclada*. *Eupatorium* sp. (Compos. Nr. 468). *Chuquiragua* sp. (Compos. Nr. 500). *Senecio iodopappus* (Compos.). *Senecio clivicolus*. *Senecio pinnatilobatus*.

Stammbildende, schopfblättrige Bromeliacee:

Puya sp.

Kakteen:

Echinopsis Pentlandii. *Opuntia* sp. (Nr. 1357; polsterförmig, fast kahl).

Kräuter:

Cheilanthes pruinata (Filic.). Pellaea ternifolia (Filic.). Polystichum orbiculatum (Filic.). Agrostis sp. (Gram.). Bromus frigidus (Gram.). Eragrostis patula (Gram.). Poa Candamoana (Gram.). Poa Gilgiana. Festuca Weberbaueri (Gram.). Carex Hoodii (Cyp.). Tillandsia virescens (Bromel.). Luzula racemosa June.. Bomarea petraea (Amaryll.). Sisyrinchium chilense (Irid.). Sisyrinchium rigidifolium. Altensteinia Mathewsii (Orchid.). Chenopodium querciforme. Cerastium tucumanense (Caryophyll.). Descurainia myriophyllum (Crucif.). Trifolium Mathewsii (Legum.). Vicia graminea (Legum.). Hypericum canadense (Guttif.). Castilleja fissifolia (Scrophul.). Bartsia hispida (Scrophul.). Valeriana radicata. Wahlenbergia peruviana (Campan.). Siphocampylus tupaeformis (Campan.). Erigeron cinerascens (Compos.). Gnaphalium sp. (Compos. Nr. 463). Helianthus sp. (Compos. Nr. 464). Cosmos sp. (Compos. Nr. 458). Tagetes sp. (Compos. Nr. 498). Hypochoeris Meyeniana (Compos.).

Vegetation schattiger Felsschluchten.

Kräuter:

Cheilanthes scariosa (Filic.). Peperomia falsa (Piperac.). Geranium Weberbauerianum. Oxalis nubigena. Euphorbia sp. (Knollenpflanze: Nr. 448). Bowlesia lobata (Umbellif.). Phacelia pinnatifida (Hydrophyll.). Nicotiana glauca (Solan.). Valeriana variabilis.

Erwähnung verdient schließlich noch ein eigentümliches Loganiaceen-Bäumchen, das auf kurzem, knorrigen Stamm eine dichte, dunkle Krone trägt, immergrüne, lederartige, schmale Blätter besitzt und einigermaßen an die Olive erinnert: die *Buddleia coriacea*, von den Eingeborenen culli genannt. Sie ist in vielen Ortschaften des Titicaca-Hochlandes angepflanzt und oft durch uralte Exemplare und so zahlreich vertreten, daß sie ein charakteristisches Element im Landschaftsbilde darstellt. Obwohl ich *Buddleia coriacea* niemals wildwachsend antraf, halte ich es doch für wahrscheinlich, daß sie zur ursprünglichen Flora des Titicaca-Hochlandes gehört. Bewohnt doch weiter im Norden auf der Cordillera blanca des Departamento Ancash, ein ähnlicher, nahe verwandter Zwergbaum, die *Buddleia Ususch*, ebenfalls die Höhenlage von 3800 bis 4000 m und zwar als zweifellos wildwachsende Pflanze (vgl. oben).

6. Kapitel.
Die nordperuanische Sierrazone.

Im Norden scheint die Grenze um den 5., im Süden zwischen dem 7. und 8. Breitengrad zu liegen. Innerhalb dieses Gebietes wird die nordperuanische Sierrazone gebildet von einer mittleren Höhenregion der Westhänge und des interandinen Gebirgsabschnittes. Die vertikale Ausdehnung läßt sich für das wenig erforschte Gebirge im Norden des 6. Breitengrades noch nicht bestimmt angeben. Im übrigen findet sie ihren Abschluß nach oben mit der Höhenlinie von 2500—2600 m und nach unten an den Westhängen bei 1200 oder 1000 m, in den tief eingeschnittenen interandinen Tälern des Marañon, Utcubamba usw. bei 1500 m. Im Osten bleibt die Zone innerhalb der Zentralcordillere.

Der größte Teil ihres Pflanzenkleides wird beherrscht durch regengrüne Gewächse, entsprechend dem deutlich ausgeprägten Wechsel von feuchten und trockenen Jahreszeiten. Hierdurch sondert sich die nordperuanische Sierrazone einerseits von der regenlosen oder regenarmen Wüstenzone, anderseits von der feuchten Region, die über 2500 m Seehöhe liegt und, wie später ausgeführt werden soll, sich auszeichnet durch den Reichtum an immergrünen Holzpflanzen ostandiner Verwandtschaft.

Die nordperuanische Sierrazone ist ein Übergangsgebiet, woselbst der westliche Teil der Anden ein feuchteres Klima besitzt als in Zentralperu, und ein trockeneres als in Ecuador. Es vollzieht sich also eine Umwandlung der Lebensbedingungen, und hierdurch wird die richtige Beurteilung der Formationen erschwert. Das geneigte Land der Bergeshänge besiedeln hauptsächlich zwei, durch Übergangsstufen verknüpfte Formationen, beide von lockerem Bau und reich an regengrünen Pflanzen: Grassteppen, deren physiognomischen Charakter die Gramineen bestimmen, wenn auch stellenweise sich vereinzelte Zwergbäume, Sträucher, Bromeliaceen und Sukkulenten eindrängen — und gemischte Bestände, die, bunt zusammengesetzt aus verschiedenartigen Kräutern, Sträuchern und Zwergbäumen, xerophilen Bromeliaceen und einigen Sukkulenten, kein Überwiegen einer bestimmten Vegetationsform erkennen lassen; in diesem Gemenge bleiben die Kakteen ziemlich unauffällig. Wo ebene oder schwach geneigte Bodenoberfläche die Ansammlung von Wasservorräten begünstigt, die sich bis in die Trockenzeit hinein erhalten, aber schließlich doch ausgehen, ferner an schmalen Bächen, erheben sich durchsichtige regengrüne oder aus regengrünen und immergrünen Formen gemischte Steppengehölze, bald Sträucher allein, bald außerdem vereinzelte Bäume enthaltend. An den stärkeren Wasserläufen trägt der anhaltend feuchte Boden immergrünes Flußufergebüsch. An dessen Stelle tritt zuweilen auf der flachen Sohle breiter Flußtäler eine niedrige, beständig grünende, wiesenähnliche Grasflur. Sie dürfte, wenigstens bei größerer Ausdehnung, durch Abholzung entstanden sein, und scheint unter 1800 m Seehöhe zu fehlen.

A. Westliche Abdachung.

Die Grassteppe

bedeckt nur kleine Flächen und zeigt sich namentlich in abgeschlossenen Tälchen, z. B. zwischen San Pablo und San Miguel bei 1700 m und zwischen Ninabamba und Sta. Cruz bei 1000—2100 m. Am erstgenannten Orte wächst vereinzelt *Bombax discolor*, bis 5 m hoch und bald strauchig, bald als Bäumchen entwickelt.

Gemischte Bestände, zusammengesetzt aus verschiedenartigen Kräutern, Sträuchern und Zwergbäumen, xerophilen Bromeliaceen und einigen Sukkulenten.

Unter San Miguel (zwischen 7° und 7° 20' s. Br. und 2000—2500 m Seehöhe).

Kräuter:

Cleome chilensis (Capparid.). *Monnina graminea* (Polygal.). *Malvastrum peruvianum* (Malvac.). *Nicandra physaloides* (Solan.). *Tourrettia lappacea* (Bignon.; rankend). *Schkuhria abrotanoides* (Compos.).

Sträucher:

Dalea sulfurea (Leg.; niederliegend). *Caesalpinia tinctoria* (Leg.). *Schinus molle* (Anacard.). *Carica candicans*. *Loasa macrothyrsa*. *Mentzelia cordifolia* (Loas.). *Astericium tripartitum* (Umbellif.). *Cynanchum ecuadorense* (Asclep.; windend).

Zwergbäume:

Acacia sp. (Legum.).

Xerophile Bromeliaceen:

Puya- und *Tillandsia*-Arten, z. B. die epiphytische *Tillandsia aureo-brunnea*.

Sukkulenten:

Fourcroya sp. *Cereus*-Arten (Cact.).

Unter San Pablo (eine halbe Tagereise südöstlich von San Miguel) hatte die Vegetation ungefähr dieselbe Zusammensetzung wie dort. An mehreren Stellen wurde die verwilderte *Aloë vera*, um 2000 m *Heliotropium peruvianum* (Borrag.) oder eine verwandte Art angetroffen. Die Höhenlage zwischen 1000 und 1300 m bewohnt in großen Scharen eine sonderbare kakteenähnliche *Euphorbia* (Nr. 3802), ein meterhoher, blattloser Strauch mit dicht gedrängten fleischigen Zweigen. In ihrer Gesellschaft wächst eine meterhohe strauchige *Carica* mit rosafarbenen Blüten (Nr. 3803).

Zwischen Cajamarca und der Küstenstadt Chepen (um 7° 10' s. Br. und zwischen 1000 und 2500 m Seehöhe) scheinen die gemischten Bestände nicht wesentlich anders gebaut als unter San Pablo und San Miguel. Genauere Beobachtungen verhinderte dichter Nebel. *Bombax discolor* war häufig an der unteren Grenze der Zone. Hier kommen ferner vor die unter San Pablo wachsende *Carica* und die Sträucher *Argithamnia Limoniana* oder verw. (Euphorb.) sowie *Schaefferia serrata* (Celastrac.).

Unter Sta. Cruz (auf dem Wege von der Küstenstadt Chiclayo nach Chota und Hualgayoc, zwischen 6° 30' und 6° 40' s. Br. und zwischen 1300 und 2200 m Seehöhe).

Kräuter:

Nothochlaena Fraseri (Filic.). *Cheilanthes myriophylla* (Filic.). *Selaginella* sp. (Filic. Nr. 4132). *Eragrostis* sp. (Gram.). *Melica* sp. (Gram. Nr. 4138). *Tragus racemosus* (Gram.). *Altensteinia pilifera* (Orchid.; Knollenpflanze). *Cleome chilensis* (Capparid.). *Polygala Weberbaueri*. *Monnina graminea* (Polygal.). *Onoseris adpressa* (Compos.). *Onoseris Stuebelii*. *Onoseris glandulosa*. *Zinnia* sp. (Compos.).

Halbsträucher und Sträucher:

Ephedra sp. *Epidendrum macrocyphum* (Orchid.). *Mirabilis viscosa* (Nyctag.). *Caesalpinia tinctoria* (Legum.). *Cassia Chamaecrista* (Legum.). *Aeschynomene scoparia* (Legum.).

Krameria sp. Legum. Nr. 4130'. *Dalea* sp. (Legum. Nr. 4149). *Oxalis velutina. Jatropha* sp. (Euphorb.: Nr. 4129; mit Milchsaft und Brennhaaren). *Croton ferrugineus* (Euphorb.; sehr häufig). *Euphorbia* sp. (blattlos, kakteenähnlich, die unter San Pablo vorkommende Art Nr. 3802; häufig). *Schinus molle* (Anacard.). *Dodonaea viscosa* (Sapind.). *Mentzelia cordifolia* (Loas.). *Asteriscium tripartitum* (Umbellif.). *Buddleia pilulifera* (Logan.). *Schistonema Weberbaueri* (Asclep.; windend). *Jacquemontia floribunda* (Convolv.). *Evolvulus argyreus* (Convolv.). *Evolvulus* sp. (Nr. 4125). *Heliotropium lippioides* (Borrag.). *Cordia macrocephala* (Borrag.). *Cordia peruviana. Lantana reptans* (Verben.). *Nicotiana* sp. (Solan. Nr. 4146). *Stenolobium rosaefolium* (Bignon.; häufig). *Dicliptera montana* (Acanth.). *Eupatorium origanoides* (Compos.). *Eupatorium serratuloides. Liabum* sp. (Compos. Nr. 4141).

Zwergbäume:

Acacia macracantha od. verw. (Legum.).

Xerophile Bromeliaceen:

Puya pyramidata oder verw. *Tillandsia*-Arten (besonders als Epiphyten und Felsbewohner) z. B. *Tillandsia usneoides*.

Sukkulenten:

Fourcroya sp. (Amaryll.). *Peperomia dolabriformis* (Piperac.). *Cereus*- und *Cephalocereus*-Arten (Cact.).

In tiefere Lagen reichen von der nordperuanischen Wüstenzone her vereinzelt hinein:

Capparis scabrida, Caesalpinia praecox, Trixis cacalioides und *Deuterocohnia longipetala*.

Regengrüne Steppengehölze

scheinen selten zu sein und nur geringen Umfang zu erreichen. Wahrscheinlich gehören hierher kleine Gehölzgruppen, welche den Weg von Chepen nach Cajamarca begleiten. Oberhalb Ninabamba im Tale des Flusses Chancay (auf dem Wege von Chiclayo nach Hualgayoc) trifft man zwischen 2200 und 2500 m Seehöhe eigentümliche Gehölze, in denen sich regengrüne Holzgewächse mit immergrünen von ostandiner Verwandtschaft (z. B. *Embothrium grandiflorum* [Proteac.], *Oreopanax* sp. [Araliac.], *Clusia* sp. [Guttif.], *Lauraceen*-Bäume) mischen.

Flußufergebüsche.

Schinus molle, Inga Feuillei (beide mitunter als stattliche Bäume), *Caesalpinia tinctoria* und *Clematis*-Arten sind häufige Bestandteile dieser Formation, und *Anona Cherimolia* scheint hier stellenweise wild zu wachsen. In Ninabamba zeigt das Flußufergebüsch, das bei 2000—2100 m eine enge Felsenschlucht einnimmt, beinahe das Aussehen eines ostandinen Buschwaldes. Zu der verbreiteten *Inga Feuillei*, die dort gewaltige Dimensionen erlangt, gesellen sich *Lauraceen*-Bäume, Baumwürger mit armesdicken Stämmen (wahrscheinlich eine *Clusia*-Art), schattenliebende Farne und Selaginellen, epiphytische Farne (z. B. *Asplenium theciferum*) und epiphytische Orchideen, kletternde *Araceen*, ja sogar eine Palme. Letztere fand ich leider nur in sehr jungen, noch stammlosen Individuen. Die Wedel waren unterseits silberweiß-schuppig; wahrscheinlich gehörten diese Pflanzen zu *Ceroxylon andicola*.

Wiesenähnliche Grasflur

wurde an Wasserläufen unterhalb San Pablo bei 2000—2200 m und um Ninabamba in gleicher Höhenlage beobachtet.

B. Das interandine Tal des Marañon in der Höhenlage zwischen 1500 und 2500—2600 m.

Die Grassteppe

erreicht, namentlich an der Ostwand, große Ausdehnung und bleibt auf weite Strecken nahezu frei von fremdartigen Beimischungen. Zu den letzteren gehören die Sträucher *Caesalpinia tinctoria* (Legum.), *Cassia chrysocarpa* (Legum.), *Dalea myriadenia* (Legum.), *Bauhinia Weberbaueri* (Legum.; niederliegend), *Aeschynomene Weberbaueri* (Legum.), *Mimosa acerba* (Legum.), *Croton* sp. (Euphorb. Nr. 4273), *Dodonaea viscosa* (Sapind.; sehr häufig), *Ditassa Weberbaueri* (Asclep.), *Cantua quercifolia* (Polemon.), *Evolvulus argyreus* od. verw. (Convolv.), *Salvia*-Arten (Lab.), ferner von Sukkulenten *Cotyledon Weberbaueri* (Crassul.) und *Echinocactus*-Arten.

Steppengehölze.

Gruppen entfernt stehender, durch Gräser und andere Kräuter getrennter Sträucher vermitteln den Übergang zwischen der Grassteppe und den echten Steppengehölzen. Letztere zeigen bald die Form eines niedrigen Gesträuches, bald die eines Gebüsches, in welchem über das Unterholz der Sträucher sich stattliche, bis 20 m hohe Bäume erheben. Dünnstämmige Lianen, holzig oder halbholzig, durchflechten das Gezweig. Die Bodenvegetation ist spärlich. Einige Epiphyten besiedeln die Stämme und Äste der höheren Holzgewächse. Die meisten Bäume und Sträucher verlieren in der Trockenzeit das Laub mehr oder weniger vollständig. Zu den immergrünen Formen gehören *Clusia*-Arten. *Jacaranda acutifolia*, der »yarabisco«, entfaltet seine prächtigen lilafarbenen Blütensträuße zur Zeit des Laubfalles, und ähnlich scheinen sich noch andere Bewohner des Steppengehölzes zu verhalten. *Anona Cherimolia*, bekannt geworden als tropische Obstpflanze, lebt hier in ihrer wilden Stammform und zwar strauchig oder seltener der Baumgestalt sich nähernd. Ihre Stämme und Äste, welche die Dicke eines halben Meters erreichen, neigen dazu, horizontal zu wachsen und dabei in der Nähe der Bodenoberfläche zu bleiben.

Über die floristischen Einzelheiten gibt folgende Zusammenstellung Auskunft.

Bäume:

Salix Humboldtiana (anscheinend selten). *Celtis* sp. (Ulmac. Nr. 4253). *Acacia* sp. (Legum.). *Clusia* sp. (Guttif.; auch strauchig). *Jacaranda acutifolia* (Bignon.; bis 10 m hoch, auch strauchig).

Aufrechte Sträucher:

Anona Cherimolia. *Kageneckia glutinosa* (Rosac.). *Caesalpinia tinctoria* Legum.). *Caesalpinia insignis*. *Eluteria microphylla* (Meliac.). *Cantua quercifolia* (Polemon.). *Cestrum salicifolium* (Solan.). *Helianthus* sp. (Compos. Nr. 4249). *Liabum cajamarcense* (Compos.). *Barnadesia* sp. Compos. Nr. 4278).

Kletternde Sträucher:

Clematis sp. (Ranuncul.). *Dalechampia* sp. (Euphorb. Nr. 4256).

Sukkulenten:

Fourcroya sp. Amaryll..

Epiphyten:

Xerophile Flechten und Moose. *Tillandsia*-Arten (grün- und graublättrige . *Orchideen*.

C. Das interandine Tal des Utcubamba in der Höhenlage zwischen 1600 und 2500—2600 m.

Die Grassteppe

sah ich typisch ausgebildet unterhalb des Dorfes Leimebamba, um 2000 m Seehöhe.

Häufiger als reine Grassteppe ist ein Gemisch aus Gräsern der ersteren und Sträuchern der Steppengehölze, wodurch beide Formationen ineinander übergehen.

Die Steppengehölze

scheinen überwiegend als Gesträuche aufzutreten. Am Boden des Tales allerdings, wo sie in die Flußufergebüsche übergehen, bemerkt man nicht selten eine Beimengung von verschiedenen Bäumen. Sonst aber sah ich nur zwergige Akazien die Baumform vertreten.

Als Elemente der Steppengehölze und der Übergangsformationen zwischen jenen und der Grassteppe seien genannt:

Bäume:

Acacia macracantha (Legum.).

Sträucher:

Ephedra sp. *Anona Cherimolia*. *Caesalpinia tinctoria* (Legum.). *Bauhinia* sp. (Legum.). *Elutheria microphylla* (Meliac.; sehr häufig). *Schinus molle* (Anacard.; selten). *Dodonaea viscosa* (Sapind.). *Llagunoa nitida* (Sapind.). *Cantua quercifolia* (Polemon.). *Lantana*-Arten (Verben.). *Stenolobium rosaefolium* (Bignon.; sehr häufig). *Gochnatia* sp. (Compos.; Nr. 4325; sehr häufig). *Bidens* sp. (Compos.).

Sukkulenten:

Fourcroya sp. (Amaryll..

Xerophile Bromeliaceen:

Tillandsia Walteri (auf Erde) und epiphytische Arten dieser Gattung.

Unterhalb 1800 m mischen sich *Cercus*-Arten vereinzelt zwischen die Sträucher. Bis 2000 m abwärts reichen stellenweise einige Sträucher ostandiner Verwandtschaft, z. B. eine *Embothrium*- und eine *Bejaria*-Art (Nr. 4300).

Das immergrüne Flußufergebüsch

konnte auf den breiten Uferflächen des Utcubamba sich stattlicher und formenreicher entwickeln als in der engen Talschlucht des Marañon. Dies zeigt sich vor allem in der größeren Zahl und Höhe der Bäume. Alle seine Gefährten überragt *Ochroma Lagopus*, der riesige »palo de balsa«, dessen Holz zum Bau von Flössen dient. Er bleibt im Gegensatz zu den xerophilen Bombacaceen in der Trockenzeit, bei deren Beginn die Blüten erscheinen, belaubt. Das Rohrgras *Gyncrium sagittatum*, welches am Marañon schon um 900 m selten ist, gedeiht hier noch bei 1700 m. An den Baumzweigen hängen überall lange Strähne der epiphytischen *Tillandsia usneoides*.

Bäume:

Salix Humboldtiana. *Alnus jorullensis*. *Ficus* sp. (Morac. Nr. 4301). *Juglans neotropica* (sicher wild!). *Nectandra rigida* (Laurac.). *Inga Feuillei* (Legum.). *Acacia* sp. (Legum.). *Ochroma Lagopus* (Bombac.).

Sträucher:

Chusquea sp. (Gram.; spreizklimmend). *Ficus* sp. (Nr. 4309). *Anona Cherimolia*. *Bocconia frutescens* (Papav.; selten). *Caesalpinia tinctoria* (Legum.). *Tessaria integrifolia* (Compos.; an offenen Stellen, z. B. auf Inseln, kleine Bestände bildend).

Rohrgräser:

Phragmites vulgaris und das weniger häufige *Gyncrium sagittatum*. — *Cortaderia atacamensis* (Gram.; offene Stellen). — *Equisetum* sp. (offene Stellen).

Epiphyten:

Tillandsia usneoides (Bromel.).

Wiesenähnliche Grasflur unterbricht über 1800 m Seehöhe zuweilen das Flußufergebüsch.

7. Kapitel.

Die hochandine oder Punazone[1].

In Peru hat das Wort Puna zwar nicht immer genau die gleiche Bedeutung, dient aber im zentralen und südlichen Teil des Landes häufig zur Bezeichnung derjenigen Höhenregion, die keine Kulturpflanzen mehr gedeihen läßt. Dieser Teil des Gebirges deckt sich ungefähr mit der von mir angenommenen hochandinen oder Punazone. Südwärts reicht sie über den Titicaca-See hinaus, nach Norden bis etwa zum 7. Breitengrad. Unten verläuft die Grenze um 3800 bis 4000 m, nur an den Westhängen des südlichen Peru etwas höher, bei 4300 m. Oben endet die Zone in den höchsten Spitzen des Gebirges.

Grundzüge des floristischen Charakters.

Die Flora läßt den Zusammenhang mit der zentralperuanischen Sierrazone deutlich erkennen, während Beziehungen zum Osten, zur Ceja-Zone, nahezu

---

[1] Z. t. Wiedergabe meiner Arbeiten:
Anatomische und biologische Studien über die Vegetation der Hochanden Perus. — ENGLERS Botan. Jahrbücher, Bd. 37 (1905), p. 60—94 und Weitere Mitteilungen über Vegetation und Klima der Hochanden Perus. — Ebenda, Bd. 39 (1907), p. 449—461.

A. Weberbauer, phot.

Interandines Gebiet Nordperus: Tal des Utcubamba unweit Chachapoyas, bei 1800 m. **Juglans neotropica** Diels, blühend, mit epiphytischen **Tillandsien** (T. usneoides L. u. a.). Das Gesträuch gebildet von wildwachsender **Anona Cherimolia** Mill.

1. Abschnitt. 7. Kapitel. Die hochandine oder Punazone.

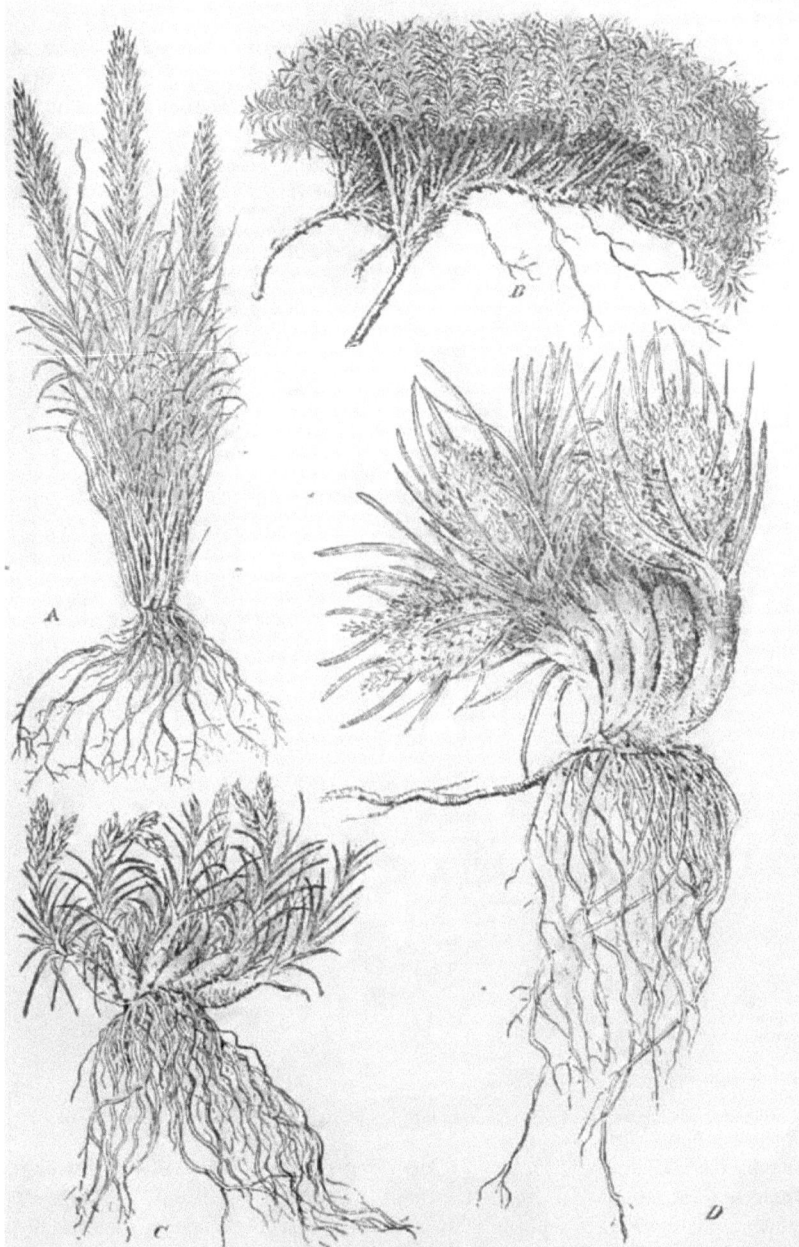

Fig. 21. *A Calamagrostis vicunarum* Wedd., *B Aciachne pulvinata* Bth., *C Poa chamaeclinus* Pilger, *D Anthochloa lepidula* Nees.

vollständig fehlen; die Gattung *Pernettya* könnte vielleicht als Beispiel eines östlichen Elements in der hochandinen Flora angeführt werden. Von den floristischen Unterschieden, die sich bei einem Vergleich mit der zentralperuanischen Sierrazone ergeben, ist zu erwähnen die Abwesenheit fast sämtlicher dort wachsenden Sträucher und andrerseits die Beschränkung gewisser Ver-

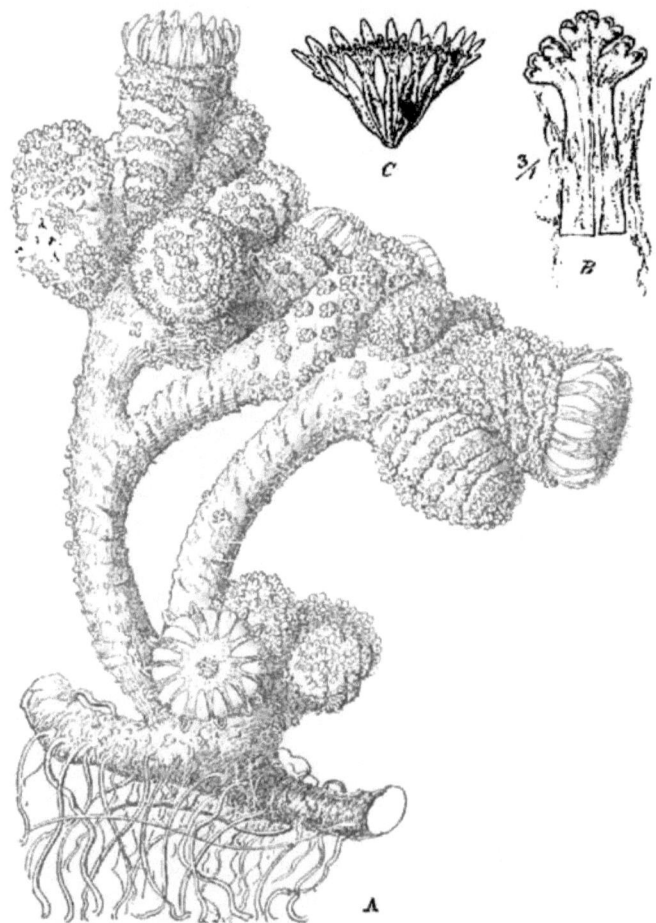

Fig. 22. *Werneria dactylophylla* Sch. Bip. *A* Habitus. *B* Blatt. *C* Köpfchen.

wandtschaftskreise auf die Puna. Zu den letzteren gehören z. B. die Gattungen: *Anthochloa* (Gramin.), *Aciachne* (Gramin.), *Distichia* (Juncac.), *Pycnophyllum* (Caryoph.), *Arenaria* (Caryoph.), *Alsine* (Caryoph.), *Draba* (Crucif.), *Braya* (Crucif.), *Brayopsis* (Crucif.), *Eudema* (Crucif.), *Nototriche* (Malv.), *Stangea* (Valerian.), *Aretiastrum* (Valerian.), *Lysipomia* (Campan.), ferner die allermeisten Arten von

A. Weberbauer, phot.

Nordöstlicher Rand des Titicaca-Hochlandes, in der Gegend von Poto, bei 4500 m. Polsterförmige Cacteen: **Opuntia floccosa** Salm-Dyck (die flachen Polster) und **Opuntia lagopus** K. Schum. (die gewölbten Polster).

Cerastium (Caryoph.), *Azorella* (Umbellif.), *Culcitium* (Compos.) und *Werneria* Compos.), endlich eine Anzahl ausgezeichneter Typen der Gattungen *Agrostis* (Gram.), *Calamagrostis* (Gram.), *Poa* (Gram.), *Festuca* (Gram.), *Bromus* (Gram.), *Trisetum* (Gram.), *Ranunculus*, *Alchemilla* (Rosac.), *Lupinus* (Legum.), *Astragalus* (Legum.), *Geranium*, *Viola*, *Gentiana*, *Valeriana*, *Mniodes* (Compos.), *Lucilia* (Compos.), *Perezia* (Compos.), *Senecio* (Compos.). Nicht wenige hochandine Pflanzen finden bei 4400 oder gar schon bei 4500 m die untere Grenze. Andrerseits beginnt bei 4600 m in der Vegetation eine Verarmung, die sowohl in der Individuen- als auch in der Artenzahl sich äußert und mit zunehmender Höhe rasch fortschreitet: *Trisetum floribundum* (Gram.), *Anthochloa lepidula* (Gram.), *Pycnophyllum*-Arten, *Werneria dactylophylla* bieten Beispiele solcher Siphonogamen, die sehr hochgelegene, über 4600 m Seehöhe befindliche Standorte bevorzugen. Weit geringer als die vertikale, ist die horizontale Differenzierung der Vegetation. Vorwiegend handelt es sich hierbei um die Wirkungen der von Westen nach Osten und von Süden nach Norden zunehmenden Feuchtigkeit. Die Kakteen werden nach Norden hin und in Zentralperu auch nach Osten hin seltener. Die hochgewölbten, dicht filzigen Polster der *Opuntia lagopus* fand ich nur auf den hohen Randplateaus des Titicaca-Hochlandes. *Opuntia floccosa*, eine etwas lockerer behaarte,

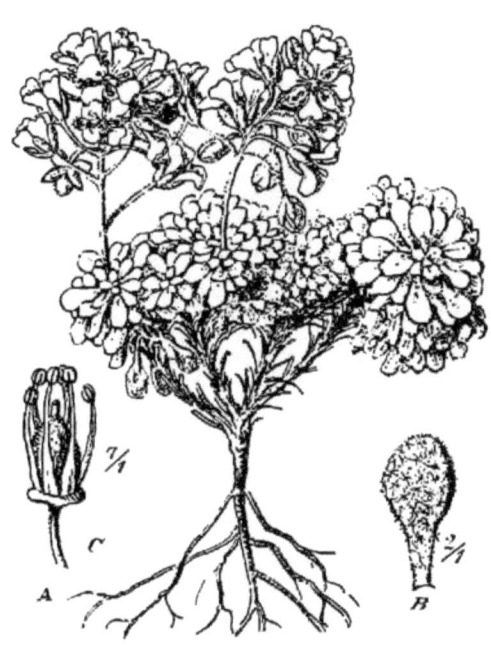

Fig. 23. *Draba Pickeringii* A. Gray.
A Habitus. *B* Blatt. *C* Staubblätter und Fruchtknoten.

ebenfalls polsterförmige Art, ist vom Titicaca-Hochland bis gegen 10° S häufig und beginnt dann zu verschwinden.

Morphologie und Biologie.

a) Vegetationsorgane.

Die Physiognomie der hochandinen Pflanzen wird beherrscht von dem Prinzip einer möglichst geringen Erhebung über die Bodenoberfläche. Bei zahlreichen Arten erfolgt eine Unterdrückung der oberirdischen Achsen (Stämme, Stengel, Blütenstiele); bei vielen anderen (z. B. *Lupinus microphyllus*, *Wahlen-*

bergia peruviana) lassen sich jene Organe zwar deutlich erkennen, aber sie bleiben sehr kurz oder vermeiden den aufrechten Wuchs und schmiegen sich an die Erde. Die unterirdischen Teile wachsen zu beträchtlicher Länge heran. Namentlich gilt dies von den Wurzeln, deren Größe oft in sonderbarem Gegensatz steht zu den winzigen Dimensionen der Laubsprosse. Als Ausnahmen sondern sich ab: Arten von *Polylepis* Rosac.) und *Gynoxys* (Compos.), Holzgewächse, die 4 m Höhe erreichen und bald zu Sträuchern, bald zu Bäumen sich entwickeln, sowie die baumartige, 10 m hohe Bromeliacee *Pourretia gigantea*. Alle diese Pflanzen pflegen gesellig aufzutreten, finden sich aber nur in gewissen Gegenden. Die Stämme und Zweige der Holzpflanzen, sowohl der aufrechten als auch der niederliegenden, wachsen oft knorrig und in seltsamen Windungen. Zum weitaus größten Teile sind jedoch die Gewächse der Puna krautig. Bleibt der Stamm einfach oder spärlich verzweigt und gleichzeitig unterirdisch bis auf ein sehr kurzes, von den dicht gedrängten Blättern verhülltes Endstück jeder einzelnen Achse, so kommt der Typus der Rosettenkräuter zustande (*Calandrinia acaulis, Nototriche stenopetala, Plantago lamprophylla, Hypochoeris stenocephala* usw.). Ihnen gleichen die Polstergewächse beim Beginn ihrer Entwicklung. Später aber verhalten sie sich abweichend durch die beständig fortschreitende Verzweigung, die allmählich bewirkt, daß die belaubten Stammenden (Rosetten) sich in sehr großer Zahl zu einer umfangreichen Masse lückenlos aneinander fügen. Diese einem Polster vergleichbare Masse breitet sich bald flach aus (*Azorella glabra, Azorella multifida, Plantago rigida, Lucilia tunariensis*), bald wölbt sie sich halbkugel- oder kegelförmig über den Boden empor. Im letzteren Falle werden die Rosetten an der gewölbten Oberfläche derartig zusammengepreßt, daß ein fester Panzer entsteht, der kräftigen Spatenstichen zu trotzen vermag (*Azorella bryoides, Arctiastrum Aschersonianum, Lucilia [Merope] arctioides, Distichia muscoides*); das Innere des gewölbten Polsters, vollkommen abgeschlossen und überdies reich an Humusmassen, darf man als ein dem bewachsenen Boden analoges Medium betrachten. Bei solchen Pflanzen, deren beblätterte Achsenteile sich nicht als kurze Rosettenstämme entwickeln, sondern stengelförmig strecken, kommt es oft vor, daß ein und dasselbe Individuum zahlreiche Stengel nebeneinander hervorbringt. Diese

Fig. 24. *Gentiana sedifolia* H. B. K. = *G. prostrata* Haenke). *A* Habitus. *B* Blüte.

Zusammendrängung der Stengel erinnert an die Zusammendrängung der Rosettensprosse bei den Polsterpflanzen. Es ergeben sich Wuchsformen, die den Polstern teilweise nahestehen, aber durchweg ein lockereres Gefüge aufweisen und als Rasen oder Büschel bezeichnet werden können. Die Stämme der Rosettenpflanzen und der Polstergewächse (wenigstens der flach ausgebreiteten) werden dadurch, daß sich die Wurzeln innerhalb einer gewissen Zone, die ihr Längenwachstum beendet hat, allmählich verkürzen, abwärts gezogen und bleiben somit, trotzdem ihre Länge zunimmt, in dem geschützten Medium des Erdbodens.

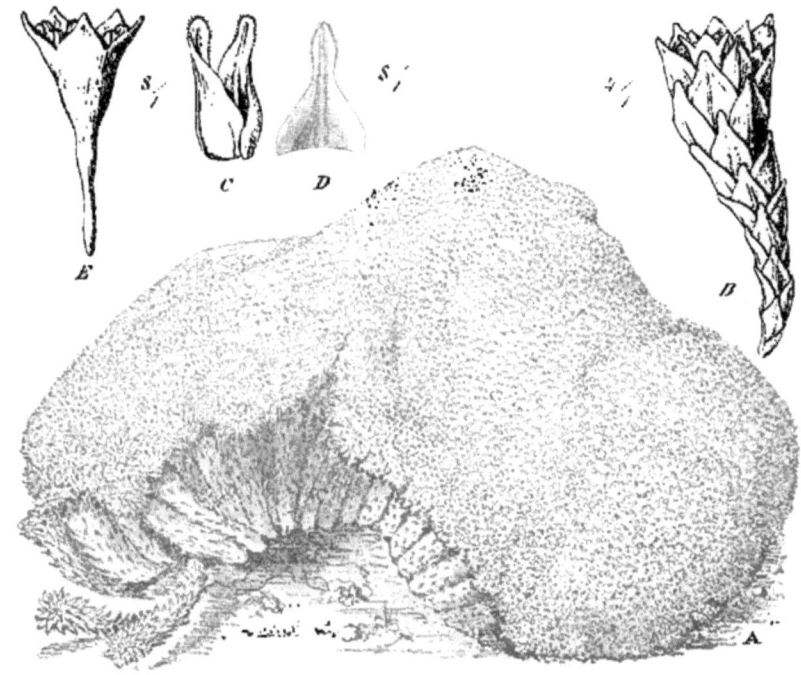

Fig. 25. *Aretiastrum Aschersonianum* Graebn.
A Habitus. *B* Zweig. *C* und *D* Blätter. *E* Krone.

Besonders wertvoll erscheint diese Bergung für die Knospen, aus denen die Seitenzweige hervorgehen. Ähnliche Vorteile gewährt vielleicht der Rasen- und der Büschelwuchs, indem die Knospen an Plätze gelangen, von denen der Schnee ferngehalten wird, und wo große und rasche Schwankungen des Temperatur- und Feuchtigkeitszustandes unterbleiben. — Zwiebel- und Knollenpflanzen sind in der hochandinen Vegetation nur spärlich vertreten. Kräftige rübenförmige Wurzeln finden sich zwar häufig, aber sie zeigen im allgemeinen nicht die Beschaffenheit typischer Speicherorgane: die Länge fällt weit mehr ins Auge als die Dicke, und die Konsistenz ist eher holzig als fleischig.

Am Laub der hochandinen Pflanzen beobachtet man eine Anzahl interessanter

Fig. 26. *A Viola replicata* Becker. *B Hypochoeris stenocephala* (A. Gr.) O. Kuntze. *C Lysipoma acaulis* H. B. K.; *c* Blüte. *D Englerocharis peruviana* Muschler, *d* Frucht. *E Brayopsis alpaminae* Gilg et Muschler (Nr. 5123); *e* Blatt (links Oberseite, rechts Unterseite). *F Werneria nubigena* Kunth.

1. Abschnitt. 7. Kapitel. Die hochandine oder Punazone. 199

Fig. 27. *Perezia coerulescens* Wedd.

Eigentümlichkeiten. Bei sehr vielen Arten richten sich einzelne Teile des Blattes, namentlich die Ränder, aufwärts und werden auf diese Weise oberseitige oder kantenständige Gruben oder Rinnen geschaffen. Es geschieht dies in größter Mannigfaltigkeit bei den verschiedensten Laubgestalten, an einfachen Blättern und an zusammengesetzten sowie an den Übergangsformen zwischen jenen Typen. Im einfachsten Falle zeigt das Blatt nur eine sanfte Wölbung mit aufwärts schauender Konkavität. *Eudema trichocarpum* (Crucif.) und einige andere falten die Spreite längs dem Mittelnerv, so daß die Blatthälften ihre Oberseite einander zuwenden und sich nahezu parallel stellen. Bei *Senecio repens* Compos.) und *Ranunculus haemanthus* richten sich die Ränder nicht ihrer ganzen Länge nach auf, sondern nur stellenweise, und verlaufen daher wellig oder gekräuselt. Geteilte oder zusammengesetzte Blätter erhalten ein reich gegliedertes System von Höhlungen durch die mannigfaltige Orientierung ihrer Abschnitte oder Teilblättchen, von denen einige eine horizontale, andere eine vertikale, wieder andere mannigfache Zwischenstellungen einnehmen (Bei-

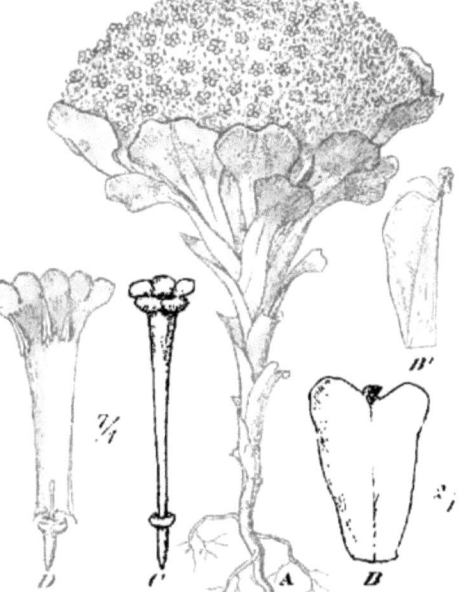

Fig. 28. *Stangea Henrici* Graebner.
A Habitus. *B* und *B'* Niederblätter. *C* Blüte. *D* Dieselbe aufgeschnitten.

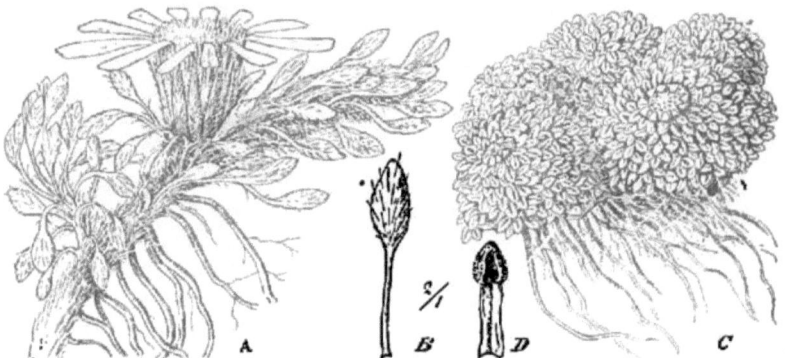

Fig. 29. *A, B Werneria boraginifolia* O. Kuntze. *C, D W. aretioides* Wedd. Habitus und Blattoberseite.

Fig. 30. *Azorella multifida* (R. et Pav.) Pers. *A* Habitus. *B* Blatt (Oberseite). *C* Frucht.

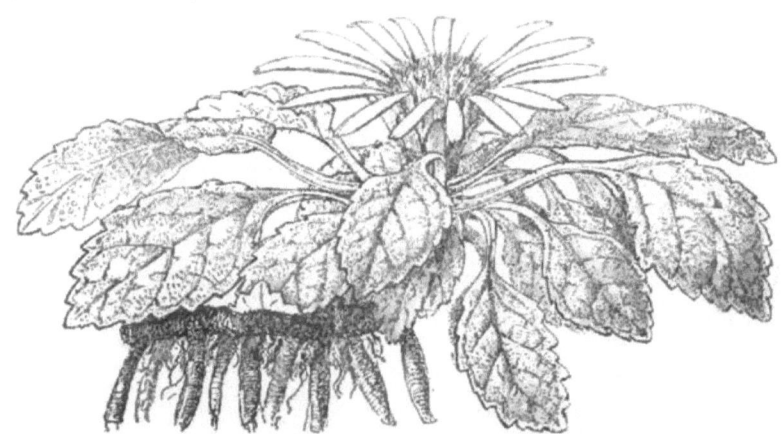

Fig. 31. *Liabum bullatum* (A. Gray) Hieron.

spiele. *Alchemilla pinnata* Rosac.), *Oreomyrrhis andicola* [Umbellif.). Auch durch ungleichmäßige Entwicklung des Blattgewebes entstehen oberseitige Vertiefungen. Die Blätter der Valerianacee *Stangea Emiliae* sind so gewölbt, daß die Höhlung nach unten schaut, haben aber unten eine glatte, oben eine runzlige Oberfläche. Bei einer *Azorella* (Umbellif.; Nr. 5152) sind mehrere tiefe Längsfurchen, bei einer *Viola* (Nr. 5151) zahlreiche durch vorspringende Gewebeleisten getrennte Gruben an der Blattoberseite sichtbar; in beiden Fällen bleibt die Unterseite des Blattes durchaus eben. In höchst merkwürdiger Weise zerklüftet sich das Blattgewebe der *Stangea Wandae*: oberseits (aber auch nur oberseits!) erheben sich grüne Auswüchse in Form von Höckern, Kegeln oder Platten, die so groß sind, daß sie dem unbewaffneten Auge sofort auffallen. Als ich diese Auswüchse zum ersten

Fig. 32. *Lucilia tunariensis* (O. Ktze) K. Sch. Teil eines Polsters.

Male erblickte, hielt ich sie für krankhafte, durch Insektenstiche veranlaßte Wucherungen. Alle diese morphologischen Eigentümlichkeiten verhindern ein rasches Abfließen der Wassertropfen, die auf die Blätter gelangen. Es ließ sich ferner an ungefähr 40 Arten experimentell feststellen, daß die Blätter das Wasser nicht nur an ihrer Oberfläche festhalten, sondern auch in ihre Gewebe aufnehmen. Wahrscheinlich decken sie auf diese Weise unzureichende Wasserzufuhr aus den Wurzeln, wenn deren Tätigkeit durch starke Abkühlung gelähmt wird. Bei mehreren Gräsern (*Aciachne pulvinata*, *Calamagrostis*-, *Bromus*-, *Poa*-Arten usw.) ist die Blattoberseite zwar ebenfalls mit Vertiefungen versehen, aber unbenetzbar. Es handelt sich hier nicht um Einrichtungen zur Wasseraufnahme, sondern lediglich um Bergung der Spaltöffnungen. Alle jene Gräser gehören nämlich zu jenen bekannten, hauptsächlich in Steppengebieten beobachteten Formen, deren Blätter oberseitige, an Spaltöffnungen reiche Längsrinnen aufweisen und die Fähigkeit besitzen, sich bei trockenem Wetter derartig zusammenzufalten oder zu rollen, daß die Oberseite verdeckt wird. — Vergleicht man die Blätter der hochandinen Pflanzen in bezug auf ihre Bekleidung, so fällt zunächst die große Zahl völlig kahllaubiger Formen auf. Zu diesen zählen u. a.: *Calandrinia acaulis* Portulac.), *Arenaria Alpamarcae* (Caryoph.), *Arenaria dicranoides*, *Pycnophyllum*-Arten (Caryoph.), *Tetraglochin strictum* (Rosac.), *Astragalus uniflorus* Legum.), *Geranium minimum*, *Viola*-Arten, *Gentiana prostrata*, *Gentiana armerioides*, *Gentiana flavido-flammea*, *Valeriana alypifolia*, *Baccharis serpyllifolia* (Compos.), *Chuquiragua*-Arten Compos.). Diesen kahlblättrigen Typen reiht sich eine beträchtliche Zahl solcher an, deren Haare in so weiten Abständen über das Blatt zerstreut oder auf so kleine Flächen (Blattränder, Blattnerven) beschränkt sind, daß sie weder gegen Benetzung der Spaltöffnungen, noch gegen schädliche Wärmeschwankungen, noch gegen übermäßige Transpiration als Schutzmittel in Betracht kommen können: *Peperomia*

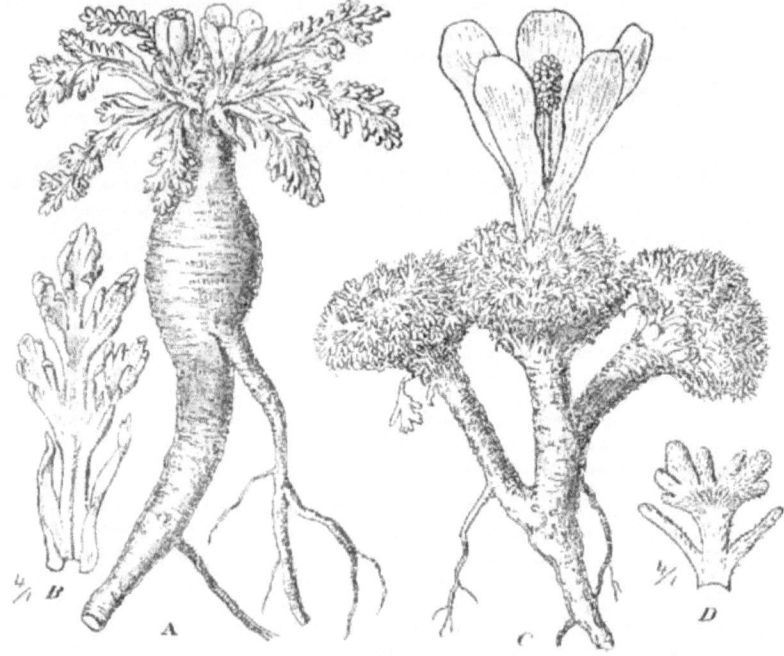

Fig. 33. *A Nototriche longirostris* (Wedd.) Hill, Habitus. *B* Blatt derselben, Oberseite. *C Nototriche Macleanii* Gray Hill, Habitus. *D* Blatt derselben, Oberseite.

Fig. 34. *Geranium sessiliflorum* Cav.

parvifolia (Pip.), *Alternanthera lupulina* (Amarant.), *Melandryum*-Arten (Caryoph.), *Oxalis pygmaea*, *Oenothera multicaulis*, *Azorella crenata* (Umbellif.), *Stangea Emiliae* (Valerian.), *Wahlenbergia peruviana* (Campan.), *Perezia coerulescens* (Compos.), *Senecio repens* (Compos.) usw. Für das bloße Auge wahrnehmbare Wachsüberzüge habe ich nur in wenigen Fällen (z. B. Blattunterseite von *Tetraglochin strictum*) beobachtet. Die Artenzahl dieser völlig oder nahezu kahlblättrigen Pflanzen wird kaum erreicht von denjenigen, deren Blätter sich in

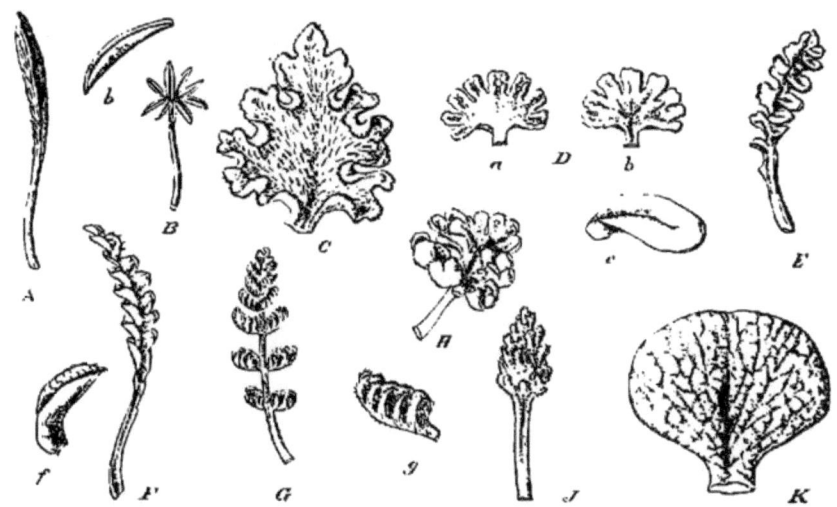

Fig. 35. Blattformen hochandiner Pflanzen (nach einer photographischen Aufnahme lebender Blätter gezeichnet). *A Eudema trichocarpum* Muschler. *B Lupinus microphyllus* Desv.; *b* Blättchen, 3-fach vergrößert. *C Ranunculus haemanthus* Ulbrich. *D Nototriche obcuneata* (Bak. Hill; *a* Blattoberseite, *b* Blattunterseite. *E Senecio repens* DC.; *e* Blattabschnitt, 3-fach vergrößert. *F Perezia coerulescens* Wedd.; *f* Blattabschnitt, 3-fach vergrößert. *G Oreomyrrhis andicola* (H. B. K.) Endl.; *g* Blattfieder, 3-fach vergrößert. *H Geranium sessiliflorum* Cav. *J Stangea Wandae* Graebner. *K Stangea Emiliae* Graebner.

ein so starkes Haarkleid hüllen, daß sie eine weiße oder graue Farbe annehmen: *Draba Pickeringii* (Crucif., *Geranium sericeum*, *Lupinus tomentosus* (Legum.), *Plantago lamprophylla*, *Lucilia piptolepis* (Compos.), *Lucilia* (*Merope*) *arctioides*, *Culcitium rufescens* (Compos.), *Culcitium canescens*, *Senecio antennaria* (Compos., *Senecio Hohenackeri* u. a. Mehrere Arten fallen dadurch auf, daß die Oberseite ihrer Blätter stärker behaart ist als die Unterseite (*Nototriche*-Arten Malv.), *Geranium sessiliflorum*, *Wahlenbergia peruviana* [Campan.], *Relbunium hirsutum* [Rubiac.], *Senecio repens* [Compos.]) oder gar sich die Behaarung auf die Oberseite beschränkt, während die Unterseite kahl bleibt *Nototriche*-Arten, z. B. *N. stenopetala* [Malv.], *Brayopsis Alpaminae* [Crucif.], *Stangea Wandae* [Valerian.], *Hypochoeris sonchoides* Compos.). Auch hier

Fig. 36. *Lupinus microphyllus* Desv.

Fig. 37. *Wahlenbergia peruviana* A. Gray.

Fig. 38. *A, B Brayopsis argentea* Gilg et Muschler (Nr. 2901); *C Plantago lamprophylla* Pilger.

handelt es sich meines Erachtens um Einrichtungen zugunsten der Wasseraufnahme. Ein deutliches Überwiegen der Haarbekleidung an der Blattunterseite kommt nur in sehr vereinzelten Fällen vor (z. B. *Liabum bullatum*). Hinsichtlich der Konsistenz der Blätter gilt für die meisten hochandinen Pflanzen die Regel, daß jene Organe im Verhältnis zu ihrer Größe ziemlich dick sind,

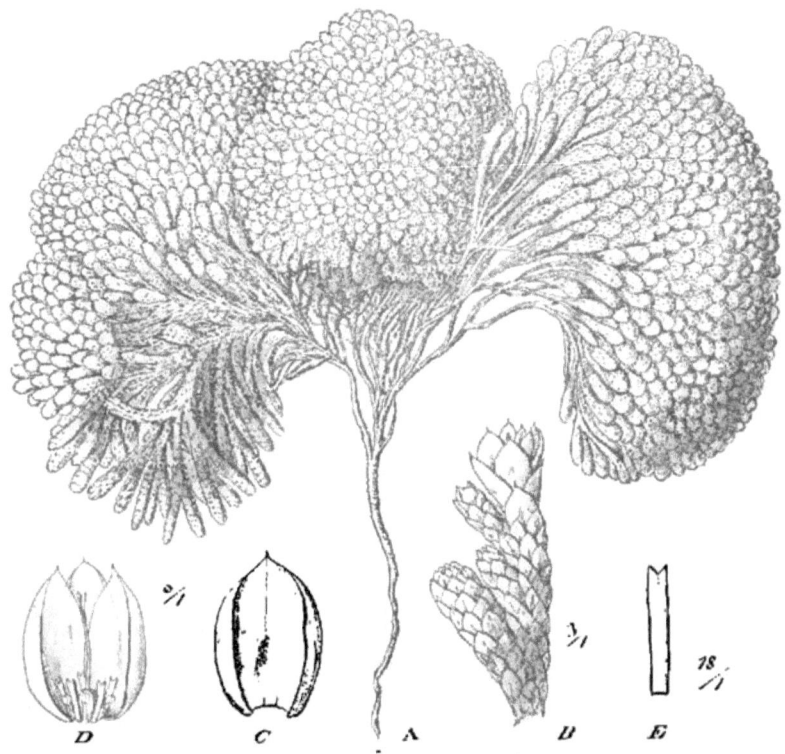

Fig. 39. *Pycnophyllum aculeatum* Muschler.
(Nr. 946 und 1374). *A* Habitus. *B* Zweig. *C* Blatt; das chlorophyllführende Gewebe bildet einen scharf begrenzten, medianen Streifen in der unteren Blatthälfte. *D* Blüte (nach Entfernung zweier Kelchblätter). *E* Blumenblatt.

dabei aber zart, mehr fleischig als lederartig. Ganz abweichend verhält sich das Blatt von *Pycnophyllum molle* und verwandten Arten: die kleine, verkehrt eiförmige Spreite hat größtenteils trockenhäutige Konsistenz und weißliche Farbe; das assimilierende Gewebe beschränkt sich auf eine zentrale Partie und erscheint hier wie eine winzige grüne Schwiele. Ähnliches beobachtet man an *Arenaria*-Arten. *Pycnophyllen* und *Arenarien* ahmen durch ihre dünnen und kurzen, mit winzigen Blättern dicht bedeckten Stengel und den rasenförmigen Wuchs die Tracht der Moose nach und scheinen diesen auch bio-

logisch nahe zu stehen, indem ihre Blätter leicht eintrocknen, aber ebenso
leicht wieder Wasser aufnehmen. Bezüglich des anatomischen Baues der Blätter
mag es genügen, auf meine früher angeführte Arbeit zu verweisen und kurz
hervorzuheben, daß xerophile Struktur nicht als wesentliches Merkmal der hoch-

Fig. 40. *Ranunculus haemanthus* Ulbrich.

andinen Pflanzen gelten kann, sowie daß gewisse anatomische Eigentümlichkeiten
mit der Wasseraufnahme durch die Blätter zusammenhängen.

Den Typus der blattlosen Gewächse vertreten eine *Ephedra* und mehrere
Cactaceen (*Echinocactus*- und *Opuntia*-Arten). Von diesen zeichnen sich
Opuntia floccosa und namentlich *Opuntia lagopus* durch dichte Behaa-
rung aus.

b) Reproduktive Organe.

Abgesehen von den Köpfen der Compositen und Valerianaceen überwiegen die armblütigen Inflorescenzen und die einzeln stehenden Blüten. Relativ bedeutende Größe und gesättigte Färbung der Blumenkronen, bekannte Merkmale der europäischen Hochgebirgsvegetation, zeigen nur wenige Arten

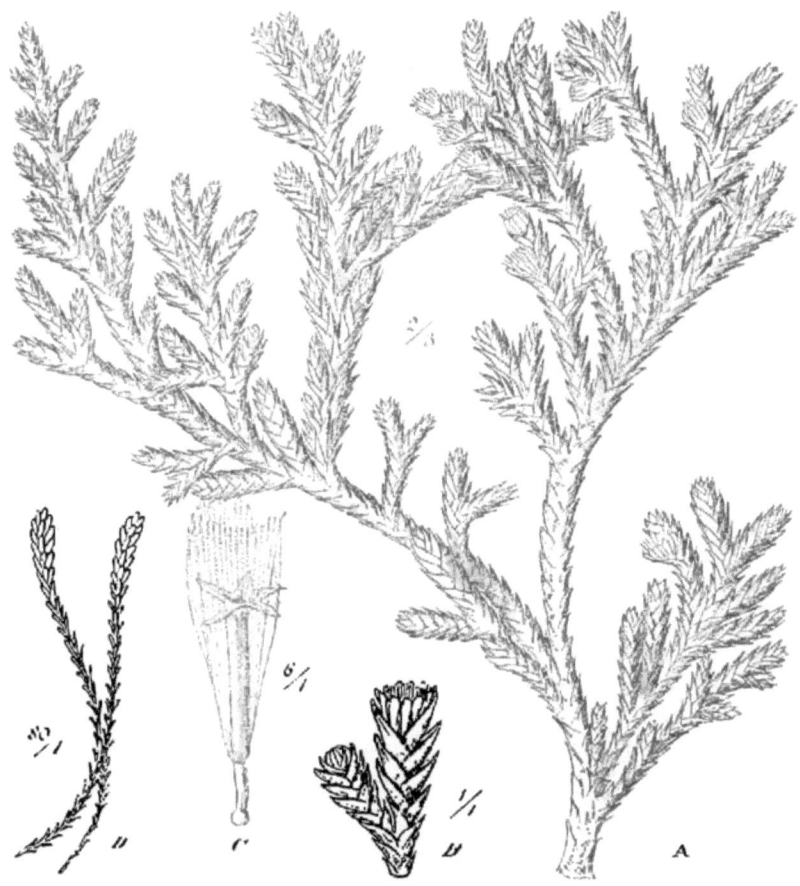

Fig. 41. *Loricaria thyoides* Sch. Bip.
A Habitus. *B* Blühender Zweig. *C* Blüte. *D* Pappusborsten.

der hochandinen Flora. *Calandrinia acaulis*, *Ranunculus haemanthus*, manche *Astragalus*-Arten, *Geranium sericeum*, *Nototriche Macleanii*, *Gentiana flavido-flammea* kann man als verhältnismäßig großblumig bezeichnen. Dagegen haben die Umbelliferen *Azorella crenata* und *Oreomyrrhis andicola* kleine verborgene Dolden und winzige, unscheinbare, hinfällige Petalen, und sind die

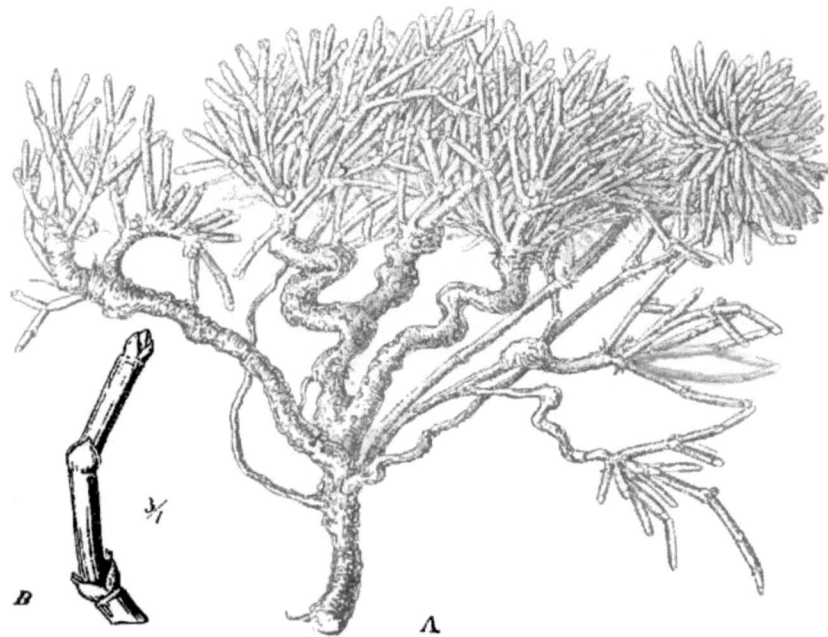

Fig. 42. *Ephedra americana* H. et B.
A Habitus. *B* Zweig.

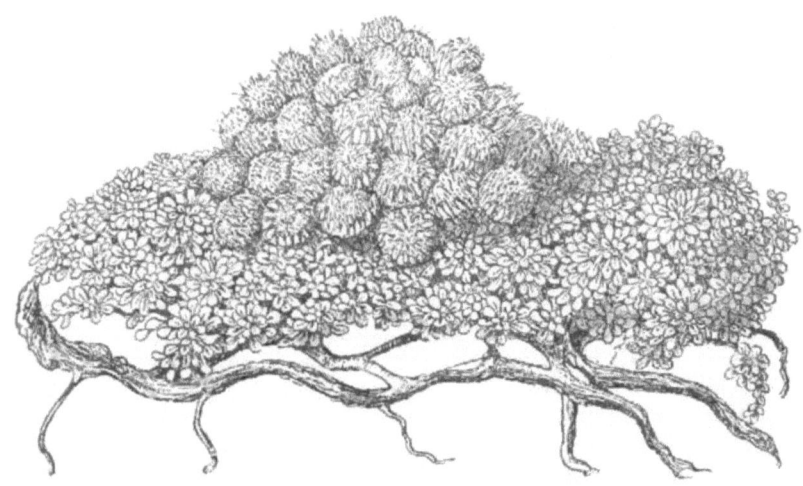

Fig. 43. *Bacharis serpyllifolia* Decne.

Kronen von *Castilleja fissifolia* sowie von *Cerastien*, *Pycnophyllen* und *Arenarien* kürzer als der Kelch, oft völlig in diesem versteckt. Was die Blütenfarben anbelangt, so scheinen weiß, gelb, blau und violett vorzuherrschen, scharlachrot häufiger, purpur und rosa seltener zu sein, als im europäischen Hochgebirge. Man darf annehmen, daß häufig Selbstbestäubung stattfindet. Die Insektenfauna ist arm und besteht hauptsächlich aus kleinen Fliegen und Käfern. Von Tag-

Fig. 44. *Azorella cladorrhiza*. R. & P.
A Blühender Zweig. *B* Blüte.
C Staubblätter und Fruchtknoten.

schmetterlingen lernte ich zwei Arten, von Nachtschmetterlingen einige kleine Eulen kennen. Auch Hummeln habe ich beobachtet, dagegen Bienen und Wespen vergeblich gesucht. Gerade in der blütenreichsten Jahreszeit beeinträchtigen anhaltende Bewölkung des Himmels und beständige Schnee- und Hagelfälle den Insektenverkehr. Den Gefahren, welche durch jene Niederschläge für die zarten Staubblätter und Narben entstehen, wirken Schutzeinrichtungen entgegen, die man auch anderwärts in ähnlicher Form beobachtet hat: Bergung

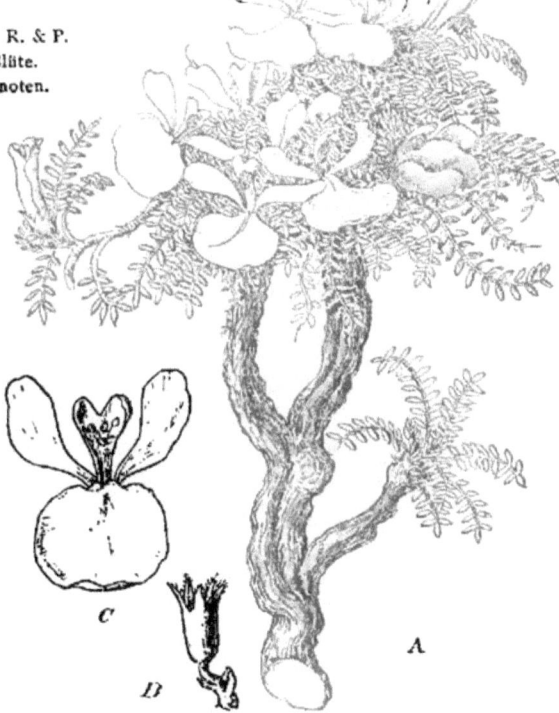

Fig. 45. *Astragalus uniflorus* DC.
A Habitus. *B* Kelch. *C* Krone.

Fig. 46. *Tetraglochin strictum* Poepp.
A Habitus. *B* Blüte. *C* Fruchtknoten längs durchschnitten. *D* Frucht.
E dieselbe quer durchschnitten.

der zarteren Blütenteile in dem derberen Kelch, Schließen der im Sonnenschein geöffneten Blüten bei starker Bewölkung (*Gentiana prostrata, Nototriche*-Arten), geringer Umfang der Zugangsöffnung an der Spitze der Krone (*Gentiana armerioides, Gentiana flavido-flammea*).

Die fleischigen Früchte von *Ephedra* und *Pernettya Pentlandii* deuten auf eine Verbreitung durch Tiere. Flugapparate besitzen die Früchte vieler Valerianaceen und Compositen. Eine Fortführung der Samen aus der unmittelbaren Nähe der Mutterpflanze erschwert aber häufig der Umstand, daß die Früchte dicht am Boden reifen, eingeschlossen im Laubwerk der Rosetten. Geradezu verhindert sehen wir die Samenverbreitung bei *Calandrinia acaulis*; aus den stiellosen Blüten entwickelt sich eine gestielte Frucht; der Stiel krümmt sich, wächst abwärts und vergräbt die Frucht im Boden, wo ihre zarte Hülle verfault und die Samen frei werden. Die Blütenproduktion gewisser polster- und rasenförmig wachsenden Pflanzen ist eine auffällig geringe; es liegt die Vermutung nahe, daß die mit der reichen Verzweigung verbundene vegetative Vermehrung einen Ersatz darstellt für die durch ungünstige Bestäubungsverhältnisse gefährdete Fortpflanzung auf geschlechtlichem Wege.

c) **Lebensdauer und Periodizität.**

Zu den langlebigen Gewächsen gehören natürlich in erster Linie sämtliche Sträucher. Ferner unterliegt es keinem Zweifel, daß alle jene stark verzweigten Stämme, die sich zu ausgedehnten Rasen oder Polstern entwickeln, viele Jahre hindurch lebend bleiben; die ältesten Teile

pflegen in der Mitte zu liegen, und wenn sie absterben, erhält der Rasen oder das Polster die Form eines Ringes; besonders oft begegnet man dieser Erscheinung in dem trockenen Süden. Die Rasen oder Polster bildenden Pflanzen stehen im allgemeinen den Kräutern näher als den Sträuchern; mitunter allerdings verholzen die Stämme im Alter. Auf eine kürzere Lebensdauer dürften solche Kräuter angewiesen sein, die nur eine oder wenige Rosetten hervorbringen (z. B. *Calandrinia acaulis*, *Nototriche stenopetala*, *Plantago lamprophylla*, *Hypochoeris stenocephala*), ferner ganz besonders Formen mit zartem oberirdischen Stämmchen und feinem, reich verzweigten Wurzelsystem (z. B. *Oxalis pygmaea*, *Cerastium*-Arten). Kurzlebige Gewächse scheinen hier weniger selten zu sein als in den europäischen Hochgebirgen.

Im Gesamtbilde der hochandinen Pflanzendecke sehen wir die jahreszeitlichen Gegensätze nach Süden hin sich verstärken. Jedoch kommt es nirgends zu einem völligen, allgemeinen Ruhezustand der vegetativen

Fig. 47. *Chuquiragua Huamanpinta* Hieron. (Nr. 328).

Organe. Die Pflanzendecke erscheint, wenn die Trockenperiode ihren Höhepunkt erreicht hat, nicht abgestorben, sondern nur lückenhafter als während der feuchten Jahreszeit. Ferner ist die Gesamtfarbe keine so frische wie im Sommer, sondern (von den sumpfigen Stellen abgesehen) fahler, vorherrschend gelblich bis bräunlich grün. Letzteres beruht aber hauptsächlich darauf, daß die verdorrten Blätter weit zahlreicher sind als die lebenden, namentlich bei den Gräsern; auch jetzt noch setzen viele Arten die Neubildung von Blättern fort. Diese vollzieht sich auf trockenem Boden natürlich weniger intensiv als im Sommer, bleibt aber an sumpfigen Stellen nahezu unverändert. Zu einer Verlängerung der Vegetationsperiode können in der hochandinen Pflanzenwelt auch die geringen Niederschlagsmengen des Winters erheblich beitragen. Denn nur kurz sind die Leitungsbahnen dieser winzigen Gewächse, und wie Schwämme wirken die Rasen oder Polster, indem sie das Wasser aufsaugen und festhalten. Überdies eignen sich die Niederschläge durch ihre Form zu weitgehender Ausnutzung: fast immer befinden sie sich in gefrorenem oder halbgefrorenem Zustande; im Gegensatz zu dem rasch abfließenden Regenwasser bleiben aber Schneeflocken und Hagelkörnchen in den Rasen und Polstern hängen und tauen hier allmählich auf, weit langsamer als auf nackten Erdflecken, die sich in der Sonne leichter erwärmen als die bewachsenen Stellen.

Weit mehr als die vegetativen Organe hängen die reproduktiven vom Wechsel der Jahreszeiten ab. Die Blütenbildung beschränkt sich bei den meisten Arten auf die Monate Januar bis März, geschieht aber bei einigen während des ganzen Jahres. In der zweiten Augusthälfte des Jahres 1905 fand ich auf den Hochanden über Lima u. a. folgende Pflanzen blühend: *Pycnophyllum* sp., *Alchemilla pinnata*, *Nototriche*-Arten, *Azorella*-Arten, *Oreosciadium scabrum*, *Leuceria laciniata*, *Perezia coerulescens*, *Chuquiragua* sp., *Werneria dactylophylla*, *Werneria strigosissima*, *Senecio repens*, *Senecio Hohenackeri*.

Formationen.

Die Höhenlage von 4300 bis 4600 m ist die geeignete Region zum Studium der wichtigeren Formationen. Bei 4600 m beginnt die Vegetation dürftig zu werden; zwischen 4000 und 4300 m fehlen manche hochandine Charakterpflanzen und scheiden sich die Formationen nicht immer deutlich voneinander.

Die Puna-Matte (Polster- und Rosettenpflanzen-Matte) scheint von allen hochandinen Formationen die artenreichste zu sein. Sie besetzt ebenes oder doch wenig geneigtes Gelände von erdiger bis leicht steiniger Bodenbeschaffenheit und mittlerer Feuchtigkeit. Die Kräuter dominieren, daneben finden sich einige niederliegende Sträucher (z. B. *Bacharis serpyllifolia*, *Astragalus*-Arten, *Ephedra* sp.). Hochwüchsige Büschelgräser und aufrechte Sträucher fehlen oder treten nur sehr vereinzelt auf. Bei fast allen Pflanzen bleiben die oberirdischen Teile dicht an der Bodenoberfläche, d. h. deutlich sichtbare Stämme, Stengel oder Blütenstiele werden nur von wenigen Arten gebildet, und wo sie sich zeigen, wachsen sie nicht aufrecht, sondern

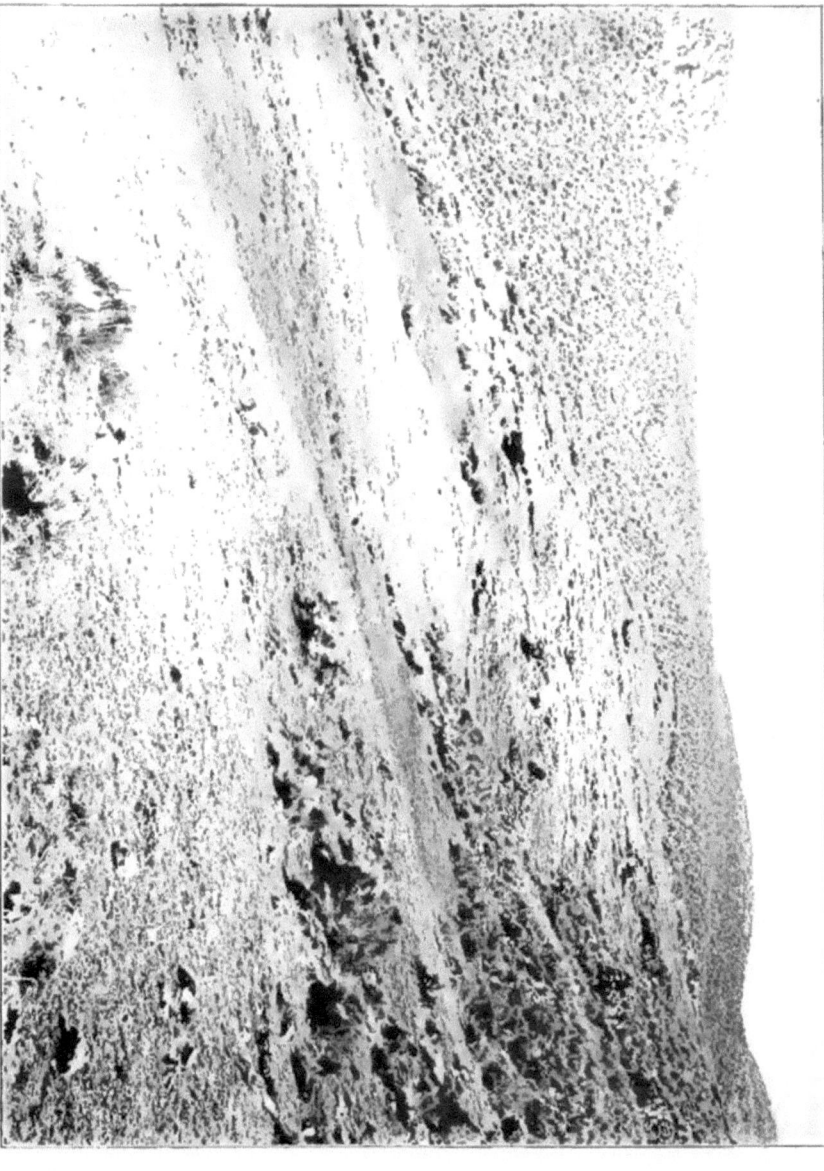

A. Weberbauer, phot.
Hochandine Büschelgras-Formation von Calamagrostis intermedia (Presl) Steud; Anden oberhalb Lima, 4500 m.

schmiegen sich an die Erde. So sehen wir die Matte hauptsächlich aus mehr oder weniger vereinzelten Rosetten, aus Rasen und aus Polstern sich zusammensetzen.

Allenthalben wechseln bewachsene Stellen mit nackten Erdflecken ab, und in hohen Lagen nehmen letztere einen größeren Flächenraum ein als erstere. In eigentümlichem Gegensatz zu dem Überfluß an unbesetzten Plätzen steht das dichte Gewirr, zu welchem sich die Pflanzen an den bewachsenen Flecken zusammendrängen. Polsterförmig oder rasenartig wachsende Pflanzen sieht man im Kampfe mit fremdartigen Elementen, die sich zwischen den Stämmchen der ersteren ansiedeln. Bewachsene Stellen gewähren offenbar für die Keimung der Samen und für die erste Entwicklungszeit des Keimpflänzchens günstigere Bedingungen als unbewachsene und halten überdies viele Samen und Früchte fest, die vom Winde getragen oder vom Wasser fortgeschwemmt werden. Durch den Wechsel von nacktem und bewachsenem Boden und durch die mannigfaltigen Blattfarben der Vegetationsdecke, in welcher sich unter reines Grün das Gelbgrün gewisser *Arenarien* und *Pycnophyllen* sowie die verschiedenen grauen Töne der *Geranien* und *Lucilien* mengen, erhält die Formation ein eigenartig scheckiges Aussehen. Auf diese matten Töne aber beschränkt sich der Farbenwechsel im Vegetationsbilde: es fehlt der Blumenschmuck, weil kleine, unscheinbare Blüten vorherrschen, und die größeren und lebhaft gefärbten so zerstreut auftreten, daß sie kaum zur Geltung kommen. Stellenweise erinnert die Matte mit ihrem winzigen Laubwerk an einen Moosteppich und manche hochandine Pflanze darf man, wie früher gezeigt wurde, nicht nur wegen ihrer Tracht, sondern auch wegen ihrer biologischen Eigentümlichkeiten mit Moosen vergleichen. Vielleicht ähnelt diese Formation physiognomisch der arktischen Tundra. Indessen spielen Flechten und Moose, die sich an der Zusammensetzung der Tundra so hervorragend beteiligen, in der Puna-Matte eine untergeordnete Rolle. Sorgfältiges Suchen ist erforderlich, um hier und da ein Moos zu entdecken, und wo der Pflanzenteppich eingestreute Flechten enthält, sind es versteckte körnige oder schuppige Krusten (*Stereocaulon*, *Parmelia*, *Lecanora* usw.) oder die schmächtigen Fäden der *Alectoria ochroleuca* und *Thamnolia vermicularis*.

Die Büschelgrasformation

nimmt in den Hochanden Perus ungeheure Flächen ein. Sie bewohnt Abhänge von erdiger bis erdig-steiniger Bodenbeschaffenheit, nicht selten von beträchtlicher Steilheit. Die charakteristischen Elemente sind die kräftigen, etwa halbmeterhohen, durch beträchtliche Zwischenräume gesonderten Büschel verschiedener Gräser. Alle diese hochwüchsigen Punagräser bezeichnet der peruanische Indianer mit dem Worte »ichu«. Unter ihnen findet man besonders häufig *Festuca*- und *Calamagrostis*-Arten (z. B. *F. scirpifolia*, *C. rigida*, *C. intermedia*). Auch die Büschelgrasformation zeigt lückenhaften Pflanzenwuchs, enthält viele nackte Erdflecke. Zu den Büschelgräsern gesellt sich ein großer Teil derjenigen Flora, welche auf der Puna-Matte lebt, doch ist die letztere artenreicher. Auch dicotyle Kräuter mit kräftigen Stengeln und aufrechte Sträucher kommen ovr, beide aber weniger häufig als auf den später zu besprechenden Steinfeldern und Felsen. Die Büschelgrasformation geht allmählich über in die Grassteppe der zentralperuanischen Sierrazone.

Das hochandine Moor oder die Distichia-Formation.

Nur ebenes oder sehr wenig geneigtes Gelände gewährt den dauernd nassen Untergrund, auf welchen diese Formation angewiesen ist. So sieht man dieselbe häufig in der Nachbarschaft von Seen, und mancher See mag im Laufe der Zeiten durch Moor verdrängt worden sein. Auch langsam fließende Bäche begleitet die *Distichia*-Formation, ebenso oft wie diese aber die typische Polster- und Rosettenpflanzen-Matte. Der Wechsel der Jahreszeiten macht sich noch weniger bemerkbar, als an den übrigen Formationen: fast unverändert erhält sich das saftige, gegen die Umgebung lebhaft abstechende Grün der Blätter, und ein großer Teil der Arten blüht hier das ganze Jahr hindurch. Im Gegensatz zu den anderen Formationen ist die Vegetation des hochandinen Moores lückenlos geschlossen und fehlen demselben die hohen Büschelgräser und die Sträucher, aufrechte sowohl wie niederliegende. Beachtung verdient auch die Tatsache, daß die Cyperaceen eine sehr untergeordnete Rolle spielen. Die tonangebenden Gewächse sind Arten der Juncaceen-Gattung *Distichia*, vor allem *Distichia muscoides*. Ihre nadelförmigen Blätter laufen in eine derbe, stechende Spitze aus. Diese Distichien bilden stark gewölbte Polster, und hierdurch erhält das Moor eine wellige Oberfläche. Die Polster werden durch die Zusammendrängung der Zweige so fest, daß es schwer hält, einen Spaten hineinzutreiben, und daß man, von Polster zu Polster springend, das Moor fast trocknen Fußes überschreiten kann. Ähnlich wie die *Sphagnum*-Rasen nordischer Hochmoore wachsen die *Distichia*-Polster allmählich empor, während sie an ihrer Basis sich in Torf verwandeln; letzterer, die sogenannte champa, dient den indianischen Hirten und Grubenarbeitern als Brennstoff. Die festverflochtenen Zweige der *Distichien* lassen für andere Pflanzen wenig Raum, am wenigsten an den höheren Stellen der Polster. Eine etwas artenreichere Flora beherbergen die Vertiefungen zwischen den Polstern. Als Begleiter der *Distichien* treten auf einige Schizophyceen, Algen und Moose (aber nur sehr selten *Sphagnum*), ferner Rosettenpflanzen von spärlicher Verzweigung und schmächtige Kräuter mit kriechenden, dünnen Rhizomen oder Stengeln. Wohl nirgends fehlt eine *Chevreulia* (Nr. 991 und 5196), deren fadenförmige Stengel entfernte Blattpaare tragen und sich durch die spinnwebhaarigen Endknospen bemerkbar machen, sowie die sonderbare *Alchemilla diplophylla*, auf deren keilförmigen Spreiten oberseits sich zwei vertikale längsgerichtete Flügel erheben. Da sich innerhalb des Moores, namentlich in den Vertiefungen zwischen den *Distichia*-Polstern, Pfützen bilden, so überrascht es nicht, daß viele Pflanzen in ihrer Organisation die Mitte halten zwischen Landbewohnern und Wasserbewohnern.

Unterhalb 4300 m, wohin *Distichia* nicht gelangt, trägt dauernd feuchter

Weberbauer, Pflanzenwelt der peruanischen Anden.

Tafel XVI, zu S. 214.

Phot. A. Weberbauer.

Hochandine Distichia-Formation von **Distichia muscoides** Nees et Meyen, Anden oberhalb Lima, 4500 m.

Boden an Stelle des hochandinen Moores andere Formationen, die mit jenem durch den lückenlosen Zusammenschluß der Elemente und das beständige frische Grün übereinstimmen: die niedrige teppichähnliche Bachufermatte, welche der von FRIES beschriebenen *Hypsella*-Formation des nördlichen

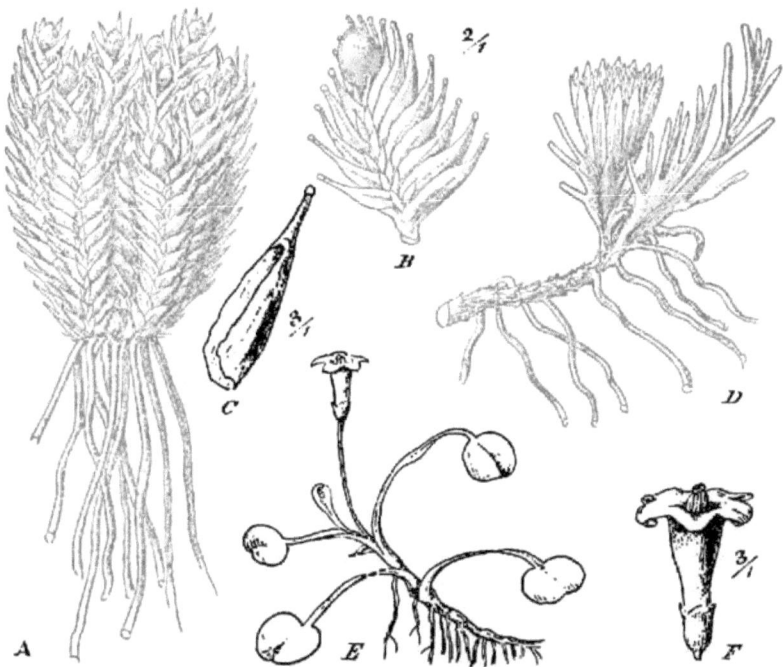

Fig. 48. Charakterpflanzen des hochandinen Moores. *A Distichia muscoides* Nees et Meyen, Habitus. *B* Dieselbe, fruchtender Zweig. *C* Dieselbe, Blatt. *D Werneria pygmaea* Hook. et Arn. *E Hypsella oligophylla* (Wedd.) Bth. et Hook., Habitus. *F* Blüte derselben.

Argentiniens sehr nahe stehen dürfte und das wasserreichere, durch hochwüchsige *Gramineen*, *Cyperaceen* und *Juncus*-Arten ausgezeichnete Wiesenmoor. Beide setzen sich nach unten hin ohne erhebliche Veränderungen in die höheren Lagen der zentralperuanischen Sierrazone fort.

Die Vegetation der Felsen und Steinfelder.

Fünf Vegetationsformen sind es, welche steinige oder felsige Orte bevorzugen und hier häufiger auftreten als anderwärts: die Flechten, die Moose, die Farne, die aufrechten Sträucher und die stengelbildenden Kräuter.

Unter den Flechten herrscht der Krustentypus entschieden vor; zu seinen gewöhnlichsten Vertretern zählt *Rhizocarpon geographicum*. Beispiele für eine andere Thallusform bietet *Gyrophora*. Von Farnen bemerkte ich 3—5 Arten. Neben den niederliegenden Sträuchern, die auch bei andern Formationen sich beteiligen, findet man hier mehrere aufrechte. Dieselben überschreiten selten die Höhe eines halben Meters und gehören größtenteils zu den Compositen (z. B. *Chuquiragua-*, *Senecio-* und *Loricaria-*Arten, die letzteren durch ihre dichtgestellten, schuppenförmigen Blätter an Thuja erinnernd). Von den früher besprochenen Formationen enthalten zwei, nämlich die Matte und das Moor, nur wenige Kräuter mit ausgeprägter Stengelbildung; wo Stengel vorkommen, pflegen sie kurz zu bleiben, geringe Streckung der Internodien aufzuweisen, nicht völlig aufrecht zu wachsen, kurz in ihrer ganzen Tracht von typischen Organen dieser Art abzuweichen und sich dem Rosettenstamm oder dem Rhizom zu nähern. Häufiger und vollkommener findet man die Stengelbildung, namentlich auch den aufrechten Wuchs der Stengel, in der Büschelgrasformation, so z. B. bei den Büschelgräsern selbst; diese bewohnen übrigens stellenweise auch Steinfelder und, wenngleich seltener, Felsen. An den beiden letztgenannten Standorten erreicht die Artenzahl der Stengelkräuter ihren Höhepunkt.

Von größter Wichtigkeit für die Beurteilung der Vegetationsverhältnisse in den Hochanden und wahrscheinlich in den Hochgebirgsregionen überhaupt ist die Tatsache, daß **auf Felsen und Steinfeldern die Vegetation höher hinaufreicht als auf erdiger Unterlage**. In den verschiedensten Gegenden Hochperus beobachtete ich immer wieder diese Erscheinung. Bei 4600 bis 4700 m verschwindet der **Pflanzenwuchs auf erdiger Unterlage** und zwar auch da, wo keine Gletscher sich in der Nähe befinden. Das Fehlen jeglicher Vegetation auf dem erdigen Gelände, dessen Ausdehnung eine sehr bedeutende sein kann, fällt um so mehr auf, als diese Erde locker und, wenigstens während der Sommermonate, fast beständig feucht ist. Mehr an Ackerland, das mit der Egge bearbeitet wurde, als an eine Wüste erinnern diese nackten Erdflächen, in die das Schmelzwasser des Schnees ein Netz feiner Furchen zieht. **An Felsen dagegen traf ich noch bei 5100 m Vegetation und zwar nicht nur Flechten, sondern auch mehrere Arten von Phanerogamen**. Allerdings steigen die allermeisten Phanerogamen der hochandinen Flora auch auf felsiger Unterlage nicht über die Höhenlinie von 4600 m. Daß in Höhen, wo die Phanerogamen schon sehr selten sind, die felsbewohnenden Krustenflechten noch in beträchtlicher Menge auftreten und so Flechtenformationen zustande kommen, habe ich oft beobachtet, doch bezweifle ich, daß allenthalben über der oberen Phanerogamengrenze noch eine Flechtenregion liegt. Auf dem fast erloschenen Vulkan Misti, der bei der südperuanischen Stadt Arequipa sich erhebt, erreichte ich den Gipfel und damit eine Höhe von 5800—6000 m. Bei 5100 m verschwanden die Phanerogamen und mit ihnen jegliche Vegetation, auch die Flechten. Nun wandert man allerdings beim Aufstieg zum Mistigipfel zuletzt über Sand und feinen Steinschutt, und es bleibt immerhin die Möglichkeit offen, daß felsiger Untergrund, der stellenweise vorkommen dürfte, andere Vegetationsverhältnisse darbietet.

Daß gerade jene kräftigeren, durch ihre Tracht an Pflanzen tieferer Lagen erinnernden Formen, wie Sträucher und Stengelkräuter, vorzugsweise auf Steinfeldern und Felsen wachsen, und daß hier die Vegetationsgrenze höher liegt als

Hochandines Gebiet Zentralperus: Cordillera blanca unweit Huaráz, bei 4200 m. Polylepis sp. (einh. Name Kinuar mit parasitischen Loranthaceen, dicht unter der Schneegrenze.

auf reichlich befeuchteter Erde, hängt meines Erachtens mit den Temperaturverhältnissen des Bodens zusammen. Das Gestein wird durch die Sonne besonders stark erwärmt, und dieser Umstand wirkt sowohl direkt fördernd auf das Pflanzenleben als auch dadurch vorteilhaft, daß er das Verschwinden des Schnees beschleunigt.

Zum Schlusse sind noch einige seltnere, auf gewisse Gegenden beschränkte Formationen zu betrachten.

Polylepis-Haine

sah ich nur auf der Cordillera blanca des Departamento Ancash und zwar in einer Meereshöhe von 3900—4500 m, also bis an den Rand ausdauernder Schneefelder. Sie besetzen dort, von Wasserläufen durchaus unabhängig, steinigen bis felsigen Untergrund an der Sohle oder den Wänden kleiner Hochtäler und dehnen sich ohne Unterbrechung kilometerweit aus. Die herrschende Pflanze ist eine nicht genau bekannte *Polylepis*-Art, vielleicht eine von denen, die weiter unten in gemischten Gebüschen der Bachschluchten zerstreut auftreten (z. B. *P. incana*). Sie wird bis 5 m hoch und entwickelt sich bald als Strauch, bald als Bäumchen. Die Stämme und Zweige bedecken sich mit den Fetzen einer braunen, papierartigen Borke, die Blätter sind derb und immergrün. An offneren Stellen des Bodens gedeihen Büschelgräser und andere Kräuter; für eine echte Schattenflora bleibt das Gefüge der Formation wohl allenthalben zu locker. Auf den Polylepis-Zweigen schmarotzt *Phrygilanthus Chodatianus* (Loranth.; Nr. 2934). Unter den wenigen Holzgewächsen, die sich stellenweise unter die *Polylepis* mengen, ist das häufigste eine *Gynoxys* (Compos.; Nr. 2937), bis 4 m hoch und bald von strauchigem, bald von baumartigem Wuchs.

Auch das südliche Peru besitzt nach den Berichten verschiedener Reisenden hochandine *Polylepis*-Haine. Als herrschende Art tritt dort *Polylepis tomentella* auf.

Die riesige Bromeliacee Pourretia gigantea wächst an wenigen Stellen der schwarzen und der weißen Cordillere (Departamento Ancash) von 3700 bis 4200 m Seehöhe, und bildet an grasigen Abhängen sehr lockere, trupp- oder herdenartige Bestände. Der unverzweigte aufrechte Stamm trägt einen Schopf dornig gezähnter Blätter, hat in ausgewachsenem Zustand 4 m Höhe und setzt sich schließlich fort in einem 6 m langen, schlank-kegelförmigen Blütenstand, dessen unterer Teil als schuppiger Stiel ausgebildet ist. Unterhalb des grünenden Blattschopfes ist der Stamm dicht besetzt mit vertrockneten Blättern, die man aber nur selten unversehrt vorfindet. Sie werden nämlich von den Hirten verbrannt, teils aus Spielerei, teils weil die weidenden Schafe mit ihrer Wolle an den festen Dornenhaken der Blattränder hängen bleiben und sich derartig verwickeln, daß sie sich nicht mehr befreien können. Abgesehen von einem dünnen holzigen Mantel ist die Konsistenz des Stammes schwammig-faserig. Sein Gewebe enthält große Mengen eines Gummiharzes. Das Wurzelsystem ist schwach und dringt nur wenig in den Boden ein. Die in ungeheurer Anzahl gebildeten Blüten haben grünlich-weiße Farbe und erscheinen am Ende der trocknen und am Anfang der feuchten Jahreszeit (Oktober—Dezember). Nach Vollendung der Samenbildung stirbt die Pflanze ab. Diese merkwürdige Bromeliacee erinnert uns an physiognomisch ähnliche Pflanzen, die auf anderen tropischen Hochgebirgen beobachtet wurden und durch ihre Größe auffällig abstechen von ihren zwerghaften Gefährten: an die *Espeletien* Ekuadors und Kolumbiens und den *Senecio Johnstonii* des Kilimandscharo.

Die hochandinen Ruderalpflanzen

vereinigen sich zu Gruppen, die trotz des sehr bescheidenen Umfanges eigenartig und augenfällig aus ihrer Umgebung hervortreten. An den Plätzen, wo Llamaherden dicht gedrängt die Nächte zu verbringen pflegen und sich infolgedessen der Mist der Tiere anhäuft, da erscheint stets *Urtica flabellata*. Diese Pflanze zeigt in dem geringen Umfang der Blätter, der Kürze der Internodien, der rasenartigen Anhäufung zahlreicher, kleiner Stengel hochandine Tracht. Vielleicht ist sie erst seit verhältnismäßig kurzer Zeit aus einer Brennessel tieferer Lagen entstanden. Indessen könnte sie auch zur hochandinen Felsenflora gehören. Daß Arten der letzteren auf Ruderalplätze übergehen, sah ich deutlich an *Cajophora cirsiifolia*, die ich einerseits auf Felsen, andererseits aber wiederholt auf Mist antraf. Auch *Senecio adenophyllus*, *Perezia multiflora*, *Astragalus Garbancillo* und kräftige *Lupinus*-Stauden werden zu ruderalen Ansiedlern.

Über Einzelheiten im Aufbau der Formationen geben nachfolgende Listen Auskunft.

1. **Vulkan Misti bei Arequipa.**

Auf dürftig bewachsenem, sandigen bis steinigen Boden zwischen 4500 und 4800 m:

Vereinzelte Büschelgräser.
Nototriche Meyeni (Malv.).
Azorella bryoides (Umbellif.; sehr häufig, vereinzelt bis 5100 m).

Pycnophyllum argentinum (Caryoph.; vereinzelt bis 5100 m).

2. **Nordöstlicher Rand des Titicaca-Hochlandes (Gegend von Poto).**

a) Polster- und Rosettenpflanzen-Matte, Höhenlage 4400—4800 m. (Mit Ausnahme von *Bacharis serpyllifolia* und *Astragalus geminiflorus* sind die angeführten Pflanzen krautig oder nur in den unterirdischen Teilen etwas verholzt).

Stereocaulon verruciferum (Lichen.).
Stereocaulon denudatum.
Stereocaulon violascens.
Thamnolia vermicularis (Lichen.).
Gyrophora polyrhiza (Lichen.).
Parmelia conspersa (Lichen.).
Parmelia Weberbaueri.
Lecanora melanaspis (Lichen.).
Candelaria vitellina (Lichen.).

Dermatocarpon andinum (Lichen.).
Cora pavonia (Lichen).
Aciachne pulvinata (Gramin.).
Poa humillima (Gramin.).
Calamagrostis cephalantha (Gramin.).
Calamagrostis spicigera.
Calamagrostis vicunarum (sehr häufig, in mehreren Varietäten).
Stipa sp. (Gramin.; Nr. 1025).

Scirpus rigidus (Cyperac.).
Luzula macusaniensis (Juncac.).
Calandrinia acaulis (Portulac.).
Cerastium candicans (Caryoph.).
Cerastium nervosum.
Pycnophyllum convexum (Caryoph.).
Pycnophyllum sp. (Nr. 951).
Pycnophyllum sp. (Nr. 982a).
Paronychia sp. (Caryoph.; Nr. 984).
Alchemilla pinnata (Rosac.).
Lupinus pulvinaris (Legum.).
Geranium sessiliflorum.
Nototriche azorella (Malvac.).
Nototriche Mandoniana.
Nototriche obcuneata.
Azorella sp. (Umbellif.).
Gentiana peruviana.
Gentiana sandiensis.

Gentiana prostrata.
Plantago rigida.
Bougueria nubigena (Plantag.).
Merope arctioides od. verw. (Compos.; Nr. 959).
Lucilia tunariensis (Compos.).
Lucilia virescens.
Werneria nubigena (Compos.).
Werneria melanandra.
Werneria sp. (Nr. 992; oft in den Polstern von *Pycnophyllum convexum*).
Perezia pygmaea (Compos.; feuchtere Stellen).
Hypochoeris Meyeniana (Compos.).
Hypochoeris stenocephala (feuchtere Stellen).
Astragalus geminiflorus (Legum.; niederliegender Strauch).
Baccharis serpyllifolia (Compos.; niederliegender Strauch).

Eine Modifikation der eigentlichen Puna-Matte entsteht durch das massenhafte Auftreten des relativ hohen Grases *Festuca Haenkei*. Diese Pflanze überragt alle ihre Begleiter und zeigt bald büschelförmigen, bald schmächtigen Wuchs. Ich beobachtete derartige steppenähnliche Matten, die in mancher Hinsicht der Büschelgrasformation nahestehen, auf ausgedehnten ebenen Hochflächen bei 4500 m.

b) **Hochandines Moor.** Höhenlage 4004—4500 m.

Distichia muscoides (Juncac.; herrschende Pflanze).
Calamagrostis spicigera (Gram.).
Scirpus sp. (Cyperac.).
Distichia sp. (Nr. 987; häufig).

Gentiana prostrata.
Chevreulia sp. (Compos.; Nr. 991; häufig).
Werneria spathulata (Compos.).
Werneria pygmaea.
Hypochoeris stenocephala (Compos.).

Zwischen den *Distichia*-Polstern bilden sich stellenweise Wasserlachen. Hier wachsen, teilweise oder völlig untergetaucht:

Tolypella apiculata (Charac.).
Lilaea subulata (Scheuchzeriac.).
Caltha sagittata (Ranunc.).

Alchemilla diplophylla (Rosac.; häufig).
Callitriche marginata.
Crantzia lineata (Umbellif.).

c) **Dürftig bewachsene Steinfelder.** Höhenlage 4400—4900 m.

Beblätterte Kräuter (einige in den unterirdischen Teilen etwas verholzend):

Aciachne pulvinata (Gram.).
Calamagrostis nitidula (Gram.).
Calamagrostis filifolia (stellenweise sehr häufig).
Trisetum floribundum (Gram.; bei 4800 m).
Stipa sp. (Gram.; Nr. 972).
Stipa sp. (Nr. 1013).
Anthochloa lepidula (Gram.; von 4700 m aufwärts).
Luzula macusaniensis (Juncac.).
Pycnophyllum convexum (Caryoph.).
Pycnophyllum molle.

Pycnophyllum sp. (Nr. 946).
Lupinus ananeanus (Legum.).
Nototriche sulphurea (Malvac.).
Nototriche obcuneata.
Nototriche congesta.
Cajophora cirsiifolia (Loasac.).
Lucilia pusilla (Compos.).
Senecio evacoides (Compos.).
Perezia multiflora (Compos.).
Werneria sp. (Comp.; Nr. 1035. Bei 4800 bis 4900 m).

Beblätterte, aufrechte Sträucher:

Tetraglochin strictum (Rosac.). *Bacharis* sp. (Nr. 973).
Bacharis buxifolia (Compos.). *Senecio odonophylloides* (Compos..
Senecio sp. (Nr. 1032). Bei 4800 m.

Blattlose Sukkulenten (Kakteen).

Opuntia floccosa. *Opuntia lagopus* (wie vorige mitunter auch auf Matten).

d) Felsen. Höhenlage 4400—4900 m.

Verschiedene Flechten und Moose.

Farne:

Polypodium stipitatum.

Krautige Blütenpflanzen:

Anthochloa lepidula. *Galium involucratum* (Rub.).
Calamagrostis filifolia. *Valeriana nivalis* (4800—4900 m).
Calamagrostis cephalantha. *Stangea Paulae* (Valerian.; 4700—4900 m).
Bomarea puberula (Amaryll.). *Gnaphalium* sp. Compos.; Nr. 966).
Alchemilla sandiensis (Rosac.). *Erigeron deserticola* (Compos.; = *Conyza deserticola*).
Cajophora cirsiifolia (Loas.).
Nototriche flabellata (Malvac.). *Culcitium longifolium* (Compos.).
Bartsia Meyeniana (Scroph.). *Culcitium glaciale*.
 Senecio Candollei (Compos.).
Senecio sp. (Nr. 1030).

Blattlose, sukkulente Blütenpflanzen (Kakteen):

Echinopsis Pentlandii od. verw.

Strauchige und halbstrauchige Blütenpflanzen:

Ephedra sp. (blattlos). *Bacharis* sp. (Compos.; blattloser Halbstrauch,
Ribes sucheniense (Saxifrag.). bei 4800 m; Nr. 1040).
Pernettya sp. (Eric.; Nr. 975).

e) Felsen. Höhenlage 5100 m.

Stereocaulon violascens (Lichen.). *Candelaria vitellina* (Lichen.).
Gyrophora cylindrica (Lichen.). *Buellia ultima* (Lichen.).
Rhizocarpon geographicum (Lichen.).

Etwa 5 verschiedene Laubmoose, darunter Nr. 1044 und 1045.

Calamagrostis cephalantha (Gram.). *Anthochloa lepidula* (Gram.).
Calamagrostis nitidula (Gram.). *Trisetum floribundum* (Gram.).
Arenaria sp. (Caryoph.; Nr. 1042).

3. Umgebung der Silbergruben Arapa und Alpamina über Yauli an der Lima-Oroya-Bahn.

a) Polster- und Rosettenpflanzenmatte. Höhenlage 4400—4600 m.

Flechten:

Thamnolia vermicularis.

Kräuter (einige in den unterirdischen Teilen etwas verholzend):

Agrostis nana (Gramin.). *Trisetum subspicatum*.
Aciachne pulvinata. *Bromus mollis* od. verw. (Gram.).
Poa adusta. *Luzula macusaniensis*.
Poa humillima. *Sisyrinchium porphyreum* (Irid.).
Poa chamaeclinos. *Sisyrinchium pusillum*.

Symphyostemon album (Irid.).
Alternanthera lupulina (Amarant..
Nr. 5091 (Amarant.).
Calandrinia acaulis.
Cerastium sp. (Nr. 5127).
Arenaria dicranoides (Caryoph.).
Arenaria Alpamarcae.
Arenaria sp. Nr. 287.

Pycnophyllum sp. bei 4600 m; Nr. 353).
Pycnophyllum sp. (bei 4600 m; Nr. 5121).
Parouychia sp. (Nr. 291).
Melandryum sp. (Caryoph.; Nr. 5098).
Ranunculus haemanthus.
Ranunculus sibbaldioides (feuchtere Stellen).
Draba Macleanii (Crucif.).
Draba Weberbaueri.

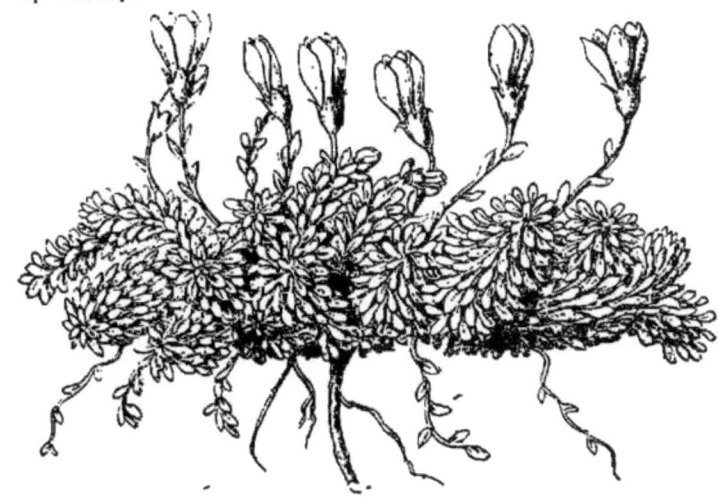

Fig. 49. *Gentiana armerioides* Griseb. (Die beiden weit geöffneten Blüten haben diese Form erst durch das Pressen erhalten.)

Draba Pickeringii.
Brayopsis Alpaminae Crucif.).
Eudema trichocarpum.
Braya densiflora (Crucif.).*
Englerocharis peruviana (Crucif.; bei 4600 m).
Alchemilla pinnata.
Lupinus microphyllus.
Geranium sessiliflorum.
Geranium sericeum.
Oxalis eriolepis (Zwiebelpflanze).
Nototriche aretioides (Malv.).
Nototriche nigrescens.
Nototriche Macleanii.
Nototriche stenopetala.
Malvastrum rhizanthum (Malv.).
Viola kermesina.
Viola membranacea.
Viola sp. (Nr. 5117).
Viola sp. (Nr. 5151).
Oenothera multicaulis.

Oreomyrrhis andicola (Umbellif.).
Azorella multifida (Umbellif.).
Azorella glabra.
Azorella crenata.
Azorella cladorhiza.
Azorella Weberbaueri.
Halenia caespitosa (Gent.; feuchtere Stellen).
Gentiana prostrata.
Gentiana flavido-flammea.
Gentiana lurido-violacea.
Gentiana armerioides.
Stachys repens Mart. & Gal. (Lab.).
Castilleja fissifolia (Scroph.).
Bartsia frigida.
Plantago lamprophylla.
Valeriana alypifolia.
Valeriana connata.
Stangea Emiliae (Valerian.).
Stangea Wandae.
Belonanthus hispida (Valerian.).

*) Auf *Braya densiflora* begründen GILG und MUSCHLER die neue Gattung *Weberbauera*.

Aretiastrum Aschersonianum (Valerian.).
Wahlenbergia peruviana (Campan.).
Lysipoma acaulis (Campan.).
Liabum bullatum (Compos.).
Perezia coerulescens.
Lucilia piptolepis (Compos.).
Lucilia tunariensis od. verw. (Nr. 5163).
Merope arctioides od. verw.
Werneria strigosissima.
Werneria villosa.

Werneria disticha (feuchtere Stellen).
Werneria sp. (Nr. 5194).
Werneria sp. (Nr. 5164).
Werneria sp. (Nr. 5154).
Senecio rhizomatus.
Senecio repens.
Senecio Antennaria.
Hypochoeris sonchoides.
Hypochoeris stenocephala (feuchtere Stellen).
Hypochoeris setosa (feuchtere Stellen).

Sträucher:

Ephedra americana (Gnetac.; niederliegend).
Astragalus uniflorus (Legum.; niederliegend).

Bartsia peruviana (niederliegend).
Bacharis serpyllifolia (niederliegend).

Blattlose Sukkulenten (Kakteen):

Opuntia floccosa (über 4500 m fehlend).

b) Büschelgrasformation. Höhenlage 4400—4600 m.

Calamagrostis rigida.
Calamagrostis intermedia.

Cerastium caespitosum zwischen *Calamagrostis*-Büscheln).

Lupinus multiflorus.

c) Hochandines Moor. Höhenlage 4400—4500 m.

Distichia muscoides (Junc.; herrschende Pflanze).
Calamagrostis chrysantha.
Scirpus atacamensis (Cyp.).
Scirpus Hieronymi.
Scirpus pauciflorus.
Altensteinia paludosa (Orchid.).
Arjona glaberrima (Santal.).
Alsine sp. (Caryoph.; Nr. 5160).
Melandryum sp. (Nr. 337).
Cerastium sp. (Nr. 338).
Ranunculus minutus.

Alchemilla diplophylla.
Crantzia lineata (Umbellif.).
Gentiana prostrata.
Gentiana tubulosa.
Castilleja fissifolia.
Bartsia diffusa.
Ourisia muscosa (Scroph.).
Hypsella oligophylla (Campan.).
Erigeron Mandonii (Compos.).
Chevreulia sp. (Compos.; Nr. 5196).
Werneria solivaefolia.

Werneria pygmaea.

d) Dürftig bewachsener, steiniger Boden. Höhenlage 4600—4800 m.

Kräuter:

Anthochloa lepidula (Gram.).
Descurainia Gilgiana (Crucif.).
Gentiana muscoides.
Gentiana pinifolia.
Culcitium serratifolium.
Culcitium rufescens.

Culcitium longifolium.
Leucería laciniata (Compos.).
Perezia integrifolia.
Werneria digitata.
Werneria dactylophylla (zuweilen halbstrauchig)
Werneria sp. (Nr. 5165).

Werneria sp. (Nr. 5195).

Sträucher:

Senecio adenophylioides (aufrecht).

e) Felsen. Höhenlage 4400—4700 m.

Verschiedene Flechten und Moose.

Farne:

Polystichum orbiculatum.

Asplenium triphyllum.

Krautige Blütenpflanzen:

Peperomia verruculosa (Pip.).
Peperomia parvifolia.
Descurainia Urbaniana (Crucif.).
Saxifraga Cordillerarum.
Alchemilla tripartita.
Oxalis pygmaea.
Oxalis nubigena.

Orcosciadium scabrum (Umbellif.).
Calceolaria scapiflora (Scroph.).
Relbunium hirsutum (Rub.).
Valeriana Candamoana.
Valeriana pygmaea.
Bidens sp. (Compos.; Nr. 275).
Plagiochilus frigidus (Compos.).

Culcitium glaciale.

Strauchige Blütenpflanzen (sämtlich aufrecht):

Tetraglochin strictum (Rosac.).
Chuquiragua Huamanpinta (Compos.; Nr. 328 und 5096).

Senecio Hohenackeri.
Loricaria thyoides (Compos.).

4. Cordillere zwischen Tarma und La Oroya. Höhenlage 4300 m.

a) Polsters- und Rosettenpflanzen-Matte.

Flechten:

Alectoria ochroleuca.

Thamnolia vermicularis.
Platysma nivale.

Krautige Blütenpflanzen:

Poa humillima.
Bromus frigidus.
Dissanthelium supinum (Gram.).
Calamagrostis vicunarum.
Agrostis nana.
Scirpus acaulis.
Carex pinetorum (Cyp.).
Carex umbellata.
Luzula sp. (Nr. 2608).
Altensteinia paludosa.
Calandrina acaulis.
Cerastium sp. (Nr. 2598).
Arenaria sp. (Nr. 2609).
Drymaria sp. (Caryoph.; Nr. 2601).

Pycnophyllum sp. (Nr. 2597).
Paronychia sp. (Nr. 2626).
Draba cephalantha.
Alchemilla pinnata.
Geranium muscoideum.
Geranium minimum.
Oxalis oreocharis (Zwiebelpflanze).
Nototriche Macleanii.
Azorella glabra.
Gentiana prostrata.
Plantago lamprophylla.
Relbunium chloranthum (Rub.; steinige Stellen).
Erigeron sp. (Nr. 1703).
Lucilia sp. (Nr. 2600).

Hypochoeris stenocephala.

Strauchige Blütenpflanzen:

Astragalus minimus (niederliegend).

Baccharis sp. (niederliegend; Nr. 2607).

b) Büschelgrasformation.

Calamagrostis intermedia.
Festuca scirpifolia (Gram.).

Scirpus rigidus (Cyp.).
Tetraglochin strictum (Rosac.; aufrechter Strauch).

5. Cordillera negra über Ocros.

a) Polster- und Rosettenpflanzen-Matte. Hohenlage 4400 m. (Die angeführten Pflanzen — bis auf die blattlose, sukkulente *Opuntia floccosa* — sämtlich beblätterte Kräuter.)

Calamagrostis vicunarum (Gram.).
Calamagrostis spicigera.
Aciachne pulvinata (Gram.).
Festuca rigescens (Gram.; feuchtere Stellen).

Schoenus sp. (Cyp.; Nr. 2774).
Luzula sp. (Nr. 2795).
Peperomia minuta (Knollenpflanze).
Cerastium sp. (Nr. 2798).

Arenaria sp. (Nr. 2781).
Arenaria sp. (Nr. 2796).
Pycnophyllum molle.
Paronychia sp. (Nr. 2784).
Alchemilla Weberbaueri (feuchte Stellen, z. B. austrocknende Pfützen).
Lupinus microphyllus.
Geranium sessiliflorum.
Nototriche argentea.
Nototriche longissima.
Nototriche pusilla.
Nototriche epileuca.

Gentiana pinifolia.
Castilleja fissifolia.
Relbunium hirsutum (Rub.).
Lucilia sp. verw. *L. tunariensis* (Compos.; Nr. 2804).
Perezia coerulescens.
Liabum ovatum.
Liabum bullatum.
Werneria nubigena.
Werneria strigosissima.
Hypochoeris stenocephala.
Opuntia floccosa (Cact.).

b) Büschelgrasformation. Höhenlage 4100—4500 m.

Calamagrostis rigida.
Tetraglochin strictum (Rosac.; aufrechter Strauch).
Chuquiragua sp. (Compos.; aufrechter Strauch, Nr. 2805).

Festuca scirpifolia od. verw.

c) Dürftig bewachsener, steiniger Boden. Höhenlage 4500—4800 m.

Kräuter:

Agrostis nana.
Trisetum floribundum.
Bromus Weberbaueri.
Anthochloa lepidula.
Luzula sp. (Nr. 2807).
Pycnophyllum sp. (Nr. 2814a).

Valeriana pygmaea.
Culcitium rufescens.
Culcitium sp. (Nr. 2809).
Merope aretioides od. verw. (Compos.; Nr. 2813).
Werneria Orbignyana.
Werneria dactylophylla.

Senecio sp. (Nr. 2817).

Sträucher:

Lupinus tomentosus (aufrecht).

Baccharis sp. (niederliegend, Nr. 2812).

Senecio adenophyllus (aufrecht).

6. Cordillere zwischen dem Chiquiantale und dem Pucchatale. (Die angeführten Pflanzen — abgesehen von *Opuntia floccosa* — beblätterte Kräuter.)

a) Polster- und Rosettenpflanzen-Matte. Höhenlage 4400—4600 m.

Cerastium imbricatum.
Brayopsis argentea (Crucif.).
Alchemilla sp. (Nr. 2898).
Nototriche obtusa.

Azorella multifida.
Werneria caespitosa.
Werneria boraginifolia.
Senecio repens.

Opuntia floccosa od. verw. (Cact.).

b) Sehr dürftig bewachsener, steiniger Boden. Höhenlage 4600—4700 m.

Leuceria laciniata (Compos.).
Culcitium serratifolium.

Werneria dactylophylla.
Werneria sp. (Nr. 2903).

c) Felsen.

Draba alchimilloides (4600—4700 m).

Culcitium canescens (4000 m).

d) Büschelgrasformation.

Lupinus chrysanthus (4000—4100 m).

e) Hochandines Moor.

Distichia muscoides (4300 m).

7. Cordillera blanca zwischen dem Pucchatale und Recuay (Paß Cahuish).

a) Dürftig bewachsener Steinschutt. Höhenlage 4400—4500 m.

Pteridophyten:

Lycopodium crassum.

Krautige Blütenpflanzen:

Festuca carazana od. verw.
Bomarea dulcis (Amaryll.; auch an Felsen).
Gentiana Weberbaueri (auch an Felsen).
Perezia coerulescens.
Valeriana connata.
Valeriana rigida.
Lysipoma arctioides (Campan.).

Strauchige Blütenpflanzen:

L. vicaria ferruginea (Compos.; aufrecht).
Senecio sp. (aufrecht; auch an Felsen; Nr. 2940).
Chuquiragua sp. (aufrecht; identisch oder nahe verwandt mit Nr. 2805).
Senecio adenophylloides (aufrecht).

b) Quellige Stellen zwischen Steinschutt. Höhenlage 4400—4500 m.

Calamagrostis eminens.
Festuca carazana od. verw.

c) Büschelgrasformation. Höhenlage 4000—4200 m.

Kräuter:

Gentiana tristicha.
Perezia pungens.
Senecio Chionogeton.

Sträucher:

Loricaria ferruginea.

d) Polylepis-Haine. Höhenlage 3900—4500 m.

Polylepis sp. (Rosac.; bald Strauch, bald Baum).
Phrygilanthus Chodatianus (Loranth.; Parasit auf Polylepis).
Gynoxys sp. (Compos.; Nr. 2937; bald Strauch, bald Baum).

8. Cordillera blanca bei Huaraz.

a) Dürftig bewachsener Steinschutt. Höhenlage 4300—4600 m. (Kräuter, soweit nicht anders angegeben.)

Pycnophyllum sp. (Nr. 2975).
Cerastium imbricatum.
Braya calycina (Crucif.).
Alchemilla galioides.
Epilobium nivale (Oenother.).
Ourisia muscosa (Scroph.).
Bartsia canescens.
Lucilia Lehmannii.
Culcitium sp. (Nr. 2981).
Culcitium sp. (Halbstrauch; Nr. 2976).
Merope arctioides od. verw. Nr. 2990).
Werneria arctioides.
Senecio Antennaria.
Senecio sp. (Nr. 2974).

b) Felsen. Höhenlage 4300—4600 m.

Kräuter:

Bomarea glaucescens (Amaryll.).
Ranunculus Raimondii.
Saxifraga Cordillerarum.
Valeriana Romañana.
Senecio hyoseridifolius.

Sträucher:

Salpichroma tristis (Solan.; niederliegend).

9. Cordillera blanca über Yungay.

a) Büschelgrasformation. Höhenlage 4000—4500 m.

Kräuter

Festuca glyceriantha (häufig).
Calamagrostis rigida (häufig).
Calamagrostis eminens (etwas sumpfige Stellen).
Bromus lanatus Kth.
Culcitium canescens.
Senecio rhizomatus.
Werneria villosa.

Sträucher und Halbsträucher

Lupinus Weberbaueri.
Loricaria ferruginea.
Chuquiragua sp. (ident. od. nahe verw. mit Nr. 2805).
Calceolaria Weberbaueriana (Scroph.).

b) Dürftig bewachsener Steinschutt. Höhenlage 4600—4700 m. (Kräuter.)

Nototriche coccinea.
Stangea Erikae (Valerian.).
Erigeron sp. (Nr. 3271).

c) Felsen. Höhenlage 4400—4500 m.

Kräuter:

Bomarea puberula.
Gentiana Weberbaueri.
Senecio sp. (Nr. 2974).

Sträucher:

Pernettya Pentlandii od. verw. (Eric.; Nr. 3274).

10. Cordillera negra über Caraz.

a) Polster- und Rosettenpflanzen-Matte. Höhenlage 4200 m. (Mit Ausnahme von *Opuntia floccosa* beblätterte Kräuter.)

Poa carazensis.
Festuca muralis.
Calamagrostis heterophylla.
Trisetum Weberbaueri.
Dissanthelium supinum (Gram.).
Luzula sp. Nr. 3072.
Lupinus carazensis.
Nototriche argentea.
Cryptanthe linifolia (Borrag.).
Valeriana rigida.
Werneria disticha.
Werneria caespitosa.
Opuntia floccosa (selten).

b) Büschelgrasformation. Höhenlage 4000—4500 m.

Kräuter:

Calamagrostis rigida (häufig; Charakterpflanze).
Calamagrostis intermedia (häufig; Charakterpflanze).
Festuca carazana (häufig; Charakterpflanze).
Bromus lanatus.
Sisyrinchium caespitificum (Irid.).
Nototriche argentea.
Castilleja jissifolia.

Aufrechte Sträucher und Halbsträucher:

Lupinus tomentosus.
Calceolaria callunoides.
Senecio sp. (Nr. 3081).
Culcitium sp. (Nr. 3107; Halbstrauch).
Chuquiragua sp. (identisch oder verwandt mit Nr. 2805).

c) Felsen. Höhenlage 4000—4300 m.

Farne:

Polypodium angustifolium.

Krautige Blütenpflanzen:

Mühlenbergia peruviana (Gram.).
Drymaria arenarioides (Caryoph.).
Polycarpon sp. (Caryoph. Nr. 3101).
Cremolobus humilis (Crucif.).
Alchemilla tripartita.
Loasa macrorrhiza.
Valeriana globiflora.

Leuceria Stuebelii (Compos.).
Perezia coerulescens.
Culcitium canescens.
Liabum hieracioides.
Werneria sp. (Nr. 3095).
Senecio Antennaria.
Senecio hyoseridifolius.

Strauchige Blütenpflanzen (aufrecht):

Calceolaria inaudita.
Senecio Mathewsii.

d) Teiche oder Lachen. Höhenlage 4400 m.

Ranunculus Mandonianus (mit schwimmenden Blattspreiten).
Isoëtes socia (völlig untergetaucht).
Crassula bonariensis (völlig untergetaucht).

8. Kapitel.
Die Ceja de La Montaña oder Zone der ostandinen Hartlaubhölzer.

Im südlichen und zentralen Peru auf die atlantische Abdachung der Anden beschränkt, im Norden, etwa vom 8. Breitengrade an, über das gesamte Gebirge bis auf die pazifische Abdachung hinüberreichend, umfaßt die Ceja de la Montaña (d. h. Braue des Waldes) mittlere Regionen. Es wurde bereits erwähnt, daß die zentralperuanische Sierrazone und die Ceja de la Montaña auf dem Boden ostandiner Täler, z. B. am Rio de Sandia und am Rio Chanchamayo, allmählich ineinander übergehen, andererseits aber durch die Schneekette, welche der Urubamba zerschneidet, sowie durch den zwischen 9 und 10° S. befindlichen Abschnitt der Cordillera central sehr deutlich geschieden werden, ferner, daß bei 2500 m die nordperuanische Sierrazone ihre obere Grenze findet und mit ostandiner Vegetation zusammentrifft. Aufwärts erstreckt sich die Ceja im Norden bis 3400 oder 3600 m, im Zentrum und Süden mitunter noch weiter, bis 3800 oder gar 4000 m; es ist aber zu betonen, daß im Osten die Vegetation jener Zone während ihr Charakter mit zunehmender Entfernung von der Hauptkette klarer und reiner hervortritt, gleichzeitig durch die Höhenverminderung des Gebirges in ihrer vertikalen Ausdehnung eingeschränkt wird. Der untere östliche Rand befindet sich zumeist bei 1800—2000 m, woselbst die tropische Waldzone der Montaña zu beginnen pflegt. Auf den letzten Ausläufern der Anden aber, z. B. auf der Cordillera oriental bei Moyobamba und Tarapoto sowie am Inambari bei Chunchusmayo, deckt der Pflanzenwuchs der Ceja noch eine Kamm- und Gipfelregion, welche der Höhenstufe von 1200—1600 m angehört.

Eine klimatische Eigentümlichkeit der Zone ist die anhaltende, zu keiner Jahreszeit fehlende Nebelbildung. Diese ist am meisten begünstigt auf freiliegenden, den östlichen Winden zugänglichen Kämmen und Gipfeln.

Nicht nur große Feuchtigkeit spenden die Nebelschleier, sondern sie bewirken auch eine Dämpfung des Lichtes und eine gleichmäßige, relativ niedrige Lufttemperatur.

Fig. 50. *Bomarea superba* Herb.

Die Entwicklungszentren der Ceja-Flora befinden sich in den nebelreichen Höhen, während in den Tälern, wenigstens in den tief eingeschnittenen, wo die Feuchtigkeit geringer ist, eine Vermischung mit fremdartigen Elementen

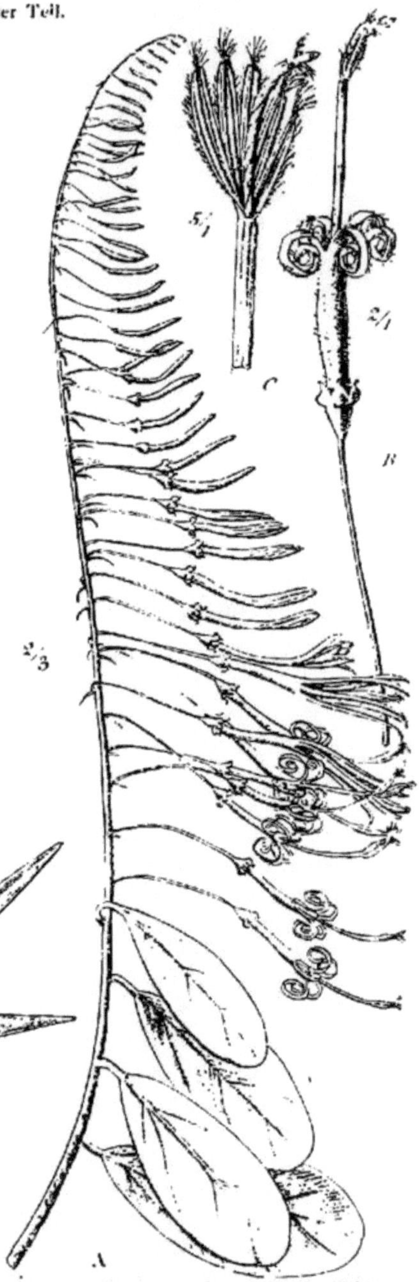

Fig 51. *Siphocampylus floribundus* Zahlbr. *A* Blühender Zweig. *B* Blüte. *C* Antheren und oberer Teil des Griffels.

vor sich geht. Groß ist die Zahl derjenigen Formenkreise, welche der Ceja allein angehören, was namentlich dann auffällt, wenn man die westlichen Verbreitungsgrenzen ihrer Florenbestandteile untersucht. Westwärts reichen über den Rand der Ceja nicht hinaus: *Sphagnum* (ausgenommen ganz vereinzelte Standorte), mehrere Farngattungen wie *Gleichenia*, *Dicksonia*, *Alsophila*

Fig. 52. *Cavendishia pubescens* H. B. K.
A Blühender Zweig. *B* Krone, aufgeschnitten. *C* Antheren. *D* Kelch und Griffel.
E Querschnitt durch den Fruchtknoten.

und *Cyathea*; die *Taxaceen* (Gattung *Podocarpus*), *Chusquea* (Gram.), die *Palmen*, *Araceen* (ausgenommen der Tropenkosmopolit *Pistia stratiotes*), *Eriocaulaceen*, *Xyridaceen*, *Eccremis coarctata* (Liliac.), die allermeisten *Orchidaceen*, die *Chloranthaceen* (Gattung *Hedyosmum*), *Gaiadendron* (Loranth.), *Drimys* (Magnol., die *Monimiaceen*, *Lauraceen*, *Brunelliaceen*, die Gattungen *Bocconia* (Papav.), *Prunus* (abgesehen von dem häufig kultivierten *Prunus Capollin*, dessen Heimat nicht sicher bekannt ist), *Guarea* (Meliac.), *Mauria* (Anacard.), die *Aquifoliaceen* (Gattung *Ilex*), *Dilleniaceen* (Gattung *Saurauja*), *Marcgraviaceen*, *Theaceen*, die Gattung *Clusia* (Guttif.), fast alle *Myrtaceen* (auszunehmen sind die hin und wieder kultivierten *Campomanesia lineatifolia* und *Eugenia myrtomimeta*, zwei Pflanzen, über deren Heimat Unklarheit herrscht), die große Mehrzahl der *Melastomataceen*, *Gunnera*, die *Araliaceen*, *Clethraceen*, fast sämtliche *Ericaceen*, die *Symplocaceen*, *Styracaceen*, die *Gentianaceen*-Gattungen *Macrocarpaea*, *Chelonanthus* und *Symbolanthus*, die Loganiaceengattung *Desfontainea*, die Bignoniaceengattung *Eccremocarpus*, fast alle *Gesneraceen*, *Cinchona* (Rub.), *Viburnum*

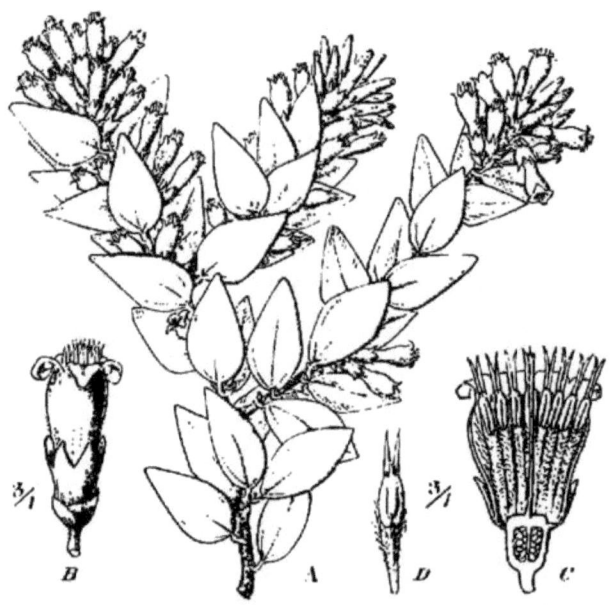

Fig. 53. *Disterigma Humboldtii* (Kl.) Niedenzu.
A Blühender Zweig. *B* Blüte. *C* Dieselbe, längs durchschnitten. *D* Anthere.

(Caprifol.), *Centropogon* (Campan.). Anderseits sind mehrere für den Westen charakteristische Formenkreise in der Ceja gar nicht vertreten oder nur spärlich vorhanden und auf das innere Randgebiet beschränkt, wie *Schinus Molle*, *Caesalpinia tinctoria*, die Gattung *Acacia*, die *Cactaceen* und *Loasaceen*, *Lupinus*, *Trifolium*, *Vicia*, *Lathyrus*. Weniger schroff, aber immerhin deutlich vollzieht sich die floristische Sonderung von der Tropenregion des Ostens, der Montaña. Die meisten Palmengattungen der letzteren, wie *Bactris*, *Iriartea*, *Mauritia*, *Astrocaryum*, *Attalea*, *Euterpe*, *Wettinia*, *Phytelephas*, ferner die *Cyclanthus*- und meisten *Carludovica*-Arten, die *Musaceen* (*Heliconia*), Zingiberaceen (*Renealmia*, *Costus*), Marantaceen, die Gattungen *Monstera* und *Hevea* rücken nicht in die Ceja hinauf. Diese wiederum zeigt gegenüber der Montaña eine reichere Entwicklung der baumartigen Farne (*Cyathea*, *Alsophila*), der *Melastomataceen*, *Ericaceen*, *Gentianaceen*, *Gesneraceen*, *Campanulaceen*, *Compositen* und besitzt in *Bocconia*, *Berberis*, *Hesperomeles*, *Ribes*, *Monnina*, *Fuchsia*, *Ceroxylon*, *Chusquea*, *Polylepis*, *Vallea*, *Gunnera*, *Viola*, *Bomarea*, *Calceolaria*, *Cinchona*, *Viburnum*, *Podocarpus* usw. Gattungen, die gar nicht oder nur wenig über den unteren Rand der Ceja hinabsteigen.

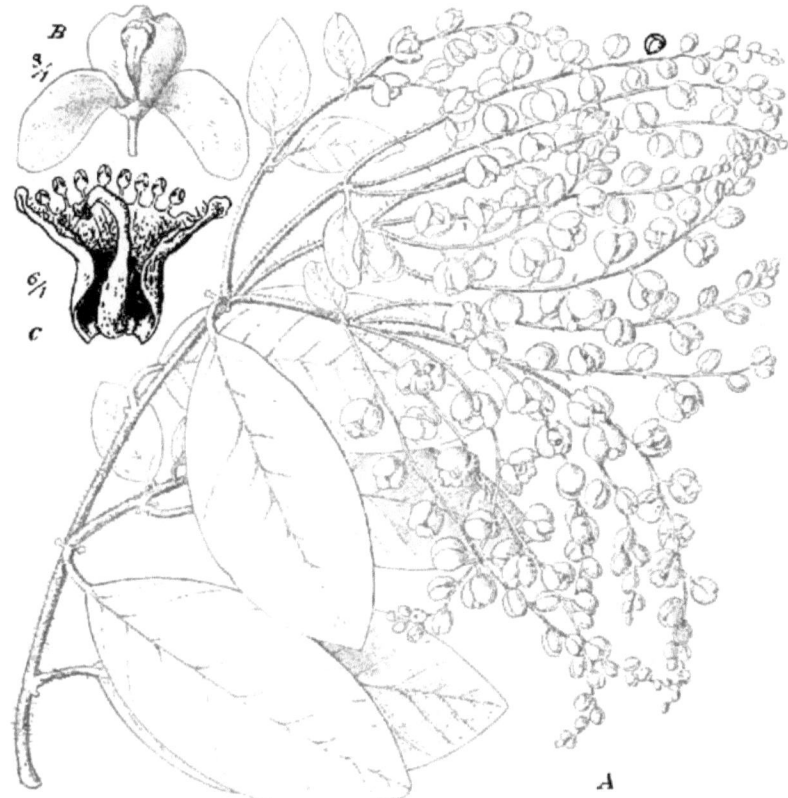

Fig. 54. *Monnina stipulata* Chod.
A Blühender Zweig. *B* Blüte. *C* Andröceum und Gynöceum.

Was die Formationen anbelangt, so weicht die Ceja von den westlichen Zonen am stärksten ab durch ihre ausgedehnten Gehölze und deren geringe Abhängigkeit von den Wasserläufen. Andrerseits bleiben diese Bestände, die bald Gesträuche darstellen, bald aus Sträuchern und kleinen Bäumen gemengte Gebüsche oder Buschwälder, an Höhe hinter den Gehölzen der Montaña zurück. Zu den hervorragenden Charakterzügen der genannten Formationen gehören im größten Teile der Ceja-Zone die starke Beteiligung der epiphytischen Blütenpflanzen und der den Boden bedeckenden und mit dicken Polstern die Stämme und Zweige umhüllenden Moose, Flechten und Hymenophyllaceen, ferner das derbe, lederartige Laub der Holzgewächse. Unter den Flechten sind kräftig entwickelte *Usnea*-Bärte, Feuchtigkeit liebende Formen wie *Leptogium*, *Sticta*, *Stictina*, und als Bodenbewohner *Cora pavonia*, *Baeomyces imbricatus*, *Stereocaulon* und *Cladonia*-Arten, endlich das merkwürdige *Glossodium aversum* häufig anzutreffen. Tonangebend unter der Schar der Moose, breitet *Sphagnum* seine schwellenden Rasen über das Erdreich. Hartes Laub kommt in den Gesträuchformationen häufiger vor als in den Gebüschen und Buschwäldern, woselbst sich jene Eigentümlichkeit auf die Bäume und höheren Sträucher beschränkt, während in ihrem Schatten zartblättrige Pflanzen leben. Die Bäume gehören größtenteils Arten an, welche sich auch strauchförmig entwickeln. Dicht gedrängt stehen die knorrigen hin- und hergebogenen Äste und Zweige der Holzgewächse, zu undurchsichtigen, oft abgeflachten Kronen sich verflechtend. Nur mit großen Anstrengungen gelingt es in diese Gehölze einzudringen; der Fuß versinkt in dem Gerüst der Stämme und Wurzeln, dessen Maschen von lockeren Moos- und Flechtenklumpen und den weichen Massen modernder Pflanzenreste erfüllt werden. Hier lassen sich Bodenbewohner und Epiphyten nicht streng auseinanderhalten. Die anmutigen Baumfarne, die zierlichen Rosetten epiphytischer Tillandsien, die dünnen, graziös gebogenen Chusquea-Stämme, deren Enden, mit Büscheln schmaler Blätter besetzt, sich abwärts neigen und an kunstvoll ausgeführte Guirlanden erinnern — das sind die anziehendsten Gestalten, welche in dem düsteren, von Nebeln verschleierten Pflanzengewirr des Buschwaldes auftauchen. Und in den Gesträuchen erfreut das Auge der niemals fehlende reiche Blumenschmuck, die rote oder gelbe Färbung der jungen Triebe, der Spiegelglanz des Laubes. Die Gesträuche herrschen auf den Kämmen und Gipfeln, die Gebüsche und Buschwälder in den Einsenkungen, wo Windschutz,

Fig. 55. *Gaultheria tomentosa* H. B. K.
A Blühender Zweig. *B* Blüte. *C* Staubblätter und Fruchtknoten. *D* Anthere.

A. Weberbauer, phot.
Östliche Andenseite Zentralperus: Berge westlich von Huacapistana, bei 2800 m. Buschwald mit **Chusquea**, Baumfarnen und reicher Epiphyten-Vegetation (Tillandsien, Moosen und Flechten).

Östliche Andenseite Nordperus. Osthänge der Zentral-Cordillere zwischen Chachapoyas und Moyobamba, bei 2800 m.
Buschwald mit **Chusquea** (Unterholz), Baumfarnen und epiphytischen **Tillandsien**.

Weberbauer, Pflanzenwelt der peruanischen Anden. Tafel XX, zu S. 235.

A. Weberbauer, phot.

Östliche Andenseite Südperus: Bergland von Yuncacoya zwischen Sandia und dem Inambari, bei 2000—2200 m. Hartlaubiges Gesträuch mit **Clusia, Schefflera** usw.

A. Weberbauer, phot.

Östliche Andenseite Südperus: Bergland von Yuncacoya zwischen Sandia und dem Inambari, bei 2200 m.
Hartlaubiges Gesträuch mit **Clusia, Chusquea, Cavendishia, Schefflera, Ceroxylon** usw.

große Feuchtigkeit und vor allem der tiefgründige Boden den Baumwuchs begünstigen.

Die größte Ausdehnung erreichen diese Formationen, die man als typische Gehölze der Ceja ansehen darf, in Höhenlagen zwischen 2000 und 3000 m. Dort bedecken sie ungeheure Flächen, und stellenweise bemerkt man keine andere Vegetation soweit das Auge reicht. Weiter oben, von 2800—3000 Meter an, wechseln Grassteppen und kleine Moore mit Gehölzflecken. Letztere verlieren mit zunehmender Meereshöhe stetig an Umfang. Die Bäume treten seltener auf, werden niedriger und verschwinden allmählich ganz. Auch die Höhe der Sträucher verringert sich. Die Blätter der Holzgewächse zeigen ein anderes Aussehen als in tieferen Lagen, sind durchschnittlich kleiner und schmäler, an den Rändern oft eingerollt, ferner stärker behaart, namentlich unterseits. In der Flora kommen bemerkenswerte Unterschiede zur Geltung: über 2800 m fehlen oder sind nur spärlich vertreten die *Palmen*, *Araceen*, *Lauraceen* und unter 2800 m die Gattungen *Berberis*, *Ribes*, *Polylepis* und *Gunnera*. Die Individuenzahl der Ericaceen steigert sich über jener Höhenlinie.

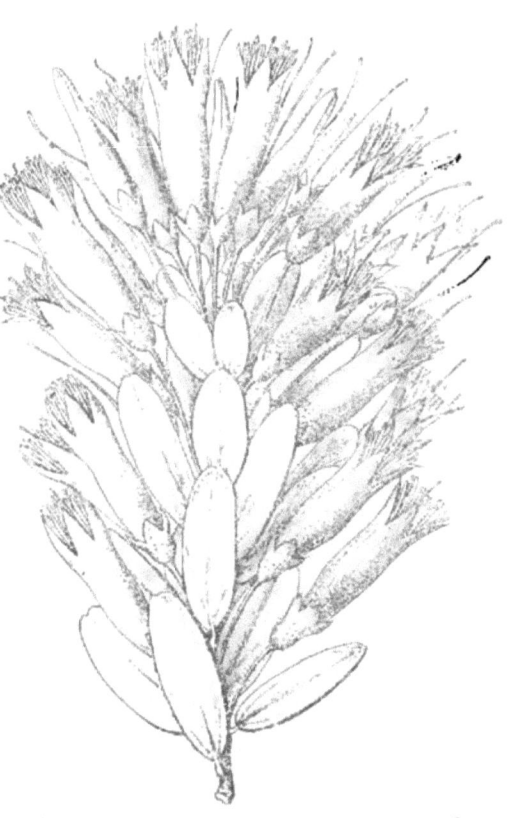

Fig. 56. *Ceratostema sanguineum* Hörold. (Nr. 889.)

So berühren sich um 2800 bis 3000 m zwei Regionen, die man auch als Florenbezirke auffassen könnte, die untere oder subtropische und die obere oder temperierte Ceja.

In Gegenden, wo die ostandine Vegetation mit der westandinen zusammentrifft und Elemente der letzteren aufnimmt, wechseln auch in den tieferen Lagen Grassteppen mit Gehölzen. Dieses beobachtet man namentlich im interandinen und westlichen Teil des Gebirges um 7° s. Br, ferner in den Tälern von Sandia und des oberen Chanchamayo. Auch sind in diesen Gegenden die Gehölze ärmer an Bäumen, Flechten und Moosen und reicher an weichlaubigen Sträuchern, als in gleichen Höhenlagen der eigentlichen Ceja. Westandine Typen zeigen sich in der Steppe häufiger als in den Gesträuchen.

Somit lassen sich innerhalb der Zone die beiden Hohenstufen der eigentlichen Ceja und der innere Randbezirk unterscheiden. Der Randbezirk wiederum tritt in Berührung teils mit der nordperuanischen, teils mit der zentralperuanischen Sierrazone und zeigt dementsprechende Verschiedenheiten. Die Grenzen dieser

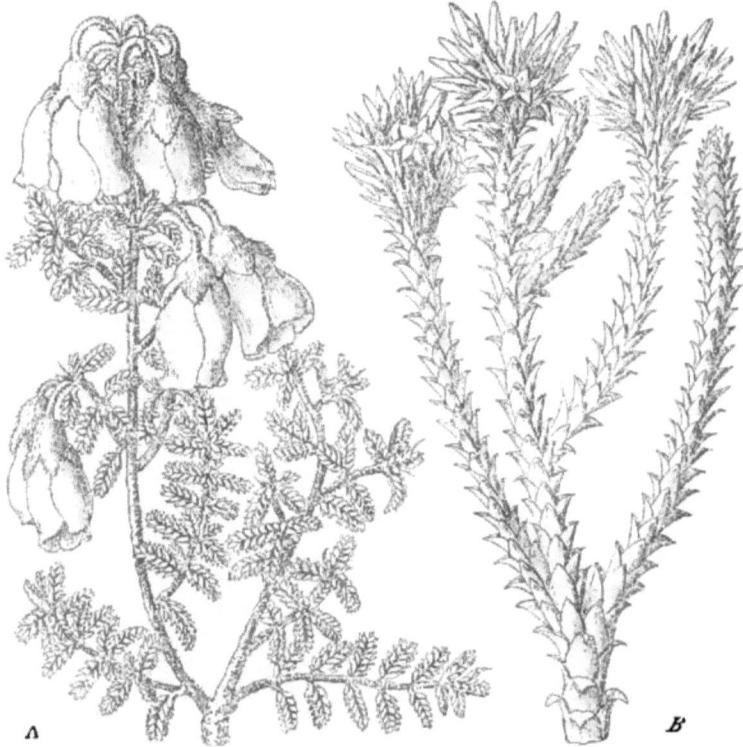

Fig. 57. *A Brachyotum lycopodioides* Tr.   *B Gentiana pseudolycopodium* Gilg.

Abschnitte genauer anzugeben, ist zur Zeit noch nicht möglich und wird namentlich erschwert durch den verwickelten, bisher ungenügend erforschten Bau der Ostanden.

In den Gehölzen der Ceja entstehen kleine Unterbrechungen durch das Auftreten von Teppichwiesen. Es sind dies niedrige, immergrüne, saftige Grasfluren; unter den Gräsern wachsen auch andere Kräuter, namentlich in höheren Lagen. Die Teppichwiesen waren an den Stellen, wo ich sie kennen lernte, durch Eingriffe des Menschen entstanden oder doch vergrößert worden. Man findet

sie stets in der Umgebung der sogenannten Tambos, jener Hütten, die keine
ständigen Bewohner haben und nur zur Unterkunft der Reisenden erbaut sind.
Aus dem benachbarten Gehölz wird der Brennstoff zum Kochen der Mahlzeiten
entnommen, und mit der fortschreitenden Zerstörung des Gehölzes vergrößert
sich die Teppichwiese, das Weideland für Reit- und Lasttiere.

Fig. 58. *Hypericum laricifolium* Juss.

1. **Das Tal von Sandia zwischen 2000 und 3000 oder 3200 m.**

Obige Höhenangaben beziehen sich auf den Talboden. Wie dieser verhält sich hinsichtlich der Vegetation der untere Teil der Talwände.

Die Regenzeit dauert in Sandia vom November bis in den April hinein.

Von Juni bis September herrscht ziemlich große Trockenheit und fällt manchmal 4 Wochen hindurch kein Regen.

Gesträuche, welche vorzugsweise die Umgebung der Wasserläufe besetzen, ohne indes streng an diese gebunden zu sein, wechseln mit einer Grassteppe, die zerstreute Sträucher aufzunehmen pflegt, und gehen in diese Formation durch

Fig. 59. *Bejaria caxamarcensis.* H. B. K.

Zwischenstufen über. Die Talwände fallen durchgehends steil ab und lassen häufig Felsen zutage treten, deren Pflanzenwuchs zwar mancherlei Eigentümlichkeiten darbietet, sich aber, im ganzen betrachtet, nicht sehr scharf von anderen Formationen sondert. Wenn man den Talboden aufwärts verfolgt und sich damit den Hauptketten des Gebirges nähert, so bemerkt man, daß die Grassteppe sich auf Kosten der Gesträuche ausdehnt und letztere immer mehr in der Nähe der Wasserläufe bleiben. Gleichzeitig steigt die Zahl westandiner Elemente und werden die ostandinen sowie die Farne seltener. Während der trockenen Monate verlieren manche Sträucher das Laub, und die Kräuter der Steppe verdorren größtenteils, ohne daß jedoch der Boden kahl wird.

I. Gesträuche.

Sträucher:

a) Aufrechte:

Elleanthus robustus (Orchid.). Piper sandianum. Phenax rugosa (Urtic.). Bochmeria caudata (Urtic.). Bocconia frutescens (Papav.; häufig!). Escallonia myrtilloides (Saxifrag.). Weinmannia heterophylla (Cunon.). Hesperomeles pernettyoides (Rosac.). Hesperomeles Weberbaueri. Crotalaria sp. (Legum. Nr. 646). Cassia tomentosa (Legum.). Lupinus oreophilus (Legum.). Rhynchotheca spinosa (Geran.). Monnina crotalarioides (Polygal.). Monnina cyanea. Croton sp. (Euphorb.; Nr. 533; nur bis 2400 m aufwärts). Mauria heterophylla (Anacard.). Coriaria thymifolia (besonders an Bächen). Llagunoa nitida (Sapind.). Vallea stipularis (Elaeocarp.). Triumfetta sp. (Tiliac.; Nr. 507, nur bis 2400 m aufwärts). Abutilon Tierbae (Malv.). Saurauja sp. (Dillen. Nr. 842). Norantea haematoscypha (Marcgrav.). Clusia sp. (Nr. 573; am Talboden nur bis 2400 m aufwärts). Abatia sp. (Flacourt. Nr. 867). Adenaria floribunda (Lythrac.). Myrteola microphylla (Myrtac.). Tibouchina Gayana (Melast.; am Talboden nur bis 2400 m aufwärts). Tibouchina calycina. Brachyotum floribundum (Melast.). Fuchsia Weberbaueri (Oenother.). Fuchsia corymbiflora (besonders an Bächen). Oreopanax Weberbaueri (Aral.). Oreopanax sandianus. Bejaria sp. (Eric. Nr. 659). Cavendishia pubescens (Eric.; am Talboden nur bis 2400 m aufwärts). Cavendishia sp. (Nr. 636). Gaultheria-Arten (Eric.; Nr. 513, 508). Ceratostema sanguineum (Eric). Buddleia pichinchensis (Logan.). Lantana rugulosa (Verben.; nur bis 2400 m aufwärts). Duranta Benthami (Verben.). Citharexylum laurifolium (Verben.) Sphaele parviflora (Lab.; nur bis 2400 m aufwärts). Bystropogon andinus oder verw. (Lab.; Nr. 642). Solanum sp. (Nr. 532). Cestrum sp. (Solan.). Gerardia lanceolata (Scroph.). Viburnum reticulatum (Caprifol.). Centropogon Mandonis (Campan.). Liabum glandulosum (Compos.; Halbstrauch). Liabum solidagineum. Barnadesia polyacantha (Compos.; am Talboden nur über 2400 m). Tagetes sp. (Compos. Nr. 839). Bidens sp. (Compos. Nr. 840). Polymnia sp. (Compos. Nr. 552).

b) Kletternde:

Chusquea sp. (Gram.; Spreizklimmer). Mühlenbeckia tamnifolia (Polygon.; windend). Clematis sericea (Ranuncul.; rankend). Rubus boliviensis (Rosac.; Spreizklimmer). Rubus roseus (Spreizklimmer). Serjania longistipula (Sapind.; rankend). Passiflora mixta (rankend). Schistogyne silvestris (Asclep.; windend). Oxypetalum Weberbaueri (Asclep.; windend). Mutisia Bipontia (Compos.; rankend).

Kräuter:

a) Aufrechte oder niederliegende:

Verschiedene Farne. Zeugites mexicana (Gram.). Hippeastrum fuscum (Amaryll.; in der Trockenperiode blühend und zu dieser Zeit blattlos). Peperomia talinifolia (Piperac.). Pilea multiflora (Urtic.). Anemone helleborifolia (Ranuncul.). Thalictrum vesiculosum (Ranuncul.). Geranium sp. Valeriana Warburgii (über 2 m hoch, an Bächen).

b) Kletternde:

Pellaea flexuosa (Filic.). Dioscorea-Arten (windend). Tropaeolum sp. Nr. 837; am Talboden nur über 2400 m; rankend). Cyclanthera cordifolia (Cucurb.; rankend). Cyclanthera microcarpa.

Epiphyten:

Usnea barbata, Theloschistes flavicans (gemein), *Physcia comosa, Physcia leucomela* (gemein), *Leptogium phyllocarpum* u. a. Flechten. Einige Moose. *Polypodium angustifolium* und einige andere Farne. Einige *Tillandzia*-Arten (Bromel.). *Odontoglossum fractiflexum* (Orchid.: auch an Felsen). *Peperomia Pakipaki* (Piperac.. *Peperomia reflexa* (auch an Felsen). *Fuchsia tuberosa* (Oenother.; knollentragender, kleiner Strauch, auch an Felsen).

Parasiten:

Dendrophthora linearifolia (Loranth.). *Cuscuta* sp. (Convolv.).

Schattige Stellen am Rande von Gesträuch bewohnen:

Peltigera malacea (Lichen.). Verschiedene Moose. Farne und *Selaginella*-Arten. *Tradescantia cymbispatha* (Commelin.). *Ponthieva montana* (Orchid.). *Pilea citriodora* (Urtic.). *Bowlesia acutangula* (Umbellif.). *Justicia Hookeriana* (Acanth.).

II. Grassteppen (oder auch offene Stellen zwischen Gesträuch).

Sträucher und Halbsträucher:

Pitcairnia Weberbaueri (Bromel.). *Epidendrum Cochlidium* (Orchid.). *Lupinus mutabilis* (Legum.). *Galactia speciosa* (Legum.). *Amicia Lobbiana* (Legum.). *Desmodium strobilaceum* (Legum.). *Dodonaea viscosa* (Sapind.). *Cuphea cordata* (Lythrac.). *Salvia*-Arten (Lab.). *Solanum*-Arten. *Alonsoa auriculata* (Scroph.). *Bartsia inaequalis* (Scroph.). *Bacharis venosa* (Comp.). *Eupatorium crenulatum* (Comp.).

Kräuter:

Lycopodium-Arten. *Trachypogon polymorphus* (Gram.). *Andropogon tener* (Gram.). *Andropogon panniculatus*. *Setaria imberbis* (Gram.). *Mühlenbergia peruviana* (Gram.). *Mühlenbergia stipoides*. *Aegopogon cenchroides* (Gram.). *Cyperus Martianus*. *Bulbostylis capillaris* (Cyperac.. *Rhynchospora Ruiziana* (Cyperac.). *Rhynchospora glauca*. *Scleria pleostachya* (Cyperac.). *Commelina fasciculata*. *Bomarea edulis* (Amaryll.). *Sisyrinchium convolutum* (Irid.). *Habenaria hexaptera* (Orchid.). *Pleurothallis bivalvis* (Orchid.). *Mirabilis prostrata* (Nyctag.). *Stellaria* sp. (Caryophyll. Nr. 581). *Ranunculus praemorsus*. *Amphicarpaea pulchella* (Legum.; windend). *Desmodium Alamani*. (Legum.; sehr häufig). *Hypericum uliginosum* (Guttif.). *Viola boliviana*. *Loasa leiolepis*. *Begonia* sp. (Nr. 506). *Eryngium panniculatum* (Umbellif.; häufig, oft gesellig). *Daucus montanus* (Umbellif.). *Calceolaria cypripediiflora* (Scroph.). *Castilleja communis* (Scroph.). Nr. 580. Nr. 596. *Relbunium diffusum* (Rub.). *Mitracarpus hirtus* (Rub.). *Valeriana Baltana*. *Wahlenbergia linarioides* (Campan.). *Lobelia* sp. (Campan.). *Siphocampylus corymbiferus* (Campan.). *Jungia* sp. (Compos. Nr. 530). *Tagetes foeniculacea* (Compos.). *Cosmos peucedanifolius* (Compos.). *Conyza chilensis* (Compos.). *Hieracium* sp. (Compos. Nr. 634).

III. Felsen.

Flechten (z. T. auch auf Steinblöcken):

Usnea barbata. *Ramalina Ecklonii*. *Physcia leucomela*. *Parmelia perlata* (gemein). *Stictina fuliginosa* (schattige Stellen). *Peltigera polydactyla* (schattige Stellen). *Leptogium foveolatum*. *Leptogium tremelloides* (schattige Stellen). *Leptogium phyllocarpum*. *Cora pavonia*.

Lebermoose (z. T. auch auf Steinblöcken):

Anthoceros costatus. *Madotheca arborea*. *Brachyolejeunia bicolor*. *Frullania campanensis*. *Frullania flexicaulis* (gemein).

Viele Laubmoose (z. T. auch auf Steinblöcken).

Farne (z. T. auch zwischen Steinblöcken):

Polypodium Lasiopus (schattige Stellen). *Polypodium areolatum* (häufig; an der Talsohle nur bis 2400 m aufwärts gehend). *Polypodium lachniferum*. *Polypodium macrocarpum* (sehr

A. Weberbauer, phot.
Östliche Andenseite Südperus: Oberhalb Sandia, bei 2500 m. Bocconia frutescens L., einh. Name: hatuna, fruchtend, mit Epiphyten besetzt.

A. Weberbauer, phot.
Östliche Andenseite Südperus: Unweit Sandia, bei 2100 m. Cortaderia atacamensis (Phil.) Pilger, zwischen Steinblöcken an Bächen.

häufig; auch auf Strohdächern). *Polypodium camptocarpum. Elaphoglossum Jamesonii. Elaphoglossum accedens. Blechnum glandulosum* (schattenliebend). *Pellaea ternifolia. Cheilanthes pilosa* (schattige Stellen). *Cheilanthes marginata* (schattige Stellen). *Cheilanthes myriophylla* (schattige Stellen). *Nothochlaena tomentosa. Aneimia flexuosa.*

Monocotylen:

Anthurium Weberbaueri (Arac.; an der Talsohle nur unterhalb 2400 m). *Puya longisepala* (Bromel.). *Tillandsia usneoides* (Bromel.; aufwärts bis 3000 m). *Tillandsia pulchella. Tillandsia fusco-guttata* (Charakterpflanze, oft in auffälligen Scharen sehr steile Felswände besetzend). *Tradescantia ionantha* (Commelin.; häufig. *Bulbophyllum Weberbauerianum* (Orchid.). *Bulbophyllum Incarum. Trichoceros muscifera* (Orchid.). *Stelis floribunda* (Orchid.). *Odontoglossum fractiflexum* (Orchid.; auch epiphytisch, bis 3200 m aufwärts). *Epidendrum brachycladium* (Orchid.). *Sobralia scopulorum* (Orchid.).

Dicotylen:

Ficus sp. (Strauch; Nr. 729). *Peperomia blanda* (Piperac.). *Peperomia reflexa* (auch epiphytisch). *Peperomia galioides. Euphorbia* sp. *Begonia* sp. (Nr. 506). *Fuchsia tuberosa* (Oenother.; knollentragender, kleiner Strauch, auch epiphytisch). Nr. 546. *Onoseris* sp. (Compos. Nr. 883). *Hypochoeris elata* (Compos.).

IV. Zwischen Steinblöcken an Bächen:

Cortaderia atacamensis (Gramin.; Charakterpflanze).

2. Der Chichanacu bei Sandia.

Dieser Berg, zur westlichen Wand des meridional streichenden Tales gehörig, erhebt sich überaus steil unmittelbar neben dem Dorfe Sandia und zwar mindestens bis zu einer Höhe von 3600 m. Er gilt als Wetterwarte von Sandia, ist sehr regenreich und oft in Wolken gehüllt, auch wenn unten im Dorfe und auf den benachbarten Höhen das schönste Wetter herrscht. Während über die meisten Kuppen und Kämme um Sandia weit hinabreichende Steppen- und Felsenformationen sich ausbreiten, sind die Abhänge des Chichanacu bis nahe an den Gipfel von dichtem Gehölz bestanden. Bis 2600 m zeigt das Gehölz eine ähnliche Zusammensetzung wie am Talboden bei Sandia. Dann beginnt hohes und überaus dichtes Gesträuch, worin die Bambuseen *Chusquea pubispicula*, *Chusquea ramosissima* und eine sehr große *Arundinaria* entschieden vorherrschen. Den Boden und die unteren Zweige bewohnen zahlreiche Moose und hygrophile Flechten. Nur im tiefsten Schatten pflegen die Lichenen zu fehlen. Man gewinnt den Eindruck, als ob die große Zahl der Bambuseen durch die Ausrottung anderer Holzgewächse bedingt sei; die Indianer pflegen von dort kräftige Stämme zu holen, um sie beim Häuserbau zu verwerten; am unteren Rande des Gehölzes bemerkt man überdies die Spuren von Bränden; an solchen Stellen bildet *Chusquea pubispicula* nahezu reine Bestände. Bei 3100 m endet das hohe Bambuseengestrüpp. Es erscheint nunmehr niedriges (durchschnittlich 1 m hohes), lockeres Gesträuch, worin sich zwischen den Sträuchern Polster von *Sphagnum* und anderen Moosen, sowie Scharen von Strauchflechten ausbreiten, und der sonderbare Farn *Jamesonia ciliata* häufig vorkommt; die Sträucher fallen durch ihre kleinen und derben Blätter auf. Um

3300 m endlich betritt man eine meterhohe dichte Grassteppe, in der Sträucher fehlen oder nur sehr vereinzelt auftreten; *Festuca procera* oder eine nahe verwandte Art gehört zu den häufigsten Pflanzen.

Bambuseengestrauch, zwischen 2600 und 3100 m

Flechten

Cora pavonia auf altem Holz. *Stictina tomentosa* (an Zweigen). *Stictina quercizans* (an Zweigen). *Parmelia cervicornis* (an Zweigen). *Peltigera polydactyla* (auf Erde). *Leptogium phyllocarpum* (an Zweigen).

Lebermoose:

Dumortiera hirsuta (auf Erde). *Aneura trichomanoides* (auf Erde). *Aneura plana* (auf faulendem Holz). *Symphyogyne brasiliensis*. *Plagiochila gayana*. *Plagiochila spinifera*. *Lepidozia peruviana* auf Erde). *Trichocolea tomentosa* (auf Erde). *Radula frondescens*. *Brachyolejeunia bicolor* (an Zweigen).

Viele Laubmoose, auf Erde und an Zweigen.

Farne:

a) **Nicht kletternde:**
Cyathea sp. (Baumfarn Nr. 667). *Blechnum angustifolium* (aufrechtes, holziges Stämmchen). *Polypodium subsessile* von Zweigen herabhängend. *Polypodium cultratum* (von Zweigen herabhängend). *Asplenium foeniculaceum* bodenbewohnend). *Hymenophyllum*-Arten, z. B. *H. trapezoidale*.

b) **Kletternde:**
Gymnogramme insignis. *Gymnogramme flexuosa*. *Polypodium Lasiopus*. *Histiopteris incisa*.

Blütenpflanzen.

a) **Aufrechte Sträucher:**
Arundinaria sp. (Gram.; sehr häufig, Charakterpflanze). *Chusquea pubispicula* (Gram.; häufig, besonders zwischen 2600 und 2800 m, Charakterpflanze). *Piper trichostylum*. *Brunellia hexasepala*. *Tibouchina calycina* (Melast.). *Schefflera dolichostyla* (Aral.). *Satyria* sp. (Eric. Nr. 684). *Gaultheria* sp. (Eric.; Nr. 739). *Solanum* sp. *Psychotria virgata* (Rubiac.). *Vernonia sordidopapposa* (Compos.).

b) **Kletternde Sträucher, Halbsträucher und Kräuter:**
Chusquea ramosissima (Gram.; Spreizklimmer, sehr häufig, Charakterpflanze). *Bomarea Weberbaueriana* (Amaryll.; windend). *Bomarea multiflora* (windend). *Dioscorea*-Arten (windend). *Rubus roseus* und *R. betonicifolius* (Rosac.; Spreizklimmer). *Calceolaria zapatilla* (rankende Blattstiele).

c) **Bodenkräuter:**
Stelis tricardium (Orchid.; auch als Epiphyt auf beschatteten Zweigen). Einige Araceen. *Pilea daucicdora* (Urtic.). *Cardamine ovata* (Crucif.). *Hydrocotyle peruviana* (Umbellif.).

d) **Epiphyten:**
Einige Bromeliaceen. *Pleurothallis caulescens* (Orchid.). *Peperomia muscigaudens* (Piperae.; tiefschattige Stellen).

e) **Parasiten:**
Dendrophthora crassuloides (Loranth.).

Niedriges, lockeres Gesträuch zwischen 3100 und 3300 m:

Flechten:

Usnea-Arten an Zweigen. Stereocaulon ramulosum. Glossodium aversum.

Moose:

Sphagnum u. a.

Farne:

Jamesonia ciliata sehr häufig, Charakterpflanze).

Strauchige Blütenpflanzen:

Chusquea sp. Gram.; vereinzelt, niedrig. Cerastostema sp. Eric. Nr. 740). Ceratostema sp. Nr. 742). Ceratostema sp. (Nr. 742ª). Distrigma empetrifolium (Eric.). Symplocos sp. (Nr. 741. Gerardia lanceolata (Scroph.). Teinosolen pastoana (Rub.). Diplostephium sp. (Compos. Nr. 750). Gynoxys sp. (Compos. Nr. 747). Liabum Rusbyi (Compos.).

3. Das Bergland von Yuncacoya (Höhenlage 1800—2600 m).

Um von Sandia nach der Waldregion von Chunchusmayo am Inambari, woselbst zerstreute Cocapflanzungen liegen, zu gelangen, folgt man dem Laufe des Sandia-Flusses abwärts bis zu 1500 m Meereshöhe und steigt dann, das Tal verlassend, hinauf zum Tambo Ichubamba (1800 m) und dem Berggipfel Ramospata (2600 m). Dicht unterhalb Sandia beginnen die Gehölze sich auf die unmittelbare Umgebung der Wasserläufe zu beschränken und im übrigen Grassteppen an den Hängen sich auszubreiten. Diese Vegetation, die ich zur tropischen Zone Montaña rechne, herrscht nunmehr ununterbrochen bis zum Tambo Ichubamba. Hier wechselt hartlaubiges Gesträuch mit der Steppe. Ist dann der Ramospata-Gipfel erstiegen, so sieht man Berg und Tal, soweit das Auge reicht, von dichtem Hartlaubgesträuch bekleidet; man gelangt in echte Ceja-Vegetation, hat ausgeprägt ostandine Flora vor sich. In dieser Gegend, die ich als Bergland von Yuncacoya bezeichnet habe, scheinen die Gipfel und Kämme nicht über 2600 m hinauszureichen. Bäume kommen nur sehr vereinzelt vor und bleiben stets niedrig; zu ihnen gehören Baumfarne, zwei Palmenarten und manche Exemplare von *Myrcia elattophylla* (Myrt.). Außer den baumartigen Farnen sind auch krautige und halbstrauchige, letztere vor allem durch starrblättrige *Gleichenien* vertreten, in großer Zahl vorhanden. Wo das Gesträuch sich lockert, bekleiden den Boden *Sphagnum*-Polster und Strauchflechtenbestände, und dazwischen mengen sich *Eriocaulaceen*, *Eleocharis chaetaria* und *Utricularia*-Arten. Moose und Flechten wuchern auch an den Zweigen und zwischen dem Wurzelwerk der Sträucher in größter Üppigkeit, begleitet von epiphytischen oder halbepiphytischen Orchideen und Bromeliaceen. Hinter dem Tambo Cachicachi (1800 m) zieht das Hartlaubgesträuch sich immer mehr auf die Berggipfel zurück, woselbst es auch noch in Höhen von 1500 m auftritt; die Täler hingegen besetzt zunächst Buschwald der Ceja, dann Regenwald, der zuletzt auch auf die Gipfel und Kämme übergeht.

Nachfolgende Zusammenstellung bezieht sich nur auf die Pflanzen des Hartlaubgesträuchs zwischen 1800 und 2600 m.

Flechten:

Cladonia pycnoclada (auf Erde am Rande von Gesträuch). *Cladonia aggregata* (zwischen Gesträuch). *Cladonia bellidiflora* (auf Erde am Rande von Gesträuch). *Physcia leucomelaena* (auf Zweigen). *Baeomyces imbricatus* (auf Erdblößen) und viele andere.

Lebermoose:

Frullania closterantha (auf Zweigen). *Lepicolea pruinosa* (zwischen Gesträuch) und viele andere.

Laubmoose:

Sphagnum-Arten und viele andere.

Pteridophyten:

Trichomanes crispum u. a. Hymenophyllaceen. *Nephrolepis pectinata. Blechnum Moritzianum. Gymnogramme aureo-nitens. Gymnogramme flexuosa* (kletternd). *Histiopteris incisa* (kletternd). *Gleichenia affinis* u. a. Arten dieser Gattung. *Alsophila quadripinnata. Cyathea* sp. (Baumfarn; Nr. 1149). *Lycopodium Eichleri. Lycopodium Jussieui.*

Monocotylen:

Cortaderia bifida (Gram.; offene, steinige Stellen). *Eleocharis Chaetaria* (Cyperac.; offene Stellen). *Ceroxylon* sp. (Palm.; Nr. 1157). *Geonoma* sp. (Palm.; Nr. 1345). *Anthurium peruvianum* (Arac.). *Anthurium Lechlerianum. Philodendron oligospermum* (Arac.). *Paepalanthus Weberbaueri* (Eriocaul.; offene Stellen). *Leiothrix flavescens* (Eriocaul.; offene Stellen). *Guzmannia paniculata* (Bromel.; feuchte Klüfte). *Pitcairnia rigida* (Bromel.). *Puya ferox* (Bromel.; offene, steinige Plätze). *Eccremis coarctata* (Liliac.). *Bomarea glomerata* (Amaryll.; windend). *Epidendrum fimbriatum* (Orchid.; strauchig). *Epidendrum brachyphyllum. Maxillaria saxatilis* (Orchid.; strauchig). *Cranichis longiscapa* (Orchid.; auf Erde an offenen Stellen).

Dicotyle Holzgewächse (wenn nicht anders angegeben, Sträucher):

Gaiadendron paraense (Loranth.; nicht parasitisch). *Persea Weberbaueri* (Laurac.). *Ocotea Weberbaueri* (Laurac.). *Phyllonoma laticuspis* (Saxifrag.). *Brunellia ternata. Weinmannia heterophylla* (Cunonine.). *Weinmannia Haenkeana. Weinmannia Balbisiana. Monnina stipulata* (Polygal.; Spreizklimmer). *Monnina andina. Ilex villosula* (Aquifol.). *Ilex teratopis. Haemocharis semiserrata* (Theac.). *Norantea haematoscypha* (Marcgrav.). *Hypericum struthiolaefolium* (Guttif.). *Clusia* sp. (Guttif.). *Myrcia elaeophylla* (Myrtac.; mitunter als Baum entwickelt). *Microlicia Weddelii* (Melast.). *Tibouchina laevis* (Melast.). *Tibouchina octopetala. Miconia setinervia* (Melast.). *Miconia glutinosa. Schefflera inambarica* (Aral.). *Schefflera Yuncacoyae. Schefflera sondiana. Clethra* sp. (Nr. 1082). *Cavendishia* sp. (Eric. Nr. 1081). *Disterigma alaternoides* (Eric.). *Disterigma Humboldtianum. Psammisia* sp. (Eric. Nr. 1159). *Gaultheria*-Arten (Eric.; Nr. 1090, 1097, 1150). *Rapanea Jelskii* (Myrsin.). *Desfontainea obovata* (Logan.). *Symbolanthus microphyllus* (Gentian.). *Chelonanthus leucanthus* (Gentian.). *Arcythophyllum crassifolium* (Rubiac.). *Cinchona discolor* (Rubiac.). *Siphocampylus angustiflorus* (Campanul.; kletternd). *Baccharis*-Arten (Compos.). *Gynoxys* sp. (Compos. Nr. 1307). *Senecio*-Arten (Compos.). *Vanillosmopsis Weberbaueri* (Compos.).

Dicotyle Kräuter:

Viola fuscifolia. Utricularia sp. (Lentibul.; offene Stellen). *Coccocypselum decumbens* (Rubiac.; feuchte, schattige Klüfte). *Anotis serpens* (Rubiac.; feuchte, schattige Klüfte). *Lastadia Lechleri* (Compos.; Erdblößen).

4. Das Gebiet um den Durchbruch des Urubamba durch die ostwestlich streichende Schneekette zwischen Cuzco und Sta. Ana.

Zwei Wege führen von Cuzco nach Sta. Ana: der eine verläßt das Tal des Urubamba unterhalb der gleichnamigen Stadt und steigt am Passe Panticalla bis zu 4350 m, der andere folgt dem Laufe jenes Flusses.

I. Vegetation am Höhenweg.

Bald nachdem man Ollantaitambo passiert hat, beginnt bei der Häusergruppe Piri der Aufstieg. In geringer Höhe über dem Talboden, zwischen 2800 und 2900 m, verschwinden verschiedene westandine Charaktergewächse des oberen Urubambatales: *Stenolobium sambucifolium* (Bign.), *Schinus Molle* und *Caesalpinia tinctoria*, ferner sämtliche Kakteen. Ebenda erscheint eine Anzahl ostandiner Typen. Die Vegetation gliedert sich nunmehr in Grassteppen, denen vereinzelte Sträucher eingestreut sind, und in Gehölze. Die Gehölze, völlig unabhängig von den Wasserläufen, bestehen hauptsächlich aus hohen Sträuchern, enthalten aber auch hier und da kleine Bäume. Die Holzgewächse sind teils hartlaubig, teils weichlaubig und überwiegend immergrün; nur einige weichlaubige verlieren in der Trockenzeit die Blätter mehr oder weniger vollständig. Dabei kommt es vor, daß sich das absterbende Laub ähnlich wie im nordischen Herbst verfärbt; so nehmen die Blätter von *Vallea stipularis* gelbe oder rote Töne an. Bis gegen 3600 m gewinnt das Gehölz auf Kosten der Grassteppe an Ausdehnung, und zugleich wächst die Zahl der ostandinen hartlaubigen Sträucher. Dann, um 3800 m, gelangt wieder die Grassteppe zur Vorherrschaft, besitzt aber zunächst noch zahlreiche einzeln stehende Sträucher; schließlich verschwinden bei 3900—4000 m alle diese Sträucher, und nur an felsigen Abhängen erblickt man mitunter kleine Gehölzflecken, die wahrscheinlich von einer *Polylepis*-Art gebildet werden.

Zur Gehölzflora zwischen 2900 und 3800 m gehören:

Stenomesson latifolium (Amaryll.; Zwiebelpflanze, am Boden lockerer, regengrüner Gesträuche, in der Trockenzeit blühend). *Alnus jorullensis* (Betul.; Baum). *Clematis* sp. (Ranunc.; rankend). *Escallonia resinosa* (Saxifrag.). *Rubus*-Arten (Rosac.; Spreizklimmer). *Psoralea glandulosa* (Legum.). *Vallea stipularis* (Elaeocarp.). *Passiflora*-Arten (rankend). *Eugenia oreophila* (Myrtac.; bald Strauch, bald kleinerer Baum). *Rapanea* sp. (Myrsin.). *Poecilochroma* sp. (Solan. Nr. 4939). *Eccremocarpus* sp. (Bignon.; Nr. 4938; rankend, halbstrauchig bis fast krautig). *Jungia* sp. (Compos.; Spreizklimmer oder windend). *Barnadesia* sp. (Compos.). *Mutisia* sp. (Compos.; Nr. 4936; rankend). *Eupatorium persicifolium* (Compos.). *Gynoxys* sp. (Compos.; Nr. 4940; noch bei 3900 m in der Grassteppe, einzeln oder kleine Gruppen bildend; gehört zu den Sträuchern, die am höchsten hinaufgehen; Stämme dick; bis 40 cm Durchmesser erreichend).

Hat man den Paß Panticalla überschritten und damit die Gebirgshänge erreicht, welche gegen die Tropengebiete des Ostens exponiert sind, so bemerkt man bei 4000 m wieder Sträucher in der Grassteppe; *Berberis virgata* ist einer der ersten. Um 3900 m treten kleine Strauchbestände schon häufig auf. Dann wechseln bis zu 3000 m abwärts verschiedenartige

Gehölze Gebüsche, Hartlaubgesträuche und aus hartlaubigen und weichlaubigen Formen gemischte Strauchbestände — mit Grassteppen. *Chusquea*-Arten und die bald strauchige, bald als kleiner Baum entwickelte *Polylepis serrata* gehören zu den augenfälligsten und häufigsten Gewächsen der Gehölze zwischen 3800 und 3000 m. In letzteren finden sich

Sträucher (abgesehen von den epiphytischen):

Chusquea sp. (Gram.; spreizklimmend). *Mühlenbeckia tamnifolia* (Polygon.; windend). *Berberis virgata*. *Ribes* sp. (Saxifrag. Nr. 4950). *Escallonia resinosa* (Saxifrag.). *Polylepis serrata* (Rosac.; abwärts bis 2800 m). *Rubus Lechleri* (Rosac.). *Rubus acanthophyllos* (kriechend, an offenen Stellen, bis 4000 m aufwärts). *Hesperomeles latifolia* (Rosac.). *Rhynchotheca spinosa* (Geran.). *Alonsina stipulata* (Polygal.; spreizklimmend). *Coriaria* sp. *Vailea stipularis* (Elaeoc.). *Myrteola Weberbaueri* (Myrtac.). *Miconia alpina* (Melast.). *Fuchsia fusca* (Oenother.; spreizklimmend). *Oreopanax stenophyllus* (Aral.). *Oreopanax cuspidatus* (Aral.). *Arracacia acuminata* (Umbellif.; spreizklimmernder Halbstrauch). *Ceratostema* sp. (Eric. Nr. 4974). *Gaultheria* sp. (Eric.; Nr. 4968). *Vaccinium* sp. (Eric.; Nr. 4949). *Rapanea Jelskii* (Myrsin.). *Buddleia occidentalis* (Logan.; spreizklimmend). *Eccremocarpus* sp. (Bignon.; Nr. 4938; rankend, halbstrauchig bis fast krautig). *Viburnum Witteanum* (Caprif.). *Mutisia* sp. (Comp.; Nr. 4961; rankend). *Senecio* sp. (Comp.; Nr. 4973; spreizklimmend).

Bodenbewohnende Kräuter:

Thalictrum sp. (Ranuncul.). *Begonia*-Arten. *Gunnera pilosa* (Halorhag.; abwärts bis 2700 m). *Gunnera magellanica*.

Epiphyten:

Epidendrum ardens (Orchid.). *Fuchsia longiflora* (Oenother.; kleiner Strauch, zur Blütezeit das Laub verlierend). *Fuchsia Mattoana* (kleiner Strauch).

Von 3000 bis 2400 m fehlt die Steppe, und bekleidet sowohl den Boden als auch die Wände des Tales schöner, immergrüner Buschwald mit dikotylen Bäumen, welche 20 m Höhe erreichen und oft derbe, ziemlich kleine Blätter besitzen, mit Baumfarnen, vereinzelten Palmen (bis 2700 m aufwärts), *Chusquea*-Arten, weichlaubigen Sträuchern und Halbsträuchern wie *Bocconia frutescens* (Papav.; bis 3200 m aufwärts), *Arracacia acuminata* (Umbellif; spreizklimmend), *Tibouchina brevisepala* (Melast.), *Calceolaria Atahualpae* (Scroph.; Spreizklimmender Strauch), *Columellia* sp. (Nr. 4983), *Siparuna* sp. (Monim.; Nr. 4985; spreizklimmender Strauch), *Abutilon*-, *Begonia*- und *Fuchsia*-Arten, mit kletternden Araceen (bis 3000 m aufwärts) und andern dünnstämmigen, nicht genauer untersuchten Lianen, vielen Bodenkräutern, wie *Thalictrum* sp. (Ranuncul.; bis 2600 m abwärts), *Canna* sp. (bis 2700 m aufwärts), Urticaceen und Farnen, und mit epiphytischen Bromeliaceen, Orchidaceen, Moosen und Flechten. Um 2700 m trägt diese Formation den Charakter des Buschwaldes am reinsten zur Schau: die Wipfel der Bäume sondern sich deutlich voneinander, viele von ihnen bleiben ohne Berührung mit einem Nachbar; die Bodenvegetation und das Unterholz sind üppig entwickelt und auch aus der Ferne zwischen den Baumkronen zu erkennen.

In der Höhenlage von 2400 m, woselbst ein Übergang zur Montaña-Zone anhebt, entsteht wiederum ein Wechsel zwischen Grassteppe und Gehölz; letzteres aber setzt sich nicht mehr, wie vorher, gänzlich aus immergrünen Formen zusammen, sondern beherbergt auch regengrüne, deren Zahl desto mehr zunimmt, je weiter man hinabsteigt.

II. **Vegetation am Talweg** (also längs dem Flusse Urubamba), in der Höhenlage von 2300—1500 m.

Auch hier führt die Reise von Cuzco nach Sta. Ana durch eine Region, für welche das Vorwalten immergrüner Gehölze ein unterscheidendes Merkmal gegenüber den oben und unten angrenzenden Lagen darstellt. Diese Region reicht von 2300 bis 1500 m, liegt also weit tiefer als die analoge Vegetationsstufe an der Außenseite des Passes Panticalla. Von oben kommend, verläßt man bei 2300 m die ausgedehnten, gehölzarmen Grassteppen, welche den westandinen mit dem ostandinen Abschnitt des Urubambatales verbinden; man gelangt nun in eine enge und feuchte Schlucht und erreicht schließlich bei 1500 m die Savannen und regengrünen Gehölze der Montaña-Zone.

An den Rändern der zu besprechenden Region herrscht ein bunter Wechsel von Grassteppe und Gehölz, während die mittleren Lagen gänzlich von der letztgenannten Vegetation eingenommen werden. Im oberen Teile ist das Gehölz vorwiegend Gesträuch oder baumarmes Gebüsch. Hier finden sich sowohl hartlaubige als auch weichlaubige Typen. Echtes Hartlaubgehölz fehlt, doch kommen Formationen vor, die jenem nahestehen. Den unteren Teil der Region charakterisiert der Buschwald; seine Bäume erreichen zum Teil beträchtliche Höhe; nur selten rücken sie so nahe zusammen, daß man von einem echten Walde sprechen kann. Zur Gehölzflora der höheren Lagen gehören die Sträucher: *Podocarpus* sp. (Taxac.), *Myrica* sp. (Nr. 5057), *Escallonia Pilgeriana* (Saxifrag.), *Mauria subserrata* (Anacard.), *Ilex cuzcoana* (Aquifol.), *Maytenus verticillata* (Celastr.), *Maytenus alaternoides*, *Llagunoa nitida* (Sapind.), *Oreopanax* sp. (Aral.), *Clethra* sp. (Nr. 5058), *Bejaria* sp. Eric. Nr. 5056), *Columellia* sp. Unten wachsen als Bäume des Buschwaldes Arten der Gattungen *Cecropia* (Morac.), *Nectandra* (Laurac.); z. B. *N. magnoliifolia*, *Ocotea* (Laurac.), *Inga* (Legum.), *Erythrina* (Legum.) und *Croton* (Euphorb.), ferner als Sträucher des Unterholzes *Buddleia diffusa* Logan.; spreizklimmend), *Ruellia macrophylla* (Acanth.), *Justicia cuscensis* (Acanth.) und *Gonzalagunia dependens* (Rub.). Auffällig selten sind die Palmen. Ich fand nur ein einziges kleines Exemplar von anscheinend subtropischer Verwandtschaft, und zwar zwischen 1800 und 1900 m Meereshöhe. Auf ebenen, mit Geröll bedeckten Flächen an Flußufern bildet, bis 1900 m aufwärts verbreitet, die tropische *Tessaria integrifolia* (Compos. kleine Bestände. Floristisch ist die Region nicht einheitlich, da die Areale subtropisch- und tropisch-ostandiner Elemente innig miteinander verschmelzen. Selbst zwei ausgeprägt westandine Pflanzen sind hier heimisch geworden, allerdings nur in sehr zerstreuten Individuen: *Caesalpinia tinctoria* reicht bis 2000 m abwärts und *Schinus Molle* sogar bis 1300, also in die Montaña-Zone hinein.

5. Das Tal des Flusses Chanchamayo zwischen Huacapistana (1812 m) und Palca (2735 m).

Von der Stadt Tarma her gegen die Tropenregion des Chanchamayo hinabsteigend, sieht man auf dem Boden des Tales interandine und ostandine Flora zusammentreffen. Bei Palca liegt die Grenze. Hier enden die Halbwüsten. Grassteppen, in die vereinzelte Sträucher eintreten, erscheinen an den Hängen und überdies dichte Strauchbestände, als schmale Streifen feuchtere Schluchten ausfüllend oder die Wasserläufe begleitend. Mit abnehmender Meereshöhe steigert sich der Umfang der Gesträuche und deren Unabhängigkeit von den Wasserläufen. Unterhalb 2100 m bedecken Strauchbestände den Boden und die Wände des Tales nahezu vollkommen, und nur sehr trockene, felsige Stellen tragen Spuren der Steppenflora. Felsen kommen an den überall steil abfallenden Wänden des Tales häufig zum Vorschein, und die Unterscheidung der Steppen-, Felsen- und Gesträuchbewohner stößt auf große Schwierigkeiten. In der Physiognomie der Formationen und auch in der Flora macht sich eine unverkennbare Ähnlichkeit mit dem Sandiatale geltend. Wie dort ist der ostandine Charakter nicht rein ausgeprägt: westandine Anklänge der Flora und weichlaubige Sträucher sind häufiger als in der eigentlichen Ceja-Vegetation und die Flechten und Moose weniger üppig entwickelt.

An der rechten Talwand bei Palca bleibt bis gegen 3000 m das Aussehen der Pflanzendecke sich annähernd gleich, dann aber tritt eine Verstärkung der ostandinen Züge ein. Ein analoger, aber noch schrofferer Wechsel zeigt sich an der linken Talwand bei Huacapistana, und zwar in der Höhe von 2700 m, also etwa 900 m über dem Talboden.

Flora am unteren Teil der Talwände (bei Palca bis 3000, bei Huacapistana bis 2700 m aufwärts) und am Talboden.

1. **Gesträuch.**

Pteridophyten:

Pellaea flexuosa (kletternd) und andere Farne. *Lycopodium reflexum*.

Monocotylen (exkl. Epiphyten):

Andropogon panniculatus (Gram.). *Pitcairnia fruticetorum* (Bromel.). *Pitcairnia ferruginea*. *Smilax* sp. (Liliac.; Nr. 2165; kletternd). *Bomarea simplex* (Amaryll.; windend). *Epidendrum Huacapistanae* (Orchid.). *Epidendrum panniculatum*. *Xylobium elongatum* (Orchid.). *Xylobium scabrilingua*. *Govenia fasciata* (Orchid.).

Nicht kletternde dicotyle Sträucher:

Piper subflavispicum. *Piper acutifolium*. *Ficus* sp. (Morac. Nr. 2139). *Phenax laevigatus* (Urtic.). *Boehmeria Pavonii* (Urtic.). *Embothrium grandiflorum* (Proteac.). *Roupala peruviana* (Proteac.). *Gaiadendron punctatum* (Loranth.). *Siparuna Weberbaueri* (Monim.). *Nectandra magnoliifolia* (Laurac.). *Bocconia frutescens* (Papav.). *Cleome glandulosa* (Capparid.). *Hesperomeles palcensis* (Rosac.). *Crotalaria Pohliana* (Legum.). *Dalea ayavacensis* (Legum.). *Indigofera anil* (Legum.; wild?). *Amicia Lobbiana* (Legum.). *Monnina crotalarioides* (Polygal.). *Croton* sp. (Euphorb. Nr. 1779). *Euphorbia* sp. *Coriaria thymifolia* (feuchte Stellen bevorzugend). *Mauria sericea* (Anacard.). *Maytenus verticillata* (Celastr.). *Vallea stipularis* (Elaeocarp.). *Triumfetta* sp. (Tiliac.). *Pavonia sepium* (Malv.). *Sauranja* sp. (Dillen.;

Nr. 2020 u. 2040; feuchtere Stellen). *Norantea Pardoana* (Marcgrav.). *Ternstroemia* sp. (Thenc. Nr. 2147. *Clusia* sp. (Guttif. Nr. 1978 u. 1996). *Pineda* sp. (Flacourt.). *Begonia* sp. *Cuphea cordata* (Lythr.). *Myrcia brachylopadia* (Myrtac.). *Miconia Tiri* (Melast.). *Miconia sanguinea*. *Miconia dipsacea*. *Miconia quadrifolia*. *Fuchsia lept. poda* (Oenoth.). *Clethra* sp. (Nr. 1984). *Bejaria* sp. (Eric.; Nr. 1971). *Cavendishia* sp. (Eric. Nr. 1972). *Psammisia* sp. (Eric. Nr. 2151). *Gaultheria*-Arten (Eric.; Nr. 2146, 2143). *Rapanea oligophylla* (Myrsin.). *Rapanea ferruginea*. *Buddleia spicata* (Logan.). *Tournefortia polystachya* (Borrag.). *Cordia tarmensis* (Borrag.). *Lantana Weberbaueri* (Verben.). *Salvia* sp. (Lab.). *Solanum* sp. (Nr. 1796). *Datura arborea* (Solan.). *Cestrum* sp. (Solan. Nr. 1995). *Bartsia inaequalis* (Scroph.). *Gerardia stenantha* (Scroph.). *Condaminea corymbosa* (Rub.). *Hillia odorata* (Rub.). *Sambucus peruviana* (Caprifol.; in der Nähe einer Hütte; ob wild?). *Viburnum Incarum* (Caprifol.). *Centropogon verbascifolius* (Campan.). *Ophryosporus piquerioides* (Compos.). *Vernonia scorpioides* (Compos.). *Baccharis polyantha* (Compos.).

Kletternde dicotyle Sträucher:

Mühlenbeckia tamnifolia (Polygon.; windend). *Cissampelos* sp. (Menisp.; Nr. 1993; windend). *Rubus floribundus* (Rosac.: spreizklimmend). *Stigmatophyllon Ruizianum* Malpigh.; windend). *Passiflora alba* (rankend). *Passiflora mixta*. *Cynanchum tarmense* (Asclep.; windend). *Oxypetalum Weberbaueri* (Asclep.; windend). *Ditassa albiflora* (Asclep.; windend). *Metastelma peruvianum* (Asclep.; windend, fast blattlos). *Valeriana Pardoana* (windend). *Centropogon pulcher* (Campan.; spreizklimmend). *Siphocampylus dependens* (Campan.; spreizklimmend).

Dicotyle Kräuter:

Anemone helleborifolia Ranunc.). *Lathyrus pubescens* (Legum.; rankend). *Manettia ignita* (Rub.; windend). *Valeriana decussata*. *Valeriana dipsacoides*. *Valeriana nigricans*.

Epiphyten:

Verschiedene Flechten und Moose. *Tillandsia clavigera* (Bromel.). *Pleurothallis linguifera* (Orchid.).

Parasiten:

Mehrere Loranthaceen.

Feuchtschattige Plätze zwischen Gesträuch oder an dessen Rand bewohnen:

Rhynchospora polyphylla (Cyp.). *Peperomia obtusifolia* (Piperac.). *Peperomia Gaudichaudii*. *Peperomia perhispidula*. *Pilea diversifolia* (Urtic.). *Pilea pusilla*. *Pilea minutiflora*. *Acaena ovalifolia* (Rosac.). *Hydrocotyle pusilla* (Umbellif.). *Hydrocotyle cardiophylla*. *Bowlesia acutangula* (Umbellif.). *Calceolaria* sp. (Scroph.). *Guraniopsis longipedicellata* (Cucurb.; rankend).

2. Felsen:

Viele Flechten und Moose.

Farne:

Polypodium crassifolium. *Polypodium brasiliense*. *Polypodium thyssanolepis*. *Elaphoglossum tectum*. *Elaphoglossum Jamesonii* (schattige Stellen). *Pellaea ternifolia*. *Cheilanthes lentigera*. *Nothochlaena tomentosa*. *Ceropteris adiantoides*. *Aneimia flexuosa*.

Monocotylen:

Poa adusta od. verw. (Gram.). *Andropogon* sp. (Gram.). *Trachypogon polymorphus* (Gram.). *Aegopogon cenchroides* (Gram.). *Mariscus Jacquini* (Cyp.). *Anthurium Dombeyanum* (Arac.). *Anthurium rigidissimum*. *Pitcairnia eximia* (Bromel.). *Puya strobilantha* (Bromel.). *Tillandsia macrodactylon* (Bromel.). *Tillandsia clavigera* auch epiphytisch. *Tillandsia patula*. *Commelina hispida*. *Sisyrinchium palmifolium* (Irid.). *Epidendrum megagastrium* (Orchid.). *Epidendrum brachycladium*. *Epidendrum cinnabarinum*. *Epidendrum variegatum*. *Epidendrum Viegi*. *Epidendrum excisum*. *Trichoceros muscifera* (Orchid.). *Elleanthus aureus* (Orchid.). *Stelis euspatha* (Orchid.).

Dicotyle Sträucher und Halbsträucher:

Lupinus mutabilis (Legum.). *Cassia flavicoma* (Legum.). *Cassia bicapsularis* (Legum.). *Galactia speciosa* (Legum.). *Melochia globifera* (Stercul.). *Heliotropium tarmense* (Borrag.). *Duranta rupestris* (Verben.). *Alonsoa acutifolia* (Scroph.). *Salvia* sp. (Lab. Nr. 1755). *Borreria capitata* (Rub.). *Siphocampylus rosmarinifolius* (Campan.). *Bacharis* sp. (Compos. Nr. 1789).

Dicotyle Kräuter:

Peperomia galioides (Piperac.). *Peperomia villicaulis. Peperomia palcana. Vicia grata* (Legum.). *Linum Weberbaueri. Euphorbia* sp. (Nr. 2043). *Begonia*-Arten. *Hieracium peruanum* (Compos.).

3. **Grassteppe** (an der rechtsseitigen Talwand bei Palca, zwischen 2700 und 3100 m; Gräser meist klein).

Monocotylen:

Aegopogon cenchroides (Gram.). *Brachypodium mexicanum* (Gram.). *Calamagrostis tarmensis* (Gram.). *Setaria imberbis* (Gram.). *Festuca fibrifera* (Gram.). *Poa adusta* od. verw. (Gram.). *Sporobolus lasiophyllus* (Gram.). *Sporobolus indicus* (Gram.). *Trisetum subspicatum* (Gram.). *Lycurus phleoides* (Gram.). *Rhynchospora Ruiziana* (Cyperac.). *Carex pinetorum* (Cyperac.). *Luzula* sp. (Juncac. Nr. 2449). *Orthrosanthus chimborazensis* (Irid.). *Odontoglossum microthyrsus* (Orchid.). *Microstylis tarmensis* (Orchid.). *Epidendrum inamoenum* (Orchid.).

Dicotyle Kräuter:

Alchemilla aphanoides (Rosac.). *Geranium Harmsii. Oenothera multicaulis. Oreomyrrhis andicola* (Umbellif.). *Eryngium Weberbaueri* (Umbellif.). *Halenia asclepiadea* (Gentian.). *Plantago compsophylla. Valeriana globiflora. Lobelia tenera* (Campan.). *Senecio laciniatus* (Compos.).

Dicotyle Sträucher und Halbsträucher

Margyricarpus setosus (Rosac.). *Lupinus paniculatus* (Legum.). *Thibaudia* sp. (Eric. Nr. 2436). *Cavendishia* sp. (Eric. Nr. 2442). *Vaccinium*-Arten (Eric.; Nr. 2441, 2455). *Bacharis* sp. (Compos. Nr. 2435). *Senecio* sp. (Compos. Nr. 2440).

4. **Charakterpflanze zwischen Steinen an den Bächen:**
Cortaderia atacamensis (Gram.; durch die ganze Region häufig).

Die das Tal begleitenden Höhenzüge gehören nicht mehr zur Hauptkette der Anden, sondern sind derselben vorgelagert oder als Seitenzweige anzusehen. Diese Vorberge aber hüllen sich sehr oft in Nebel: es herrscht hier größere Feuchtigkeit als an gleich hohen Orten der Hauptkette und auch größere Feuchtigkeit als unten am Talboden. Mit der Entfernung von der Hauptkette und der Annäherung an die feuchten Ebenen Amazoniens wächst auf den Vorbergen der Reichtum an Niederschlägen. In Zusammenhang mit diesen Klimaverhältnissen steht jene bereits erwähnte Verstärkung der ostandinen Vegetationscharaktere, welche an den Talwänden bei Palca und Huacapistana wahrgenommen wird, sobald man eine gewisse Höhe erreicht hat. Die Flora dieser Regionen soll im folgenden besprochen werden.

Berge östlich von Palca (von der Paßhöhe der Hauptcordillere ca. 50 km entfernt). Höhenlage 3000—3600 m.

Von 3000 m an wird nach oben hin der Graswuchs der Steppe höher und dichter und die Zahl hartlaubiger Formen bei den Sträuchern größer. Geschützte,

A. Weberbauer, phot.
Östliche Andenseite Zentralperus Berge westlich von Huacapistana, bei 2700—2800 m. Buschwald mit **Clusia, Podocarpus** (vorn rechts), **Chusquea** usw.

feuchte Einsenkungen füllt Gesträuch aus; im übrigen herrscht, einen weit größeren Flächenraum einnehmend, die Grassteppe, welche viele zerstreute Sträucher enthält.

1. Grassteppe.

Monocotylen:

Bromus lanatus (Gram.). *Festuca scirpifolia* (Gram.). *Luzula* sp. (Juncac. Nr. 2474). *Sisyrinchium palmifolium* (Irid.). *Orthrosanthus chimborazensis* (Irid.). *Masdevallia uniflora* (Orchid.). *Habenaria chloroceras* (Orchid.).

Dicotyle Kräuter:

Acaena cylindrostachya (Rosac.). *Lupinus sarmentosus* (Legum.). *Oxalis phaeotricha*. *Oxalis oreocharis* Knollenpflanze'. *Viola Dombeyana*. *Loasa macrantha*. *Eryngium stellatum* (Umbellif.). *Gentiana umbellata*. *Calceolaria elliptica* (Scroph.). *Veronica serpyllifolia* (Scroph.). *Castilleja fissifolia* (Scroph.). *Valeriana longifolia*. *Belonanthus hispida* (Valerian.). *Cosmos* sp. (Compos. Nr. 2425). *Chaptalia* sp. (Compos. Nr. 2501). *Bidens* sp. (Compos. Nr. 2506).

Dicotyle Sträucher und Halbsträucher:

Rubus coriaceus (Rosac.). *Rubus erythrocladus*. *Rubus megalococcus*. *Hesperomeles ferruginea* (Rosac.). *Monnina conferta* (Polygal.). *Gaultheria* spec. (Eric.; Nr. 2508). *Bartsia inaequalis* (Scroph.). *Bartsia melampyroides*. *Valeriana virgata*. *Burmeistera Weberbaueri* (Campan.). *Liabum pinnulosum* (Compos.).

2. Gesträuch.

Monocotylen:

Carex pichinchensis (Cyp.; Schattenpflanze). *Luzula* sp. (Juncac. Nr. 2476; Schattenpflanze). *Bomarea coccinea* (Amaryll.). *Epidendrum frutex* (Orchid.; 3 m hoch).

Dicotyle Sträucher:

Weinmannia parvifolia (Cunon.). *Tibouchina virescens* (Melast.). *Ceratostema* sp. (Eric. Nr. 2505). *Rapanea dependens* (Myrsin.). *Desfontainea spinosa* (Logan.). *Ditassa* sp. (Asclep.: windend).

Berge westlich von Huacapistana (von der Passhöhe der Hauptcordillere ca. 60 km entfernt). Höhenlage 2700—3000 m.

Oft läßt sich von Huacapistana aus beobachten, daß in jenen Höhen Nebelmassen lagern, auch wenn unten im Tale das Wetter sonnig ist. Von 2700 bis 3000 m wandert man durch üppigen, feuchten, mitunter sumpfigen Buschwald. Die Bäume werden nicht hoch, durchschnittlich 10, seltener 15 m, und gehören größtenteils zu Arten, die bei Huacapistana oder in anderen Gegenden strauchförmig wachsen. Nicht nur durch Dicotylen, sondern auch durch Farne (*Alsophila*) und eine Palme (*Ceroxylon utile*) ist die Baumform vertreten. Aufrechte Sträucher und dünnstämmige Kletterpflanzen wuchern in dichtem Gewirr. Unter den letzteren fallen am meisten auf die spreizklimmenden, strauchigen Bambuseen aus der Gattung *Chusquea*. Eine reiche Flora von Flechten und Moosen, Hymenophyllaceen und anderen krautigen Farnen, sowie von Orchideen bewohnt den Boden und das Gezweig. Epiphytische und terrestrische Lebensweise erscheinen nicht als durchgreifende Gegensätze, sondern wechseln oft bei ein und derselben Art. Einer der häufigsten Epiphyten ist

Tillandsia Schimperiana. — Bei 3000 m verschwindet der Buschwald, und es treten nunmehr lockere, niedrige (1 m hohe) Gesträuche, Grassteppen und sumpfige Kräuterbestände nebeneinander auf. In den Gesträuchen sind die Ericaceen auffällig zahlreich, und auch viele Sträucher anderer Familien zeichnen sich durch ericoide Tracht aus; außer aufrecht wachsenden finden sich auch einige kriechende; zwischen den Sträuchern bedecken Moospolster (namentlich *Sphagnum*) und Flechtenbestände den Boden, und andere Flechten (z. B. *Usneen* und *Alectorien*) haften mit fein zerteiltem Thallus wie Schleierfetzen an den Zweigen. Um 3290 m wird die Grassteppe zur herrschenden Formation. Sträucher kommen hier nur noch vereinzelt vor. Sie werden nach oben hin immer seltener und verschwinden bei 3500 m völlig.

Die vertikale Gliederung der Vegetation vollzieht sich somit nach ähnlichen Gesetzen wie am Berge Chichanacu über Sandia. Viel stärker aber als dort bei Sandia äußert sich hier der Kontrast zwischen den Abhängen der Hauptcordillere und den weiter landeinwärts gelegenen Gegenden gleicher Meereshöhe: in Tarma bei 3000 m Halbwüsten mit lückenhaftem, durch lange Trockenperioden gehemmtem Pflanzenwuchs; über Huacapistana, ebenfalls bei 3000 m, nebelumschleierter Buschwald, üppiges Gesträuch, das aus schwellenden Moos- und Flechtenpolstern sich erhebt, und kräuterreiche Sümpfe!

1. Buschwald (Region zwischen 2700 und 3000 m).

Flechten:

Usnea ceratina. Alectoria bicolor (an Ästen). *Physcia leucomelaena* (an Ästen). *Sticta damicornis. Leptogium foveolatum* (an Stämmen und Ästen). *Cora pavonia.*

Lebermoose:

Aneura Weberbaueri. Scapania portoricensis (an Zweigen). *Plagiochila pichinchensis. Mastigobryum ancistroides. Lepidozia peruviana. Brachiolejeunia bicolor.*

Laubmoose:

Sphagnum-Arten u. a.

Pteridophyten:

Asplenium foeniculaceum (Bodenpflanze). *Polypodium laxum* (Epiphyt.; von Bäumen herabhängend). *Polypodium pilosissimum* (Epiphyt.). *Vittaria lancea* (Epiphyt.). *Histiopteris incisa* (kletternd). *Alsophila* sp. (Baumfarn, 4 m hoch; Nr. 2272).

Monocotylen:

Chusquea-Arten, z. B. *Chusquea inamoena* (Gram.; spreizklimmende Sträucher). *Ceroxylon utile* (Palmae; Stamm 7 m hoch). *Geonoma* sp. (Palm.; Nr. 2277; Stämmchen 1 m hoch). *Anthurium carneospadix* (Arac.; kletternd). *Tillandsia Schimperiana* (Bromel.; Epiphyt, sehr häufig). *Smilax* sp. (Liliac.; Nr. 2101; kletternd). *Bomarea cornigera* (Amaryll.). *Ornithidium Weberbaueranum* (Orchid.). *Lepanthes monoptera* (Orchid.). *Sobralia Weberbaueriana* (Orchid.; bodenbewohnender, hoher Strauch). *Epidendrum cardiophyllum* (Orchid.; bodenbewohnender Strauch). *Elleanthus furfuraceus* (Orchid.; bodenbewohnender Strauch). *Elleanthus kermesinus* (bodenbewohnender Strauch). *Neolehmannia Micro-Cattleya* (Orchid.; Epiphyt.). *Stelis lancea* (Orchid.). *Pleurothallis nigrohirsuta* (Orchid.). *Oncidium superbiens* (Orchid.) *Liparis elegantula* (Orchid.; bodenbewohnend).

Dicotyle Bäume:

Weinmannia nebularum (Cuuon.). *Weinmannia parvifolia*. *Brunellia inermis*. *Ternstroemia* sp. (Theac. Nr. 2276). *Haemocharis* sp. (Theac. Nr. 2291). *Schefflera euryphylla* (Aral.).

Dicotyle Sträucher:

Piper perarolatum. *Fuchsia silvatica* (Oenother.). *Thibaudia* sp. Ericac. Nr. 2071. *Conomorpha peruviana* (Myrsin.).

Dicotyle Kräuter:

Peperomia-Arten (Piperac.). *Viola stipularis*. *Nertera depressa* (Rubiac..

2. Region zwischen 3000 und 3500 m.

a) Gesträuch.

Pteridophyten:

Gymnogramme aureo-nitens kletternd).

Monocotylen:

Bomarea Lehmannii (Amaryll.). *Bomarea macranthera*. *Epidendrum scabrum* (Orchid.; strauchig). *Epidendrum pachychilum* (strauchig.). *Gomphichis goodyeroides* (Orchid.: Kraut).

Dicotyle Sträucher:

Weinmannia Jelskii (Cuuon.). *Mounina callimorpha* (Polygal.). *Ilex Weberbaueri* (Aquifol.). *Hypericum Weberbaueri* (Guttif.). *Clusia* sp. (Guttif. Nr. 2137). *Myrteola* sp. (Myrtac.; Nr. 2064; kriechend). *Brachyotum lycopodioides* (Melast.). *Schefflera Pardoana* (Aral.). *Thibaudia* sp. (Eric. Nr. 2055. *Ceratostema buxifolium* (Eric.). *Gaultheria tomentosa* (Eric.). *Gaultheria* sp. (Nr. 2086). *Distcrigma* sp. (Eric. Nr. 2079. *Symplocos Weberbaueri*. *Desfontainea parvifolia* (Logan.). *Diplostephium Lechleri* (Compos.). *Diplostephium juniperoideum*.

b) Grassteppe.

Flechten (z. T. auch im Gesträuch):

Stereocaulon ramulosum. *Cladonia miniata*. *Cladonia verticillaris*. *Cladonia pycnoclada*. *Cladonia aggregata*. *Pormelia cervicornis*. *Baeomyces imbricatus*.

Verschiedene Moose.

Pteridophyten:

Jamesonia scalaris. *Blechnum sachapatense* mit aufrechtem, kurzem, dickem Stamm; häufig, Charakterpflanze). *Lycopodium Saururus*. *Lycopodium compactum*.

Monocotylen:

Cortaderia columbiana (Gram.). *Calamagrostis Humboldtiana* (Gram.). *Calamagrostis podophora*. *Agrostis pulchella* (Gram.). *Festuca tarmensis* (Gram.). *Chusquea simplicissima* (Gram.). *Carex pichinckensis* (Cyperac.). *Rhynchospora macrochaeta* (Cyperac.). *Eriocaulon microcephalum*. *Luzula* sp. (Juncac. Nr. 2247 u. 2257). *Pterichis galeata* (Orchid.).

Dicotyle Kräuter:

Ranunculus Guzmanii. *Alchemilla orbiculata* (Rosac.). *Viola nobilis*. *Oreosciadium dissectum* (Umbellif.). *Gentiana prostrata*. *Gentiana fruticulosa*. *Gentiana lavradioides*. *Halenia bella* (Gentian.). *Anotis pilifera* (Rub.; rasenbildend. *Valeriana longifolia*. *Chaptalia* sp. (Compos. Nr. 2221). *Erigeron hybridus* (Compos.; häufig). *Leontopodium gnaphalioides* (Compos.).

Dicotyle Sträucher und Halbsträucher (meist wohl auch in den Gesträuchen vorkommend):

Hesperomeles cuneata (Rosac.; niederliegend). *Myrteola oxycoccoides* (Myrt; kriechend). *Myrteola vaccinioides*. *Miconia floccosa* (Melast.). *Brachyotum Maximowiczii* Melast.; besonders an der oberen Strauchgrenze). *Disterigma empetrifolium* Eric.; kriechend). *Pernettya* sp. (Eric.; Nr. 2243). *Gaultheria* sp. (Eric.; Nr. 2245). *Vaccinium* sp. Eric.; Nr. 2215. *Symplocos* sp. (Nr. 2208). *Bartsia elachophylla* (Scroph.). *Bartsia inaequalis. Burmeistera Weberbaueri* (Campan.). *Loricaria Stuebelii* (Compos.). *Bacharis genistelloides* (Compos.). *Diplostephium* sp. (Compos. Nr. 2224).

c) Sumpfige Plätze.

Monocotylen:

Dissanthelium sapinum (Gram.). *Sporobolus fastigiatus* (Gram.). *Carex Bonplandii* (Cyperac., *Xyris sululata. Puya mitis* (Bromel). *Orthrosanthus chimborazensis* (Irid.).

Dicotyle Kräuter:

Alchemilla sp. (Rosac.). *Geranium cucullatum. Rhizocephalum brachysiphonium* (Campan.). *Senecio*-Arten (Compos.). *Laestadia muscicola* (Compos.; kriechend).

d) Teiche.

Isoëtes Lechleri (untergetaucht).

Unterhalb Huacapistana findet zwischen 1800 und 1200 m der Übergang von der Ceja zur Montaña statt. Diesen Talabschnitt besetzt Gebüsch oder Buschwald; jedoch treten solche Vegetationselemente, deren Entwicklung durch anhaltend hohe Luftfeuchtigkeit begünstigt wird, wie Moose, Flechten, Hymenophyllaceen, Baumfarne und Orchideen, weit weniger reichlich auf als in dem oben beschriebenen Buschwald höherer Lagen; überdies beginnt die subtropische Flora der tropischen zu weichen. Hier wachsen: die aufrechten Sträucher *Pedicellaria densiflora* (Capparid.), *Tovaria pendula, Siparuna calocarpa* (Monim.), *Inga Pardoana* (Leg.), *Vismia latifolia* (Guttif.), *Bixa Orellana, Adenaria floribunda* (Lythrac.), *Fuchsia silvatica* (Oenother.; feuchtschattige Stellen,, *Schefflera pentandra* (Aral.), *Psammisia* sp. (Eric., Nr. 2151), *Hillia odorata* (Rub.), *Tessaria* sp. (Compos., Nr. 2332; Charakterpflanze auf spärlich bewachsenem Geröll am Flußufer); die windenden Kräuter oder Halbsträucher *Bomarea cornuta* (Amaryll.) und *Gurania eriantha* (Cucurb.); die Schattenkräuter *Xiphidium album* (Haemodor.) und *Liabum pallatangeuse* (Compos.; quellige Stellen).

6. Die Osthänge der Zentralcordillere zwischen 9" und 9" 30' s. Br. (Weg vom Marañontal zum Tale des Rio de Monzon), in der Höhenlage von 3700—1800 m.

Über dem Dorfe Tantamayo (in einem kleinen Seitental des Marañon befindlich) liegt bei 4000 m die Paßhöhe der Zentralcordillere. Grassteppe, die fast frei von Sträuchern bleibt und nirgends Strauchbestände aufnimmt, bekleidet den Kamm. An dem Ostabhang erscheinen bei 3700 m, der oberen Grenze der Ceja, plötzlich zahlreiche Arten von Sträuchern. Während des weiteren Abstiegs erkennt man die früher besprochene Gliederung in temperierte und subtropische Ceja deutlich an der Verteilung der Formationen, der Blattgestalt der Sträucher und an der Flora. Bei 3200 m beginnen die Baumfarne und Araliaceen, bei 2500 die Cyclanthaceen (vertreten durch eine niedrige Carludovica), Lauraceen und Marcgraviaceen in das Vegetationsbild sich einzufügen.

Obere (temperierte) Stufe (3700—3000 m).
Die wichtigsten Formationen sind Gesträuch, Grassteppe und Moor.
In höheren Lagen finden sich nur kleine Strauchgruppen, und nehmen die beiden letztgenannten Formationen den größten Teil des Geländes ein; nach unten hin aber treten diese immer mehr gegenüber dem Gesträuch zurück. Kleine, derbe und schmale Blätter, ferner filzige Behaarung der Blattunterseiten, jungen Zweige, Inflorescenzachsen und Kelche sind Merkmale, die an vielen Sträuchern verschiedener Verwandtschaft wiederkehren. Die Grassteppe hat dichten Wuchs und annähernd Meterhöhe. Die Entstehung von Mooren begünstigten naturgemäß ausgedehnte horizontale Flächen, z. B. die Umgebung der von Hirten bewohnten Hüttengruppe Carpa (3450 m). Von Sträuchern enthält das Moor nur wenige Arten; eine aber, *Hypericum laricifolium*, zeigt sich stellenweise in ungeheurer Individuenzahl. Bei Carpa sammelt sich in den Mooren das Wasser zu kleinen Seen, umsäumt von *Juncus*-Beständen, welche bis an die Uferlinie reichen. Felsmassen treten nur in geringem Umfang zutage. Die Flora der oberen Ceja ist sehr reich an Flechten (namentlich *Usneen* und verwandten Strauchflechten sowie *Cladonien*), Moosen (besonders *Sphagnum*-Arten) und Ericaceen. Flechten und Moose gedeihen am besten in den Gesträuchen, wo sie teils auf dem Boden üppig wuchern, teils an Stämme und Zweige sich heften, und in den Mooren. Höhere Lagen der oberen Ceja erinnern einigermaßen an Heidelandschaften. — Zur Beurteilung des Klimas sei darauf hingewiesen, daß ich in Carpa am Morgen des 12. Juli 1903 starke Reifbildung beobachtete, Pfützen und feuchte Erde hartgefroren fand.

Gesträuch.
Viele Flechten und Moose.
Monocotylen:

Bomarea Engleriana (Amaryll.; windend). *Bomarea glomerata* (windend). *Bomarea tomentosa* (windend). *Bomarea coccinea* (Schattenpflanze). *Epidendrum frutex* (Orchid.).

Aufrechte, dicotyle Sträucher:

Berberis Lobbiana. *Ribes elegans* (Saxifrag.). *Escallonia resinosa* (Saxifrag.). *Escallonia corymbosa*. *Weinmannia* sp. (Cunon.). *Polylepis serrata* (Rosac.). *Hesperomeles ferruginea* (Rosac.). *Monnina conferta* (Polygal.). *Maytenus confertus* (Celastr.). *Hypericum laricifolium* (Guttif.). *Begonia* sp. (Nr. 3368). *Miconia alpina* (Melast.). *Miconia grisea*. *Miconia neriifolia*. *Miconia fruticulosa*. *Tibouchina echinata* (Melast.). *Brachyotum Maximowiczii* (Melast.) u. a. *Brachyotum*-Arten. *Oreopanax aquifolium* (Aral.). *Ceratostema* sp. (Eric.; Nr. 3374ª). *Vaccinium* sp. (Eric.; Nr. 3374). *Gaultheria*-Arten (Eric.; Nr. 3370, 3377, 3379). *Rapanea dependens* (Myrsin.). *Symplocos alpina*. *Buddleia incana* od. verw. (Logan.). *Solanum* sp. (Nr. 3310). *Poecilochroma Lobbiana* (Solan.). *Valeriana Tessendorfiana* (Halbstr.). *Centropogon macrocarpus* (Campan.). *Centropogon Weberbaueri*. *Baccharis* sp. (Compos. Nr. 3330). *Gynoxys* sp. (Compos. Nr. 3338). *Liabum sagittatum* (Compos.). *Diplostephium* sp. (Compos. Nr. 3360). *Diplostephium* sp. (Nr. 3363).

Kletternde dicotyle Sträucher und Halbsträucher:

Mühlenbeckia sagittifolia (Polygon.; windend). *Rubus Weberbaueri* (Rosac.; kriechend oder spreizklimmend). *Rubus acanthophyllus* (kriechend oder spreizklimmend). *Passiflora parvifolia* (rankend). *Viola arguta* (spreizklimmend). *Fuchsia scandens* (Oenother.; spreizklimmend). *Cacalia* sp. (Compos. Nr. 3331).

Dicotyle Epiphyten:

Fuchsia longiflora (kleiner Strauch).

Parasiten:

Verschiedene Loranthaceen. (*Phrygilanthus*- und *Dendrophthora*-Arten.

Grassteppe.

Festuca distichovaginata (Gram.). *Calamagrostis rigida* (Gram.). *Rhynchospora Ruiziana* (Cyper.). *Azorella laxa* (Umbellif.).

Moor.

Flechten und Moose (besonders Sphagnum). — Pteridophyten:

Lycopodium sp.

Monocotylen:

Festuca distichovaginata (Gram.; häufig). *Neurolepis acuminatissima* (Gram.; Halbstrauch). *Chusquea spicata* (Gram.; kleiner Strauch). *Chusquea depauperata* (Halbstr.). *Scirpus inundatus* (Cyperac.). *Rhynchospora macrochacta* (Cyperac.). *Puya laccata* (Bromel.).

Dicotyle Kräuter:

Ranunculus Raimondii. *Alchemilla* sp. (Rosac.). *Gunnera pilosa* (Halorbag.). *Azorella cladorhiza* (Umbellif.). *Gentiana prostrata*. *Ourisia chamaedryfolia* (Scroph.; kriechend). *Ourisia pratioides* (kriechend). *Valeriana Weberbaueri*. *Valeriana longifolia*. *Belonanthus* sp. (Valerian.). *Rhizocephalum brachysiphonium* (Campan.; rasenbildend). *Lucilia conoidea* (Compos.; rasenbildend).

Dicotyle Sträucher und Halbsträucher:

Hypericum laricifolium (Guttif.; sehr häufig). *Gentiana ericothamna* (zwergig). *Gentiana pseudolycopodium* (zwergig). *Valeriana ledoides* (Halbstrauch).

Felsenpflanzen:

Cortaderia aristata (Gram.). *Bomarea filicaulis* (Amaryll.; schattige Stellen). *Epidendrum gramineum* (Orchid.). *Epidendrum monzonense* (Orchid.). *Odontoglossum revolutum* (Orchid.). *Pachyphyllum Pasti* (Orchid.). *Alchemilla galioides* (Rosac.).

Untere (subtropische) Stufe (3000—1800 m).

Grassteppe und Moor finden sich nur als sehr zerstreute, unauffällige Fleckchen. Die herrschende Formation ist ein Hartlaubgehölz, überwiegend gebildet von Sträuchern, nur hier und da, namentlich an eingesenkten Stellen, kleine Bäume aufnehmend; diese gehören größtenteils zu Arten, die anderwärts als Sträucher entwickelt sind. Während in der lederartigen oder doch derben Konsistenz, welche das Laub der meisten Holzgewächse charakterisiert, eine Übereinstimmung mit der oberen Stufe zum Ausdruck kommt, ist der Umfang der Spreiten durchschnittlich größer als dort, ferner dichte Behaarung der Blätter und Achsenteile seltener. Flechten und Moose (viel *Sphagnum*) wachsen auch hier massenhaft auf dem Boden und an den Zweigen. Unter den Siphonogamen-Familien fallen insbesondere die Melastomataceen durch große Arten- und Individuenzahl auf.

Gehölz-Flora:

Viele Flechten und Moose

z. B. *Cladonia bellidiflora* und *Sphagnum*-Arten.

Pteridophyten:

Trichomanes lucens. Alsophila sp. (Baumfarn; Nr. 3389).

Monocotylen:

Arundinaria setifera (Gram.; strauchig). *Geonoma* sp. (Palm.; Nr. 3552). *Carludovica* sp. (Cyclanth.; Nr. 3539; schief aufsteigender, 1 m langer Stamm). *Philodendron densivenium* (Arac.; kletternd). *Paepalanthus planifolius* (Eriocaul.; offene Stellen, steinige Erdblößen am Rande des Weges). *Guzmannia brevispatha* (Bromel.; Bodenpflanze). *Smilax* sp. (Liliac.; Nr. 3400, 3543; kletternd).

Gymnosperme und dicotyle Holzgewächse (Sträucher, wenn nicht anders angegeben):

a) Nicht kletternde:

Podocarpus oleifolius (Taxac.). *Hedyosmum* sp. (Chloranth. Nr. 3388). *Goindendron punctatum* (Loranth.; nicht parasitisch!). *Persea crassifolia* (Laurac.; Baum, 6 m hoch). *Ocotea cardinalis* (Laurac.). *Ocotea amplissima. Ocotea monzonensis. Escallonia* sp. (Saxifrag.; Nr. 3410; Baum, 6 m hoch). *Brunellia Weberbaueri. Weinmannia subsessiliflora* (Cunon.). *Weinmannia elattantha. Hesperomeles Weberbaueri* (Rosac.). *Oxalis dolichopoda. Monnina Ruiziana* (Polygal.). *Monnina crotalarioides. Ilex microsticta* (Aquifol.). *Norantea magnifica* (Marcgrav.). *Ternstroemia* sp. (Theac. Nr. 3408). *Freziera*-Arten, z. B. *F. canescens* (Theac.). *Haemocharis speciosa* (Theac.). *Clusia*-Arten (Guttif.). *Myrcia acuminata* (Myrtac.). *Myrcia platycaula, Myrcia dictyoneura, Myrteola Weberbaueri* (Myrt.; kriechend). *Tibouchina asperifolia* (Melast.). *Miconia lugubris* (Melast.). *Miconia Weberbaueri. Miconia densifolia. Miconia crassistigma. Miconia monzoniensis. Miconia atrofusca. Graffenrieda foliosa* (Melast.). *Schefflera Weberbaueri* (Aral.). *Schefflera monzonensis. Gaultheria* sp. (Eric.; Nr. 3402). *Thibaudia* sp. (Eric.; Nr. 3542). *Disterigma Humboldtii* (Eric.). *Bejaria* sp. (Eric.; Nr. 3419). *Symbolanthus calygonus* (Gentian.). *Solanum* sp. (Nr. 3399). *Palicourea chlorocoerulea* (Rub.). *Cinchona stenosiphon* (Rub.). *Gynoxys* sp. (Compos. Nr. 3534).

b) Kletternde:

Passiflora macrochlamys (rankend). *Thibaudia Harmsiana* (Eric.; spreizklimmend). *Siphocampylus angustiflorus* (Campan.; spreizklimmend). *Siphocampylus floribundus* (spreizklimmend). *Gynoxys*-Arten (Comp.; windend; Nr. 3397, 3404). *Mikania parvicapitulata* (Comp.; windend). *Senecio* sp. (Comp.; spreizklimmend; Nr. 3409).

Dicotyle Kräuter:

Viola truncata (offene Stellen).

Parasiten:

Loranthaceen (z. B. *Aëtanthus Paxianus*).

Auf den Vorbergen im Osten der Zentralcordillere tragen die Gipfelregionen ebenfalls Ceja-Vegetation, und diese reicht hier weiter abwärts als dort. So wird südlich von der Ortschaft Monzon ein Berggipfel zwischen 1600 und 1900 m auf der einen Seite von reiner Grassteppe, auf der andern aber von weit ausgedehntem, ununterbrochenem Hartlaubgehölz eingenommen, welches dem soeben beschriebenen ähnlich ist und u. a. folgende Pflanzen birgt:

Gymnogramme Orbignyana (kletternder Farn). *Stenospermatium flavescens* (Arac.). *Stenospermatium crassifolium. Anthurium Lecklerianum* (Arac.; kletternd). *Pitcairnia fruticetorum* (Bromel.; bodenbewohnend). *Eccremis coarctata* (Liliac.). *Prunus pleonantha* (Rosac.; Strauch). *Souroubea suaveolens* (Marcgrav. Strauch). *Clethra* sp. (Nr. 3511; Strauch). *Cavendishia* sp. (Eric.; Nr. 3518; Strauch). *Psammisia* sp. (Eric.; Nr. 3510; spreizklimmender Strauch). *Gaultheria* sp. (Eric.; Strauch, Nr. 3519).

An der Zentralcordillere selbst schaltet sich von 1800—1200 m eine Übergangsregion zwischen Ceja und Montaña ein, besetzt von Gebüsch, in dem kleine oder mittelgroße, 15—20 m hohe Bäume sich mit Sträuchern mischen. In diese Formation treten echt tropische Typen wie Palmen, Cyclanthaceen, Musaceen und Cecropien bereits mit erheblicher Individuenzahl ein. Hartlaubigkeit der Holzgewächse ist eine verbreitete Erscheinung, aber weniger häufig als in den über 1800 m liegenden Gehölzen. Holzlianen — allerdings nur dünnstämmige — reihen sich unter die wesentlichen Formationselemente. Die Flechten- und Moos-Vegetation wird dürftiger, unauffälliger.

Zur Flora dieser Gehölze gehören:

Pteridophyten:

Schizaea elegans u. a.

Monocytylen:

Einige Palmen und Cylanthaceen (Carludovica). *Anthurium monzonense* (Arac.; mit kurzem, schief aufsteigendem Stamm). *Heliconia* sp. (Musac. Nr. 3558). *Stenoptera acuta* (Orchid.; bodenbewohnendes Kraut). *Epidendrum Weberbauerianum* (Orchid.; Epiphyt). *Sobralia dichotoma* (Orchid.; hoher Strauch).

Dicotyle Sträucher:

Hedyosmum racemosum (Chloranth.). *Piper sciaphilum*. *Godoya obovata* (Ochnac.). *Begonia* sp. (Nr. 3556). *Miconia brevistylis* (Melast.). *Tibouchina oxypetala* (Melast.). *Clethra* sp. (Nr. 3567). *Cinchona* sp. (Rubiac. Nr. 3554). *Palicourea latifolia* (Rubiac.).

Dicotyle Bäume:

Guatteria coeloneura Anon. *Nectandra acutifolia* (Laurac.). *Tapirira micrantha* (Anacard.). *Ilex villosula* (Aquifol.). *Calyptrella robusta* (Melast.). *Ladenbergia magnifolia* (Rub.). *Viburnum Weberboueri* (Caprifol.).

Parasiten:

Loranthaceen (z. B. *Oryctanthus spicotus*).

7. Westliche Andenhänge bei San Pablo (ca. 7° 10′ s. Br.). Höhenlage 2200—2700 m.

Die Zahl der Pflanzen ostandiner Verwandtschaft ist gering. Man kann hierzu rechnen: *Eugenia Weberbaueri*, *Hesperomeles ferruginea*, *Viola arguta*, *Conomorpha pyramidata*, *Rapanea sessiliflora*, *Miconia chrysanthera*, *Embothrium grandiflorum*. Floristische Beziehungen zur zentralperuanischen Sierrazone treten unverkennbar zutage. In ihrer Gesamtheit jedoch bietet die Vegetation ein anderes Aussehen als dort und in der nordperuanischen Sierrazone, ein Bild, das feuchterem Klima entspricht. Der Wechsel der Jahreszeiten ruft nur unbedeutende Veränderungen hervor; die Sträucher vereinigen sich zu kleinen, von den Wasserläufen unabhängigen Beständen; die Kakteen fehlen bis auf eine zerstreute, felsbewohnende *Echinocactus*-Art. Gleiche Höhenlagen der zentralperuanischen Sierrazone beherbergen, wie früher gezeigt wurde, einen lockeren, ausgesprochen xerophilen Pflanzenwuchs.

Grassteppe mit bald zerstreuten, bald zu kleinen Beständen vereinigten Sträuchern. Höhenlage 2400—2700 m.

Kräuter:

Selaginella radiata. Poa sp. (Gram.). *Mühlenbergia peruviana* (Gram.). *Aegopogon cenchroides* (Gram.). *Bomarea edulis* (Amaryll.; windend). *Dioscorea* sp. (Nr. 3834; windend). *Peperomia galioides* (Piperac.). *Alchemilla aphanoides* (Rosac.). *Trifolium peruvianum* (Leg.). *Vicia andicola* (Leg.; rankend). *Lathyrus stipularis* (Leg.; rankend). *Hypericum canadense* (Guttif.). *Begonia*-Arten (z. T. an felsigen Stellen). *Microcala quadrangularis* (Gent.). *Calceolaria utricularioides* (Scroph.). *Calceolaria delicatula. Justicia alpina* (Acanth.). *Galium ferrugineum* (Rub.). *Galinsoga unxioides* (Comp.). *Liabum hieracioides* (Comp.). *Jaegeria hirta* (Comp.). *Tagetes* sp. (Comp.; Nr. 3841).

Halbsträucher und Sträucher:

Piper Mohomoho. Embothrium grandiflorum (Proteac.). *Mühlenbeckia tamnifolia* (Polygon.; windend). *Rubus floribundus* (Rosac.). *Dalea nova* (Legum.). *Lupinus mutabilis* (Legum.). *Monnina crotalarioides* (Polygal.). *Cuphea serpyllifolia* (Lythrac.; zwergig, oft niederliegend). *Eugenia Weberbaueri* (Myrt.). *Rapanea sessiliflora* (Myrsin.). *Salvia*-Arten (Lab.). *Calceolaria ramosissima* (Scroph.). *Bidens* sp. (Compos. Nr. 3812).

Enge und feuchte Felsschlucht zwischen 2200 und 2100 m, bewachsen mit einem Gemisch aus Kräutern und Sträuchern.

Kräuter:

Poa infirma Gram.. *Calamagrostis planifolia* (Gram.). *Melica* sp. (Gram. Nr. 3864). *Bromus* sp. (Gram.). *Setaria imberbis* (Gram.). *Pitcairnia pungens* (Bromel.). *Tillandsia pastensis* (Bromel.). *Tradescantia encolea* (Commelin.). *Commelina fasciculata. Cypella* sp. (Irid.). *Dioscorea* sp. (Nr. 3852). *Anemone helleborifolia* (Ranunc.). *Silene* sp. (Caryoph. Nr. 3861). *Stellaria* sp. (Caryoph. Nr. 3878). *Bowlesia palmata* (Umbellif.). *Spananthe paniculata* (Umbellif.). *Browallia* sp. (Solan.; Nr. 3850). *Valeriana elatior. Astrephia chaerophylloides* (Valerian.). *Liabum* sp. (Compos. Nr. 3876). *Hieracium* sp. (Compos. Nr. 3868).

Halbsträucher und Sträucher:

Hesperomeles ferruginea (Rosac.). *Indigofera laxa* (Legum.). *Astragalus Weberbaueri* (Legum.). *Euphorbia* sp. (Nr. 3858). *Viola arguta. Miconia chrysantha* (Melast.). *Conomorpha pyramidata* (Myrsin.). *Cantua quercifolia* (Polemon.). *Heliotropium submolle* (Borrag.). *Bartsia mutica* Scroph.). *Verbesina* sp. (Compos. Nr. 3883). *Bidens* sp. (Compos. Nr. 3857). *Stevia pabloensis* (Compos.).

8. Westliche Andenhänge bei San Miguel (eine halbe Tagereise nordnordwestlich von San Pablo). Höhenlage: 2600—3000 m.

Hier machen sich ostandine Charakterzüge der Pflanzendecke weit deutlicher geltend als bei San Pablo. Mit üppiger, einigermaßen an nordische Bergwiesen erinnernder Grassteppe wechseln dichte, immergrüne Strauchbestände, die sich nicht selten, so z. B. am Wege nach Hualgayoc, über große Flächen ausdehnen. Bei 3200—3300 m enden diese Gehölze. Die Sträucher stehen jetzt nur noch vereinzelt in der Grassteppe und verschwinden schließlich ganz aus derselben.

Grassteppe.

Kräuter:

Andropogon sacharoides (Gram.). Andropogon sp. verw. A. Schottii. Sporobolus indicus (Gram.). Festuca loricata (Gram.). Festuca muralis. Lathyrus magellanicus (Legum.). Eryngium stellatum (Umbellif.). Gentiana umbellata. Lobelia tenera (Campan.). Cosmos sp. Compos. Nr. 3913). Onoseris glandulosa (Compos..

Sträucher:

Calceolaria argentea (Scroph.).

Gesträuch.

Moose und Flechten.

Kräuter:

Viele Farne. Stelis attenuata (Orchid.). Viola sp., (Nr. 3947; verw. Viola arguta). Hydrocotyle Urbaniana (Umbellif.; kriechende Schattenpflanze).

Sträucher:

Chusquea sp. (Gram.; häufig. Epidendrum brachyphyllum (Orchid.). Lomatia obliqua (Proteac.). Siparuna umbelliflora (Monim.). Escallonia resinosa (Saxifr.). Rubus floribundus (Rosac.; spreizklimmend). Prunus Brittoniana (Rosac.). Abutilon umbellatum (Malv.). Hypericum laricifolium (Guttif.). Passiflora cumbalensis (rankend). Tibouchina cymosa (Melast.; an Bächen). Fuchsia ampliata (Oenother.). Gaultheria tomentosa (Eric.). Jochroma grandiflorum Solanac.). Lamourouxia subincisa (Scroph.). Aphelandra cirsioides (Acanth.). Viburnum sp. (Caprif.). Baccharis sp. (Compos. Nr. 3891 u. 3892). Barnadesia Jelski (Compos.).

Parasiten:

Loranthaceen (z. B. Antidaphne viscoidea und Aëtanthus coriaceus) und eine Balanophoraceae (Nr. 3950).

9. Westabhänge der Anden um 6° 40′ s. Br., am Wege von Hualgayoc nach Chiclayo.

Von den Bergen im Westen der Stadt Hualgayoc in das Tal des Rio Chancay hinabsteigend, gelangt man aus der reinen Grassteppe, welche die höchsten Kämme bedeckt, bei 3600 m in eine Region, woselbst jene von niedrigen Strauchbeständen unterbrochen wird; als charakteristische Eigentümlichkeit der letzteren trifft man bei vielen Sträuchern, insbesondere bei Ericaceen, Melastomataceen (z. B. *Brachyotum*-Arten), Myrtaceen und *Hypericum laricifolium* kleine, derbe Blätter. Bei 3200 m, stellenweise erst bei 3000 m, beginnt üppiger, sehr feuchter Buschwald. Dieser nimmt ausgedehnte unbewohnte Flächen ein und heißt in der Umgebung der Häusergruppe Chugur, wo ich seine Vegetation untersuchte, »Montaña de Santa Rosa«. Zu den häufigsten Waldbäumen gehört *Podocarpus oleifolius*, unter dem Namen saucecillo als bestes Werkholz im ganzen Departamento bekannt; seine Stämme werden bis 20 m hoch und bis 1 m dick; übrigens entwickelt sich dieser *Podocarpus* hier sowohl wie in andern Gegenden auch in Strauchform. Auch *Ocotea architectorum*, »roble blanco« genannt, ist ein hoher Baum und liefert ein brauchbares Holz. Während das Laub der Bäume meist derbe Konsistenz zeigt, finden sich unter den Sträuchern, welche das dichte Unterholz zusammensetzen, viele dünnblättrige Formen. Flechten, Moose, Selaginellen, Farne und siphonogame Schattenkräuter bilden am Boden die unterste Vegetationsschicht. Die Lianen, meist spreizklimmende Sträucher, werden nur durch dünnstämmige (bis daumenstarke) Formen vertreten. Eine reiche Epiphytenflora von Flechten, Moosen, Farnen, Tillandsien und Orchideen lebt auf den Zweigen.

Flora des Buschwaldes bei Chugur zwischen 2700 und 3000 m.

Flechten:

Peltigera-Arten (bodenbewohnend). Epiphytische *Usnea*-, *Stictina*- und *Leptogium*-Arten.

Moose:

Sphagnum u. a. als Bodenbewohner und Epiphyten.

Pteridophyten:

Cyathea sp. (Baumfarn; Nr. 4074. Bodenbewohnende und epiphytische Farne. *Selaginella*-Arten.

Monocotylen (exkl. Epiphyten):

Chusquea sp. (Gramin.; spreizklimmend). Eine Palme (wahrscheinlich *Ceroxylon* sp.). *Anthurium* sp. (Arac.: Nr. 4080; kletternd).

Gymnosperme und dicotyle Bäume:

Podocarpus oleifolius (Taxac.. *Ocotea architectorum* (Laurac.). *Weinmannia nebularum* Cunon.; auch als Strauch). *Guarea Weberbaueri* (Meliac.). *Clusia* sp. (Guttif. Nr. 4103). *Cinchona*-Arten (Rub.).

Dicotyle Sträucher:

Hedyosmum scabrum Chloranth.). *Siparuna* sp. (Monim.). *Bocconia frutescens* (Papav.). *Polylepis multijuga* (Rosac.. *Monnina scandens* (Polygal.). *Centradeniastrum roseum*, *Miconia rubens* u. a. Melastomataceen. *Fuchsia* sp. (Oenother.; Nr. 4097; spreizklimmend). *Rapanea Jelskii* (Myrsin.). *Salvia* sp. (Lab.; Nr. 4077). *Aphelandra acanthifolia* (Acanth.). *Hamelia patens* (Rub.). *Yungia* sp. (Compos.; Nr. 4083; spreizklimmend, häufig).

Dicotyle, bodenbewohnende Kräuter:

Loasa carnea. *Begonia*-Arten. *Gunnera pilosa* (Halorhag.; besonders an Bächen).

Epiphytische Blütenpflanzen:

Tillandsia maculata (Bromel.). *Cranichis multiflora* (Orchid.). *Stelis angustifolia* (Orchid.). *Pleurothallis trachystepala* (Orchid.). *Telypogon pulcher* (Orchid.). *Odontoglossum angustatum* (Orchid.). *Epidendrum rhopalorhachis* (Orchid.). *Epidendrum Scutella*. *Epidendrum geminiflorum*.

Parasiten:

Loranthaceen (z. B. *Antidaphne viscoidea*).

10. **Westabhänge der Anden um 6° 30′, am Wege von Chota nach Chiclayo.**

Als ich von Sta. Cruz (Dep. Cajamarca, Prov. Hualgayoc) an der nördlichen Talwand des Rio Chancay aufwärts wanderte, beobachtete ich bei 2600 m Seehöhe einen überaus schroffen Vegetationswechsel: an Stelle der lockeren, westandinen Xerophyten-Vereine erschienen plötzlich Gesträuchgruppen mit Ceja-Typen, mit Araliaceen, Melastomataceen usw. Mein Weg führte dann durch immergrünes Gehölz, das sich über die Bergrücken im Westen der Ortschaft Huambos (Dep. Cajamarca, Prov. Chota) ausbreitet und die Höhenlage zwischen 2600 und 3000 m einnimmt. Die Sträucher überwiegen entschieden, und die sehr zerstreut auftretenden Bäume bleiben niedrig. Derbes Laub der Holzpflanzen, großer Reichtum an Flechten, Moosen und epiphytischen Blütenpflanzen, namentlich Orchideen, sind tonangebende Merkmale dieser Formation. Zwischen 3000 und 3200 m verliert das Gehölz an Höhe und Flächenausdehnung, und beginnt ein Wechsel von Grassteppe und niedrigen, kleinblättrigen Strauchgruppen. Über 3300 m ragen die Berge in dieser Gegend kaum hinaus.

Flora des Hartlaubgesträuchs westlich von Huambos, zwischen 2600 und 3000 m.

Viele Moose und Flechten, teils bodenbewohnend, teils epiphytisch.

Viele Farne, auch baumförmige.

Monocotylen (exkl.: Epiphyten):

Chusquea sp. (Gram.; strauchig, spreizklimmend). *Bomarea cumbrensis* (Amaryll.; windend). *Elleanthus flavescens* (Orchid.; strauchig).

Dicotyle Holzgewächse (wenn nicht anders angegeben, Sträucher):

Hedyosmum scabrum (Chloranth.). *Myrica Weberbaueri*. *Embothrium grandiflorum* (Proteac.). *Gaiadendron punctatum* (Loranth.; nicht parasitisch). *Berberis conferta*. *Siparuna* sp. (Mon'm.). *Persea corymbosa* (Laurac.; auch als kleiner Baum). *Bocconia frutescens* (Papav.). *Weinmannia nebularum* (Cunon.). *Polylepis multijuga* (Rosac.). *Hypericum laricifolium* (Guttif.). *Clusia* sp. (Guttif. Nr. 4158). *Miconia aspergillaris* (Melast.). *Miconia buxifolia*. *Miconia alypifolia*. *Brachyotum racemosum* (Melast.). *Oreopanax Candamoanus* (Aral.). *Oreopanax* sp. verw. O. Favonii. *Macleania alpicola* (Eric.) u. a. Ericaceen. *Rapanea Jelskii* (Myrsin.). *Desfontainea* sp. (Logan.). *Calceolaria Pavonii* (Scroph.; Halbstrauch). *Eccremocarpus longiflorus* (Bign.; rankend, hoch emporsteigend). *Baccharis* sp. (Compos. Nr. 4165 u. 4167).

Dicotyle Kräuter:

Vicia Leyboldii (Legum.; rankend). *Loasa Weberbaueri*. *Pinguicula* sp. (Lentibul.; Nr. 4188; offene Stellen).

Epiphytische Blütenpflanzen:

Tillandsia aurantiaca (Bromel.). *Epidendrum gastrochilum* (Orchid.). *Epidendrum dermatanthum* (halbstrauchig). *Epidendrum macrogastrium*. *Oncidium acinaceum* (Orchid.). *Masdevallia longiflora* (Orchid.). *Stelis reflexa* (Orchid.). *Pleurothallis verruculosa* (Orchid.). *Orchidotypus muscoides* (Orchid.). *Centropetalum nigro-sinuatum* (Orchid.).

Parasiten:

Loranthaceen.

Buschwald, an den von Chugur erinnernd, aber weniger feucht und üppig, findet sich auch am Wege von der Küstenstadt Chepen nach Cajamarca unter 7° 10′ s. Br. bei 2900—3000 m Seehöhe. Wie bei Chugur vermittelt über 3200 m der Wechsel von Grassteppe und niedrigem, kleinblättrigem (aus

Interandines Gebiet Nordperus: Tal des Flusses Llaucán unterhalb Hualgayoc, bei 3000 m. Chusquea polyclados Pilger.

Berberis, *Monnina* sp., *Hypericum laricifolium*, Melastomataceen, Ericaceen usw. zusammengesetzten) Gesträuch den Übergang zur reinen Grassteppe.

11. Interandines Tal des Flusses Llaucán bei Hualgayoc, zwischen 2700 und 3600 m.

Von 3400 bis 3600 m überzieht den Boden eine Grassteppe, die vereinzelte Sträucher oder kleine Strauchgruppen enthält: mit zunehmender Höhe werden diese Holzgewächse seltener. Zwischen 2700 und 3400 m ist geschlossenes, immergrünes Gesträuch die ausgedehnteste Formation: stellenweise weicht es einer von Sträuchern durchsetzten Grassteppe. Unter 2700 m bleiben die Gesträuche in der Nähe der Wasserläufe; im übrigen lockert sich die Pflanzendecke und wird zu einem Gemenge von Gräsern und andern Kräutern sowie von Sträuchern, unter denen viele regengrün zu sein scheinen.

Region zwischen 3000 und 3400 m.

Monocotylen:

Chusquea polyclados (Gram.; Strauch). *Luzula* sp. (Juncac. Nr. 4025). *Bomarea glaucescens* (Amaryll.). *Masdevallia amabilis* (Orchid.; Felsen).

Dicotyle Halbsträucher und Sträucher:

Hesperomeles ferruginea (Rosac.). *Dalea sericophylla* (Legum.). *Oxalis fruticetorum* (spreizklimmender Halbstrauch). *Coriaria thymifolia*. *Brachyotum Radula* (Melast.). *Rapanea dependens* (Myrsin.). *Salvia* sp. (Labiat.; Nr. 4029; Halbstrauch). *Arcythophyllum ericoides* (Rub.). *Siphocampylus Weberbaueri* (Campan.).

Dicotyle Kräuter:

Melandryum sp. (Caryophyll.; Nr. 4015; Fels.). *Cotyledon eurychlamys* (Crassul.; Fels.). *Viola Humboldtii*. *Trichocline peruviana* (Compos.). *Senecio laciniatus* (Compos.).

Region zwischen 3400 und 3600 m.

Pteridophyten:

Polystichum pycnolepis (im Schatten von Sträuchern). *Gleichenia simplex*.

Monocotylen:

Carex seditiosa (Cyperac.; sumpfige Stellen). *Pterichis Weberbaueriana* (Orchid.; mit knollig verdickten Wurzelfasern).

Dicotyle Halbsträucher und Sträucher:

Acaena ovalifolia (Rosac.; kriechender Halbstrauch, im Schatten von Sträuchern). *Miconia vaccinioides* (Melast.). *Brachyotum asperum* (Melast.). *Distigma empetrifolium* (Eric.; kriechend). *Bejaria coxamarcensis* (Eric.). *Bacharis* sp. (Compos. Nr. 4001 u 4003).

Dicotyle Kräuter:

Geum peruvianum (Rosac.; zwischen Sträuchern auf sumpfigem Boden). *Azorella cladorhiza* (Umbellif.; 3600—3700 m). *Gentiana Stuebelii*. *Gentiana arenarioides*. *Gentiana dianthoides*. *Bartsia mutica* (Scroph.). *Veronica serpyllifolia* (Scroph.; quellige Stellen). *Erigeron* sp. (Compos. Nr. 4004). *Leuceria Stuebelii* (Compos.). *Leontopodium gnaphalioides* (Comp.).

12. Auf den Höhenzügen, welche im Westen und Osten das Tal des Marañon begleiten,

fand ich, zwischen 6° 30′ und 7° s. Br. und in der Höhenlage von 2500 bis 3400 m, an vielen Stellen immergrüne Gehölze zusammen mit Grassteppe und im allgemeinen die erstgenannten Formationen vorherrschend. Sie waren bald Gesträuche, bald Buschwälder, und ähnlich denjenigen, die wir bei San Miguel, Chugur und Huambos kennen lernten. Umfangreiche Gehölze dieser Art trifft man ferner im oberen Utcubambatale, wo zwischen 2700 und 3300 m Grassteppe und baumarmes Gesträuch, zwischen 2500 und 2700 m prächtiger Buschwald mit 30 m hohen Bäumen, Baumfarnen, kletternden Araceen nebst andern Lianen und vielen Epiphyten sich an den Abhängen ausbreiten. Auch die Berge im Süden der Stadt Chachapoyas sind zwischen 2500 und 2600 m von derartigen Gehölzen bedeckt.

13. Die Höhen östlich von Chachapoyas.

Der Weg, welcher Chachapoyas mit Moyobamba verbindet, steigt aus einem kleinen, östlichen Seitentale des Utcubamba nach den Hütten von Molinopampa, dem Tambo Ventilla und zum Passe Piscohuañuna (3540 m), der am Rande der Zentralcordillere liegt; hier beginnt ein längerer Abstieg. Unterhalb Molinopampa erstrecken sich die immergrünen Gehölze der Ceja-Zone bis 2000 m, somit weiter abwärts als in den bisher betrachteten westlicheren Teilen Nordperus.

Zwischen 2000 und 2600 m überwiegen die Gehölze, teils Gesträuche, teils (häufiger) Gebüsche und Buschwälder. Dazu gesellen sich Moore und Grassteppen, beide mit vereinzelten Sträuchern, und auf ebenem, von Bächen durchzogenen Gelände ziemlich umfangreiche Teppichwiesen. Bei 2600 m gelangt die Grassteppe zur Vorherrschaft. Sie beherbergt zerstreute oder zu kleinen Gruppen vereinte Sträucher, die nach oben hin immer seltner werden. Indessen bietet jene Gegend nicht überall dieselbe Verteilung von Gehölz und Grassteppe wie an dem von mir begangenen Wege: in der Ferne sah ich breite Gehölzstreifen bis gegen 3400 m an den Abhängen sich hinaufziehen.

a) Flora zwischen 2000 und 2600 m:

Buschwald mit vielen Bäumen.

Viele Moose und Flechten.

Pteridophyten:

Viele Farne, auch baumartige.

Monocotylen:

Ceroxylon sp. Palm.; hoher Baum).

Dicotyle Sträucher:

Piper cabellense. Drimys granatensis (Magnol.). *Siparuna saurauiifolia* (Monim.). *Hydrangea Jelskii* (Saxifrag.; anscheinend windend). *Hydrangea peruviana* (windende Holzliane). *Styrax Weberbaueri. Mutisia* sp. (Compos.; Nr. 4383; rankend, hoch emporkletternd).

Weberbauer Pflanzenwelt der peruanischen Anden.

Tafel XXV, zu S. 252.

A. Weberbauer, phot.

Interandines Gebiet Nordperus: Molinopampa, östlich von Chachapoyas, bei 2500—2700 m.
Buschwald mit Palmen (Ceroxylon) und Baumfarnen.

Dicotyle Bäume:
Cinchona-Arten u. a.

Viele Epiphyten.
Parasiten:
Loranthaceen (z. B. *Phrygilanthus eugenioides*).

Gebüsch mit wenigen und kleinen Bäumen.
Viele Moose (z. B. *Aneura trichomanoides*, *Leioscyphus quitoensis*) und Flechten.

Pteridophyten:
Viele Farne. *Lycopodium pruinosum* (spreizklimmernder Strauch).

Monocotylen (exkl. Epiphyten):
Chusquea straminea (Gram.; spreizklimmernder Strauch).

Dicotyle Sträucher:
Pilea suffruticosa (Urtic.). *Miconia dumetosa* (Melast.). *Miconia nigricans*. *Miconia Radula*. *Brachyotum Weberbaueri* (Melast.). *Brachyotum parvifolium*. *Fuchsia dolichantha* (Oenother.). *Solanum* sp. (Nr. 4407; wurzelkletternder Halbstrauch).

Epiphyten:
Tillandsia complanata (Bromel.) u. a.

Parasiten:
Loranthaceen (z. B. *Dendrophthora Urbaniana*).

Gesträuch.
Viele Moose, Flechten und Farne.
Monocotylen:
Maxillaria acuminata (Orchid.). *Dichaea arbuscula* (Orchid.). *Oncidium Weberbauerianum* (Orchid.).

Dicotyle Sträucher:
Hedyosmum sp. (Chloranth. Nr. 4353). *Ocotea ferruginea* (Laurac.). *Persea boldiifolia* (Laurac.; *Rubus Lechleri* (Rosac.; spreizklimmend). *Ilex quitensis* (Aquifol.). *Hacmocharis speciosa* (Theac.). *Ternstroemia* sp. (Theac. Nr. 4357. *Freziera lanata* (= *Lettsomia lanata* Ruiz & Pav.; Theac.; mitunter baumförmig und bis 6 m hoch). *Clusia* sp. (Guttif. Nr. 4336 u. 4340). *Myrteola microphylla* Myrt. *Myrcia heliandina* (Myrt.). *Axinea nitida* (Melast.). *Schefflera Mathewsii* (Aral.). *Thibaudia* sp. (Eric. Nr. 4339). *Thibaudia* sp. (Nr. 4374). *Gaultheria* sp. (Eric.; Nr. 4362). *Vaccinium* sp. (Eric.; Nr. 4347). *Conomorpha laeta* (Myrsin.). *Symplocos bogotensis*. *Ladenbergia coriacea* (Rub.). *Arcythophyllum crassifolium* (Rub.). *Eupatorium Weberbaueri* (Compos.). *Baccharis* sp. (Compos. Nr. 4333). *Senecio* sp. (Compos. Nr. 4344).

Moor.
Flechten:
Cladonia miniata u. a.

Moose:
Sehr viel *Sphagnum*.

Pteridophyten:
Dicksonia Stuebelii (kleiner Baumfarn mit 1 m hohem Stamm). *Lycopodium vestitum*. *Lycopodium* sp. (Nr. 4397).

Monocotyle Kräuter:

Carex Bonplandii (Cyperac.). Rhynchospora glauca (Cyperac.). Xyris subulata. Syngonanthus nitens (Eriocaul.). Paepalanthus Stuebelianus (Eriocaul.). Paepalanthus planifolius. Juncus sp. (Nr. 4381). Eccremis coarctata (Liliac.). Bomarea cruenta (Amaryll.). Burmannia sp. (Nr. 4341; häufig).

Dicotyle Kräuter:

Halenia Weddeliana (Gentian.). Utricularia sp. (Lentibul. Nr. 4342). Erigeron crocifolium (Compos.).

Dicotyle Sträucher:

Hypericum mexicanum (Guttif.). Brachyotum lycopodioides (Melast.). Clethra sp. Nr. 4378. Bacharis sp. (Comp. Nr. 4382).

b) Flora der Grassteppe zwischen 2600 und 3500 m.

Monocotylen:

Chusquea Weberbaueri (Gram.; Strauch, 2 m hoch, häufig, Charakterpflanze um 3400 m). Paepalanthus pilosus (Eriocaul.; rasenbildend am Rande kleiner Strauchgruppen). Bomarea superba (Amaryll.; windend, in kleinen Strauchgruppen). Epidendrum saxicolum (Orchid.: zwischen Steinen). Epidendrum tolimense (Halbstrauch). Oncidium aureum (Orchid.; zwischen Steinen). Pachyphyllum capitatum (Orchid.).

Dicotyle Kräuter:

Gentiana speciosissima. Werneria Stuebelii (Comp.; Charakterpflanze sumpfiger Stellen).

Dicotyle Halbsträucher und Sträucher:

Weinmannia chryseis (Cunon.). Rubus acanthophyllus (Rosac.; in kleinen Strauchgruppen, auf sumpfigem Boden zwischen Moos kriechend). Brachyotum rosmarinifolium (Melast.; in kleinen Strauchgruppen). Arracacia elata (Umbellif.; spreizklimmender Halbstrauch, in kleinen Strauchgruppen). Macrocarpaea chlorantha (Gentian.). Grnoxys sp. (Compos. Nr 4 413). Liabum sp. (Compos. Nr. 4417).

14. Ostabhänge der Zentralcordillere im Westen von Moyobamba. Höhenlage: 3300—1800 m.

Am Passe Piscohuañuna senkt sich der Weg in ein enges, steilwandiges, feuchtes Tal, das von einem ansehnlichen Bache durchflossen und nahezu völlig von Gehölzformationen ausgekleidet wird. Beim Abstieg bemerkt man zunächst (3400 -3300 m) meterhohe Sträucher, wie *Hesperomeles* sp., *Hypericum laricifolium*, ericoide *Melastomataceen*, *Ericaceen* vereinzelt in der Grassteppe und betritt dann um 3300 m üppiges Gebüsch. Hohe Sträucher spielen die Hauptrolle, die Bäume sind klein, ziemlich selten und gewöhnlich solche Arten, die ebendort auch als Sträucher sich entwickeln; auch kommen unechte Baumformen zustande, dadurch nämlich, daß bei Sträuchern alle Stämme bis auf einen absterben. Baumfarne, *Chusqueen* und *Polylepis multijuga* sind die häufigsten Gewächse. Nach und nach steigert sich die Zahl und Größe der Bäume, während gleichzeitig die Sträucher im Formationsbilde immer mehr zurücktreten: das Gebüsch verwandelt sich in Buschwald und schließlich, um 1800 m, in eine Formation, die schon dem tropischen Regenwalde nahesteht. Diese allmähliche Umformung der Gehölze bereitet einer

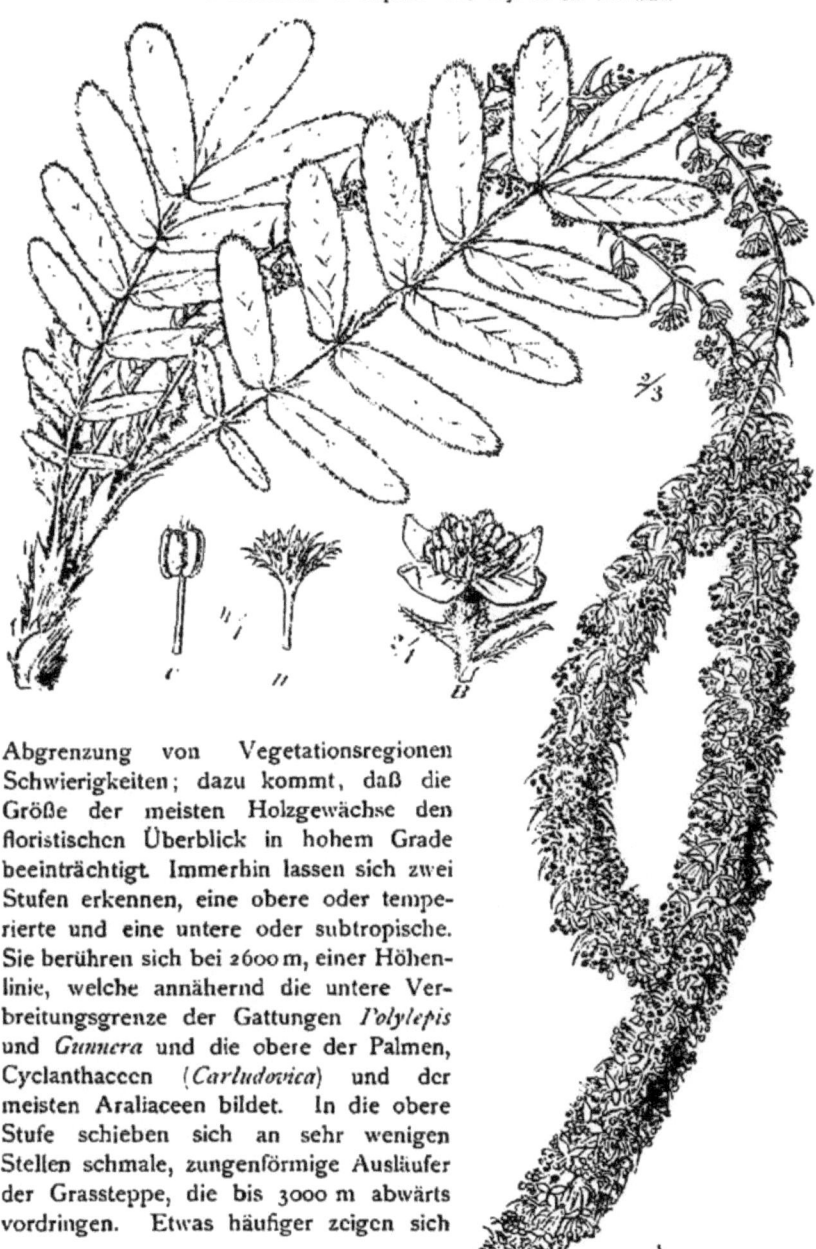

Abgrenzung von Vegetationsregionen Schwierigkeiten; dazu kommt, daß die Größe der meisten Holzgewächse den floristischen Überblick in hohem Grade beeinträchtigt. Immerhin lassen sich zwei Stufen erkennen, eine obere oder temperierte und eine untere oder subtropische. Sie berühren sich bei 2600 m, einer Höhenlinie, welche annähernd die untere Verbreitungsgrenze der Gattungen *Polylepis* und *Gunnera* und die obere der Palmen, Cyclanthaceen (*Carludovica*) und der meisten Araliaceen bildet. In die obere Stufe schieben sich an sehr wenigen Stellen schmale, zungenförmige Ausläufer der Grassteppe, die bis 3000 m abwärts vordringen. Etwas häufiger zeigen sich

Fig. 60. *Polylepis multijuga* Pilger.
A Blühender Zweig. *B* Blüte. *C* Anthere. *D* Narbe.

hier auf sumpfigem Boden kleine, niedrige Kräutermatten, welche an die in der unteren Stufe vorkommenden Teppichwiesen künstlichen Ursprungs erinnern, aber feuchter und weniger reich an Gräsern sind. In der unteren Stufe traf ich zwischen 2200 und 2300 m, wo der Weg über eine kleine Bodenerhebung führt, einen winzigen Fleck hartlaubigen Gesträuchs, ähnlich demjenigen, das im Bergland von Yuncacoya (Provinz Sandia) und über Monzon so weite Ausdehnung erlangt. An den größeren Holzgewächsen beider Stufen beobachtet man häufig derbe Blätter; sie haben in höheren Lagen durchschnittlich geringeren Umfang als in tieferen. Allenthalben gedeihen vortrefflich die hygrophilen Flechten, die Moose, Farne, Selaginellen und epiphytischen Blütenpflanzen.

a) **Obere Stufe** 3300—2600 m.

Gebüsche.

Viele Flechten (z. B. *Stictina quercizans*) und Moose.

Viele Farne (auch baumartige) und Selaginellen.

Monocotylen:

Chusquea-Arten Gram.; spreizklimmende Sträucher, sehr häufig. Kletternde Araceen (bis 3000 m aufwärts). *Bomarea endotrachys* Amaryll.; windend). *Bomarea crinita* (windend). *Odontoglossum depauperatum* (Orchid.; Epiphyt.).

Dicotyle Kräuter:

Thalictrum podocarpum (Ranunc.). *Geum* sp. (Rosac.). *Tropaeolum* sp. *Begonia*-Arten. *Gunnera pilosa* (Halorhag.)..

Dicotyle Sträucher und Halbsträucher:

Polygonum peruvianum (niederliegender Halbstrauch, sehr häufig. *Cremolobus subscandens* (Crucif.; spreizklimmend). *Ribes* sp. (Saxifrag.).. *Polylepis multijuga* (Rosac.; auch baumartig, bis 15 m hoch). *Vallea stipularis* (Elaeocarp.). *Axinaea tetragona* (Melast.). *Fuchsia serratifolia* (Oenother.). *Fuchsia asperifolia*. *Arracacia elata* (Umbellif.; spreizklimmender Halbstrauch. *Calceolaria*-Arten (Scroph.). *Siphocampylus angustiflorus* (Campan.; mit überhängenden Zweigen). *Gynoxis* sp. (Compos.). *Jungia* sp. (Compos.; spreizklimmend).

Sumpfige Kräutermatten.

Poa und einige andere Gräser. *Luzula* sp. (Juncac.). *Ranunculus* sp. *Cardamine* sp. (Crucif.). *Alchemilla* sp. (Rosac.). *Trifolium* sp. (Legum.). *Gunnera magellanica* (Halorhag.; sehr häufig). *Calceolaria* sp. (Scroph.). *Castilleja fissifolia* (Scroph.). *Veronica* sp. (Scroph.). *Plagiocheilus frigidus* (Compos.). *Gnaphalium* sp. (Compos.). *Senecio laciniatus* (Compos.).

b) **Untere Stufe** 2600—1800 m.

Buschwald.

Viele Flechten und Moose.

Viele Farne (auch baumartige) und Selaginellen.

Monocotylen:

Chusquea-Arten Gram.). Einige Palmen und Cyclanthaceen *(Carludovica)*. *Oncidium macranthum* (Orchid.; Epiphyt).

A. Weberbauer, phot.
Östliche Andenseite Nordperus: Paßhöhe der Cordillera oriental zwischen Moyobamba und Balzapuerto, bei 1500—1600 m.
Gebüsch mit Palmen.

Gymnosperme und dicotyle Sträucher:

Podocarpus oleifolius (Taxac.; wohl auch in der oberen Stufe). *Bocconia frutescens* (Papav.). *Pedicellaria* sp. (Capparid. Nr. 4450). *Tovaria pendula*. *Hydrangea peruviana* (Saxifrag.; windende Holzliane). *Clusia*-Arten (Guttif.; auch baumartig. *Semiramisia* sp. Eric.; Nr. 4455; häufig). *Psammisia* sp. (Eric.). *Mutisia* sp. (Compos.; Nr. 4444; rankend, hoch kletternd).

Dicotyle Kräuter:

Thalictrum podocarpum (Ranunc..

Gesträuchfleck bei 2200—2300 m.

Sträucher:

Monnina Pavonii Polygal.; spreizklimmend. *Hypericum laricifolium* (Guttif.). *Myrtus accrosa*. *Miconia secundifolia* (Melast.). *Miconia hamata*. *Thibaudia* sp. (Eric. Nr. 4449).

Kräuter:

Burmannia sp. (Nr. 4341). *Halenia* sp. (Gentian.).

15. Die Höhen um Moyobamba,

teils Vorberge der Cordillera central, teils der Cordillera oriental angehörend, zeigen in der Vegetation ihrer Kamm- und Gipfelregionen Verschmelzungen von Ceja- und Montañazone. Die Erhebung dieser Berge bleibt gering, und so wachsen hier Elemente der Ceja-Flora an auffällig tief gelegenen Standorten.

Der Weg, welcher vom Passe Piscohuañuna her sich an den Osthängen der Zentralcordillere hinabwindet, führt, kurz bevor er die Ebenen von Rioja und Moyobamba erreicht, über den Berggipfel La Ventana (etwa 1600 m). Hier verschwindet der Wald tieferer Lagen; aus einem Dickicht von *Chusquea* und anderen Sträuchern ragen vereinzelte Bäume, darunter zahlreiche Individuen zweier Palmen-Arten, einer *Bactris* und der *Wettinia maynensis*.

Auf der Cordillera oriental, im Osten von Moyobamba, durchwandert man bei der Reise nach Balzapuerto zwischen 1300 und 1400 m Strauchbestände, die einerseits den Hartlaubgesträuchen der Ceja, andrerseits den später zu besprechenden halbxerophilen Gehölzen der Montaña ähneln und u. a. enthalten:

Oncidium zebrinum (Orchid.; mit windendem Blütenstand). *Koellensteinia conoptera* (Orchid.; bodenbewohnendes Kraut), ferner die Sträucher *Podocarpus* sp. (Taxac., *Ocotea subrutilans* (Laurac.), *Godoya obovata* (Ochnac.). *Blakea caudata* (Melast.), *Schefflera Moyobambae* (Aral., *Cavendishia* sp. (Eric. Nr. 4739). *Psammisia* sp. Eric., *Symbolanthus Balta* Gentian..

Weiter oben, an der Passhöhe der Ostcordillere, durchzieht der Pfad zwischen 1500 und 1600 m ein Gebüsch, dessen Flora sowohl zu den Hartlaubgesträuchen der Ceja als auch zum tropischen Regenwald in Beziehung steht. An dieser Formation beteiligen sich u. a.:

Palmen, Cyclanthaceen, *Aechmea Veitchii* (Bromel.; Epiphyt). *Odontoglossum Weberbauerianum* (Orchid.; Epiphyt), *Rubus andicola* (Rosac.; kriechender Strauch), *Ilex loretoica* (Aquifol.; Strauch), *Schefflera minutiflora* (Aral.; Strauch), *Satyria* sp. (Eric. Nr. 4753; epiphytischer Strauch, *Uragoga schraderioides* (Rub.; Strauch).

Ähnliche Formationen finden sich in gleichen Höhenlagen der Cordillera oriental bei Tarapoto.

9. Kapitel.
Die Jalca oder nordperuanische Paramozone.

Die über der Ackerbaugrenze gelegene Region führt im nördlichen Peru den Namen Jalca. Der Ackerbau endet dort bereits bei 3400—3600 m, im Zentrum und im Süden hingegen, trotz der größeren Entfernung vom Äquator, erst bei 4000 m. Diese auffällige Erscheinung erklärt sich zum Teil daraus, daß im Norden die Bewölkung stärker ist und Nebel während des ganzen Jahres abkühlend wirken. Ferner ist die verhältnismäßig geringe Erhebung der nordperuanischen Anden zu berücksichtigen: hier finden wir Gewittern, Hagelfällen und rauhen Winden preisgegebene Kämme und Gipfel in einer Höhenstufe, der sonst, weiter im Süden, geschützte Täler angehören. Mit den Kulturpflanzen verschwinden auch die Sträucher (wenigstens die aufrecht wachsenden), abgesehen von den Felsen; diese stehen, ebenso wie in der Puna Zentral- und Südperus, dadurch, daß sie aufrechte Sträucher tragen, in auffälligem Gegensatz zu der vorwaltenden, von Kräutern gebildeten Vegetation.

Die Jalcaregion des Nordens bildet den größten Teil der nach ihr benannten pflanzengeographischen Zone. Auch für letztere liegt der untere Rand bei 3400—3600 m. Oben reicht sie nur an wenigen Stellen über 4000 und wohl nirgends über 4200 m hinaus. Im äußersten Norden Perus scheint ein allmählicher Übergang zu den Paramos von Ecuador stattzufinden, zwischen dem 5. und 6. Breitengrad, woselbst das Gebirge sehr niedrig ist, eine Unterbrechung einzutreten. Zwischen 6 und 7° erlangt die Jalcazone, über die West- und Zentralcordillere sich ausdehnend, die größte Breite; dann setzt sie sich als schmaler Streifen auf der Zentralcordillere nach Süden fort, vielleicht durch die ganzen Marañon-Anden: auch am Ostrand der Ucayali-Anden erinnern manche, zwischen Schnee- und Gehölzregion liegende Gegenden an die Jalca. An ihrer unteren Grenze steht die Jalca allenthalben in Berührung mit der Ceja-Zone.

Das allgemeine Vegetationsbild wird bestimmt durch die Formation der Grassteppe. Hohe ($^1/_2$ m), schmalblättrige Gräser erheben sich in gesonderten Büscheln über eine niedrige Decke von Gramineen und andern Kräutern oder fügen sich zu einer gleichmäßigen, ununterbrochenen Flur aneinander. Im ersteren Falle erhält die Steppe nahezu das Aussehen der in der Puna vorkommenden Büschelgrasformation. Aber die Jalca zeigt dichteren Pflanzenwuchs und geringere Abhängigkeit vom Wechsel der Jahreszeiten. An vielen Stellen dürfen wir die Grassteppe als lückenlos geschlossen bezeichnen. Eine scharfe Trennung von denjenigen Grassteppen, die in der oberen Ceja mit Strauchgruppen wechseln, läßt sich nicht immer durchführen: *Brachyotum*-Arten (Melast.; z. B. *Brachyotum confertum*) und besonders das nadelblättrige *Hypericum laricifolium* (Guttif.), das mit zunehmender Höhe immer zwergiger wird, sind Sträucher, die an der Grenze zu stehen pflegen. Nur als kleine Inseln

Fig. 61. *Laccopetalum giganteum* (Weddell) Ulbrich. — *A* Habitus. *B* Laubblatt-Rand. *C* Kelchblatt-Rand. *D* Oberster Teil der Blütenachse. *E* Carpell längs durchschnitten. *F* Dasselbe von außen gesehen.

unterbrechen die Grassteppe andere Formationen. In den Vereinen der Felsenpflanzen bemerken wir als fremdartige, der Steppe fehlende Vegetations-

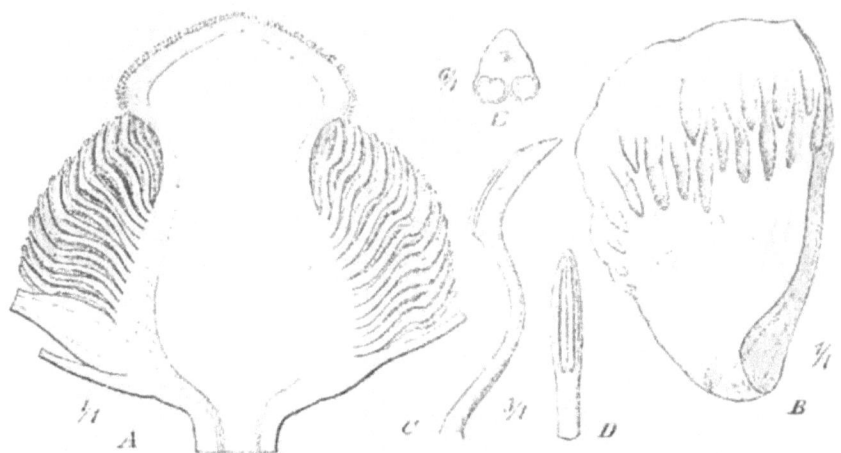

Fig. 62. *Laccopetalum giganteum* (Weddell) Ulbrich. — *A* Längsschnitt durch die Blüte nach Entfernung der Blütenhülle. *B* Halbiertes Blumenblatt von oben gesehen. *C* Anthere von der Seite gesehen. *D* Dieselbe von außen gesehen. *E* Dieselbe im Querschnitt.

Fig. 63. *Alchemilla nivalis* H. B. K.
A Habitus. *B* Blühender Zweig. *C* Blüte in der Achsel eines Blattes. *D* Blatt. *E* Blüte.
F Dieselbe aufgeschnitten. *G* Die Fruchtblätter. *H* Längsschnitt durch ein Fruchtblatt.
J Längsschnitt durch die Frucht. *K* Same. *L* Keimling.

form die aufrechten Sträucher. Zu den interessantesten Felsbewohnern gehört die Ranunculacee *Laccopetalum giganteum*, eine kräftige Staude mit starren, dickloderigen, spatelförmigen Blättern und einzelstehenden halbkugeligen Blüten von 10—15 cm Durchmesser. Feuchten, aber nicht sumpfigen Boden überzieht eine Formation, die den mehrfach erwähnten Bachufermatten nahesteht: ein niedriger, dichtgeschlossener Kräuterteppich, leicht erkennbar durch das Fehlen der hohen Gräser und namentlich durch sein unveränderliches Grün, das sich scharf abhebt von dem fahlen, gelblichen Farbenton der Steppe. Unter den Kräutern dominieren oft *Alchemilla*-Arten (z. B. *A. pinnata*). Auf sehr nassem Untergrund, wo das Wasser sich in Pfützen und Teichen ansammelt, haben sich Moore gebildet; sie beherbergen neben *Sphagnum*, *Carex*-Arten und *Werneria Stuebelii* einige sehr auffällige Typen: den Compositenstrauch *Loricaria ferruginea*, dessen Zweige durch die zweizeiligen, dicht gestellten Schuppenblätter an Cypressen erinnern; die großen halbkugeligen Büsche des Grases *Danthonia sericantha* und endlich die Bromeliacee *Puya fastuosa*; bei letzterer erhebt sich aus einer Rosette dornig gezähnter Blätter eine walzenförmige Inflorescenz mit grünlichgelben, dicht zusammengedrängten Blüten; die Höhe der blühenden Pflanze beträgt 2,5 m, die Länge der Inflorescenz 1 m.

Die Flora steht naturgemäß in engen Beziehungen zu den Grassteppen der benachbarten Ceja-Zone. *Calamagrostis rigida*, *Nototriche artemisioides*, *Azorella corymbosa*, *Lucilia tunariensis*, *Werneria villosa*, *Culcitium longifolium*, *Culcitium canescens* und einige andere erinnern uns an die Puna. Auch darf man floristische Zusammenhänge mit den Paramos von Ecuador annehmen.

Die Verteilung der von mir beobachteten Gattungen und Arten auf die verschiedenen Formationen ergibt sich aus den nachfolgenden Tabellen.

1. **Berge über Hualgayoc.**

Grassteppe (die angeführten Pflanzen sind mit Ausnahme von *Bacharis procumbens* Kräuter). Höhenlage 3900—4100 m.

Calamagrostis rigida (Gram.).
Calamagrostis eminens.
Trisetum subspicatum (Gram.).
Bromus lanatus (Gram.).
Festuca Cajamarcae (Gram.).
Poa Pardoana Gram.
Nr. 3960 (Gram.).
Nr. 3963 (Gram.).
Luzula sp. (Junc.; Nr. 3962).
Nr. 3972 (Amarant.).
Scleranthus sp. Caryoph.; Nr. 3985.
Cerastium caespitosum (Caryoph.).
Ranunculus peruvianus.
Capethia integrifolia (Ranunc.; feuchte Stellen).
Alchemilla rupestris Rosac.).
Alchemilla orbiculata.
Alchemilla pinnata.

Trifolium Weberbaueri (Legum.).
Lupinus peruvianus (Legum.).
Lathyrus magellanicus (Legum.).
Geranium multipartitum.
Malvastrum alismatifolium (Malv.).
Nototriche artemisioides (Malv.).
Gentiana dianthoides.
Nr. 3969 (Labiat.).
Castilleja fissifolia (Scroph.).
Bartsia sp. (Scroph.; Nr. 3951).
Plantago tarattothrix.
Valeriana longifolia.
Lobelia Weberbaueri (Campan.).
Perezia Stuebelii (Compos.).
Liabum Jelskii (Compos).
Gnaphalium sp. (Compos.; Nr. 3973).
Lucilia tunariensis (Compos.).

Werneria villosa (Compos.). *Baccharis procumbens* (Compos.; kriechender
Culcitium canescens (Compos.). Strauch).

Felsen. Höhenlage 3700—4100 m.

Kräuter:
Saxifraga Cordillerarum. *Liabum hieracioides*.
Geranium Dielsianum. *Senecio* sp. (Compos.; Nr. 3977).

Sträucher:
Ribes Weberbaueri (Saxifr.). *Calceolaria sibthorpioides* (Scroph.).
Salvia sp. (Lab.; Nr. 4062). *Diplostephium* sp. (Compos.; Nr. 4225).
Senecio sp. (Nr. 3988).

Moore. Höhenlage: 3700—3900 m.
Carex-Arten (Cyp.). *Werneria Stuebelii* (krautig).
Puya fastuosa (Bromel.). *Loricaria ferruginea* (Compos.; Strauch).

2. Berge zwischen Hualgayoc und Cajamarca.

Felsen. Höhenlage 4100—4200 m (Kräuter mit Ausnahme der halbstrauchigen *Draba matthioloides*).
Loxopetalum giganteum (Ranunc.). *Cynoglossum andicolum* (Borrag.).
Draba matthioloides (Crucif.). *Valeriana hadros*.
Azorella corymbosa (Umbellif.). *Culcitium longifolium*.

Moor. Höhenlage 3900—4000 m.
Sphagnum sp. (Nr. 4232). *Danthonia sericantha* (Gram.).

3. Berge westlich von Celendin (zwischen Cajamarca und dem Marañon). Höhenlage 3700—3800 m.

Grassteppe (Kräuter).
Calamagrostis fuscata. *Carex pichinchensis* (Cyp.).
Nr. 4236 (Gram.). *Bomarea puberula* (Amaryll.).
Nr. 4243 (Gram.). *Gentiana prostrata*.

Felsen.
Calceolaria rhododendroides (Strauch). *Helianthus Stuebelii* (Compos.; Strauch).

4. Berge östlich vom Marañon, zwischen diesem und dem Utcubamba.

Grassteppe. Höhenlage: 3400—3600 m (Kräuter).
Ranunculus Guzmanii. *Gentiana oreosilene*.
Alchemilla nivalis. *Gentiana corallina*.
Eryngium humile (Umbellif.). *Liabum rosulatum*.

Moorige Stellen. Höhenlage 3500—3600 m. (Kräuter).
Anotis pilifera (Rub.). *Werneria humilis*.

10. Kapitel.

Die Zone der Montaña.

In Peru bezeichnet man mit dem Ausdrucke Montaña (Waldgebiet) die tropische Region am Ostfuße der Anden, und mit dieser deckt sich auch die von mir angenommene Montaña-Zone annähernd. Nach oben hin endet sie zwischen 1200 und 1500 m; wie bereits erläutert wurde, nimmt gewöhnlich die innerhalb der Höhenlinien von 1200 und 1800 m befindliche Stufe eine Mittelstellung ein zwischen Ceja und Montaña.

Die wichtigsten floristischen Unterschiede der beiden Zonen kamen bereits an anderer Stelle zur Besprechung. Es wurde hervorgehoben, daß die meisten Palmen, Cyclanthaceen und Scitamineen auf die Montaña beschränkt bleiben. Um den oberen Rand dieser Zone finden ihre Höhengrenzen die Palmen *Bactris*, *Iriartea*, *Phytelephas*, die Cyclanthaceen *Cyclanthus* und *Carludovica palmata* nebst anderen *Carludovica*-Arten und die Marantaceen. Die Musaceen (*Heliconia*) und Zingiberaceen (*Renealmia* und *Costus*) verschwinden fast sämtlich zwischen 1200 und 1500 m, steigen aber sehr vereinzelt bis 1800 m. *Canna* findet sich noch bei 2500 m; ob wild oder nur verschleppt, bleibt zweifelhaft. Auch bei *Gynerium sagittatum* sowie den Gattungen *Monstera* (Arac.) und *Triplaris* (Polygon.) deckt sich die vertikale Verbreitung ungefähr mit der hier angenommenen Ausdehnung der Montaña-Zone. Die Zahl der Beispiele ließe sich gewiß noch erheblich vermehren, wenn die größeren Bäume besser bekannt wären. Die Montaña steht in engem Zusammenhang mit der Hylaea und ist von dieser vielleicht überhaupt nicht zu trennen. Immerhin aber zeigt sie durch manche Typen, wie *Cinchona*, *Bejaria*, *Gaultheria* und *Embothrium* Beziehungen zur Anden-Flora. Dazu kommen dann noch beachtenswerte Anklänge an entfernte östliche Xerophyten-Gebiete. Die Vegetationsbilder wechseln außerordentlich. Hydrophile, hygrophile, halb-xerophile und xerophile Formationen treten nebeneinander auf. Zu den hygrophilen Formationen gehört: 1. Tropischer Regenwald; zu den hydrophilen: 2. Matorral: zu den halbxerophilen: 3. Immergrüne, derblaubige Gesträuche und Gebüsche, 4. Grassteppe: zu den xerophilen: 5. Regengrüne Savannen, 6. Regengrüne Savannengehölze. Einige kleine und seltene Formationen sollen später behandelt werden. Die regengrünen Savannen und die regengrünen Savannengehölze beschränken sich auf den Süden der Zone, während die immergrünen derblaubigen Gesträuche und Gebüsche den mittleren und nördlichen Teil charakterisieren. Diese Tatsache wird bei der Einteilung der Zone in Bezirke, wofür die bisherigen Forschungen noch nicht ausreichen, zu berücksichtigen sein. Ferner sieht man häufig in der Nähe des Gebirges die xerophilen und halbxerophilen Formationen überwiegen, dagegen nach den Ebenen des Ostens hin den tropischen Regenwald und das Matorral an Ausdehnung gewinnen.

1. Der tropische Regenwald

besetzt sowohl ebenes Gelände — abgesehen von stark sumpfigem, zum Überschwemmungsgebiet der Flüsse gehörigen Boden — als auch Bergeshänge.

Mühelos, ohne der Hülfe des Buschmessers zu bedürfen, durchwandert man diesen Wald. Am Boden schauen überall die abgestorbenen Laubmassen durch das lückenhafte Grün von vereinzelten Moosrasen und krautigen Schattenpflanzen, wie Farnen, Selaginellen, *Cyclanthus*-Arten, Araceen, Commelinaceen, Scitamineen, Peperomien, Begonien und Acanthaceen. Darüber erheben sich, den Kräutern physiognomisch nahestehend, aber weit kräftiger gebaut, stammlose Palmen der Gattungen *Phytelephas* und *Astrocaryum* sowie die Cyclanthacee *Carludovica palmata*. Die Vegetationsform der aufrechten Sträucher spielt — wenigstens in typischer Ausbildung — eine sehr untergeordnete Rolle: die Pflanzen, welche das Unterholz bilden, verzweigen sich wenig, neigen zur Bildung eines einfachen Stammes. Viele unter ihnen sind Jugendstadien großer Bäume. Andre aber bleiben dauernd klein, so Palmen der Gattungen *Chamaedorea* und *Geonoma*, ferner *Piper*-, *Aphelandra*-, *Palicourea*-, *Uragoga*-Arten und namentlich das bekannte *Biophytum dendroides*, dessen Stämmchen kaum 30 cm hoch wird. Zwischen diesen schwächlichen Holzgewächsen und dem Laubdach der Waldriesen breiten Baumarten von sehr verschiedener Größe ihre Kronen aus. Auch die größeren Palmen (*Iriartea*-, *Bactris*-, *Euterpe*-Arten) werden überragt von gewissen dicotylen Bäumen. Die Kronenbildung der Dicotylen geschieht häufig in der Weise, daß der Stamm sich in wenige, sehr lange und steil aufstrebende Äste teilt, über denen erst in beträchtlicher Höhe das belaubte Gezweig erscheint und sich zu einer oberseits abgeflachten Masse verdichtet. So erhält die gesamte Krone die Form eines Kegels mit abwärts gerichteter Spitze. Viele Zweige der höchsten Wipfel wachsen in knorrigen Windungen. Wie bei den aufrechten Holzgewächsen, so vollzieht sich auch unter der Lianen- und Epiphytenflora eine vertikale Abstufung. Während Malpighiaceen, Sapindaceen, Apocynaceen und Bignoniaceen in die Wipfelregion steigen und dort erst zu reichlicher Blatt- und Blütenbildung gelangen, bleiben wurzelkletternde Araceen (*Anthurium*, *Philodendron*, *Monstera*), Begonien und Gesneraceen, windende *Dichorisandra*-Arten (Commelin.) u. a. in tieferen, feuchten und schattigen Vegetationsschichten. Diese bevorzugt auch ein Teil der Epiphyten, namentlich Farne und Peperomien sowie gewisse an Blättern und Rinde haftende Moose und Krustenflechten. Ganz anders nehmen sich die Epiphyten aus, welche in sonnigen Baumwipfeln wohnen: die *Parmelien*, *Physcien* und gedrungenen *Usneen*, die Moose und die kleinen, mit zahlreichen Knollen besetzten, schmalblättrigen Orchideen haben xerophile Tracht, erinnern an Felsenpflanzen. Und in den höheren Vegetationsschichten häufen sich auch, gewissermaßen den unten so seltenen Vegetationstypus reich verzweigter Sträucher vertretend, die parasitischen Loranthaceen. Mehrere Bodenkräuter (z. B. Erdorchideen) fallen durch ihr außerordentlich zerstreutes Vorkommen auf; man begegnet einer Art in

Östliche Andenseite Zentralperus: Über La Merced im Chanchamayo-Tal, bei 1000 m.
Tropischer Regenwald (aufgenommen an einer unmittelbar vorher gerodeten Stelle).
Am Boden **Phytelephas** sp. Links **Iriartea** sp. mit Stelzwurzeln.

A. Weberbauer, phot.

A. Weberbauer, phot.

Östliche Andenseite Zentralperus: Zwischen Monzón und dem Huallaga, bei 600—700 m. Matorral-Formation mit Lianen-Säulen, **Heliconia** sp. (vorn), **Cecropia** sp. (mitten), **Bactris** sp. (rechts von der Mitte), **Iriartea** sp. (rechts hinten).

A. Weberbauer, phot.

Östliche Andenseite Zentralperus: Zwischen Monzón und dem Huallaga, bei 600—700 m. Matorral-Formation mit **Cecropia** sp. (in der Mitte), **Gynerium sagittatum** (Aubl.) P. B. (desgl.), **Iriartea** sp. (links).

einem Exemplar und kann dann tagelang wandern, ohne sie wiederzusehen. Es beleuchtet diese Tatsache den heftigen Wettbewerb unter den so zahlreichen, zum Teil viel Raum beanspruchenden Arten, die sich im tropischen Regenwalde zusammendrängen. Eine häufige Verhinderung der Blüten- oder Samenbildung und der Untergang vieler Samen und Keimpflanzen sind die Folgen jenes Kampfes. Wenn man viele Arten (z. B. von Araceen und Cyclanthaceen) zwar häufig antrifft, ihre Blüten jedoch meist vergeblich sucht, so scheint ein Ersatz der geschlechtlichen Fortpflanzung durch die vegetative vorzuliegen, die unter den obwaltenden Verhältnissen weniger gefährdet ist. Als verbreitete, auch in Ostperu auftretende Eigentümlichkeiten tropischer Regenwälder seien schließlich kurz erwähnt: Plankengerüste am Grunde der Baumstämme, Hängezweige und Hängeblätter, große und dünne Blattspreiten, Träufelspitzen, gelbe, rote oder weißliche Färbung des jungen Laubes, lange, hängende Luftwurzeln, Cauliflorie, Seltenheit großer und lebhaft gefärbter Blüten sowie häufige Trennung der Geschlechter.

2. Das Matorral[1]

pflegt auf ebenen, sumpfigen Flußufer-Flächen, vor allem im Überschwemmungsgebiet, den tropischen Regenwald zu verdrängen.

Die Matorral-Formation setzt sich zusammen aus einem niedrigen Gestrüpp und vereinzelten Bäumen. Das Gestrüpp hat eine entfernte Ähnlichkeit mit einem Gesträuch, läßt aber bei genauerer Untersuchung erkennen, daß die Sträucher, besonders die aufrechten, nicht als herrschende Formationselemente gelten können. Diese untere Schicht des Matorrals ist nämlich ein etwa 3 m hohes, außerordentlich dichtes und ohne Anwendung des Buschmessers undurchdringliches Gewirr von Scitamineen, Rohrgräsern (*Gynerium sagittatum*), aufrechten, langzweigigen Sträuchern und Halbsträuchern (*Piper*-Arten, *Sanchezia oblonga*) und dünnstämmigen, krautigen oder halbholzigen Kletterpflanzen (Vitaceen, *Mucuna rostrata*, *Ipomoea*- und *Gurania*-Arten). Die Bäume, welche aus dieser Masse emporragen, stehen in beträchtlicher Entfernung voneinander. Unter ihnen sind die Palmen (*Iriartea*, *Bactris*, *Euterpe*) reichlich vertreten Ein großer Teil der dicotylen Bäume (Bombacaceen, *Erythrina*, *Sapium*) verliert in der Trockenzeit die Blätter; ständig belaubt bleiben u. a. die nirgends fehlenden Geschlechter *Cecropia* und *Triplaris*. Zu den höheren Holzgewächsen des Matorrals zählen auch Bambuseen: riesige Sträucher der Gattung *Guadua*. Die Kletterpflanzen des Bodengestrüpps steigen gelegentlich an den Bäumen hinauf, und wenn ihr grünes Geflecht abgestorbene, der Krone beraubte Stämme verhüllt, dann entstehen überaus malerische Säulen oder Kegel. An Schattenpflanzen, namentlich Farnen, und auch an Epiphyten ist die Matorral-Formation ziemlich arm.

---

[1] Das Wort Matorral bezieht sich in Ostperu gewöhnlich auf die hier behandelte Formation, wird aber in der spanischen Sprache auch in anderm Sinne angewendet, z. B. auf Unkrautbestände, die verlassenes Kulturland bedecken.

Die ungleiche Verteilung der Bodenfeuchtigkeit bringt kleine Subformationen hervor. *Guadua* und *Equisetum* lieben sehr feuchten Untergrund. Ferner erscheint die Verbreitung der Scitamineen durch derartige Standortsverhältnisse beeinflußt.

3. Immergrüne, derblaubige Gesträuche und Gebüsche.

Verbreiteter als reines Gesträuch ist ein Gebüsch, in dem sich hohe Sträucher (durchschnittlich 4 m) mit kleinen Bäumen (durchschnittlich 10 m) vereinen. Die Sträucher haben schlanke Form und locker gestellte, steil aufgerichtete Zweige von geradem Wuchs. Ihre Kronen pflegen sich, ebenso wie bei den Bäumen, oberseits abzuflachen. An den Stämmen mehrerer Arten (z. B. *Maprounea guianensis*) wird die Rinde rissig, borkereich. In der derben, pergament- bis lederartigen Beschaffenheit und mittelmäßigen Größe stimmen die Blätter zahlreicher Holzgewächse überein; jedoch bleiben sie hinter dem Laub der Ceja-Gesträuche an Derbheit im allgemeinen zurück. Die Bekleidung der Blätter stuft sich ab von völliger Kahlheit bis zu ausschließlich oder überwiegend unterseitiger Behaarung; hingegen kommt auffällig dichter (wolliger oder filziger), beide Seiten gleichmäßig bedeckender Haarüberzug kaum vor. Wenn auch einige wenige Arten (z. B. *Maprounea guianensis*) am Ende der Trockenzeit das Laub werfen, so erfolgt dessen Erneuerung immerhin vor der völligen Entblößung. Flechten, Moose, Bodenkräuter, Epiphyten und Lianen beteiligen sich nur spärlich am Aufbau der Formation. Die Flechten und Moose werden durch einige xerophile Typen, die Lianen durch mehrere dünnstämmige Formen vertreten. Besonders hervorgehoben sei noch das Zurücktreten der hygrophilen Farne (z. B. Hymenophyllaceen), der Cyclanthaceen, Araceen und Scitamineen. Succulenten und blattlose Gewächse fehlen, von ganz vereinzelten Ausnahmen abgesehen. An lebhaft gefärbten Blüten herrscht kein Mangel.

4. Grassteppe

überzieht vorzugsweise Bergeshänge, aber, wo Wasserläufe fehlen, auch ebenes Gelände. Sowohl sandiger als auch lehmiger Boden sagen ihr zu. Der Wechsel der Jahreszeiten bringt nur geringe Veränderungen hervor. Die herrschenden Elemente, Gräser und Cyperaceen, verdorren niemals vollständig: ihre Blätter bleiben stets erhalten und in regenreicheren Gebieten setzt sich sogar die Blütenbildung durch die trockensten Monate fort. In unbewohnten Gegenden, wo Eingriffe des Menschen unterbleiben, verbirgt sich das Erdreich vollständig unter dem Blattgewirr, worin sich der Fuß des Wanderers verwickelt. In der Nähe von Ortschaften allerdings wird der Zusammenschluß etwas lockerer dadurch, daß die Einwohner das Gras von Zeit zu Zeit niederbrennen, um Weideland zu gewinnen; denn wenige Tage nach dem Brande ergrünt die Steppe aufs neue. Die Höhe beträgt durchschnittlich einen halben Meter. Holzgewächse fehlen auf weite Strecken vollkommen und zeigen sich nur da, wo die Steppe an Gehölze grenzt, als vereinzelte Eindringlinge. Die Flora scheint arm zu sein; ich muß jedoch bemerken, daß ich die Formation

Östliche Andenseite Nordperus: Moyobamba, bei 800—900 m.

Immergrünes, subxerophiles Gebüsch mit **Vochysia Weberbaueri** Beckmann (mehrere Exemplare in der Mitte) und **Schefflera pentandra** (R. & P.) Harms (in der Mitte und links). Vorn Bestand von **Pteridium aquilinum** (L.) Kuhn auf gerodetem Gelände.

Östliche Andenseite Südperus: Tal des Urubamba unweit Sta. Ana, bei 1000 m. Regengrüne Savanne mit größtenteils entlaubten Bäumen.

A. Weberbauer, phot.
Östliche Andenseite Südperus: Urubamba-Tal unweit Sta. Ana, bei 1000 m.
Regengrünes Savannen-Gehölz (größtenteils entlaubt) mit **Cereus** sp. und **Fourcroya** sp.
Die letztere vorn auch angepflanzt, zum Schutz des Weges.

nur in der Trockenzeit gesehen habe. Durch Häufigkeit und weite Verbreitung zeichnen sich aus unter den Gräsern eine Anzahl von Paniceen und *Andropogon*-Arten, ferner *Trachypogon polymorphus* und *Saccharum cayennense*, unter den Cyperaceen die Gattungen *Bulbostylis* und *Rhynchospora*, z. B. *Bulbostylis junciformis*, *B. capillaris*, *Rhynchospora globosa* und *R. glauca*. Zwischen den grasartigen Pflanzen wachsen Kräuter anderer Form, so Arten von *Epistephium* (Orchid.), *Bletia* (Orchid.), *Chelonanthus* (Gentian.) und die als »palillo« bekannte *Escobedia scabrifolia* (Scroph.). Von Annuellen ist in der Trockenzeit außer verdorrten kleinen Gräsern wenig zu bemerken. Nach oben hin dehnt sich diese Grassteppe mit ziemlich gleichbleibender Flora bis 1800, manchmal sogar bis 2200 m aus, also über die Grenzen, die für die Gehölzflora der Montaña-Zone gelten.

5. Regengrüne Savanne.

In demjenigen Teile des Urubamba-Tales, der zwischen 600 und 1500 m Seehöhe liegt, erlangt an den Abhängen kaum eine Formation so bedeutende Ausdehnung wie die regengrüne Savanne. Aus einer sehr lockeren Grasflur erheben sich vereinzelte Bäume und schlanke Sträucher, die ersteren gewöhnlich nicht über 15 m hoch. Als ich dieses Gebiet kennen lernte (Ende Juni 1905), war die Grasflur größtenteils verdorrt und die Mehrzahl der Holzgewächse kahl oder nur noch mit vertrockneten Blättern besetzt. Eine genauere Untersuchung der Flora ließ sich daher nicht durchführen. Von Bäumen fanden sich *Dilodendron bipinnatum* (Sapind.; auch strauchig), *Lühea paniculata* (Tiliac.; auch strauchig), *Cybistax* sp. (Bignon.; nur 3—4 m hoch), ferner Leguminosen mit fein gefiedertem Laub und schirmförmig ausgebreiteten Kronen, sowie Bombacaceen: von Sträuchern *Trema micrantha* (Ulm.), *Dodonaea viscosa* (Sapind.), *Vernonia Weberbaueri* (Compos.) nebst Arten von *Jatropha* (Euphorb.), *Croton* (Euphorb.), *Lantana* (Verben.). Vor dem Abfallen verfärben sich die Blätter mancher Arten ähnlich wie im nordischen Herbst, z. B. dunkelgelb bei *Cybistax* sp., rot bei *Dilodendron bipinnatum*. *Lühea* und *Dilodendron* entlauben sich während des Blühens, *Cybistax* verliert die Blätter gleichzeitig mit der Fruchtreife.

6. Regengrünes Savannengehölz

besetzt in der Nachbarschaft der Savanne trocknere Stellen der Flußufer, z. B. felsige, steile Böschungen. Bäume und Sträucher, größtenteils wohl Arten der Savannenflora, vereinigen sich zu einem lockeren, lichten Bestand. Mit einem hohen und schlanken *Cereus*, ähnlich dem von ULE bei Tarapoto entdeckten *C. trigonodendron*, und einer *Fourcroya* beteiligt sich die Succulentenform in nicht ganz typischer Ausbildung. Nur spärlich entwickelt sich die Bodenvegetation. Aus *Tillandsia usneoides* nebst andern *Tillandsien*, einigen Orchideen und wohl auch *Rhipsalis*-Arten besteht die dürftige Epiphyten-Flora, nur aus wenigen und dünnstämmigen Typen die sehr zerstreut auftretende

Gruppe der Lianen. Die Araceen sind selten, die Palmen, Cyclanthaceen und Baumfarne, vielleicht die Farne überhaupt, fehlen.

1. Tal des Sandia-Flusses in der Höhenlage von 1500—2000 m.

Die Hänge, welche das enge Tal einschließen, tragen größtenteils Grassteppe. Letztere unterbrechen kleine Gesträuch-Inseln, worin sich immergrüne und regengrüne Formen mischen. Den Fluß begleitet Gebüsch, ebenfalls zusammengesetzt aus immergrünen und regengrünen Bestandteilen und zwar aus Sträuchern, vereinzelten Bäumen und Rohrgräsern.

Grassteppe:

Andropogon scabriflorus od. verw. (Gram.).
Trachypogon polymorphus (Gram.).
Bulbostylis capillaris (Cyp.).

Bulbostylis junciformis (Cyp.).
Rhynchospora globosa (Cyp.).
Borreria capitata (Rub.; Halbstrauch).

Felsen:

Ceropteris adiantoides (Filic.).
Ceropteris chrysophylla.
Philodendron Weberbaueri (Arac.; schattige Stellen, kletternd).

Gesträuche:

Pteridophyten:

Lycopodium complanatum.
Lycopodium clavatum.
Gleichenia-Arten.

Monocotylen:

Fourcroya sp. (Amaryll.).
Sobralia d'Orbignyana (Orchid.; Strauch).

Dicotyle, aufrechte Sträucher:

Weinmannia sp. (Cunon.).
Desmodium cojanifolium (Legum.).
Byrsonima crassifolia (Malpigh.).
Polygala anatina.
Norantea sandiensis (Maregrav.).
Hypericum campestre (Guttif.).
Clusia sp. (Guttif. Nr. 1119).

Leandra crenata (Melast.).
Tibouchina stenocarpa (Melast.).
Tibouchina rhynchantherifolia (Melast.).
Miconia cyanocarpa (Melast.).
Clethra sp. (Nr. 1124).
Justicia nematocalyx (Acanth.).
Siphocampylus Kusbyanus (Campan.).

Bacharis sp. (Compos. Nr. 1122).

Dicotyle Kletterpflanzen·

Rhynchosia phaseoloides (Legum.).

Flußufergebüsch:

Bäume:

Hedyosmum racemosum (Chloranth.).
Cecropia sp. (Morac.).
Weinmannia sorbifolia (Cunon.).

Inga affinis (Legum.).
Clusia sp. (Guttif.).
Ceiba sp. (Bombac.; zur Blütezeit entlaubt).

Aufrechte Sträucher:

Ilex andicola (Aquifol.).
Miconia prasina (Melast.).

Rapanea rivularis (Myrsin.).
Palicourea sandiensis (Rub.).

Rohrgräser:

Gynerium sagittatum.

Kletterpflanzen:

Tetrapteryx multiglandulosa (Malpigh.). *Passiflora coccinea.*

Epiphyten:

Tillandsia usneoides u. a. Tillandsien (Bromel.).

2. Das Tal des oberen Inambari (Huari-Huari) bei Chunchusmayo. Höhenlage 900—1000 m.

Den stark eingeengten Fluß umgibt in schmalen Streifen die Matorral-Formation, die Abhänge überzieht tropischer Regenwald. Zu genauerer Untersuchung der Flora bot sich keine Gelegenheit. Als verbreitete Matorralpflanzen wurden beobachtet die Bäume *Triplaris hispida* (Polygon.), *Cecropia* (Morac.) und *Erythrina Ulei* (Legum.), die Sträucher *Sanchezia oblonga* (Acanth.) und *Cephaelis tomentosa* (Rub.), die windende *Mucuna rostrata* (Legum.) sowie windende *Ipomoeen* (Convolv.), das Rohrgras *Gynerium sagittatum* und krautige *Heliconien* (Musac.). — Der Wald enthält von größeren Palmen eine *Iriartea*, eine *Bactris* und *Wettinia augusta*, von Baumfarnen *Alsophila Lechleri*, *Alsophila pubescens* und *Cyathea*-Arten; eine *Hevea* ist unter den Waldbäumen so reichlich vertreten, daß sie dort (bei 900 m!) zur Kautschuk-Gewinnung dient; unter den kletternden Araceen zeichnen sich *Monstera pertusa* und *Anthurium triphyllum* durch häufiges Vorkommen aus; schließlich seien zwei schattenliebende Bodenkräuter des Waldes erwähnt: die Bromeliacee *Lindmania petiolata* und *Chlorophytum Schidospermum*, das einem in Südamerika seltenen Liliaceen-Genus angehört. — Auf pflanzenarmem Geröll am Flußufer wächst *Baccharis salicifolia* (Compos.) als charakteristischer Strauch.

3. Das Urubamba-Tal und seine Seitentäler.

a) Das Urubamba-Tal unter 1500 m Seehöhe.

Die herrschende Formation ist die regengrüne Savanne. Dazu kommen an Flußufern: Regengrünes Savannengehölz (trockene Stellen), immergrünes Gebüsch (feuchte, aber nicht sumpfige Stellen), Matorral (sumpfige Stellen) und Bestände von *Tessaria integrifolia* (ebene Geröllflächen). Was die Savanne und das Savannengehölz anbelangt, so bedürfen meine früheren Angaben keiner Ergänzung. Das immergrüne Gebüsch tritt nur in kleinen, zerstreuten Flecken auf und stellt gewissermaßen eine verkümmerte Form des tropischen Regenwaldes dar, aus dessen Flora es einige Repräsentanten aufnimmt. Es besteht aus Bäumen, die zum Teil beträchtliche Höhe erreichen, und aus Sträuchern. Das Matorral erlangt nur geringe Ausdehnung und entwickelt sich nicht typisch. Der tiefste Punkt, welchen ich am Urubamba erreichte, lag bei 1000 m (Sta. Anna). Bei der Ersteigung benachbarter Berge konnte ich das Tal noch weiter abwärts übersehen und dabei feststellen, daß die Savannenlandschaft sich mindestens bis Echarate (600—700 m) fortsetzt. Nach meinen Erkundigungen beginnt das Waldgebiet erst in der Gegend von Rosalina, woselbst der Urubamba schiffbar wird und aus dem Tale in ein offenes, den Übergang zur Ebene vermittelndes Hügelland tritt.

b) **Das Tal von Idma**,

durchzieht in ungefähr nördlicher Richtung ein unbenannter kleinerer Fluß, der bei Sta. Anna linksseitig in den Urubamba mündet. Idma ist der Name einer bei 1400 m gelegenen Hacienda.

Bis 1300 m reicht die Savannen-Vegetation des Urubambatales. Über dieser Linie tritt an Stelle des einheitlichen Bildes ein bunter Wechsel der Formationen.

Unterhalb der Hacienda, zwischen 1300 und 1400 m, begleitet den Fluß immergrünes Gebüsch, das teils an den tropischen Regenwald, teils an das Matorral erinnert, aber der Palmen und anderer tropischer Typen entbehrt. Die wichtigsten Bestandteile sind:

Bäume:

Ficus sp. (Morac.).
Cecropia sp. (Morac.).
Triplaris sp. (Polygon.)
Ocotea minarum (Laurac.).
Nectandra reticulata (Laurac.).

Nectandra cissiflora od. verw.
Inga-Arten (Legum.).
Erythrina sp. (Legnm.).
Croton sp. (Euphorb. Nr. 5029).
Styrax ovatus.

Cordia alliodora (Borrag.).

Aufrechte Sträucher:

Piper-Arten.
Siparuna sp. (Monim. Nr. 5042).
Ocotea puberula (Laurac.; auch Baum).

Bocconia frutescens (Papav.).
Miconia Urbaniana (Melast.).
Rapanea sp. (Myrsin.)

Kletterpflanzen:

Chusquea sp. (Gram.; spreizklimmender Strauch).
Araceen.
Clematis sp. (Ranunc.).

Mucuna rostrata (Legum.).
Rankende Sapindaceen.
Windende Compositen.

Rohrgräser:

Gynerium sagittatum.

Schattenkräuter:

Heliconia-Arten (Musac.).

Die Berge westlich der Hacienda (Höhenlage 1400—2000 m) sind teils mit Grassteppe, teils mit Steppengehölzen, teils mit Adlerfarnbeständen (*Pteridium aquilinum*) bewachsen. Die Grassteppe befand sich zur Zeit meiner Anwesenheit (Juni) nur teilweise im Ruhezustand. In den licht und locker gebauten Steppengehölzen mischen sich immergrüne und regengrüne Elemente, hohe schlanke Sträucher mit gerade aufstrebenden Zweigen und kleine Bäume; weitere Merkmale sind: die überaus dürftige Bodenvegetation, das spärliche Vorkommen der Moose, Flechten, Epiphyten und Araceen, das Fehlen der Palmen und Cyclanthaceen. Diese Formation steht ungefähr in der Mitte zwischen den Savannengehölzen des Urubambatales und den immergrünen derblaubigen Gehölzen im Norden der Montañazone.

Grassteppe:

Andropogon bracteatus (Gram.; häufig, Charakterpflanze).
Andropogon bicorais (Gram.; häufig, Charakterpflanze).

Epistephium elatum (Orchid.).
Bletia catenulata (Orchid.; knollentragend).
Epidendrum xanthinum (Orchid.; strauchig).
Chelonanthus acutangulus (Gentinn.).

Escobedia scabrifolia (Scroph.).

Östliche Andenseite Südperus: Tal von Idma bei Sta. Ana. 1300—1400 m.
Gebüsch mit **Gynerium sagittatum** (Aubl.) P. B.

Steppengehölze.

Sträucher:

Embothrium grandiflorum od. verw. (Proteac..
Roupala complicata Protac.).
Weinmannia crenata (Cunon.; auch als Baum; nur von 1700 m aufwärts).
Vismia sp. (Guttif. Nr. 4993.
Miconia falcata Melast.).
Tibouchina Weberbaueri (Melast..
Kapanea oligophylla (Myrsin.).
Nr. 4992 Lab.).
Condaminea corymbosa Rub.'.
Liabum asclepiadeum (Compos.).

Bodenkräuter:

Einige Farne und Lycopodien.
Rhynchospora polyphylla (Cyperac..
Carex cladostachya (Cyp..

Die Abhänge im Osten der Hacienda Idma (Höhenlage 1500—1800 m) tragen an einigen steilen, felsigen Flecken Adlerfarngestrüpp, im übrigen ein immergrünes, ziemlich hohes Gehölz, das die Mitte hält zwischen Steppengehölz und tropischem Regenwald und u. a. beherbergt: *Ocotea caniflora* (Laurac.; Baum, 20 m hoch), *Labatia discolor* (Sapotac.; Baum, 20 m hoch), *Rhus juglandifolia* (Anacard.: Strauch, 10 m hoch, wohl auch baumförmig) und eine Zwergpalme (*Geonoma* sp.; Nr. 5033).

Verfolgt man das Tal von Idma oberhalb der Hacienda, so gelangt man in einen langen Streifen von etwas verarmtem tropischen Regenwald mit Baumfarnen, einigen Palmen (*Bactris*, *Geonoma*), kletternden *Carludovica*-Arten in großer Individuenzahl, Araceen, vielen *Heliconien* und Zingiberaceen und mittelstarken dicotylen Lianen. Zu fehlen scheinen *Iriartea*, *Phytelephas*, *Cyclanthus*, *Carludovica palmata* und die Marantaceen. Um 2000 m beginnt der Übergang zu den Gehölzen der Ceja.

c) Im Tale von Yanamanche und Lucumayo, das ein unbenannter, rechter Zufluß des Urubamba bewässert, dringt die Savannenvegetation bis 1500 m aufwärts. Dann gestaltet sich zwischen 1500 und 2300 m die Landschaft ähnlich wie auf den Bergen westlich von Idma: Grassteppen von geringer Periodizität wechseln mit halb immergrünen halb regengrünen Steppengehölzen.

4. Das Chanchamayo-Tal um La Merced (700 m).

Ein ungeheures, zusammenhängendes Waldgebiet breitet sich in jener Gegend aus. Die xerophilen und halbxerophilen Formationen fehlen so gut wie ganz. Als ich von einer Anhöhe bei La Merced über die Täler und niedrigen Vorberge der Anden blickte, entdeckte ich an einer Stelle in der Ferne einen kleinen Grassteppenfleck, sah aber im übrigen nur tropischen Regenwald und die den Flußläufen folgenden Matorralstreifen.

Tropischer Regenwald in der Höhenlage von 900—1000 m:

Bodenkräuter. Stammlose Palmen und Cyclanthaceen:

Farne.
Selaginella-Arten.
Olyra heliconia Gram..
Scleria sp. (Cyp..
Nr. 1848 *Attalea* sp. (Palm..
Phytelephas Poeppigii Palm.; sehr häufig).

Astrocaryum sp. (Palm.).
Cyclanthus sp. (Nr. 1803).
Carludovica palmata (Cyclanth.; sehr häufig).
Dieffenbachia cordata (Arac.).
Xanthosoma brevispathaceum (Arac.).

Anthurium latissimum (Arac.).
Heliconia-Arten (Musac.; Nr. 1811, 1851).
Zingiberaceen (Nr. 1820 ;*Costus* sp.], 1852 *Costus* sp.], 1856 |*Costus* sp.|, 1835).
Marantaceen (Nr. 1817, 1825, 1805).

Peperomia-Arten (Pip.). z. B. *P. oxyphylla*.

Stammbildende Zwergpalmen:
Chamaedorea sp. (Nr. 1824).

Baumfarne:
Wenige Arten, hauptsächlich in feuchten Schluchten.

Monocotyle Großsträucher:
Guadua sp. (Gramin.-Bambus.; in feuchten Schluchten).

Monocotyle Bäume (Palmen):
Euterpe Haenkeana.
Iriartea Orbignyana.
Bactris longifrons.

Kleinere, aufrechte dicotyle Holzgewächse mit geringer Verzweigung (zwischen Baum- und Strauchform schwankend):

Piper callosum.
Piper costatum.
Piper smilacifolium.
Oxandra? acuminata (Anon.).
Bocagea sp. (Anon.).
Mauria suaveolens (Anacard.).
Mauria birringo.
Rhacoma Urbaniana (Celastr.).
Allophylus divaricatus.

Tovomita brasiliensis (Guttif.).
Myrcia stenocymbia (Myrt.).
Miconia triplinervis (Melast.).
Clavija Weberbaueri (Theophrast.).
Ardisia Weberbaueri (Myrsin.).
Hamelia patens (Rub.).
Psychotria villosa (Rub.).
Nr. 1804, 1810, 1813, 1832, 1841, 1868, 1869, 1926, 1927.

Dicotyle Bäume:

Cecropia sp. (Morac.; Nr. 1837; hauptsächlich in feuchten Schluchten).
Cathedra sp. (Olac. Nr. 1865).
Aniba foeniculacea (Laurac.).
Aniba muca.
Nectandra pulverulenta (Laurac.).
Inga Hartii (Legum.).
Cedrela-Arten (Meliac.).
Guarea oblongiflora (Meliac.).
Heteropterys suberosa (Malpigh.).

Croton Sampatik (Euphorb.).
Allophylus floribundus (Sapind.).
Oreopanax polycephalus (Aral.).
Parathesis Candolleana (Myrsin.).
Cinchona micrantha (Rub.).
Genipa excelsa (Rub.).
Nr. 1853, 1861, 1862, 1871, 1872, 1876, 1877, 1883, 1885, 1893, 1894, 1898, 1902, 1912, 1916, 1930, 1940, 1945, 1946.

Kletternde Monocotylen:

Chusquea sp. (spreizklimmender Strauch).
Desmoncus sp.(Palm. Nr. 1906).
Carludovica sp. (Cyclanth. Nr. 1827).
Syngonium Ruizii (Arac.).
Philodendron juninense (Arac.).

Philodendron chanchamayense.
Philodendron tarmense.
Monstera subpinnata (Arac.).
Anthurium pentaphyllum (Arac.).
Dichorisandra villosula (Commelin.: windend).

Vanilla Weberbaueriana (Orchid.).

Kletternde Dicotylen:

Banisteria caduciflora (Malpigh.; hochsteigende Holzliane mit armesdickem, anscheinend windendem Stamme.).

Paullinia exalata (Sapind.; hochsteigende, rankende Holzliane).

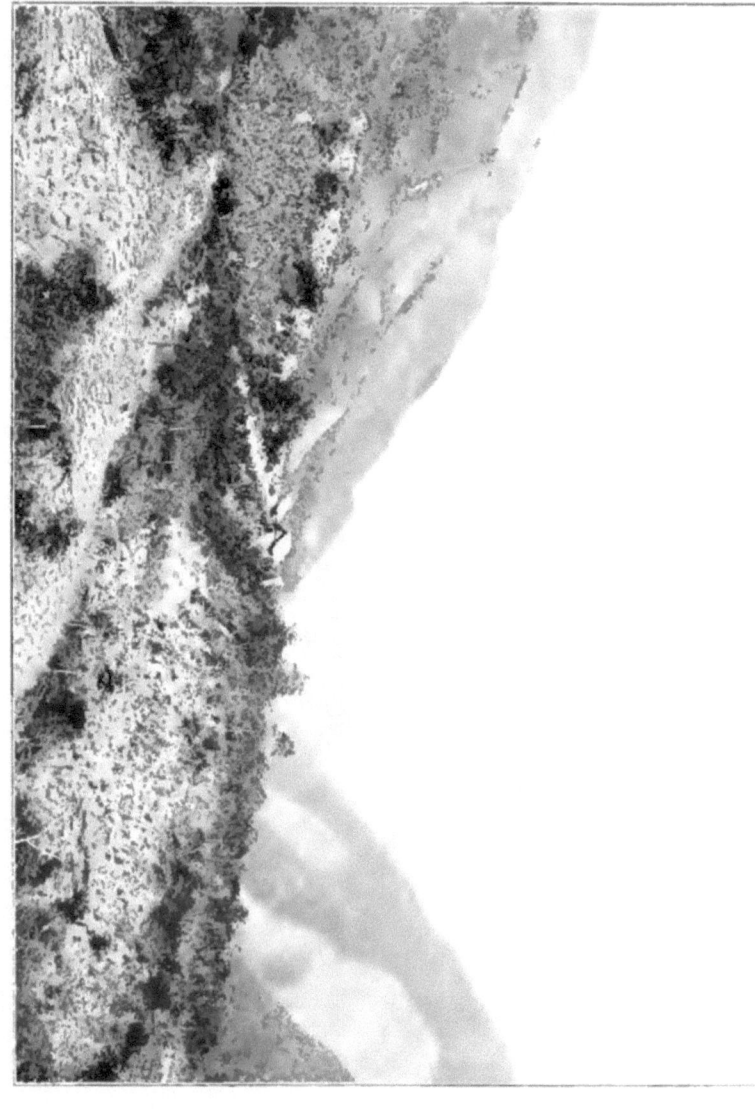

Östliche Andenseite Zentralperus: Monzón, bei 900—1000 m.
Verteilung der Formationen an den Talwänden: Links die Grassteppe, rechts die Gehölze überwiegend.

Nr. 1911 (Apocyn.; hochsteigende, windende Holzliane).
Tynnanthus Weberbaueri Bign.; hochsteigende, rankende Holzliane.
Arrabidaea Weberbaueri (Bign.; wie vor.).
Lundia Spruceana (Bign.; wie vor.).

Asplenium serratum (Filic.).
Asplenium auritum.
Polypodium crassifolium (Filic.).
Polypodium angustifolium.
Nephrolepis pectinata (Filic.).
Vittaria lineata (Filic.).
Anthurium vittariifolium (Arac.).
Streptocalyx Fürstenbergii (Bromel.).
Lanium microphyllum (Orchid.).

Paragonia pyramidata (Big.; wie vor.).
Rudgea scandens (Rub.; dünnstämmig und klein, windend, in geringer Höhe über dem Boden blühend).
Nr. 1819, 1863, 1888, 1905.

Epiphyten:

Masdevallia perpusilla (Orchid.).
Maxillaria nardoides (Orchid.).
Trigonidium spathulathum (Orchid.).
Stelis Serra (Orchid.).
Epidendrum Porpax (Orchid.).
Gongora quinquenervis (Orchid.).
Peperomia rubescens (Piperac.).
Peperomia arboriseda.
Peperomia mercedana.
Rhipsalis sp. (Cactac. Nr. 1870).

Parasiten:

Loranthaceen, z. B. *Phoradendron crassifolium. Phoradendron Englerianum. Struthanthus tenuis.*

Am Wege von La Merced nach der Kaffeepflanzung Pampa Camona, die auf den östlichen Vorbergen der Anden liegt, sieht man den tropischen Regenwald mindestens bis zu 1500 m Seehöhe hinaufreichen, aber von 1400 m an die Bäume durchschnittlich niedriger werden und die Zahl der Moose, Baumfarne, Sträucher und Epiphyten zunehmen. Bis 1400 m lassen sich *Phytelephas* und *Carludovica palmata*, mindestens bis 1500 m *Iriartea* und kletternde *Carludovica*-Arten verfolgen. An der Hauptkette gelangen diese Palmen und Cyclanthaceen höchstens bis 1200 m.

Matorral (um La Merced nur in schmalen Streifen entwickelt).
Cecropia sp., *Gynerium sagittatum, Fischeria peruviana* (Asclep.; windend *Gurania speciosa* (Cucurb.; rankend) usw.

Geröllflächen im Überschwemmungsgebiet des Flusses: *Tessaria* sp. (Comp.; Strauch).

Steile Felswände,

die an Talengen den Fluß begleiten, haben im allgemeinen keine eigenartige Flora aufzuweisen; sie werden besiedelt von den Epiphyten und Lianen des Waldes. Den schönsten Schmuck aber verleihen diesen Felsen die brennend roten Blütenbüsche des Strauches *Warczewiczia coccinea* (Rub.).

5. **Das Tal von Monzon.**

Den oberen Abschnitt, in dem der Monzonfluß sich durch die Höhenregion von 1200 bis 750 m bewegt und von steilen Hängen umgeben ist, die bis zu 1900 m emporragen und nach Osten hin allmählich niedriger werden — charakterisieren halbxerophile Formationen, Grassteppen und immergrüne derblaubige Gebüsche. Auf der rechten (südlichen bis südöstlichen) Talseite überwiegen die Grassteppen, auf der linken (nördlichen bis nordwestlichen) die Gehölze. Der Boden ist in der Steppe ein rötlicher Lehm. Bei den Gehölzen begegnet man allen Übergängen vom niedrigen, lockeren, durch Grasflecken unterbrochenen Gesträuch bis zum hohen, geschlossenen, grasfreien und von dünnen Lianen durchflochtenen Gebüsch. Der tropische Regenwald und das Matorral erreichen nur geringe Ausdehnung, da sie sich auf den engen Talboden beschränken.

Bei 750 m tritt der Fluß aus dem engen Tale in ein welliges Hügelland, wo die Gipfelhöhen 1000 m nicht überschreiten. Die halbxerophilen Formationen verschwinden, und die Pflanzendecke besteht nunmehr aus tropischem Regenwald und Matorral.

Oberer Abschnitt.

Grassteppe (Höhenlage 900—1900 m):

Andropogon bracteatus (Gram.).
Andropogon bicornis (Gram.).
Trachypogon polymorphus (Gram.).
Saccharum cayennense (Gram.).
Arundinella brasiliensis (Gram.).

Bulbostylis junciformis (Cyp.).
Rhynchospora globosa (Cyp.).
Rhynchospora glauca.
Bletia Sherattiana (Orchid.; knollentragend.
Chelonanthus acutangulus (Gentian.).

Achyrocline sp. (Compos.; Nr. 3501; Halbstrauch).

Immergrüne, derblaubige Gesträuche und Gebüsche.

Pteridophyten:

Alsophila plagiopteris kleiner Baumfarn).
Lycopodium Eichleri.

Monocotylen:

Epidendrum imatophyllum (Orchid.).
Pleurothallis xanthochlora (Orchid.; zwischen Steinen).

Dicotyle aufrechte Sträucher:

Piper Carpunya.
Piper monzonense.
Embothrium sp. (Proteac. Nr. 3464).
Nea sp. (Nyctag. Nr. 3495).
Siparuna pyricarpa (Monim.).
Nectandra Pichurim (Laurac.).
Nectandra acutifolia.
Mauria suaveolens (Anacard.).
Allophylus punctatus (Sapind.).
Luhea paniculata (Tiliac.; zur Blütezeit das Laub verlierend).
Clusia sp. (Guttif. Nr. 3476 u. 3477).

Miconia iboguensis (Melast.).
Miconia stenostachys.
Miconia dipsacea.
Tibouchina oxypetala (Melast.).
Calyptrella cucullata (Melast.).
Schefflera pentandra (Aral.).
Bejaria sp. Eric. Nr. 3466.
Rapanea Weberbaueri (Myrsin.).
Nr. 3468, 3472, 3500 Labiaten.
Ruellia porrigens (Acanth.).
Cosmibuena obtusifolia (Rub.).
Vernonia monzonensis (Comp.).

Liabum hastifolium (Comp.; Halbstrauch).

Dicotyle kletternde Sträucher:

Ditassa crassa (Asclep.; windend).
Valeriana Pavonii (windend).

Mikania monzonensis (Compos.; windend).
Mikania Weberbaueri (windend).

Baccharis rhexioides (Compos.; spreizklimmend).

Dicotyle Bäume:

Trema micrantha (Ulm.).
Phoebe heterotepala (Laurac.; auch strauchig).

Inga punctata (Legum).
Miconia sanguinea (Melast.).

A. Weberbauer, phot.

Östliche Andenseite Zentralperus: Zwischen Monzón und dem Huallaga, bei 600—700 m. Tropischer Regenwald mit **Carludovica palmata** R. & Pav. (in der Mitte), **Scitamineen** (desgl.), kletternden **Araceen** (oben) und dem Wurzelgerüst einer **Iriartea** (links).

Dicotyle Kräuter:

Coccocypselum canescens Rub.; kriechend).
Senecio sp. (Compos.; Nr. 3452).

Tropischer Regenwald.

Scleria reflexa (Cyp.; spreizklimmendes Kraut'.
Nr. 3435 (Zingib.; Bodenkraut).
Geonoma acaulis (Palm.; stammlos).
Chamaedorea Lindeniana (Palm.; 4 m hoch).
Chamaedorea lanceolata (Palm.; etwa wie vor.).
Euterpe andicola (Palm.; kleiner Baum).
Iriartea sp.; Palm.; Baum'.
Bactris sp. Palm.; Baum).
Ocotea cuneifolia (Laurac.; Baum).
Cedrela fissilis Meliac.; Baum).
Hieronymia alchorneoides Euphorb.; Baum..
Croton sp. (Euphorb.; Baum. Nr. 3443 und 3494).
Nr. 3446, 3434 (Bäume'.
Philodendron Ruizii (Arac.; kletternd.
Piper volubile (windende Holzlinne).
Hippocratea huanucana (rankende Holzliane.
Anthurium huanucense (Arac.; Epiphyt).
Peperomia rhombea (Pip.; Epiphyt an Baumstämmen.

Matorral:

Gynerium sagittatum (Gram.'.
Cecropia sp. Morac.; Baum).
Triplaris sp. Polygon.; Baum.
Erythrina micropteryx (Legum.; Baum).

Unterer Abschnitt.

Tropischer Regenwald.

Bodenkräuter. Stammlose Palmen und Cyclanthaceen.

Farne und Selaginellen, z. B. *Selaginella haematodes*.
Orthoclada rariflora Gram.'.
Scleria stipularis Cyp.; mitunter spreizklimmend.
Cyperus saturatus Cyp..
Cyclanthus sp.
Carludovica palmata Cyclanth.).
Dieffenbachia Weberbaueri Arac.
Anthurium serorium (Arac.; vielleicht auch kletternd.
Heliconia-Arten (Musac.; Nr. 3579, 3598, 3636).
Zingiberaceen.
Marantaceen Nr. 3580, 3584, 3603, 3604, 3631, 3683).
Spiranthes speciosa (Orchid..

Mittelhohe verholzende Gräser und stammbildende Zwergpalmen:

Olyra latifolia (Gram.; 1 m hoch).
Hyospathe sp. Palm.; Nr. 3650, 3657; 3 m hoch).
Chamaedorea lanceolata (Palm.'.
Bactris simplicifrons Palm.; 1,5 m hoch).
Geonoma Brongniartii (Palm.; 2 m hoch'.
Die Palmen Nr. 3597, 3600, 3672.

Monocotyle Bäume (Palmen):

Iriartea Orbignyana od. verw.
Bactris longifrons od. verw.
Euterpe Haenkeana (12 m hoch).
Euterpe precatoria od. verw. (20 m hoch.

Kleinere, aufrechte dicotyle Holzgewächse mit geringer Verzweigung (bald der Baum- bald der Strauchform näher stehend).

Urera baccifera Urtic.).
Biophytum dendroides Oxalid..
Miconia membranacea Melast..
Tococa parviflora (Melast.; Ameisenpflanze).
Myrmidone peruviana (Melast.; Ameisenpflanze).
Maieta dentata Melast.; Ameisenpflanze.
Gilibertia Weberbaueri Aral.).
Cordia hispidissima (Borrag.; Ameisenpflanze.
Ruellia yurimaguensis (Acanth.; fast krautig).
Uragoga leucantha Rub..

Immergrüne dicotyle Bäume:

Nectandra globosa Laurac.).
Inga Weberbaueri Legum.).
Guarea trichilioides Meliac..
Stephanopodium peruvianum (Dichapet.).
Pachylobus peruvianus Anacard..
Tabernaemontana Sananho (Apocyn.).
Jacaranda Copaia Bignon.).

Remija megistocaula (Rub.; mit grasgrüner, glatter Stammrinde, von der sich meterlange Streifen einer braunen, papierähnlichen Borke lösen).

Palicourea lasiantha (Rub.).
Uragoga flaviflora (Rub.).
Nr. 3594, 3623, 3639, 3696, 3698, 3699.

Kletterpflanzen mit Haftwurzeln:

Carludovica sp. (Cyclanth. Nr. 3689).
Philodendron angustialatum (Arac.).
Philodendron huanucense.
Monstera pertusa (Arac.).
Stenospermatium Weberbaueri (Arac.).
Anthurium huallagense (Arac.).

Anthurium clavigerum.
Anthurium huamaliesiense.
Anthurium undatum.
Begonia sp. (Nr. 3611).
Clidemia epiphytica (Melast.).
Maieta heterophylla (Melast.; Ameisenpflanze).

Die Gesneraceen Nr. 3582, 3615, 3655, 3658.

Kletterpflanzen mit Ranken:

Serjania inflata Sapind.).
Serjania rubicaulis.
Serjania pyramidata.

Kletterpflanzen mit windenden Stämmen:

Floscopa peruviana (Commelin.; klein, fast krautig).
Phaseolus appendiculatus (Legum.).

Nr. 3591 (Malpigh.?).
Nr. 3605 (Apocyn.).
Merremia glabra (Convolv.).
Nr. 3640 (Compos.).

Epiphyten:

Anthrophyum subsessile (Filic.).
Anthurium scolopendrinum (Arac.).
Philodendron megalophyllum (Arac.).
Aechmea Cumingii (Bromel.).
Oncidium pusillum (Orchid.).

Peperomia fuscispica (Pip.).
Peperomia tenuiramea.
Rhipsalis sp. (Cactac. Nr. 3629).
Blakea ovalis (Melast.).
Nr. 3626 (Gesn.).

Matorral.

Pteridophyten:

Equisetum sp. (feuchtere Stellen).

Scitamineen:

Nr. 3703 (*Heliconia* sp.) und die meisten Arten des Waldes.

Dicotyle, aufrechte oder fast spreizklimmende Sträucher und Halbsträucher:

Piper-Arten, z. B. *P. pubibaccum.*
Urera sp. (Urtic.).
Siparuna sp. (Monim.).
Acalypha sp. (Euphorb.; Nr. 3614).
Bixa orellana.

Solanum-Arten.
Sanchezia oblonga (Acanth.).
Palicourea coerulea (Rub.).
Centropogon surinamensis (Campan.).
Nr. 3645 (Compos.).

Rankende Kletterpflanzen:

Nr. 3619 (Vitac.).
Gurania-Arten. (Cucurb.).

Windende Kletterpflanzen:

Dioclea rufescens (Legum.).
Mucuna rostrata (Legum.).
Fischeria peruviana (Asclep.).

Ipomoea squamosa (Convolv.) od. verw.
Tournefortia foetidissima (Borrag.).
Nr. 3642.

Rohrgräser:

Gynerium sagittatum.

Monocotyle aufrechte Großsträucher (Bambuseen):

Guadua sp.

Weberbauer, Pflanzenwelt der peruanischen Anden. Tafel XXXVI, zu S. 289.

A. Weberbauer, phot.
Östliche **Andenseite Zentralperus**: Zwischen Monzón und dem Huallaga, bei 600—700 m. Matorral-Formation mit **Gynerium sagittatum** (Aubl. P. B. (mitten). **Cecropia** sp. (in der Mitte und links **hinten**), **Triplaris** sp. (links).

Höhere Palmen:

Iriartea Orbignyana od. verw.
Bactris longifrons od. verw.
Euterpe precatoria od. verw.

Immergrüne dicotyle Bäume:

Ceropia-Arten (Morac.).
Nr. 3702 u. 3705 (Morac.).
Urera caracasana (Urtic.).
Triplaris hispida (Polygon.; Ameisenpflanze).
Triplaris caracasana (wie vor.).
Inga monzonensis (Legum.).
Sterculia chicha.
Miconia calvescens (Melast.).
Cordia excelsa Borrag.).

Dicotyle Bäume, die in der Trockenzeit das Laub verlieren:

Sapium taburu od. verw. (Euphorb.; Ameisenpflanze. Nr. 3578).
Erythrina sp. (Legum.).
Bombax- und *Ceiba*-Arten (Bombac.).

Sandbänke an Flußufern

bedecken sich mit Pflanzenvereinen von xerophilem Anstrich. Das Gras *Imperata minutiflora* bildet steppenähnliche, stellenweise reine Bestände; mehr oder weniger zerstreut wachsen einige Sträucher wie *Crotalaria maypurensis* (Legum.), *Tessaria* sp. (Compos.) und *Bacharis* sp. (Compos.).

6. Das Tal des Flusses Mayo in der Gegend von Moyobamba (860 m).

Bei Moyobamba und dem weiter westlich gelegenen Rioja breiten sich zwischen niedrigen Bergzügen umfangreiche Ebenen aus. Matorral, tropischer Regenwald, halbxerophiles Gehölz mit immergrünem, derbem Laub, Grassteppe teilen sich, in buntem Wechsel einander ablösend, in den weitaus größten Teil der Bodenoberfläche; neben diesen wichtigsten Formationen kommt noch eine Anzahl kleinerer zur Ausbildung. Für das Matorral gewähren die Flußufer nicht überall den geeigneten Untergrund: wo die Böschungen hoch und steil und somit Überschwemmungen selten sind, da tritt der tropische Regenwald bis an den Fluß heran. Der Regenwald scheint jede der drei andern Formationen an Ausdehnung zu übertreffen; an den Abhängen ist er etwas trockener als in der Ebene. Das halbxerophile Gehölz entwickelt sich als Gebüsch, höchstens in kleinen Flecken als echtes Gesträuch, und überzieht bald geneigte, bald ebene Flächen. Bei 1200—1300 m geht es in Regenwald oder Ceja-Gehölze über. Die Grassteppe verteilt sich in ähnlicher Weise wie das halbxerophile Gehölz, bevorzugt aber die Bergeshänge, bis 1500 aufwärts sich erstreckend; sie wird stellenweise sehr dicht und grünt ohne Unterbrechung; von den meisten Gramineen und Cyperaceen findet man auch während der trockensten Monate, im August und September, blühende Individuen.

Matorral.

Scitamineen:

Nr. 4513 Zingib. u. a.

Dicotyle aufrechte Sträucher:

Fagara Weberbaueri (Rut.).

Kletterpflanzen:

Mucuna rostrata (Legum.; windend).   *Souroubea guianensis* (Maregrav.; windende Holzliane).

Rohrgräser:

Gynerium sagittatum.

Monocotyle, aufrechte Großsträucher (Bambuseen):

Guadua Weberbaueri.

Höhere Palmen:

Iriartea sp.   *Mauritia* sp.

Immergrüne dicotyle Bäume:

Cecropia sp. (Morac.).   *Inga marginata* (Legum.).
Triplaris-Arten (Polygon.).   *Guarea trichilioides* (Meliac.).

Regengrüne dicotyle Bäume:

Erythrina micropteryx (Legum.).   *Sapium biglandulosum* od. verw. Euph. Nr. 4759.

Hemiepiphytische Baumwürger:

Ficus sp. Nr. 4582).

Epiphyten:

Masdevallia aureo-rosea (Orchid.; od. verw.   Nr. 4580 *Rhipsalis?*.

Parasiten:

Psittacanthus cupulifer. (Loranth.).

Tropischer Regenwald.

Bodenkräuter.   Stammlose Palmen und Cyclanthaceen:

Farne und Selaginellen.   *Floscopa robusta* (Commelin.).
Scleria arundinacea (Cyperac.).   *Xiphidium album* (Haemodor.
Phytelephas sp. (Palm.).   *Eucharis amazonica* (Amaryll.).
Astrocaryum sp. (Palm.).   *Hypoxys decumbens* (Amaryll.).
Cyclanthus sp.   *Heliconia* sp. (Musac.; Nr. 4664.
Carludovica palmata (Cyclanth.).   Nr. 4627 (Scitam.).
Nr. 4551 (Arac.).   *Spiranthes variegata* (Orchid.).
Nr. 4726 (Arac.).   *Spiranthes elata*.
Nr. 4733 (Arac.).   *Oxalis Ortgiesii*.
Nr. 4755 (Arac.).   *Begonia* sp. (Nr. 4549).
     Monolena primuliflora (Melast.).

Stammbildende Zwergpalmen:

Chamaedorea sp. (Nr. 4628; Stamm 2 m hoch).   *Geonoma* sp. (Nr. 4557; Stamm 0.1 m hoch).
Chamaedora Pavoniana (Stämme meist zu mehreren dicht nebeneinander, bis 3 m hoch).   *Martinezia* sp. (Nr. 4665; Stamm bis 0.5 m hoch). Nr. 4560.

Monocotyle Bäume (Palmen):

Iriartea sp.   *Wettinia mayncnsis* (8 m hoch).
Bactris sp.   *Jessenia polycarpa* (12 m hoch).

Kleinere, aufrechte dicotyle Holzgewächse mit geringer Verzweigung (bald der Baum-, bald der Strauchform näher stehend):

Trichostigma peruviana (Phytolacc.).   *Jacobinia elegantissima* (Acanth.).
Fuchsia ovalis (Oenother.).   *Cephalocanthus maculatus* (Acanth.).
Aphelandra jacobinioides (Acanth.).   Nr. 4556 (Gesn.). 4681 (Gesn.). 4658. 4550.
Aphelandra acutifolia.   4666. 4683.

A. Weberbauer, phot.

Östliche **Andenseite Nordperus**: Moyobamba, bei 800—900 m.
Übergangsformation zwischen Matorral und tropischem Regenwald.
Mauritia sp. zu beiden Seiten des Weges und **Iriartea** sp. (links).

Dicotyle Bäume:

Aberemoa pedunculata Anon.).
Theobroma Mariae (Stercul.).
Conomorpha Weberbaueri (Myrsin.).
Jacaranda Copaia od. verw. (Bignon.).
Palicourea stenophylla (Rub.).

Palicourea thyrsiflora.
Palicourea lasiophylla.
Uragoga Weberbaueri Rub.).
Nr. 4539 Guttif.
Nr. 4727.

Kletterpflanzen:

Carludovica-Arten (Cyclanth.).
Nr. 4644 (Arac.).
Dichorisandra Aubletiana Commelin.; windend; klein, krautig.
Hirtella americana Rosac.; windend).

Marcgravia Weberbaueri windende Holzliane).
Nr. 4686 (Apocyn.; windende Holzliane).
Aegiphila chrysantha (Verben.; spreizklimmender Strauch.

Epiphyten:

Epidendrum Moyobambae (Orchid.).
Epidendrum euspathum.
Rodriguezia lanceolata Orchid..

Maxillaria Mathewsii (Orchid.).
Gongora Incarum (Orchid.).
Batemannia Colleyi (Orchid.).

Corynanthes Bruckmuelleri (Orchid.).

Halbxerophiles Gebüsch mit immergrünem derben Laub[1].

Bodenkräuter:

Pteridium aquilinum (Filic..
Schizaea elegans Filic..
Selaginella asperula (häufig. Charakterpflanze.
Nr. 4500 Gram..
Nr. 4630 Arac..

Ananas sativus Bromel.; anscheinend die wilde Stammpflanze.
Selenipedium longifolium (Orchid..
Peperomia trinervis Piperac..
Coutoubea spicata (Gentian.).
Leiphaimos aphylla Gentian.; Saprophyt).

Kletterpflanzen:

Dioscorea sp. Nr. 4621; windend..
Hirtella aureo-hirsuta Rosac.; windende Holzliane.
Alchornea acutifolia Euphorb.; spreizklimmender Strauch.
Serjania rubicaulis (Sapind.; rankender Strauch).
Nr. 4528 Vitac.; rankender Strauch.
Souroubea pachyphylla Marcgrav.; spreizklimmender Strauch).

Nr. 4488 Asclep.? windend.
Blepharodon peruvianus (Asclep.; windend).
Gonolobus marginatus (Asclep.; windend.
Ditassa gracilipes (Asclep.; windend).
Arrabidaea platyphylla Bignon.; rankende Holzliane).
Sabicea flavida (Rub.); windender Strauch).
Mikania moyobambensis (Comp.; windender Strauch.

Aufrechte monocotyle Sträucher und Halbsträucher:

Epidendrum Catillus (Orchid.,.
Epidendrum cinnabarinum.
Sobralia leucoxantha (Orchid.).

Epistephium elatum (Orchid..
Eriopsis Sceptrum (Orchid.).
Camaridium exaltatum Orchid.).

Aufrechte dicotyle Sträucher:

Lacistema Poeppigii.
Guatteria pleiocarpa Anon.; anscheinend auch als Baum).
Siparuna guianensis Monim..

Persea coerulea (Laurac..
Humiria floribunda.
Erythroxylon paraense.
Fagara Culantrillo Rutac.).

---

[1] Auf den Etiketten meiner Sammlung unrichtig als Savannengehölz bezeichnet.

Crepidospermum Goudotianum (Burserac..
Byrsonima chrysophylla (Malpigh.).
Byrsonima rotunda.
Byrsonima amazonica.
Helicteres pentandra (Stercul..
Curatella americana Dillen.).
Clusia thurifera (Guttif.).
Vismia acuminata (Guttif.).
Nr. 4520 (Guttif.'.
Nr. 4629 (Guttif.).
Nr. 4679 (Guttif.).
Myrcia Mathewsiana (Myrt
Myrcia lamprosericea.
Myrcia lanceolata.
Eugenia loretensis (Myrt..
Eugenia egensis.
Psidium Guayava (Myrt.; vielleicht wild!).
Miconia puberula (Melast.).
Miconia rufescens.
Miconia sorialis.
Miconia stelligera.
Tibouchina Mathaei Melast..

Tococa occidentalis (Melast.; Ameisenpflanze).
Bellucia pentandra (Melast..
Bellucia Weberbaueri.
Meriania urceolata Melast.).
Graffenrieda limbata Melast.'.
Graffenrieda floribunda.
Macairea scabra (Melast.;.
Leandra purpurascens (Melast..
Didymopanax Weberbaueri (Aral.'.
Schefflera pentandra (Aral.).
Clethra sp. (Nr. 4475;.
Bejaria sp. Eric.; Nr. 4589 und 4612).
Bejaria sp. (Nr. 4709).
Gaultheria sp. (Eric.; Nr. 4616).
Rapanea ferruginea Myrsin.'.
Cybianthus minutiflorus Myrsin.).
Symbolanthus obscure-rosaceus (Gent..
Macrocarpaea Weberbaueri (Gent.).
Nr. 4506 (Solan.).
Palicourea stenostachys (Rub..
Retiniphyllum angustiflorum (Rub.'.
Nr. 4485 (Rub.).
Siphocampylus Spruceanus (Campan.).

Baumfarne:

Alsophila phegopteroides (Stamm 2 m hoch).

Höhere Palmen:

Mauritia sp. (Nr. 4717. Nur bei Rioja beobachtet. Andere Art als im Matorral. Stamm 20 m hoch.

Dicotyle Bäume:

Roupala complicata Proteac.'.
Cymbopetalum longipes (Anon..
Nectandra Pichurim (Laurac.).
Weinmannia descendens (Cunon..
Pithecolobium Mathewsii Legum.'.
Simaruba amara.

Trattinickia peruviana (Burserac..
Vochysia Weberbaueri.
Maprounea guianensis Euphorb..
Symplocos longiflora.
Cosmibuena obtusifolia (Rub.).

Epiphyten:

Odontoglossum crista galli Orchid.: häufig).
Epidendrum Fiddeanum.

Parasiten:

Loranthaceen, z. B. *Oryctanthus ruficaulis*. *Oryctanthus Botryostachys*. *Struthanthus orbicularis*.

Übergangsformationen zwischen tropischem Regenwald und halbxerophilem Gebüsch.

Bodenkräuter:

Nr. 4648 (Arac..
Pitcairnia corollina (Bromel..
Warrea tricolor (Orchid.).

Macrocentrum fasciculatum (Melast.; zwischen Moos).

Kletterpflanzen:

Nr. 4675 (Spreizklimmender Strauch).
Siphocampylus tortuosus (Campan.; windend.

Adelobotrys adscendens Melast.; windender Strauch'.

Aufrechte dicotyle Sträucher:

Embothrium sp. (Proteac. Nr. 4762).
Phyllonoma ruscifolia (Saxifr.).
Pterocladon Sprucei Melast.; Stamm von Ameisen bewohnt).
Rhus juglandifolia (Anacard.; wohl auch baumförmig; häufig, Charakterpflanze!).

Höhere Palmen:

Jessenia polycarpa.
Wettinia maynensis.

Dicotyle Bäume:

Conepia speciosa (Rosac.).
Nr. 4651 (Guttif.
Didymopanax morototoni (Aral.).
Nr. 4680.

Epiphyten:

Stelis spathulatha (Orchid.).

Übergangsformationen zwischen Matorral und halbxerophilem Gebüsch.

Lygodium venustum (windender Farn).
Smilax sp. (Liliac.; Nr. 4522. Kletternder Strauch).
Ficus sp. (Morac.: Nr. 4523. Baum.
Nr. 4517 und 4521 (Menisp.: windend).
Siparuna tomentosa (Monim.: spreizklimmender Strauch.
Nectandra globosa (Laurac.; Baum).
Nr. 4576 (Guttif.; Baum).
Banara mollis (Flacourt.; Strauch).
Nr. 4701 (Apocyn.; Baum).

Grassteppe.

Lycopodium paradoxum.
Panicum sp. (Gram.; Nr. 4590).
Saccharum cayennense (Gram.).
Andropogon panniculatus (Gram.).
Andropogon leucostachyus.
Andropogon spathiflorus.
Trachypogon polymorphus (Gram.).
Gymnopogon foliosus (Gram.).
Aristida sp. (Gram.; Nr. 4594).
Aristida sp. (Nr. 4637).
Nr. 4609 (Gram.).
Bulbostylis capillaris (Cyperac.).
Bulbostylis junciformis.
Rhynchospora globosa (Cyperac.).
Rhynchospora glauca.
Dichromena ciliata (Cyperac.).
Kyllingia pumila (Cyperac.).
Polycarpaea sp. (Caryophyll.; Nr. 4587; Kraut).
Cuphea gracilis (Lythrac.; Halbstrauch).
Chelonanthus camporum (Gentian.; Kraut).
Nr. 4632 (Lab.; Kraut).
Buchnera Weberbaueri (Scroph.; Kraut).
Escobedia scabrifolia (Scroph.; Halbstrauch).
Borreria tenella (Rubiac.; Halbstrauch).
Sipanea pratensis (Rubiac.; Kraut).
Nr. 4661 (Kraut).

Adlerfarnbestände.

Pteridium aquilinum wächst gesellig in der Nachbarschaft von Grassteppe oder halbxerophilem Gebüsch, bald an Abhängen, bald in der Ebene. Geräumige Flächen vermag der Farn für sich allein, unter Verdrängung aller andern Pflanzen zu besetzen. Seine Ausbreitung wird durch den Menschen gefördert: wo dieser das Gehölz zerstört, da pflegt Adlerfarngestrüpp zu entstehen. Zu den Orten, für die ein ursprüngliches Vorkommen der Pflanze feststeht, gehören namentlich unfruchtbare, felsige Abhänge.

Sandbänke an Flüssen

zeichnen sich wie anderwärts aus durch einen geselligen Strauch der Gattung *Tessaria* (*T. integrifolia* oder verw...

Kleine moorige Flecken

bilden sich in der Grassteppe oder am Rande von halbxerophilem Gebüsch. Sie bleiben flach und seicht und trocknen während der regenarmen Zeit teilweise aus. Zu ihrer Flora gehören *Sphagnum*-Arten und kleine Kräuter wie *Scirpus*- oder *Heleocharis*-Arten, *Mayaca* sp. (Nr. 4670), *Xyris savanensis*, *Syngonanthus caulescens* (Eriocaul.), *Tonina fluviatilis* (Eriocaul.). *Utricularia* sp. (Lentibul.: Nr. 4566), *Perama hirsuta* (Rub.).

Semiaquatische Vereine an den Ufern sonniger Lachen und Teiche:

Sagittaria-Arten (Alism.), Cyperaceen, Araceen. Xyridaceen, Pontederiaceen (Nr. 4711), Juncaceen.

Semiaquatische Vereine schattiger Waldsümpfe (oft in langsam fließenden Waldbächen).

Locker. — Hauptsächlich Araceen (z. B. Nr. 4583); außerdem einige Cyperaceen.

Wasserpflanzen-Vereine in sonnigen Lachen und Teichen.

Azolla sp. *Pistia Stratiotes* (Arac.). *Nymphaea*-Arten. *Limnanthemum Humboldtianum* (Gent.).

Myrmecophile Epiphytenvereine.

ULES Blumengärten der Ameisen (Vgl. Literaturverz. Nr. 140 usw.) dürfen vielleicht als Formationen en miniature aufgefaßt werden, da man häufig dieselben Arten zusammen antrifft. Diese Epiphyten, in deren Wurzelgeflecht kleine, bissige Ameisen ihre Nester anlegen, werden offenbar von den Tieren z. T. ausgesät; andrerseits aber scheint es vorzukommen, daß die Ameisen sich solcher Epiphyten, die ohne ihr Zutun gewachsen sind, als Stützen der Bauten bedienen.

Ich beobachtete in den myrmecophilen Epiphytenvereinen:

No. 4483 (*Anthurium* sp.), *Corynanthes Bruckmuelleri* und andere Orchideen, *Peperomia arboriseda*, eine Cactacee mit bandförmigem, gekerbtem Stamm (*Rhipsalis* oder *Phyllocactus* sp.), No. 4688 (Gesn.?).

Weidetriften,

niedrige, teppichähnliche Gras-Fluren künstlichen Ursprungs, finden sich in den Ortschaften auf ebenem oder wenig geneigtem, mäßig feuchtem Boden. Ursprünglich stand an ihrer Stelle Gehölz. Charakteristisch ist das Gras Nr. 4714, das oft in reinen Beständen auftritt.

Matorral, tropischer Regenwald, halbxerophiles Gebüsch, Grassteppe und Adlerfarngestrüpp wechseln in ähnlicher Weise wie um Moyobamba auch an dem Wege, der von dort, dem Laufe des Flusses Mayo folgend, nach Tarapoto führt, sowie bei der letzteren Stadt, deren Umgebung vor kurzem ULE botanisch erforscht hat. Etwa in der Mitte zwischen beiden Ortschaften überschreitet der Weg den 1500 m hohen Gipfel des Berges La Campana, bekannt durch SPRUCEs Sammlungen. Dort erlangt die Grassteppe große Ausdehnung und reicht bis 1500 m aufwärts. Streifen halbxerophilen Gebüsches, aus dem die zierlichen Kronen einer kleinen *Euterpe* herausschauen, durchziehen und umrahmen die Steppe. Auf der Außenseite der Ostcordillere herrschen, soweit meine Beobachtungen reichen, der tropische Regenwald und das Matorral so gut wie unumschränkt. Nur auf einem winzigen Fleck sah ich, bei der Wanderung von Yurimaguas nach Tarapoto, den tropischen Regenwald von Grassteppe und halbxerophilem Gebüsch unterbrochen.

2. Abschnitt.
Die Besiedlung Perus und seine Kulturpflanzen.

In dem Wüstenland der peruanischen Küstenebene war von jeher der menschliche Ansiedler an die Nähe der Flüsse gebunden, konnte er ohne künstliche Bewässerung den Boden nicht bebauen. Es stand ihm somit wenig Raum zur Verfügung, aber andrerseits boten sich ihm mancherlei Vorteile: Das Klima regenlos und in Anbetracht der geographischen Breite mild, daher eine leichte Bauart der Häuser zulässig; keine außergewöhnlichen die Ernte bedrohenden Wassermängel in den vom Regen und Schnee der Cordilleren genährten Flüssen; die natürliche Vegetation ein schmaler und lockerer Gehölzstreifen am Flußufer und somit leicht zu bewältigen; keine gefährlichen Tiere; ein fischreiches Meer, immer ruhig und leicht zu befahren. So ist es verständlich, daß die Flußufer der peruanischen Küste frühzeitig Stätten hoher Kultur wurden. Diese Küstenkultur erhielt verschiedene eigenartige Zentren, deren Entstehung zusammenhängt mit der Trennung der Flußgebiete durch weite, unbewohnbare Wüsten; sie wich andrerseits in hohem Grade ab von der Kultur der Gebirgsvölker. Daß die altperuanischen Küstenbewohner eine stattliche Anzahl wertvoller Nutzpflanzen kannten und auch anbauten, lehren uns die wohlerhaltenen Gräberfunde: teils vegetabilische Reste, teils bildliche Darstellungen[1].

Auf die Küste folgt landeinwärts eine Zone, die wie heute wohl auch früher wenig bewohnt war und die unteren, regenlosen Andentäler umfaßt. Hier herrscht trockene Hitze und brüten gefährliche Krankheiten, und da die Flüsse

---

[1] Vgl. WITTMACK: Die Nutzpflanzen der alten Peruaner. — Compte rendu du Congrès international des Américanistes. 7. sess. Berlin 1888.
Derselbe: Bearbeitung der vegetabilischen Funde in Ancon in dem Foliowerk von REISS und STÜBEL, Das Totenfeld von Ancon.

zwischen steile Gebirgswände eingekeilt sind, findet sich nur wenig nutzbares Land. Einen ähnlichen Charakter zeigen einige tiefe Flußtäler im Innern der Anden, wie das des Apurimac und das des Maranon.

Die mittleren Gebirgslagen der Westhänge und des interandinen Gebietes waren und sind noch heute — wenn man von wenigen Küstenstädten absieht — der am dichtesten bevölkerte Teil Perus, offenbar deshalb, weil dort die günstigsten Bedingungen für das Gedeihen einer Anzahl wichtiger temperierter Kulturpflanzen bestehen. In Zentralperu liegt dieses Gebiet etwa zwischen 2700 und 3700 m; eine genaue Statistik würde vielleicht noch engere Grenzen, 3000 und 3500 m, ergeben. Nordperu aber zeigt die stärkste Besiedelung in weit geringerer Höhe, zwischen 2000 und 3000 m, und dies dürfte mit den Niederschlagsverhältnissen zusammenhängen die Regen sind reichlicher oder doch weniger auf eine bestimmte Jahreszeit beschränkt als in Zentralperu und erstrecken sich weiter abwärts; so gestaltet sich unterhalb 3000 m das Klima für den Anbau der genannten Gewächse in Nordperu günstiger als in Zentralperu, zumal durch starke Bewölkung eine übermäßige Sonnenwirkung verhindert wird, oberhalb 3000 m aber ungünstiger, weil die anhaltenden Niederschläge die Entwicklung der Knollen und die Befruchtung der Cerealien beeinträchtigen. Wieder anders liegen die Verhältnisse in Südperu. Die Westabhänge der Anden sind hier bis zu großer Höhe sehr trocken und arm an bedeutenden Wasserläufen, somit zur Besiedlung im allgemeinen wenig geeignet. Allerdings befinden sich dort bei 2300 m Arequipa, die zweitgrößte Stadt Perus und bei 1300 m das gleichfalls ansehnliche Moquegua; beide aber haben sich wohl erst nach Ankunft der Spanier gebildet. Zwischen die Randketten der peruanischen Anden reicht im Süden das Titicaca-Hochland hinein; seine Bevölkerung ist hier dichter, als bei der großen Höhe, die allenthalben 3800 m übersteigt, zu erwarten wäre. Der Ackerbau, dessen obere Grenze hier wie auch in Centralperu bei 4000 m liegt, während sie im Norden bis zu 3500 m sinkt, liefert naturgemäß nur kümmerliche Produkte; dafür aber eignen sich die weiten Ebenen vortrefflich zur Viehzucht: Llamas und Alpacas wurden wohl schon in alten Zeiten dort gehütet, und später haben sich Schaf- und Rinderherden dazu gesellt. In Zentral- und Nordperu leben gleichfalls Hirten über den Ackerbau-Regionen, jedoch nicht in so ansehnlichen Ortschaften wie auf dem Titicaca-Hochland. Auch der Bergbau hat — wohl erst nach Ankunft der Spanier — feste menschliche Wohnsitze in unfruchtbaren Höhen entstehen lassen. Meist sind dies aber einzeln stehende Gehöfte, nur selten geschlossene Ortschaften, wie Yauli (4000 m), Cerro de Pasco (4300 m), Hualgayoc (3600 m), die beiden ersten dem Zentrum, die dritte dem Norden angehörend.

Der Ostabhang der Anden ist heute sehr dürftig bevölkert und war früher vielleicht noch einsamer. Die beständigen Regen, die vielen wasserreichen, reißenden Flüsse, die undurchdringlichen Gebüsche und Wälder, die lästigen, oder gar gefährlichen Tiere und schließlich die kriegerischen Waldvölker tieferer Regionen — alles dies mußte den von Westen kommenden Menschen,

A. Weberbauer, phot.
Interandines Gebiet Südperus: Maisfelder bei der Ortschaft Urubamba, ca. 2900 m.

A. Weberbauer, phot.
Östliche Andenseite Südperus: Cuyocuyo, 3300 m.
Terrassen für den Anbau von Oxalis tuberosa u. a. Kulturpflanzen.
In der Mitte Alnus jorullensis Kth.

der an eine grundverschiedene Natur sich gewöhnt hatte, zurückschrecken Andrerseits aber mied der Jäger des Tropenwaldes die kühleren Höhen. Die Ansiedler aus dem Westen fanden sich wohl zuerst der Cocacultur wegen ein; dort, wo der Cocastrauch gedeiht, etwa zwischen 800 und 1800 m, zeigen die Osthänge ihre größte Volksdichte. Dagegen enthält die Region über 2000 m Seehöhe menschenleere Gebiete von ungeheurer Ausdehnung, und es fehlen dort auch jegliche Spuren von Wohnstätten älterer Zeiten. Bei den Jägerstämmen am Ostfuß der Anden spielte naturgemäß der Ackerbau von jeher eine untergeordnete Rolle. Ihre wichtigsten Kulturpflanzen sind *Manihot utilissima* und die Banane. In jüngster Zeit hat durch die zunehmende Ausnützung der Kautschukbäume eine Erschließung dieser Gebiete für den Welthandel begonnen.

Einen weiten Spielraum gewährt dem Anbau nützlicher Gewächse die klimatische Mannigfaltigkeit Perus; von ihrer vollen Ausnützung aber ist man noch weit entfernt. In der Hauptsache begnügt sich der Peruaner mit der Verwertung von Erfahrungen, die teils altindianischen Ursprungs sind, teils durch die Spanier aus dem Mediterrangebiet dem Kolonialreich zugeführt wurden. Hingegen blieb die Berücksichtigung derjenigen Kulturgewächse, die das kühlere Europa hervorbringt, seiner Obstpflanzen, Cerealien und Futterkräuter, eine sehr unvollkommene; auch eine Reihe vegetabilischer Produkte der altweltlichen Tropen ist auf peruanischem Boden noch nicht heimisch geworden.

Die Anlage von Bewässerungsgräben, ein System, das die Bewohner des Inkareiches mit meisterhafter Geschicklichkeit durchzuführen verstanden, gehört für einen Teil Perus, namentlich für die tieferen und mittleren Lagen des Westens und des interandinen Gebietes, zu den Hauptbedingungen der Agrikultur. Den Verlauf dieser Wasserkanäle (»acequias«) erkennt man aus weiter Entfernung an einem schmalen Saum von Sträuchern und Bäumen: diese gehören teilweise zur Flora der Flußufergebüsche; bald erscheinen sie ohne Zutun des Menschen in den Feldern, bald werden sie ihrer nützlichen Eigenschaften halber gepflanzt (z. B. *Salix Humboldtiana*). Zur Zeit der Inkas wußte man auch steile Hänge landwirtschaftlich auszunutzen: durch Terrassenbauten wurde einem allzuraschen Abfließen des Wassers und dem Fortschwemmen des Erdreiches entgegengearbeitet. Noch gegenwärtig treffen wir hier und da teils verlassene teils bepflanzte Terrassen: sie scheinen größtenteils aus vorspanischer Zeit zu stammen.

Nachfolgende Übersicht der wichtigsten Kulturpflanzen behandelt die amerikanischen und außeramerikanischen gesondert, um die mit der europäischen Kolonisation erfolgte Umgestaltung deutlicher hervortreten zu lassen. Die Abkürzungen »trop.« und »temp.« bedeuten, daß die betreffenden Gewächse überwiegend tieferen bzw. mittleren Lagen angehören.

A. Kulturpflanzen amerikanischen Ursprungs.

1. Getreidegräser.

Mais, in der Quichua-Sprache sara (*Zea Mays*); warm-temp., auch Küste, seltener tiefere Lagen des Ostens; nicht nur als Nahrungsmittel für Menschen und Tiere, sondern auch zur Herstellung eines alkoholischen Getränkes, der chicha (»aka« im Quichua) verwendet.

2. Getreidepflanzen, die nicht zu den Gräsern gehören:

Quinoa (*Chenopodium Quinoa*, kühl-temp.

3. Hülsenfrüchte.

Bohnen, spanisch frijoles, pallares usw. (mehrere *Phaseolus*-Arten, z. B. *Ph. vulgaris*, *Ph. lunatus*, *Ph. Pallar*; trop. bis warm-temp., anscheinend hauptsächlich an der Küste. — Erdnuß, spanisch mani (*Arachis hypogaea*); Verbreitung wie vor.

4. Knollengewächse.

Kartoffel, spanisch papa, im Quichua akso (*Solanum tuberosum*: temp., weniger an der Küste; durch Erfrieren und Dörren werden die Knollen zu einem dauerhaften, als »chuño« bekannten Produkt. — Oca (*Oxalis tuberosa*); kühl-temp. — Ullúco (*Ullucus tuberosus*); kühl-temp. — Mássua *Tropaeolum tuberosum*: kühl-temp. — Yacón oder Llacón (*Polymnia sonchifolia*); temp. — Batate, spanisch camóte (*Ipomoea Batatas*); trop. bis warm-temp. — Yuca (*Manihot utilissima*); trop. — Arracacha (*Arracacia esculenta*): trop. bis warm-temp. — Achíra (*Canna indica*); trop. (Osten).

5. Obst.

Palta (*Persea gratissima*); trop. — Chirimoya (*Anona Cherimolia*): trop., aber nur in trockenen Gegenden. — Guanábana (*Anona muricata*); Verbreitung wie vor. — Lúcuma, auch Rucma (*Lucuma obovata*), trop. (trocknere Gegenden). — Guayáva (*Psidium Guayava*); trop. — Ciruela del fraile (*Bunchosia armeniaca*); trop. — Ciruela agria (*Spondias purpurea*); trop. — Cereza (*Malpighia*-Arten, z. B. *M. punicifolia*); trop. — Pacay (*Inga Feuillei*); trop. — Mammey (*Mammea americana*); trop. (Küstengebiet des Nordens). — Palillo (*Campomanesia lineatifolia*); trop. — Sapote (*Matisia cordata*); trop. (Nordosten). — Almendra (*Caryocar amygdaliferum*); trop. (Nordosten). — Pijuayo (*Guilelma speciosa*); trop. (Nordosten). — Marañón (*Anacardium occidentale*); trop. Nordosten). — Granadilla (*Passiflora ligularis*); trop. bis warm-temp. — Ananas, spanisch piña (*Ananas sativa*); trop. (Osten). — Papaya (*Carica*-Arten oder -Rassen); trop. und warm-temp. — Tuna (*Opuntia ficus indica*); trop. und warm-temp., in trockneren Gegenden. — Erdbeere, spanisch fresa (*Fragaria chiloënsis*) — trop. bis temp., in trockneren Gegenden, besonders um Lima. — Nogál *Juglans* sp.)[1]; temp., auch Küste. — Capulí (*Prunus Capollin*): temp.

---

[1] Woher die in Peru kultivierten *Juglans*-Bäume stammen, bedarf noch der Aufklärung.

A. Weberbauer, phot.

Interandines Gebiet Zentralperus: Tal des Marañon bei Chuquibamba, 2700 m. Hinten **Inga Feuillei** D. C., links **Agave americana** L., beide an Häusern gepflanzt; rechts **Schinus Molle** L.

6. Kürbisgewächse, Gemüse.

Kürbisse, spanisch zapallos und calabazas (*Cucurbita*-Arten. — Caihua (*Cyclanthera pedata*) — Pepino *Solanum variegatum*) — Tomate *Solanum Lycopersicum*).

7. Gewürze

Aji, im Quichua uchu, auch rocoto (*Capsicum*-Arten — Paico *Chenopodium ambrosioides*) — Huacatai (*Tagetes minuta*).

8. Reizmittel.

Coca, auch Cuca *Erythroxylon Coca*); Ostseite der Anden: zwischen 800 und 1800 m Seehöhe, sowohl in beständig feuchten Waldgebieten, wie am oberen Inambari (Provinz Sandia), als auch in trockneren Gegenden, wie um Sta. Anna in der Savannenregion des Urubambatales: gewöhnlich pflanzt man die Sträucher an Bergeshängen: die getrockneten Blätter werden teils in Peru selbst verbraucht, wo bekanntlich die Gewohnheit des Coca-Kauens unter den Gebirgsindianern sehr verbreitet ist, teils zur Cocaingewinnung exportiert, teils an Ort und Stelle einer Bearbeitung unterworfen, welche das Roh-Cocain des Welthandels liefert. — Kakao (*Theobroma Cacao*); trop.: Ostseite und trockenheiße interandine Täler, z. B. das des Marañon. — Tabak (*Nicotiana Tabacum*); trop.

9. Faserpflanzen.

Baumwolle, spanisch algodon, im Quichua utcu (*Gossypium barbadense* und dessen var. *peruvianum*): Küste, besonders bei Ica, Huacho, Supe und Piura. Maguey (*Agave americana*); temp., zwischen 2800 m und 3800 m allenthalben zu lebenden Zäunen angepflanzt und ein charakteristisches Element im Landschaftsbild der Ortschaften; die Fasern dienen zu Seilen. — *Fourcroya cubensis*; trop. bis warm-temp.; sicher einheimisch, während *Agave americana* aus Mexiko stammt; Verwendung wie bei letzterer.

10. Häufige Zier-Bäume und -Sträucher.

Sauce (*Salix Humboldtiana*); trop. bis warm-temp. — Aliso (*Alnus jorullensis*); temp. — Capuli (*Prunus Capollin*); temp. — Quinuar *Polylepis*-Arten); temp. — Kisuar (*Buddleia incana*); temp. — Cantu (*Contua buxifolia*); temp. — Sauco (*Sambucus peruviana*); temp. — Floripondio (*Datura arborea*); temp., auch Küste usw.

B. Kulturpflanzen außeramerikanischen Ursprungs.

1. Getreidegräser.

Reis, spanisch arroz (*Oryza sativa*); trop., besonders im nördlichen Küstenland. — Weizen, spanisch trigo (*Triticum sativum*); temp. — Gerste, spanisch cebada (*Hordeum sativum*); temp., teils Brotfrucht, teils Viehfutter.

2. Zucker liefernde Pflanzen.

Zuckerrohr, spanisch caña (*Saccharum officinarum*); trop. bis warm-temp.; dient zur Gewinnung von Zucker und Alkohol, in höheren Lagen nur zur Herstellung eines süßen alkoholischen Getränkes, des huarapo.

3. Hülsenfrüchte.

Saubohne, spanisch haba (*Vicia Faba*); temp. — Erbse, spanisch alberja (*Pisum sativum*); temp., auch Küste. — Kichererbse, spanisch garbanzo (*Cicer arietinum*); temp., auch Küste. — Linse, spanisch lenteja (*Lens esculenta*); temp., auch Küste.

4. Obst.

Mango (*Mangifera indica*); trop. — Brotfruchtbaum, spanisch arbol del pan (*Artocarpus incisa*); trop. (Nordosten). — Banane, spanisch plátano (*Musa paradisiaca*); trop., auch noch warm-temp. — Japanische Mispel, spanisch nispero (*Eriobotrya japonica*) trop. (trocknere Gegenden). — Orange, Zitrone usw., spanisch naranja, limon, lima, cidra, toronja usw. (*Citrus*-Arten und -Rassen); trop. bis warm-temp. — Tamarinde, spanisch tamarindo (*Tamarindus indica*); nördliches Küstenland. — Olive, spanisch aceituna (*Olea europaea*); Küste, namentlich südliche Hälfte. — Weinrebe, spanisch parra (*Vitis vinifera*); Küste und tiefere Lagen der westlichen Täler; namentlich in der südlichen Hälfte des Landes kultiviert; vereinzelt auch in Gärten interandiner Täler; dient zur Gewinnung von Wein und Branntwein. — Feige, spanisch higo (*Ficus Carica*); Küste und warm-temp. (trocknere Gegenden). — Granatapfel, spanisch granada (*Punica granatum*); Verbreitung wie vor. — Maulbeere, spanisch mora (*Morus nigra* und *M. alba*); Küste. — Erdbeere, spanisch frutilla (*Fragaria vesca*); Küste. — Quitte, spanisch membrillo (*Cydonia vulgaris*); Küste und temp. — Apfel, spanisch manzana (*Pirus Malus*); Verbreitung wie vor. — Birne, spanisch pera (*Pirus communis*); Verbr. wie vor. — Aprikose, spanisch albaricoque (*Prunus armeniaca*); Verbr. wie vor. — Pfirsich, spanisch je nach der Varietät melocotón, durazno, abridor (*Prunus persica*); Verbr. wie vor.

5. Kürbisgewächse, Gemüse.

Wassermelone, spanisch sandia (*Citrullus vulgaris*); trocken-warme Gegenden. — Melone, spanisch melón (*Cucumis Melo*); Verbr. wie vor. — Gurke, spanisch pepino (*Cucumis sativus*). — Lattich, span. lechuga (*Lactuca sativa*). — Kohlsorten, span. col usw. (Rassen von *Brassica oleracea*). — Spinat, span. espinaca (*Spinacia oleracea*). — Artischocke, span. alcachofa (*Cynara Scolymus*). — Spargel, span. espárrago (*Asparagus officinalis*). — Zwiebel, span. cebolla (*Allium Cepa*). — Rettich und Radieschen, span. rábano und rabanito (*Raphanus sativus*). — Sellerie, span. apio (*Apium graveolens*) usw.

6. Reizmittel.

Kaffee, spanisch café (*Coffea arabica*); Osthänge, zwischen 800 und 2000 m.

7. Futterpflanzen.

Luzerne, spanisch alfalfa (*Medicago sativa*); temp. und Küste.

8. **Häufige Zierbäume.**

Ficus-Arten; Küste. — *Eucalyptus Globulus*: Küste und temp. — *Araucaria excelsa*: Küste und temp. usw.

Obere Grenzen einiger Kulturpflanzen (Höhenangaben in m).

	Süd-Peru			Zentral-Peru			Nord-Peru		
	West-hänge	Inter-andines Gebiet	Ost-hänge	West-hänge	Inter-andines Gebiet	Ost-hänge	West-hänge	Inter-andines Gebiet	Ost-hänge
Ananas sativus		1800							
Erythroxylon Coca		1800			1900				
Coffea arabica		2000			2000				
Manihot utilissima		1500		2200	1900	2200		2100	
Musa paradisiaca	1100?	2000	2000	2500	2000	2100	2000		1700
Persea gratissima		2200		2500					
Saccharum officinarum	1100	1700		2500	1900	2200	2000		1700
Ipomoea Batatas				2500			2100		1700
Passiflora ligularis		2100		2650					
Anona Cherimolia		2100	2600	2700		2300			
Inga Feuillei		2200		2700		2100			
Lucuma obovata		2000	2200	3000		2600	2000		
Ficus Carica		2400	2200	3000					
Vitis vinifera				3000					
Citrus-Arten		2300	2200	3200	2300	2600			
Opuntia ficus indica		2400		3200			2600		
Zea Mays	3500	3000	3200	3500		2900	2700		
Medicago sativa				3600					
Triticum sativum	3700		3200	3500					
Vicia Faba			3700	3700					
Agave americana	3750		3400	3600					
Chenopodium Quinoa	4000		4000	4000					
Oxalis tuberosa	4000		4000						
Solanum tuberosum	4000		4000	4000		3100	3500		
Hordeum sativum	4000		4000	4000			3400		

Vierter Teil.
Die Entwicklungsgeschichte der peruanischen Flora.

Wenn man die Stellung der Flora Perus in der Flora der gesamten Erde zu bestimmen sucht, so ergeben sich für die erstere folgende, der Bedeutung nach angeordnete Hauptelemente:
      das andine Element,
      das neotropische Element,
      das boreale Element,
      das austral-antarktische Element,
      das arkto-nivale Element.

Die reichste Entwicklung des andinen Elementes zeigen mittlere und demnächst höhere (über 4000 m befindliche) Regionen. In tieferen Lagen des Westens spielt es auf den Lomas noch eine beachtenswerte Rolle, während es am Ostfuße der Anden fast völlig durch das neotropische Element verdrängt wird. Das andine Element gliedert sich weiterhin in Subelemente verschiedener Ordnung, deren klare Unterscheidung künftigen Forschungen vorbehalten bleibt. Hierbei wird zu berücksichtigen sein, daß diejenigen Formenkreise, die von den nördlichen Andenländern Südamerikas her bis Peru reichen, hier meist den Osten bevorzugen, und daß andrerseits solche Sippen, deren Areal sich auf Nord-Chile oder West-Bolivia und Peru verteilt, hier hauptsächlich den Westen und die hochandine Region bewohnen. Die peruanischen Endemismen sind größtenteils Arten solcher Gattungen, die auch außerhalb Perus vorkommen. Endemismen höheren Ranges scheinen nur in verhältnismäßig geringer Zahl aufzutreten; die für endemisch gehaltenen Gattungen dürften zum Teil auch in den Nachbarländern zu finden sein, und nicht eine Familie bleibt auf Peru beschränkt.

An der Ostseite herrscht von 1500 oder 1200 m abwärts das neotropische Element und zwar hauptsächlich mit hygrophilen Typen der Hylaea, weniger mit halbxerophilen Typen des zentralen und östlichen Südamerika. Erstere konzentrieren sich in den Wäldern, letztere in den niedrigeren Gehölzen sowie in den Savannen und Grassteppen. Nicht wenige Ausläufer der neotropischen Flora mengen sich in mittleren Regionen der Osthänge unter das andine Element (z. B. *Geonoma*, bis 2800 m, *Carludovica*, bis 2500 m, *Guarea*, bis 3000 m,

Clusia bis 3100 m, *Marcgraviaceen*, bis 2500 m steigend. Diese Ausläufer dringen z. T. durch mittlere Lagen des Nordens bis zu den Westhängen vor. Im übrigen haben an der Pflanzenwelt des Westens und der interandinen Täler neotropische Verwandtschaftskreise nur geringen Anteil. Hauptsächlich leben dort xerophile Formen z. B. *Cactaceen*, *Fourcroya*, viele *Tillandsien*; die Hygrophyten sind sehr schwach vertreten und pflegen sich auf die Flußufergebüsche zu beschränken (z. B. *Gynerium sagittatum*, *Serjania*).

Das boreale Element fehlt der östlichen Tropenregion nahezu vollkommen, hat sich aber im übrigen weit ausgebreitet durch die verschiedenen Höhenstufen beider Gebirgsseiten und auch die Küste erreicht. Die ziemlich stark hervortretenden borealen Typen des pazifischen Nordamerika meiden zum allergrößten Teil nicht nur die tropische, sondern auch die gemäßigte Region des Ostens.

Das weit zerstreute antarktisch-australe Element hat vorzugsweise mittlere Lagen des Ostens und danach die hochandine Region besiedelt.

Vom arkto-nivalen Element dringen dürftige Spuren in höhere und mittlere Gebirgsstufen.

Selbstverständlich läßt sich bei manchen weit verbreiteten Formenkreisen nicht entscheiden, welchem Florenelement sie angehören.

Beispiele, die zur Veranschaulichung obiger Ausführungen sich eignen, sind in nachfolgenden Tabellen zusammengestellt.

1. Andine Sippen.

a. Von Peru aus nach Norden und Süden hin verbreitet.

Name	Gesamtzahl der Arten	Gesamtverbreitung	Verbreitung in Peru
Stenoptera (Orchid.)	4	Bolivia bis Westindien	Zerstreut über mittlere Lagen beider Gebirgsseiten
Colignonia (Nyctag.)	5	Ecuador bis Bolivia und Argentinien	Mittlere Lagen beider Gebirgsseiten
Escallonia Saxifrag.	50	Feuerland bis Venezuela	Wie vor.
Hesperomeles Rosac.	12	Bolivia bis Colombia	Wie vor.
Cantua Polemon.	8	Bolivia bis Ecuador	Wie vor.
Dunalia Solan.	8	Bolivia und Chile bis Mexiko	Wie vor.
Alonsoa Scroph.	6	Chile und Argentinien bis Mexiko	Wie vor.
Barnadesia Compos.		1 auf den brasilianischen Campos, die übrigen im westlichen Südamerika	Wie vor.
Mutisia Compos.	50	3 in Südbrasilien und Paraguay, die übrigen von Argentinien und Chile bis Colombia.	Wie vor.

Name	Gesamtzahl der Arten	Gesamtverbreitung	Verbreitung in Peru
Jungia (Compos.)	13	Panama bis Chile und Argentinien, 2 in Brasilien, die übrigen in den westlichen Staaten	Wie vor.
Jochroma (Solan.)	16	Im westlichen Teil des tropischen Südamerika, von Südbolivia nordwärts	Mittlere Lagen
Tropaeolum (Tropaeol.)	50	Südamerika (besonders zahlreich in Chile), wenige bis Südmexiko	Mittlere Lagen beider Gebirgsseiten. Lomas.
Bowlesia (Umbellif.)	20	Chile bis Californien	Wie vor.
Monnina (Polygal.)	70	Mexiko bis Argentinien und Chile	Mittlere Lagen beider Gebirgsseiten. 1 in den heißen Wüsten des Westens. 1 auf den Lomas.
Loasa (Loasac.)	90	Patagonien bis Mexiko, wenige in Brasilien	Mittlere Lagen, hauptsächlich des Westens und des interandinen Gebietes. Lomas.
Saracha (Solan.)	12	Bolivia bis Mexiko	Mittlere Lagen, wahrscheinlich überwiegend west- und interandin. Lomas.
Onoseris (Compos.)	20	1 im südöstlichen Brasilien, die übrigen in den südamerikanischen Anden, 1 davon auch in Mexiko	Hauptsächlich mittlere Lagen der Westhänge und des interandinen Gebietes. Seltener auf den Lomas und in mittleren Lagen des Ostens.
Perilomia (Labiat.)	8	Chile bis Mexiko	Mittlere Lagen, wahrscheinlich überwiegend west- und interandin.
Bystropogon § *Minthostachys* (Lab.)	5	Bolivia bis Colombia	Wie vor.
Calceolaria (Scroph.)	192	Magalhaesstraße und Falklandsinseln bis Mexiko, die meisten in Chile und Peru	Ganz Peru mit Ausnahme der östlichen Tropenregion und der extrem trockenen Gebiete; am zahlreichsten in mittleren Lagen.
Bomarea (Amaryllid.)	60	Hauptsächlich im andinen Amerika, nordwärts bis Mexiko	Mittlere Lagen, besonders der Osthänge. Ferner hochandine Region und Lomas.
Liabum (Compos.)	40	3 in Westindien, die übrigen im westlichen Amerika, von Mexiko bis Argentinien, besonders in den Anden	Wie vor.; aber auch tiefere Lagen des Ostens.

Name	Gesamtzahl der Arten	Gesamtverbreitung	Verbreitung in Peru
Fuchsia (Oenother.)	70	Südamerika (überwiegend im Westen) und Zentralamerika; wenige Neuseeland	Mittlere Lagen beider Gebirgsseiten, besonders des Ostens. Sehr vereinzelt in der östlichen Tropenregion.
Puya (Bromel.	50—60	Chile bis Colombia	Mittlere Lagen beider Gebirgsseiten, seltener hochandine Region.
Cremolobus (Crucif.)	11	Chile bis Colombia	Mittlere Lagen beider Gebirgsseiten. Hochandine Region.
Polylepis (Rosac.	15	Vom nördl. Chile und Argentinien bis Colombia und Venezuela.	Wie vor.
Pernettya Eric.	26	Größtenteils antarktisch-andine Verbreitung in Südamerika. 6 Arten bis Costarica und Mexiko, 1 im mittleren Brasilien, 1 von Tasmanien bis Neuseeland	Mittlere Lagen beider Gebirgsseiten, besonders des Ostens. Hochandine Region.
Diplostephium Compos.,	20	Chile und Bolivia bis Venezuela	Mittlere Lagen, hauptsächlich ostandin, wenige im interandinen Gebiet und an den Westhängen.
Ullucus Basell.	1	Südamerikanische Anden	Mittlere Lagen des Westens und des interandinen Gebietes.
Asteriscium (Umbellif.)	24	Andines Südamerika, 1 bis Mexiko	Wie vor., aber auch Lomas des Südens.
Piqueria (Compos.)	12	Bolivia bis Mexiko	Mittlere Lagen der Westhänge (auch des interandinen Gebiets?). Lomas.
Salpichroa (Solan.,	14	Extratropisches Südamerika, Anden, 1 in Arizona	Mittlere Lagen des interandinen Gebiets und der Westhänge. Hochandine Region. Lomas.
Stenolobium Bignon.,	4	Argentinien bis Mexiko	Mittlere Lagen der Westhänge und des interandinen Gebietes.
Porlieria (Zygophyll.)	3	Chile bis Mexiko	Wahrscheinlich wie vor.
Margyricarpus (Rosac.)	1	Chile bis Colombia, auch Brasilien	Desgl.
Cacabus (Solan.	4	Nordchile bis Ecuador; Galapagos-Inseln	Lomas. Tiefere Lagen der Westhänge.
Tafalla (Compos.	5—6	Colombia bis Bolivia	Hochandine Region, im Osten und Norden auch weiter abwärts, bis 3200 m.

Name	Gesamt-zahl der Arten	Gesamtverbreitung	Verbreitung in Peru
Plagiocheilus (Compos.)	6—7	1 im südlichen Brasilien, die übrigen im westlichen Südamerika, von Chile bis Ecuador	Hochandine Region, im Osten auch weiter abwärts, bis 3000 m.
Apium Subg. *Oreosciadium* (Umbellif.)	6	Bolivia bis Venezuela	Wie vor.
Culcitium (Compos.)	14	Colombia bis Patagonien	Hochandine Region, seltener weiter abwärts, bis 3700 m.
Werneria (Compos.)		Meist in den südamerikanischen Anden, von Venezuela bis Argentinien, 2 im Himalaya, 2 in Abessinien	Hochandine Region, seltener weiter abwärts, bis 3300 m.
Perezia (Compos.)	70	Arizona und Texas bis Patagonien, hauptsächlich in den Anden, wenige in Südbrasilien	Hochandine Region, seltener weiter abwärts, bis 3700 m.
Aciachne (Gram.)	1	Tropische Anden	Hochandine Region.
Distichia (Juncae.)	3	Chile und Argentinien bis Colombia	Wie vor.
Nototriche (Malvac.)	60	Nördliche Teile der chilenischen und argentinischen Anden bis Ecuador	Wie vor.
Aretiastrum (Valerian.)		Colombia bis Feuerland und Falklandsinseln	Wie vor.
Gynoxys (Compos.)	16	Anden des tropischen Südamerika	Mittlere Lagen des Ostens und des interandinen Gebiets. Hie und da bis in die hochandine Region.
Llagunoa Sapind.	3	Bolivia und Chile bis Colombia	Mittlere Lagen des Ostens und des interandinen Gebiets.
Poecilochroma (Solan.)	10	Bolivia bis Ecuador	Wie vor.
Trichoceros (Orchid.)	9	Bolivia bis Colombia	Mittlere Lagen: Osthänge, im Norden auch interandines Gebiet.
Disterigma (Eric.)	4	Bolivia bis Mexiko	Wie vor.
Brachyotum (Melast.)	30—40	Bolivia bis Colombia	Mittlere Lagen der Osthänge, ferner durch mittlere Lagen in Zentralperu das interandine Gebiet, im Norden die Westhänge erreichend.
Vallea (Elaeocarp.)	1—3	Bolivia bis Colombia	Wie vor.

Name	Gesamtzahl der Arten	Gesamtverbreitung	Verbreitung in Peru
Odontoglossum (Orchid.)	100	Bolivia bis Mexiko	Wie vor., aber auch tiefere Lagen des Ostens.
Chusquea (Gramin.)	50	Mexiko bis Südchile. Brasilianisches Hochland	Mittlere, seltener tiefere Lagen der Osthänge. Im Norden durch mittlere Lagen die Westhänge erreichend.
Masdevallia (Orchid.)	100	Gebirge von Bolivia bis Mexiko, wenige in Brasilien und Guyana	Wie vor.
Mauria (Anacard.)	11	Süd-Bolivia bis Colombia	Wie vor.
Oreopanax (Aral.)	80	Mexiko und Venezuela bis Bolivia, wenige Brasilien u. Westindien	Wie vor.
Bejaria (Eric.)	15	Bolivia bis Venezuela und Mexiko, 1 bis Florida und Georgia	Wie vor.
Cinchona (Rub.)	30—40	Bolivia bis Venezuela	Wie vor.
Eccremocarpus (Bignon.)	3	Chile bis Ecuador	Wie vor., aber tieferen Lagen des Ostens fehlend.
Desfontainea (Logan.)	1—2	Magalhaesstraße bis Colombia	Wie vor.
Bocconia (Papav.)	1—2	Bolivia bis Mexiko und Westindien	Wie vor.
Antidaphne (Loranth.)	2	Bolivia bis Venezuela	Wie vor.
Brunellia (Brunelliac.; einzige Gattg. der Fam.)	13	Bolivia bis Mexiko	Mittlere Lagen der Osthänge.
Amicia (Legum.)	5	Wie vor.	Wie vor.
Eccremis (Liliac.)	1	Bolivia bis Colombia	Wie vor.
Myrteola (Myrt.)	9	Magalhaesstraße und Falklandsinseln bis Ecuador	Wie vor.
Symbolanthus (Gentian.)	10—11	Südamerikanische Anden, von Bolivia nordwärts	Wie vor.
Teinosolen (Rubiac.)	3—4	Bolivia bis Ecuador	Osthänge, um 3000 m.
Rhizocephalum (Campan.)	3—4	Bolivia bis Colombia	Wie vor.
Phyllonoma (Saxifrag.)	1—2	Bolivia bis Mexiko	Mittlere bis tiefere Lagen der Osthänge.
Sobralia (Orchid.)	30	Gebirge von Bolivia bis Guyana und Mexiko	Wie vor.
Urceolina (Amaryll.)	3	Andines Südamerika	Osthänge.
Kohleria (Gesnerac.)	40	Mexiko bis Bolivia	Wie vor.
Calyptrella (Melast.)	4	Bolivia bis Mexiko	Tiefere Lagen des Ostens.
Elaeagia (Rub.)	2	Bolivia bis Colombia	Wie vor.

b) Von Peru aus nach Norden hin verbreitet[1].

Name	Gesamt-zahl der Arten	Gesamtverbreitung	Verbreitung in Peru
Arcythophyllum (Rub.)	16	Mexiko bis Peru	Mittlere Lagen beider Gebirgsseiten.
Delostoma (Bignon.)	4—5	Peru bis Colombia	Wie vor.
Cryptocarpus (Nyctag.)	1	Westküste des tropischen Amerika. Galapagos-Inseln.	Küstenland des Nordens.
Scypharia (Rhamn.)	3—4	Peru, Ecuador, Galapagos-Inseln	Inneres Küstenland.
Galvesia (Scroph.)	1	Von Zentralperu bis Ecuador	Tiefere Lagen der Westhänge, höchstens bis 1800 m aufwärts.
Streptosolen (Solan.)	1	Peru bis Colombia	Mittlere Lagen des Nordwestens.
Cervantesia (Santal.)	3	Wie vor.	Mittlere Lagen der Westhänge und des interandinen Gebiets, dort auch in tieferen Lagen.
Hebecladus (Solan.)	8	Wie vor.	Mittlere Lagen der Westhänge und wohl auch des interandinen Gebiets.
Elutheria (Meliac.)	1—2	Peru bis Colombia und Venezuela	Mittlere Lagen des interandinen Nordens.
Monactis (Compos.)	2	Peru und Ecuador	Tiefere Lagen des interandinen Nordens.
Eudema (Crucif.)	3	Wie vor.	Hochandine Region.
Lysipomia (Campan.)	6—7	Peru bis Colombia	Wie vor.
Pineda (Flacourt.)	2	Wie vor.	Mittlere Lagen des Ostens u. des interandinen Gebiets.
Columellia (Columelliac. einzige Gattg. der Fam.)	2	Wie vor.	Wie vor.
Ceroxylon (Palm.)	5	Wie vor.	Mittlere Lagen: Osthänge, ferner im Norden die Westhänge erreichend.
Aëtanthus (Loranth.)	7	Wie vor.	Wie vor.
Axinaea (Melast.)	20	Peru bis Venezuela	Mittlere Lagen: Osthänge, im Norden auch weiter westwärts.
Tovaria (Tovariac.; einzige Gattg. der Fam.)	1—2	Tropisch andines Südamerika von Peru nordwärts; Westindien	Mittlere Lagen des Ostens.

[1] Einige von diesen Sippen dürften auch noch im nördlichen Teile der bolivianischen Anden aufzufinden sein, woselbst eine für die ostandine Flora wichtige Scheidelinie verläuft.

Name	Gesamt-zahl der Arten	Gesamtverbreitung	Verbreitung in Peru
Rhynchotheca (Geran.)	2	Südperu bis Ecuador	Wie vor.
Klaprothia (Loas.)	1	Südperu bis Venezuela	Wie vor.
Laestadia (Compos.)	4	Peru bis Colombia	Wie vor.
Condaminea (Rub.)	1—2	Wie vor.	Mittlere bis tiefere Lagen des Ostens.
Godoya (Ochnac.)	3	Wie vor.	Osthänge, bei 1300—1800 m.
Eucharis (Amaryll.)	3	Wie vor.	Tiefere Lagen des Ostens.
Warrea (Orchid.)	2	Wie vor.	Wie vor.
Tetrathylacium (Flac.)	1	Wie vor.	Wie vor.
Monolena (Melast.)	4	Wie vor.	Wie vor.
Juanulloa (Solan.)	10	Peru bis Mexiko	Osthänge.
Corynaea (Balanoph.)	4	Peru bis Costarica	Wie vor.
Dialyanthera (Myrist.)	2	Peru bis Colombia	Wie vor.
Sessea (Solan.)	5	Wie vor.	Wie vor.
Sigmatostalix (Orchid.)	6	Wie vor.	Wie vor.
Cespedesia (Ochnac.)	3—4	Peru bis Panama	Wie vor.
Diastema (Gesn.)	17	Peru bis Costarica	Wie vor.
Joosia (Rub.)	2	Peru bis Colombia	Wie vor.
Diothonaea (Orchid.)	4	Peru und Colombia	Osthänge.
Sertifera (Orchid.)	2	Peru und Ecuador	Wie vor.
Warezewiczella (Orchid.)	10	Peru und Colombia	Wie vor.
Eucrosia (Amaryll.)	3	Peru und Ecuador	?
Peristethium (Loranth.)	1	Peru bis Colombia	?
Anredera (Basell.)	1	Texas bis Peru	?

c) Von Peru aus nach Süden hin verbreitet.

Name	Gesamt-zahl der Arten	Gesamtverbreitung	Verbreitung in Peru
Colletia (Rhamn.)	10	Extratropisches Südamerika, bis Südbrasilien und Peru	Mittlere Lagen, vor allem der Westhänge und des interandinen Gebietes.
Cajophora (Loas.)	50	Chile und Argentinien, seltener in Peru, Bolivia, Paraguay und Brasilien	Wie vor., aber auch hochandine Region.
Kageneckia (Rosac.)	3	Chile und Peru	Mittlere Lagen.

Name	Gesamtzahl der Arten	Gesamtverbreitung	Verbreitung in Peru
Pasithea (Liliac.)	1	Chile und Peru	Lomas des Südens.
Argylia (Bignon.)	10	Wie vor.	Wie vor.
Chloraea (Orchid.)	80	Meist in Chile, 1 (die nördlichste bisher bekannte) Art in Peru	Lomas.
Palaua (Malv.)	9	Nordwest-Chile und Westperu	Wie vor.
Cristaria (Malv.)	25	1 in Peru, die übrigen in Chile	Lomas und tiefere Lagen der der Westhänge.
Nolanacea.	50	Chile und Peru	Wie vor.
Astrephia (Valerian.)	1	Wie vor.	Lomas und mittlere Lagen des Nordwestens.
Polyachyrus (Compos.)	12	Wie vor.	Lomas des Südens und mittlere Lagen der Westhänge.
Deuterocohnia (Bromel.)		Chile und Argentinien bis Peru	Tiefere Lagen der Westhänge und des interandinen Gebiets, vor allem im Norden.
Adesmia (Legum.)	90	Subtropisches und gemäßigtes Südamerika, hauptsächlich im andinen Gebiet, nordwärts bis Peru	Südwesthänge, bei 2800 bis 3800 m.
Lepidophyllum (Compos.)	7	Patagonien bis Peru	Südwesthänge, bei 3700 bis 4300 m.
Balbisia (Geran.)	4	Chile bis Zentralperu	Mittlere Lagen der Westhänge.
Hypseocharis (Oxalid.)	6	Nordargentinien, Bolivia und Peru	Wie vor.
Helogyne (Compos.)	4	Chile und Peru	Wie vor.
Salpiglossis (Solan.)	8	Chile, Peru und Argentinien	Wie vor.
Lugonia (Asclep.)	2	Bolivia und Peru	Wie vor.
Malesherbia (Malesherb.; einzige Gattg. d. Fam.)	19	Chile (von 36° nordwärts) bis Peru	Mittlere Lagen der Westhänge und des interandinen Gebiets.
Quinchamalium	20	Peru, Bolivia und namentlich Chile	Wie vor., aber auch Lomas.
Saccellium (Borrag.)	1	Peru und nördliches Argentinien	Interandines Gebiet des Nordens.
Tetraglochin (Rosac.)	1	Chile und Peru	Hochandine Region, ferner im Westen stellenweise bis 3300 m hinabsteigend.
Belonanthus (Valerian.)		Bolivia und Peru	Hochandine Region, ferner im Osten bis 3200 m hinabreichend.

Name	Gesamt-zahl der Arten	Gesamtverbreitung	Verbreitung in Peru
Leuceria (Compos.)	59	Peru bis Patagonien, besonders zahlreich in Chile	Hochandine Region, ferner im Norden bis 3400 m hinabreichend.
Capethia (Ranunc.)	2	Peru und Bolivia	Um 4000 m.
Anthochloa (Gramin.)	2	Wie vor.	Hochandine Region.
Symphyostemon (Irid.)	4	Chile und Peru	Wie vor.
Arjona (Santal.)	6—10	Chile und Patagonien bis Peru	Wie vor.
Pycnophyllum (Caryoph.)	14	Chile und Argentinien bis Peru	Wie vor.
Bougueria (Plantag.)	1	Bolivia und Peru	Wie vor.
Chaetanthera (Compos.)	30	2 in Peru, die übrigen in Chile	Wie vor.
Calycera (Calycerac.)	10	Meist in den chilenischen und peruanischen Anden sowie im Pampasgebiet	Wahrscheinlich wie vor.
Neodryas (Orchid.)	2	Bolivia und Peru	?
Lepidoceras (Loranth.)	1—3	Südperu bis Chiloë	?

d) In Peru endemisch.

Name	Artenzahl	Verbreitung
Weberbauerella (Leg.)	1	Lomas des Südens.
Nicandra (Solan.)	1	Lomas. Mittlere Lagen der Westhänge.
Orthopterygium (Julian.)	1	Tiefere Lagen (1000—2000 m) der Westhänge Zentralperus.
Trichlora (Liliac.)	1	Mittlere Lagen der Westhänge.
Urbanodoxa (Crucif.)	1	Wie vor.
Urbanosciadium (Umbellif.)	1	Wie vor.
Porodittia (Scroph.)	1	Wie vor.
Pentacyphus (Asclep.)	1	Wie vor.
Huthia (Polemon.)	1	Mittlere Lagen des Südwestens.
Schistonema (Asclep.)	1	Nordwesten, zwischen 1000 und 2000 m.
Laccopetalum (Ranunc.)	1	Norden, um 4000 m.
Crocopsis (Amaryll.)	1	Hochandine Region.
Englerocharis (Crucif.)	1	Wie vor.
Weberbauera (Crucif.)	1	Hochandine Region.
Stangea (Valerian.)	5	Wie vor.
Orchidotypus (Orchid.)	1	Mittlere Lagen des Nordwestens.
Centradeniastrum (Melast.)	1	Wie vor.
Schizotrichia (Compos.)	1	Mittlere Lagen: interandines Gebiet des Nordens.
Foveolaria (Styrac.)	1	Mittlere Lagen der Osthänge.
Guraniopsis (Cucurb.)	1	Osthänge Zentralperus, um 1800 m.
Ulearum (Arac.)	1	Tiefere Lagen des Nordostens.
Monocostus (Zingib.)	1	Wie vor.

Name	Artenzahl	Verbreitung
Pterocladon (Melast.)	1	Wie vor.
Wittia (Cact.)	1	Wie vor.
Stcirosanchezia (Acanth.)	1	Wie vor.
Fittonia (Acanth.)	2	Wie vor.
Cephalacanthus (Acanth.)	1	Wie vor.
Phitopis (Rub.)	1	Wie vor.
Ombrophytum (Balan.)	1	Wie vor.
Gumillea (Cunon.)	1	Osthänge.
Alzatea (Celastr.)	1	Wie vor.
Orophochilus (Acanth.)	1	Wie vor.
Cylindrosolenium (Acanth.	1	Wie vor.
Dieudonnea (Cucurb.)	1	Wie vor.
Garcilassa (Comp.)	1	Wie vor.
Diadenium (Orchid.)	1	Wie vor.
Lycomormium (Orchid.	1	Osthänge?
Baskervillea (Orchid.)	1	Wie vor.
Chaenanthe (Orchid.)	1	Wie vor.
Sutrino (Orchid.)	1	Wie vor.
Haplorhus (Anac.)	1	Wie vor.
Cotacoryne (Melast.)	1	Wie vor.
Xantheranthemum (Acanth.)	1	Wie vor.
Macrostegia (Acanth.)	1	Wie vor.
Elisena (Amaryll.)	3	?
Endusa (Olac.)	1	?
Poissonia (Legum.)	1	?
Chionopappus (Compos.)	1	?

2. Sippen von sehr weiter Verbreitung durch gemäßigte Klimate der nördlichen und südlichen Hemisphäre (z. T. wohl als boreal anzusehen).

Name	Verbreitung in Peru
Valeriana (Valerian.)	Alle Regionen, am spärlichsten in den Tropen des Ostens.
Melica (Gram.)	Mittlere Lagen beider Gebirgsseiten.
Rumex (Polygon.)	Wie vor.
Anemone (Ranunc.)	Wie vor.
Cardamine (Crucif.)	Wie vor., zerstreut.
Linum (Linac.)	Wie vor.
Veronica (Scroph.)	Wie vor.
Lepidium (Crucif.)	Lomas. Mittlere Lagen der Westhänge.
Poa (Gram.)	Hochandine Region. Mittlere Lagen beider Gebirgsseiten Lomas.
Festuca (Gram.)	Wie vor.
Geranium (Geraniac.)	Wie vor.
Plantago (Plantagin.)	Wie vor.
Agrostis (Gram.)	Hochandine Region. Mittlere Lagen beider Gebirgsseiten.
Calamagrostis (Gram.)	Wie vor.

Name	Verbreitung in Peru
Trisetum (Gram.)	Wie vor.
Ranunculus (Ranunc.)	Wie vor.
Alchemilla (Rosac.)	Wie vor.
Gentiana (Gentian.)	Wie vor.
Epilobium (Oenother.)	Wie vor., mit den Flüssen stellenweise tiefere Lagen erreichend.
Viola (Violac.)	Mittlere Lagen beider Gebirgsseiten, besonders des Ostens. Hochandine Region. Lomas des Südens.
Hypericum (Guttif.)	Mittlere Lagen beider Gebirgsseiten, besonders des Ostens und Nordens. Lomas.
Carex (Cyperac.)	Mittlere Lagen, besonders des Ostens. Seltener in der hochandinen Region.
Polygonum (Polygonac.)	Mittlere Lagen: Osten und wohl auch anderwärts.
Rhamnus (Rhamn.)	Mittlere Lagen des Ostens und Nordens.

3. Boreale Sippen.

a) Solche, die über verschiedene Gebiete des borealen Florenreiches annähernd gleichmäßig verteilt sind.

Name	Verbreitung in Peru
Brachypodium (Gram.)	Mittlere Lagen beider Gebirgsseiten.
Thalictrum (Ranunc.)	Wie vor.
Berberis (Berberid.)	Wie vor.
Lathyrus (Legum.)	Wie vor.
Sambucus (Caprifol.)	Wie vor.
Hieracium (Compos.)	Wie vor.
Alnus (Betulac.)	Mittlere Lagen beider Gebirgsseiten, besonders der Westhänge und des interandinen Gebiets.
Stellaria (Caryoph.)	Wie vor.
Vicia (Legum.)	Mittlere Lagen beider Gebirgsseiten. Lomas.
Ribes (Saxifrag.)	Mittlere Lagen beider Gebirgsseiten, seltener hochandine Region.
Bromus (Gram.)	Hochandine Region. Mittlere Lagen beider Gebirgsseiten.
Luzula (Junc.)	Wie vor.
Erythraea (Gentian.)	Lomas.
Linaria (Scroph.)	Wie vor.
Specularia (Campan.)	Wie vor.
Microcala (Gentian.)	Lomas. Mittlere Lagen der Westhänge Nordperus.
Sedum (Crassul.)	Mittlere Lagen der Westhänge.
Eritrichium (Borrag.)	Wie vor.
Trifolium (Legum.)	Mittlere Lagen der Westhänge und des interandinen Gebiets. Lomas.
Astragalus (Legum.)	Mittlere Lagen der Westhänge und des interandinen Gebiets. Hochandine Region. Lomas.
Salix (Salic.)	Tiefere und mittlere Lagen der Westhänge und des interandinen Gebiets.

Name	Verbreitung in Peru
Cerastium (Caryoph.)	Hochandine Region, seltener weiter abwärts, bis 3200 m z. B. *C. caespitosum*; diese Art auch auf den Lomas.
Melandryum (Caryoph.)	Hochandine Region und stellenweise auch unterhalb derselben, bis 3000 m.
Descurainia (Crucif.)	Hochandine Region und stellenweise bis 3800 m abwärts.
Arenaria (Caryoph.)	Hochandine Region.
Alsine (Caryoph.)	Wie vor.
Halenia (Gentian.)	Hochandine Region. Mittlere Lagen des Ostens und Nordens.
Juglans (Juglandac.)	Interandine Täler des Nordens, bei 1600 bis 2000 m. Tiefere Lagen (800—1000 m) der Osthänge, im tropischen Regenwald.
Tofieldia (Liliac.)	Interandines Gebiet des Nordens um 3000 m.
Geum (Rosac.)	Mittlere Lagen beider Gebirgsseiten des Nordens (auch weiter südwärts?).
Vaccinium (Eric.)	Mittlere Lagen: Osten, seltener interandines Gebiet.
Prunus (Rosac.)	Mittlere Lagen: Osthänge und im Norden bis zu den Westhängen vordringend.
Viburnum (Caprifol.)	Wie vor.
Hydrangea (Saxifrag.)	Mittlere Lagen der Osthänge, im Norden auch interandines Gebiet.

b) Solche, die hauptsächlich im pazifischen Nordamerika entwickelt sind.

Name	Verbreitung in Peru
Streptanthus (Crucif.)	Lomas des Südens.
Nama (Hydrophyll.)	Lomas.
Encelia (Compos.)	Tiefere Lagen des Westens, z. B. Lomas.
Gilia (Polemon.)	Lomas. Mittlere Lagen der Westhänge.
Pectocarya (Borrag.)	Wie vor.
Thelypodium (Crucif.)	Mittlere Lagen der Westhänge.
Velaea (Umbellif.)	Wie vor.
Orthocarpus (Scroph.)	Wie vor.
Grindelia (Compos.)	Mittlere Lagen der Westhänge und des interandinen Gebietes. Lomas.
Phacelia (Hydrophyll.)	Mittlere Lagen der Westhänge und des interandinen Gebietes.
Dalea (Legum.)	Mittlere Lagen, besonders der Westhänge und des interandinen Gebietes.
Cryptanthe (Borrag.)	Wahrscheinlich wie vor.
Lupinus (Legum.)	Hochandine Region. Mittlere Lagen, namentlich des Westens und des interandinen Gebiets. Lomas.
Castilleja (Scroph.)	Mittlere Lagen, besonders des Westens und des interandinen Gebiets. Hochandine Region. Selten in den tieferen Lagen beider Gebirgsseiten.
Oenothera (Oenother.)	Hochandine Region. Mittlere Lagen beider Gebirgsseiten. Lomas.
Mimulus (Scroph.)	Mittlere Lagen beider Gebirgsseiten, mit den Flüssen wohl auch tiefer hinabsteigend.
Gayophytum (Oenother.)	?

4. Pazifisch-amerikanische Sippen, die auf beiden Hemisphären annähernd gleich stark auftreten.

Name:	Verbreitung in Peru
Schkuhria (Compos.)	Lomas. Mittlere Lagen der Westhänge.
Calandrinia (Portulac.)	Lomas. Tiefere Lagen der Westhänge und des interandinen Gebiets. Hochandine Region, mitunter bis 3500 m hinabsteigend.
Cercidium (Legum.)	Nordperu: Tiefere Lagen der Westhänge und des interandinen Gebietes.
Greggia (Crucif.)	Mittlere Lagen der Westhänge.
Aegopogon (Gram.)	Mittlere Lagen beider Gebirgsseiten.
Dissanthelium (Gram.)	Hochandine Region, ferner im Osten bis 3500 m abwärts.
Lilaea (Scheuchzeriac.)	Hochandine Region.
Tessaria (Compos.)	Tiefere Lagen beider Gebirgsseiten.
Boisduvalia (Oenother.)	?
Chamissonia (Oenother.)	?

5. Austral-antarktische Sippen.

Name	Verbreitung in Peru
Samolus (Primul.)	Küste: Strandfelsen.
Tetragonia (Aizoac.)	Lomas.
Hydrocotyle (Umbellif.)	Mittlere Lagen beider Gebirgsseiten. Küste.
Mühlenbeckia (Polygon.)	Mittlere Lagen beider Gebirgsseiten.
Acaena (Rosac.)	Wie vor.
Pratia (Campan.)	Hochandine Region.
Hypsela (Campan.)	Wie vor.
Colobanthus (Caryoph.)	Wie vor.
Wahlenbergia (Campan.)	Hochandine Region. Mittlere Lagen.
Oreomyrrhis (Umbellif.)	Hochandine Region, vereinzelt auch weiter abwärts, besonders im Osten (bis gegen 3000 m).
Azorella (Umbellif.)	Hochandine Region, außerdem im Osten und Norden vereinzelt bis gegen 3500 m hinabreichend.
Ourisia (Scroph.)	Hochandine Region. Osthänge zwischen 3000 und 4000 m.
Lomatia (Proteac.)	Mittlere Lagen des Nordens.
Podocarpus (Taxac.)	Mittlere Lagen: Osten und im Norden die Westhänge erreichend.
Gaiadendron (Loranth.)	Wie vor.
Gunnera (Halorhag.)	Wie vor.
Embothrium (Proteac.)	Tiefere und mittlere Lagen des Ostens. Ferner durch mittlere Lagen bis in das interandine Gebiet Zentralperus und bis auf die Westhänge des Nordens vordringend.
Weinmannia (Cunon.)	Wie vor.
Roupala (Proteac.)	Tiefere und mittlere Lagen des Ostens. Mittlere Lagen des Nordens.
Orthrosanthus (Irid.)	Mittlere Lagen des Ostens.
Drimys (Magnol.)	Wie vor.
Nertera (Rubiac.)	Wie vor.

6. Arktisch-nivale Sippen.

Name	Verbreitung in Peru
Draba (Crucif.)	Hochandine Region.
Saxifraga Cordillerarum (Saxifrag.)	Hochandine Region, ferner an den Westhängen auf Fels bis 2800 m abwärts.
Gentiana prostrata	Hochandine Region, ferner auf feuchtem Untergrund stellenweise bis 3500 m abwärts.

In der Nähe des Äquators gelegen, dabei einem hohen Gebirgswall angehörend, der eine ungeheure Ausdehnung in meridionaler Richtung besitzt, und überdies die klimatischen Gegensätze des Ostens und Westens in sich vereinend, ist Peru ein Land, in dem Florenelemente der verschiedensten Gebiete Eingang finden und sich eigenartig weiterbilden konnten. Diese Florenelemente entstammen z. T. weit entfernten Entwicklungszentren: arkto-nivale, boreale und austral-antarktische Sippen gelangten, durch ihnen zusagende Höhenregionen dem Gebirgszug entlang wandernd, bis in tropische Breiten und über diese hinweg. In analoger Weise gewannen die Areale vieler andiner Sippen eine beträchtliche Ausdehnung. Die verhältnismäßig niedrige Temperatur der peruanischen Küste ließ auf den Lomas — fast im Meeresniveau — zahlreiche Mesothermen heimisch werden.

Unter denjenigen Typen, die auf entlegene Einflüsse von Norden oder Süden her deuten, gehören viele mittleren Lagen an. Ein Teil dieser Formenkreise beschränkt sich in Peru auf die feuchten Osthänge oder reicht höchstens in dem gleichfalls feuchten Norden des Landes auf die Westseite hinüber. Ein ähnliches Klima wie das temperierte Ost- und Nordperu bieten derartigen Pflanzen einerseits beide Flanken der ecuadorianischen und colombianischen Anden sowie der zentralamerikanischen Kette, andrerseits der Ostabfall der bolivianischen und nordargentinischen Anden sowie die südchilenischen Wälder; so werden die Areale der Gattungen *Desfontainea* und *Drimys*, die ich beide nur im Osten und Norden Perus antraf, und deren erstere von der Magalhaesstraße bis Colombia, deren letztere von der Magalhaesstraße bis Mexiko dem Andenzuge folgt, aus den gegenwärtigen Klimazuständen verständlich; höchstens bliebe zu untersuchen, wie diese Formenkreise das trockene Gebiet um den 30° S überschreiten konnten.

Anders steht es mit einer Reihe xerophiler oder halbxerophiler Typen des westlichen Nordamerika, die in Peru wiederkehren und dort ebenfalls den Westen bevorzugen. Sie legen die Annahme nahe, daß ehemals im Westen des nördlichen Südamerika und Zentralamerikas ein trockneres Klima geherrscht habe als gegenwärtig.

Während nach Norden und Osten hin die Flora der trockneren Westhälfte Perus jetzt durch feuchte Gebiete größtenteils abgeschlossen wird, bleibt ihr im Süden die Möglichkeit eines regen Austausches mit benachbarten Ländern. Noch bei Lima, unter 12° S, machen sich sehr deutliche Beziehungen zum nördlichen Chile geltend, namentlich auf den Lomas (z. B. *Palaua, Cristaria, Nolanaceen*), weniger an den Westhängen (z. B. *Balbisia, Malesherbia*) und im interandinen Gebiet. Die zentralperuanischen Lomas unter 12° sind in ihrer Flora den südperuanischen unter 17° sehr ähnlich; vergleicht man dagegen die Westhänge über Lima mit denen um Arequipa, so ergeben sich wesentliche Unterschiede: hier, zwischen 16" und 17° zeigen sich einige südliche Typen, die über Lima fehlen (z. B. *Adesmia, Diplostephium tacorense, Lepidophyllum*), und sind viele Mesothermen des zentralperuanischen Westens ausgeschaltet. Diese Tatsachen erklären sich aus den klimatischen Verhältnissen: letztere bleiben längs der Küste, wo die Niederschläge als Winter- und Frühlingsnebel fallen und das Meer die Temperaturschwankungen mildert, auf weite Strecken hin nahezu gleich; weiter oben aber sehen wir südwärts die Regenmengen bedeutend abnehmen und die Gegensätze zwischen Tag- und Nachttemperatur sich verschärfen.

Zahlreiche Arten Zentralperus haben eine auffällige Zerstückelung des Areals gemeinsam. Es sind dies Arten, die sowohl den Lomas als auch mittleren Regionen der Westhänge angehören, der dazwischen liegenden regenlosen Zone jedoch fehlen. Zu der Zeit, wo im Gebirge die größte Trockenheit herrscht, wandern Rehe und viele Vögel hinab zur Küste, um auf den Lomas ihr Futter zu suchen. Mit ihnen wechseln Viehherden ihre Weideplätze. Durch diese Wanderungen mögen manche Pflanzen, namentlich solche, die mit Haftorganen ausgerüstet sind (z. B. *Bowlesia*), aus dem einen in das andere Gebiet verschleppt worden sein. In andern Fällen jedoch, vielleicht in den meisten, müssen wir diese sprunghafte Verbreitung für weniger wahrscheinlich ansehen als eine allmähliche Verschiebung der Arealgrenzen. Letztere konnte erfolgen, wenn an Stelle der regenlosen Zone ehemals ein feuchteres Gebiet lag. Es ist nicht ausgeschlossen, daß dieser Zustand während der Eiszeit eintrat. Ihre pflanzengeographischen Hauptwirkungen sollen uns im folgenden beschäftigen.

Sehr lange, zwischen borealen und australen Floren vermittelnde Wanderstraßen durchziehen namentlich die nivale oder hochandine Region Perus (*Lilaea subulata, Trisetum subspicatum, Draba, Saxifraga Cordillerarum, Crantzia lineata, Oreomyrrhis andicola, Gentiana prostrata* usw.). Dieser Austausch wurde in hohem Grade begünstigt durch die Glacialperiode. Die Gletscher der Eiszeit drangen im mittleren Peru bis 3500 m abwärts[1]. Unter diesen Umständen konnte ein Zusammenhang zwischen den hochandinen Floren Ecuadors und Perus entstehen, die heute durch den niedrigen Gebirgsabschnitt zwischen 5° S und 6½° S voneinander getrennt werden. Die chilenisch-argentinischen Anden waren um 30° S vermutlich feuchter und daher für manche hochandine Gewächse leichter zu passieren als gegenwärtig. Mit dem Hinabrücken des Gletschereises senkte sich auch die untere Grenze der hoch-

---

[1] Nach einer mündlichen Mitteilung, die ich Herrn Prof. Dr. G. STEINMANN verdanke.

andinen Flora. Hochandine Pflanzen, die weit unter 4000 m auf Mooren und sumpfigen Grasfluren, namentlich in naßkalten Gegenden des Ostens und Nordens, wachsen, scheinen Reste jener nivalen Flora zu sein, die sich nach der Eiszeit wieder in höhere Lagen zurückgezogen hat; als Beispiele seien genannt: *Loricaria thyoides* (3700 m), *Gentiana prostrata* (3500 m), *Werneria disticha* (3500 m), *Alchemilla pinnata* (3000 m), *Plagiochcilus frigidus* (3000 m). Auf glaciale Einflüsse möchte ich auch die tiefgelegenen Standorte der *Saxifraga Cordillerarum* zurückführen, die über Lima noch bei 2800 m als Felsenpflanze auftritt.

In der östlichen Tropenregion der peruanischen Anden, etwa von 1500 m abwärts, herrscht, wie früher auseinandergesetzt wurde, ein bunter Wechsel zwischen Grassteppen, Savannen, derblaubigen Gebüschen und tropischem Regenwald. Für diese Ungleichmäßigkeit der Pflanzendecke bieten die gegenwärtig maßgebenden Einflüsse keine ausreichende Erklärung, so daß es naheliegt, auf klimatische Veränderungen zu schließen, die sich hier vollzogen haben oder noch vollziehen. Auf den Ebenen, die sich am Ostfuß des Gebirges ausbreiten, wird durch Überwiegen des tropischen Regenwaldes das Vegetationsbild einheitlicher. Über diese Ebenen aber sind von Osten her Steppen- und Savannenpflanzen zu den atlantischen Andenhängen vorgedrungen, z. B. *Curatella americana* (bis 900 m), *Dilodendron bipinnatum* (bis 1300 m), *Cybistax* (bis 1300 m), *Lühea panniculata* (bis 1200 m); ihr Weg kann nicht durch ausgedehnte Wälder geführt haben, wohl aber durch Xerophyten-Formationen, die später vom tropischen Regenwald verdrängt wurden.

Register

der in diesem Bande vorkommenden Pflanzennamen sowie der in den Textfiguren abgebildeten Pflanzen.

Abatia R. et Pav. 237.
Aberemoa pedunculata Diels 289.
Abridor = Prunus persica (L.) Sieb. et Zucc. 298.
Abutilon Gärtn. 175, 244.
— cordatum Garcke 150.
— glechomatifolium St. Hil. 176.
— Tierbae K. Schum. 237.
— umbellatum Sweet 258.
Acacia Willd. 117, 154, 155, 162, 188, 190, 192, 230.
— macracantha H. B. K. 92, 115, 130, 148, 150, 151, 162, 189, 191.
— tortuosa Willd. 154, 172, 173, 174.
Acaena Vahl 92, 313.
— cylindrostachya R. et Pav. 249.
— lappacea R. et Pav. 169, 170.
— ovalifolia R. et Pav. 247, 261.
Acalypha L. 286.
Acanthaceae 32, 34, 35, 109, 274.
Aceituna = Olea europaea L. 298.
Achira = Canna indica L. 296.
Achupalla = Puya-Arten 80.
Achyrocline Less. 112, 284.
Aciachne Benth. 194, 304.
— pulvinata Benth. 75, 183, 193 Fig. 21B, 201, 218, 219, 220, 223.
Acnistus Schott 172.
— arborescens Schlecht. 106, 147, 148, 162, 173.
multiflorus Dammer 163.
Adelobotrys adscendens Tr. 290.
Adenaria floribunda H. B. K. 150, 237, 252.
Adesmia DC. 93, 130, 134, 308, 315, 354.
— hystrix Phil. 128.
— melanthes Phil. 130, 133.
— verrucosa Meyen 127 Fig. 1D, 128.
Adiantum 170.
— capillus Veneris L. 148.
— concinnum Kth. 141, 145.

Adiantum Poiretii Wickstr. 166.
— — scabrum Kaulf. 169.
Aechmea R. et Pav. 81.
— Cumingii Bak. 286.
— Veitchii Bak. 267.
Aegiphila chrysantha Hayek 289.
Aegopogon H. et B. 313.
— cenchroides H. et B. 75, 180, 238, 247, 248, 257.
Aeschynomene scoparia H. B. K. 188.
— Weberbaueri Ulbrich 190.
Aëtanthus Eichl. 306.
— coriaceus Manf. Patsch. 258.
— Paxianus Manf. Patsch. 255.
Agave americana L. 83, 161, 176, 297, 299.
Agrostideae 75.
Agrostis L. 75, 186, 195, 310.
— nana Presl 75, 220, 223, 224.
— pulchella Kth. 251.
Aguaje = Mauritia sp. 78.
Ahuarancu = Puya-Arten 80.
Aizoaceae 88.
Aji = Capsicum-Arten 297.
Akso = Solanum tuberosum L. 296.
Albaricoque = Prunus armeniaca L. 298.
Alberja = Pisum sativum L. 298.
Alcacofa = Cynara Scolymus L. 298.
Alchemilla L. 92, 170, 179, 195, 224, 252, 254, 266, 271, 311.
— aphanoides Mut. 248, 257.
— diplophylla Diels 214, 219, 222.
— galioides Benth. 225, 254.
— nivalis H. B. K. 270 Fig. 63, 272.
— orbiculata R. et Pav. 182, 251, 271.
— pinnata R. et Pav. 92, 169, 171, 185, 201, 212, 219, 221, 223, 271, 316.
— rupestris Kth. 271.
— sandiensis Pilger 220.
— tripartita R. et Pav. 183, 223, 227.
— Weberbaueri Pilger 224.
Alchornea acutifolia Müll. Arg. 289.

Alectoria 250.
— bicolor (Ehrh.) Nyl. 72, 250.
— ochroleuca (Ehrh.) Nyl. 72, 213, 223.
Alfalfa = Medicago sativa L. 298.
Algarrobo 123, 150.
— = Prosopis juliflora DC. 92, 116.
Algen 214.
Algodon = Gossypium-Arten 297.
Aliso = Alnus jorullensis 297.
Allium Cepa L. 298.
Allophylus divaricatus Radlk. 282.
— floribundus Radlk. 282.
— punctatus Radlk. 284.
Almendra = Caryocar amygdaliferum Mutis 296.
Alnus Tourn. 311.
— acuminata Kth. = Alnus jorullensis H. B. K. 168.
— jorullensis H. B. K. 85, 162, 171, 172, 173, 174, 177, 179, 182, 183, 184, 192, 243, 297.
Aloë vera L. 161, 188.
Alonsoa R. et Pav. 107, 183, 301.
— acutifolia R. et Pav. 169, 181, 248.
— auriculata Diels 183, 238.
— incisaefolia R. et Pav. 169.
— linearis R. et Pav. 166.
— Mathewsii Benth. 170, 177.
Alsine Wahlenbg. 194, 222, 312.
Alsophila R. Br. 73, 229, 231, 249, 250, 255.
— Lechleri Mett. 279.
— phegopteroides Hook. 290.
— plagiopteris Mart. 284.
— pubescens Bak. 279.
— quadripinnata (Gmel.) Christensen 242.
Alstroemeria L. 82, 83.
— peregrina L. 82, 143, 146, 170.
— pygmaea Herb. 169.
Altamisa = Ambrosia peruviana Willd. 112.
Altensteinia Mathewsii Rchb. f. 186.
— paludosa 222, 223.
— pilifera H. B. K. 84, 167, 173, 188.
Alternanthera lupulina Kth. 87, 203, 221.
Alzatea R. et Pav. 310.
Amarantaceae 87.
Amaryllidaceae 34, 82.
Ambrosia peruviana Willd. 112, 166, 169, 170, 176, 177.
Amicia H. B. K. 305.
— Lobbiana Benth. 238, 246.
Amphicarpaea pulchella (H. B. K.) Taub. 238.
Amphilophium 36.
Anacardiaceae 34, 95.
Anacardium occidentale L. 296.

Anagallis pumila Decne. 145.
Ananas 296.
— sativus Lindl. 79, 289, 296, 299.
Andropogon L. 75, 123, 173, 176, 247, 277.
— bicornis L. 280, 284.
— bracteatus Willd. 280, 284.
— contortus L. 155.
— leucostachyus Kth. 291.
— paniculatus Kth. 238, 246, 291.
— saccharoides Sw. 177, 258.
— scabriflorus Reep. 278.
— Schottii Rupr. 173, 176, 258.
— spathiflorus Kth. 291.
— tener Kth. 238.
Andropogoneae 75.
Aneimia flexuosa Sw. 239, 247.
Anemone L. 117, 159, 310.
— helleborifolia DC. 89, 169, 170, 237, 247, 257.
Aneura plana Steph. 240.
— trichomanoides Spruce 240, 263.
— Weberbaueri Steph. 250.
Anguloa R. et Pav. 84.
Aniba foeniculacea Mez 282.
— muca (R. et Pav.) Mez 282.
Anona cherimolia Mill. 89, 189, 190, 191, 192, 296, 299.
— muricata L. 296.
Anonaceae 33, 89.
Anotis pilifera Schlechtd. 251, 272.
— serpens (H. B. K.) DC. 242.
Anredera Juss. 307.
Anthemideae 112.
Anthericum eccremorrhizum R. et Pav. 81, 144, 146, 164, 166, 169, 170, 177.
— glaucum R. et Pav. 176.
Anthoceros 73.
— costatus Steph. 238.
— squamuligerus Spruce 145.
Anthochloa Nees 194, 309.
— lepidula Nees 76, 193 Fig. 21D, 195, 219, 220, 222, 224.
Anthrophyum subsessile Kunze 286.
Anthurium L. 79, 259, 274, 292.
— carneospadix Engler 250.
— clavigerum Poepp. et Endl. 286.
— Dombeyanum Brongn. 247.
— huallagense Engler 286.
— huamaliesiense Engler 286.
— huanucense Engler 285.
— latissimum Engler 282.
— Lechlerianum Schott 242, 255.
— monzonense Engler 256.
— pentaphyllum (Aubl.) G. Don 282.
— peruvianum Engler 242.
— rigidissimum Engler 79, 247.

Anthurium scolopendrinum (Ham.) Kth. 286.
— sororium Schott 285.
— triphyllum Brongn. 279.
— undatum Schott 286.
— vittariifolium Engler 283.
— Weberbaueri Engler 239.
Antidaphne Poepp. et Endl. 305.
— viscoidea Poepp. 258, 259.
Apfel 298.
Aphelandra R. Br. 109, 274.
— acanthifolia Hook. 259.
— acutifolia Nees 288.
— cajatambensis Lindau 163.
— cirsioides Lindau 258.
— jacobinioides Lindau 288.
Apio = Apium graveolens L. 298.
Apium Ammi Urban 144.
— graveolens L. 298.
— L. Subg. Oreosciadium (Wedd.) DC. 304.
Apocynaceae 274.
Aprikose 298.
Aquifoliaceae 32, 96, 230.
Araceae 30, 79, 189, 229, 233, 240, 244, 262, 266, 274, 275, 276, 278, 280, 281, 292.
Arachis hypogaea L. 296.
Araliaceae 35, 102, 120, 230, 252, 260, 265.
Araucaria excelsa R. Br. 299.
Arbol del pan = Artocarpus incisa Forst. 298.
— de la Quina 35.
Arcythophyllum Willd. 109, 306.
— crassifolium (Spruce) K. Schum. 242, 263.
— ericoides (R. et Pav.) K. Schum. 261.
— juniperifolium (R. et Pav.) K. Schum. 176, 182.
— setosum (R. et Pav.) K. Schum. 166.
— thymifolium (R. et Pav.) K. Schum. 173.
Ardisia Weberbaueri Mez 282.
Arenaria L. 88, 194, 205, 209, 213, 220, 221, 223, 224, 312.
— Alpamarcae Gray 201, 221.
— dicranoides Kunth 201, 221.
Aretiastrum (DC.) Spach 110, 194, 304.
— Aschersonianum Graebner 110, 196, 197 Fig. 25, 222.
Argithamnia Limoniana Müll. Arg. 188.
Argylia D. Don 308.
— Feuillei DC. 140 Fig. 10, 144.
Aristida L. 75, 291.
Arjona Cav. 309.
— glaberrima Pilger 222.

Arrabidaea P. DC. 108.
— platyphylla Bur. et K. Schum. 289.
— Weberbaueri Sprague 283.
Arracacha = Arracacia esculenta DC. 296.
Arracacia Bancroft 103.
— acuminata Benth. 103, 244.
— elata Wolff 264, 266.
— esculenta DC. 296.
— incisa Wolff 169.
Arroz = Oryza sativa L. 297.
Artischocke 298.
Artocarpus incisa Forst. 298.
Arundinaria Michx. 77, 239, 240.
— setifera Pilger 255.
Arundinella brasiliensis Raddi 284.
Asclepiadaceae 34.
Asclepias curassavica L. 148.
Asparagus officinalis L. 298.
Asplenium auritum Sw. 283.
— foeniculaceum Kth. 240, 250.
— Gilliesianum Hook. et Grev. 166.
— serratum L. 283.
— theciferum (Kth.) Mett. 189.
— triphyllum Presl 74, 222.
Astereae 111.
Asteriscium Cham. et Schlechtd., Benth. et Hook. 103, 166, 303.
— amplexicaule Wolff 145.
— longiraneum Wolff 163, 167, 173.
— tripartitum Wolff 188, 189.
— triradiatum Wolff 175.
Astragalus L. 93, 144, 195, 207, 212, 311.
— arequipensis Vog. 185.
— Garbancillo Cav. 93, 170, 181, 218.
— geminiflorus H. B. K. 218, 219.
— macrorhynchus Ulbrich 166.
— minimus Vog. 223.
— ocrosianus Ulbrich 170.
— pusillus Vog. 185.
— romasanus Ulbrich 170.
— uniflorus DC. 93, 201, 209 Fig. 45, 222.
— viciiformis Ulbrich 93, 144.
— Weberbaueri Ulbrich 257.
Astrephia Dufr. 110, 308.
— aerophylloides DC. 110, 141, 146, 257.
Astrocaryum Mey. 78, 230, 274, 282, 288.
Atriplex axillare Phil. 144.
— cristatum H. et B. 176.
Attalea H. B. K. 78, 230, 281.
Aveneae 75.
Axinaea R. et Pav. 306.
— nitida Cogn. 263.
— tetragona Cogn. 266.
Azolla Lam. 149, 292.
Azorella Lmk. 103, 105, 201, 212, 219, 313.

Azorella bryoides Phil. 19, 196, 218.
— cladorrhiza R. et Pav. 209 Fig. 44, 221, 254, 261.
— corymbosa R. et Pav. 271, 272.
— crenata (R. et Pav.) Pers. 203, 207, 221.
— glabra Wedd. 196, 221, 223.
— laxa Wolff 254.
— multifida (R. et Pav.) Pers. 196, 200 Fig. 30, 221, 224.
— Weberbaueri Wolff 221.

Baccharis L. 111, 170, 171, 179, 183, 184, 185, 220, 223, 224, 242, 248, 253, 258, 260, 261, 263, 264, 278, 287.
— alpina Kth. var. serpyllifolia Decne. 111 Fig. 44.
buxifolia Pers. 220.
genistelloides Pers. 111, 178, 182, 183, 252.
Incarum Wedd. 111, 132, 170.
lanceolata Kth. 111, 148, 150.
polyantha Kth. 247.
procumbens Hieron. 272.
prostrata (R. et Pav.) Pers. 182, 185.
revoluta Kth. 179.
rhexioides Kth. 284.
salicifolia Pers. 111, 279.
— serpyllifolia Decne. 201, 208 Fig. 43, 212, 218, 219, 222.
— Sternbergiana Steud. 171, 177.
— venosa (R. et Pav.) DC. 238.
Bactris Jacq. 78, 230, 267, 273, 274, 275, 279, 281, 285, 288.
— longifrons Mart. 78, 282, 285, 287.
— simplicifrons Mart. 78, 285.
— (Guilielma) speciosa Mart. 78, 296.
Bacomyces imbricatus Hook. 72, 232, 242, 251.
Balanophoraceae 258.
Balbisia Cav. 308, 315, 354.
— verticillata Cav. 94, 163, 166.
— Weberbaueri Knuth 128, 129.
Bambusa Schreb. 77.
Bambuseae 77.
Banane 295, 298.
Banara mollis Tul. 291.
Banisteria caduciflora Poepp. 95, 282.
— populifolia Ndz. 155.
Barnadesia Mutis 181, 190, 243, 301.
— Dombeyana Less. 114, 170, 178, 183.
— Jelskii Hieron. 258.
— polyacantha Wedd. 237.
Bartsia L. (Bartschia Wettst. in Engl. Prantl Nat. Pflzfam.) 107, 271.
— aprica Diels 182.
— brachyantha Diels 184.

Bartsia calycina Diels 170.
— camporum Diels 181.
— canescens Wedd. 225.
— cinerea Diels 178.
— densiflora Benth. 166, 169.
— diffusa Benth. 222.
— elachophylla Diels 252.
— frigida Diels 221.
— hispida Benth. 186.
— inaequalis Benth. 183, 238, 247, 249, 252.
— melampyroides H. B. K. 249.
— Meyeniana Benth. 184, 220.
— mutica (H. B. K.) Benth. 257, 261.
— peruviana Walp. 222.
— thiantha Diels 128, 181.
— Weberbaueri Diels 170.
Basellaceae 33.
Baskervillea Lindl. 310.
Batate 296.
Batemannia Colleyi Lindl. 289.
Bauhinia L. 191.
— Weberbaueri Harms 190.
Baumfarne 252, 262, 264, 278, 279, 281, 282, 283, 290.
Baumwolle 297.
Begonia L. 100, 141, 183, 238, 239, 244, 247, 248, 253, 256, 257, 259, 266, 274, 286, 288.
— geraniifolia Hook. 100, 143, 146.
— octopetala L'Hér. 100, 146, 166.
Begoniaceae 100.
Bejaria Mutis 103, 104, 191, 237, 245, 247, 255, 273, 284, 290, 305.
— caxamarcensis H. B. K. 236 Fig. 59, 261.
Bellucia pentandra Naud. 290.
— Weberbaueri Cogn. 290.
Belonanthus Graebner 110, 254, 308.
— hispida (Höck) Graebner 221, 249.
Beloperone Nees 109.
Berberidaceae 89.
Berberis L. 32, 34, 89, 117, 159, 169, 182, 231, 233, 261, 311.
— commutata Eichler 178.
— conferta Kth. 179, 183, 260.
— Lobbiana C. K. Schneid. 253.
— monosperma R. et Pav. 176.
— podophylla C. K. Schneid. 170.
— virgata R. et Pav. 243, 244.
— Weberbaueri C. K. Schneid. 170.
Berro = Nasturtium fontanum Aschers. 90.
Betulaceae 85.
Bichayo = Capparis avicenniifolia H. B. K. 116, 153.

Bidens L. 112, 169, 171, 178, 181, 182, 185, 191, 223, 237, 249, 257.
Bignoniaceae 35, 108, 274.
Billbergia Thunbg. 81.
Biophytum dendroides DC. 274, 285.
Birne 298.
Bixa Orellana L. 252, 286.
Blakea caudata Tr. 267.
— ovalis Don 102, 286.
Blechnum angustifolium (Kth.) Hieron. 240.
— glandulosum Lk. 239.
— Moritzianum (Kl.) Hieron. 242.
— sachapatense Hieron. 251.
Blepharodon peruvianus Schlechter 289.
Bletia R. Br. 277.
— castenulata R. et Pav. 280.
— Sherattiana Batem. 284.
Bocagea St. Hil. 282.
Bocconia L. 229, 231, 305.
— frutescens L. 89, 192, 237, 244, 246, 250, 260, 267, 280.
Boehmeria caudata Sw. 237.
— Pavonii Wedd. 246.
Bohnen 296.
Boisduvalia Spach 313.
Bomarea Mirb. 82, 159, 231, 302.
— coccinea Bak. 82, 249, 253.
— cornigera Herb. 82, 250.
— cornuta Herb. 252.
— crinita Herb. 82, 266.
— crocea Herb. 182.
— cruenta Kränzlin 264.
— cumbrensis Herb. 260.
— dulcis (Herb.) Kränzlin 82, 225.
— edulis Herb. 146, 238, 257.
— endotrachys Kränzlin 266.
— Engleriana Kränzlin 253.
— filicaulis Kränzlin 82, 254.
— glaucescens Baker 82, 253, 261.
— glomerata Herb. 242, 253.
— involucrosa Herb. 169, 180, 182.
— Lehmannii Bak. 251.
— macranthera Kränzlin 251.
— multiflora Herb. 82, 240.
— petraea Kränzlin 186.
— puberula (Herb.) Kränzlin 82, 169, 220, 226, 272.
— rosea Herb. 169.
— simplex Herb. 146, 169, 170, 246.
— superba Herb. 82, 228 Fig. 50, 264.
— tomentosa Herb. 82, 253.
— tribrachiata Kränzlin 178.
— Weberbaueriana Kränzlin 240.
Bombacaceae 275, 277.
Bombax L. 97, 121, 124, 155, 287.

Bombax discolor H. B. K. 153, 155, 187, 188.
Borraginaceae 34, 105.
Borreria capitata DC. 248, 278.
— tenella Ch. et Schlechtd. 291.
Bougainvillea peruviana H. B. 88, 155.
Bougeria (irrtüml. statt Bougueria Decne.) 309.
— nubigena Dcne. 109, 219.
Boussingaultia H. B. K. 146, 164, 166.
— minor Diels 176.
Bouteloua humilis (Kth.) Hieron. 76, 171, 177, 185.
— racemosa Lag. 155.
Bowlesia R. et Pav. 103, 169, 170, 302, 315.
— acutangula Benth. 238, 247.
— lobata R. et Pav. 186.
— palmata R. et Pav. 103, 141, 142 Fig. 12, 146, 257.
— rupestris Wolff 171.
— setigera Wolff 170.
Brachylejeunia bicolor (Nees) Spr. 238, 240, 250.
Brachyotum Triana 102, 178, 253, 258, 268, 304.
— asperum Cogn. 261.
— canescens Triana 179.
— confertum Tr. 268.
— floribundum Tr. 237.
— lycopodioides Tr. 234 Fig. 57A, 251, 264.
— Maximowiczii Cogn. 251, 253.
— parvifolium Cogn. 263.
— racemosum Cogn. 260.
— Radula Tr. 261.
— rosmarinifolium Tr. 264.
— Weberbaueri Cogn. 263.
Brachypodium Beauv. 311.
— mexicanum Lk. 170, 248.
Brassica oleracea L. 298.
Braya Sternbg. et Hoppe 194.
— calycina Wedd. 225.
— densiflora Muschler (= Weberbauera densiflora Gilg et Muschler) 221, 354.
Brayopsis Gilg et Muschler 90, 194.
— alpaminae Gilg et Muschler 198 Fig. 26E, 203, 221.
— argentea Gilg et Muschler 204 Fig. 38A B, 224.
Bromeliaceae 33, 79, 163, 172, 181, 187, 189, 191, 240, 241, 244.
Bromus L. 76, 123, 195, 201, 257, 311.
— frigidus Ball 76, 186, 223.
— lanatus Kth. 226, 249, 271.
— mollis Kth. 220.
— unioloides Kth. 169, 170, 180, 183, 185.

Bromus Weberbaueri Pilger 224.
Brotfruchtbaum 298.
Browallia L. 145, 164, 166, 178, 257.
Brunellia R. et Pav. 91, 305.
— hexasepala Loesener 240.
— inermis R. et Pav. 251.
— ternata Loesener 242.
— Weberbaueri Loesener 255.
Brunelliaceae 34, 91, 229.
Buddleia L. 104.
— coriacea Remy 104, 186.
— diffusa R. et Pav. 245.
— globosa Lam. 104, 182.
— incana R. et Pav. 22, 104, 171, 177, 179, 183, 253, 297.
— longifolia H. B. K. 168.
— mollis H. B. K. 172.
— occidentalis L. 104, 148, 150, 162, 244.
— pichinchensis H. B. K. 184, 237.
— pilulifera Kränzlin 189.
— spicata R. et Pav. 247.
— Usush Kränzlin 104, 178, 186.
Buchnera Weberbaueri Diels 291.
Buellia ultima Lindau 220.
Buettneria catalpifolia Jacq. 163.
— hirsuta R. et Pav. 98, 162, 172, 173.
Bulbophyllum Incarum Kränzlin 239.
— Weberbauerianum Kränzlin 239.
Bulbostylis 123, 277.
— arenaria Lindm. 173, 182.
— capillaris Kth. 77, 238, 277, 278, 291.
— junciformis Kth. 77, 277, 278, 284, 291.
Bunchosia armeniaca (Cav.) DC. 296.
Burmannia L. 264, 267.
Burmeistera Karst. 110.
— Weberbaueri Zahlbr. 249, 252.
Burseraceae 34.
Byrsonima amazonica Griseb. 290.
— chrysophylla (Spr.) H. B. K. 290.
— crassifolia (L.) H. B. K. 278.
— rotunda Griseb. 290.
Bystropogon L'Hér. 106, 183.
— L'Hérit. § Minthostachys Benth. 302.
— andinus Britton 237.

Cacabus Bernh. 166, 303.
Cacalia L. 253.
— micaniaefolia DC. 163.
Cactaceae 100, 230, 301.
Caesalpinia corymbosa Benth. 148, 150.
— insignis (Kth.) Benth. 190.
— Pardoana Harms 173, 174.
— praecox R. et Pav. (= Cercidium praecox Harms 93, 153, 155, 189.
— pulcherrima Sw. 155.

Caesalpinia tinctoria (H. B. K.) Benth. (= Coulteria tinctoria H. B. K.) 93, 143, 147, 148, 158 Fig. 16, 162, 164, 166, 172, 173, 174, 175, 177, 188, 189, 190, 191, 192, 230, 243, 245.
Caesalpinioideae 93.
Café = Coffea arabica L. 298.
Caihua = Cyclanthera pedata Schrad. 297.
Cajophora Presl 100, 170, 183, 307.
— canarinoides Urban et Gilg 184.
— cirsiifolia Presl 185, 218, 219, 220.
— contorta Urban et Gilg 169.
— Preslii Urban et Gilg 169.
— scarlatina Urban et Gilg 183.
Calabazas = Cucurbita-Arten 297.
Calamagrostis Roth 37, 75, 123, 195, 201, 213, 310.
— -Arten 13.
— breviaristata Wedd. 132.
— cajatambensis Pilger 171.
— calvescens Pilger 170, 177.
— cephalantha Pilger 218, 220.
— chrysantha (Presl) Steud. 222.
— curvula Wedd. 185.
— eminens (Presl) Steud. 225, 226, 271.
— filifolia Wedd. 219, 220.
— fuscata (Presl) Steud. 272.
— heterophylla Wedd. 183, 185, 226.
— Humboldtiana Steud. 251.
— intermedia (Presl) Steud. 75, 213, 222, 223, 226.
— nitidula Pilger 219, 220.
— planifolia (Kth.) Trin. 257.
— podophora Pilger 251.
— rigida (Kth.) Trin. 75, 213, 222, 224, 226, 254, 271.
— sandiensis Pilger 183.
— spicigera (Presl) Steud. 218, 219, 223.
— tarmensis Pilger 248.
— trichophylla Pilger 180, 181.
— vicunarum Wedd. 75, 193 Fig. 21A, 218, 223.
Calandrinia H. B. K. 88, 313.
— acaulis H. B. K. 88, 169, 196, 201, 207, 210, 211, 219, 221, 223.
— alba (R. et Pav.) DC. 146.
— linomimeta Diels 155.
— pachypoda Diels 153.
— Weberbaueri Diels 144.
Calathea G. F. W. Meyer 83.
Calceolaria L. 32, 107, 117, 148, 159, 169, 179, 231, 247, 266, 302.
— anagalloides Kränzlin 145.
— argentea H. B. K. 258.
— Atahualpae Kränzlin 244.
— Cajabambae Kränzlin 171.

Calceolaria callunoides Kränzlin 226.
— cuneiformis R. et Pav. 176.
— cypripediiflora Kränzlin 238.
— delicatula Kränzlin 257.
— elliptica Wedd. 249.
— Engleriana Kränzlin 183.
— extensa Benth. 166, 183.
— glauca R. et Pav. 170, 177.
— inamoena Kränzlin 128.
— inaudita Kränzlin 227.
— Incarum Kränzlin 170.
— inflexa R. et Pav. 184.
  lobata Cav. 183.
  lysimachioides Kränzlin 145.
  macrocalyx Kränzlin 171.
  myriophylla Kränzlin 181.
  myrtilloides Kränzlin 170.
  Pavonii Benth. 260.
  pinnata L. 145.
  ramosissima Kränzlin 257.
— ranunculoides Kränzlin 171.
— rhododendroides Kränzlin 272.
  scapiflora (R. et Pav.) Benth. 223.
— serrata Lam. 166.
— sibthorpioides H. B. K. 272.
— tomentosa R. et Pav. 184.
— Urubambae Kränzlin 182.
— utricularioides Hook. 272.
— verticillata R. et Pav. 147.
— Weberbaueriana Kränzlin 226.
— zapatilla Kränzlin 240.
Calliandra expansa Benth. 173, 174.
Callitriche marginata Poir. 219.
Caltha sagittata Cav. 219.
Calycera Cav. 309.
Calyptrella Naud. 305.
— cucullata Tr. 284.
— robusta Cogn. 256.
Camaridium exaltatum Kränzlin 289.
Camona = Iriartea-Arten 78.
Camóte = Ipomoea Batatas Lam. 296.
Campanulaceae 34, 110, 231.
Campomanesia lineatifolia (Pers.) R. et Pav. 230, 296.
Caña = Saccharum officinarum L. 298.
— brava = Gynerium sagittatum (Aubl.) P. B. 76.
Candelaria vitellina (Ehrh.) Koerb. 218, 220.
Canna L. 83, 244, 273, 353.
— indica L. 296.
Cannaceae 83.
Cantu = Cantua buxifolia Juss. 105, 297.
Cantua Juss. 105, 301.
— buxifolia Juss. 105, 168, 171, 184, 297.
— candelilla Brand 105, 130.

Cantua pyrifolia 354.
— quercifolia Juss. 105, 190, 191, 257.
Capethia Britton 309.
— integrifolia (DC.) Britton 271.
Capparidaceae 90.
Capparis L. 90, 116.
— avicenniifolia H. B. K. 90, 116, 153.
— crotonoides H. B. K. 90, 116, 153.
— mollis H. B. K. 90, 116, 153.
— scabrida H. B. K. 90, 116, 152 Fig. 14, 153, 154, 155, 189.
Caprifoliaceae 34, 110.
Capsicum L. 297.
Capulí = Prunus Capollin Zucc. 296, 297.
Caramati = Jungia spectabilis Don 114.
Cardamine L. 266, 310.
— flaccida Cham. et Schl. 171.
— ovata Benth. 240.
Cardiospermum Corindum L. 96, 155.
Carex L. 77, 123, 271, 272, 311.
— Bonplandii Kth. 252, 264.
— cladostachya Wahlenb. 281.
— ecuadorica Kükenthal 77.
— Hoodii Britt. 183, 185, 186.
— pichinchensis H. B. K. 77, 249, 251, 272.
— pinetorum Liebm. 77, 223, 248.
— seditiosa Steud. 261.
— umbellata Schk. 223.
Carica L. 188.
— -Arten oder -Rassen 296.
— candicans Gray 99, 117, 118, 143, 147, 158, 161, 163, 164, 166, 173, 174, 176, 188.
Caricaceae 99.
Carludovica R. et Pav. 79, 230, 252, 255, 256, 265, 266, 273, 281, 282, 283, 286, 289, 300.
— palmata R. et Pav. 79, 273, 274, 281, 282, 283, 285, 288.
Caryocar amygdaliferum Cav. 296.
Caryophyllaceae 88.
Cascarilla 37.
Cashapona = Iriartea-Arten 78.
Cassia L. 93, 177, 179, 183.
— aurantia R. et Pav. 176.
— bicapsularis L. 248.
— Chamaecrista L. 188.
— chrysocarpa Desv. 190.
— fistula L. 155.
— flavicoma H. B. K. 248.
— latepetiolata Dombey 181.
— tomentosa L. f. 166, 237.
Castilleja L. 312.
— communis Benth. 107, 145, 238.
— fissifolia L. 107, 169, 170, 171, 178, 180,

183, 186, 209, 221, 222, 224, 226, 249, 266, 271.
Catacoryne Hook. f. 310.
Catasetum L. C. Rich. 84.
Cathedra Miers 282.
Catoblastus Wendl. 78.
Cattleya Lindl. 84.
Cavanillesia R. et Pav. 97.
Cavendishia Lindl. 103, 237, 242, 247, 248, 255, 267.
— pubescens H. B. K. 229 Fig. 52, 237.
Cebada = Hordeum sativum Jessen 297.
Cebolla = Allium Cepa L. 298.
Cecropia L. 86, 245, 256, 275, 278, 279, 280, 282, 283, 285, 287, 288.
Cedrela L. 95, 282.
— fissilis Vell. 285.
Ceiba Gärtn. 98, 278, 287.
Celastraceae 32, 34, 96.
Celtis L. 150, 155, 190.
Cenchrus tribuloides L. 144.
Centradeniastrum Cogn. 309.
— roseum Cogn. 259.
Centropetalum nigro-sinatum Kränzlin 260.
Centropogon Presl 110, 230.
— macrocarpus Zahlbr. 253.
— Mandonis Zahlbr. 237.
— pulcher Zahlbr. 247.
— surinamensis Presl 286.
— verbascifolius (Presl) Zahlbr. 247.
— Weberbaueri Zahlbr. 253.
Cephalacanthus Lindau 310.
— maculatus Lindau 288.
Cephalocereus Pfeiff., K. Schum. 100, 154, 156, 161, 173, 174, 189.
Cerastium L. 88, 195, 209, 211, 221, 222, 223, 312.
— caespitosum Gilib. 170, 222, 271.
— candicans Wedd. 219.
— humifusum Camb. 169.
— imbricatum H. B. K. 224, 225.
— nervosum Gay 219.
— oblongifolium Torr. 169.
— tucumanense Pax 186.
Ceratostema Juss. 103, 241, 244, 249, 253.
— buxifolium Field et Gard 251.
— sanguineum Hörold 233 Fig. 56, 237.
Cercidium praecox. 354.
— Tul. 313.
Cereus Haw. 100, 101, 116, 117, 118, 130, 133, 139, 154, 156, 161, 163, 166, 167, 171, 173, 174, 175, 188, 189, 191, 277.
— brevistylus K. Schum. (mscr.) 128, 129.
— candelaris Meyen 129.
— peruvianus (L.) Haw. 158, 166, 176.

Cereus trigonodendron K. Schum. 277.
— Weberbaueri K. Schum. (mscr.) 128, 129.
Cereza = Malpighia L. 296.
Ceropteris adiantoides (Karst.) Hieron. 247, 278.
— chrysophylla (Sw.) Lk. 278.
Ceroxylon H. B. K. 78, 231, 242, 259, 262, 306.
— andicola H. B. K. 189.
— utile Wendl. 249, 250.
Cervantesia R. et Pav. 306.
Cespedesia Goudot 307.
Cestrum L. 106, 128, 129, 150, 172, 237, 247.
— hediundinum Dun. 148.
— salicifolium Jacq. 190.
Cetraria nivalis (L.) Ach. 72.
Chachacuma = Escallonia resinosa (R. et Pav.) Pers. 90.
Chachaparakai = Colignonia-Arten 88.
Chaenanthe Lindl. 310.
Chaetanthera R. et Pav. 309.
Chaetotropis Kth. 148.
Chamaedorea Willd. 78, 274, 282, 288.
— lanceolata Mart. 285.
— Lindeniana Wendl. 285.
— Pavoniana Wendl. 288.
Chamana = Dodonaea viscosa L. 97.
Chamissonia Link 313.
Chaptalia Vent. 249, 251.
Chara (Vaill.) A. Br. 185.
Cheilanthes lentigera Sw. 176, 247.
— marginata Kth. 166, 239.
— myriophylla Desv. 74, 163, 166, 188, 239.
— pilosa Goldm. 178, 183, 239.
— pruinata Kaulf. 74, 169, 178, 186.
— scariosa Kze. 74, 166, 172, 182, 186.
Chelonanthus Gilg 105, 230, 277.
— acutangulus (R. et Pav.) Gilg 105, 280, 284.
— camporum Gilg 105, 291.
— leucanthus Gilg 242.
Chenopodiaceae 87.
Chenopodium ambrosioides L. 297.
— panniculatum Hook. 135 Fig. 3, 144, 164, 166.
— querciforme Murr. 186.
— Quinoa Willd. 87, 117, 296, 299.
Chevreulia Cass. 112, 214, 219, 222.
Chinarindenbaum 29, 30.
Chinawälder 31.
Chinchango = Hypericum laricifolium Juss. 99.
Chionopappus Benth. 310.

Chirimoya — Anona Cherimolia Mill 296.
Chloraea Lindl. 308.
— peruviana Kränzlin 84, 146.
Chloranthaceae 229.
Chlorideae 76.
Chloris virgata Sw. 153.
Chlorophytum Schidospermum Bak. 279.
Choloco = Sapindus Saponaria L. 96.
Chonta = Bactris longifrons Mart. 78.
Chuquiragua Juss. 114, 182, 183, 185, 201, 212, 216, 224, 225, 226.
— ferox (Wedd.) Britton 176.
— huamanpinta Hieron. (mscr.) 180, 211 Fig. 47, 223.
— rotundifolia Wedd. 114, 132.
Chusquea Kth. 23, 77, 192, 229, 231, 232, 237, 241, 244, 249, 250, 258, 259, 260, 264, 266, 267, 280, 282, 305.
— depauperata Pilger 77, 254.
— inamoena Pilger 250.
— polyclados Pilger 261.
— pubispicula Pilger 239, 240.
— ramosissima Pilger 239, 240.
— simplicissima Pilger 77, 251.
— spicata Munro 77, 254.
— straminea Pilger 263.
— Weberbaueri Pilger 77, 264.
Cicer arietinum L. 298.
Cichorieae 114.
Cidra = Citrus-Arten u. -Rassen 298.
Cienfuegosia heterophylla (Vent.) Garcke 155, 156.
Cinchona L. 31, 32, 37, 109, 230, 231, 256, 259, 263, 273, 305.
— -Arten 9, 12, 14.
— -Bäume 1, 2, 11.
— Calisaya Wedd. 14.
— discolor Kl. 242.
— micrantha R. et Pav. 282.
— stenosiphon Krause 255.
— succirubra Pav. 14.
Cinchonoideae 109.
Ciruela agria = Spondias purpurea L. 296.
— del fraile = Bunchosia armeniaca (Cav.) DC. 296.
Cissampelos L. 247.
Citharexylum ilicifolium Kth. 179, 183.
— laurifolium Hayek 237.
— spinosum Kth. 147, 166.
Citrullus vulgaris Schrad. 298.
Citrus L. 298, 299.
Cladonia (Hill.) Wainio 72, 232, 253.
— aggregata (Sw.) Ach. 242, 251.
— bellidiflora (Ach.) Schaer 242, 254.
— fimbriata (L.) Ach. 71, 145.
— miniata Mey. 251, 263.

Cladonia pycnoclada (Gaud.) Nyl. 242, 251.
— rangiformis Hoffm. 71, 145.
— verticillaris (Raddi) Fr. 251.
Clavija Weberbaueri Mez 282.
Clematis L. 89, 128, 163, 189, 191, 243, 280.
— dioeca L. 89, 162, 172, 173.
— peruviana DC. 89, 169, 170, 178.
— sericea H. B. K. 237.
Cleome L. 90, 163, 177, 182.
— chilensis DC. 145, 164, 166, 188.
— glandulosa R. et Pav. 246.
Clethra L. 103, 242, 245, 247, 255, 256, 264, 278, 290.
Clethraceae 103, 230.
Clidemia epiphytica Cogn. 102, 286.
Clusia L. 99, 189, 190, 230, 237, 242, 247, 251, 255, 259, 260, 263, 267, 278, 284, 301.
— thurifera Tr. et Pl. 290.
Coca = Erythroxylon Coca L. 297.
Cocastrauch 295.
Coccocypselum canescens Willd. 285.
— decumbens Krause 242.
Coffea arabica L. 298, 299.
Coffeoideae 109.
Col = Brassica oleracea L. 298.
Coldenia dichotoma (R. et Pav.) Lehm. 144.
— paronychioides Phil. 153, 154, 161.
Colignonia Endl. 88, 171, 301.
— Weberbaueri Heimerl 163, 178.
Colletia Juss. 97, 169, 177, 181, 307.
— aciculata Miers 176.
— Meyeniana (versehentlich statt C. Weddeliana Miers) 128, 129, 354.
— Weddelliana Miers 97.
Colobanthus Bartl. 313.
Columellia R. et Pav. 108, 244, 245, 306.
— obovata R. et Pav. 179.
Columelliaceae 108.
Commelina fasciculata R. et Pav. 81, 146, 164, 166, 169, 177, 238, 257.
— hispida R. et Pav. 247.
Commelinaceae 33, 81, 274.
Compositae 16, 30, 31, 34, 111, 231, 280.
Condaminea DC. 307.
— corymbosa (R. et Pav.) DC. 109, 247, 281.
Condorripa = Senecio hyoseridifolius Wedd. 113.
Conomorpha lacta Mez 263.
— peruviana A. DC. 251.
— pyramidata Mez 256, 257.
— Weberbaueri Mez 289.

Convolvulaceae 105.
Conyza andicola Phil. 171, 176, 180.
— chilensis Spreng. 238.
Cora pavonia (Web.) Fries 72, 218, 232, 238, 240, 250.
Cordia alliodora (R. et Pav.) Cham. 106, 280.
— excelsa (Mart.) DC. 106, 287.
- hispidissima DC. 106, 285.
- macrocephala (Desv.) H. B. K. 153, 189.
  pauciflora Krause 163.
- peruviana Roem. et Sch. 189.
  rotundifolia R. et Pav. 105, 148, 149, 150, 155.
  salviifolia H. B. K. 147.
- subserrata Krause 166.
- tarmensis Krause 247.
Coriaria L. 95, 244.
— thymifolia H. B. K. 95, 237, 246, 261.
Coriariaceae 95, 161.
Cortaderia aristata Pilger 254.
— atacamensis (Phil.) Pilger 76, 128, 129, 163, 168, 171, 172, 173, 174, 177, 178, 183, 184, 192, 239, 248.
  bifida Pilger 242.
— columbiana Pilger 251.
Corynaea Hook. f. 307.
Corynanthes Bruckmuelleri Rchb. f. 289, 292.
Cosmibuena obtusifolia R. et Pav. 109, 284, 290.
Cosmos Cav. 186, 249, 258.
— peucedanifolius Wedd. 238.
Costus L. 83, 230, 273, 282.
Cotula pygmaea Benth. 112, 183.
Cotyledon L. 90, 163, 166, 171.
— excelsa Diels 171.
— eurychlamys Diels 261.
— peruviana (Meyen) Bak. 169, 176, 178.
— strictum Diels 173.
— virgata Diels 178.
— Weberbaueri Diels 190.
Couepia speciosa Pilger 291.
Coursetia Harmsii Ulbrich 167.
— Weberbaueri Harms 144.
Coutoubea spicata Aubl. 289.
Cranichis longiscapa Kränzlin 242.
— multiflora Cogn. 259.
Crantzia lineata Nutt. 219, 222, 315.
Crassula L. 145.
— bonariensis DC. 227.
Crassulaceae 33, 90.
Cremolobus DC. 171, 303.
— humilis Muschler 227.
— subscandens Ktze. 90, 266.

Cremolobus Weberbaueri Muschler 171.
Crepidospermum Goudotianum (Tr. et Pl.) Engler 290.
Cressa truxillensis H. B. K. 148.
Crinum L. 82.
Cristaria Cav. 134, 308, 315, 354, 355.
— multifida Cav. 144.
Crocopsis Pax 309.
Crotalaria L. 237.
— maypurensis H. B. K. 287.
— Pohliana Benth. 246.
Croton L. 95, 147, 155, 159, 166, 175, 190, 237, 245, 246, 277, 280, 285.
— ferrugineus H. B. K. 189.
— Ruizianus Müll. Arg. 166.
— Sampatik Müll. Arg. 282.
Cryptanthe Lehm. 312.
— linearis (Coll.) Greene 170.
— linifolia (H. B. K.) Greene 183, 226.
Cryptocarpus H. B. K. 306.
— pyriformis H. B. K. 88, 153, 154.
Cuca = Erythroxylon Coca L. 297.
Cucharilla = Embothrium grandifolium Lam. 87.
Cucumis Melo L. 298.
— sativus L. 298.
Cucurbita L. 197.
Cucurbitaceae 35.
Culcitium H. B. K. 113, 195, 224, 225, 226, 304.
— canescens H. B. K. 113, 203, 224, 226, 227, 271, 272.
— glaciale Walp. 220, 223.
— longifolium Turcz. 113, 220, 222, 271, 272.
— Pavonii Wedd. 133.
— rufescens H. et B. 113, 203, 22, 224.
— serratifolium Meyen et Walp. 113, 222, 224.
Culli = Buddleia coriacea Remy 104.
Cunoniaceae 33, 91, 161.
Cuphea cordata R. et Pav. 101, 238, 247.
— gracilis H. B. K. 291.
— serpyllifolia H. B. K. 257.
Curatella americana L. 98, 290, 316.
Cuscuta L. 238.
Cyathea Sm. 73, 229, 231, 240, 242, 259, 279.
Cybianthus minutiflorus Mez 290.
Cybistax Mart. 108, 277, 316.
Cycadaceae 34.
Cyclanthaceae 79, 252, 256, 265, 266, 267, 273, 275, 276, 278, 280, 281, 283, 285, 288.
Cyclanthera cordifolia Cogn. 237.
— Mathewsii Arn. 145, 164, 166.

Cyclanthera microcarpa Cogn. 164, 166, 237.
— pedata Schrad. 297.
Cyclanthus Poit. 79, 230, 273, 274, 281, 282, 285, 288.
Cydonia vulgaris Pers. 298.
Cylindrosolenium Lindau 310.
Cymbopetalum longipes Diels 290.
Cynanchum ecuadorense Schlechter 163, 172, 188.
— tarmense Schlechter 177, 247.
Cynara Scolymus L. 298.
Cynoglossum andicolum Krause 272.
— parviflorum Krause 183.
— revolutum R. et Pav. 169.
Cypella Herb. 257.
Cyperaceae 8, 34, 77, 123, 168, 185, 214, 215, 276, 287, 292.
Cyperus Martianus Nees 238.
— saturatus Clarke 285.

Dalea L. 93, 178, 189, 312.
— ayavacensis Benth. 246.
— calocalyx Ulbrich 166.
— Mutisii H. B. K. 169, 177.
— myriadenia Ulbrich 190.
— nova Ulbrich 257.
— samancoensis Ulbrich 170.
— sericophylla Ulbrich 261.
— sulfurea Ulbrich 188.
— trichocalyx Ulbrich 173.
— Weberbaueri Ulbrich 176.
Dalechampia L. 191.
Danthonia sericantha Steud. 76, 271, 272.
Datura L. 107.
— arborea L. 107, 247, 297.
— sanguinea R. et Pav. 107.
Daucus montanus Willd. 169, 238.
Delostoma D. Don 306.
— dentatum D. Don 108, 163, 166.
Dendrophthora Eichl. 254.
— crassuloides Urban 240.
— linearifolia Manf. Patsch. 238.
— Urbaniana Manf. Patsch. 263.
Dennstaedtia Lambertiana (Rémy) Hieron. 184.
Dermatocarpon andinum Lindau 218.
Descurainia Webb. et Benth. 90, 312.
— Gilgiana Muschler 222.
— leptoclada Muschler 169.
— myriophyllum Fr. 186.
— Urbaniana Muschler 223.
Desfontainea R. et Pav. 104, 230, 260, 305, 314.
— obovata Kränzlin 242.
— parvifolia Don 251.

Desfontainea spinosa R. et Pav. 249.
Desmodium Alamani DC. 238.
— cajanifolium DC. 278.
— strobilaceum Schlecht. 238.
Desmoncus Mart. 78, 282.
Deuterocohnia Mez 308.
— longipetala (Bak.) Mez 80, 118, 154, 156, 189.
Diadenium Poepp. et Endl. 310.
Dialyanthera Warb. 307.
Diastema Benth. 307.
Dichaea arbuscula Kränzlin 263.
Dichondra repens Forst. 167.
Dichorisandra Mik. 274.
— Aubletiana R. et Sch. 289.
— villosula Mart. 282.
Dichromena ciliata Vahl 291.
Dicksonia L'Hérit. 73, 229.
— Stuebelii Hieron. 263.
Dicliptera montana Lindau 189.
— porphyracea Lindau. 170.
— tomentosa (Vahl) Nees 146.
Didymopanax morototoni Decne. et Pl. 291.
— Weberbaueri Harms 290.
Dieffenbachia Schott 79.
— cordata Engler 282.
— Weberbaueri Engler 285.
Dieudonnea Cogn. 310.
Dilleniaceae 98, 230.
Dilodendron Radlk. 277.
— bipinnatum Radlk. 97, 277, 316.
Dioclea rufescens Benth. 286.
Dioscorea L. 237, 240, 257, 289.
Diothonnaea Lindl. 307.
Diplostephium H. B. K. 111, 241, 252, 253, 272, 303.
— carabayense Wedd. 179.
— juniperoideum Hieron. 251.
— lavandulifolium Kth. 182.
— Lechleri (Sch. Bip.) Wedd. 251.
— tacorense Hieron. 111, 127 Fig. 1B, 128, 129, 133, 315.
Dissanthelium Trin. 313.
— supinum Trin. 223, 226, 252.
Disterigma Klotzsch 103, 251, 304.
— alaternoides (H. B. K.) Niedenzu 242.
— empetrifolium (H. B. K.) Niedenzu 241, 252, 261.
— Humboldtianum (Kl.) Niedenzu 242.
— Humboldtii (Kl.) Niedenzu 230 Fig. 53, 255.
Distichia Nees et Meyen 122, 194, 214, 219, 304.
— muscoides Nees et Meyen 81, 196, 214, 215 Fig. 48A B C, 219, 222, 224.

Distichlis humilis Phil. 185.
— thalassica Kth. 76, 122, 148, 154.
Ditassa R. Br. 249.
— albiflora Schlechter 247.
— crassa Schlechter 284.
— gracilipes Schlechter 289.
— Weberbaueri Schlechter 190.
Dodonaea viscosa L. 97, 173, 174, 176, 177, 189, 190, 191, 238, 277.
Dolia rupicola (Miers) B. H. 146.
Draba L. 90, 194, 314, 315.
— alchimilloides Gilg 224.
- cephalantha Gilg 223.
- Macleanii Hook. f. 221.
- matthioloides Gilg 272.
— Pickeringii A. Gray 195 Fig. 23, 203, 221.
— Weberbaueri Gilg 221.
Drimys Forst. 229, 313, 314.
— granatensis Mutis 262.
Drymaria Willd. 88, 144, 145, 182, 185, 223.
— arenarioides Willd. 185, 227.
— molluginea Dietr. 139 Fig. 9, 144.
— ovata 169.
— ramosissima Schlechtd. 171.
— sperguloides Gray 169.
Dumortiera hirsuta L. 240.
Dunalia H. B. K. 301.
— lycioides Miers 106, 166, 176.
Duranta L. 106, 182.
— Benthami Briq. 237.
— lineata Hayek 179.
— rupestris Hayek 248.
Durazno = Prunus persica (L.) Sieb. et Zucc. 298.
Dyschoriste repens (R. et Pav.) Ktze. 146.

Eccremis Willd. 305.
— coarctata (R. et Pav.) Baker 82, 229, 242, 255, 264.
Eccremocarpus R. et Pav. 230, 243, 244, 305.
— longiflorus H. B. K. 108, 260.
Echinocactus Lk. et Otto 101, 170, 171, 180, 183, 190, 206, 256.
Echinopsis Zucc. 132.
— Pentlandii Salm-Dyck 185, 220.
Elaeagia Wedd. 305.
Elaeocarpaceae 97.
Elaphoglossum accedens (Mett.) Christ 239.
— Jamesonii (Hook. et Grev.) Moore 239, 247.
— Mathewsii (Fée) Moore 183.
— tectum (H. et B.) Moore 247.
Eleocharis albibracteata Nees 171.

Eleocharis Chaetaria R. et Sch. 241, 242.
— sulcata Nees 183.
Elisena Herb. 310.
Elleanthus Presl 84.
— aureus Rchb. f. 247.
— flavescens Rchb. f. 260.
— furfuraceus Rchb. f. 250.
— kermesinus Rchb. f. 250.
— robustus Rchb. f. 237.
Elodea chilensis (Planch.) Casp. 180.
Elutheria Roem. 306.
— microphylla Roem. 95, 190, 191.
Embothrium Forst. 86, 161, 191, 273, 284, 291, 313.
— grandiflorum Lam. 87, 160 Fig. 18, 179, 189, 246, 256, 257, 260, 281.
Encelia Adans. 312.
— canescens Cav. 112, 144, 154.
Endusa Miers 310.
Englerocharis Muschler 90, 309.
— peruviana Muschler 198 Fig. 26D, 221.
Ephedra L. 74, 128, 132, 163, 166, 176, 177, 182, 185, 188, 191, 206, 210, 212, 220.
— americana H. et B. 208 Fig. 42, 222.
Epidendrum L. 84.
— ardens Kränzlin 244.
— brachycladium Lindl. 239, 247.
— brachyphyllum Lindl. 242, 258.
— cardiophyllum Kränzlin 250.
— Catillus Rchb. f. et Warsc. 289.
— cinnabarinum Salzm. 247, 289.
— Cochlidium Lindl. 238.
— dermatanthum Kränzlin 260.
— euspathum Kränzlin 289.
— excisum Lindl. 247.
— Feddeanum Kränzlin 290.
— fimbriatum H. B. K. 242.
— frutex Rchb. f. 249, 253.
— gastrochilum Kränzlin 260.
— geminiflorum H. B. K. 259.
— gramineum Lindl. 254.
— Huacapistanae Kränzlin 246.
— imatophyllum Lindl. 284.
— inamoenum Kränzlin 248.
— macrocyphum Lindl. 188.
— macrogastrium Kränzlin 260.
— megagastrium Lindl. 247.
— monzonense Kränzlin 254.
— Moyobambae Kränzlin 289.
— pachychilum Kränzlin 251.
— panniculatum R. et Pav. 246.
— Porpax Rchb. f. 283.
— rhopalorhachis Kränzlin 250.
— saxicolum Kränzlin 264.
— scabrum R. et Pav. 251.
— Scutella Lindl. 259.

Epidendrum tolimense Lindl. 264.
— variegatum Hook. 247.
— Viegi Rchb. f. 247.
— Weberbauerianum Kränzlin 256.
— xanthinum Lindl. 280.
Epilobium L. 311.
— andicolum Hausskn. 184.
— Haenkeanum Hausskn. 171.
— nivale Meyen 225.
Epistephium Kth. 277.
— elatum H. B. K. 280, 289.
Equisetum L. 149, 150. 177, 192. 276, 286.
— xylochaetum Milde 129.
Eragrostis Host 76, 188.
— andicola Pilger 76, 169, 170.
— contristata Mez 176.
— contracta Pilger 76, 169, 171, 177, 182.
— megastachya (Koel.) Lk. 153.
— Montufari (Kth.) Steud. 177.
— patula (Kth.) Steud. 186.
— peruviana (Jacq.) Trin. 76, 144.
— Weberbaueri Pilger 167.
Erbse 298.
Erdbeere 296, 298.
Erdnuß 296.
Ericaceae 103, 120, 230, 231, 233, 250, 253, 258, 261, 264.
Erigeron L. 111, 145, 146, 169, 170, 171, 180, 182, 223, 226, 261.
— cinerascens Sch. Bip. 186.
— crocifolium (Kth.) Wedd. 111, 264.
— deserticola Hieron. (= Conyza deserticola Phil.) 220.
— hybridus Hieron. 251.
— Mandonii Sch. Bip. 222.
Eriobotrya japonica Lindl. 298.
Eriocaulaceae 34, 79, 229, 241.
Eriocaulon L. 79.
— microcephalum H. B. K. 251.
Eriopsis Sceptrum Rchb. f. 289.
Eritrichium Schrad. 311.
— Walpersii (DC.) Wedd. 169, 170.
Eryngium humile Cav. 272.
— panniculatum Cav. 238.
— stellatum Mut. 170, 249, 258.
— Weberbaueri Wolff 248.
Erythraea L. C. Rich. 105, 311.
— lomae Gilg 145.
Erythrina L. 94, 173, 245, 275, 280, 287.
— breviflora DC. 173.
— micropteryx Poepp. 285, 288.
— Ulei Harms 279.
Erythroxylon Coca L. 297, 299.
— paraense Peyr. 289.
Escallonia L. 34, 255, 301.
— corymbosa Pers. 253.

Escallonia hypsophila Diels 90, 178.
— myrtilloides L. f. 237.
— Pilgeriana Diels 245.
— resinosa (R. et Pav.) Pers. 90, 179, 181, 182, 243, 244, 253, 258.
Escobedia scabrifolia R. et Pav. 108, 277, 280, 291.
Esparrago = Asparagus officinalis L. 298.
Espinaca = Spinacia oleracea L. 298.
Eucalyptus Globulus Lab. 299.
Eucharis Planch. 307.
— amazonica Lind. 82, 288.
Eucrosia Ker 307.
Eudema H. B. K. 90, 194, 306.
— trichocarpum Muschler 199, 203 Fig. 35A. 221.
Eugenia L. 101.
— egensis DC. 290.
— loretensis Diels 290.
— myrtomimeta Diels 230.
— oreophila Diels 243.
— Weberbaueri Diels 256, 257.
Eupatorieae 35, 111.
Eupatorium L. 111, 147, 163, 179, 185.
— crenulatum (Spreng.) Hieron. 238.
— cuzcoënse Hieron. 181.
— eleutherantherum Rusby 181.
— origanoides Kth. 189
— persicifolium Kth. 181, 243.
— serratuloides Kth. 189.
— Volkensii Hieron. 181.
— Weberbaueri Hieron. 263.
Euphorbia L. 155, 180, 185, 186, 188, 189, 239, 248, 257.
Euphorbiaceae 95.
Euterpe Mart. 78, 230, 274, 275, 293.
— andicola Mart. 285.
— Haenkeana Mart. 78, 282, 285.
— precatoria Mart. 78, 285, 287.
Evolvulus L. 155, 189.
— argyreus Choisy 189, 190.
— villosus R. et Pav. 146.

Fagara Culantrillo (H. B. K.) Engler 289.
— Weberbaueri Krause 287.
Farne 8, 11, 174, 180, 189, 215, 220, 222, 237, 238, 240, 241, 244, 247, 249, 258, 259, 260, 262, 263, 266, 274, 275, 276, 278, 281, 285, 288.
Feige 298.
Festuca L. 76, 123, 169, 195, 213, 310.
— Cajamarcae Pilger 271.
— carazana Pilger 225, 226.
— dichoclada Pilger 76, 179.
— distichovaginata Pilger 254.
— fibrifera Pilger 248.

Festuca glyceriantha Pilger 226.
— Haenkei Kunth 219.
— horridula Pilger 180.
— humilior Nees et Meyen 185.
— lasiorhachis Pilger 169, 170, 183.
— loricata Griseb. 258.
— muralis Kth. 76, 145, 169, 178, 226, 258.
— orthophylla Pilger 132, 185.
— procera Kth. 240.
— quadridentata Kth. 76, 182.
— rigescens (Presl) Kth. 223.
— scirpifolia (Presl) Kth. 76, 182, 185, 213, 223, 224, 249.
— tarmensis Pilger 251.
— Weberbaueri Pilger 180, 186.
Festuceae 76.
Ficus L. 86, 162, 192, 239, 246, 280, 288, 291, 299.
— Carica L. 298, 299.
Filices 30, 33.
Fischeria peruviana Decne. 283, 286.
Fittonia Coem. 310.
Flechten 33, 71, 116, 133, 139, 143, 147, 171, 173, 176, 180, 191, 213, 215, 216, 220, 222, 223, 232, 234, 238, 239, 240, 241, 242, 244, 246, 247, 249, 251, 252, 253, 254, 256, 258, 259, 260, 262, 263, 266, 276, 280.
Floripondio = Datura arborea L. 297.
Floscopa peruviana Hassk. 286.
— robusta Clarke 288.
Flourensia DC. 166, 173, 174, 176.
Fourcroya Schult. 82, 117, 118, 121, 123, 155, 156, 159, 172, 173, 174, 175, 188, 189, 191, 277, 278, 301.
— cubensis Haw. 163, 166, 173, 297.
Foveolaria R. et Pav. 309.
Fragaria chiloënsis (L.) Ehrh. 296.
— vesca L. 298.
Frankenia L. 122. 148.
Franseria fruticosa Phil. 112, 127 Fig. 1A, 128, 129.
Frejoles = Phaseolus-Arten 296.
Fresa = Fragaria chiloënsis (L.) Ehrh. 296.
Freziera Sw. 98, 255.
— canescens H. et B. 255.
— lanata Weberbauer (= Lettsomia lanata R. et Pav.) 263.
Frullania 73.
— campanensis Spruce 238.
— closterantha Spruce 242.
— decidua Spruce 145.
— flexicaulis Spruce 238.
— Weberbaueri Steph. 145.
Frutilla = Fragaria vesca L. 298.
Fuchsia L. 102, 159, 171, 231, 244, 259, 303.

Fuchsia ampliata Benth. 258.
— asperifolia Krause 266.
— corymbiflora R. et Pav. 237.
— dolichantha Krause 263.
— fusca Krause 244.
— integrifolia Camb. 171.
— leptopoda Krause 247.
— longiflora Benth. 244, 254.
— Mattoana Krause 244.
— ovalis R. et Pav. 102, 288.
— scandens Krause 253.
— serratifolia R. et Pav. 266.
— silvatica Benth. 251, 252.
— tacsoniiflora Krause 171.
— tuberosa Krause 102, 238, 239.
— Weberbaueri Krause 237.
Fumaria L. 143.
Fungi 30, 34.

Gaiadendron G. Don 86, 229. 313.
— paracense Van Tiegh. 242.
— punctatum (R. et Pav.) Don 86, 246, 255, 260.
Galactia speciosa (DC.) Britton 238, 248.
Galinsoga R. et Pav. 145, 185.
— calva Rusby 171.
— unxioides Griseb. 257.
Galium Tournef. 109.
— andicolum Krause 170.
— ferrugineum Krause 257.
— involucratum H. B. K. 220.
— Weberbaueri Krause 169.
Galvesia Domb. 306.
— limensis Dombey 107, 153, 154, 161.
Garbancillo = Astragalus Garbancillo Cav. 93.
Garbanzo = Cicer arietinum L. 298.
Garcilassa Poepp. et Endl. 310.
Gaultheria L. 103, 104, 161, 179, 237, 240, 242, 244, 247, 249, 251, 252, 253, 255, 263, 273, 290.
— tomentosa H. B. K. 232 Fig. 55, 251, 258.
Gayophytum A. Juss. 312.
Genipa excelsa Krause 282.
Gentiana Tourn. 104, 195, 311.
— arenarioides Gilg 261.
— armerioides Griseb. 201, 210, 221 Fig. 49.
— corallina Gilg 272.
— dianthoides H. B. K. 261, 271.
— ericothamna Gilg 254.
— exacoides Gilg 181.
— flavido-flammea Gilg 201, 207, 210, 221.
— fruticulosa Domb. 251.

Gentiana lavradioides Gilg 251.
— limoselloides H. B. K. 185.
— lurido-violacea Gilg 221.
— muscoides Gilg 222.
— oreosilene Gilg 272.
— paludicola Gilg 171.
— petrophila Gilg 180.
— peruviana (Griseb.) Gilg 219.
— pinifolia R. et Pav. 222, 224.
— prostrata Haenke (inkl. G. sedifolia H. B. K.) 105, 171, 185, 196 Fig. 24, 201, 210, 219, 221, 222, 223, 251, 354, 272, 314, 315. 316.
— pseudolycopodium Gilg 105, 234 Fig. 57B, 254.
sandiensis Gilg 183, 219.
— sedifolia H. B. K. (= G. prostrata Haenke) 196 Fig. 24.
— speciosissima Gilg 264.
— Stuebelii Gilg 261.
— tristicha Gilg 225.
— tubulosa (Griseb.) Gilg 222.
— umbellata R. et Pav. 249. 258.
— Weberbaueri Gilg 225, 226.
Gentianaceae 30, 230, 231.
Geonoma Willd. 78, 242, 250, 255, 274, 281, 288, 300.
— acaulis Mart. 285.
— Brongniartii Mart. 285.
Geraniaceae 34, 94.
Geranium L. 94, 146, 195, 213, 237, 310.
— cuculatum H. B. K. 252.
— Dielsianum Knuth 272.
— Harmsii Knuth 248.
— minimum Knuth 201, 223.
— multiflorum Knuth 146.
— multipartitum Benth. 271.
— muscoideum Knuth 223.
— sericeum Willd. 203, 207, 221, 354.
— sessiliflorum Cav. 94, 185, 202 Fig. 34, 203 Fig. 35H. 203, 219, 221, 224, 354.
— Sodiroanum Knuth 169.
— superbum Knuth 169.
— Weberbauerianum Knuth 186.
Gerardia L. 107.
— lanceolata (R. et Pav.) Benth. 237, 241.
— megalantha Diels 183.
— stenantha Diels 247.
Gerste 117, 297.
Gesneraceae 108, 230, 231, 274, 286.
Geum L. 34, 92, 266, 312.
— peruvianum Focke 261.
Gilia R. et Pav. 312.
— laciniata R. et Pav. (S. 105 versehentl. bez. als G. tricolor) 105, 146, 169, 354.
Gilibertia Weberbaueri Harms 285.

Gleichenia Sm. 73, 229, 241, 278.
— affinis Mett. 242.
— simplex Hook. 261.
Glossodium aversum Nyl. 232, 241.
Gnaphalium L. 112, 145, 166, 171, 176, 180, 182, 184, 186, 220, 266, 271.
Gnetaceae 74.
Gochnatia H. B. K. 191.
Godoya R. et Pav. 307.
— obovata R. et Pav. 98, 256, 267.
Gomphichis goodyeroides Lindl. 251.
Gongora R. et Pav. 84.
— Incarum Kränzlin 289.
— quinquenervis R. et Pav. 283.
Gonolobus marginatus Schlechter 289.
— peruanus Schlechter 167.
Gonzalagunia dependens R. et Pav. 245.
Gossypium L. 297.
— barbadense L. 297.
— barbadense var. peruvianum Cav. (als Art) 297.
Gourliea decorticans Dill. 129.
Govenia fasciata Lindl. 246.
Grabowskia boerhaviifolia (L.) Schlecht. 106, 153, 161.
Graffenrieda floribunda Tr. 290.
— foliosa Cogn. 255.
— limbata Tr. 290.
Gramineae 7, 8, 32, 33, 34, 74, 168, 185, 215, 287.
Granada = Punica granatum L. 298.
Granadilla = Passiflora ligularis Juss. 296.
Granatapfel 298.
Gräser 174, 175.
Greggia Gray 313.
— arabioides Muschler 169, 170.
— camporum Gray 130.
Grindelia Willd. 147, 181, 312.
— peruviana Sch. Bip. 128.
Guadua Kth. 77, 275, 276, 282, 286.
— Weberbaueri Pilger 288.
Guanábana = Anona muricata L. 296.
Guarea L. 95, 230, 300.
— oblongiflora C. DC. 282.
— trichilioides L. 285, 288.
— Weberbaueri C. DC. 259.
Guatteria coeloneura Diels 256.
— polycarpa (irrtüml. statt G. pleiocarpa Diels) 289.
Guayóva = Psidium Guayava Raddi 296.
Gumillea R. et Pav. 310.
Gunnera L. 102, 230, 231, 233, 265, 313.
— magellanica Lam. 102, 244, 266.
— pilosa Kth. 102, 244, 254, 259, 266.
Gurania Cogn. 275, 286.
— eriantha Cogn. 252.

Gurania speciosa Cogn. 283.
Guraniopsis Cogn. 309.
— longipedicellata Cogn. 247.
Gurke 298.
Guttiferae 98.
Guzmannia R. et Pav. 81.
— brevispatha Mez 255.
— panniculata Mez 242.
Gymnogramme aureo-nitens Hook. 242, 251.
— flexuosa (H. B.) Desv. 73, 240, 242.
— insignis Mett. 73, 240.
— Orbignyana Mett. 73, 255.
Gymnopogon foliosus (Willd.) Nees 291.
Gynerium sagittatum (Aubl.) P. B. 76, 148, 150, 155, 162, 172, 173, 192, 273, 275, 278, 279, 280, 283, 285, 286, 288, 301.
Gynoxys Cass. 113, 179, 182, 196, 225, 241, 242, 243, 253, 255, 264, 266, 304.
Gyrophora Ach. 72, 215.
— cylindrica (L.) Ach. 72, 220.
— polyrhiza (L.) Körb. 72, 218.
— vellea (L.) Ach. 72.

Haba = Vicia Faba L. 298.
Habenaria Willd. 84.
— chloroceras Kränzlin 249.
— hexaptera Lindl. 238.
Haemocharis Salisb. 98, 251.
— semiserrata (Camb.) Mart. et Zucc. 242.
— speciosa (H. B. K.) Chois. 255, 263.
Haiuna = Bocconia frutescens L. 89.
Halenia Borkh. 105, 267, 312.
— asclepiadea H. B. K. 248.
— bella Gilg 251.
— caespitosa Gilg 221.
— Weddeliana Gilg 264.
Halorhagidaceae 102.
Hameila patens Jacq. 259, 282.
Haplorhus Engler 310.
Hebecladus Miers 177, 306.
— biflorus (R. et Pav.) Miers 171.
— umbellatus (R. et Pav.) Miers 147.
— Weberbaueri Dammer 170.
Hediosmum Sw. 229, 255, 263.
— racemosum G. Don 256, 278.
— scabrum Solms 259, 260.
Helenieae 112.
Heleocharis R. Br. 292.
Heliantheae 112.
Helianthus L. 112, 143, 147, 166, 170, 173, 177, 186, 190.
— Stuebelii Hieron. 272.
Heliconia L. 83, 230, 256, 273, 279, 280, 281, 282, 285, 286, 288.

Helicteres pentandra L. 290.
Heliospermum 175, 354.
Heliotropium L. 106.
— corymbosum R. et Pav. 166.
— lippioides Krause 180.
— paronychioides DC. 176.
— peruvianum L. 106, 147, 158, 166, 188.
— pilosum R. et Pav. 147.
— saxatile Krause 147.
— submolle Kl. 147, 257.
— tarmense Krause 248.
Helogyne Nutt. 308.
Hepaticae 15, 35, 36.
Herpestis monniera L. 148.
Hesperomeles 35, 91, 182, 231, 264, 301.
— cuneata Lindl. 251.
— escalloniaefolia Schlechtd. 183.
— ferruginea Benth. 91, 249, 253, 256, 257, 261.
— latifolia (Kth.) Roem. 244.
— palcensis C. K. Schneid. 246.
— pernettyoides Wedd. 91, 166, 169, 170, 177, 179, 237.
— Weberbaueri C. K. Schneid. 237, 255.
Heteranthera reniformis R. et Pav. 81, 149.
Heteropterys suberosa (Willd.) Griseb. 282.
Heterothalamus Less. 182.
Hevea Aubl. 18, 95, 230, 279.
Hieracium L. 114, 171, 238, 257, 311.
— peruvianum Fr. 178, 183, 248.
Hieronymia alchorneoides Fr. Allem. 285.
Higo = Ficus Carica L. 298.
Higueron = Ficus-Arten 86.
Hillia odorata Krause 247, 252.
Hippeastrum Herb. 82.
— fuscum Kränzlin 237.
Hippocratea huanucana Loesener 285.
Hippocrateaceae 32.
Hirtella americana Aubl. 289.
— aureo-hirsuta Pilger 289.
Histiopteris incisa (Thunb.) I. Sm. 73, 240, 242, 250.
Hoffmannseggia prostrata Lag. 136 Fig. 6, 144.
— viscosa Hook. et Arn. 154, 161.
Hordeum sativum Jessen 297, 299.
Huacatai = Tagetes minuta L. 297.
Huamanripa = Laccopetalum giganteum 26.
Huaranhuai = Stenolobium sambucifolium (H. B. K.) Seem. 108.
Huirahuira = Culcitium rufescens H. et B. 113.
Humiria floribunda Mart. 289.
Huscja = Astragalus Garbancillo Cav. 93.
Huthia Brand 309.

Huthia coerulea Brand 127 Fig. 1C, 128, 129.
Hydrangea L. 90, 312.
— Jelskii Szysz. 262.
— peruviana Moric. 90, 262, 267.
Hydrocotyle L. 103, 313.
— cardiophylla Wolff 247.
— peruviana Wolff 240.
— pusilla A. Rich. 247.
— umbellata L. 103, 129.
— Urbaniana Wolff 258.
Hydrophyllaceae 105.
Hydrotaenia lobata 146.
Hymenophyllaceae 73, 232, 249, 252, 276.
Hymenophyllum L. 240.
— trapezoidale Liebm. 240.
Hyospathe Mart. 78, 285.
Hypericum L. 35, 98, 311.
— campestre Ch. et Schlecht. 278.
— canadense L. 186, 257.
— laricifolium Juss. 99, 179, 235 Fig. 58, 253, 254, 258, 260, 261, 264, 267, 268.
— mexicanum L. f. 264.
— struthiolaefolium Juss. 182, 242.
— uliginosum H. B. K. 146, 238.
— Weberbaueri Keller 251.
Hypochoeris L. 114, 180, 181.
— elata (Wedd.) Griseb. 239.
— Meyeniana (Walp.) Griseb. 114, 183, 185, 186, 219.
— setosa Wedd. 222.
— sonchoides Kth. 114, 203, 222.
— stenocephala (A. Gr.) O. Kuntze 114, 196, 198 Fig. 26B, 211, 219, 222, 223, 224.
Hypoxis decumbens Kränzlin 288.
Hypsela Presl 110, 133, 313.
Hypsella oligophylla (Wedd.) Bth. et Hook. 215 Fig. 48E F. 222.
Hypseocharis Remy 32, 308.
— Pilgeri Knuth 166.
Hyptis Jacq. 354.

Ichu = Verschiedene hochwüchsige Gräser der Puna 213.
Ilex L. 96, 230.
— andicola Loesener 278.
— cuzcoana Loesener 245.
— loretoica Loesener 267.
— microsticta Loesener 255.
— quitensis (Willd.) Loesener 263.
— teratopis Loesener 242.
— villosula Loesener 242, 256.
— Weberbaueri Loesener 251.
Imperata minutiflora Hack. 287.
Incate = Rhus juglandifolia H. B. K. 96.

Indigofera anil L. 246.
— laxa Ulbrich 257.
— Weberbaueri Ulbrich 166, 173.
Inga Willd. 245, 280.
— affinis DC. 278.
— Feuillei DC. 92, 115, 129, 148, 150, 162, 172, 173, 189, 192, 296, 299.
— Hartii Urban 282.
— marginata Willd. 288.
— monzonensis Harms 287.
— Pardoana Harms 252.
— punctata Willd. 284.
— Weberbaueri Harms 285.
Inuleae 112.
Ipomoea L. 105, 146, 275, 279.
— Batatas Lam. 296, 299.
— Nationis Nicols. 146, 164, 166.
— oligantha Choisy 146.
— pubescens Lam. 176.
— squamosa Chois. 286.
Iriartea R. et Pav. 78, 230, 273, 274, 275, 279, 281, 283, 285, 288.
— deltoidea R. et Pav. 78.
— Orbignyana Mart. 78, 282, 285, 287.
Iridaceae 34, 83.
Ismene Amancaës (R. et Pav.) Herb. 82, 143, 146.
Isoëtes Lechleri Mett. 252.
— socia Al. Br. 74, 227.
Itil = Rhus juglandifolia H. B. K. 96.

Jacaranda Juss. 108.
— acutifolia H. et B. 108, 190.
— Copaia (Aubl.) D. Don 108, 285, 289.
Jacobinia Moric. 109.
— elegantissima Lindau 288.
— sericea (R. et Pav.) Nees 177.
Jacquemontia floribunda Hallier f. 155, 189.
— secunda Chois. 161.
Jaegeria hirta Less. 257.
Jamesonia ciliata (Karst.) Hieron. 239, 241.
— scalaris Kze. 251.
Japanische Mispel 298.
Jatropha L. 95, 155, 162, 189, 277.
— macrantha Müll. Arg. 95, 163, 164, 166, 173, 174, 176.
— urens L. 95.
Jessenia Karst. 78.
— polycarpa Karst. 78, 288, 291.
Jochroma Benth. 302.
— grandiflorum Benth. 258.
Joosia Karst. 307.
Juanulloa R. et Pav. 307.
Juglandaceae 85.
Juglans L. 33, 85, 312.

Juglans-Arten 296.
— neotropica Diels 85, 192.
Juncaceae 81, 168, 185, 292.
Juncus L. 81, 149, 150, 174, 180, 185, 215, 253, 264.
— brunneus Buchenau 171.
Jungia L. f. 114, 182, 238, 243, 259, 266, 302.
    Jelskii Hieron. 179.
— spectabilis Don 114, 158, 166, 173, 174, 177.
Jussieua L. 102.
— peruviana L. 149.
Justicia alpina Lindau 257.
— cuscensis Lindau 245.
— Hookeriana (Nees) Lindau 238.
— nematocalyx Lindau 278.

Kaffee 298.
Kageneckia R. et Pav. 91, 175, 307.
— glutinosa Kth. 190.
Kakao 297.
Kakteen 117, 118, 121, 123, 143, 147, 154, 155, 156, 163, 167, 171, 172, 175, 176, 180, 181, 184, 185, 243.
Kalakél = Caesalpinia praecox R. et Pav. 93, 153.
Kartoffel 117, 118, 296.
Kichererbse 298.
Kina-Boom 37.
Kisuar = Buddleia-Arten Z. B. B. incana R. et Pav. 104, 297.
Klaprothia H. B. K. 307.
Koellensteinia conoptera Rchb. f. 267.
Kohleria Reg. 305.
Kohlsorten 298.
Krameria L. 93, 155, 189.
— triandra R. et Pav. 176.
Kryptogamae 9.
Kürbisse 297.
Kyllingia pumila Michx. 291.

Labatia discolor Diels 281.
Labiatae 106.
Laccopetalum Ulbrich 309.
— giganteum (Weddell) Ulbrich 26, 269 Fig. 61, 270 Fig. 62, 271, 272.
Lacistema Poeppigii DC. 289.
Lactuca sativa L. 298.
Ladenbergia coriacea Krause 263.
— magnifolia Kl. 256.
Laestadia Kth. 307.
— Lechleri Wedd. 242.
— muscicola (Sch. Bip.) Wedd. 252.
Lamourouxia subincisa Benth. 177, 258.
Lanium microphyllum Benth. 283.

Lantana L. 106, 148, 159, 191, 277.
— limensis Hayek 146.
— reptans Hayek 189.
— rugulosa Kth. 237.
— scabiosaeflora Kth. 166, 169.
— Weberbaueri Hayek 247.
— Zahlbruckneri Hayek 155.
Lathyrus L. 93, 117, 159, 230, 311.
— magellanicus Lam. 93, 169, 170, 178, 258, 271.
— pubescens Hook. et Arn. 247.
— stipularis Presl 257.
Lattich 298.
Laubmoose 145, 176, 220, 238, 240, 242.
Lauraceae 33, 89, 120, 189, 229, 233, 252.
Leandra crenata Cogn. 278.
— purpurascens Cogn. 290.
Lebermoose 238, 240, 242.
Lecanora Ach. 213.
— melanaspis Ach. 218.
Lechuga = Lactuca sativa L. 298.
Leguminosae 7, 32, 33, 34, 35, 36, 92, 277.
Leioscyphus quitoensis Mont. 263.
Leiothrix Ruhland 79.
— flavescens (Bong.) Ruhland 242.
Leiphaimos aphylla (Jacq.) Griseb. 289.
Lens esculenta Mnch. 298.
Lenteja = Lens esculenta Mnch. 298.
Leontopodium gnaphalioides (Kth.) Hieron. 182, 251, 261.
Lepanthes monoptera Lindl. 250.
Lepicolea pruinosa Tayl. 242.
Lepidium L. 90, 310.
— abrotanifolium Turcz. 169, 180.
— cyclocarpum Thellung 145.
Lepidoceras Hook. f. 309.
Lepidophyllum Cass. 111, 117, 132, 133, 134, 308, 315, 354.
— quadrangulare (Meyen) Benth. et Hook. 131 Fig. 2, 132, 133, 134.
— rigidum (Wedd.) Benth. et Hook. 133.
Lepidozia peruviana Steph. 240, 250.
Leptogium (Ach.) S. Gray 72, 232, 259.
— foveolatum Nyl. 238, 250.
— phyllocarpum (Pers.) Nyl. 238, 240.
— tremelloides (L. f.) Wainio 238.
Leptoglossis schwenckioides Benth. 167.
Lettsomia lanata R. et Pav. 263.
Leucaena trichodes Benth. 150, 155.
Leuceria Lag. 309.
— laciniata Wedd. 212, 222, 224.
— Stuebelii Hieron. 227, 261.
Liabum Adans. 113, 145, 189, 257, 264, 302.
— asclepiadeum Sch. Bip. 281.
— bullatum (A. Gray) Hieron. 200 Fig. 31, 205, 222, 224.

Liabum cajamarcense Hieron. (mscr.) 10.
— glandulosum O. Ktze. 237.
— hastifolium Sch. Bip. 113, 284.
— hieracioides (Kth.) DC. 227, 257, 272.
— Jelskii Hieron. 170, 271.
— ovatum (Wedd.) Ball 113, 224.
   pallatangense Hieron. 252.
— pinnulosum O. Ktze. 184, 249.
— rosulatum Hieron. 272.
   Rusbyi Britton 241.
— sagittatum Sch. Bip. 253.
— solidagineum Kth. 179, 237.
Lichenes 34.
Lilaea H. B. K. 313.
— subulata H. B. K. 219, 315.
Liliaceae 81.
Lima = Citrus-Arten u. -Rassen 298.
Limnanthemum Humboldtianum (H. B. K.) Griseb. 292.
Limon = Citrus-Arten u. -Rassen 298.
Limosella tenuifolia Nutt. 129, 183.
Linaceae 34.
Linaria Juss. 311.
— subandina Diels 146.
Lindmania Mez 81.
— petiolata Mez 279.
Linse 298.
Linum L. 310.
— andicolum Krause 182.
— Weberbaueri Krause 248.
Liparis L. C. Rich. 84.
— elegantula Kränzlin 250.
Lippia canescens Kth. 144, 147, 153.
— Fiebrigii Hayek 175.
— reptans H. B. K. 154.
— scorodonioides H. B. K. 166.
— spathulata Hayek 175.
Lithospermum andinum Krause 183.
Llacón = Polymnia sonchifolia Poepp. et Endl. 296.
Llagunoa R. et Pav. 304.
— nitida R. et Pav. 174, 191, 237, 245.
Llaulli = Barnadesia Dombeyana Less. und verwandte Arten 114.
Loasa Adans. 100, 171, 302.
— carnea Urban et Gilg 259.
— cymbopetala Urban et Gilg 169.
— fulva Urban et Gilg 145.
— grandiflora Desv. 169.
— incana Grah. 163, 166.
— leiolepis Urban et Gilg 238.
— macrantha Urban et Gilg 249.
— macrophylla Urban et Gilg 169.
— macrorrhiza Urban et Gilg 227.
— macrothyrsa Urban et Gilg 188.
— nitida Desv. 145.

Loasa picta Hook. 170.
— urens Jacq. 142, 143, 146.
— Weberbaueri Urban et Gilg 260.
Loasaceae 100, 230.
Lobaria 72.
Lobelia L. 238.
— decurrens Cav. 163.
— tenera H. B. K. 248, 258.
— Weberbaueri Zahlbr. 271.
Lobeliaceae 37.
Loganiaceae 34, 104.
Lomatia R. Br. 313.
— obliqua (R. et Pav.) R. Br. 87, 258.
Loranthaceae 86, 247, 254, 255, 256, 258, 259, 260, 263, 274, 283, 290.
Loricaria Wedd. 112, 216.
— ferruginea (Pers.) Don 225, 226, 271, 272.
— Stuebelii Hieron. 252.
— thyoides Sch. Bip. 207 Fig. 41, 223, 316.
Loxopterygium huasango Spruce 96, 151 Fig. 13, 153.
Lucilia Cass. 112, 195, 213, 223, 224.
— conoidea Wedd. 254.
— Lehmannii Hieron. 225.
— piptolepis Wedd. 203, 222.
— pusilla (Kunth) Hieron. 219.
— tunariensis (O. Ktze.) K. Sch. 196, 201 Fig. 32, 219, 222, 271.
— virescens (Wedd.) Hieron. (= Merope virescens Wedd.) 219.
Lúcuma = Lucuma obovata H. B. K. 296.
Lucuma obovata H. B. K. 296, 299.
Lugonia Wedd. 308.
Lühea Willd. 277.
— panniculata Mart. 97, 277, 284, 316.
Lundia P. DC. 108.
— Spruceana Bur. 283.
Lupinus L. 93, 159, 164, 166, 181, 195, 218, 230, 312.
— ananeanus Ulbrich 219.
— carazensis Ulbrich 226.
— chrysanthus Ulbrich 93, 224.
— eriocladus Ulbrich 130.
— microcarpus Sims. 169.
— microphyllus Desv. 94, 195, 203 Fig. 35B b, 204 Fig. 36, 221, 224.
— mollendoensis Ulbrich 94, 144.
— multiflorus Desv. 180, 222.
— mutabilis Sims. 238, 248, 257.
— oreophilus Phil. 237.
— panniculatus Desv. 94, 169, 170, 177, 179, 185, 248.
— peruvianus Ulbrich 271.
— pulvinaris Ulbrich 219.

Lupinus romasanus Ulbrich 170.
— sarmentosus Desv. 249.
— tomentosus DC. 203, 224, 226.
— Weberbaueri Ulbrich 94, 226.
Luzerne 298.
Luzula DC. 81, 171, 223, 224, 226, 248, 249, 251, 261, 266, 271, 311.
— macusaniensis Steud. et Buch. 81, 219, 220.
— peruviana Desv. 81.
— racemosa Desv. 81, 169, 186.
— spicata DC. 81.
Lycium L. 106, 144.
Lycomormium Rchb. f. 310.
Lycopodium L. 73, 238, 263, 281.
— clavatum L. 278.
— compactum Hook. 251.
— complanatum L. 278.
— crassum Willd. 74, 225.
— Eichleri Glaz. 242, 284.
— Jussieui Desv. 242.
— paradoxum Mart. 291.
— pruinosum Hieron. 263.
— reflexum Lam. 246.
— Saururus Lam. 251.
— vestitum Desv. 263.
Lycurus phleoides Kth. 248.
Lygodium venustum Sw. 291.
Lysipoma acaulis H. B. K. 198 Fig. 26C, 222.
— aretioides H. B. K. 225.
Lysipomia H. B. K. 110, 194, 306.
Lythraceae 101.

Macairea scabra Cogn. 290.
Macleania Hook. 103.
— alpicola (Kl.) Hörold 260.
Macrocarpaea Gilg 105, 230.
— chlorantha Gilg 264.
— Weberbaueri Gilg 290.
Macrocentrum fasciculatum Tr. 290.
Macrostegia Nees 310.
Madotheca arborea Tayl. 238.
Maguey = Agave americana L. 297.
Maieta Aubl. 102.
— deudata Cogn. 285.
— heterophylla DC. 286.
Mais 117, 118, 296.
Malesherbia R. et Pav. 166, 308, 315.
— cylindrostachya Urban et Gilg 166.
Malesherbiaceae 34.
Malpighia L. 296.
— punicifolia L. 296.
Malpighiaceae 34, 95, 274.
Malvaceae 34, 35, 97.

Malvastrum alismatifolium Sch. et Hiern. 271.
— Bakerianum Hill 185.
— mollendoënse Ulbrich 144.
— peruvianum Gray 145, 169, 188.
— rhizanthum Gray 221.
— Rusbyi Britton 128.
Mammea americana L. 296.
Mammey = Mammea americana L. 296.
Mandór = Vismia-Arten 99.
Manettia ignita K. Schum. 247.
Mangifera indica L. 298.
Manglillo = Rapanea Manglillo (R. Br.) Mez 104.
Mango = Mangifera indica L. 298.
Maní = Arachis hypogaea L. 296.
Manihot utilissima Pohl 295, 296, 299.
Manzana = Pirus Malus L. 298.
Maprounea guianensis Aubl. 276, 290.
Marañón = Anacardium occidentale L. 296.
Maranta L. 83.
Marantaceae 83, 230, 273, 281, 282, 285.
Marcgravia L. 98.
— Weberbaueri Gilg 289.
Marcgraviaceae 35, 98, 230, 252, 301.
Margyricarpus R. et Pav. 303.
— setosus R. et Pav. 92, 181, 248.
Mariscus Jacquini H. B. K. 247.
Martinezia (R. et Pav.) Kth. 78, 288.
Masdevallia R. et Pav. 305.
— amabilis Rchb. f. 261.
— aureo-rosea Rchb. f. 288.
— longiflora Kränzlin 260.
— perpusilla Kränzlin 283.
— uniflora H. B. K. 249.
Mássua = Tropaeolum tuberosum R. et Pav. 296.
Mastigobryum ancistroides Spruce 250.
Matisia cordata H. et B. 296.
Maulbeere 298.
Mauria Kth. 96, 230, 305.
— birringo Tul. 96, 282.
— heterophylla H. B. K. 96, 237.
— sericea Loesener 246.
— suaveolens Poepp. 282, 284.
— subserrata Loesener 245.
Mauritia L. fil. 78, 230, 288, 290.
Maxillaria acuminata Lindl. 263.
— Mathewsii Lindl. 289.
— nardoides Kränzlin 283.
— saxatilis Rchb. f. 242.
Mayaca Aubl. 292.
Maytenus Feuill. 96.
— alaternoides Reiss. 245.
— confertus Reiss. 253.

Maytenus verticillata DC. 245, 246.
Medicago hispida Gärtn. 143.
— sativa L. 298, 299.
Melandryum Roehl. 88, 170, 178, 182, 203, 221, 222, 261, 312.
— cucubaloides Fenzl 171.
Melastomataceae 7, 29, 35, 101, 120, 161, 230, 231, 254, 258, 259, 260, 261, 264.
Meliaceae 95.
Melica L. 76, 166, 169, 171, 177, 180, 188, 257, 310.
Melocactus Lk. et Otto 100, 153, 156, 161, 173.
Melochia globifera Pl. 248.
Melocotón = Prunus persica (L.) Sieb. et Zucc. 298.
Melón = Cucumis Melo L. 298.
Melone 298.
Membrillo = Cydonia vulgaris Pers. 298.
Mentzelia cordifolia Dombey 100, 158, 163, 166, 175, 188, 189.
Meriania urceolata Tr. 290.
Merope arctioides Wedd. 112 Fig. 33, 196, 203, 219, 222, 224, 225.
Merremia glabra Hallier f. 286.
Metastelma peruvianum Schlechter 247.
Miconia R. et Pav. 101.
— alpina Cogn. 244, 253.
  alypifolia Naud. 260.
- aspergillaris Naud. 260.
  atrofusca Cogn. 255.
  brevistylis Cogn. 256.
  buxifolia Naud. 260.
  calvescens DC. 287.
  chrysanthera Cogn. 256, 257.
  crassistigma Cogn. 255.
- cyanocarpa Naud. 278.
  densifolia Cogn. 255.
- dipsacea Naud. 247, 284.
  dumetosa Cogn. 263.
- falcata Cogn. 281.
  floccosa Cogn. 251.
  fruticulosa Cogn. 253.
  glutinosa Cogn. 242.
  grisea Cogn. 253.
  hamata Cogn. 267.
  ibaguensis Tr. 284.
  lugubris Cogn. 255.
  membranacea Tr. 285.
  monzoniensis Cogn. 255.
  neriifolia Tr. 253.
  nigricans Cogn. 263.
  prasina DC. 278.
  puberula Cogn. 290.
- quadrifolia Naud. 247.
- Radula Cogn. 263.

Miconia rubens Naud. 259.
— rufescens DC. 290.
— sanguinea Tr. 247, 284.
— secundifolia Cogn. 267.
— serialis DC. 290.
— setinervia Cogn. 242.
— stelligera Cogn. 290.
— stenostachys DC. 284.
— Tiri Tr. 247.
— triplinervis R. et Pav. 282.
— Urbaniana Cogn. 280.
— vaccinioides Naud. 261.
— Weberbaueri Cogn. 255.
Microcala Lk. et Hoffmsegg. 105, 311.
— quadrangularis Griseb. 145, 257.
Microlicia Weddelii Naud. 242.
Microstylis tarmensis Kränzlin 248.
Mikania W. 111.
— micrantha Kth. 150.
— monzonensis Hieron. 284.
— moyobambensis Hieron. 289.
— parvicapitulata Hieron. 255.
— Weberbaueri Hieron. 284.
Mimosa acerba Benth. 190.
— albida Kth. 163.
— revoluta (Kth.) Benth. 175.
Mimosoideae 92.
Mimulus L. 312.
— glabratus H. B. K. 129, 184, 185.
Mirabilis arenaria A. Heimerl 144.
— campanulata Heimerl 167.
— prostrata (R. et Pav.) Heimerl 88, 146, 170, 238.
— viscosa Cav. 188.
Mispel, japanische 298.
Mito = Carica candicans Gray 99, 117.
Mitracarpus hirtus P. DC. 238.
Mniodes A. Gray 195.
Molle = Schinus Molle L. 96, 117.
Monactis H. B. K. 306.
Monimiaceae 33, 89, 229.
Monnina R. et Pav. 95, 231, 261, 302.
— andina Chodat 242.
— callimorpha Chod. 251.
-— conferta R. et Pav. 249, 253.
-- crotalarioides DC. 95, 169, 170, 177, 179, 181, 184, 237, 246, 255, 257.
-- cyanea Chod. 237.
- graminea Chod. 188.
-— Pavonii Chod. 267.
  pterocarpa R. et Pav. 95, 153, 162.
  Ruiziana Chod. 255.
- scandens Chod. 259.
  stipulata Chod. 231 Fig. 54, 242, 244.
— Weberbaueri Chodat 95, 144, 164, 166, 170.

Monocostus K. Schum. 83, 309.
Monolena Tr. 307.
— primuliflora Hook. f. 102, 288.
Monotagma K. Schumann 83.
Monstera Adans. 79, 230, 273, 274.
— pertusa (L.) de Vries 279, 286.
— subpinnata (Schott) Engler 282.
Moose 11, 116, 133, 139, 171, 173, 179, 180, 191, 213, 214, 215, 220, 222, 232, 234, 238, 239, 241, 244, 246, 247, 249, 252, 253, 254, 256, 258, 259, 260, 262, 263, 266, 274, 276, 280, 283.
Mora = Morus nigra L. und Morus alba L. 298.
Moraceae 86.
Morenia R. et Pav. 78.
Morona = Iriartea-Arten 78.
Morus alba L. 298.
— nigra L. 298.
Mucuna rostrata Benth. 94, 275, 279, 280, 286, 288.
Mühlenbeckia Meissn. 87, 313.
— chilensis Meissn. 175, 177.
— rupestris Wedd. 181.
— sagittifolia Meissn. 179, 253.
— tamnifolia Meissn. 87, 163, 171, 177, 237, 244, 247, 257.
— vulcanica Meissn. 87, 169, 170, 178, 182, 183, 185.
Mühlenbergia Schreb. 75.
— elegans (Kth.) Trin. 177.
— peruviana (P. B.) Steud. 75, 185, 227, 238, 257.
— stipoides (Kth.) Trin. 238.
Muntingia Calabura L. 97, 150, 155.
Musa paradisiaca L. 298, 299.
Musaceae 83, 230, 256, 273.
Musci 29.
Mutisia L. 114, 181, 243, 244, 262, 267, 301.
— Bipontia Mand. 237.
— hirsuta (= M. viciaefolia Cav., var. hirsuta Meyen) 176, 182.
— Orbigniana Wedd. 133.
— viciaefolia Cav. 114, 128, 129, 164, 165 Fig. 19, 166, 169, 170, 177.
Mutisieae 114.
Myrcia DC. 101.
— acuminata DC. 255.
— brachylopodia Diels 247.
— dictyoneura Diels 255.
— elattophylla Diels 241, 242.
— heliandina Diels 263.
— lamprosericea Diels 290.
— lanceolata Camb. 290.
— Mathewsiana Berg 290.
— platycaula Diels 255.

Myrria stenocymbia Diels 282.
Myricaceae 85, 161.
Myrica L. 85, 245.
— variibractea C. DC. 179.
— Weberbaueri C. DC. 260.
Myriophyllum elatinoides Gaud. 185.
Myrmedone Mart. 102.
— peruviana Cogn. 285.
Myrosma L. fil. 83.
Myrosmodes nubigenum Rchb. f. (= Altensteinia paludosa Rchb. f.) 84.
Myrsinaceae 33, 104.
Myrtaceae 34, 101, 120, 230, 258.
Myrteola Berg 101, 251, 305.
— microphylla (H. B. K.) Berg 237, 263.
— oxycoccoides (Benth.) Berg 101, 251.
— vaccinioides (H. B. K.) Kth. 251.
— Weberbaueri Diels 244, 255.
Myrtus acerosa Berg 267.

Nama L. 312.
— dichotoma (R. et Pav.) Choisy 105, 135 Fig. 4, 146.
Naranja = Citrus-Arten u. -Rassen 298.
Nasturtium R. Br. 90.
— fontanum Aschers. 90, 148, 180, 185.
Nectandra Roland. 89, 245.
— acutifolia Mez 256, 284.
— cissiflora Nees 280.
— globosa Mez 285, 291.
— magnoliifolia Meissn. 245, 246.
— Pichurim Mez 284, 290.
— pulverulenta Nees 282.
— reticulata Mez 280.
— rigida Nees 192.
Neea R. et Pav. 284.
Neodryas Rchb. f. 309.
Neolehmannia Micro-Cattleya Kränzlin 250.
Nephrolepis pectinata (Willd.) Schott 242, 283.
Nertera Banks et Soland. 313.
— depressa Gärtn. 251.
Neurolepis acuminatissima (Munro) Pilger 77, 254.
Nicandra Adans. 309.
— physaloides (L.) Gärtn. 106, 107, 166, 188.
Nicotiana L. 107, 182, 189.
— glauca Grah. 186.
— panniculata L. 145.
— Tabacum L. 297.
Nispero = Eriobotrya japonica Lindl. 298.
Nogál = Juglans-Arten 296.
Nolana cordata Dunal 137 Fig. 7A, 144.
— prostrata L. 144.

Nolanaceae 106, 134, 144, 308, 315.
Norantea Aubl. 98.
— haematoscypha Gilg 237, 242.
— magnifica Gilg 255.
— Pardoana Gilg 247.
— sandiensis Gilg 278.
Nothochlaena Fraseri (Mett.) Bak. 74, 172, 188.
— squamosa (Gill.) Bak. 145.
— sulfurea (Cav.) J. Sm. 74, 172.
— tomentosa Desv. 74, 176, 239, 247.
Nototriche Turcz. 34, 97, 194, 203, 210, 212, 304.
— aretioides Hill 221.
— argentea Hill 224, 226.
— artemisioides Hill 271.
— azorella Hill 219.
— coccinea Hill 226.
— congesta Hill 219.
— epileuca Hill 224.
— flabellata (Wedd.) Hill 220.
— longirostris (Wedd.) Hill 202 Fig. 33A B.
— longissima Hill 224.
— Macleanii (Gray) Hill 97, 202 Fig. 33C D, 207, 221, 223.
— Mandoniana (Wedd.) Hill 219.
— Meyeni Ulbrich 218.
— nigrescens Hill 221.
— obcuncata (Bak.) Hill 203 Fig. 35D, 219.
— obtusa Hill 224.
— pusilla Hill 224.
— stenopetala (A. Gray) Hill 196, 203, 211, 221.
— sulphurea Hill 219.
Nyctaginaceae 34, 88.
Nymphaea J. E. Smith 292.

Oberál = Capparis crotonoides H. B. K. 116, 153.
Oca = Oxalis tuberosa Mol. 117, 296.
Ochnaceae 98.
Ochroma Sm. 98.
— Lagopus Sw. 98, 191, 192.
Ocotea Aubl. 89, 245.
— amplissima Mez 255.
— architectorum Mez 258, 259.
— caniflora Mez 281.
— cardinalis Mez 255.
— cuneifolia Mez 285.
— ferruginea Mez 263.
— minarum Mart. 280.
— monzonensis Mez 255.
— puberula Nees 280.
— subrutilans Mez 267.

Ocotea Weberbaueri Mez 242.
Odontoglossum H. B. K. 84, 161, 305.
— angustatum Lindl. 259.
— crista galli Rchb. f. 290.
— depauperatum Kränzlin 266.
— fractiflexum Kränzlin 238, 239.
— microthyrsus Kränzlin 248.
— mystacinum Rchb. f. 84, 179.
— revolutum Lindl. 254.
— Weberbaueri Kränzlin 267.
Oenothera Spach 312.
— multicaulis R. et Pav. 102, 171, 180, 203, 221, 248.
— Weberbaueri Krause 169.
Oenotheraceae 32, 34, 102.
Olea europaea L. 298.
Olive 298.
Olyra L. 75.
— heliconia L. 75, 281.
— latifolia L. 75, 285.
Ombrophytum Poepp. 310.
Onagra fusca Krause 170.
Oncidium Sw. 84.
— acinaceum Lindl. 260.
— aureum Lindl. 182, 264.
— macranthum Lindl. 266.
— pusillum Rchb. f. 286.
— superbiens Rchb. f. 250.
— Weberbauerianum Kränzlin 263.
— zebrinum Rchb. f. 267.
Onoseris DC. 114, 144, 173, 174, 239, 302.
— adpressa (Hook.) Less. 155, 188.
— annua Less. 178.
— glandulosa Hieron. 188, 258.
— integrifolia Less. 163, 166.
— Stuebelii Hieron. 188.
Ophioglossum crotalophoroides Walt. 185.
— macrorhizum Kze. 145.
Ophryosporus Chilia (Kth.) Hieron. 171.
— piquerioides (DC.) Benth. 247.
Opuntia Haw. 100, 123, 161, 170, 173, 176, 180, 183, 185, 206.
— corotilla K. Schumann (mscr.) 129.
— ficus indica Mill. 100, 296, 299.
— floccosa Salm-Dyk 101, 195, 206, 220, 222, 224, 226.
— lagopus K. Schum. 101, 195, 206, 220.
— Pentlandii Salm-Dyk 101, 132, 134.
— subulata (Mühlpf.) Eng. 100, 161.
Orange 298.
Orchidaceae 32, 33, 34, 84, 120, 180, 189, 191, 229, 241, 244, 249, 252, 259, 260, 274, 277, 292.
Orchidotypus Kränzlin 309.
— muscoides Kränzlin 260.
Oreomyrrhis Eudl. 313.

Oreomyrrhis andicola (H. B. K.) Endl.
103, 169, 180, 181 Fig. 20, 182, 201,
203 Fig. 35G g, 207, 221, 248, 315.
Oreopanax Don et Planch. 103, 189, 245,
305.
— aquifolium Harms 253.
— Candamoanus Harms 260.
— cuspidatus Harms 244.
— Pavonii Seem. 260.
— polycephalus Harms 282.
— sandianus Harms 237.
— stenophyllus Harms 244.
— Weberbaueri Harms 237.
Oreosciadium dissectum Benth. 251.
— scabrum Wolff 212, 223.
Ornithidium Weberbauerianum Kränzlin 250.
Ornithogalum biflorum Don (= Scilla biflora R. et Pav.) 144, 146.
Orophochilus Lindau 310.
Orthocarpus Nutt. 312.
Orthoclada rariflora (Lam.) P. B. 77, 285.
Orthopterygium Hemsl. 355.
Orthosia tarmensis Schlechter 176.
Orthrosanthus Sweet 313.
— chimborazensis (H. B. K.) Baker 83, 248, 249, 252.
Oryctanthus Botryastachys Eichl. 290.
— ruficaulis (Poepp. et Endl.) Eichl. 290.
— spicatus Jacq. 256.
Oryza sativa L. 297.
Ourisia Comm. 313.
— chamaedrifolia Benth. 254.
— muscosa Benth. 222, 225.
— pratioides Diels 254.
Oxalidaceae 33, 94.
Oxalis L. 94, 146, 164, 166, 179.
— acromelaena Diels 176.
— dolichopoda Diels 94, 255.
— eriolepis Wedd. 221.
— fruticetorum Diels 261.
— hypopitina Diels 155.
— lomana Diels 144.
— nubigena Walp. 186, 223.
— oreocharis Diels 94, 223, 249.
— Ortgiesii Regel 94, 288.
— phaeotricha Diels 249.
— ptychoclada Diels 176, 180.
— pygmaea Gray 94, 203, 211, 223.
— sepalosa Diels 94, 146.
— tuberosa Mol. 117, 296, 299.
— velutina Diels 94, 189.
— Weberbaueri Diels 170, 173.
Oxandra acuminata Diels 282.
Oxypetalum Weberbaueri Schlechter 237, 247.

Pacay = Inga Feuillei DC. 92, 129, 296.
Pachylobus peruvianus Loesener 285.
Pachyphyllum capitatum Kränzlin 264.
— Pasti Rchb. f. 254.
Paepalanthus Mart. 79.
— pilosus (H. B. K.) Kth. 264.
— planifolius (Bong.) Körn. 255, 264.
— Stuebelianus Ruhland 264.
— Weberbaueri Ruhland 242.
Paico = Chenopodium ambrosioides L. 297.
Palaua Cav. 97, 134, 308, 315.
— dissecta Benth. 146.
— geranioides Ulbrich 145.
— malvifolia Cav. 138 Fig. 8, 144.
— mollendoensis Ulbrich 146.
— moschata Cav. 143, 146.
— pusilla Ulbrich 144.
— velutina Ulbrich et Hill 144.
— Weberbaueri Ulbrich 145.
Palicourea Aubl. 169, 274.
— chlorocoerulea Krause 255.
— coerulea R. et Pav. 286.
— lasiantha Krause 286.
— lasiophylla Krause 289.
— latifolia Krause 256.
— sandiensis Krause 278.
— stenophylla Krause 289.
— stenostachys Krause 290.
— thyrsiflora (R. et Pav.) DC. 289.
Palillo = Campomanesia lineatifolia (Pers.) R. et Pav. 296.
— — = Escobedia scabrifolia R. et Pav. 277.
Pallares = Phaseolus-Arten 296.
Palmae 8, 9, 77, 120, 229, 233, 241, 244, 245, 256, 265, 266, 267, 273, 275, 278, 280, 281, 282, 283, 285, 287, 288, 290, 291.
Palo de balsa = Ochroma Lagopus Sw. 98, 191.
— santo = Triplaris-Arten 87.
Palta = Persea gratissima Gärtn. 296.
Paniceae 75, 123, 277.
Panicum L. 291.
Papa = Solanum tuberosum L. 296.
Papaveraceae 89.
Papaya = Carica-Arten oder -Rassen 296.
Papilionatae 93.
Paragonia Bur. 108.
— pyramidata Bur. 283.
Parathesia Candolleana Mez 282.
Parietaria debilis Forst. 144, 146, 164, 166.
Parkinsonia aculeata L. 93, 153, 162.
Parmelia (Ach.) De Notrs. 72, 145, 164, 176, 213, 274.
— cervicornis Tuck. 240, 251.

Parmelia conspersa (Ehrh.) Ach. 218.
— furfuracea (L.) Ach. 71.
— kamtschadalis (Ach.) Eschw. 71.
— perlata (L.) Ach. 238.
— Weberbaueri Lindau 218.
Paronychia Juss. 88, 170. 180, 182, 219, 221, 223, 224.
— microphylla Phil. 129.
Parra = Vitis vinifera L. 298.
Pasithea D. Don 308.
— coerulea (R. et Pav.) Don 146.
Passiflora L. 99, 171, 183. 243.
— alba Lk. et Otto 247.
— coccinea Aubl. 279.
— cumbalensis Karst. 258.
— ligularis Juss. 296, 299.
— macrochlamys Harms 255.
— mixta L. f. 237, 247.
— obtusiloba Mast. 171, 177.
— parvifolia (DC.) 253.
— peduncularis Cav. 170, 177.
— pinnatistipula Cav. 177.
— trifoliata Cav. 170, 171, 179.
Passifloraceae 35, 99.
Paullinia L. 35, 96.
— exalata Radlk. 282.
Pavonia sepium St. Hil. 246.
Pectis oligocephala Bak. 155.
Pectocarya DC. 312.
— lateriflora DC. 171.
— linearis (R. et Pav.) DC. 136 Fig. 5, 144.
Pedicellaria Schrk. 267.
— densiflora Benth. 267.
Pellaea flexuosa (Kaulf.) Link 73, 237, 246.
— nivea (Lam.) Prantl 74, 163, 166, 171, 172, 176.
— ternifolia (Cav.) Link 74, 166, 172, 176, 186, 230, 247.
Peltigera Willd. 72, 259.
— malacea (Ach.) Fr. 238.
— polydactyla (Neck.) Hoffm. 238, 240.
Pennisetum chilense (Desv.) Reiche 167, 173, 177.
Pentacyphus Schlechter 309.
— boliviensis Schlechter 169.
Peperomia R. et Pav. 84, 146, 164, 251, 274, 282.
— anisophylla C. DC. 163, 166.
— arboriseda C. DC. 283, 292.
— blanda Kth. 239.
— dolabriformis Kth. 154, 156, 189.
— falsa A. W. Hill 186.
— fuscispica C. DC. 286.
— Gaudichaudii Hill 247.

Peperomia galioides Kth. 179, 239, 248, 257.
— mercedana C. DC. 283.
— minuta Hill 223.
— muscigaudens C. DC. 240.
— nivalis Miq. 171, 176.
— obtusifolia A. Dietr. 247.
— oxyphylla C. DC. 282.
— Pakipaki C. DC. 238.
— palcana C. DC. 248.
— parvifolia C. DC. 201, 203, 223.
— perhispidula C. DC. 247.
— reflexa A. Dietr. 238, 239.
— rhombea R. et Pav. 285.
— rubescens C. DC. 283.
— rubioides Kth. 178.
— rupiseda C. DC. 166.
— talinifolia Kth. 237.
— tenuiramea C. DC. 286.
— trinervis R. et Pav. 289.
— umbilicata R. et Pav. 146.
— verruculosa Dahlst. 223.
— verticillata Dietr. 177.
— villicaulis C. DC. 248.
Pepino = Cucumis sativus L. 298.
— = Solanum variegatum R. et Pav. 297.
Pera = Pirus communis L. 298.
Perama hirsuta Aubl. 292.
Perezia Lag. 114, 195, 304.
— coerulescens Wedd. 114, 199 Fig. 27, 203 Fig. 35F f. 212, 222, 224, 225, 227.
— integrifolia Wedd. 222.
— multiflora (H. et B.) Less. 114, 218, 219.
— pungens (H. et B.) Less. 225.
— pygmaea Wedd. 219.
— Stuebelii Hieron. 271.
— Weberbaueri Hieron. (mscr.) 183.
Perilomia Kth. 106, 302.
— ocymoides Kth. 166.
Peristethium van Tiegh. 307.
Pernettya Gaud. 103, 104, 170, 179, 183, 194, 220, 252, 303.
— Pentlandii DC. 210, 226.
Persea Gärtn. 89.
— boldiifolia Mez 263.
— coerulea (R. et Pav.) Mez 289.
— corymbosa Mez 260.
— crassifolia Mez 255.
— gratissima Gärtn. 296, 299.
— Weberbaueri Mez 242.
Pfirsich 298.
Phacelia Juss. 105, 312.
— peruviana Spr. 105, 166, 169, 171, 178.
— pinnatifida Griseb. 105, 186.
Phaseolus L. 296.
— appendiculatus Benth. 286.

Phascolus lunatus L. 296.
— Pallar Molina 296.
— vulgaris L. 296.
Phenax laevigatus Wedd. 246.
— rugosa Wedd. 163, 237.
Philibertia flava Meyen 166, 171, 176.
— Weberbaueri Schlechter 169.
Philodendron Schott 79, 274.
— angustialatum Engler 286.
- - chanchamayense Engler 282.
- - densivenium Engler 255.
  huanucense Engler 286.
  juninense Engler 282.
- megalophyllum Schott 286.
- oligospermum Engler 242.
  Ruizii Schott 285.
  tarmense Engler 282.
- Weberbaueri Engler 278.
Phitopis Hook. f. 310.
Phoebe heterotepala Mez 284.
Phoradendron crassifolium Pohl 283.
— Englerianum Manf. Patsch. 283.
Phragmites communis 162, 172, 173, 174.
— vulgaris (Lam.) Crép. 77, 128, 129, 148, 150, 155, 192.
Phrygilanthus Eichl. 254.
- Chodatianus Manf. Patsch. 86, 217, 225.
— eugenioides (H. B. K.) Eichl. 263.
— Lehmannianus Manf. Patsch. 163.
Phyllactis Pers. 110.
Phyllocactus Lk. 292.
Phyllonoma Willd. 305.
— laticuspis (Turcz.) Engler 242.
— ruscifolia Willd. 291.
Physcia 72, 164, 274.
— comosa (Eschw.) Nyl. 238.
— leucomelaena (L.) Mich. 145, 238, 242, 250.
Phytelephas R. et Pav. 78, 230, 273, 274, 281, 283, 288.
— Poeppigii Gaudich. 281.
Phytolacca Weberbaueri Walt. 153.
Pijuayo = Bactris (Guilielma) speciosa Mart. 78, 296.
Pilea citriodora Wedd. 238.
— dauciodora Wedd. 240.
— diversifolia Wedd. 247.
— globosa Wedd. 163, 166, 181.
— minutiflora Krause 247.
— multiflora Wedd. 237.
— pusilla Krause 247.
— suffruticosa Krause 263.
Pilocereus Lem. 100, 154, 156, 161.
Piña = Ananas sativus Lindl. 296.
Pineda R. et Pav. 175, 247, 306.
Pinguicula Tourn. 260.

Piper L. 85, 274, 275, 280, 286.
— acutifolium R. et Pav. 246.
— cabellense C. DC. 262.
— callosum R. et Pav. 282.
— Carpunya R. et Pav. 284.
— costatum C. DC. 282.
— Mohomoho C. DC. 257.
— monzonense C. DC. 284.
— perareolatum C. DC. 251.
— pseudobarbatum C. DC. 173.
— pubibaccum C. DC. 286.
— sandianum C. DC. 237.
— sciaphilum C. DC. 256.
— smilacifolium Kth. 282.
- stomachicum C. DC. 172.
— subflavispicum C. DC. 246.
— trichostylum C. DC. 240.
— volubile C. DC. 285.
Piperaceae 34, 84.
Piqueria Cav. 303.
— floribunda DC. 166.
— peruviana (Gmel.) Robinson 147, 166.
— pubescens J. E. Sm. 147.
Pirus communis L. 298.
— Malus L. 298.
Pistia Stratiotes L. 79, 149, 229, 292.
Pisum sativum L. 298.
Pitcairnia L'Hér. 80.
— corallina Lind. et André 290.
— eximia Mez 247.
— ferruginea R. et Pav. 147, 246.
— fruticetorum Mez 246, 255.
— grandiflora Mez 156.
— pungens H. B. K. 166, 257.
— rigida Mez 242.
— Weberbaueri Mez 238.
Pithecolobium Mathewsii Benth. 290.
Plagiochasma validum Bisch. 145.
Plagiocheilus Arn. 304.
— frigidus Poepp. et Endel. 112, 223, 266, 316.
Plagiochila gayana Steph. 240.
— pichinchensis Spruce 250.
— spinifera Angstr. 240.
Plantaginaceae 34, 109.
Plantago L. 109, 310.
— cinerea Dombey 170.
— compsophylla Pilger 248.
— extensa Pilger 182.
— lamprophylla Pilger 109, 196, 203, 204 Fig. 38C, 211, 221, 223.
— limensis Pers. 109, 137 Fig. 7B, 144.
— linearis Kth. 180, 182.
— oreades Dcne. 171.
— polyclada Pilger 185.
— rigida Kth. 109, 196, 219.

Plantago tarattothrix Pilger 271.
Plátano = Musa paradisiaca L. 298.
Platysma nivale (L.) Nyl. 223.
Pleurothallis R. Br. 84.
— bivalvis Lindl. 238.
— caulescens Lindl. 240.
   linguifera Lindl. 247.
   nigrohirsuta Kränzlin 250.
   trachysepala Kränzlin 259.
   verruculosa Kränzlin 260.
— xanthochlora Rchb. f. 284.
Plumbago coerulea H. B. K. 166.
— pulchella Boiss. 146.
Poa L. 76, 123, 169, 177, 180, 195, 201, 257, 266, 310.
   adusta Presl 169, 180, 182, 183, 220, 247, 248.
   - Candamoana Pilger 186.
   carazensis Pilger 226.
   chamaeclinos Pilger 76, 193 Fig. 21 C, 220.
   fibrifera Pilger 169, 170.
   Gilgiana Pilger 186.
   horridula Pilger 170.
   humillima Pilger 76, 218, 220, 223.
   infirma Kth. 145, 257.
   Pardoana Pilger 271.
Podocarpus L'Hér. 33, 74, 229, 231, 245, 267, 313.
— oleifolius Dene. 74, 255, 258, 259, 267.
— utilior Pilger 74.
Poecilochroma Miers 106, 243, 304.
— Lobbiana Miers 253.
Poissonia Baill. 310.
Polemoniaceae 35, 105.
Polyachyrus Lag. 130, 144, 308.
— villosus Wedd. 171.
Polycarpaea Lam. 291.
Polycarpon Löfl. 227.
Polygala anatina Chod. 278.
— Weberbaueri Chod. 188.
Polygalaceae 35, 95.
Polygonaceae 32, 87.
Polygonum L. 311.
- - peruvianum Meißn. 266.
Polylepis R. et Pav. 22, 92, 123, 177, 183, 196, 217, 225, 231, 233, 243, 265, 303.
   albicans Pilger 179.
   -Arten 297.
   incana Kunth 217.
   multijuga Pilger 92, 259, 260, 264, 265 Fig. 60, 266.
   racemosa H. B. K. 168, 171.
   serrata Pilger 244, 253.
   tomentella Wedd. 133, 183, 185, 217.
   Weberbaueri Pilger 179.

Polymnia L. 112, 168, 171, 183, 237.
— fruticosa Benth. 112, 171.
— sonchifolia Poepp. et Endl. 296.
Polypodium angustifolium Sw. 74, 169, 226, 238, 283.
— aveolatum H. B. K. 238.
— brasiliense Poir. 247.
— camptocarpum (Fée) Hieron. 239.
— crassifolium L. 178, 247, 283.
— cultratum Willd. 240.
— lachniferum Hieron. 238.
— Lasiopus Kl. 238, 240.
— laxum Presl 250.
— macrocarpum Presl 238.
— pilosissimum Mart. et Gal. 250.
— punctulatum Hook. 145.
— sporadolepis Kunze 145, 179.
— stipitatum Hook. et Grev. 74, 220.
— subsessile Bak. 240.
— thyssanolepis A. Br. 247.
Polypogon interruptus Kth. 171, 183.
Polystichum orbiculatum (Desv.) Gay 74, 183, 186, 222.
— pycnolepis (Kunze) Hieron. 261.
Pomoideae 91.
Pontederiaceae 81, 292.
Ponthieva montana Lindl. 238.
Porlieria R. et Pav. 303.
— Lorentzii Engl. 174.
Porodittia G. Don 309.
— triandra (Cav.) G. Don 170.
Portulaca L. 88, 176.
— lanuginosa H. B. K. 156.
— pilosa L. 163, 166.
— pilosissima Hook. 144.
Portulacaceae 33, 88.
Pourretia gigantea Raimondi 21, 22, 24, 80, 196, 217.
Pratia Gaud. 313.
Prescottia pteristyloides Kränzlin 84, 178.
Prosopis juliflora DC. 92, 116, 123, 150, 151, 154, 155.
— juliflora DC. 354.
— limensis Benth. 154.
Proteaceae 86, 161.
Prunoideae 92.
Prunus L. 92, 229, 312.
— armeniaca L. 298.
— Brittoniana Rusby 258.
   Capollin Zucc. 177, 229, 296, 297.
— persica (L.) Sieb. et Zucc. 298.
— pleonantha Pilger 255.
Psammisia Klotzsch 103, 104, 242, 247, 252, 255, 267.
Psidium Guayava Raddi 290, 296.

Psittacanthus cupulifer (H. B. K.) Eichl. 288.
Psoralea glandulosa L. 170, 182, 243.
— lasiostachys Vog. 129, 176.
— pubescens Balb. 148.
Psychotria L. 109.
— villosa R. et Pav. 282.
— virgata R. et Pav. 240.
Pterichis galeata Lindl. 251.
— Weberbaueriana Kränzlin 261.
Pteridium aquilinum (L.) Kuhn 73, 280, 289, 291.
Pteridophyta 31, 73, 225, 242, 250, 251, 254, 255, 256, 259, 261, 262, 263, 278, 284, 286.
Pterocladon Hook. f. 310.
— Sprucei Hook. f. 291.
Pullucorota = Wettinia maynensis Spruce 78.
Punica granatum L. 298.
Puya 117, 123, 128, 156, 163, 164, 167, 171, 174, 180, 181, 182, 183, 184, 185, 188, 303.
— fastuosa Mez 271, 272.
— ferox Mez 242.
gigantea André 80.
— gigantea Philippi 80.
— gigas André 80.
— grandidens Mez 171.
— laccata Mez 254.
— longisepala Mez 239.
— longistyla Mez 175.
— macrura Mez 173.
— mitis Mez 252.
— Molina 80.
— pyramidata (R. et Pav.) Mez 189.
— Roezlii Ed. Morr. 163, 166.
— Rniziana Mez 171.
— strobilantha Mez 247.
— Weberbaueri Mez 183.
Pycnophyllum Rémy 88, 194, 195, 201, 209, 212, 213, 219, 221, 223, 224, 225, 309.
— aculeatum Muschler 205 Fig. 39.
— argentinum Pax 218.
— convexum Griseb. 219.
— molle Remy 205, 219, 224.
Pysalis L. 107.

Queñua = Polylepis-Arten 92.
Quiebraolla = Acnistus arborescens Schlecht. 106.
Quinchamalium Juss. 169, 308.
— gracile Brogn. 169, 170, 178, 181.
Quinoa = Chenopodium Quinoa Willd. 117, 296.

Quinnar = Polylepis-Arten 92, 297.
Quitte 298.

Rabanito = Raphanus sativus L. 298.
Rabano = Raphanus sativus L. 298.
Ractapanga = Curatella americana L. 98.
Radieschen 298.
Radula frondescens Steph. 240.
Ramalina Ach. 72, 164.
— Ecklonii Spr. 238.
— pollinaria Ach. 71, 145.
Ranunculus L. 89, 195, 266, 311.
— argemonifolius DC. 169.
— Guzmanii H. B. K. 251, 272.
— haemanthus Ulbrich 199, 203 Fig. 35C, 206 Fig. 40, 207, 221.
— Mandonianus Wedd. 227.
— minutus Gay 222.
— peruvianus Pers. 271.
— praemorsus H. B. K. 238.
— Raimondii Wedd. 225, 254.
— sibbaldioides H. B. K. 221.
Ranunculaceae 33, 89.
Rapanea Aubl. 104, 243, 280.
— dependens Mez 249, 253, 261.
— ferruginea Mez 247, 290.
— Jelskii Mez 242, 244, 259, 260.
— Manglillo (R. Br.) Mez 104, 148, 172.
— oligophylla (Zahlbr.) Mez 247, 281.
— rivularis Mez 278.
— sessiliflora Mez 256, 257.
— Weberbaueri Mez 284.
Raphanus sativus L. 298.
Rataña = Krameria-Arten 93.
Reis 297.
Relbunium Endl. 109.
— chloranthum Krause 180, 223.
— diffusum K. Schum. 238.
— hirsutum (R. et Pav.) K. Schum. 169, 170, 203, 223, 224.
— nitidum K. Schum. 109, 146.
— tarmense Krause 182.
Remija megistocaula Krause 286.
Renealmia L. fil. 83, 230, 273.
Retiniphyllum angustiflorum Krause 290.
Rettich 298.
Rhacoma Urbaniana Loesener 282.
Rhamnaceae 97.
Rhamnus L. 311.
Rhipsalis Gärtn. 101, 277, 283, 286, 288, 292.
Rhizocarpon geographicum (L.) DC. 215, 220.
Rhizocephalum Wedd. 305.
— brachysiphonium A. Zahlbr. 110, 252, 254.

Rhus juglandifolia H. B. K. 96, 281, 291.
Rhynchosia phaseoloides (Sw.) DC. 278.
Rhynchospora Vahl 123, 277.
— glauca Vahl 77, 238, 264, 277, 284, 291.
— globosa Britton 77, 277, 278, 284, 291.
— macrochaeta Steud. 251, 254.
— polyphylla Vahl 247, 281.
— Ruizeana Boeck. 238, 248, 254.
Rhynchotheca R. et Pav. 94, 307.
— spinosa R. et Pav. 237, 244.
Ribes L. 31, 32, 90, 91, 117, 133, 159, 171, 179, 182, 185, 231, 233, 244, 266, 311.
— bolivianum Jancz. 184.
— elegans Jancz. 253.
— ovalifolium Jancz. 170.
— peruvianum Jancz. 91, 178.
— sucheziense Jancz. 220.
— Weberbaueri Jancz. 272.
Riccia 73.
— peruviana Steph. 145.
— Weberbaueri Steph. 145.
Richardsonia lomensis Krause 144.
Roble blanco = Ocotea architectorum Mez 258.
Rocoto = Capsicum-Arten 297.
Rodriguezia lanceolata R. et Pav. 289.
Rosaceae 34, 91.
Rosoideae 91.
Rothia Lam. 145, 171, 176, 178.
Roupala Aubl. 313.
— complicata Kth. 87, 281, 290.
— cordifolia H. B. K. 87.
— peruviana R. Br. 87, 246.
Rubiaceae 34, 109.
Rubus L. 91, 172, 179, 243.
— acanthophyllus Focke 92, 244, 253, 264.
— andicola Focke 267.
— betonicifolius Focke 240.
— boliviensis Focke 237.
— coriaceus Poir. 240.
 erythrocladus Mart. 249.
 floribundus H. B. K. 247, 257, 258.
 Lechleri Focke 244, 263.
— — megalococcus Focke 249.
 roseus Poir. 237, 240.
 urticifolius Poir. 148, 162.
— Weberbaueri Focke 253.
Rucma = Lucuma obovata H. B. K. 296.
Rudgea scandens Krause 283.
Ruellia L. 109.
— macrophylla Vahl 245.
— porrigens Nees 284.
— turbacensis Nees 173.
— yurimaguensis Lindau 285.
Rumex L. 310.

Rumex cuneifolius Caryd. 129.
Rutaceae 32.

Sabicea flavida Krause 289.
Saccellium H. et B. 308.
Saccharum L. 123.
— cayennense P. B. 75, 277, 284, 291.
— officinarum L. 298, 299.
Sagina ciliata Fries 171.
Sagittaria L. 149, 292.
Salicaceae 85.
Salicornia L. 122.
— fruticosa L. 87, 148.
Salix L. 311.
— Humboldtiana Willd. 85, 115, 128, 129, 148, 150, 162, 172, 173, 174, 177, 190, 192, 295.
Salpichroa Miers 106, 303.
Salpichroma Miers 171, 177.
— diffusum Miers 147, 169, 185.
— dilatata Dammer 170.
— tristis Miers 225.
— Weberbaueri Dammer 170.
Salpiglossis R. et Pav. 308.
Saltaperico = Embothrium grandiflorum Lam. 87.
Salvia L. 106, 166, 169, 170, 176, 177, 181, 190, 238, 247, 248, 257, 259, 261, 272.
— rhombifolia R. et Pav. 143, 146.
— sagittata R. et Pav. 171.
— strictiflora Hook. 166.
— tubiflora Sm. 106, 147.
Sambucus L. 311.
— peruviana H. B. K. 168, 171, 183, 184, 247, 297.
Samolus L. 313.
— Valerandi L. 148.
Sanchezia oblonga R. et Pav. 275, 279, 286.
Sandia = Citrullus vulgaris Schrad. 298.
Santalaceae 33.
Sapindaceae 35, 96, 274, 280.
Sapindus Saponaria L. 96, 148, 150, 155, 162, 172, 173.
Sapium P. Brown 24, 275.
— biglandulosum (Aubl.) Müll. Arg. 288.
— taburu Ule 287.
Sapotaceae 34.
Sapote = Matisia cordata H. et B. 296.
— = Capparis scabrida H. B. K. 116, 153.
Sara = Zea Mays L. 296.
Saracha R. et Pav. 107, 147, 302.
— Weberbaueri Dammer 170.
Satureja L. 106.
— boliviana (Benth.) Briq. 183, 185.
Satyria Kl. 240, 267.
Saubohne 298.

Sauce   Salix Humboldtiana Willd. 297.
Sauco – Sambucus peruviana H. B. K. 297.
Sauranja Willd. 230, 237, 246.
Saxifraga Cordillerarum Presl 90, 171, 178, 183, 223, 225, 272, 314, 315, 316.
Saxifragaceae 33, 34, 90.
Scapania portoricensis Hampe et Gott. 250.
Schaefferia serrata Loesn. 188.
Schefflera Forst. 103.
— dolichostyla Harms 240.
  euryphylla Harms 251.
— inambarica Harms 242.
- Mathewsii (Seem.) Harms 263.
— minutiflora Harms 267.
- - monzonensis Harms 255.
- Moyobambae Harms 267.
  Pardoana Harms 251.
  pentandra (R. et Pav.) Harms 252, 284, 290.
  sandiana Harms 242.
  Weberbaueri Harms 255.
— Yuncacoyae Harms 242.
Schinus dependens Ortega 175.
— Molle L. 95, 96, 117, 118, 128, 129, 148, 150, 158, 162, 163, 164, 166, 172, 173, 174, 175, 177, 188, 189, 191, 230, 243, 245.
— Pearcei Engl. 175.
Schistogyne silvestris Hook. et Arn. 237.
Schistonema Schlechter 309.
— Weberbaueri Schlechter 173, 189.
Schizaea elegans Sw. 256, 289.
Schizophyceae 214.
Schizotrichia Benth. 309.
Schkuhria Roth 112, 313.
— abrotanoides Roth 188.
— pusilla Wedd. 145.
Schoenus L. 223.
Scilla biflora R. et Pav. (= Ornithogalum biflorum Don) 82.
Scirpus L. 149, 150, 174, 219, 292.
— acaulis Phil. 223.
— atacamensis Boeck. 222.
— cernuus Vahl 183.
— Hieronymi Boeck. 222.
- inundatus Spr. 254.
  pauciflorus Lightf. 222.
- rigidus Boeck. 219, 223.
— riparius Presl 77, 185.
Scitamineae 83, 273, 274, 275, 276, 286, 287.
Scleranthus L. 271.
Scleria Berg. 77, 281.
— arundinacea Kth. 288.
— pleostachya Kth. 238.

Scleria reflexa H. B. K. 285.
— stipularis Nees 285.
Scoparia dulcis L.. 150.
Scrophulariaceae 33, 107.
Scypharia Miers 306.
— Sedum L. 311.
— andinum Ball 169.
Selaginella Spring. 73, 188, 238, 259, 266, 274, 281, 285, 288.
  asperula (Mart.) Spreng. 289.
— haematodes (Kunze) Spreng. 285.
— Mildei Hieron. 155, 156.
— peruviana (Milde) Hieron. 74, 163, 166, 172, 175, 176, 178.
— radiata (Aubl.) Bak. 257.
Selenipedilum Rchb. f. 84.
— longifolium Rchb. f. 289.
Sellerie 298.
Semiramisia Kl. 267.
Senecio L. 111, 113, 147, 166, 177, 179, 182, 184, 195, 216, 220, 224, 225, 226, 242, 244, 248, 252, 255, 263, 272, 285.
— - adenophylloides Sch. Bip. 113, 220, 222, 225.
— - adenophyllus Meyen et Walp. 113, 128, 129, 218, 224.
— Antennaria Wedd. 113, 203, 222, 225, 227.
— Candollei Wedd. 220.
— Chionogeton Wedd. 225.
— clivicolus Wedd. 185.
— collinus DC. 170.
— evacoides Sch. Bip. 219.
— graveolens Wedd. 113, 132.
— Hohenackeri Sch. Bip. 113, 203, 212, 223.
— hyoscridifolius Wedd. 113, 225, 227.
— iodopappus Sch. Bip. 113, 132, 185.
— Jussieui Klatt 113, 150.
— laciniatus Kth. 248, 261, 266.
— Mathewsii Wedd. 227.
— pinnatilobatus Wedd. 185.
— repens DC. 113, 199, 203 Fig. 35E c, 212, 222, 224.
— rhizomatus Rusby 222, 226.
Senecioneae 113.
Serjania Schum. 35, 96, 173, 301.
— fuscostriata Radlk. 163.
— inflata Poepp. 286.
— longistipula Radlk. 237.
— pyramidata Radlk. 286.
— rubicaulis Benth. 286, 289.
— striolata Radlk. 172.
Sertifera Lindl. 307.
Sessea R. et Pav. 307.
Sesuvium L. 148.

Setaria imberbis R. et S. 238, 248, 257.
Sibthorpia retusa H. B. K. 179.
Sicyos bryoniaefolius Chod. 169.
— gracillimus Cogn. 143, 145.
Sigmatocalyx (irrtüml. statt Sigmatostalix Rchb.f.) 307.
Silene L. 257.
Simaruba amara Aubl. 290.
Sinami = Jessenia polycarpa Karst. 78.
Sipanea pratensis Aubl. 291.
Siparuna Aubl. 89, 244, 259, 260, 280, 286.
— calocarpa Perkins 252.
— guianensis Aubl. 289.
— pyricarpa (R. et Pav.) Perkins 284.
— saurauiifolia Perkins 262.
— tomentosa (R. et Pav.) Perkins 291.
— umbelliflora Perkins 258.
- - Weberbaueri Perkins 246.
Siphocampylus Pohl 110.
— angustiflorus Schlecht. 242, 255, 266.
— biserratus (Cav.) DC. 170.
— corymbiferus (Presl) Pohl 238.
— dependens (R. et Pav.) DC. 247.
— floribundus Zahlbr. 228 Fig. 51, 255.
— macropodoides Zahlbr. 170.
— rosmarinifolius Don 248.
- Rusbyanus Britton 278.
- Spruceanus Zahlbr. 290.
- tortuosus Zahlbr. 290.
— tupaeformis Zahlbr. 183, 184, 186.
— Vatkeanus Zahlbr. 184.
— Weberbaueri Zahlbr. 261.
Siphonoglossa peruviana Lindau 155.
Sisyrinchium L. 83.
— caespitificum Kränzlin 226.
- chilense Hook. 186.
— convolutum Nocca 238.
— junceum E. Meyer 170, 177.
— palmifolium L. 83, 247, 249.
porphyreum Kränzlin 83, 220.
pusillum H. B. K. 83, 220.
- rigidifolium Bak. 186.
Smilax Tourn. 82, 246, 250, 255, 291.
Sobralia R. et Pav. 84, 305.
— dichotoma Lindl. 256.
— d'Orbignyana Rchb. f. 278.
— leucoxantha Rchb. f. 289.
— scopulosum Rchb. f. 239.
— Weberbaueriana Kränzlin 250.
Solanaceae 34, 106.
Solanum L. 106, 107, 146, 169, 180, 183, 237, 238, 240, 247, 253, 255, 263, 286.
— lycioides L. 166, 176.
— Lycopersicum L. 297.
— maglia Mol. 146.
— montanum R. et Pav. 146.

Solanum pinnatifidum R. et Pav. 144.
— tuberosum L. 296, 299.
— variegatum R. et Pav. 297.
Souroubea Aubl. 98.
— guianensis Aubl. 288.
— pachyphylla Gilg 289.
— suaveolens Gilg 255.
Spananthe panniculata Jacq. 145, 257.
Spargel 298.
Spartium junceum L. 161.
Specularia Heist. 311.
— perfoliata L. 145.
Spergularia Pers. 166.
Sphacele Benth. 106.
— parviflora Benth. 237.
Sphagnum 73, 122, 229, 232, 239, 241, 242, 250, 253, 254, 259, 263, 271, 272, 292.
Spilanthes uliginosa Sw. 129, 145.
Spinacea oleracea L. 298.
Spinat 298.
Spiraeoideae 91.
Spiranthes L. C. Rich. 84, 146.
— elata L. C. Rich. 288.
— speciosa Lindl. 285.
— variegata Kränzlin 288.
Spondias purpurea L. 296.
Sporobolus Brown 75.
— fastigiatus Presl 183, 185, 252.
— indicus (L.) R. Br. 248, 258.
— lasiophyllus Pilger 182, 248.
Spraguea Torrey 88.
Stachys arvensis L. 143.
— Meyenii Walp. 185.
— repens Mart. et Gal. 221.
Stangea Graebner 110, 194, 309.
— Emiliae Graebner 201, 203 Fig. 35K, 221.
— Erikae Graebner 226.
— Henrici Graebner 199 Fig. 28.
— Paulae Graebner 220.
— Wandae Graebner 201, 203 Fig. 35J, 221.
Staphyleaceae 34.
Steirosanchezia Lindau 310.
Stelis Sw. 84.
— angustifolia H. B. K. 259.
— attenuata Lindl. 258.
— cuspatha Rchb. f. 247.
— floribunda H. B. K. 239.
— lancea Lindl. 250.
— reflexa Lindl. 260.
— Serra Lindl. 283.
— spathulatha Poepp. 291.
— tricardium Lindl. 240.
Stellaria L. 88, 170, 238, 257, 311.
— laxa Muschler (mscr.) 169.

Stellaria leptosepala Benth. 183.
— prostrata Baldw. 170.
Stenandrium trinerve Nees 176.
Stenolobium D. Don 108, 129, 303.
— arequipense Sprague 108, 128, 129, 354.
— fulvum (Cav.) Sprague 108.
— rosaefolium (Seem.) Sprague 108, 189, 191.
— sambucifolium (H. B. K.) Seem. 108, 157 Fig. 15, 159, 163, 164, 166, 172, 173, 174, 175, 177, 243.
Stenomesson Herb. 82.
— acaule Kränzlin 180, 182.
— flavum Herb. 137 Fig. 7C, 143, 146, 164, 166.
— Incarum Kränzlin 146.
— latifolium Herb. 243.
— longifolium Kränzlin 164, 166.
— suspensum Reiche 171.
Stenoptera Presl 301.
— acuta Lindl. 256.
Stenospermatium Schott 79.
— crassifolium Engler 255.
— flavescens Engler 255.
— Weberbaueri Engler 286.
Stephanopodium peruvianum Poepp. et Endl. 285.
Sterculia chicha St. Hil. 287.
Sterculiaceae 98.
Stereocaulon Schreb. 72, 213, 232.
— denudatum Fck. 72, 218.
— ramulosum Ach. 72, 241, 251.
— verruciferum Nyl. 72, 218.
— violascens Müll. Arg. 72, 218, 220.
Stevia cajabambensis Hieron. 170.
— cuzcoënsis Hieron. 181.
— pablocnsis Hieron. 257.
Sticta Schreb. 72, 232.
— damicornis (Sw.) Ach. 250.
Stictina Nyl. 232, 259.
— fuliginosa (Dicks.) Nyl. 238.
— quercizans Nyl. 240, 266.
— tomentosa (Sw.) Nyl. 240.
Stigmatophyllum Ruizianum Niedenzu 247.
Stipa L. 75, 132, 180, 183, 218, 219.
— Ichu 75.
Jarava 75.
Streptanthus Nutt. 312.
— Englerianus Muschler 144.
Streptocalyx Beer 81.
— Fürstenbergii Mez 283.
Streptosolen Miers 306.
Struthanthus orbicularis (H. B. K.) Eichl. 290.

Struthanthus tenuis Manf. Patsch. 283.
Stylosanthes leiocarpa Vog. 155.
Styracaceae 33, 230.
Styrax ovatus (R. et Pav.) A. DC. 280.
— Weberbaueri Perkins 262.
Suaeda fruticosa (L.) Moq. 144, 147.
Sutrina Lindl. 310.
Symbolanthus Don 105, 230, 305.
— Baltae Gilg 267.
— calygonus (R. et Pav.) Gilg 105, 255.
— microphyllus Gilg 105, 242.
— obscure-rosaceus Gilg 290.
Symphyogyne brasiliensis Nees 240.
Symphyostemon Miers 309.
— album Kränzlin 83, 221.
Symplocaceae 230.
Symplocos L. 29, 241, 252.
— alpina Brand 253.
— bogotensis Brand 263.
— longiflora Brand 290.
— Weberbaueri Brand 251.
Syngonanthus Ruhland 79.
— caulescens (Poir.) Ruhl. 292.
— nitens (Bong.) Ruhland 264.
Syngonium Schott 79.
— Ruizii Schott 282.

Tabak 297.
Tabernaemontana Sananho R. et Pav. 285.
Tafalla Don (= Loricaria Wedd.) 303.
Tagetes L. 112, 169, 171, 178, 186, 237, 257.
— foeniculacea Poepp. 238.
— Mandonii Sch. Bip. 176.
— minuta L. 297.
Talinum polyandrum R. et Pav. 144.
Tamarinde 298.
Tamarindo = Tamarindus indica L. 298.
Tamarindus indica L. 298.
Tangarana = Triplaris-Arten 87.
Tapiria macrantha (versehentl. statt T. micrantha Tr. et Pl.) 256.
Tara = Caesalpinia tinctoria (H. B. K.) Benth. 93.
Taxaceae 74, 229.
Teinosolen Hook. f. 305.
— pastoana K. Schum. 241.
Telanthera densiflora Moq. 154.
— peruviana Moq. 154.
Telypogon pulcher Rchb. f. 259.
Tephrosia cinerea Pers. 154.
— purpurea (L.) Pers. 155.
Ternstroemia L. 98, 247, 251, 255, 263.
Tessaria R. et Pav. 112, 128, 129, 148, 252, 283, 287, 291, 313.

Tessaria integrifolia R. et Pav. 112, 148, 150, 155, 162, 172, 173, 192, 245, 279, 291.
Tetraglochin Poepp. 308.
- strictum Poepp. 92, 132, 170, 171, 180, 182, 184, 185, 201, 203, 210 Fig. 46, 220, 223, 224.
Tetragonia L. 88, 134, 144, 313.
Tetrapteryx multiglandulosa Juss. 279.
Tetrathylacium Poepp. et Endl. 307.
Thalictrum L. 117, 159, 170, 244, 311.
- longistylum DC. 169.
- podocarpum H. B. K. 89, 169, 178, 266, 267.
— vesiculosum Lecoyer 237.
Thamnolia vermicularis (Sw.) Ach. 72, 213, 218, 220, 223.
Theaceae 98, 230.
Theloschistes Norm. 72, 164.
— chrysophthalmus (L.) Th. Fr. 176.
— flavicans (Sw.) Norm. 71, 145, 238.
Thelypodium Endl. 312.
— macrorrhizum Muschler 130, 169, 170.
Theobroma Cacao L. 297.
— Mariae (Mart.) K. Schum. 289.
Theophrastaceae 33.
Thibaudia H. B. K. 103, 248, 251, 255, 263, 267.
— Harmsiana Hörold 255.
Tibouchina Aubl. 102.
— asperifolia Cogn. 255.
— brevisepala Cogn. 244.
— calycina Cogn. 237, 240.
  cymosa Cogn. 258.
  echinata Cogn. 253.
- Gayana Cogn. 237.
  laevis Cogn. 242.
- Mathaei Cogn. 290.
  octopetala Cogn. 242.
  oxypetala Baill. 256, 284.
  rhynchantherifolia Cogn. 278.
  stenocarpa Cogn. 278.
  virescens Cogn. 249.
  Weberbaueri Cogn. 281.
Tiliaceae 97.
Tillaea connata R. et Pav. 145, 169.
Tillandsia L. 80, 116, 124, 147, 156, 161, 171, 174, 176, 180, 182, 184, 188, 189, 191, 238, 277, 279, 301.
— — aurantiaca Griseb. 80, 260.
— — aurea Mez 81, 174.
- aureo-brunnea Mez 81, 188.
- capillaris R. et Pav. 182.
— — cauligera Mez 176.
— — cercicola Mez 173.
  clavigera Mez 247.

Tillandsia complanata Benth. 80, 263.
— extensa Mez 174.
— favillosa Mez 81.
— Gayi Bak. 182.
— fusco-guttata Mez 80, 239.
— heteromorpha Mez 174.
— interrupta Mez 162.
— lanata Mez 81.
— latifolia Meyen 147, 164, 166, 173, 174.
— macrodactylon Mez 80, 247.
— maculata R. et Pav. 80, 259.
— nana Bak. 182.
— pallidoflavens Mez 174.
— pastensis André 257.
— patula Mez 247.
— pulchella Hook. 239.
— purpurea R. et Pav. 147, 176.
— recurvata L. 81, 164, 166.
— saxicola Mez 81, 173.
— Schimperiana Wittm. 80, 250.
— straminea Presl 81, 147.
— usneoides L. 164, 174, 176, 182, 189, 192, 239, 277, 279.
— virescens Gay 81, 129, 186.
— Walteri Mez 191.
— Wangerini Mez 80, 179.
Tinantia fugax Scheidw. 145.
Tococa Aubl. 102.
— occidentalis Naud. 290.
— parviflora Spruce 285.
Tofieldia Huds. 312.
Tola = Lepidophyllum-Arten 117, 131.
Tolypella apiculata A. Br. 219.
Tomate = Solanum Lycopersicum L. 297.
Tonina Aubl. 79.
— fluviatilis Aubl. 292.
Toronja = Citrus-Arten u. -Rassen 298
Tourrettia lappacea (L'Hér.) Willd. 154, 188.
Tournefortia foetidissima L. 286.
— loxensis H. B. K. 163.
— polystachya R. et Pav. 247.
— volubilis L. 150.
Tovaria R. et Pav. 306.
— pendula R. et Pav. 252, 267.
Tovomita brasiliensis (Mart.) Walp. 282.
Trachypogon polymorphus Hack. 75, 328, 247, 277, 278, 284, 291.
Tradescantia cymbispatha C. B. Clarke 238.
— encolea Diels 257.
— ionantha Diels 239.
Tragus racemosus (L.) All. 75, 144, 155, 188.
Trattinickia peruviana Loesener 290.
Trema micrantha (Sw.) Bl. 277, 284.
Trichlora Bak. 309.
— peruviana Bak. 164, 166.

Trichoceros H. B. K. 304.
— muscifera Kränzlin 84, 239, 247.
Trichochne peruviana Hieron. 261.
Trichocolea tomentosa Sw. 240.
Trichomanes crispum L. 242.
— lucens Sw. 255.
Trichostigma peruviana H. Walt. 288.
Trifolium L. 93, 159, 178, 230, 266, 311.
—- amabile H. B. K. 169.
-- macrorrhizum Ulbrich 170.
— Mathewsii Gray 186.
— peruvianum Vog. 180, 182, 257.
— polymorphum Poir. 146.
— Weberbaueri Ulbrich 185, 271.
Trigo = Triticum sativum Lam. 297.
Trigonidium spathulathum Rchb. f. 283.
Triplaris L. 87, 273, 275, 280, 285, 288.
— caracasana Cham. 287.
— hispida Boiss. 279, 287.
Trisetum Pers. 75, 195, 311.
— floribundum Pilger 76, 195, 219, 220, 224.
— hirtum Trin. 171.
  subspicatum (L.) P. B. 75, 171, 180, 220, 248, 271, 315.
— Weberbaueri Pilger 226.
Triticum sativum Lam. 297, 299.
Triumfetta L. 237, 246.
Trixis P. Br. 147, 155.
— cacalioides Don 114, 128, 153, 162, 173, 189.
Tropaeolaceae 94.
Tropaeolum L. 94, 145, 163, 171, 172, 177, 178, 184, 237, 266, 302.
  - majus L. 148.
  - tuberosum R. et Pav. 296.
Tsacpá = Embothrium grandiflorum Lam. 87.
Tullupejto = Colignonia-Arten 88.
Tuna = Opuntia ficus indica Mill. 296.
Tynnanthus Miers 108.
— Weberbaueri Sprague 283.
Typha L. 129, 150.
— domingensis Pers. 149.

Uchu = Capsicum-Arten 297.
Uleae 30.
Ulearum Engler 309.
Ullúco = Ullucus tuberosus Loz. 296.
Ullucus Loz. 303.
— tuberosus Loz. 169, 296.
Umbelliferae 34, 103.
Uragoga L. 109, 274.
— flaviflora Krause 286.
— leucantha Krause 285.
— schraderioides Krause 267.

Uragoga tomentosa (Aubl.) K. Sch. 109, 279.
— Weberbaueri Krause 289.
Urbanodoxa Muschler 300.
— rhomboidea (Hook.) Muschler 170.
Urbanosciadium Wolff 309.
— strictum Wolff 170.
Urceolina Reich. 82, 305.
Urera Gaud. 286.
— baccifera Gaud. 285.
— caracasana Gr. 287.
Urtica flabellata Kunth 218.
Urticaceae 34, 244.
Usnea (Dill.) Pers. 71, 72, 164, 232, 241, 250, 253, 259, 274.
— barbata Fr. 145, 238.
— ceratina Ach. 250.
Ususch = Buddleia Ususch Kränzlin 104.
Utcu = Gossypium barbadense L. 297.
Utricularia L. 241, 242, 264, 292.

Vaccinium L. 103, 104, 179, 244, 248, 252, 253, 263, 312.
Valeriana L. 110, 146, 159, 166, 170, 178, 181, 195, 310.
— alypifolia H. B. K. 201, 221.
— Baltana Graebner 238.
— Candamoana Graebner 223.
— clematoides Graebner 179.
— connata R. et Pav. 221, 225.
— decussata R. et Pav. 247.
— dipsacoides Graebner 247.
— elatior Graebner 257.
— globiflora R. et Pav. 227, 248.
— hadros Graebner 272.
— interrupta R. et Pav. 169.
— ledoides Graebner 254.
— longifolia H. B. K. 249, 251, 254, 271.
— nigricans Graebner 247.
— nivalis Wedd. 220.
— Pardoana Graebner 247.
— Pavonii Poepp. 284.
— pedicularioides Graebner 169.
— pimpinelloides Graebner 169.
— plectritoides Graebner 183.
— pygmaea Graebner 223, 224.
— radicata Graebner 186.
— rigida Ruiz et Pav. 225, 226.
— Romañana Graebner 223.
— sphaerocephala Graebner 183.
— sphaerophora Graebner 183.
— Tessendorfiana Graebner 253.
— thalictroides Graebner 180.
— variabilis Graebner 186.
— virgata R. et Pav. 249.
— Warburgii Graebner 237.

Valeriana Weberbaueri Graebner 254.
Valerianaceae 30, 34, 110.
Vallea Mutis 161, 231, 304.
— stipularis L. fil. 97, 159 Fig. 17, 179, 182, 237, 243, 244, 246, 266.
Vallesia dichotoma Ruiz et Pav. 354.
Vanilla Sw. 84.
— Weberbaueriana Kränzlin 282.
Vanillosmopsis Weberbaueri Hieron. 242.
Velaea DC. 312.
— peruviana Wolff 169.
Verbena L. 106.
— clavata R. et Pav. 146.
— fissa Hayek 143, 147, 169.
— juncea Gill. et Hook. 130.
— juniperina Lag. 130.
  microphylla H. B. K. 169, 171.
  minima Meyen 185.
— procumbens Hayek 180.
  tenera Spr. 185.
  trifida H. B. K. 166, 171.
  villifolia Hayek 180.
— Weberbaueri Hayek 185.
Verbenaceae 35, 106.
Verbesina L. 166, 257.
— arborea Kth. 179.
Vernonia Schreb. 111.
— monzonensis Hieron. 284.
— scorpioides Pers. 247.
— sordidopapposa Hieron. 240.
— Weberbaueri Hieron. 277.
Vernonieae 111.
Veronica L. 266, 310.
— peregrina L. 178.
— serpyllifolia L. 249, 261.
Viburnum L. 110, 230, 231, 312.
— fur Graebner 258.
— Incarum Graebner 247.
— reticulatum R. et Pav. 237.
— Weberbaueri Graebner 256.
— Witteanum Graebner 244.
Vicia L. 93, 117, 159, 230, 311.
— andicola H. B. K. 170, 257.
— Faba L. 298, 299.
  graminea Sm. 186.
— grata Phil. 169, 170, 178, 248.
— humilis H. B. K. 145.
— Leyboldii Phil. 260.
Vigna luteola (Jacq.) Benth. 148.
Viola L. 29, 34, 99, 185, 195, 201, 221, 231, 311.
— arguta H. B. K. 99, 253, 256, 257, 258.
— boliviana Becker 238.
— Dombeyana DC. 249.
— fuscifolia Becker 242.
— Humboldtii Tr. et Pl. 261.

Viola kermesina Becker 221.
— membranacea Becker 221.
— nobilis Becker 251.
— replicata Becker 198 Fig. 26A.
— stipularis Sw. 251.
— truncata Becker 255.
— Weberbaueri Becker 144.
Violaceae 99.
Vismia Vell. 99, 281.
— acuminata Pers. 290.
— latifolia (Aubl.) Chois. 252.
— truncata Becker 255.
— Weberbaueri Becker 144.
Violaceae 99.
Vitaceae 150, 155, 275.
Vitis vinifera L. 298, 299.
Vittaria lancea Desv. 250.
— lineata Sw. 283.
Vochysia Weberbaueri Beckmann 290.
Vochysiaceae 34.

Wahlenbergia Schrad. 110, 313.
— linarioides DC. 238.
— peruviana A. Gray 186, 195, 196, 203, 204 Fig. 37, 222.
Warczewiczella Rchb. f. 307.
Warczewiczia coccinea Kl. 283.
Warrea Lindl. 307.
  tricolor Lindl. 290.
Wassermelone 298.
Weberbauera Gilg et Muschler 355.
Weberbauerella Ulbrich 309.
— brongniartioides 141 Fig. 11, 144.
Weinmannia 91, 161, 253, 278, 313.
— Balbisiana H. B. K. 242.
— chryseis Diels 264.
— crenata Presl 281.
— descendens Diels 290.
— elattantha Diels 255.
— Haenkeana Engler 242.
— heterophylla H. B. K. 237, 242.
— Jelskii Szyszyl. 251.
— nebularum Diels 251, 259, 260.
— parvifolia (Ruiz) Don 249, 251.
— sorbifolia H. B. K. 278.
— subsessiliflora R. et Pav. 255.
— Weberbaueri Diels 179.
Weinrebe 298.
Weizen 297.
Werneria H. B. K. 113, 195, 219, 222, 224, 227, 304.
— aretioides Wedd. 200 Fig. 29C D, 225.
— boraginifolia O. Kuntze 200 Fig. 29AB, 224.
— caespitosa Wedd. 224, 226.
— cortusaefolia Gris. 171.

Werneria dactylophylla Sch. Bip. 113, 194 Fig. 22, 195, 212, 222, 224.
— digitata Wedd. 222.
— disticha Kth. 113, 222, 226, 316.
— humilis Kth. 272.
— melanandra Wedd. 219.
— nubigena Kth. 113, 198 Fig. 26F, 219, 224.
— Orbignyana Wedd. 224.
— pygmaea Hook. et Arn. 113, 215 Fig. 48D, 219, 222.
— solivaefolia Sch. Bip. 222.
— spathulata Wedd. 219.
— strigosissima A. Gray 212, 222, 224.
— Stuebelii Hieron. 113, 264, 271, 272.
— villosa A. Gray 222, 226, 271, 272.
Wettinia Pöpp. et Endl. 78, 230.
— augusta Pöpp. et Endl. 78, 279.
— maynensis Spruce 78, 267, 288, 291.
Wigandia urens (R. et Pav.) Chois. 161.
Wittia K. Schum. 310.
Woodsia crenata (Kze.) Hieron. 145.

Xantheranthemum Lindau 310.
Xanthosoma Schott 79.
— brevispathaceum Engler 282.

Xiphidium album Willd. 252, 288.
Xylobium elongatum Hemsl. 246.
— scabrilingua (Lindl.) Kränzlin 246.
Xyridaceae 79, 229, 292.
Xyris L. 79.
— savanensis Miq. 292.
— subulata R. et Pav. 252, 264.

Yacón = Polymnia sonchifolia Poepp. et Endl. 296.
Yarabisco = Jacaranda acutifolia H. et B. 190.
Yuca = Manihot utilissima Pohl 296.

Zanichellia palustris L. 130.
Zapallos = Cucurbita-Arten 297.
Zea Mays L. 296, 299.
Zephyranthes albicans Baker 82, 144.
Zeugites mexicana Trin. 237.
Zingiberaceae 83, 230, 273, 281, 282, 285.
Zinnia L. 153, 164, 166, 173, 188.
Zitrone 298.
Zoysieae 75.
Zuckerrohr 298.
Zwiebel 298.

Nachträge und Berichtigungen.

Einleitung.

1. Kapitel. Geschichte der botanischen Erforschung Perus. Seite 11, 12 usw.:
Statt WEDDEL ist zu setzen WEDDELL.

Seite 29: Im September 1908 kam ich zum zweitenmal nach Peru. Da ich in den Dienst der peruanischen Regierung trat und von dieser in Lima beschäftigt wurde, war es mir zunächst nicht möglich, auf längere Zeit die Hauptstadt zu verlassen. Erst im Jahre 1910 erhielt ich Urlaub, und diesen benutzte ich, während der Monate Mai und Juni, zu einer Reise durch die Departamentos Ica, Huancavelica, Ayacucho und Junin. Ich begab mich auf einem Küstendampfer nach Pisco und von hier, nachdem ich Ica besucht hatte, über Huaytará und Sta. Inés nach Ayacucho. Dann ging ich über Tambo in das Tal der Pieni und erreichte, diesem Flusse bis zu seiner Mündung in den Apurimac folgend, zwischen 12° und 13° S. den tropischen Regenwald. Auf dem gleichen Wege nach Ayacucho zurückgekehrt reiste ich durch Huanta und das Mantarotal nach Huancayo. Von hier fuhr ich mit der Eisenbahn über Oroya nach Lima.

2. Kapitel. Literaturverzeichnis.

3a. BALL, J.: Contribución al estudio de la Flora de la Cordillera peruana. — Boletin de la Sociedad geográfica de Lima, Bd. 4 (1895), p. 430—452.

28a. GILG, E. und MUSCHLER, R.: Aufzählung aller zur Zeit bekannten südamerikanischen Cruciferen. — ENGLERS Botanische Jahrbücher, Bd. 42, p. 437—487. Leipzig 1909.

44b. HOROLD, R.: Systematische Gliederung und geographische Verbreitung der amerikanischen Thibaudieen. Thibaudieae americanae novae. ENGLERS Botanische Jahrbücher, Bd. 42, p. 251—334. Leipzig 1909.

134*. SPRUCE, R.: Notes of a Botanist on the Amazon and Andes. Edited and condensed by A. RUSSEL WALLACE. 2 Bde. London 1908.

Erster Teil.

3. Kapitel. Klimatologie. Seite 57, Zeile 5 von oben:
Streiche die Worte: »Die Blätter des Weinstocks und«.

Ebenda, Zeile 9 von oben:
Streiche die Worte: »Angeblich« bis »beschädigt«.

Seite 62: Die Angaben über das Klima der südlichen Küstenhälfte Perus bedürfen folgender Ergänzung: In der Gegend von Ica (14° S.) ist die Bewölkung und Nebelbildung sehr gering, und fehlt die Lomavegetation vollständig. Vielleicht erklären sich diese Erscheinungen aus der Bodengestalt: das Küstenland ist dort eine weite, fast ununterbrochene Ebene, aus der nur vereinzelte und niedrige Hügel sich erheben.

Zweiter Teil.

1. **Abschnitt. Ausgewählte Verwandtschaftskreise der Flora Perus.**

Cannaceae: Zwischen 12° und 13° S. fand ich im Ceja-Gebüsch der östlichen Andenseite bei 2700 m eine *Canna*, die nicht dorthin verschleppt sein kann, sondern bestimmt zur ursprünglichen Flora gehört.

Leguminosae: Auch für die Wüsten um Ica ist *Prosopis juliflora* oder eine nahe verwandte Art charakteristisch. — *Cercidium praecox* glaube ich um 12° 45′ S. im Tale des Huarpa, eines rechten Zuflusses des Mantaro, gefunden zu haben, und zwar bei 2200—2500 m Seehöhe. Der Strauch war entblättert, so daß eine sichere Bestimmung sich nicht ausführen ließ.

Geraniaceae: Eine *Balbisia* gelangt zwischen 12° 45′ und 13° S., bei Huanta und Ayacucho, in mittlere Lagen des interandinen Gebietes. — Statt *Geranium sessiliflorum* ist zu setzen *Geranium sericeum*.

Apocynaceae: *Vallesia dichotoma* ist ein charakteristischer Strauch der Flußufergebüsche bei Ica.

Polemoniaceae: Statt *Gilia tricolor* ist zu setzen *Gilia laciniata*. — Zu den wildwachsenden *Cantua*-Arten gehört auch *C. pyrifolia*, die ich zwischen Ayacucho und Huancayo wiederholt antraf, und deren Verbreitung nach den Angaben älterer Reisender nordwärts bis Ecuador reicht.

Labiatae: Die Gattung *Hyptis* tritt in den halbxerophilen Gehölzen der östlichen Tropenregion mit stattlichen, zuweilen baumähnlichen Sträuchern auf. Kleinere Formen zerstreuen sich durch tiefere und mittlere Lagen von ganz Peru.

Bignoniaceae: *Stenolobium arequipense*, der »cahuatu«, ist bei Ica sowie an den westlichen Andenhängen dieser Gegend häufig und bewohnt ferner im interandinen Gebiet die trockneren Talabschnitte des Mantaro und seiner Nebenflüsse bis 12° 40′ nordwärts. Dieser Strauch findet seine obere Verbreitungsgrenze bei 3100 m und wächst oft an Flußufern, ohne jedoch streng an diese gebunden zu sein.

Dritter Teil.

1. **Abschnitt. 1. Kapitel. Die Mistizone. S. 129:**

Statt *Colletia Meyeniana* ist zu setzen *Colletia Weddelliana*.

Seite 130: *Adesmia*-Kräuter und -Sträucher wachsen auch zwischen 14° und 13° S an den westlichen Andenhängen sowie um 13° und 12° 45′ S im interandinen Gebiete, in beiden Fällen als zerstreute, untergeordnete Formationselemente mittlerer Höhenlagen (2700 bis 3300 m). Auch bei Lima fand ich, auf steinigem, zeitweise überschwemmtem Boden an Flußufern, eine krautige *Adesmia*, die aber vielleicht eingeschleppt ist.

2. Kapitel. Die Tolazone.

Seite 134: *Lepidophyllum*-Sträucher bewohnen zwischen 14° und 13° S an den westlichen Andenhängen die Höhenstufe von 3600 bis 4650 m. Unter 4200 m sind diese Pflanzen ziemlich häufig, aber doch nicht in so großer Zahl vorhanden wie bei Arequipa; über 2400 m beschränken sie ihr Vorkommen auf Felsen. Das interandine Gebiet wird auch in dieser Gegend von *Lepidophyllum* gemieden.

3. Kapitel. Die Lomazone.

Seite 134: *Cristaria* findet sich auch an den Westhängen, aber nur in tieferen Lagen.

Seite 149: *Cordia rotundifolia* erreicht ihre südliche Verbreitungsgrenze nicht bei Lima, sondern wächst auch in den Flußufergebüschen um Ica (14° S).

5. Kapitel. Die zentralperuanische Sierrazone.

Seite 156: Das Gebiet zwischen 13° und 14° S gehört, trotzdem dorthin von Süden her *Adesmia*, *Lepidophyllum* und *Stenolobium arequipense* eindringen, noch zur zentralperuanischen Sierrazone.

Seite 175, Zeile 14 von oben: Statt *Heliospermum* ist zu setzen *Cardiospermum*.

7. Kapitel. Die hochandine oder Punazone.
2. Abschnitt. Seite 298:
   Obst: Bei Ica wird die Dattelpalme *(Phoenix dactylifera)* häufig kultiviert.

Druckfehlerverzeichnis.

Seite 44, Zeile 14 von unten: Streiche das Komma hinter »letztere«.
Seite 54, Zeile 8 von unten: Statt 2,6 lies 22,6.
Seite 55, Zeile 15 von oben: Hinter 20,8 setze statt des Zeichens * das Zeichen '.
Ebenda, Zeile 8 von unten: Statt des Zeichens * setze das Zeichen '.
Seite 59, Zeile 5 von oben: Setze hinter »habe« das Zeichen '.
Ebenda, Zeile 1 von unten: Statt des Zeichens * setze das Zeichen '.
Seite 176, Zeile 22 von unten: Statt lendigera lies lentigera.

Vegetationslinien.

Karte I.

Weberbauer, Pflanzenwelt der peruanischen Anden.

Maßstab: 1 : 10 Millionen.

Gez. A. Weberbauer and C. Vallejos.

Erklärung der Zeichen.

———— Südwest- und Nordostgrenze der Gattung *Adesmia*.

– – – – Südwest- und Nordostgrenze der Gattung *Lepidophyllum*.

–·–·–·– Nordostgrenze der *Melastaceen* sowie der Gattungen *Tetragonia* und *Palaua*.

———— Nordostgrenze der Gattung *Gabnesia* (G. Brunioides).

———— Nordostgrenze von *Carica candicans*.

———— Nordostgrenze von *Caesalpinia* (*Coulteria*), *Escitroria* und *Schinus Molli*.

ᴜᴜᴜᴜᴜ und ᴠᴠᴠᴠᴠ Südwestgrenze der *Myricaceae* (Myrica), *Proteaceae* (Embothrium), *Cunoniaceae* (Weinmannia), *Coriariaceae* (Coriaria), *Melastomaceae* (Brachyotum, Miconia) sowie der Gattungen *Oeniotheraceum*, *Vallea*, *Gaultheria*.

+++++ und ⁺⁻⁺⁻⁺ Südwestgrenze der *Baumfarne* (Cyatheaceae), *Taxaceen* (Podocarpus), *Palmen* (Ceroxylon), *Chloranthaceae* (Hedyosmum), *Lauraceae*, *Musimieae*, *Theaceae* (Freziera), *Myrtaceae*, *Araliaceae*, *Ericaceae-Thibaudieae*, sowie der Gattungen *Anthurium*, *Elleanthus*, *Oncidium*, *Epidendrum*, *Gaiadendron*, *Bocconia*, *Prunus*, *Guarea*, *Maurin*, *Clusia*, *Gunnera*, *Bejaria*, *Escurrocarpus*, *Cinchona*, *Viburnum*.

······ Südwestgrenze der *Cyclanthaceae* und *Scitamineae*, sowie der Gattungen *Iriartea*, *Batris*, *Euterpe*, *Chamaedorea*, *Monstera*, *Triplaris*.

Verteilung der wichtigsten

Entworfen von A. Weberbauer.

Verlag von Wilh

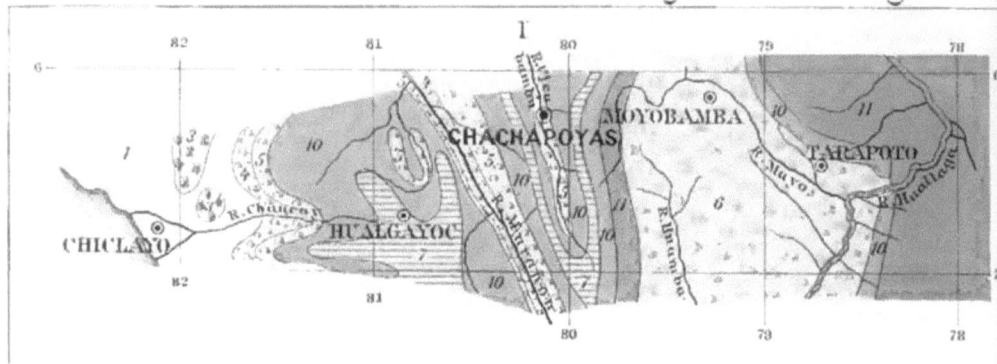

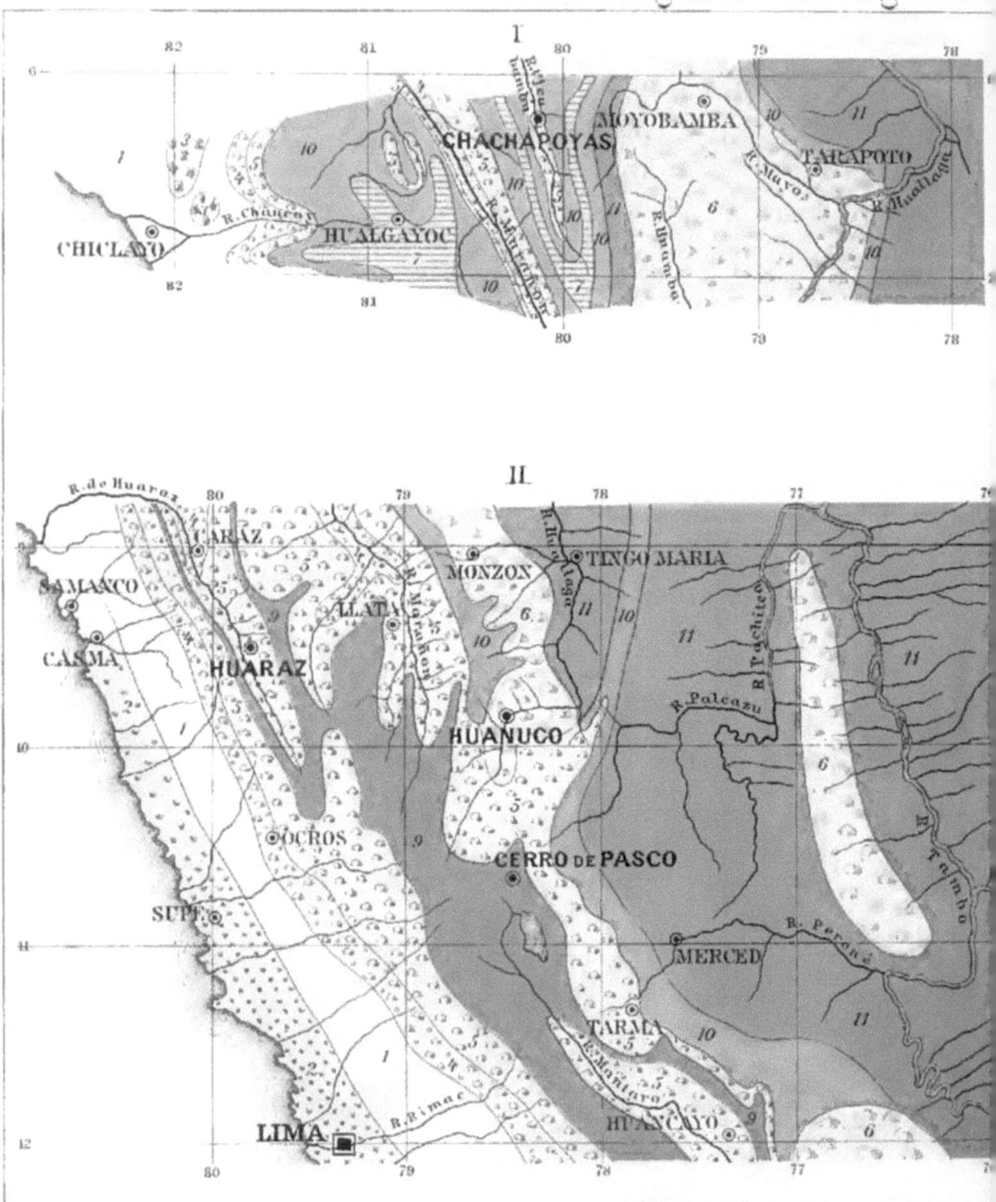

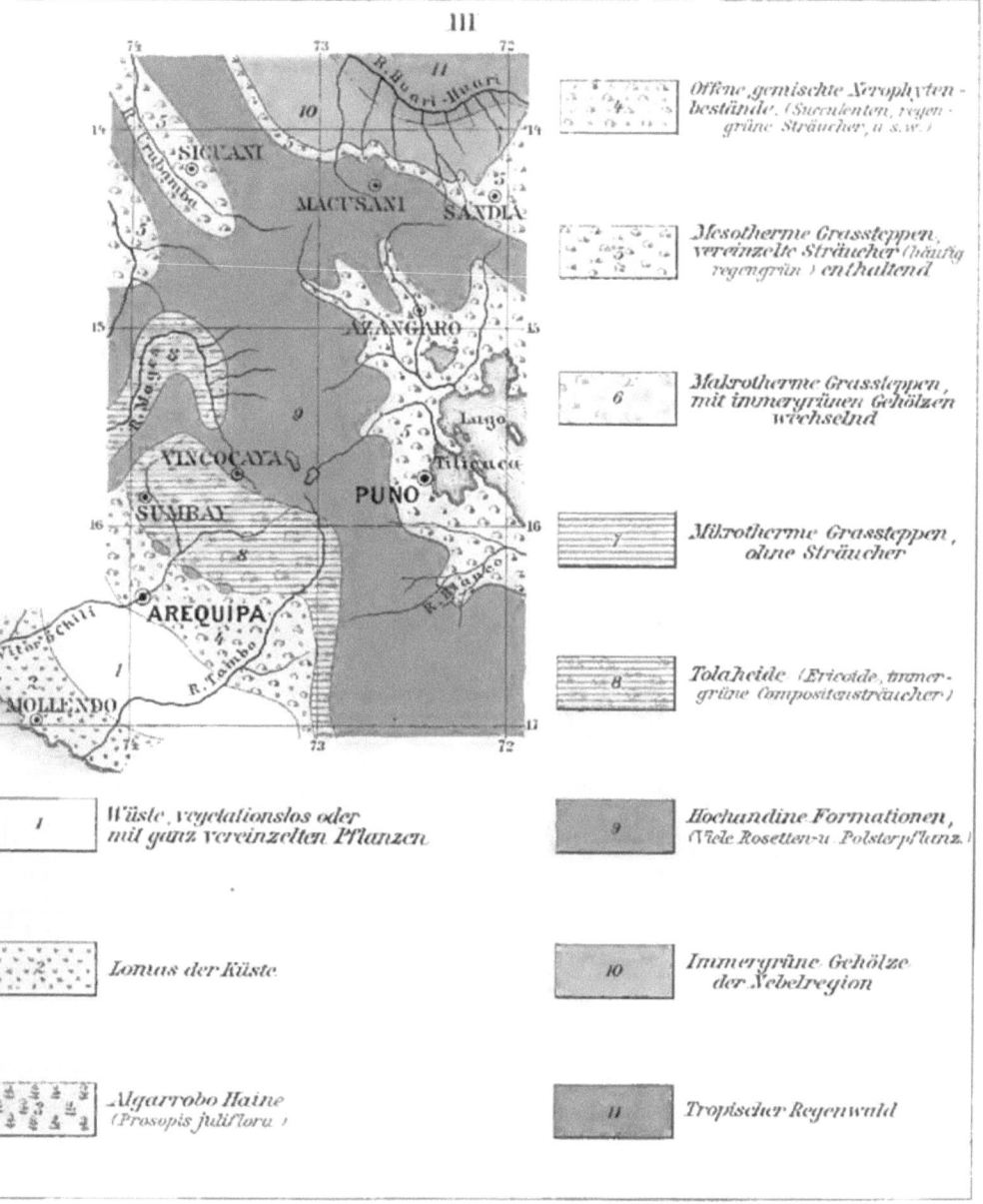

Vegetationsformationen in Peru — Karte II

:: VERLAG VON WILHELM ENGELMANN IN LEIPZIG ::

Handbuch der Blütenbiologie

unter Zugrundelegung von Hermann Müller's Werk:
„Die Befruchtung der Blumen durch Insekten"

bearbeitet von

Dr. Paul Knuth

weiland Professor an der Ober-Realschule zu Kiel und
korrespondierendem Mitgliede der botanischen Gesellschaft Dodonaea zu Gent.

I. Band
Einleitung und Literatur

Mit 81 Abbildungen im Text und 1 Porträttafel.
XIX u. 400 Seiten. Gr. 8. 1898. ℳ 10.—; in Halbfranz geb. ℳ 12.40.

II. Band
Die bisher in Europa und im arktischen Gebiet gemachten blütenbiologischen Beobachtungen

1. Teil
Ranunculaceae bis Compositae

Mit 210 Abbildungen im Text und dem
Porträt Hermann Müllers.
697 Seiten. Gr. 8. 1898. ℳ 18.—;
in Halbfranz geb. ℳ 21.—.

2. Teil
Lobeliaceae bis Gnetaceae

Mit 210 Abbildungen im Text, einem
systematisch-alphabetischen Verzeichnis
der blumenbesuchenden Tierarten und
dem Register des II. Bandes.
III u. 705 Seiten. Gr. 8. 1899. ℳ 18.—;
in Halbfranz geb. ℳ 21.—.

III. Band
Die bisher in außereuropäischen Gebieten gemachten blütenbiologischen Beobachtungen

Unter Mitwirkung von Dr. Otto Appel
Regierungsrat, Mitglied der biologischen Abteilung am kaiserlichen Gesundheitsamt zu Berlin

bearbeitet und herausgegeben von

Dr. Ernst Loew
Professor am Königlichen Kaiser-Wilhelms-Realgymnasium zu Berlin.

1. Teil
Cycadaceae bis Cornaceae

Mit 141 Abbildungen im Text und dem
Porträt Paul Knuths.
VII u. 570 Seiten. Gr. 8. 1904. ℳ 17.—;
in Halbfranz geb. ℳ 20.—.

2. Teil
Clethraceae bis Compositae
nebst Nachträgen und einem Rückblick

Mit 56 Abbildungen im Text, einem systematisch-alphabetischen Verzeichnis der
blumenbesuchenden Tierarten und dem
Register des III. Bandes
VII u. 601 S. Gr. 8. 1905. ℳ 18.—;
in Halbfranz geb. ℳ 20.40.

Preis des vollständigen Werkes geh. ℳ 81.—; in Halbfranz geb. ℳ 91.80.

:: VERLAG VON WILHELM ENGELMANN IN LEIPZIG ::

Natur-Geist-Technik

Ausgewählte Reden, Vorträge und Essays

von

Julius Wiesner

Mit 7 Textfiguren

VII u. 428 S. Gr. 8. Geh. ℳ 11.40; in Leinen geb. ℳ 12.60

Ähnlich wie Febb, Coux hat der Verfasser gern Probleme aus dem Gebiet der Botanik auch vor weiteren Kreisen behandelt, und seine ebenso geistreiche wie klare Darstellung hat dazu beigetragen, daß man ihn öfters zu Vorträgen vor einem größeren gebildeten Publikum sowie zu Aufsätzen in den Tageszeitungen herangezogen hat. Diese im Laufe der letzten 10 Jahre gehaltenen 9 Vorträge und Aufsätze finden wir hier reproduziert und mit Anmerkungen versehen. 7 Vorträge (FRANZ UNGER INGENHOUSS, CARL VON LINNÉ, Hammarky, Schwedische Linnéfeste, GUSTAV THEODOR FECHNER und GREGOR MENDEL) enthalten eine Würdigung der wissenschaftlichen Verdienste der genannten Männer. Die liebevolle Besprechung ihrer wissenschaftlichen Tätigkeit unter sorgfältiger Berücksichtigung der Zeitverhältnisse wirkt sehr sympathisch. Auch die beiden Reden: Die Beziehungen der Pflanzenphysiologie zu den anderen Wissenschaften und die Entwicklung der Pflanzenphysiologie unter dem Einflusse anderer Wissenschaften sind wertvolle Beiträge zur Geschichte der Botanik, welche jedem Botaniker zur Lektüre zu empfehlen sind; desgl. Goethes Urpflanze, Naturwissenschaft und Naturphilosophie, Die Licht- und Schattenseiten des Darwinismus. Was hier der Physiolog über die noch bei manchen Gelehrten herrschenden Ansichten über die Möglichkeit der Urzeugung sagt, verdient wohl beachtet zu werden. Der Wald, Die Tundra, Das Pflanzenleben des Meeres enthalten weniger Originelles, als die beiden Vorträge: Die letzten Lebenseinheiten und Der Lichtgenuß der Pflanzen. Die photometrischen Untersuchungen des Verfassers mit besonderer Rücksichtnahme auf Lebensweise, geographische Verbreitung und Kultur der Pflanzen haben viel interessante Tatsachen ergeben und werden sicher noch weitere Beachtung finden und auch noch mehr ausgebildet werden. Die beiden letzten Vorträge: Über technische Mikroskopie und Zur Geschichte des Papiers zeigen wie der mit rein theoretischen Fragen sich beschäftigende Verfasser andererseits auch es verstand das Studium der Rohstoffe des Pflanzenreiches in hohem Grade zu fördern. Das vortrefflich ausgestattete Buch wird nicht nur jedem Naturforscher, sondern auch vielen anderen Gebildeten eine willkommene Gabe sein.   *E.*

DR. MAX PASSON

KLEINES HANDWÖRTERBUCH

DER

AGRIKULTURCHEMIE

ZWEI BÄNDE

Mit 305 Abbildungen im Text

I: IV u. 454 Seiten, II: II u. 415 Seiten. Gr. 8
Geheftet M. 22.—; in einen Halbfranzband gebunden M. 25.—.

Druck von Breitkopf & Härtel in Leipzig